—— 中国科学院年度报告系列 ——

2019
高技术发展报告
High Technology Development Report

中国科学院

科学出版社
北 京

图书在版编目(CIP)数据

2019高技术发展报告 / 中国科学院编. —北京：科学出版社，2020.1

（中国科学院年度报告系列）

ISBN 978-7-03-064290-5

Ⅰ. ①2… Ⅱ. ①中… Ⅲ. ①高技术发展–研究报告–中国–2019 Ⅳ. ①N12

中国版本图书馆CIP数据核字（2019）第301616号

责任编辑：杨婵娟 / 责任校对：韩 杨

责任印制：师艳茹 / 封面设计：有道文化

编辑部电话：010-64035853

E-mail:houjunlin@mail.sciencep.com

科学出版社 出版

北京东黄城根北街16号

邮政编码：100717

http://www.sciencep.com

天津市新科印刷有限公司 印刷

科学出版社发行 各地新华书店经销

*

2020年1月第 一 版 开本：787×1092 1/16

2020年1月第一次印刷 印张：32 插页：2

字数：625 000

定价：198.00元

（如有印装质量问题，我社负责调换）

为建设科技强国打下坚实基础

（代序）

白春礼

科技兴则民族兴，科技强则国家强。中国要强盛、中华民族要实现伟大复兴，就一定要大力发展科学技术。新中国成立70年来，广大科技工作者与祖国同行，以实现国家富强、民族振兴、人民幸福为己任，坚持走中国特色自主创新道路，着力攻克关键核心技术、破解创新发展难题，我国科技事业实现了历史性、整体性、格局性重大变化，为经济社会发展作出了重大贡献，为加快建设科技强国打下了坚实基础。

一、党中央的正确领导指引我国科技事业快速发展

党的领导是我国科技事业快速发展的根本政治保证。新中国成立70年来，始终将发展科技事业放在事关国家发展全局的战略位置，在每个关键时期都进行顶层设计，部署一系列重大战略，提出一系列重大举措，有力推动我国科技事业发展。

新中国成立之初，党中央作出建立中国科学院的战略决策，开启了新中国科技事业发展的光辉历程。1956年，制定《1956—1967年科学技术发展远景规划纲要》（简称“十二年科技发展远景规划”），发出“向科学进军”的号召，集中各方面力量加快发展科技事业，迅速建立完整的科研队伍、学科体系和科研布局，实施“两弹一星”工程等一大批科技攻关项目，奠定了新中国科技事业发展的基础。

改革开放之初，召开全国科学大会，率先在科技领域拨乱反正，我国

迎来“科学的春天”。1985 年，党中央作出关于科学技术体制改革的重大决策，确立“经济建设必须依靠科学技术，科学技术工作必须面向经济建设”的方针，开创了科技事业发展的新局面。世纪之交，适时把握信息技术革命的大趋势，确立科教兴国战略和人才强国战略。2006 年，为落实党的十六大提出的“制定国家科学和技术长远发展规划”的要求，《国家中长期科学和技术发展规划纲要（2006—2020 年）》发布，确立了“自主创新，重点跨越，支撑发展，引领未来”指导方针，推动我国科技事业进入加速发展的快车道。

党的十八大以来，习近平总书记就我国科技事业发展多次发表重要讲话、作出重要指示批示，进一步明确我国科技事业发展的总体定位、战略要求和根本任务，为科技创新提供了根本遵循和行动指南。以习近平总书记为核心的党中央深入总结我国科技事业发展实践，观察大势，谋划全局，深化改革，全面发力，科学擘画建设科技强国的宏伟蓝图，作出一系列重大决策，深入实施创新驱动发展战略，加快推进创新型国家建设和科技强国建设，全面塑造了我国科技事业面向未来发展的新格局。

二、我国科技事业取得历史性成就、发生历史性变革

新中国成立 70 年来，特别是党的十八大以来，我国科技事业取得了举世瞩目的发展成就，科技创新整体上呈现加速从量的积累向质的飞跃提升、从点的突破向系统能力提升的态势，展现出巨大发展潜力，具备了从科技大国加速向科技强国迈进的基础和条件。

整体科技实力显著增强。2018 年，我国研究与试验发展经费支出达到 19 657 亿元，与国内生产总值之比达到 2.18%。截至 2018 年底，我国高水平国际科技论文连续 11 年位居世界第二位，占全球总数的 20%。在自然指数排名中，中国科学院连续 8 年位居全球科研教育机构首位。我国拥有门类最为齐全的工业体系，2010 年起高技术产品出口额就位居世界第一，国内发明专利申请量也位居世界第一。从国家整体科技实力和竞争力来看，在国际上几个最有影响的评价报告中，我国总体上的排名已处于发展中国家前列。

自主创新能力大幅提升。我国在一些重要领域和方向取得一大批重大原创成果，如量子密钥分发、铁基超导、中微子研究、干细胞研究、克隆猴、系列空间科学实验卫星等，有的已经与世界先进水平处于并行阶段，有的甚至开始领跑，化学、材料科学、工程科学等学科整体水平位居世界前列。载人航天、探月工程、北斗导航、载人深潜、大型客机、国产航母等一大批重大创新成就，使我国在事关国家全局和长远发展的科技战略制高点上占据了主动。高速铁路、5G 移动通信、超级计算、特高压输变电等都处于世界领先水平，语音识别、新能源汽车、第三代核电等也进入世界前列。我国还涌现出一批具有世界影响力的高科技企业，为我国全面参与未来全球经济和科技竞争合作奠定了良好基础。

人才队伍和科技发展基础更加坚实雄厚。高水平创新队伍是我国科技创新加速发展的关键。2018 年，我国研发人员总量达到 418 万人，位居世界第一；高等教育在学总规模 3833 万人，在学博士研究生 39 万人，在学硕士研究生 234 万人，也位居世界第一。我国已建成运行 29 个具有国际先进水平的大科学装置，其中 18 个由中国科学院运行管理，包括 500 米口径球面射电望远镜（FAST）、散裂中子源、P4 实验室、上海光源、全超导托卡马克核聚变实验装置等，这批国之重器将为我国重大基础前沿研究和高技术创新提供有力技术和平台支撑。

三、坚定不移走中国特色自主创新道路

新中国成立 70 年来，我国立足国情和科技创新实践，充分学习借鉴先进经验，走出一条具有中国特色，符合创新发展、人才成长、科技管理规律的自主创新道路。这是我国科技事业取得历史性成就、发生历史性变革的重要原因，也是我国科技事业发展的宝贵经验。

充分发挥集中力量办大事的制度优势。集中科技资源开展大协作、大攻关，这是新中国科技事业快速发展的一个重要法宝。新中国成立后，党中央统一领导、统筹部署，26 个部委、20 多个省区市、1000 多家单位的精兵强将和优势力量大力协同，在较短时间内就创造出自主研制“两弹一星”的奇迹，展现了攻克尖端科技难关的伟大创造力量。党的十八大以来，

新型举国体制不断深化发展，一大批重大科技攻关任务、全方位的产学研用合作和协同创新，在加快提升自主创新能力、有效满足国家重大战略需求、解决“卡脖子”问题等方面发挥了关键作用。

不断发展完善中国特色国家创新体系。从“五路大军”到“五大体系”，中国特色国家创新体系的形成和发展，既体现了历史必然性，也适应了时代要求。中国科学院作为国家创新体系的骨干力量，不断探索科研院所、学部、教育机构“三位一体”的发展架构和独具特色的科教融合新模式。新时代，党中央作出一系列新的战略安排。从对中国科学院提出“三个面向”“四个率先”要求，到以国家实验室为引领加快建设国家战略科技力量，再到以北京、上海、粤港澳大湾区科创中心为牵引，加快建设面向未来发展的国家科研战略布局，中国特色国家创新体系建设充分体现了新时代的发展要求，为坚定不移走中国特色自主创新道路提供了坚实的支撑。

不断改革探索独具特色的体制机制。进行一系列具有开拓性的改革探索，逐步建立一整套适应社会主义市场经济发展要求的科技体制机制，是坚定不移走中国特色自主创新道路的重要保障。1985 年以来，“三元结构”分配制度、竞争择优的科研资助体系、多层次人才培养体系等一系列独具特色、行之有效的改革举措，充分激发了全社会的创新活力。党的十八大以来，科技体制改革不断深化，科技计划体系、科研项目和科研经费管理改革、科技成果转化“三权”改革等赋予科学家和科研院所更大自主权，其力度之大、含金量之高前所未有，为我国科技事业发展注入更强劲的动力。

四、全面开创新时代科技事业发展新局面

经过新中国成立 70 年来的快速发展，我国科技创新正处在实现战略性转变的关键时期。当前，新一轮科技革命将引发科技创新范式的变革和全球创新格局的重构，同时我国经济高质量发展对自主创新能力提出了更高要求。这既为我国科技创新带来新的战略机遇，也提出了新的严峻挑战。站在新的历史起点上，我国科技界要以习近平新时代中国特色社会主义思想为指导，不断开创我国科技事业发展新局面。

新中国成立以来，几代科技工作者把爱国之情、报国之志融入新中国科技创新的伟大事业中，把国家需要和人民福祉置于个人利益之上，不懈追求、接续奋斗，攻克了一个又一个难关，创造了一个又一个奇迹，塑造出以“两弹一星”精神、载人航天精神为代表的爱国奋斗精神，集中体现了我国知识分子的崇高精神和优秀品格，激励一代又一代科技人才开拓创新、奋勇前行。党的十九大对我国科技创新作出全面部署，强调创新是引领发展的第一动力，是建设现代化经济体系的战略支撑。我国明确了建设科技强国的战略，即到2020年进入创新型国家行列；到2035年跻身创新型国家前列；到2050年建成世界科技强国，成为世界主要科学中心和创新高地。围绕这一系列宏伟目标，从战略布局、发展路径、攻坚任务、体制机制改革等方面作出顶层设计和战略部署，为我国科技事业发展指明了方向。广大科技工作者要发扬老一辈科学家的优良传统，自觉担负起建设创新型国家和世界科技强国的光荣使命，勇挑时代重担，勇做创新先锋，书写新时代科技创新的新篇章，为实现“两个一百年”奋斗目标和中华民族伟大复兴的中国梦作出积极贡献。

（本文刊发于2019年7月10日《人民日报》，收入本书时略作修改）

前　言

2018 年是全面贯彻党的十九大精神的开局之年，中国在习近平新时代中国特色社会主义思想指导下，继续全面建设社会主义现代化，深入实施创新驱动发展战略。高技术领域聚焦关键共性技术、前沿引领技术、现代工程技术、颠覆性技术创新，取得了 7600 千米的洲际量子密钥分发、两只猕猴成功克隆、大型水陆两栖飞机“鲲龙”AG600 起降、嫦娥四号中继星“鹊桥”发射、“海洋石油 982”钻井平台建成、“海燕”系列水下滑翔机测试、“潜龙三号”潜水器和“雪龙 2”号极地科学考察船下水等一系列重大突破，为培育发展新动能、构建现代化产业体系提供了有力支撑。

《高技术发展报告》是中国科学院面向决策、面向公众的系列年度报告之一，每年聚焦一个主题，四年一个周期。《2019 高技术发展报告》以“航空航天与海洋技术”为主题，共分八章。第一章“2018 年高技术发展综述”，系统回顾 2018 年国内外高技术发展最新进展。第二章“航空技术新进展”，介绍航空材料、航空制造、航空动力、航空电子、航空机电系统和高超声速飞行器技术等方面的最新进展。第三章“航天技术新进展”，介绍月球与深空探测、卫星通信、卫星导航定位、卫星微波遥感、运载火箭、卫星平台技术等方面的最新进展。第四章“海洋技术新进展”，介绍深海探测、海水综合利用、深海油气开发利用、海洋环境污染检测、海洋声学、海洋信息技术等方面的最新进展。第五章“航空航天和海洋技术产业化新进展”，介绍商用飞机、通用航空器、对地观测、卫星导航、卫星通信、微小卫星、空间生物实验、深海探测装备制造、海洋工程装备、海水淡化、海洋生物医药、海洋生物等方面技术的产业化进展情况。第六章“高技术产业国际竞争力与创新能力评价”，关注我国高技术产业国际竞争力和创新能力的演化。第七章“高技术与社会”，探讨了航空材料对国民经济和社会的带动作用，空间科技研判中的协商与治理，生物技术的伦理预警与公众参与科学，强人工智能的争议、社会风险与审视路径，5G时代的流量正义和网络中立之争及治理，海洋科技发展的社会语境演变及其新趋势等社会公众普遍关心的热点问题。第八章“专家论坛”，邀请知名专家就世界科技和工业革命的趋势、人工智能产业的发展战略、“十四五”战略性新兴产业的发展、知识互联网的发展、新一轮科技革命和产业变革的趋势及其影响等重大问题发表见解和观点。

《2019高技术发展报告》是在中国科学院白春礼院长亲自指导和众多两院院士及有关专家的热情参与下完成的。中国科学院发展规划局、学部工作局、科技战略咨询研究院的有关领导和专家对报告的提纲和内容提出了许多宝贵意见，李喜先、张聚恩、吴季、孙松、高志前、王昌林、张增一、吕薇等专家对报告进行了审阅并提出了宝贵的修改意见，在此一并表示感谢。报告的组织、研究和编撰工作由中国科学院科技战略咨询研究院承担。课题组组长是穆荣平研究员，成员有张久春、杜鹏、蔺洁、赵超、王婷、苏娜、王孝炯、杨捷和任志鹏。

中国科学院《高技术发展报告》课题组

2019年11月2日

目　录

CONTENTS

第一章

2018 年高技术发展综述

Overview of High Technology Development in 2018

2018 年高技术发展综述

张久春 苏 娜 杨 捷 任志鹏

（中国科学院科技战略咨询研究院）

2018 年，世界经济增长未能延续 2017 年的回升势头，除美国等少数经济体的增速提高外，大部分经济体的经济增速出现回落。同时，世界科技创新活跃中心出现“一超多强”的格局。面对贸易保护主义、逆全球化等不利因素的影响以及经济增速回落的不利形势，主要国家围绕战略核心高技术的控制权展开了激烈的争夺，在信息技术、生命与健康、先进制造、先进材料、能源环保、空天海洋等重点领域，持续加大科技投入力度。美国围绕国家安全目标，重点关注多种战略高技术，发布了《确保美国先进制造业领先地位战略》（*Strategy for American Leadership in Advanced Manufacturing*）、《国家量子信息科学战略概述》（*National Strategic Overview for Quantum Information Science*）、《国家网络战略》（*National Cyber Strategy*）和《国家太空战略》（*National Space Strategy*）等一系列战略计划，以确保美国在高技术领域的全球领先地位。欧盟持续关注创新，并投资建设新的大型科研基础设施。英国启动《创新英国开放计划》（*Innovate UK's Open Programme*）的第三阶段，以继续支持颠覆性创新。德国出台《高科技战略 2025》（*High-Tech Strategy* 2025），在健康和护理、可持续及气候保护和能源、零排放智能化交通等重点领域做了部署。日本政府发布 2018～2019 年度科学技术政策基本方针《综合创新战略》（統合イノベーション戦略），在大学改革、政府对创新的支持、人工智能、农业发展和环境与能源等方面提出了重要措施。中国持续深入实施创新驱动发展战略，加快推进科技创新中心和综合性国家科学中心的建设，部署实施科技创新 2030 的重大项目、重点研发计划等重大科技任务，主要高技术领域创新能力和产出水平持续提升。

一、信息和通信技术

2018 年，信息和通信技术在深度和应用的范围上不断拓展，已取得多项重大成果。集成电路领域主要围绕存储器的研制取得多项进展，制备出可自愈相变存储器、准非易失存储器、储存密度高的固态存储器、单原子磁体存储器等，同时也研制出在 300℃高温下能稳定工作的氢化金刚石电路，推出了下一代 CPU 微架构。在高性能计算方面，涌现出人工智能超级芯片、具有超级运算速度的视频和图片显卡、新的计算机存储平台、类脑计算机和实际性能达到143Pflops（千万亿次浮点指令 / 秒）的“顶点”超级计算机。在人工智能领域，深度神经网络、小鼠大脑联系结构图、无监督语言翻译、多人脑对脑接口等取得不同程度的进展。在云计算和大数据领域，云端服务平台——Cloud AutoML、光互连技术等成就值得关注。在网络与通信领域，瞄准数据传输的容量与速度，开发出全石墨烯光通信链路、单光源的大容量数据传输技术、高速无线数据传输链路、可传输大量数据的新型激光指向系统、600 兆赫频谱的 5G 数据传输技术；数据加密技术也有新突破。以开发量子计算机和实现安全的量子通信为目标，开发出 72 量子比特芯片、单电子“泵”装置、控制量子比特丢失信息的方法、防范破解密码的“量子抗性”数字签名和灵敏读取量子比特数的新型传感器，实现了量子门在 2 个量子比特之间的“远距传送”；中国首次实现 7600 千米的洲际量子密钥分发。

1. 集成电路

2 月，美国耶鲁大学与国际商业机器公司华生研究中心（IBM Watson Center）合作，成功开发出新型可自愈封闭型相变存储器[1]。相变存储器已成为替代计算机随机存取存储器的潜在选择。相变存储器因质量一致性和耐久性等存在问题，一直无法实现大规模生产。影响相变存储器实用性的主要原因是存储器相变材料存在空洞缺陷。研究人员利用原位透射电子显微镜（transmission electron microscope，TEM），观察到相变存储器完整的相变过程，找到了实现相变材料空洞缺陷“自我修复”的方法，从而开发出新型可自愈封闭型相变存储器。新成果促进相变存储器发生革命性发展，有助于实现质量稳定相变存储器的规模化生产。

4 月，中国复旦大学研发出具有颠覆性的二维半导体准非易失存储原型器件[2]。目前半导体电荷存储装置主要有两类，第一类是易失性存储，如计算机中的内存，需要几纳秒写入数据，掉电后数据会立即消失；第二类是非易失性存储，如 U 盘，需要几微秒到几十微秒储存数据，写入数据后无须额外能量可保存 10 年。新型存储器采用与前两类存储器不同的存储技术，写入数据时间为 10 纳秒，比此前的 U 盘快 10 000 倍，还可按需定制数据保存时间（10 秒～10 年）。新存储技术在高速内存中可极大降低存储功耗，还可实现数据超过有效期后的自然消失，从而解决了保密性与传输的矛盾。新存储技术将在多领域发挥重要作用。

4 月，日本国家材料科学研究所（National Institute for Materials Science，NIMS）成功开发出一种可在 300℃高温下稳定工作的氢化金刚石基电路[3]。金刚石适合制造小尺寸、低电力损耗的电力转换系统。新研制出的氢化金刚石电路，由两个金属氧化物半导体场效应晶体管（metal-oxide-semiconductor field-effect transistor，MOSFET）

组成，可在300℃高温下稳定工作，而常用的硅基电路的最高运行温度是150℃。新电路比硅基器件更小、更轻、更高效，可用在许多电子器件以及微处理器等数字集成电路中。新技术可推动下一代半导体器件的发展。

7月，加拿大阿尔伯塔大学研制出当时储存密度最高的固态存储器，其存储能力比目前的计算机存储设备高1000倍[4]。研究人员利用制造原子级电路的技术，快速去除或替换单个氢原子，从而制造出具有重写功能的高密度存储器。之前的原子级计算存储设备在极低温条件下才能保持稳定，而新存储器可在室温下工作。这项技术可大幅提升存储设备的容量，为计算机提供更高效的固态硬盘类型。

9月，荷兰奈梅亨大学（Radboud University）成功将信息存储在单个原子中[5]。计算机技术的快速发展，要求存储信息的方式必须节能。把信息存储在单个原子中就可以大大降低能耗，但通常情况下单个原子因磁性不稳定而无法存储信息。研究人员利用特殊的基质——半导体黑磷，避免了单个钴原子的磁性不稳定问题，实现了存储记忆。新方法虽然需要在非常低的温度下才能实现，但有在室温下应用的前景。采用这种方式，可存储比当前硬盘多几千倍的信息。

12月，美国英特尔公司推出下一代CPU微架构——Sunny Cove[6]。数十年来，英特尔处理器本质上都是酷睿（Core）微架构。Sunny Cove采用10纳米工艺制造，提高了计算性能并降低了功耗；此外，还增加了人工智能和加密等新功能。Sunny Cove减少了延迟，提高了吞吐量，可提供更高的并行计算能力，有望成为英特尔下一代PC和处理器的基础架构。

2. 高性能计算

1月，美国英伟达（NVIDIA）公司正式发布AI超级计算芯片DRIVE Xavier[7]。DRIVE Xavier拥有超过90亿个晶体管，其核心面积为350平方毫米，采用12纳米FFN工艺设计，内含8核CPU和1个包含512个流处理器的Volta GPU，每秒可运行30万亿次计算，功耗仅为30瓦，能效比上一代架构高出15倍。DRIVE Xavier专为无人驾驶打造，可从各个方面提升驾驶体验，推动自动驾驶技术的发展。

3月，美国陆军研究实验室（Army Research Laboratory，ARL）通过模拟哺乳动物大脑的计算架构，成功开发出可进行因数分解计算的类脑计算机[8]。这种类脑计算机采用非冯·诺依曼架构，不是由传统意义上的中央处理器、存储器和内存组成，而是由模拟哺乳动物大脑神经元并通过物理或模拟传导线路连接成网的多个独立计算单元组成。这种类脑计算机处理因数分解计算的能力远胜于冯·诺依曼架构的计算机，破解密码的能力也得到了很大的提高。

9月，美国英伟达公司推出专为人工智能推理设计的最快的新款GPU芯片Tesla

T4[9]。Tesla T4 是目前主流 P4 GPU 的升级版，采用图灵架构，拥有 320 个图灵 Tensor 核心和 2560 个 CUDA 核心，其 4 位整数运算峰值性能达 260 万亿次运算 / 秒，浮点运算峰值性能达 65 万亿次运算 / 秒。在运算速度大幅提升的同时，Tesla T4 的功率消耗仅为 75 瓦。对语言推理而言，用 Tesla T4 芯片比常用 CPU 快 34 倍，比 P4 CPU 快 3.6 倍。新芯片可执行机器学习任务，主要用于大型数据中心。

11 月，美国弗吉尼亚理工大学研发出新的存储平台，使超级计算机拥有前所未有的灵活性和可伸缩性[10]。新存储平台的主要组成部分是一套关键值系统（key value，KV），KV 能够在内存中存储和检索重要数据，相对传统的磁盘存储和检索，大幅提高了数据读取的速率。接入新存储平台的超级计算机能够以前所未有的速度接收、处理和分析数据，有望实现 100 亿亿次 / 秒的计算目标，主要应用在需要处理大量数据的工业领域。

11 月，美国橡树岭国家实验室（Oak Ridge National Laboratory，ORNL）开发的超级计算机“顶点”在全球超级计算机 500 强中夺冠[11]。全球超级计算机 500 强榜单由国际组织“TOP500”编制，每半年发布一次，是给全球已安装的超级计算机排名次的知名榜单。夺冠的“顶点”的浮点运算速度达到每秒 14.35 亿亿次。美国劳伦斯 · 利弗莫尔国家实验室（Lawrence Livermore National Laboratory，LLNL）开发的“山脊”列第二名，中国超级计算机“神威 · 太湖之光”和“天河二号”分列第三、第四名。美国超级计算机在计算能力上继续保持优势。

3. 人工智能

1 月，日本京都大学开发出一个可“阅读思维”并“解码实际想法”的深度神经网络系统[12]。用电脑把心中所想表现出来，是人类的梦想。此前的机器学习可以根据脑部活动的信号，还原人眼所见的简单图像。而这次研究人员利用深度神经网络系统，通过扫描脑电波，成功将人眼看到的物体（鸟类等）在计算机上重构出来。试验结果表明，系统重构图像的轮廓与原图轮廓大体一致。随着精度的不断提高，新成果有很大的潜在应用前景，可用于图片绘制、艺术创造以及医疗领域。

3 月，美国艾伦脑科学研究所成功绘制出 1 立方毫米小鼠大脑中数亿个微小的突触连接，为解析大脑运行机制做出重大贡献[13]。研究人员先将大脑样本分割成 25 000 个 40 纳米宽的原始切片，每个切片约为 1/5 人类头发丝宽度；然后在 6 个电子显微镜上分别成像 4～6 个月；之后再合并图像并对 10 万个神经元中的每一个进行分割，发现了它们之间的所有联系，最终建立起神经元三维图像。新成果是“IARPA 大脑皮层网络机器智能”计划的一部分，该计划旨在构建有史以来哺乳动物最大的大脑联系结构图，研究成果可用于机器学习和人工智能领域。

8月，美国Facebook公司在其平台上首次利用无监督机器学习方法进行语言翻译[14]。在实验中，把新方法与经过10万次翻译训练的有监督方法做了对比，发现两者的翻译结果相差不多；同样是在翻译示例很少的情况下，新方法的表现优于Facebook的语言匹配系统。无监督机器学习把逐字翻译、语言模型和反向翻译三种方式结合起来，提高了翻译的效果，是机器翻译和无监督机器学习的一项重大突破。这种方法也可扩展到其他领域，让人工智能在使用无标记数据的情况下，完成只有极少甚至没有训练数据的任务。

10月，美国华盛顿大学与卡内基梅隆大学合作，首次开发出多人脑对脑接口（brain-to-brain interface，BBI）合作系统[15]。利用BBI可建立以人脑为基础的"社交网络"。研究人员在这方面迈出了最初的一步，成功建立起BBI合作系统；在试验中，联合使用脑电图描记器（electroencephalography，EEG）和经颅磁刺激（transcranial magnetic stimulation，TMS），使三名受试者在彼此没有对话的情况下，通过分享意念，成功合作完成俄罗斯方块的游戏，其平均准确率达81.25%，且无侵入性损伤。BBI的意义不只是单纯提供一种新的社交方式，还有助于更多了解人类大脑在更深层次上运作的信息。

4. 云计算和大数据

1月，美国谷歌公司发布了云端服务平台——Cloud AutoML[16]。云端AI可以让深度学习算法变得像微博一样简单易用。谷歌公司推出Cloud AutoML的目的是帮助经验不足的开发人员学习和开发人工智能应用程序。当开发人员把照片上传至Cloud AutoML时，Cloud AutoML将自动识别应用模式并确定目标，而整个过程都在一个不需要直接编码的图形用户接口（graphical user interface，GUI）中完成。Cloud AutoML一旦确认模型设置，开发人员就可以在云端展示这些信息，并将它们用于应用程序中。新技术有三个优势：准确率更高、更快，简单易用，可以让人工智能变得更容易。

3月，美国格罗方德半导体股份有限公司（GlobalFoundries，GF）公布其硅光子学路线图的新细节，旨在为数据中心和云应用提供下一代光学互连技术[17]。与传统互联方式传输数据不同，硅光子技术利用脉冲光通过光纤，以更高的速度在更长的距离中传输更多的数据，同时把能量损失降至最低。GF的硅光子技术可将微小的光学元件与电路并排，并集成在一块硅片上。GF此前在200毫米晶圆上，使用90纳米RF-SOI工艺制造硅光子产品；现在可在300毫米晶圆上制造。在300毫米晶圆上制造的光子产品可提供更大数据传输量，减少一半以上的光子损耗。GF下一步推出45纳米技术，可为光收发器提供更高的带宽和能源效率。新技术支持全球通信基础设施传输数据的大幅增长。

5. 网络与通信

1月，日本信息通信研究机构开发出量子计算机也难以破解的新型加密技术[18]。加密技术广泛应用于信用卡数据发送以及护照防伪等领域，如果利用擅长质因数分解的量子计算机，就可轻松破解此前的加密技术。新技术将需要保护的信息转换为特殊的数学问题，只要解不开数学难题也就无法破解密码。在破解采用新技术的密码时，即使用目前性能最高的超级计算机，也需要至少 10^{50} 年才能破解。新技术使用方便，现有的各种通信系统只需更换软件即可。新技术已成为美国国家标准与技术研究院（National Institute of Standards and Technology，NIST）的新一代加密技术国际标准候选方案。

2月，欧洲的石墨烯旗舰国际合作项目，展示了首款全石墨烯光通信链路，其中每个通道的数据速率高达 25 吉比特 / 秒[19]。提高数据传输速率，需要开发更有效的数据链路。石墨烯具有独特的电子和光学特性，适合用来制造性能达到全新水平的光通信设备。研究人员先利用石墨烯调制器，将电子数据流编码到光学载体上；然后通过光纤传输到包含石墨烯光电探测器的接收器上，从而将输入的光学数据信号转换回电子信号。此外，这次展示也表明，采用批量生产技术制造的器件在实际配置中具备有效功能。新技术全部采用石墨烯装置，是一项真正的突破，也是构建下一代移动网络的基础，能够传输具有极高带宽的超高速数据流。

7月，丹麦科技大学（Technical University of Denmark，TUD）基于光频梳技术，实现了单光源 661 太比特 / 秒的大容量数据传输[20]。当前互联网的光传输容量已接近发展的瓶颈，而此前的方法采用多光源，不能同时做到高传输容量和低能耗。研究人员利用Ⅲ - Ⅴ族半导体材料铝镓砷（AlGaAs），开发出 AlGaAs-on-insulator 纳米波导管，突破了传输容量以及系统能耗两大瓶颈。新成果实现的数据传输容量约是目前全球互联网数据总流量的2倍，为未来大容量、低能耗光通信系统提供了新的发展方向。

8月，美国国防高级研究计划局（Defense Advanced Research Projects Agency，DARPA）与诺斯罗普・格鲁曼（Northrop Grumman）公司合作，开发出一种高速无线数据传输链路[21]。在网络通信中，数据传输性能的显著提升，可以极大增加传感器收集数据的数量，并减少利用传感器数据所需的时间。新链路在 20 千米内可实现每秒 100 吉比特的无线数据传输，大幅提高了数据传输能力，为无线传输制定了新的标准。这项技术可用于飞机对地面的数据传输，使地面能够获得空中飞机的大量实时情报和数据；还可以使高光谱成像仪等机载传感器传输更多的数据。

11月，美国电信运营商 T-Mobile 与诺基亚合作，成功测试了全球首个 600 兆赫频谱的 5G 数据传输[22]。支持 5G 的智能手机大多数采用毫米波，而毫米波处在高频段，无法传输太远的距离且难以逾越障碍物。新技术是一种低频段的数据传输技术，与毫米波技术相比，具有更强的穿透性和更远的传输距离。此外，采用新技术的基站可以覆盖数百平方英里①，而采用毫米波技术的基站仅能覆盖1平方英里。这次测试是T-Mobile 迈向 5G 商业化的重要一步。

11 月，美国麻省理工学院（MIT）开发出新型激光指向系统，可使微型卫星向地球传输大量数据[23]。新型激光指向系统利用低功率、窄激光，降低了微型卫星沿下行链路传输数据所需的能量和时间，实现了更高的数据传输效率。微型卫星此前只能在经过地面站时一次性地发送几张图片，现在利用该系统，可一次发送数千张高分辨率的图片。在试验中，新技术精确对准了激光束，使立方体卫星向地面传输了大量植被、野火、海洋浮游植物和大气气体等的图像和视频数据。

6. 量子计算和通信

1 月，中国科学技术大学、中国科学院上海技术物理研究所等国内机构与奥地利科学院合作，首次实现了 7600 千米距离的洲际量子密钥分发[24]。实验展示了三项新成果：第一，"墨子号"卫星分别与中国河北兴隆、奥地利格拉茨地面站进行了星地量子密钥分发，并建立了共享密钥，使获取的共享密钥量达到约 800 千比特；第二，基于共享密钥，采用一次一密的加密方式，在北京与维也纳之间实现了图片加密传输；第三，结合高级加密标准 AES-128 协议，每秒更新一次种子密钥，建立了一套从北京到维也纳的加密视频通信系统，并利用该系统成功举行了 75 分钟的中国科学院和奥地利科学院洲际量子保密视频会议。新成果表明，"墨子号"卫星已具备实现洲际量子保密通信的能力，为未来构建全球化量子通信网络奠定了坚实基础。

3 月，美国谷歌公司推出一款名为"Bristlecone"的 72 量子比特芯片[25]。低错误率是研制出实用量子计算机的前提。谷歌公司此前曾推出 9 量子比特芯片的线性阵列技术，实现了 1% 的低读出错误率，0.1% 的单量子比特门错误率，以及 0.6% 的双量子比特门错误率。Bristlecone 量子芯片沿用 9 量子比特芯片的线性阵列技术，基于超导系统并采用全新架构，实现了单个阵列上 72 个量子比特的重叠排列。Bristlecone 将加速"量子霸权"时代的到来，它的计算能力将达到目前最强的超级计算机数百万倍以上。

7 月，澳大利亚阿德莱德大学与新南威尔士大学、芬兰阿尔托大学（Aalto University）和拉脱维亚大学合作，创新性地开发出单电子"泵"装置[26]。该装置每秒可产生 10 亿个电子，并能精确控制单个电子。此外，研究人员还发现了以前未观察到的新量子效应，即在特定频率下，不同状态之间竞相捕获相同的电子。新成果向可靠的高性能量子计算迈出了坚实一步，为未来处理量子信息铺平了道路。新装置可

① 1 英里≈1.609 千米。

用于国防、网络安全和加密以及大数据分析等领域。

8月，中国科学技术大学与芬兰图尔库大学合作，首次发现一种可以完全控制量子比特丢失信息的方法[27]。量子的叠加和纠缠等特性使量子比特可用来存储信息，但量子比特携带的信息有可能泄漏到环境中甚至完全消失。研究人员在实验中首次发现，当作为量子比特的光子及其环境恢复到最初的正确状态时，就可以完全避免量子比特丢失所携带的信息，也可以找回丢失的信息。新成果对于基础研究和量子技术的发展具有重要意义。

9月，美国耶鲁大学成功实现了量子门在两个量子比特之间的“远距传送”[28]。量子门是单量子系统网络计算中必不可少的架构。实现量子门在两个量子比特之间的“远距传送”，是构建模块化量子计算机架构的关键一步。研究人员根据 20 世纪 90 年代开发的理论协议，在不依赖任何直接相互作用的情况下，实验性地演示了量子门的传送。新成果是采用可纠错量子比特处理量子信息技术的里程碑，有望消除量子计算处理器中的固有错误，对超导电路量子计算研究具有开创性作用，也为可容错量子计算的开发提供了可能。

10月，加拿大黑莓公司（BlackBerry）推出具有“量子抗性”的数字签名，使之与加密技术结合，可防范量子计算机破解密码[29]。量子计算在大幅提高数据处理能力的同时，也使当下的数字加密措施形同虚设。数字签名是确保原始作者之外的任何人都不能修改软件内容的方法。在网络安全工具中添加具有“量子抗性”的数字签名，可以防御不怀好意者破解公钥密码系统，达到了保护基础数据的目的。新技术将主要用于工业控制系统、航空航天和军事电子、电信、交通基础设施和车联网等产品和服务中。

11月，澳大利亚新南威尔士大学开发出一种可灵敏读取量子比特数的新型传感器[30]。半导体单个原子上的电子所构成的量子比特具有长期的稳定性，是实现大型量子计算机的希望所在。研究人员通过精确定位和封装硅芯片中的单个磷原子，突破性地创建出量子比特，并成功将量子比特逻辑门数量由四个减少为两个。新技术是阅读嵌入量子比特中的信息的重大进步，已达到对可扩展量子计算机进行必要量子纠错所需的灵敏度，为构建大型量子计算机扫除了一个障碍。

二、健康和医药技术

2018 年，健康和医药技术领域取得丰硕成果。在基因与干细胞领域，中国成功克隆出两只猕猴；开发出检测病毒和肺部肿瘤的“基因试纸”、基因组突变干预系统，构建出人脑前额叶发育的单细胞图谱和更加完整的大脑类器官，亨廷顿舞蹈症基因敲入猪、人造胚胎样结构等研究取得突破。在个性化诊疗方面，用人工智能技术分析人的眼睛来评估患心脏病的风险、3D 打印心脏主动脉瓣的置换、乳腺癌晚期的 T 细胞免疫疗法、利用 DNA 测序方法准确检测各个阶段的肝癌、优化药物组合的人工智能平台、体外培养微型肿瘤的方法等新成果引人注目。在重大新药领域，发现了对 H1N1 病毒产生抗体应答的新合成疫苗、新的抗生素，开发出“即插即用”型生产疫苗的技术平台和“让癌细胞休眠”的抗癌药物，新型艾滋病抗体药物“串联双价广谱中和抗体”和肿瘤靶向新药 Tibsovo 获批，癌症靶向治疗药物 Vitrakvi 上市。围绕重大疾病的诊断和治疗，转基因治疗先天失明的小鼠、iPS 治疗人类帕金森病、将基因修饰后的猪心脏移植到狒狒身上、低成本调强放疗（intensity modulated radiation therapy，IMRT）方法等取得不同程度的成功。在医疗器械领域，开发出用于肿瘤治疗的智能 DNA 纳米机器人、手术机器人达·芬奇的 SP（da Vinci SP）辅助系统、疾病检测预测工具“EpiDefend”和“EpiFX”、医学诊断平台“BacCapSeq”、全身 3D 医学扫描仪、用于修复受损心脏组织的新型植入式微针贴片，以及用于医学研究的全自动干细胞诱导培养设备。

1. 基因与干细胞

1 月，中国科学院神经科学研究所首次成功以体细胞克隆出两只猕猴“中中”和“华华”[31]。此前，科学家利用体细胞先后克隆出羊、牛、鼠、猫、狗等动物，但一直没有克隆出与人类最相近的灵长类动物。中国科学院神经科学研究所科研人员利用极快速的细胞移植操作，并把抑制剂和酶结合起来，提高了克隆效率，成功突破了现有技术无法克隆灵长类动物的世界难题。新技术可为人类脑部疾病、癌症、免疫系统或代谢紊乱等研究提供真实可靠的模型，还可用于测试相关的治疗药物，开辟基因治疗的新空间。

2 月，美国布罗德研究所（Broad Institute）开发出“基因试纸”，并在实验室中成功检测出一些病毒及肺癌患者的肿瘤标记物[32]。试纸基于基因检测工具“夏洛克”（SHERLOCK）制备并提高了灵敏度。“夏洛克”与基因编辑工具 CRISPR-Cas9 的结构类似，但使用的剪切蛋白是 Cas13。研究人员在使用 Cas13 剪切 RNA 时会导致“脱靶”缺陷，但剪开前加入一种带有 RNA 的荧光标记物，当标记物也被剪开时，会发出荧光信号从而显示出检测结果。这样，只需将“基因试纸”浸入处理过的样品，就会显示出是否检测到标靶。此外，基因试纸最多可一次检测 4 个标靶，节约了样品用量。这种工具可用于检测病毒、肿瘤 DNA 等核酸物质，具有成本低和便捷高效的优点。

3 月，中国暨南大学、中国科学院广州生物医药与健康研究院以及美国埃默里大学（Emory University）等多个机构合作，成功培育出世界首例亨廷顿舞蹈症基因敲入猪[33]。研究人类的神经退行性疾病需要开发出大型动物模型。研究人员利用 CRISPR/Cas9 基因编辑技术，将人类突变的亨廷顿舞蹈症基因精确地插入猪的 HTT 内源性基因中，然后利用成纤维细胞筛选出阳性克隆细胞，再利用体细胞核移植技术，成功培育出亨廷顿舞蹈症基因敲入猪模型，在国际上首次建立了与人神经退行性疾病的突变基因相似的大型动物模型。新成果是神经退行性疾病研究领域中的一个里程碑式的发现，有助于更深入了解神经细胞死亡的机制并寻找有效治疗方法。

4 月，美国哈佛大学医学院（Harvard Medical School）利用 CRISPR/Cas9 技术，开发出一种精准的基因组突变干预系统[34]。通常 DNA 遗传编码中的单个碱基变化会导致许多疾病或使其恶化。临床医生应该做到及时清除携带这种有害点突变的细胞，以更加有效地预防疾病。新技术是一种清除体内基因突变的干预方法，允许切割 DNA 的 Cas9 酶区分出的单个碱基差异的基因组靶位点，且仅切割不想要的靶位点。在针对体外培养的或在小鼠胃肠道内定殖的大肠杆菌菌株开展的概念验证中，它能够使抗生素耐药性细菌变体不能存活。新技术可以用于疾病预防，也可用于阻止工业微生物菌种的突变，以提高生物技术行业的生产效益。

4 月，中国科学院生物物理研究所与中国科学院大学合作，利用单细胞转录组测序技术，首次绘制出人脑前额叶发育的单细胞图谱[35]。人脑前额叶皮质是人类大脑高级功能的关键组成部分。研究人员利用单细胞转录组测序技术，解析了人类胚胎大脑前额叶发育的细胞类型的多样性，以及不同细胞类型之间的发育关系，成功揭示了基于神经干细胞的神经元产生和环路形成的分子调控机制，并对其中关键的细胞类型开展了系统的功能研究。新成果为最终绘制完整的人脑细胞图谱奠定了重要的基础，是前额叶皮层发育研究领域的重要突破。

7 月，美国凯斯西储大学（Case Western Reserve University）的科学家在培养皿中，成功将人类干细胞培育成细胞类型更加完整的大脑类器官[36]。类器官技术为研究各种人体组织提供了强大的工具。此前的类大脑模型缺乏关键的少突胶质细胞。新培育的大脑类器官首次包含了少突胶质细胞，可以更准确模拟人类大脑的发育。研究人员还首次利用该模型检测了那些可以增强少突胶质细胞和髓鞘生成的药物。新成果为研究中枢神经系统的髓鞘形成提供了一个多功能平台，有助于了解人类大脑的发育过程和试验各种神经系统疾病的疗法。

7 月，英国剑桥大学与美国密歇根大学、美国洛克菲勒大学等合作，利用小鼠干细胞，制造出能进行原肠胚形成的人造胚胎样结构[37]。此前，研究人员利用基因改造的小鼠 ESCs 和 TSCs，以及被称为细胞外基质的 3D“果冻”支架，培育出一个可自我组装并且发育和体系结构与天然胚胎非常类似的结构，但其中缺失原肠胚形成的过程。原肠胚形成过程是任何胚胎生命形成的关键一步。新研究把早期实验中使用的

3D“果冻”支架替换为 PESCs，让观察者看到了原肠胚形成的过程。在培养皿中的人造胚胎样结构距离真正的胚胎已经非常近。这是一项里程碑式的成就，有助于研究人类胚胎最早期的发育过程，以及了解这个发育过程有时失败的原因。

2. 个性化诊疗

2 月，美国谷歌母公司 Alphabet 旗下的 Verily 公司，利用人工智能技术分析患者的眼睛，可以评估患心脏病的风险[38]。患者眼睛的后内壁充满反映人身体整体健康状况的血管。研究人员利用开发出的机器学习算法，分析每位患者的眼睛扫描结果，再结合年龄、性别、血压等数据，就可以预测心血管病的风险。新方法不需要验血，可以帮助医生更快、更容易分析患者患心血管病的风险，但要用在临床上还需要进行更彻底的测试。

3 月，美国俄亥俄州立大学开发出一种 3D 打印技术，可利用个性化建模判断患者适合哪种心脏主动脉瓣置换方案，并预测手术并发症等[39]。主动脉瓣狭窄的患者需要进行主动脉瓣置换术，生物瓣膜一般利用开胸手术或从大腿处插导管送入。研究人员根据不同患者的心脏 CT 扫描图片，采用多种柔性材料，先 3D 打印出心脏主动脉瓣及其周边结构的模型，然后将模型放在心脏模拟器上进行泵血实验，以模拟新瓣膜的工作，从而判断患者更适合哪种手术方案和瓣膜类型。新技术可降低心脏瓣膜置换手术的风险，提高成功率，将给心脏病的个性化治疗带来重要影响。

6 月，美国国立癌症研究所（National Cancer Institute，NCI）采用 T 细胞免疫疗法，首次彻底清除了乳腺癌晚期患者的癌细胞[40]。在接受此次 T 细胞免疫治疗之前，该患者的癌细胞已扩散至肝脏及其他区域，且对多种疗法都产生了耐受。研究人员先分离提取患者体内的肿瘤特异性 T 细胞，然后在体外大量增殖培养，再重新输回患者体内。在扩增 T 细胞期间，这名患者同时也用免疫检查点抑制剂，将免疫系统的状态调整至最佳。22 个月后，这些 T 细胞完全清除了乳腺癌细胞。目前这项研究还处于试验阶段，如能通过临床试验，将改变人类对癌症的治疗模式。

7 月，美国精准科学公司（Exact Sciences）和梅奥诊所（Mayo Clinic）合作，开发出基于血液的 DNA 测序方法，该方法可准确检测各个阶段的肝癌[41]。目前检测早期肝细胞癌（hepatocellular carcinoma，HCC）的手段主要有超声检查和测量甲胎蛋白（alpha fetoprotein，AFP）水平，但这两种方法的灵敏度相对较低。新方法通过追踪血浆中的六种甲基化 DNA 标记物来检测 HCC，再用全甲基组 DNA 测序来鉴定 HCC 标记物。研究组对 244 人的血液样本进行测试，结果表明，新方法对 HCC 的总体敏感性为 95%，且其检测特异性超过常用的血清测试。新成果有助于肝癌患者的尽早诊断，从而可把患者的存活率从 40% 提高到 70%。

8月，新加坡国立大学开发出一款强大的人工智能平台 CURATE.AI，并利用该平台不断优化新型药物组合的给药剂量，成功阻止了前列腺癌晚期患者病情的进一步恶化[42]。联合治疗是现代癌症治疗的基石，已改善了治疗效果，但提供的固定剂量及高剂量的药物，不一定适合存在个体差异的患者。研究人员对患者使用在研药物 ZEN-3694 和已批的药物恩杂鲁胺（Enzalutamide）组成的药物组合，并利用 CURATE.AI 平台来检测血液中反映肿瘤大小的生物标志物的变化，以动态调整每一种药物的最佳剂量，最终成功抑制住肿瘤的生长。新方法可针对不同患者调整治疗方案，促进个性化医疗向前迈进了一大步。

12月，美国加州大学洛杉矶分校开发出体外培养微型肿瘤的方法，实现了快速筛选治疗药物[43]。一些罕见的癌症没有标准的治疗方法，因此，在给癌症患者用药之前，在体外使用癌细胞测试药效是一种明智的做法。研究人员从一名患罕见骨癌的男孩体内提取癌细胞，在 96 孔板上培养成微型肿瘤，并在两周内测试了 430 种化合物，发现其中 8 种化合物在微型肿瘤中杀死了 75% 的细胞。新方法有助于快速筛选出大量治疗极罕见癌症的潜在药物，为患者制定个性化治疗方案，从而治愈癌症或延长患者存活期。

3. 重大新药

1月，美国 Inovio 公司开发出的新合成疫苗，在动物模型中可对 H1N1 病毒产生抗体应答[44]。目前批准的季节性流感疫苗，仅针对特定配方中包含的三或四种毒株提供保护，无法应对流感病毒毒株频繁的转移和漂移。研究人员采用一种合成的微共识方法，利用一系列合成 DNA 抗原制备出新疫苗。多次动物（包括天竺鼠、非人类的灵长类）测试证明，新疫苗产生了明显效果。这种新疫苗可用在不同的季节，实现持续的免疫保护。新方法也可用于开发广泛的保护性疫苗，以对抗登革热、呼吸道合胞病毒和艾滋病毒等传染病。

2月，美国洛克菲勒大学在对来自美国各地的 1000 多份土壤样本中提取的细菌 DNA 进行测序的基础上，发现了新的抗生素 Malacidins[45]。遏制耐药性感染增多的趋势需要开发新抗生素。研究人员发现的新抗生素 Malacidins 通常存在于土壤微生物组中，是一种独特的抗生素，采用与其他药物不同的方式对抗细菌，通过攻击细菌细胞壁的关键部位，可杀死多种耐多重药物并引发疾病的细菌。此外，开发 Malacidins 采用了一种高通量、基于测序的筛选方法，这种方法去掉了以前开发新抗生素使用的分离培养微生物等耗时的环节，有助于从多样的环境样本中筛选新药。

4月，中国香港大学利用基因工程技术，研制出一种新型艾滋病抗体药物“串联双价广谱中和抗体”（BiIA-SG）[46]。BiIA-SG 可有效抑制所有测试过的艾滋病病毒株，并促进清除小鼠体内的潜伏感染细胞。与此前治疗艾滋病的抗体药物相比，BiIA-SG 明显改进了治疗效果。BiIA-SG 的广谱性以及增强的抗病毒能力，使之可用于预防和治疗艾滋病。目前 BiIA-SG 仅在人源化小鼠身上取得疗效，距离临床试验至少还需要几年时间。

6 月，美国生物技术公司 GeoVax 开发出“即插即用”型的生产疫苗的技术平台（“Plug and Play” technology platform）[47]。该平台可用于快速、大规模生产抵御寨卡、埃博拉等多种病毒的单一剂量疫苗。与其他疫苗技术不同，利用这种平台生产出的疫苗具有高安全性和高免疫原性，可反复使用，能够在冷链条件下或以冻干形式在非冷链条件下运输，有效对抗多种适应证。新平台可用于应对更加广泛的生物威胁，适合快速大规模生产疫苗。

7 月，美国 Agios 生物制药公司的靶向新药 Tibsovo（ivosidenib）获得美国食品药品监督管理局（Food and Drug Administration，FDA）批准，用于治疗伴有 IDH1 突变的复发性 / 难治性急性髓系白血病（AML）成人患者[48]。AML 是一种发展很快的癌症，形成于骨髓。IDH1 是一种代谢酶，其基因突变存在于包括 AML、胆管癌和神经胶质瘤在内的多种肿瘤中，会导致患者病情加重。此前一直没有针对 IDH1 突变的有效药物。Tibsovo（ivosidenib）是第一个强效 IDH1 抑制剂类药物，可通过抑制某种代谢物使细胞正常代谢和分化。一同获批的还有配套的诊断试剂。如果诊断试剂检测到血液或骨髓中有 IDH1 突变，那么患者适合用 Tibsovo 治疗。临床研究表明，Tibsovo 能够强有力地持久缓解病情，可以帮助患者实现和保持对输血不依赖的状态。

8 月，澳大利亚墨尔本大学与沃尔特和伊丽莎霍尔医学研究所（Walter and Eliza Hall Institute of Medical Research，WEHI）、莫纳什大学（Monash University）等机构合作，开发出首个“让癌细胞休眠”的抗癌药物[49]。癌细胞善于伪装且具有很强的分裂与转移能力。以往的癌症标准治疗法会损伤 DNA。新抗癌药的作用机制是在不造成 DNA 损伤的情况下，使癌细胞不再分裂、扩增。新抗癌药也不会像化疗和放疗那样带来潜在的风险，而只会让癌细胞永久休眠，在血液癌、肝癌模型中已表现出抑制癌症恶化和复发的良好效果。

11 月，美国 FDA 批准全球首个基于癌症遗传因素的癌症靶向治疗药物 Vitrakvi 上市[50]。Vitrakvi 由 Loxo Oncology 公司和拜耳公司联合开发，能够治疗 NTRK 融合引发的多种实体瘤。NTRK 融合很罕见，研究表明，NTRK 基因可以异常地与其他基因融合，从而引发包括乳腺癌、结直肠癌、肺癌和甲状腺癌等多种实体瘤。

4. 重大疾病诊疗

8 月，美国西奈山伊坎医学院（The Icahn School of Medicine at Mount Sinai）利用

一种基因转移的新方法，成功使先天失明的小鼠复明[51]。在冷血脊椎动物中，Muller胶质细胞（MGs）可以修复受损的视网膜神经元，但哺乳动物的MGs没有再生能力。研究人员在小鼠实验中利用β-Catenin蛋白的基因转移，刺激“米勒胶质细胞”分裂并使之发育为可感光的视杆细胞。新发育的视杆细胞在结构上与天然视杆细胞没有差别，且形成了突触结构，可与视网膜内其他神经细胞交流，从而使先天失明的小鼠复明。新成果为治疗视网膜色素变性等致盲疾病带来新希望，也为治疗包括阿尔茨海默病和帕金森病在内的神经退行性疾病奠定了坚实的实验基础。

11月，日本京都大学完成了全球首例通过诱导多能干细胞（iPS）治疗人类帕金森病的临床试验[52]。帕金森病是一种神经系统变性疾病，目前尚无根治方法，此前动物试验证实iPS细胞疗法能够治疗猴子的帕金森病。研究人员向一名50多岁的男性患者脑部移植了由他人的iPS细胞培养的240万个多巴胺神经祖细胞。患者术后恢复情况良好，但手术效果和安全性还需长期观察。这是全球首次将iPS细胞用于治疗人类帕金森病。

12月，德国慕尼黑Walter Brendel实验医学中心通过优化改进现有的心脏异种移植方法，成功将基因修饰后的猪心脏移植到狒狒身上[53]。对于心脏器官短缺的问题，一个可能的解决方案是用来自猪供体的心脏。但异种移植至今非常困难。在实验中，接受猪心脏移植的狒狒存活了195天，实现了心脏异种移植的重大突破。新移植方法包括改进供体心脏存储条件、调整受体免疫抑制剂的使用、协调供体与受体的血压水平和抑制心肌增长等。新技术是一项异种器官移植的开创性进展，将促进猪心脏移植人体的临床实验进程，可为心力衰竭等心脏病患者提供新的治疗方法。

5. 医疗器械

2月，中国国家纳米科学中心与美国亚利桑那州立大学合作，研制出用于肿瘤治疗的智能型DNA纳米机器人[54]。用纳米医学机器人对人类重大疾病进行精准诊断和治疗，是人类的一个伟大梦想。其难点是如何在杀死疾病细胞的同时不伤害健康细胞。研究人员在这方面已取得突破。他们基于DNA纳米技术构建出自动化DNA机器人，并在机器人体内装载凝血酶。这种DNA纳米机器人可以精确靶向肿瘤血管内皮细胞，并在肿瘤位点释放凝血酶，从而诱导肿瘤血管栓塞和肿瘤组织坏死。新方法的治疗效果在乳腺癌、黑色素瘤、卵巢癌及原发性肺癌等多种肿瘤中都得到验证。动物实验显示，这种DNA纳米机器人具有良好的安全性和免疫惰性，实现了在活体血管内稳定工作并高效完成定点药物输运的功能。

5月，美国直觉外科（Intuitive Surgical）公司研制的达·芬奇SP（da Vinci SP）系统获得FDA批准，用于泌尿科手术[55]。达·芬奇是手术机器人的“鼻祖”。在实施手术时，主刀医生利用它的三维视觉系统和动作定标系统来操作和控制，同时由机械臂以及手术器械完成医生的手术操作。新研制的SP系统包括三个多关节的可以扭动的机械手腕和一个灵活的3D高清摄像机，可以通过一个小切口或自然孔进入人体，并在目标周围正确进行三角测量，以避免仪器在狭窄的手术工作空间内发生碰撞。该系统可为复杂的手术提供微创操作，广泛用于成人和儿童的腹部外科、泌尿外科、妇产科以及心脏手术。

5月，美国华盛顿大学医学中心发明了一种低成本调强放疗（IMRT）方法[56]。IMRT是一种精密治疗技术，采用复杂的多叶准直器（MLC）来束缚光子束，以减少对健康组织的伤害。IMRT已在高收入国家的所有放射治疗诊所普及，但低收入和中等收入国家的大部分地区无法配备。研究人员开发出一种低成本的多叶准直器。新多叶准直器是一个由轻质塑料模具制成的环形补偿器，里面充满钨珠等衰减珠，可以装备到现有的直线加速器和钴远程治疗单元上，使用户无需购买新的治疗系统就可以增加调强放疗的功能。

5月，中国科学院广州生物医药与健康研究院研制的世界首台“全自动干细胞诱导培养设备”正式通过验收并投入运行[57]。此前获得大量诱导多能干细胞（iPSC）的方法是人工制备并让其大量增殖。实现iPSC自动化和规模化的均质培养与扩增，是iPSC技术走向实用的关键。新设备由自动化培养箱系统、自动化液体处理系统、显微在线观测系统、高精度克隆挑取系统、培养皿传送系统、设备控制系统六大模块组成，可实现iPSC的自动诱导培养、扩增、成像、移液换液、挑取克隆、下游分化等功能。新设备的成功研制，标志着中国在干细胞装备领域的自主研发取得新突破，为再生医学及精准医疗研究奠定了基础。

5月，澳大利亚国防部与墨尔本大学合作，开发出两套疾病检测预测工具“EpiDefend”和“EpiFX”[58]。新工具可利用健康和环境数据，实时评估疾病的危害程度和可能的传播路径。EpiDefend整合了经过实验室确认的流感病例数据和环境数据，可提前8周准确预测流感暴发，为公共卫生系统提供反应时间，以最大限度减少流感爆发的影响。EpiFX基于统计概率原理，可提前5周准确预测流感暴发，还可评估生物恐怖袭击的威胁程度。这两款工具可帮助公共卫生部门开展疾病控制工作，也可保护部队免受生物武器攻击和流行病威胁。

11月，美国哥伦比亚大学开发出世界上首个可同时筛查所有已知人类致病菌及其毒性和抗生素耐药性标志物的医学诊断平台“BacCapSeq”[59]。准确地尽早鉴别和诊断传染病，以及了解药物敏感性的概况，可以降低死亡率、发病率和医疗保健费用。BacCapSeq含有420万个能结合特异序列的遗传探针，当样品中存在某些特定细菌和生物标志物时，一种磁力反应能“拉出”需要检测的物质并鉴定其独特序列。该平台可以检测307种致病菌的特征DNA及抗生素的耐药性和毒性的生物标志物，具有比传统方法高1000倍的灵敏度和与一次只筛查一种细菌的专门测试水平相当的准确性。新平台一旦用于临床，将为医生提供强力有的帮助。

11月，美国加州大学与中国上海联影医疗科技有限公司联合，开发出全球首台全身3D医学扫描仪“EXPLORER”[60]。EXPLORER整合了正电子发射断层扫描（PET）和X射线计算机断层扫描（CT）的功能，可在20～30秒内完成全身扫描诊断。它的扫描速度比目前的PET快40倍，而目前PET的辐射剂量比EXPLORER高40倍；这将为在个体中进行多次重复研究开辟新途径，对需要控制累积辐射剂量的儿科研究等具有重要意义。此外，新设备在整个身体周围移动时，还可生成跟踪特定标记药物的动态影像。这是史上第一次利用成像扫描仪同时评估身体所有器官和组织。新技术在改进诊断、追踪疾病进展和研究新型药物等方面具有重大应用价值。

11月，美国加州大学洛杉矶分校与北卡罗来纳州立大学合作，开发出一种新型植入式微针贴片，该贴片可用于修复因心脏病发作而受损的心脏组织[61]。这种贴片为一片薄薄的聚合物，内嵌大量微针；贴片表面附凝胶，内含心脏基质细胞，能分泌促进心肌细胞生长的蛋白质和小分子RNA。在大鼠上的实验表明，用贴片的大鼠3周之后心脏上发现受损部位含有40%的健康组织；在猪身上的实验表明，贴片能维持心脏病患者的心脏泵血能力。目前这种贴片在动物实验中已获得初步成功，但如用于人类疾病的治疗，还需要将贴片中的聚合物替换成可在体内自然溶解的物质，同时还要开发一种侵入性更低的植入方式，以取代目前的开胸手术。

三、新材料技术

2018年，新材料技术继续向结构功能一体化、功能材料智能化、材料器件集成化、制备应用绿色化方向发展。在纳米材料领域，开发出可使光弯曲和装置隐形的光学超材料、超高性能纳米纤维、环境友好的新型光致发光纳米粒子、具有纳米结构且稳定的新型DNA，并利用深度学习算法设计出新型光学超材料。围绕二维材料的制备、生产和筛选，制备出高质量的石墨烯、高性能新型结构陶瓷材料、“魔角”双层石墨烯、新型的磁性二维材料，发现了大批量高效生产高质量石墨烯的新方法，以及从三维化合物中筛选层状结构物质的新算法。钼代替锆合金的核反应堆材料、金属玻璃——钛硫合金、轻质不锈钢金属泡沫复合材料、最耐磨的铂合金、轻质形状记忆合金等耐用和智能化金属材料相继问世。各种半导体材料［如直径为5英寸①的锗酸铋（BGO）晶体、α-硫化银、砷化硼半导体材料］以及世界最小单原子晶体管被制备出，

① 1英寸=2.54厘米。

此外，两块半导体晶体也实现了无缝“缝合”。在先进储能材料领域，出现了氧化锰纳米片和石墨烯交替重叠的材料、硫化铜阳极钠离子电池、用于制造性能稳定的大容量锂离子电池的全新材料、显著提升了锂离子电池的电化学性能等新技术，首次发现了无金属钙钛矿型铁电体。用于心脏病和烧伤患者的组织再生的生物材料、第一个可用于人类移植的 3D 打印眼角膜、具有强大功能的生物智能材料、新一代人工视网膜、3D 打印生物工程脊髓、生化实验用新型微芯片等生物医药材料涌现出来。在其他材料方面，木材可制成超强超韧的高性能结构材料，成功制备出新的磁能超导材料、新型超级耐火材料、新型船舶防腐涂料、高强度和刚度的聚邻苯二甲酰胺。

1. 纳米材料

1 月，美国西北大学开发出一种可使光弯曲和装置隐形的光学超材料[62]。研究人员把自上而下的光刻技术与 DNA 驱动的可编程自组装结合起来，先用光刻技术在聚合物上钻出 1 纳米宽的小孔，把它作为纳米颗粒落入的“着陆垫”；再用 DNA 链修饰“着陆垫”，然后让经互补 DNA 链修饰的金纳米颗粒落在“着陆垫”上，成功构建出具有光学超晶格结构的新材料。新材料浸入不同浓度的乙醇中，可以反射各种不同颜色的单色光。新方法可用来制造自然界不存在的超材料，未来有望用于隐形装置及环境和生物传感器的开发。

1 月，美国麻省理工学院采用一种新工艺，制造出当时性能最好的纳米纤维[63]。在材料的制备中，以往的方法无法同时保持材料的强度和韧性。研究人员在新工艺中对传统的凝胶纺丝技术进行改进，以聚合物凝胶为起始材料，使用电力而不是机械牵引将纤维拉出。这种带有静电的纤维被拉出后，产生一种类似“鞭子分叉”的不稳定过程，从而形成纳米尺度的超细纤维。这种超细纤维同时具有超常的强度和韧性，其比强度超过当时性能最好的纤维，比模量接近当时最好的纤维，而密度低于碳纤维和陶瓷纤维。新材料价格不贵，容易生产，未来可用于制造防护装甲和纳米复合材料。

8 月，日本大阪大学开发出一种环境友好的新型光致发光纳米粒子[64]。此前大部分显示器并不总能准确地显示人类肉眼感知的世界颜色。此外，医学研究用的纳米粒子也常采用有毒的镉。为了解决这些问题，研究人员采用无毒半导体二硫化铟银（$AgInS_2$），制备出发光纳米粒子，并用硫化镓（Ga_2S_3）对这种纳米粒子进行改性。改性后的新型发光纳米粒子无毒，可发出非常纯净的颜色，适用于新药的开发和测试，也可用于显示器和 LED 照明。

8 月，德国慕尼黑工业大学发现了增加 DNA 双螺旋结构稳定性的方法[65]。DNA 自组装技术问世后，其组装速度得到极大的提升，但这种结构不能承受极端环境。新方法解决了这个问题。研究人员在让 DNA 完成自组装后，用紫外线照射 DNA 相邻的T碱基以产生额外共价键，从而得到具有纳米结构的新型DNA。新型DNA具有产量高、成本低的特点，可承受90℃高温，能防止因解旋而发生的突变，可有效应对人体内的过氧化物、免疫物质、核酸酶等多种恶劣环境，未来可能在生物医学等领域发挥重要作用。

10月，以色列特拉维夫大学（Tel Aviv University）利用深度学习算法，设计出新型光学超材料[66]。超材料具有广泛应用，但复杂制造工艺中存在的误差阻碍了它的开发。虽然纳米光学领域的突破给超材料的开发铺平了道路，但材料的设计仍需要大量的试错实验。实验表明，深度神经网络可在一瞬间预测出满足性能需求的纳米结构的几何形状。研究人员通过15 000个人工实验，对深度神经网络进行训练，确定了纳米材料的形状与电磁响应之间的复杂关系。基于新方法，他们成功设计出可与特定化学物质或蛋白质发生相互作用的新型纳米材料。这表明，深度学习算法可广泛用于光谱学、靶向治疗等领域纳米材料的结构设计。

2. 二维材料

1月，中国复旦大学与新加坡国立大学合作，在水相中高效率制备出高质量的石墨烯[67]。石墨烯在智能装备、航空航天、能源储存和环境治理等诸多领域有巨大的应用潜力。高质量石墨烯的高效率、规模化制备一直是其实现大规模应用的关键。以往的方法很难在高浓度下进行液相剥离；同时，石墨烯具有的强烈的聚集倾向也使其难以存储和运输。研究人员采用一种非稳定分散的策略，实现了在极高浓度（50毫克/毫升）下石墨烯的快速、高产率剥离。在剥离过程中，石墨烯以絮凝方式析出并沉淀后，容易再次散入水溶液，可形成均匀稳定的石墨烯悬浮液，从而解决了规模化应用中的储存和运输问题。新成果有利于加速推动石墨烯的大规模生产。此外，使用这种石墨烯采用3D打印技术可以制造出各种形状的石墨烯气凝胶，为石墨烯在储能、环境治理、多功能复合材料等领域的应用开辟了新途径。

1月，美国莱斯大学（Rice University）采用新方法，大幅提升了陶瓷材料的强度、韧性、耐热与耐辐射等性能[68]。陶瓷材料的主要缺点是在高压或高应变情况下容易破碎。研究人员通过在两层硅酸钙间掺入纳米尺度的二维六方氮化硼（hexagonal boron nitride，hBN），提高了硅酸钙陶瓷的延展性、韧性和强度。新研究表明，hBN可与层状雪硅钙石形成牢固的夹心结构。与雪硅钙石相比，新型结构具有高3倍的强度和25%的硬度，以及高耐热与耐辐射性。新技术有望用于建筑、原油、天然气、核工业、航天等需要耐火材料或高性能复合材料的领域。

3月，美国麻省理工学院与哈佛大学、日本国家材料科学研究所合作，利用全新的技术，首次制备出“魔角”双层石墨烯[69]。石墨烯是按照蜂巢形状堆叠的单层碳原子，以往利用石墨烯与其他超导材料的接触，可合成出石墨烯超导材料。双层石墨烯就是将两层石墨烯叠在一起，而每层石墨烯都有各自特定的指向。当把石墨烯旋转到特定的方向时，就可以使材料处于绝缘或者超导的状态，而这些状态在单层石墨烯中是不存在的。基于这种新发现，研究人员通过控制石墨烯层与层之间的转角，制备出“魔角”双层石墨烯。“魔角”石墨烯具有类似高温超导体的特性，如果利用电场吸附到电子，就会变成超导体。新材料可用在量子元件中。

3 月，瑞士洛桑联邦理工大学（École Polytechnique Fédérale de Lausanne，EPFL）与瑞士国家能力研究中心（NCCR）合作，发现一种从三维化合物中筛选层状结构物质的新算法[70]。二维材料只有一个原子厚，但其制取很难，一般有合成和剥离两种基本思路。研究人员想到用计算机分析化合物可能可以剥离成单层。他们利用新算法，分析超过 10 万种已知三维化合物的结构，初步筛选出 5600 多种层状结构的物质，然后计算层与层分离所需要的能量。计算结果表明，约 1800 种物质的结构可能适合剥离，其中 1036 种非常容易剥离。这说明，数字技术可以促进新材料的发现。新成果将为未来制造大量的二维材料开辟道路。

4 月，美国麻省理工学院开发出一种可以生产长条状高质量石墨烯的连续制造工艺[71]。石墨烯是生产超薄膜的潜在材料，但其生产成本很高，如果直接作为超薄膜，就要求其有很高的质量且无缝，可完全覆盖基材。石墨烯基膜此前只能在实验室小批量生产。新工艺用普通的化学气相沉积技术，并结合卷对卷的制造方法，大批量、高效率地生产出高质量石墨烯，同时降低了成本，从而首次证明了工业生产高质量石墨烯的可行性。下一步的研究将努力实现真正的流水线生产，为石墨烯薄膜的商业化提供一条新途径。

10 月，中国复旦大学发现了一种新型的磁性二维材料 Fe_3GeTe_2[72]。在磁性二维材料的研究中，研究人员利用光学手段，探测绝缘的层状磁性材料 $Cr_2Ge_2Te_6$ 和 CrI_3，可以观察到材料的二维磁性。然而，这些材料都是绝缘的，且其铁磁转变温度远低于室温。这在很大程度上限制了二维材料在电子学器件中的应用。研究人员利用锂离子插层调控的方法，在金属性的 Fe_3GeTe_2 薄层中获得了温度在室温以上的铁磁转变。基于这种材料，未来有可能研发出超高密度、栅压可调且室温可用的磁电子学器件。新方法也将为未来二维材料的利用拓展新思路。

3. 金属材料

1 月，美国国家航空航天局（National Aeronautics and Space Administration，NASA）的阿姆斯特朗飞行研究中心、格伦研究中心、兰利研究中心与波音公司和 Area-I 公司等合作，研发出用于可折叠机翼的轻质形状记忆合金[73]。过去飞行中折叠机翼依赖笨重的常规电机和液压系统，很不便利。新技术采用最新的轻质形状记忆合金，可使机翼的外侧在飞行中折叠成最优的角度，同时不会造成重型液压系统的变形。这对飞机部件的正常工作起着至关重要的作用。测试结果表明，新技术将传统制动器的重量降低了 80%，同时使机翼在飞行过程中实现 0° ～ 70° 的折叠。

2 月，德国萨尔兰大学（University of Saarland）开发出质量轻、强度高的非晶态金属——钛硫合金（也称“金属玻璃”）[74]。这次研究首次选择硫作为不同金属的混合物。研究人员首先开发出一种具有良好性能的含钯和镍的硫合金，然后用质量更轻、更便宜的钛做试验；通过多次试验，最终成功获得制备金属玻璃所需的钛、硫和其他元素的最佳配比。新配比的钛硫合金是非晶态的，在相同重量下，具有普通钛基金属的两倍强度，是生产更轻、更小部件的理想材料。与此前的非晶质金属材料相比，新型合金还具有原料来源丰富、价格低廉及毒性小等优势。未来，该合金可作为轻质部件广泛应用于航空航天等领域。

3 月，美国北卡罗来纳州立大学与陆军航空应用技术委员会合作，制备出一种轻质不锈钢金属泡沫复合材料[75]。此前军用车辆的装甲大多使用轧制钢，但轧制钢的重量是金属泡沫复合材料的 3 倍。新材料具有比现有装甲更好的防护能力，可显著降低车体重量，提高燃油里程。测试结果显示，在不牺牲安全性能的情况下，新材料能更好地阻挡破片冲击，也可吸收会造成人员创伤的爆炸冲击波。

6 月，美国桑迪亚国家实验室（Sandia National Laboratories）开发出世界上最耐磨的金属——铂金（Pt-Au）合金[76]。传统合金可通过减小颗粒尺寸来增加强度，但在极端的压力和温度下，仍会变粗或变软。研究人员利用计算机模拟，通过溶质偏析来改变晶界能，从而开发出机械性能和热稳定性优异的纳米晶 Pt-Au 合金。该合金的耐磨性是高强度钢的 100 倍，接近世界上最耐磨的金刚石或蓝宝石。新合金可用于手机、雷达和航空航天系统中的电子产品中，以提升电子产品的持久性和可靠性。

4. 半导体材料

1 月，中国科学院上海硅酸盐研究所采用坩埚下降法，成功制备出直径为 5 英寸的锗酸铋（BGO）晶体[77]。BGO 晶体是一种综合性能优异的无机闪烁体。5 英寸直径 BGO 晶体是超高灵敏辐射探测装置的关键材料之一。此前制备 5 英寸直径 BGO 晶体采用的生长方法是提拉法，而坩埚下降法制备的最大直径是 110 毫米。研究人员通过装置、方法和工艺的创新，解决了超大直径 BGO 晶体制备中的一系列关键技术，实现了 1～5 英寸直径系列化 BGO 晶体的制备。新制备的晶体无色透明，无明显缺陷，晶锭直径可达 135 毫米。新技术未来可广泛应用于核医学成像、高能物理、天体物理等辐射探测领域。

3 月，美国康奈尔大学与芝加哥大学合作，开发出一种可在原子层面上无缝地“缝合”两块晶体的新技术[78]。在电子学领域，半导体的异质结的材料接触界面越平坦，产品性能越优越。异质结缝合不整齐，电子在界面处会发生散射，导致半导体发热，同时还妨碍高性能晶体管的制备。以前的异质结没有完美整齐的界面。研究人员利用改进的金属－有机化学气相沉积工艺，做到在同一个过程中生长整个晶体，从而高质量地把只有 3 个原子厚度的两种不同晶体缝合。结果显示，两种材料晶格缝合紧致，没有缺陷。新技术为制造新型高质量电子产品提供了可能，有望应用于柔性 LED、超薄二维电路以及变色纤维的开发。

4 月，中国科学院和德国马克斯－普朗克研究所（Max Planck Institute）合作，制备出一种“柔软”的半导体材料 α- 硫化银（α-Ag_2S）[79]。柔性电子材料通常将有机/无机材料电子器件制作在柔性衬底上。然而，目前的无机材料特别是半导体为脆性材料，有机半导体相对无机半导体具有迁移率较低、电学性能可调范围较小等劣势，因而无法满足半导体工业的需求。此前尚未发现室温条件下的柔性无机半导体材料。研究人员制备出一种典型的半导体材料 α-Ag_2S 薄膜。在室温条件下，它比块体材料有更大的变形能力，表现出良好的延展性和可弯曲性。目前该材料的最大问题是成本，成本问题解决后，新材料可广泛应用于柔性电子设备中。

7 月，美国加利福尼亚大学洛杉矶分校，开发出具有高导热率的无缺陷砷化硼半导体材料[80]。要提高电子产品的性能，需要解决好电子产品出现的高温问题。研究人员发明出一种新的半导体材料：无缺陷砷化硼，这种新材料创造了导热系数的历史记录，比此前的材料（碳化硅和铜）快 3 倍，可高效吸收和散发热量。目前的芯片制造工艺就可大规模生产这种新材料。新材料有助于大幅提升半导体器件的性能，降低从小型电子设备到大型数据中心的能源需求，有望取代现有的计算机半导体材料。

8 月，德国卡尔斯鲁厄理工学院（Karlsruher Institut für Technologie，KIT）开发出世界最小单原子晶体管[81]。此前制作单原子晶体管使用液体电解质，新的单原子晶体管首次应用固体电解质制作。研究人员在单一金属原子宽度的缝隙间建立两个微小金属触点，然后利用电控脉冲在此缝隙间移动单个银原子，从而完成电路闭合；当把银原子移出缝隙后，电路被切断，由此实现了世界上最小晶体管在通电情况下单个原子的受控可逆运动。与传统量子电子元件不同，新的单原子晶体管可在室温下操作，完全由金属构成，比传统硅电子元件能耗低很多。新的单原子晶体管是信息技术能源利用效率的里程碑。

5. 先进储能材料

2 月，日本国家材料科学研究所成功合成出氧化锰纳米片和石墨烯交替重叠的材料[82]。具有分层结构的氧化锰被剥离成单分子厚的纳米片后，作为电池负极，可以大幅提高电池的容量。然而，氧化锰纳米片的结构在反复充放电时容易被破坏，纳米片也易于凝聚成团。研究人员通过在分子水平上控制两种化合物，制备出氧化锰纳米片和石墨烯交替重叠的新材料。新材料可以防止氧化锰纳米片的结构被破坏，如果用作锂及钠离子充电电池的负极材料，可将电池充放电的容量提高 2 倍以上，且能延长使用寿命。此外，新材料还可大幅提高超级电容器、电极催化剂等能量储存及转换系统的效能。

4 月，韩国科学技术院（Korea Advanced Institute of Science and Technology，KAIST）成功研发出硫化铜阳极钠离子电池[83]。钠离子电池是储能电池中后起之秀，但存在容量小与阳极循环不稳定等问题。寻找合适的阳极材料是解决这个问题的关键。研究人员利用硫化铜纳米板，开发出一种适用于钠离子电池的硫化铜阳极材料。新阳极材料的循环性比原有材料高 1.5 倍，制造成本降低 40%。基于新阳极材料的钠离子电池可在 250 次充放电循环后仍保持初始容量的 90%。新技术进一步降低了钠离子电池的生产成本并提升了电池容量，有望推动钠离子电池的商业化。

5 月，美国西北大学研发出一种全新材料，可用于制造性能稳定的大容量锂离子电池[84]。锂离子电池是现代高性能电池的代表，其阴极含有过渡金属。过渡金属负责储存和释放电能，其性质是电池容量的关键。此前最常用的过渡金属是钴，如用锰取代钴，可提高容量，降低成本；但锰会导致电池性能退化太快。研究人员先为锂锰氧化物材料建立了一个结构模型，用它分析全部充放电过程；然后，尝试将不同元素掺入锂锰氧化物材料，计算出不同混合物的储能效果；最终发现，掺入铬和钒可在保持电池大容量的同时实现最稳定的性能。下一步的研究将在实验室中检验新材料的实际效果。新材料未来将大幅增加智能手机、电动汽车等的续航时间，甚至可延长到目前的两倍多。

7 月，中国东南大学在分子铁电材料领域首次发现无金属钙钛矿型铁电体[85]。常见的钙钛矿材料主要有两种：无机钙钛矿和有机－无机杂化钙钛矿。这两类钙钛矿材料均含有金属元素，增加了加工、制备的难度，某些金属元素（如铅）还会造成严重的环境污染。因此，需要寻找钙钛矿家族中的第三类——全有机钙钛矿材料。这种材料由于没有金属元素，将具备柔韧性、易加工、低能耗、低污染等优势。研究人员用带电分子集团取代无机离子，成功制备出一大类共 23 种全有机新型钙钛矿材料，为钙钛矿材料家族增添了新成员。新型全有机钙钛矿材料具有极为广泛的应用前景。此外，他们还合成出 4 种材料的左手对映体、右手对映体及外消旋化合物，首次分别证明了它们的铁电性。这类材料将在数据存储、光量子通信等领域中获得更广阔的应用。

9 月，韩国蔚山国家科学技术研究所（Ulsan National Institute of Science and Technology，UNIST）与新加坡科学技术和研究机构合作，开发出有望显著提升锂金属电池的电化学性能的新技术[86]。在各种阳极材料中，锂金属具有最低的驱动电压并具有比传统石墨阳极大 10 倍的容量。因此，锂金属阳极是高能量密度电池的理想选择。然而，在电池的连续充放电过程中，锂金属趋于生长为树枝状结构。这种结构很容易刺穿电池隔板并触发内部短路，导致锂金属电池一直难以商业化。新技术用硅化锂（lithium silicide）层涂覆锂颗粒，来抑制锂金属阳极的树枝状生长。实验结果证实，采用新技术的锂金属电池在速率和循环稳定性方面，均体现出优异的电化学性能，有助于锂金属电池的商业化。

6. 生物医用材料

3 月，爱尔兰先进材料和生物工程国家研究中心（Advanced Materials and BioEngineering Research，AMBER）与德国蒂宾根大学（Eberhard Karls Universität Tübingen）合作，开发出一种可用于心脏病和烧伤患者的组织再生的新型生物材料[87]。目前要修复超过 2 厘米的神经损伤非常困难。一个可能的方法是把具备再生能力的生物材料，与一种能进行电刺激的材料结合；然后向受损组织传递电信号，从而恢复受影响区域的功能。胶原蛋白在人体内十分丰富，具有再生潜能。而石墨烯是具有独特的机械和电气性能的最薄的材料。研究人员把两种材料的有益特性结合起来，使之进行“生物杂交”，从而制造出一种机械强度高、导电性好的材料。新材料可促进细胞生长，用于修复大范围的神经缺损和大面积的心脏壁损伤，也可用于脊髓和大脑等区域的再生。此外，新材料还有防感染的功能，可用于下一代抗菌医疗设备、生物传感器等领域。

5 月，英国纽卡斯尔大学（Newcastle University）利用 3D 生物打印机，成功打印出第一个人类的眼角膜[88]。目前眼疾患者更换的眼角膜都是正常的人的眼角膜，全世界可供移植的眼角膜严重短缺。将健康供体角膜干细胞与海藻盐酸及胶原蛋白混合，可以制备出一种用于打印的“生物墨水”。这种生物墨水能够保持角膜干细胞的活力。以这种生物墨水为原料，用低成本的 3D 生物打印机，不到 10 分钟就可以打印出与人类角膜形状相同的角膜。此外，扫描患者眼睛，还可以搭建符合患者特点的角膜。这种 3D 打印角膜如能通过安全测试，未来很有希望做到无限量提供眼角膜。

7 月，德国弗赖堡大学（Universität Freiburg）利用合成生物学技术，开发出由生物组件和高分子材料组成的智能材料系统[89]。在合成生物学领域，开发智能材料系统的关键是最佳地协调生物模块的活动。与计算机类似，各个组件的不兼容性会导致整个系统崩溃。研究人员利用定量数学模型，克服了生物、高分子组件不兼容的难题。新型智能材料系统具有强大的多功能性，可用于感知和处理各类物理、化学和生物信号，具有信号放大、信息存储和生物活性分析的受控释放等功能，在生物医药领域应用前景广阔。

8月，美国得克萨斯大学奥斯汀分校与韩国国立首尔大学合作，利用超薄的2D材料，开发出新一代人工视网膜[90]。以往的人工视网膜因植入物的刚性和扁平而产生模糊或扭曲的图像，同时也会破坏附近的眼部组织。石墨烯有许多独特性能，可能是构建更好的人工视网膜的关键材料。研究人员使用石墨烯、二硫化钼等2D材料，以及金、氧化铝和硝酸硅的薄层，创建出高密度、可弯曲的光电传感器阵列。该人工视网膜具有良好的生物相容性，能够模仿人眼的结构特征，可大幅改善现有的植入式可视化技术，未来有望恢复数百万视网膜疾病患者的视力。

8月，美国明尼苏达大学（University of Minnesota）采用一种新的多细胞神经组织工程方法，3D打印出生物工程脊髓[91]。打印含有活细胞的人工植入物已有多年历史，其难点在如何让干细胞在打印中存活下来，并分化成活跃的神经细胞。新方法把先进的细胞生物工程技术和独特的3D打印技术有效结合起来，从而制备出生物工程脊髓。其中的神经前体细胞有75%存活并分化成脑细胞。新方法打印的生物工程脊髓，可利用外科手术植入患者脊髓损伤区域，充当损伤区域上下方神经细胞间的“桥梁”。新技术有可能帮助长期遭受脊髓损伤困扰的患者恢复某些功能。此外，新技术也可用于制备新型仿生水凝胶支架，在体外模拟复杂的中枢神经系统的组织结构，有助于开发脊髓损伤等疾病的新治疗方法。

12月，日本理化学研究所（Institute of Physical and Chemical Research）开发出一种可高效开展生化实验的新型微芯片[92]。在生化实验中，一个分子的蛋白质与基质发生反应，所得产物非常少。如果试管容积比较小的话，反应产物的浓度变化就比较大。新芯片上含有10万个直径4微米、深500纳米的微型试管，可代替10万支试管。把具有响应浓度变化的荧光试剂用在这种微芯片中，可通过荧光强度的变化，高灵敏度地定量测量产物的变化。试管的微细化有助于提高活性测量的灵敏度，新技术未来有望用于单蛋白质分子分析、新药开发和疾病的早期发现等领域。

7. 其他材料

2月，美国马里兰大学（University of Maryland）发明一种简单有效的方法，以天然木材为基础，制造出超强、超韧的高性能结构材料[93]。研究人员采用新方法，先去除木材中的部分木质素，然后在100℃下对其压缩。结果表明，木材厚度减少80%，而密度提升了2倍，强度和韧性同时增加，其韧性、刚度、硬度、抗冲击性能等机械性能都超出原木材的10倍以上。新材料的拉伸强度可与钢材媲美，但重量仅为钢的

1/6，在建筑、交通、航空航天等领域有巨大应用潜力。此外，新方法适用于各种木材，为设计轻质高性能结构材料提供了一条有巨大潜力的途径。

3 月，美国麻省理工学院与聚变系统公司（Commonwealth Fusion Systems，CFS）合作，开发出一种新的磁能超导材料[94]。实现核聚变的可控需要极高的温度与极大的压力，但在地球上没有任何材料可承受这么高的温度与压力。用磁场包裹等离子体是实现核聚变的可能方式，但一直没取得成功。研究人员开发出一种涂有钇、钡、铜的氧化复合物，发现它在零下 223℃时表现出超导性。新材料是一种“高温超导体”，也是未来“核聚变反应堆”的关键材料，使创造更小、更高功率和更高效的磁体成为可能。新技术在很大程度上加快了实现核聚变发电的步伐。

6 月，俄罗斯远东联邦大学（Far Eastern Federal University）与俄罗斯科学院远东分院（Far Eastern Branch of the Russian Academy of Sciences）合作，合成出新的超级耐火材料[95]。此前，世界上最难熔的材料是碳化钽铪（Ta_4HfC_5），其熔点是 4200 开尔文。新材料采用脉冲等离子体烧结方法制备，其主要成分是碳化物和氮化铪，其熔点高达 4400 开尔文，创下了新的世界纪录。下一步的研究是优化该材料的合成以及深入研究其固体相变方式。未来，它可应用于国防军工、航空航天、电子信息、能源和核工业等尖端领域。

10 月，澳大利亚斯威本科技大学（Swinburne University of Technology）与国防材料技术中心（Defence Materials Technology Centre，DMTC）等机构合作，研制出一种新型船舶防腐涂料[96]。研究人员采用超音速燃烧火焰射流的工艺，使新型涂料覆盖液压机械配件。结果表明，与现有涂料相比，新涂料形成的覆膜可将生物淤积程度减轻 50%，有效缓解了生物淤积对船体造成的损害。新涂料对提高海军舰艇作战能力将发挥重要作用，并可显著降低军舰维护成本。新材料因成本问题暂时不能用于整个船体，只能用在关键机械部件上。

10 月，德国巴斯夫股份公司在德国塑料工业展览会（Fakuma）上，推出高强度和刚度的聚邻苯二甲酰胺（PPA）——Ultramid® Advanced T1000[97]。开发下一代轻量化、高性能组件是替代金属材料的关键。德国巴斯夫股份公司基于聚酰胺 6T/6I，研制出 Ultramid® Advanced T1000。在 Ultramid 系列产品中，Ultramid ®Advanced T1000 系列是一类适用于各个行业和各种挑战性环境的坚固、性能稳定的新材料。它具有最高的强度和刚度，可在高达 120℃（干态）和 80℃（湿态）温度下表现出稳定的机械性能；含有芳香族化学结构，具有高度的耐湿性和抗腐蚀性，优于传统的聚酰胺和其他许多 PPA 材料。新系列材料可替代更多金属材料，用于低温、高湿和腐蚀等环境中。

四、先进制造技术

2018 年，先进制造领域加快向数字化、绿色智能化发展。3D 打印相关技术和部件取得积极进展，开发出可预测 3D 打印部件缺陷的卷积神经网络。各种机器人产品（如电场控制的自组装 DNA 纳米机械臂、新型 3E 概念机器人、可穿戴式机器人设备、可在自主水下航行器与遥控车辆之间切换的多功能水下机器人、最接近自主式飞行的机器人、可做出灵活跑酷等复杂动作的双足机器人等）不断涌现。在微纳加工和数字工厂领域，提高电子设备性能的“逆金属辅助化学蚀刻”、把空气中 CO_2 转化为高质量碳纳米管的原型装置、具有疏水表面的耐热冲击陶瓷材料、制造 3D 晶体管的新型微加工技术、制造几乎任何形状的纳米级三维物体的方法等实现了突破。在高端装备制造领域，新型高铁列车“Velaro Novo”、新 LNG 船再液化系统、廉价微型光谱仪、提高塑料与铝的粘合强度的技术、可大幅简化制备金属无缝管的热轧工艺等相继出现。在生物制造领域，成功让生物体在红外线成像设备中实现“热隐身”，人工合成出人类朊病毒、性能与天然蜘蛛丝基本一致的新蜘蛛丝，设计出能表达 3 种可中和 HIV 蛋白的转基因水稻以及用病毒微生物加速计算机存储的方法。

1. 增材制造

2 月，欧洲空客公司旗下的 Stelia 航宇公司，开发出首款印刷式自加强机身壁板[98]。采用传统技术，飞机机身内部网状的加筋结构需要手工紧固或焊接上去。新方法采用电弧 3D 打印（wire arc additive manufacturing，WAAM）技术，不需要后续添加工序，而是将加筋铝丝沉积到壁板的内表面，使构建复杂组件变得更简单，对环境的影响也较小。新方法将各种功能集成到单个零件中，可节省材料，减少重量和成本。借助该技术，未来飞机超大结构件的设计和建造将变得更简单。

5 月，澳大利亚金属增材制造公司 Titomic 制造出尺寸为 9 米 ×3 米 ×1.5 米的金属 3D 打印机[99]。新 3D 打印机采用逐层打印方式以及传统的冷喷涂技术，无须采用熔炼工艺，便将不同的金属材料熔合在一起，从而使材料的组合更加高效。新 3D 打印机每小时可打印 45 千克的材料，效率非常高。与传统制造技术相比，它不需要屏蔽气体的程序，可减少材料浪费；同时由于使用动能而不是热能，消除了部件发生热变形的风险；打印速度比市场上速度最快的同类产品快 10～100 倍。新技术未来可用于航空航天、军事、海洋、体育用品、汽车、医疗设备、建筑以及采矿等领域。

7 月，美国洛克希德·马丁空间系统公司（Lockheed Martin Space Systems Company，LMT）利用 3D 打印技术，制造出当时最大的太空构件“钛金属罩”[100]。圆罩是卫星燃料箱最复杂的构件，采用传统制造技术使材料的浪费率达到 80% 以上。

该公司以钛为原料，利用 3D 打印技术，在不浪费任何材料的情况下，制造出宽 1.2 米、厚 10 厘米的钛金属罩，从而使燃料箱的交付时间从 2 年缩短到 3 个月，成本降低了 50%。下一步该公司将继续对新技术开展测试，以确保钛金属罩在真空环境下的顺利使用。

9 月，美国劳伦斯 · 利弗莫尔国家实验室开发出用于预测 3D 打印部件缺陷的卷积神经网络（CNNs）[101]。通常情况下，零件打印完成后所做的传感器分析，需要花费高昂的费用，以及很长的时间才能确定零件的质量。在新研究中，研究人员在不同速度或功率等条件下，利用大约 2000 个视频剪辑，开发出 CNNs。辅以其他算法，利用 CNNs 可以录制 3D 打印零件的过程，并在几毫秒内确定零件质量是否符合既定标准。CNNs 能够有效帮助处理打印过程，缩短产品检验工时并及时纠正和调整相关偏差，其精度在区分产品优劣方面可达 93%。

10 月，欧洲航天局（European Space Agency，ESA）推出首台适用于微重力条件下的 3D 打印机[102]。研究人员基于熔丝制造工艺设计出这种 3D 打印机。新 3D 打印机能在向上、向下、侧向等任意方向上操作，在国际空间站轨道中的微重力条件下，可打印出符合航空航天质量要求的塑料件。它适用于多种热塑性塑料，安装在标准的国际空间站载荷架内，可现场或按需制造出需要的构件。此外，它还可以利用再生塑料进行 3D 打印，实现材料的闭环再利用。

11 月，美国 Autodesk 公司与 NASA 喷气推进实验室（Jet Propulsion Laboratory，JPL）合作，利用 AI 设计流程，3D 打印出当时最复杂的蜘蛛状的星际着陆器[103]。新着陆器宽约 2.5 米，高约 1 米，由肠道、铝腿和底盘三部分构成，其中前两部分采用 3D 打印技术制造。与其他 JPL 的着陆器相比，新型着陆器减少了 35% 的重量，但其内部结构却可以支撑 250 磅①重的科学仪器。采用新方法设计制造星际着陆器的最大好处是，可以根据新性能或环境数据，快速迭代设计方案，从而大大缩减设计的时间和成本。

2. 机器人

1 月，德国慕尼黑大学与慕尼黑工业大学等合作，开发出由电场控制的自组装 DNA 纳米机械臂[104]。新 DNA 纳米机械臂长 25 纳米，由灵活的单支架交叉器连接，放置在 55 纳米 ×55 纳米的 DNA 分子平台上，在外部施加可调电场的情况下，可以进行精确的纳米级运动。新 DNA 纳米机械臂可采用光刻和自组装技术进行扩展，每个手臂可单独处理。与其他纳米尺度的操作方法相比，新技术的电场控制可用低成本的仪器实现。此外，在此条件下，这类纳米机械臂的运动速度比此前最快的 DNA 运

① 1 磅≈0.4536 千克。

动系统快 5 个数量级。新技术为 DNA 纳米设备的操纵提供了一个新的方向。

1 月，日本丰田公司推出 4 款新型 3E（empower、experience 和 empathy）概念机器人[105]。情感陪伴型机器人 3E-A18，可识别和回应人类情绪，目的是在公共场所担任指导，或者像服务犬一样为遇险的人提供帮助。机器人轮椅 3E-B18，可在上下坡的情况下保持直立的水平座位，为残疾人或老年人提供支持。存储式机器人 3E-C18 是一款多功能小型移动工作存储设备，可携带物体；有一个可展开的罩盖，可为企业家或艺术家提供移动的工作空间。自主式越野主力装置 3E-D18，利用人工智能解决问题，可攀爬并越过障碍及抵达工作人员难以到达的地方，可用在施工、消防及搜救等领域。未来，多个机器人设备有望作为一个系统共同工作，从而提高人类的生活品质。

2 月，美国哈佛大学开发出一种机器算法，利用它能够快速定制个性化柔软的可穿戴式机器人设备[106]。以往的行走辅助设备，需要根据不同的用户制定不同的辅助策略。新的机器算法，可通过实时测量人体的生理信号（如呼吸速率），快速识别最佳的控制参数，改善用户的代谢机能。采用新算法的可穿戴机器人设备，可在大约 20 分钟内学会与用户保持协调，从而最大限度地为佩戴者带来好处；同时能够降低 17.4% 的代谢耗损。新设备目前仅用于帮助髋关节伸展，未来将用在更大的设备上，以辅助支撑人体的多个运动关节和部位。

4 月，美国 Houston Mechatronics 公司开发出一款可在自治式潜水器（AUV）与有缆遥控潜水（ROV）两种不同形态之间切换的多功能水下机器人 Aquanaut[107]。Aquanaut 利用 4 个内嵌的高可靠性线性驱动器实现形态转换。在 AUV 模式下，Aquanaut 在 200 千米的范围，可完成如海底测绘和大范围侦察等任务；在 ROV 模式下，只需操控鼠标即可完成转动阀门、操控海底工具和扫描地形等任务。与之前技术相比，Aquanaut 既可以高效收集远距离数据，又能够以极低的成本操控海底工具，可为用户提供功能更多和更安全的海底服务。新成果未来可用在商业和军事领域。

9 月，荷兰代尔夫特理工大学（Delft University of Technology）与瓦赫宁根大学（Wageningen University）合作，开发出最接近自主式飞行的机器人装置 DelFly Nimble[108]。DelFly Nimble 采用多轴盘旋，重 28.2 克，翼展 33 厘米，翅膀每秒振动 17 次，时速为 25 千米，续航里程可达 1 千米以上。与传统的飞行机器人相比，DelFly Nimble 通过两对摆动的翅膀（由透明的聚酯薄膜制成）来控制运动，可精确地模拟果蝇的快速逃生动作（包括对逃生方向的偏航旋转）。DelFly Nimble 的高敏捷性和可编程等优点，为研究昆虫的飞行动态和高敏捷动作控制开辟了一条新途径。

10 月，美国波士顿动力公司（Boston Dynamics）开发出可做出灵活跑酷等复杂动作的升级版双足机器人 Atlas[109]。Atlas 能够利用全身部位包括腿、胳膊、躯干等力量，在不破坏前进步伐的情况下，跳过木头，跨上台阶，可越过40厘米的高度。Atlas在执行任务时能够保持平衡，只需占用少量空间。Atlas利用立体视觉、测距感应和其他传感器技术，可操纵物体并在崎岖的地形上行走。它优秀的平衡力、反应力及灵活应变能力，对于其他类人机器人的设计都是宝贵的经验。

3. 微纳加工和数字工厂

1月，美国罗切斯特理工学院（Rochester Institute of Technology，RIT）采用“逆金属辅助化学蚀刻”（I-MacEtch）提高了电子设备的性能[110]。I-MacEtch工艺结合了传统湿法蚀刻和反应离子蚀刻两种方法的优点，可实现更快、更便宜和更受控的工艺过程。然而，适用于该工艺处理的材料种类非常有限，此前主要是硅。新工艺的创新之处在于，首次采用I-MacEtch工艺处理铟镓磷化物，实现了以更低成本、更少时间、更少步骤获得高质量半导体材料的目的。新工艺在太阳能电池、智能手机、电信网格以及光子学和量子计算等领域，具有良好的应用前景。

5月，美国范德堡大学（Vanderbilt University）开发出一种能够从空气中吸收CO_2，并将其转化为高质量的“黑色黄金”碳纳米管的原型装置[111]。直径小的碳纳米管很难制造出来，即使制造出来成本也很高。采用电化学的方法将CO_2分解为碳和氧分子，再把收集的碳组装，可获得纳米精度的碳纳米管。用这种新装置可生产出更高质量的小直径碳纳米管，所需能量远低于此前常用的碳电弧放电法和激光法，且CO_2来源广泛，因而可大幅缩减制造成本。该装置还可以消除CO_2排放的有害影响，有益于保护环境。下一步将改进碳纳米管的生产工艺，以使其能够实现大规模商业化应用。

6月，瑞士纳米技术公司Cytosurge开发出Fluid FMμ3D打印机，实现了微米级别的金属材料3D打印[112]。旧式打印机可以生产1立方微米至100万立方微米的高品质金属构件。该公司在原有打印机基础上，增加两台高分辨率相机，同时在打印头中添加微观通道，并允许泵入非常少量的含离子液体。新型打印机利用感应功能实时控制，实现了直接在结构表面进行微米级纯金属物体的3D打印。新技术在生命科学和物理学研究领域可实现亚微米级的制造，在半导体行业及医疗器械领域具有潜在应用价值。

8月，美国新墨西哥大学（The University of New Mexico）开发出具有疏水表面的耐热冲击陶瓷材料[113]。通过改变材料性质提高耐热冲击性的方法具有成本高昂且复杂的特点。借鉴核工程技术，在陶瓷表面涂覆廉价的纳米颗粒，可以形成纳米结构的疏水表面；当液滴高速撞击这种疏水表面时，会产生蒸汽膜，从而使材料免受热冲击。实验表明，这种涂层陶瓷在液滴撞击后强度未发生变化。新方法可以提高核装置的耐热冲击性，有助于提高核电厂的安全性，也可用于耐高温的工业陶瓷材料。

12 月，美国麻省理工学院与科罗拉多大学合作，开发出一种新颖的微加工技术，成功制造出尺寸不到现有商业晶体管二分之一的 3D 晶体管[114]。此前芯片的制造工艺已达到 5 纳米。研究人员采用改进后的热原子层蚀刻微加工工艺，每次在金属表面只蚀刻 0.02 纳米，在数百次循环后，最终制造出宽度为 2.5 纳米的三维晶体管，其性能比现有的鳍式场效应晶体管（FinFET）高出 60%。新技术比类似的原子级蚀刻方法更精确，且能制造出更高质量的晶体管，有助于在一个计算机芯片上集成更多的晶体管，并为进一步开发高性能晶体管提供了可能。

12 月，美国麻省理工学院开发出一种能制造几乎任何形状的纳米级 3D 物体的方法——“内爆制造”[115]。传统的 3D 打印方法大多局限于特定材料，且难以创建出空心或链状结构。研究人员将大尺寸的物体嵌入膨胀的水凝胶中，然后再缩小到纳米级别，最终制造出纳米级精度的 3D 物体。利用这种方法，可创造出各种结构（包括渐变形态、无连接结构）。新方法适用于多种材料（如金属、量子点、DNA），有望广泛应用于光学、医学和机器人等领域。

4. 高端装备制造

6 月，德国西门子集团公司在德国西部克雷费尔德（Krefeld）的铁路基地首次展示了新型高铁列车“Velaro Novo”[116]。“Velaro Novo”按照“空管”原则设计，没有固定室内设计，可根据客户要求进行个性化设置；同时集成了最先进的测量和传感器技术，可大大降低维护成本。“Velaro Novo”设计时速为 250～350 千米 / 小时，相较于旧型号，列车的重量减少 15%，乘客的可用空间增加 10%，能耗降低 30%。“Velaro Novo”已在德国铁路试验运行。它在效率和可持续性及乘客舒适性和便利性等方面，为行业设立了新标杆。

8 月，韩国现代重工集团成功测试了新研制的 LNG 船再液化系统，成为世界上首个应用这项新技术的行业参与者[117]。新系统采用单一混合制冷剂，可在 −163℃实现 LNG 船蒸发气体 100% 的再液化，使航行中的 LNG 船的蒸发率仅为 0.017%。新系统已通过在实际运营条件下的测试，能够提供优化的 LNG 船的综合解决方案，大大提高能源效率，未来将应用在大型 LNG 船、LNG 供气船及小型 LNG 船上。

8 月，德国德累斯顿工业大学与莱布尼茨研究所和弗劳恩霍夫研究所合作，利用红外激光预处理铝板，提高了塑料与铝的黏合强度[118]。一般的注塑成型方式需要特定的热条件，因此很难将塑料与金属连接在一起。研究人员同时采用连续激光和脉冲激光照射铝板后发现，铝板表面能够表现出对聚酰胺材料更强的粘合力。在这个过程中，粗糙表面会使铝板和热塑性聚酰胺产生机械互锁效应，从而显著提升铝和塑料的黏合强度。未来研究的重点在于优化金属表面的预处理，以使制造过程更加经济。新技术有望大规模应用于汽车轻量化领域。

8 月，俄罗斯国立科学技术大学（National University of Science and Technology，NUST）莫斯科国立钢铁合金学院开发出一种新技术，可大幅简化用合金和高合金钢制备无缝管的热轧工艺[119]。在传统工艺中，制备这类无缝管的轧制过程非常复杂和昂贵，同时冲头因磨损问题需频繁更换，从而导致热轧过程效率低下。研究人员在螺旋轧机上使用液态玻璃润滑剂和水冷工艺，成功将冲头的耐磨损能力提升了 5～6 倍。新技术成功用于制备直径 90～270 毫米的合金钢无缝管，可应用在天然气、石油、化工和能源工业等领域。

10 月，美国麻省理工学院采用标准芯片制造工艺，成功生产出廉价微型光谱仪[120]。通常情况下光谱仪的性能高度依赖设备的尺寸。研究人员采用基于光学开关的新技术，可在不同光学路径之间瞬间翻转光束，不再需要可移动反射镜来完成，因而大大缩小了光谱仪的尺寸。这种微型光谱仪具有与大型光谱仪同等的性能，可批量生产，从而大幅降低制造成本。在医学成像中的光学相干层析成像、工业过程的实时监测，以及石油和天然气等行业的环境传感等方面，这种低成本、高性能的微型光谱仪具有很好的发展前景。

5. 生物制造

2 月，中国浙江大学模仿北极熊毛发结构，开发出一种有序多孔的隔热保温织物，使生物体在红外线成像设备中实现了“热隐身”[121]。现有模仿北极熊毛发结构的研究，难以同时实现隔热性能、机械性能及织造性能的有效结合。研究人员将蚕丝溶解于水中，先制成含水量达 95% 的纺丝溶液，然后用注射器将纺丝溶液慢慢挤入冷冻装置，形成直径约为 200 微米的单丝纤维，再通过冷冻干燥，令纤维中的冰晶升华，最后留下了众多有序的片层孔。实验结果表明，仿生纤维的导热系数比北极熊毛更低，在 −10～40℃的环境中，红外线相机几乎观测不到被仿生织物覆盖的生物体的热量。新材料在工业、军事领域有较为广阔的应用前景。

6 月，美国凯斯西储大学（Case Western Reserve University，CWRU）首次人工合成出人类朊病毒[122]。从啮齿动物身上提取的数种朊病毒对人类不具传染性，且结构和复制方式也不同于人类朊病毒，因此无法用于开发人类朊病毒的抑制剂。研究人员利用基因技术改造大肠杆菌，使其产生人类朊病毒，最终获得一种具有高度破坏性的新的人类朊病毒。同时，研究人员还发现了一种与朊病毒病相关的辅助因子“神经节苷脂”GM1，GM1 在细胞间信号传递中起调节作用，可触发朊病毒的传播。新成果对了解该病毒的结构和复制方式，开发治疗方法具有重要意义。

7 月，西班牙莱里达大学（University of Lleida）与巴塞罗那 Irsicaixa 艾滋病研究所、英国帝国理工学院、美国加州大学等机构合作，开发出能表达 3 种可中和 HIV 蛋白的转基因水稻[123]。口服抗病毒药物可降低 HIV 感染的风险，但价格昂贵。新研究发现内源性水稻种子蛋白可以大大提高 3 种蛋白质（单克隆抗体 2G12、凝集素 griffithsin、凝集素 cyanovirin-N）的活性，从而阻止 HIV 病毒感染人类细胞。新方法具有成本低廉的优点，下一步需要推进动物实验和人类的临床实验，未来有望用于廉价生产可预防艾滋病的药物。

8 月，美国华盛顿大学利用细菌合成出新蜘蛛丝，其性能与天然蜘蛛丝基本一致[124]。生物合成蜘蛛丝的最大挑战之一就是创造足够大的蛋白质。研究人员基于蜘蛛丝蛋白基因，先设计出一组重复的 DNA 序列，然后在其中添加一个简短的基因序列，结果发现，这种结构促进了所得蛋白质之间的化学反应，进而融合成一种更大的蛋白质。新的大蛋白质的拉伸强度、韧性及其他性能与天然蜘蛛丝相当。该工艺适合大规模工业生产，可生产出满足机械应用场景苛刻要求的高性能蜘蛛丝。

11 月，美国麻省理工学院与新加坡科技设计大学（Singapore University of Technology and Design，SUTD）合作，成功开发出一种利用病毒微生物加速计算机存储的方法[125]。现有相变存储器制造工艺需要很高的温度，温度过高会破坏相变存储系统必需的二元合金材料的性质。研究人员利用 M13 噬菌体表面的静电吸附特性，在低温条件下，以模板驱动的成核方式，对二元合金相变材料的形貌、成分和功能进行有效调控，制造出新型相变存储器。新型相变存储器具备稳定可控的相变特征，更快的数据读写速度、更高的存储容量。新方法解决了此前通用存储器系统中，导致相变存储技术效率较低的一些关键材料和结构问题，有望将计算机运行速度和效率提升至前所未有的高度。

五、能源和环保技术

2018 年，能源和环保技术向多元互补、清洁高效方向继续发展，围绕低碳、清洁、高效、智能、安全等发展目标取得多项新成果。在可再生能源领域，成功安装了全球最强大的单台风力发电机，发现了一种新的光合作用、新型的制氢催化剂、将太阳能电池生产成本降低 10% 以上的新方法，开发出把阳光和水转化为氢燃料和电能的人工光合作用装置，成功通过光驱动裂解水生产出氢气和氧气。在核能及安全领域，成功开发出金属 3D 打印压缩空气生产系统制冷机端盖、新型耐事故核燃料、利用丙烯酸纤维从海水中提取铀的技术，瞬态反应堆完成首次核燃料试验，全球首个海上漂浮核电站“罗蒙诺索夫院士”首次实现持续链式反应。在先进储能领域，以提高电池能量密度和安全性、大幅度降低电池成本为目标，在固态锂离子电池、镁固态电池、高能镁电池、太阳能薄膜电池、可充电水基锌电池、可吸收并储存太阳能的新材料等方面取得突破。在节能环保领域，涌现出采用纯 CO_2 来驱动涡轮机的原型发电厂、能够固碳的菱镁矿快速生产工艺、把塑料垃圾转化为氢燃料的新技术、将木屑等废糖转化为球形碳材料的新型合成技术，制备出具有高隔热性的新型超绝缘透明气凝胶，以及能够利用空气中 CO_2 进行自我修复和固碳的聚合物。

1. 可再生能源

4 月，瑞典大瀑布电力公司（Vattenfall）在苏格兰阿伯丁湾欧洲海上风电部署中心（European Offshore Wind Deployment Centre，EOWDC），成功安装全球功率最强大的单台风力发电机[126]。这种海上风力发电机，尖端高度达 191 米，每片桨叶长 80 米，转子长 164 米，只需旋转 1 次叶片就能为英国一个普通家庭提供 1 天的动力。该发电机是海上风电行业第一次商业部署的 8.8 兆瓦机型。连同后续部署的 10 台风力发电机，EOWDC 可满足阿伯丁湾 70% 以上的电力需求，每年可减排 134 128 吨 CO_2。

6 月，英国伦敦帝国理工学院（Imperial College London）与澳大利亚、意大利、法国等国的机构合作，揭示了一种新的光合作用[127]。常规的光合作用使用叶绿素 a 来收集红光，并利用其能量进行化学反应，制造出氧气。然而，科研人员发现，一些蓝藻细菌在近红外光下生长时，叶绿素 a 系统关闭，叶绿素 f 启用，并利用低能红外光来完成化学反应。这是另一种类型的光合作用，与之前了解的光合作用不同，说明在阴影下，叶绿素 f 在光合作用中扮演关键角色。新发现可用来培育新作物，使作物利用更广谱的光进行更有效的光合作用；也可把这种蓝藻细菌移民到火星或其他星球上，用来制造氧气和创造一个生物圈。

7 月，韩国蔚山国家科学技术研究所（UNIST）开发出新型的制氢催化剂，将催化活性提高了 100 倍[128]。在“水电解反应”制氢中，催化剂主要用稀有的贵金属铂，铂价格高，因此，需要寻找可替代铂的材料。研究人员把氮引入碳纳米管，再涂覆上极微量的铂，从而开发出新的制氢催化剂。在新催化剂中，纳米管内部填充了钴、铁、铜金属的纳米粒子；这些成分相互作用，提高了铂的性能，使得捕捉氢消耗的能量近乎为零，极大地提高了氢气的生成效率。未来困扰氢能产业的铂的经济性和效率问题有望得到彻底解决。

7 月，美国加州理工学院在模拟太空的近零重力条件下，成功利用光驱动裂解水制备出氢气和氧气[129]。植物进行光合作用最关键的一步是由光驱动将水分子裂解为氧气、氢离子和电子的反应。在地球上通过人工光合作用大规模利用可再生能源的研究已取得进展，但此前尚未有研究探索它在长期航天飞行方面的应用潜力。研究人员发现，失重会降低光驱动裂解水的活动；但如果调整电池中纳米结构的形状，就可维持低重力下的水裂解活动。新技术有望应用于长期航天飞行，也为改进地球上的光驱动裂解水装置提供了一种新思路。

9 月，芬兰阿尔托大学与美国密歇根理工大学合作，开发出一种将太阳能电池生产成本降低 10% 以上的新方法[130]。在制备太阳能电池时，常用标准蚀刻法处理硅；如果用干法蚀刻黑色硅，就可获得更高效率捕捉光的能力。但这样做会使黑色硅的表面产生很多缺陷，从而损害电池的光电转换性能。研究人员采用恰当的原子层沉积涂层将硅处理后，缓解了材料的表面缺陷，降低了电池电力性能的损失。采用新方法制备的钝化发射极和背面电池（PERC）的单位功率成本，比传统太阳能电池低 10.8%。新技术加快了太阳能技术的发展速度。

10 月，美国劳伦斯伯克利国家实验室（Lawrence Berkeley National Laboratory，LBNL）与德国慕尼黑工业大学（Technische Universität München）合作，开发出一种可把阳光和水转化为氢燃料和电能的光电化学和电流混合（HPEV）电池[131]。传统方法中的其他材料会限制硅太阳能电池的高性能潜力。研究人员在硅组件的背面添加额外的电气触点，把电流一分为二，分别用于生产氢能和直接储存电能，从而制造出 HPEV 电池。HPEV 电池可大大提高太阳能的整体转换效率，使其综合效率达到传统太阳能电池的 3 倍。新技术可用于其他场景，以减少 CO_2 排放。

2. 核能及安全

2 月，中国广核集团有限公司（简称中广核）采用金属 3D 打印技术制造的压缩空气生产系统制冷机端盖，在中国大型商业核电站——大亚湾核电站实现工程示范应用[132]。中广核一直想把 3D 打印技术用于核电站备件及零部件的制造、维修。研究人员主要以 EAM235 合金（主要成分为碳、硅、锰、铬、镍、钼、铜等元素）为原材料，利用电熔增材制造技术，成功制备出压缩空气生产系统制冷机的端盖。这是 3D 打印技术首次成功应用于国内商运核电站，实现了 3D 打印技术在核电领域从理论研究、技术分析向工程应用的重大跨越。新成果将给未来核电设备的设计、研发、制造、修复，以及备件保障和库存管理带来巨大的改变。

6 月，美国太平洋西北国家实验室（Pacific Northwest National Laboratory，PNNL）与超临界技术公司（LCW 公司）合作，利用丙烯酸纤维，成功从海水中提取铀[133]。地球上海水中铀的含量最高。海水中的铀可与丙烯酸纤维表面的分子发生化学键合并被吸附，然后很容易被释放并加工成黄饼。在 3 次每次为期 1 个月的独立测试中，在模拟海洋的条件下，把大约 1 千克的纤维放入海水中，共提取出大约 5 克铀。所用的材料具有很强的耐用性，可重复使用，且价格十分低廉。这种方法制取铀，在成本上可与地面铀矿开采竞争。

9 月，美国爱达荷国家实验室（Idaho National Laboratory，INL）的瞬态反应堆，成功完成首次核燃料试验[134]。在试验中，反应堆试验设施产生了几秒的脉冲，成功辐射和加热了极端条件下的核燃料。此次试验成功，标志着美国恢复了先进核燃料和反应堆技术的发展，以及在这方面的国际领先地位。这次试验为后续的试验和耐事故核燃料的试验奠定了基础，有助于在核工业中开发出更具弹性和更持久的核燃料，对现有的反应堆和正在设计的新一代先进反应堆都很重要。

11 月，全球首个海上漂浮核电站俄罗斯的“罗蒙诺索夫院士”号的第一个反应堆首次实现持续链式反应，达到了最低控制功率水平[135]。“罗蒙诺索夫院士”核电站由俄罗斯国家原子能公司建造，长 144 米，宽 30 米，排水量 21 000 吨，装有 2 座改进型的 KLT-40 核反应堆，可提供 70 兆瓦的电力和 300 兆瓦的热。12 月，该核电站以 10% 的功率开始运行，这是一系列并网前的功能和安全测试。它一旦投入运行，将成为世界唯一的漂浮式核动力装置，用于解决俄罗斯北部和远东地区的供电问题，每年可减排 50 000 吨 CO_2。此外，它的海水淡化设备每天能为岸上居民提供 24 万立方米的淡水。

12 月，美国西屋公司（Westinghouse）与爱达荷国家实验室合作，制造出新型耐事故核燃料[136]。耐事故核燃料可提高核燃料的安全性和性能。以往的耐事故燃料通常采用铀和氧的混合物。新型核燃料的芯块采用铀和硅的混合物。这种混合物比铀和氧的混合物具有更高的铀原子密度，可提供更长的运营周期和更多的功率输出。新成果促进了耐事故核燃料的商业化，可用于第四代反应堆。

3. 先进储能

4 月，比利时校际微电子中心（Interuniversity Microelectronics Center，IMEC）成功研制出一种创新型固态锂离子电池[137]。目前的可充电锂电池虽然还有提升的空间，但不能满足汽车保持足够的续航能力的需求。下一代电池需要用固态电解质取代液态电解质，以增加电池的能量密度。研究人员研制出一种导电性高达 10 毫西［门子］/ 厘米的固态纳米复合材料电解质，并在此基础上制备出原型电池。该原型电池充电 2 小时即达到 200 瓦时 / 升的能量密度，未来有希望进一步提升到在半小时达到 1000 瓦时 / 升的能量密度。新电池有可能超越液态锂离子电池，成为未来快充远程电动车电池行业的有力竞争者。

4 月，美国国家可再生能源实验室（National Renewable Energy Laboratory，NREL）与马里兰大学、科罗拉多矿业大学和陆军研究实验室合作，成功研发出新型镁固态电池，其能量密度与材料成本均优于锂离子电池[138]。锂离子电池的能量密度正接近它的极限。因此，需要寻找更好的电池。在理论上，镁电池的能量密度差不多是锂离子电池的两倍。但此前的研究遇到一个难题：传统的碳酸盐电解质在发生化学反应时，会在镁表面形成阻碍充电的屏障。为此，研究人员用聚丙烯腈和镁离子盐制成固体电解质膜，以保护镁阳极，使电池变得可充电，并据此开发出镁固态电池原型。除比锂更易获得外，镁还可使电池具有锂离子电池 2 倍的能量密度，以及更安全的性能。新发现将为镁电池的设计提供一条新途径。

4 月，美国 Microlink Devices 公司利用三结外延剥离技术，开发出效率达 37.75% 的太阳能薄膜电池[139]。37.75% 是在 6 英寸砷化镓基生产平台上用该技术制造的太阳能电池的最高效率。这个效率获得了美国国家可再生能源实验室的正式认证。这种太阳能薄膜电池设计的比功率超过 3000 瓦 / 千克，超过此前其他太阳能薄膜电池的比功率。此外，多次重复使用昂贵的砷化镓基，还可降低电池的制造成本。新电池未来有望满足要求苛刻的无人机和卫星的应用需求。

6 月，美国马里兰大学与陆军研究实验室和国家标准与技术研究院合作，开发出一种容量大、寿命长、不会起火的可充电水基锌电池[140]。水基电池对预防电子产品火灾至关重要，但其能量存储和容量又有限。研究人员使用新型含水电解质，替代传统锂电池的易燃有机电解质，大大提高了电池的安全性；通过添加锌及在电解液中添加盐，有效地提高了电池的能量密度。新电池有望成为锂电池的理想替代品，可用于太空、深海等极端环境，以及消费电子产品、军事等领域。

11 月，瑞典查尔默斯理工大学（Chalmers University of Technology，CTH）开发出一种可吸收太阳热能并把它储存 18 年的特殊液体[141]。太阳能不易储存。研究人员利用一种新开发出的特殊液体，实现了太阳能的捕捉与储存。这种液体由碳、氢和氮的分子组成，当太阳光照射时，它会重新排列原子之间的化学键以捕获能量。由于能量被强化学键束缚，所以即使它冷却时，能量依然被保存下来。当液体通过钴基催化剂时，其原子的排列会恢复到原始形态，从而释放出能量。这种液体可以说是一种由太阳充电的可充电电池，能重复使用，对环境友好，未来可为家庭供电。

12 月，美国休斯敦大学与美国丰田研究所（Toyota Research Institute）合作，开发出一种有前景的新型高能镁电池[142]。常用电解质中的氯化物会导致电池性能降低。研究人员在新电池中采用无氯化物的电解质、有机醌聚合物的阴极以及镁金属阳极，成功获得高达 243 瓦时 / 千克的能量密度、3.4 千瓦 / 千克的比功率及 87% 的循环稳定性。新电池与传统镁电池相比，具有更高的比能量、比功率和循环稳定性，同时有可能解决锂离子电池存在的安全性问题，未来可用在电动汽车及可再生能源的电池存储系统中。

4. 节能环保技术

5 月，美国得克萨斯州休斯敦的 NET Power 公司，开始测试一个采用纯 CO_2（而不是空气）来驱动涡轮机的原型发电厂[143]。传统的发电厂燃烧化石燃料并排放 CO_2。这家发电厂在高压高温的环境中，先把燃烧天然气产生的 CO_2 合成为超临界 CO_2，然后以超临界 CO_2 为“工质”，来驱动一个特制的涡轮机发电。在这个过程中，大部分的 CO_2 被不断地再利用，不能利用的 CO_2 可以一种低成本的方式捕获并存储。该项技术一旦成功，将可以像传统的燃气发电厂一样，廉价而高效地发电，改善能源供给的局面。

8 月，美国科罗拉多大学博尔德分校（University of Colorado Boulder）开发出一种具有高隔热性的新型超绝缘透明气凝胶[144]。目前大多数可用的气凝胶都是不透明的，不能用在窗户上。研究人员先在啤酒酿造产生的废液中添加特殊细菌制造出纤维素，然后再控制纤维素分子的连接方式，最终开发出具有格子状结构的透明气凝胶材料。新材料的结构可让光通过的同时阻止热量传递。利用这种材料制造的薄膜，其密度为玻璃的百分之一，却有极佳的隔热性能。生产新材料所用的纤维素可利用食物垃圾来生产，从而降低了新材料的生产成本。新材料未来可广泛用于建筑物节能、智能织物、消防员防护设备和隔热汽车等领域，也有望用于在火星建造类似温室的栖息地。

8 月，加拿大特伦特大学（Trent University）发现一种快速生产菱镁矿的方法[145]。从大气中清除 CO_2 可以减缓全球变暖，此前这方面技术的发展受到了实用性和经济性的限制。菱镁矿可用于吸收并储存 CO_2，但需要数百到数千年的时间才能自然形成。研究人员以聚苯乙烯微球为催化剂，在 72 天内形成了菱镁矿。这种方法有以下优势：第一，微球在整个反应中化学性质保持不变，能实现高效运用，极大缩短菱镁矿的形成时间；第二，成矿过程在常温下发生，意味着菱镁矿的生产非常节能。新技术使用需要进一步按比例放大，如能实现工业规模的生产，则可大量减少大气中的 CO_2，从而减缓全球变暖。

9 月，英国斯旺西大学（Swansea University）开发出可将塑料垃圾转化为氢燃料的新技术[146]。大量塑料的使用已带来严重的环境问题。研究人员找到一种不需要回收就可利用塑料的低成本方法。他们把吸光材料添加到废弃的塑料中，然后将其放入碱性溶液并暴露在阳光下，就可产生氢气。这种方法可降解各种废弃物，不需要进行垃圾分类；而食物或油脂（如人造黄油）的混入，会使生产氢气的反应更加顺畅。这种技术可以变废为宝，改善环境，但实现产业化可能还需要数年时间。

9 月，美国橡树岭国家实验室开发出新型合成技术，可将木屑、草屑等含糖的废料转化为球形碳材料[147]。生物精炼对推动经济发展至关重要，但会产生废糖。科研人员找到了处理废糖的办法。在高温和高压条件下，他们采用水热碳化法加工废糖，使糖与水结合后形成实心球形碳材料；如果用其他液体替代水，会形成空心球状碳材料；改变合成过程的持续时间，还可获得不同形状和大小的空心球状碳材料。计算机模拟分析和试验都证明，空心球状碳材料更适合储能。利用新技术制备的电容器的储能量虽然不如电池，但有很多电池没有的优点（如更快的充电速度和超长的使用寿命）。新技术有望用于手机、混合动力汽车、警报系统动力等领域。

10 月，美国麻省理工学院与加利福尼亚大学合作，开发出一种能够利用空气中的 CO_2 进行自我修复的聚合物[148]。此前生物界之外不存在可以固碳的材料。新材料是一种由甲基丙烯酰胺、葡萄糖和叶绿素合成的凝胶状物质，在光照条件下，可像植物一样将温室气体 CO_2 转化为自身结构；如果表面出现破裂或被刮伤，周围区域会逐渐长大并填补缝隙，最终完成修复。新材料与其他模仿生物有机体开发出的自愈材料不同，只需要光，不需要活跃的外部输入（如加热、紫外光照射和机械压力等）。目前已有批量生产此类材料的方法，研究人员正在优化其性能。新材料可以减少化石燃料的使用，吸收 CO_2，有利于保护环境和气候，未来可广泛用于建筑、医疗等领域。

六、航空航天和海洋技术

2018 年，空天海洋领域发展迅速，取得多项重大成就。在先进飞机领域，首架空客最新、最大的双通道宽体 A350-1000 飞机、世界首架利用“离子风”提供动力的飞机、无人机“和风 S”、大幅度降低飞机噪声的技术取得新进展，中国大型水陆两栖飞机“鲲龙”AG600 成功起降，巴西 E190-E2 喷气飞机获得巴西国家民航局（Agência Nacional de Aviação Civil，ANAC）、美国联邦航空管理局（Federal Aviation Administration，FAA）及欧洲航空安全局（European Aviation Safety Agency，EASA）颁发的型号合格证。在空间探测领域，演示了太空 X 射线全自主导航技术，成功发射了凌日系外行星巡天望远镜、“帕克”太阳探测器、水星探测器“贝皮科伦布”，“隼鸟 2”探测器飞抵“龙宫”小行星，“洞察”号无人探测器在火星成功着陆。在运载技术领域，SS-520 三级超小型运载火箭、“重型猎鹰”运载火箭、“静地卫星运载器”成功发射。在人造卫星领域，成功发射天基红外系统第四颗地球同步轨道卫星、“新系统体系先进观测卫星”、分辨率最高的 ICESat-2 卫星、GPS-3 导航卫星系列的首颗卫星等各种功能的卫星；利用“清理碎片”小卫星首次在太空完成空间碎片网捕试验；中国成功发射嫦娥四号中继星“鹊桥”。在海洋探测领域，中国首次在南海构建了国际最大规模的区域潜标观测网，建造了“海洋石油 982”钻井平台，成功测试了“海燕”系列水下滑翔机，“海龙三号”无人缆控潜水器在西北太平洋成功下潜 4200 米；开发出一套能在空气中接收水下发射的声呐信号的“平移声学－射频通信”、“金枪鱼 -9”无人潜航器。在先进船舶领域，中国新型大型综合科考船“东方红 3”号、“潜龙三号”潜水器、“雪龙 2”号破冰船和第一艘载人潜水器的母船“深海一号”下水，出现全球首艘数字化钻井船、冰级船舶的最新版减摇系统、世界首艘全自动渡船“Falco”号，韩国三星重工业株式会社成为全球首家智能船舶网络安全技术的供应商。

1. 先进飞机

2 月，欧洲空客公司在法国图卢兹，向卡塔尔航空公司交付首架空客 A350-1000 飞机[149]。A350-1000 是当时空客最新、最大的双通道宽体客机，汇聚了空气动力学、设计方法和先进技术的最近成就。A350-1000 拥有比 A350-900 长 7 米的机身，多 40% 的高端舱位空间；修改了机翼后缘，采用新的 6 轮主起落架和推力更大的 Trent XWB-97 发动机，航程可达 14 800 千米。首架交付的飞机增加了 44 个座位，首次在公务舱采用新型 Qsuite 座椅，并配装双人床。该机可与卡塔尔航空公司当时的 20 架 A350-900 飞机编队无缝集成，共享运营经验和乘客体验。它在燃料和成本效率上有优势，营运成本比 A350-900 降低 25%。

3 月，巴西航空工业公司的 E190-E2 喷气飞机分别获得了巴西国家民航局、美国联邦航空管理局及欧洲航空安全局颁发的型号合格证[150]。在高难度研发项目 E-Jets E2 上，同时取得世界三个主要认证机构的认可，在巴西航空工业公司尚属首次。它采用了超高涵道比的新引擎及全新机翼设计和起落架。与前一代 E190 飞机相比，它的 75% 的系统是全新设计，它的燃油消耗降低了 17.3%。测试结果显示，E190-E2 商用飞机达到了所有预设目标，在燃油消耗、运行性能、噪声和维护成本等重要指标方面比预计目标更优，在同级别飞机中是最环保的，将成为全球最高效的单通道飞机。

5 月，美国 NASA 在加州阿姆斯特朗飞行研究中心，成功测试了处理机体噪声（飞机着陆时非推进部件产生的）的技术[151]。起落架腔体、起落架和襟翼是造成机体噪声的主要部位。湾流Ⅲ型研究机的这三个部位采用了新设计，包括起落架整流罩、改进的腔体及自适应后缘襟翼。NASA 在起落架腔体前部配置一系列 V 型挡板，在后壁附上吸声泡沫，同时在主起落架腔体开口处设编网。这些装置可改变气流的流向，降低空气、腔壁及腔体边缘相互作用产生的噪声。此次测试飞行显示，机体噪声降低了 70% 以上。

8 月，欧洲空客公司研制的无人机“和风 S”（高空伪卫星）持续飞行近 26 天，打破了无人机最长滞空世界纪录[152]。“和风 S”采用碳纤维复合材料制造，重 75 千克，翼展 25 米，主要由太阳能驱动，在平流层（stratosphere）的平均飞行高度为 7 万英尺①。“和风 S”在各种天气条件下都能发挥作用，可实时传输 1000 平方千米范围内采集到的图像、声音和数据。“和风 S”可作为卫星的替代品，执行对地观测任务，充当互联网节点或移动电话平台，其运营成本比卫星低。

10 月，中国国产大型水陆两栖飞机“鲲龙”AG600 在湖北荆门漳河机场成功实现水上首次起降[153]。AG600 采用船身式水陆两栖飞机的布局形式，拥有单船身式机身、悬臂式上单翼、T 形尾翼、前三点可收放起落架；采用 4 台国产涡桨六（WJ6）涡轮螺旋桨发动机，可在陆上和水上机场起降，水面起降抗浪高度达 2.0 米，最大起飞重量为 53.5 吨。AG600 飞机是中国首次按照本国民航适航规章要求自主研制的大型特种用途飞机，也是当时世界在研最大的水陆两栖飞机。AG600 具有水陆两用、装载量大、航程远、升限适中、速度范围广、超低空飞行性能好等优点，具备执行森林灭火、水上救援、航空运输、海洋环境监测与保护等多项特种任务的能力，对满足国家应急救援和自然灾害防治体系能力建设的需要具有里程碑意义。

11 月，美国麻省理工学院展示了世界首架利用“离子风”提供动力的飞机[154]。此前的飞机需要借助螺旋桨、涡轮叶片和风扇等活动部件飞行，由化石燃料或电池组供电，并产生噪声和排放燃烧物。与以往的飞机动力系统不同，新飞机没有配备任何螺旋桨、涡轮叶片和风扇等活动部件，不需要化石燃料，在飞行中完全由带电空气分子相互作用产生的“离子风”提供动力。该飞机翼展 5 米，重 2.27 千克，在试验中持续飞行 60 米，平均飞行高度为 0.47 米。它具有飞行更安静、机械设计更简单、不会排放燃烧物等优势。如果达到商业化应用，这种飞机还需要解决很多问题，但它直接证明了离子风推进飞机稳定飞行是可实现的。

2. 空间探测

1 月，美国 NASA 演示了太空 X 射线全自主导航技术[155]。此次试验是全球首次太空全自主和实时 X 射线导航演示，该技术可利用毫秒脉冲星，精确定位以每小时数千英里运动的物体的位置，类似 GPS 以 24 个卫星提供定位、导航和授时服务。新技术为深空导航提供了一种新的选择，可与现有航天器协同工作。当航天器超出当前地基全球导航网络覆盖范围时，它可以提供精确的自主定位。这预示着深空探测技术将取得突破性发展。新技术可能还需过数年才能成熟并用于深空航天器。NASA 的最终目标是打造可用于未来航天器的基于脉冲星的导航系统。这将大幅提升 NASA 非载人航天器对太阳系及太阳系以外太空的探测能力。

① 1 英尺 =0.3048 米。

4 月，美国 NASA 的凌日系外行星巡天望远镜（TESS）由 SpaceX 公司的“猎鹰 9”号火箭成功发射[156]。2009 年升空的开普勒望远镜所监测的区域只占全天的 1/400。TESS 是它的继任者之一，用于全天域探测宜居行星。它携带 4 台口径 10 厘米的望远镜，会旋转，可以覆盖不同的方向。小口径望远镜的优势是可获得更大的视场，TESS 每台望远镜的照相机能拍摄到的天空范围几乎相当于开普勒望远镜的 6 倍。因此，TESS 将观测到更多的明亮恒星。TESS 入轨后在 5 月份传回了首幅测试图像。7 月 25 日，TESS 正式启用，开展系外行星搜索任务，采集科学数据[157]。TESS 在其启用后的两年时间里将开展全天域扫描，在距太阳不太远的恒星周围寻找行星，预计可找到约 2 万颗行星，以供未来进行研究。

6 月，日本宇宙航空研究开发机构（Japan Aerospace Exploration Agency，JAXA）的“隼鸟 2”号小行星探测器飞抵距“龙宫”小行星 20 千米的位置[158]。龙宫小行星直径约 900 米，目前与地球相距近 3 亿千米，此前从未有人造探测器造访。“隼鸟 2”号于 2014 年 12 月 3 日由 H-2A 火箭发射，是日本第二个专门用于完成小行星取样回送探测任务的探测器。该探测器将与龙宫小行星一起绕太阳运行，详细观测小行星的表面形状，以寻找合适的着陆地点。该探测器计划在龙宫小行星附近停留约 18 个月，其间 3 次着陆，以采集表面及内部岩石样品。9 月，日本“隼鸟 2”号小行星探测器成功在龙宫小行星上部署 2 台漫游车[159]。2 台漫游车直径 18 厘米，高 7 厘米，重约 1.1 千克，表现出良好的状态，已发回照片和数据，证实了其正在龙宫小行星表面上运动。未来，“隼鸟 2”号将把从龙宫小行星上采集的样本送回地球，供研究人员分析。

8 月，美国 NASA 在卡纳维拉尔角空军基地（Cape Canaveral Air Force Station，CCAFS），用“德尔塔”Ⅳ重型运载火箭成功发射了“帕克”太阳探测器[160]。“帕克”重约 685 千克，采用三轴稳定构型；其电源系统采用太阳能阵列，姿态控制系统采用反应轮和助推器，通信系统采用直径 0.6 米的 X 波段和 Ka 波段高增益天线，热控系统由碳 / 碳复合材料热防护罩和次级太阳能阵列的主动冷却系统组成。它是 NASA“与星共存”计划的一部分，该计划旨在探索直接影响生命和社会的日 - 地系统的各个方面。“帕克”将穿越太阳大气层，克服严酷的高温和辐射环境，比以往任何探测器都更接近太阳表面，开展史无前例的探测任务，最终为人类提供当前最近的太阳观测。它执行的任务将对预测影响地球生命的重大空间天气事件做出重要贡献。

10 月，欧洲航天局和 JAXA 合作研发的水星探测器“贝皮科伦布”，在法属库鲁（Kourou）航天发射场由“阿里安 5”火箭成功发射[161]。探测器总重 4100 千克，由一同发射的 2 个轨道器构成，其中“水星行星轨道器”由欧洲航天局负责，用于研究水星的表面和内部成分；“水星磁层轨道器”则由 JAXA 下属的宇宙科学研究所提供，用于研究水星的磁层。两者叠在一起，由“水星转移模块”送往绕水星运行的轨道。欧洲航天局此前的所有行星际探测器都前往太阳系中相对较冷的地方，新探测器首次前往“高温”区。它将在水星轨道上至少工作 1 年，对水星开展轨道探测，收集水星的密度和磁场数据，并对水星和太阳风的相互作用进行研究。

11 月，美国 NASA“洞察”号无人探测器在火星成功着陆，执行人类首次探究火星“内心深处”的任务[162]。“洞察”全称为“利用地震调查、测地与热输运的内部探测”（InSight），由洛克希德·马丁空间系统公司建造，5 月由宇宙神 5 火箭发射。“洞察”号进入火星大气层后，顺利降落在火星艾利希平原。“洞察”号利用一台地震仪和一台热探头采集火星环境数据，以揭示火星内部构造及成分。“洞察”号着陆后，通过与其同行的立方星传回火星的照片。这标志着“洞察”号已正式开始工作。“洞察”收集的探测数据有助于人类更好地认识岩质行星的形成和演化。

3. 运载技术

2 月，日本 SS-520 三级超小型运载火箭在内之浦太空中心（Uchinoura Space Center，USC），成功发射立方星 TRICOM-1R[163]。JAXA 在佳能电子公司（Canon Electronics Inc.）和石川岛播磨重工公司的帮助下，把原本用来开展宇宙空间观测的 SS-520 两级固体探空火箭加装了第三级，改装成 SS-520 三级火箭。新火箭被称为“电线杆”火箭，高 9.6 米，直径 0.52 米，重 2.9 吨，采用导轨发射方式，低地轨道运载能力为 3 千克。SS-520 三级火箭 2017 年曾发射失败，此次成功使其成为世界上用于把物体送入轨道的最小火箭。

2 月，美国 SpaceX 公司在佛罗里达州的肯尼迪航天中心成功发射“重型猎鹰”运载火箭[164]。“重型猎鹰”全长 70 米（约 20 层楼高），箭体最大宽度 12.2 米，起飞重量 1420 吨，近地轨道运力达 63.8 吨。此次首飞成功标志着该火箭成为现役世界上运力最强的运载火箭，在人类航天史上仅次于登月用的土星五号和苏联的能源号火箭（不包括苏联取消研制的 N1 运载火箭）。

11 月，印度“静地卫星运载器”（GSLV-Mk3 运载火箭）在萨迪什·达万航天中心（Satish Dhawan Space Centre，SDSC）发射，成功将“静地星”29（GSAT-29）通信卫星送入轨道[165]。印度通信卫星此前基本上都靠国外火箭发射。为减少对国外火箭的依赖，印度空间研究组织（Indian Space Research Organisation，ISRO）开始研制 GSLV-Mk3 型火箭。GSLV-Mk3 采用全新设计，由两个芯级加两台固体捆绑助推器构成。两台捆绑助推器采用 S200 发动机，芯一级采用两台改进型“维卡斯”（Vikas）液体发动机，芯二级采用 CE-20 国产低温发动机。GSLV-Mk3 高约 43 米，重约 3.4 吨，低轨运载能力达 10 吨，静地转移轨道运载能力约 4 吨，是目前印度运载能力最强的火箭。

4. 人造地球卫星

1月，美国空军第460航空联队在卡纳维拉尔角空军基地，利用联合发射联盟的“大力神”V火箭，成功发射天基红外系统第四颗地球同步轨道卫星（GEO Flight-4）[166]。由洛克希德·马丁空间系统公司研制的GEO Flight-4卫星花费12亿美元，是美国空军导弹预警星座的最新入轨卫星，装备了可用于扫描和监视的红外传感器，可用于数据收集、导弹发射活动探测、战场态势感知等活动。GEO Flight-4卫星发射成功后，美国空军导弹预警中心实现了与该卫星间的信息传递。这次成功发射，说明美国空军已完成天基红外系统星座初始部署，天基红外系统可覆盖全球。

1月，日本JAXA利用“艾普西龙-3”号运载火箭，在内之浦太空中心，成功发射了“新系统体系先进观测卫星”（ASNARO-2）[167]。ASNARO-2是一颗实验性雷达遥感卫星，由日本电气公司（NEC）利用“下一代星”300L平台建造，发射重量570千克。该卫星上载有X波段的合成孔径雷达，分辨率达到1米，可不受云层影响进行全天候观测，具有聚束、条带和扫描三种观测模式。开发并发射该卫星，目的是利用先进技术（包括最新的电子技术）与制造方法，打造下一代小卫星平台系统，以降低技术成本，缩短研制周期。

5月，中国空间技术研究院在西昌卫星发射中心，成功发射由东方红卫星有限公司研制的嫦娥四号中继星“鹊桥”[168]。月球的公转速度与自转速度相等，导致从月球背面无法看见地球。解决地球与月球背面的通信问题，需要一颗中继星。“鹊桥”是世界首颗地球轨道外专用中继通信卫星，可实现对月球着陆器和巡视器的中继通信覆盖，为卫星、飞船等飞行器提供数据中继和测控服务。“鹊桥”取得两项突破：在月球背面的地月 L_2 平动点Halo轨道运行，是人类航天器首次涉足该轨道；携带人类深空探测器历史上最大口径的通信天线。它的成功发射，标志着中国成功迈出了月球背面登陆工程的第一步，具有重大的科学与工程意义。

9月，美国NASA在加利福尼亚州范登堡空军基地（Vandenberg Air Force Base），利用德尔塔2型火箭，成功发射了ICESat-2卫星并使其进入两极轨道[169]。由诺思罗普－格鲁曼公司制造的ICESat-2是当前分辨率最高的监测卫星，携带有高级激光测高仪。利用这台测高仪，可以根据光子从卫星到地球往返的时间来测量高度。利用该卫星，可获得地球冰层地形的细粒度视图，精确测量地球冰原、冰川、海冰和植被变化。

9月，欧洲利用“清理碎片”小卫星，首次在太空中完成空间碎片网捕试验[170]。近些年，主动空间碎片清理技术日益受到重视。“清理碎片”是一颗冰箱大小的卫星，由英国萨里大学（University of Surrey）萨里空间中心领导的团队设计制造。除网捕装置外，该卫星还配备了清理碎片用的一个小型鱼叉式装置、一个视觉跟踪系统和一个制动帆。根据设计，小卫星要完成以下工作：先释放出一个双体立方星作为目标，然后释放捕捉网；捕捉到该立方星后，启动发动机，将其拖入地球大气层烧毁。目前研究团队成功展示了捕捉立方星的试验。下一步将测试跟踪和分析空间碎片的视觉导航系统、在轨鱼叉捕捉技术及拖卫星入大气层的拖帆技术。

12 月，美国空军利用“猎鹰 9”号火箭，在卡纳维拉尔角空军基地，成功发射 GPS-3 导航卫星系列的首颗卫星[171]。GPS 系统此前有 31 颗老型号卫星在轨工作。GPS-3 卫星可根据需要迅速关闭特定地理位置的导航信号，而第一代 GPS 卫星不能做到这点，GPS-2 系列需要复杂的程序才能做到。与第二代 GPS 卫星相比，GPS-3 卫星的定位精度提高 3 倍（达到 1 米），抗干扰能力提高 8 倍，并将首次发送与“伽利略”等其他全球导航卫星系统兼容的新民用信号。GPS-3 卫星设计使用寿命延长到 15 年，比现役任何型号都长 25% 以上，未来将在轨道进行 18 个月的测试，测试完成后将陆续取代自 1997 年以来发射的所有 GPS 卫星。

5. 海洋探测与开发

3 月，中国首次在南海构建了国际最大规模的区域潜标观测网，完成了多尺度海洋动力过程的长期连续观测工作[172]。南海潜标观测网规模远超“西南太平洋环流与气候实验”(SPICE）等国际大型区域海洋观测网。这项工作取得了诸多科技成果，如：突破了沿缆往复稳定运动的控制、水下沿缆剖面测量等关键技术，以及深海可靠的电缆破断与电控释放等卫星通信单元发射关键技术；开发出适合深海观测的“海洋多尺度动力过程观测潜标”和“海洋动力过程定时通讯潜标”等。新成果推动了中国海洋深海定点连续观测技术的发展，有力支撑了南海环流、中尺度涡、内波、混合等多尺度动力过程科学研究工作的系统开展，奠定了中国在“两洋一海”动力环境观测方面的重要国际地位。

4 月，中国第六代深水半潜式钻井平台“海洋石油 982”成功下水[173]。半潜式钻井平台通常由平台本体、立柱和浮箱组成，整个平台在海上稳定开展钻探作业主要依靠底部的巨型浮箱和推进器。“海洋石油 982”是国内最先进的第六代钻井平台之一，由中海油田服务股份有限公司投资，中船重工集团公司按照国际最高标准建造，满足了国际海洋钻探的最新规范要求。它型长 104.5 米，型宽 70.5 米，总高 105.8 米，最大钻井深度为 9144 米，设计寿命为 25 年，具备水下设备、采油树操作和服务能力。新平台具有超强抗风能力，更适合用在南海等热带台风多发的深水海域，可满足国内深水勘探开发的需求，将大大增强海外作业能力。

4 月，中国研制的长航程“海燕”系列的“海燕 -X”水下滑翔机，在马里亚纳海沟附近海域成功深潜至 8213 米，创造了水下滑翔机工作深度的世界纪录[174]。“海燕”系列水下滑翔机由天津大学与青岛海洋科学与技术试点国家实验室联合研制。5 月，“海燕”系列的“海燕 -L”（编号 CHC01）水下滑翔机在中国南海北部安全回收，创造了当时国产水下滑翔机连续工作时间最长、测量剖面最多、续航里程最远等新纪录，即连续 119 天、862 个剖面和 2272.4 千米航程。11 月，“海燕 -L”（编号 CHC03）水下滑翔机在中国南海北部安全回收，再次创造了国产水下滑翔机连续工作时间最长和续航里程最远等新纪录，即无故障运行 141 天、续航里程 3619.6 千米。这说明，中国已具备工作深度 200 米、1000 米、4000 米和 10 000 米谱系化“海燕”的研发、生产和技术服务能力。

8 月，美国麻省理工学院开发出一套能在空气中接收水下发射的声呐信号的“平移声学－射频通信”系统[175]。长期以来，海水－空气的物理隔绝限制了无线信号的传输，曾经诞生了一些尖端技术来解决这个难题。但现在有了一种“革命性”的新方法，即“平移声学－射频通信”系统。该系统混合使用声呐和雷达，以克服水和空气对通信的限制；先用水下发射器将声呐信号引导到水面，使水面产生微小振动，然后利用高灵敏度接收器读取这些微小震动，最后再对接收到的信息进行解码和读取。它允许潜艇在不浮出水面的情况下和飞机进行通信，同时支持水下无人机持续监控海洋生物而不需要反复回到水面来传输数据。此外，它可以帮助搜索水下失踪的飞机。目前它要求海面浪高不超过 16 厘米，未来改进后可在“波涛汹涌”的海面环境使用。

9 月，中国自主研发的“海龙三号”无人缆控潜水器（ROV）在西北太平洋海山区成功实施 5 次深海下潜任务，最大潜深达 4200 米[176]。“海龙三号”是国内首台 6000 米级通用作业型 ROV，有两大优势：一是可实现大跨度、长距离的近底观测取样；二是具备定点、精细化作业能力。此次深潜是试验性应用，在水下完成了海山区功能测试、定点取样、标识物投放、母船与 ROV 联动配合、近底长距离观测、拍照摄像等任务。结果表明，“海龙三号”性能稳定、作业模式成熟、取样手段丰富、本体操控娴熟，适应多种水深和地形环境，具备了在全球 60% 海域开展科学考察活动的能力。这标志着中国深海重大技术装备发展向前迈出重要一步。

10 月，美国通用动力公司（General Dynamics）在南加州召开的“Oceans 2018”会议上，公布了最新的“金枪鱼 -9”无人潜航器[177]。“金枪鱼 -9”在以前系列产品的基础上做了多方面的重大改进，具有更强的性能和更广的使用范围。它集高导航精度、高声呐分辨率和精密作业能力于一体，可在数分钟内形成高分辨率影像、视频和声呐的精确数据，而此前一般需要数小时才能完成。它的突出特点是采用模块化设计，使数据存储模块和电池可在 30 分钟内更换。“金枪鱼 -9”在 3 节航速下能航行 8

小时，最高航速达 6 节，下潜深度达 200 米；在码头、刚性船体的充气艇及其他舰船上布放及回收，可执行环境监测、水质检测、搜寻、安全、情报、监视和侦察及其他战术任务。

6. 先进船舶

1 月，中国新型 5000 吨级深远海大型综合科学考察实习船“东方红 3”号顺利下水[178]。“东方红 3”号是国内当时排水量最大，定员最多，经济性、振动噪声、电磁兼容等指标要求最高，作业甲板和实验室面积利用率最大，综合科考功能最完备的世界先进的无限航区级别科学考察船。该船由江南造船公司首次运用 CATIA 三维体验平台设计及建造，长约 103 米，宽约 18 米，很多关键技术达到了世界先进水平，海上自持力长达 60 天，可持续航行 15 000 海里①。它具有“跑得远、听得清、看得明、探得深、传得快”的优势，可进行大范围、多学科、多种海洋要素的综合观测和“大气－水体（全海深）－海底”的立体探测，将成为我国远洋科学考察的核心主力船。

2 月，英国诺布尔（Noble）公司与美国通用电器公司（GE）合作，制造出全球首艘数字化钻井船[179]。海上钻探行业需要新方法来实现卓越的运营。新数字化钻台方案由 GE 的 Predix 平台提供支援，部署在 Noble 公司的“Globetrotter Ⅰ”号钻井船，并与所有的预定控制系统（包括钻探控制网络、动力管理系统和动态定位系统）相连。数据通过单个传感器和控制系统收集，并实时传送至 GE 的工业性能与可靠性中心，然后进行分析，预测潜在的故障。这样可减少运营成本，提高钻探效率。它的成功推出，意味着海上钻探人员以后将把资源集中于维护活动，从而减少了计划外的停工时间，节约了大量维护成本。

3 月，韩国三星重工（SHI）的智能船舶网络安全技术获得美国船级社（ABS）的认可，成为全球首家智能船舶网络安全技术的供应商[180]。随着船舶之间、船舶与地面设备之间信息交换的不断增加，网络安全对航运业和造船业变得重要起来。网络安全性差，可能会导致数据被擦除或剽窃，从而严重影响业务。新技术通过了 ABS 的 16 项严格测试（包括物理安全、操作系统安全、访问控制、安全控制和渗透测试等），符合 ABS 的船舶和海洋工业网络安全的规则以及 ISO 27000 系列信息安全管理体系的规范标准。它可使船舶数据免受内外部网络的攻击，有助于下一代船舶全面应对网络风险。

4 月，中国科学院沈阳自动化研究所与国家海洋局第二海洋研究所等合作研制的“潜龙三号”在南海进行首次海试，达到航行 38 小时和航程 121.3 千米，创下中国自

① 1 海里 =1.852 千米。

主潜水器深海航程最远纪录[181]。“潜龙三号”在“潜龙二号”基础上进行优化升级，是中国最先进的无人无缆潜水器。此次综合海试对“潜龙三号”主要技术指标和功能进行了验证，并在多金属结核试采区等海域进行了试验性应用。“潜龙三号”在整个航段中表现出很高的稳定性和可靠性，在最大续航力、总航程、航行时间、探测面积和探测效率、作业模式等方面有新突破。试验取得成功，通过了现场验收。“潜龙三号”将为国家的海洋探测和开发提供强力的科技支撑。

8月，英国罗尔斯－罗伊斯公司推出冰级船舶的最新版减摇系统[182]。该系统基于该公司的静态稳定设计理念，把以前两款享有盛誉的可伸缩稳定器整合在一起，采用主动鳍控制技术和先进的水动力设计，保证船舶在静止时获得更高等级的减摇效果，在航行时也能保持稳定。此外，新系统的密封装置和与环保润滑剂兼容的特点，也满足了美国环境保护署（Environmental Protection Agency，EPA）的船舶通用许可的要求。新系统还具有燃料成本低、易于安装维护及减震减噪等优点，也有助于保护环境。

9月，中国第一艘自主建造的极地科学考察破冰船在上海下水，并正式命名为“雪龙2”号[183]。“雪龙2”号由中国极地研究中心与其他机构合作研制，是一艘具备国际先进水平的极地科学考察破冰船，可满足无限航区要求，具备全球航行能力，能够在极区大洋中安全航行。设计船长122.5米，船宽22.3米，吃水7.85米，吃水排水量约13 990吨，航速12～15节，续航力2万海里，自持力达60天，可载员90人。“雪龙2”号在1.5米冰+0.2米雪的环境中能以2～3节的航速连续破冰，可实现极区原地360°自由转动，也可突破极区20米当年冰的冰脊，大幅提升了船舶机动能力，标志着中国极地考察现场保障和支撑能力取得新突破。

12月，中国自主研制的第一艘载人潜水器的母船——“深海一号”顺利下水[184]。“深海一号”长90.2米，宽16.8米，可在全球无限航区执行下潜作业。它专门为“蛟龙”号载人潜水器设计，配备“蛟龙”号专用吊放A架、运移轨道车、维护保养机库。该船具备“绿色化、信息化、模块化、舒适化和国际化”五大特点，可极大增加“蛟龙”号的有效下潜次数，使之持续高效地开展深海资源勘察、深海研究等科考任务；还可同时搭载“蛟龙”“潜龙”和“海龙”号潜水器，为深潜作业提供合适的水下、水面支持，具备数据、样品的现场处理和分析能力；投入使用后，可提高中国的深海精细调查能力和深海大洋的科学考察水平。

12月，英国罗尔斯－罗伊斯公司和芬兰渡轮运营商Finferries联合，在芬兰图尔库市南部群岛成功展示了世界首艘全自动渡船“Falco”号[185]。“Falco”号长53.8米，采用罗尔斯－罗伊斯公司的智能船舶技术，装备可与人工智能软件相连接的大量先进的传感器，用来识别和避开附近物体；配备一种自动停泊系统，用于在进入港口时改变速度和航线。在这次航行中，“Falco”号完全自主运作，但返航过程由指挥中心根据传感器接收到的数据来进行远程控制。这表明，如有需要，这艘船可远程人为控制指挥。此次全自动渡船的成功试航，标志着自主航运向前迈出一大步，船舶的安全高效运营能力得到提升。

参考文献

［1］ Xie Y J，Kim W，Kim Y，et al. Self-healing of a confined phase change memory device with a metallic surfactant layer［J］. Advanced Materials，2018，30（9）：1705587. DOI：10. 1002/adma. 201705587.

［2］ Ding S J，Zhang D W，Zhou P，et al. A semi-floating gate memory based on van der Waals heterostructures for quasi-non-volatile applications［J］. Nature Nanotechnology，2018（13）：404-410.

［3］ Liu J W，Oosato H，Liao M Y，et al. Annealing effects on hydrogenated diamond NOR logic circuits［J］. Applied Physics Letters，2018（112）：153501.

［4］ Kornik S. Alberta scientists develop memory potentially exceeding hard drive capacity 1000-fold［EB/OL］.［2018-07-24］. https://globalnews.ca/news/4347953/university-alberta-scientists-memory-space.

［5］ Radboud University. Scientists discover new mechanism for information storage in one atom［EB/OL］.［2018-09-24］. https://phys.org/news/2018-09-scientists-mechanism-storage-atom.html.

［6］ 9to5 Staff. Intel unveils new 10nm Sunny Cove CPUs，possibly destined for future Macs［EB/OL］.［2018-12-12］. https://9to5mac.com/2018/12/12/intel-10nm-sunny-cove-cpu.

［7］ Shapiro D. NVIDIA DRIVE Xavier，world's most powerful SoC，brings dramatic new AI capabilities［EB/OL］.［2018-01-07］. https://blogs.nvidia.com/blog/2018/01/07/drive-xavier-processor.

［8］ ARL. Army's brain-like computers moving closer to cracking codes［EB/OL］.［2018-03-22］. https://phys.org/news/2018-03-army-brain-like-closer-codes.html.

［9］ Lardinois F. Nvidia launches the Tesla T4，its fastest data center inferencing platform yet［EB/OL］.［2018-09-13］. https://techcrunch.com/2018/09/12/nvidia-launches-the-tesla-t4-its-fastest-data-center-inferencing-platform-yet.

［10］ VIRGINIA TECH. New framework pushes the limits of high-performance computing［EB/OL］.［2018-11-12］. https://www.eurekalert.org/pub_releases/2018-11/vt-nfp111218. php.

［11］ TOP500. Top500 list［EB/OL］.［2019-07-08］. https://www.top500. org/lists/2018/06.

［12］ Sharma S. This AI has started to read people's minds and the results are pretty scary［EB/OL］.［2018-01-10］. https://www.ibtimes.co.uk/this-ai-has-started-read-peoples-minds-results-are-pretty-scary-1654501.

[13] The Mind Voyager. The quest to unravel the connectome[EB/OL]. [2018-04-28]. http://www.themindvoyager.com/quest-unravel-connectome.

[14] Lample G，Ott M，Conneau A，et al. Phrase-Based & Neural Unsupervised Machine Translation[EB/OL]. [2019-08-13]. https://arxiv.org/pdf/1804. 07755. pdf.

[15] Jiang L P，Stocco A，Losey D M，et al. BrainNet：A multi-person brain-to-brain interface for direct collaboration between brains[EB/OL]. [2019-05-22]. https://arxiv.org/abs/1809. 08632.

[16] Li A. Google's Cloud AutoML service handles all the heavy work of creating neural networks[EB/OL]. [2018-01-17]. https://9to5google.com/2018/01/17/google-cloud-automl-vision.

[17] Electronics Media. GLOBALFOUNDRIES extends silicon photonics roadmap to meet explosive demand for datacenter connectivity[EB/OL]. [2018-03-15]. https://www.electronicsmedia.info/2018/03/15/globalfoundries-extends-silicon-photonics-roadmap-meet-explosive-demand-datacenter-connectivity.

[18] IT ニュース. 情報通信研究機構が耐量子コンピュータ暗号を開発 [EB/OL]. [2018-01-11]. https://www.nict.go.jp/press/2018/01/11-1.html.

[19] Graphene Flagship. Ultra-fast graphene photonics for next generation datacomms[EB/OL]. [2018-02-27]. https://phys.org/news/2018-02-ultra-fast-graphene-photonics-datacomms.html.

[20] Hao H，Francesco D R，Minhao P，et al. Single-source chip-based frequency comb enabling extreme parallel data transmission[J]. Nature Photonics，2018，12：469-473；DOI：10. 1038/s41566-018-0205-5.

[21] Aerotech News. Northrop Grumman，DARPA set new standard for wireless transmission speed[EB/OL]. [2018-08-22]. http://www.aerotechnews.com/blog/2018/08/22/northrop-grumman-darpa-set-new-standard-for-wireless-transmission-speed.

[22] Wagner A. T-Mobile completes first 5G data transmission on 600MHz spectrum[EB/OL]. [2018-11-20]. https://www.tmonews.com/2018/11/t-mobile-completes-first-5g-data-transmission-600mhz-spectrum.

[23] Čierny O，Cahoy K L. On-orbit beam pointing calibration for nanosatellite laser communications [EB/OL]. [2018-11-21]. https://www.spiedigitallibrary.org/journals/optical-engineering/volume-58/issue-04/041605/On-orbit-beam-pointing-calibration-for-nanosatellite-laser-communications/10.1117/1.OE.58.4.041605. full?SSO=1?utm_source=gophotonics.

[24] 徐海涛. “墨子号”量子卫星成功实现洲际量子密钥分发 [EB/OL]. [2018-01-22]. http://www.xinhuanet.com/2018-01/22/c_1122294463.htm.

[25] Lardinois F. Google's new Bristlecone processor brings it one step closer to quantum supremacy[EB/OL]. [2018-03-06]. https://techcrunch.com/2018/03/05/googles-new-bristlecone-processor-brings-it-

one-step-closer-to-quantum-supremacy.

[26] Rossi A，Klochan J，Timoshenko J，et al. Gigahertz single-electron pumping mediated by parasitic states[EB/OL]. [2019-07-18]. https://pubs.acs.org/doi/suppl/10. 1021/acs.nanolett. 8b00874/suppl_file/nl8b00874_si_001. pdf.

[27] Li C F，Maniscalco S，Piilo J，et al. Experimental implementation of fully controlled dephasing dynamics and synthetic spectral densities[EB/OL]. [2018-08-27]. https://www.nature.com/articles/s41467-018-05817-x.

[28] Chou K S，Blumoff J Z，Wang C S，et al. Deterministic teleportation of a quantum gate between two logical qubits[J]. Nature，2018，561：368-373；DOI：10. 1038/s41586-018-0470-y.

[29] Preimesberger C J. BlackBerry to add quantum-resistant server to cybersecurity platform[EB/OL]. [2018-10-04]. https://www.eweek.com/security/blackberry-to-add-quantum-resistant-server-to-cybersecurity-platform.

[30] Pakkiam P，Timofeev AV，House MG，et al. Single-shot single-gate RF spin readout in silicon [EB/OL]. [2018-09-06]. https://arxiv.org/pdf/1809. 01802. pdf.

[31] Liu Z，Cai Y J，Wang Y et al. Cloning of macaque monkeys by somatic cell nuclear transfer[J]. Cell，2018，172（4）：881-887.

[32] Gootenberg J S. Multiplexed and portable nucleic acid detection platform with Cas13，Cas12a，and Csm6[J]. Science，2018，360（6387）：439-444.

[33] Yan S，Tu Z C，Liu Z M，et al. A Huntington Knockin Pig Model recapitulates features of selective neurodegeneration in Huntington's Disease[J]. Cell，2018，73（4）：989-1002.

[34] Chavez A. Precise Cas9 targeting enables genomic mutation prevention[J]. PNAS，2018，115（14）：3669-3673.

[35] Zhong S J，Zhang S，Fan X Y，et al. A single-cell RNA-Seq surveys a developmental landscape of the human prefrontal cortex[J]. Nature，2018，555：524-528.

[36] Madhavan M，Zachary N S，Elizabeth S H et al. Induction of myelinating oligodendrocytes in human cortical spheroids[J]. Nature Methods，2018，15：700-706.

[37] Jing N H，Glover D M，Zernicka-Goetz M，et al. Self-assembly of embryonic and two extra-embryonic stem cell types into gastrulating embryo-like structures[J]. Nature Cell Biology，2018，20：979-989.

[38] Corrado G S，Peng L，Webster D R，et al. Prediction of cardiovascular risk factors from retinal fundus photographs via deep learning[J]. Nature Biomedical Engineering，2018，2：158-164.

[39] 周舟 . 3D 打印可助实现个性化置换心脏瓣膜 [N]. 中国科学报，2018-3-8：2 版

[40] Zacharakis N，Harshini C，Black M，et al. Immune recognition of somatic mutations leading to

complete durable regression in metastatic breast cancer[J]. Nature Medicine，2018，24：724-730.

[41] Lidgard G. Pipeline update：promising advances in early liver cancer detection shared at international conference[EB/OL]. [2019-08-25]. https://www.exactsciences.com/newsroom/pipeline-update-promising-advances-in-early-liver-cancer-detection-shared-at-international-conference.

[42] National University of Singapore. NUS researchers use AI to successfully treat metastatic cancer patient[EB/OL]. [2019-08-26]. https://news.nus.edu.sg/press-releases/nus-researchers-use-ai-successfully-treat-metastatic-cancer-patient.

[43] Mapua M，Yanagawa J，Dry S，et al. Modeling rare cancers using patient-derived tumor organoids[EB/OL]. [2018-12-12]. https://eventpilot.us/web/page.php?page=IntHtml&project=ASCB18&id=2018MU12153.

[44] Zacks Equity Research. Inovio's influenza vaccine shows potential，shares rally[EB/OL]. [2018-01-24]. https://www.nasdaq.com/articles/inovios-influenza-vaccine-shows-potential-shares-rally-2018-01-24.

[45] Hover B M，Perlin D S，Brady S F，et al. Culture-independent discovery of the malacidins as calcium-dependent antibiotics with activity against multidrug-resistant Gram-positive pathogens[J]. Nature Microbiology，2018，3：415-422.

[46] Wu X，Guo J，Niu M，et al. Tandem bispecific neutralizing antibody eliminates HIV-1 infection in humanized mice[J]. Journal of Clinical Investigation，2018，128（6）：2239-2251.

[47] American Society for Microbiology. Development of vaccines from AIDS to Zika，using a novel "plug and play" viral platform[EB/OL]. [2018-08-24]. https://medicalxpress.com/news/2018-06-vaccines-aids-zika-viral-platform.html.

[48] Agios. FDA grants approval of TIBSOVO®，the first oral，targeted therapy for adult patients with relapsed/refractory acute myeloid leukemia and an IDH1 mutation[EB/OL]. [2018-07-20]. http://investor.agios.com/news-releases/news-release-details/fda-grants-approval-tibsovor-first-oral-targeted-therapy-adult.

[49] Baell J B. Inhibitors of histone acetyltransferases KAT6A/B induce senescence and arrest tumour growth[J]. Nature，2018，560：253-257.

[50] FDA. FDA approves an oncology drug that targets a key genetic driver of cancer，rather than a specific type of tumor[EB/OL]. [2019-08-23]. https://www.fda.gov/news-events/press-announcements/fda-approves-oncology-drug-targets-key-genetic-driver-cancer-rather-specific-type-tumor.

[51] Yao K. Restoration of vision after de novo genesis of rod photoreceptors in mammalian retinas[J]. Nature，2018，560：484-488.

［52］Kyoto. Kyoto Univ.performs world's 1st iPS cell transplant for Parkinson's［EB/OL］.［2018-11-09］. https://english.kyodonews.net/news/2018/11/01287d947faf-kyoto-univ-performs-worlds-1st-ips-cell-transplant-for-parkinsons.html.

［53］Längin M，Mayr T，Reichart B，et al. Consistent success in life-supporting porcine cardiac xenotransplantation［J］. Nature，2018，564：430-433.

［54］Li S P，Jiang Q，Liu S L，et al. A DNA nanorobot functions as a cancer therapeutic in response to a molecular trigger in vivo［J］. Nature Biotechnology，2018，36：258-264.

［55］Intuitive Surgical Inc. Intuitive Surgical announces innovative single port platform—the da Vinci SP® surgical system［EB/OL］.［2018-05-31］. https://isrg.intuitive.com/news-releases/news-release-details/intuitive-surgical-announces-innovative-single-port-platform-da#.

［56］Van Schelt J，Smith D L，Fong N，et al. A ring-based compensator IMRT system optimized for low- and middle-income countries：Design and treatment planning study［EB/OL］.［2018-05-19］. https://aapm.onlinelibrary.wiley.com/doi/abs/10. 1002/mp. 12985.

［57］吴月辉 . 世界首台全自动干细胞诱导培养设备通过验收［N］. 中国科学报，2018-05-16：1 版

［58］DST. Disease forecasting system takes out national innovation awards［EB/OL］.［2018-05-11］. https://www.dst.defence.gov.au/news/2018/05/15/disease-forecasting-system-takes-out-national-innovation-awards.

［59］Allicock O M，Guo C，Uhlemann A-C，et al. BacCapSeq：a platform for diagnosis and characterization of bacterial infections［EB/OL］.［2018-07-08］. https://mbio.asm.org/content/mbio/9/5/e02007-18. full.pdf.

［60］UC Davis Health. Human images from the world's first total-body medical scanner unveiled［EB/OL］.［2019-08-22］. https://health.ucdavis.edu/publish/news/newsroom/13358.

［61］Tang J N，Wang J Q，Huang K，et al. Cardiac cell-integrated microneedle patch for treating myocardial infarction［J］. Science Advances，2018，4（11）：eaat9365.

［62］Lin Q Y，Mason J A，Li Z Y，et al. Building superlattices from individual nanoparticles via template-confined DNA-mediated assembly［J］. Science，2018，359（6376）：669-672.

［63］Chandler D L. Ultrafine fibers have exceptional strength［EB/OL］.［2018-01-04］. http://news.mit.edu/2018/ultrafine-fibers-have-exceptional-strength-0105.

［64］Vacha M，Torimoto T，Kuwabata S，et al. Narrow band-edge photoluminescence from $AgInS_2$ semiconductor nanoparticles by the formation of amorphous Ⅲ - Ⅵ semiconductor shells［J］. NPG Asia Materials，2018，10：713-726.

［65］Thomas G，Massimo K，Benjamin K，et al. Sequence-programmable covalent bonding of designed DNA assemblies［J］. Science Advances，2018，4（8）：eaau1157；DOI：10. 1126/sciadv.aau115.

［66］ Malkiel I，Mrejen M，Nagler A，et al. Plasmonic nanostructure design and characterization via Deep Learning［EB/OL］.［2018-09-05］. https://www.nature.com/articles/s41377-018-0060-7.

［67］ Dong L，Chen Z X，Zhao X X，et al. A non-dispersion strategy for large-scale production of ultra-high concentration graphene slurries in water. Nature，2018［2018-01-08］. https://www.nature.com/articles/s41467-017-02580-3.

［68］ Shahsavari R. Intercalated hexagonal boron nitride/silicates as bilayer multifunctional ceramic［J］. ACS Applied Materials Interfaces，2018，10（3）：2203-2209.

［69］ Kaxiras E，Ashoori R C，Jarillo-Herrero P，et al. Correlated insulator behaviour at half-filling in magic-angle graphene superlattices［J］. Nature，2018，556：80-84.

［70］ Mounet N，Pizzi G，Marzari N，et al. Two-dimensional materials from high-throughput computational exfoliation of experimentally known compounds［J］. Nature Nanotechnology，2018，13：246-252.

［71］ Kidambi P R，Mariappan D D，Hart J，et al. A scalable route to nanoporous large-area atomically thin graphene membranes by roll-to-roll chemical vapor deposition and polymer support casting［J］. ACS Applied Materials & Interfaces，2018，10（12）：10369-10378.

［72］ Wang J，ChenX H，Zhang Y B，et al. Gate-tunable room-temperature ferromagnetism in two-dimensional Fe_3GeTe_2［J］. Nature，2018，563：94-99.

［73］ Kamlet M. NASA tests new alloy to fold wings in flight［EB/OL］.［2018-01-19］. https://www.nasa.gov/centers/armstrong/feature/nasa-tests-new-alloy-to-fold-wings-in-flight.html.

［74］ Winkelmann N. New class of metallic glasses［EB/OL］.［2018-02-23］. https://www.springerprofessional.de/materials-technology/engineering---development/new-class-of-metallic-glasses/15482622.

［75］ Marx J，Portanova M，Rabiei A. A study on blast and fragment resistance of composite metal foams through experimental and modeling approaches［J］. Composite Structures，2018，194：652-661.

［76］ Curry J F，Schuh C A，Argibay N，et al. Achieving ultralow wear with stable nanocrystalline metals［EB/OL］.［2019-06-25］. https://www.onlinelibrary.wiley.com/doi/pdf/10.1002/adma.201802026.

［77］ 佚名 . 上海硅酸盐研究所成功研制出大尺寸宽板状 BGO 闪烁单晶 .［2018-01-19］. http://www.sic.cas.cn/xwzx/kydt/201307/t20130716_3899617.html.

［78］ Glaser L B. Researchers sew atomic lattices seamlessly together［EB/OL］.［2018-03-08］. http://news.cornell.edu/stories/2018/03/researchers-sew-atomic-lattices-seamlessly-together.

［79］ Shi X，Grin Y，Chen L D，et al. Room-temperature ductile inorganic semiconductor［J］. Nature Materials，2018，17：421-426.

［80］ Kang J S，Li M，Wu H，et al. Experimental observation of high thermal conductivity in boron arsenide[J]. Science，2018，362（6402）：575-578.

[81] Xie F Q，Peukert A，Bender T，et al. Quasi-solid-state single-atom transistors[J]. Advanced Materials，2018，30：1801225；DOI：10. 1002/adma. 201801225.

[82] Xiong P，Ma R Z，Sakai N，et al. Genuine unilamellar metal oxide nanosheets confined in a superlattice-like structure for superior energy storage[J]. ACS Nano，2018，12（2）：1768-1777.

[83] Park J Y，Lee J Y，Yuk J M，et al. Atomic visualization of a non-equilibrium sodiation pathway in copper sulfide[EB/OL].[2018-03-02]. https://www.nature.com/articles/s41467-018-03322-9.

[84] Yao Z P，Kim S，He J G，et al. Interplay of cation and anion redox in $Li_4Mn_2O_5$ cathode material and prediction of improved Li_4（Mn,M）$_2O_5$ electrodes for Li-ion batteries[J]. Science Advances，2018，4（5）：eaao6754.

[85] Ye H Y，TangY Y，Li P F，et al. Metal-free three-dimensional perovskite ferroelectrics[J]. Science，361（6398）：151-155.

[86] Tang W，Yin X S，Kang S J，et al. Lithium silicide surface enrichment：a solution to lithium metal battery[J]. Advanced Materials，2018，30（34）：1801745；DOI：10. 1002/adma. 201801745.

[87] Will Goodbody. Scientists say new biomaterial may be capable of regenerating tissue[EB/OL].[2018-03-09]. https://www.rte.ie/news/science-and-technology/2018/0309/946128-electrical-stimulus.

[88] Isaacson A，Swioklo S，Connon C. 3D bioprinting of a corneal stroma equivalent[J]. Experimental Eye Research，2018，173：188-193.

[89] Ludwigs A. Biological signalling processes in intelligent materials[EB/OL].[2018-07-18]. https://phys.org/news/2018-07-biological-intelligent-materials.html.

[90] American Chemical Society. A new generation of artificial retinas based on 2D materials[EB/OL].[2018-08-20]. https://www.eurekalert.org/pub_releases/2018-08/acs-ang071718. php.

[91] Joung D，Truong V，Neitzke C C，et al. 3D printed stem-cell derived neural progenitors generate spinal cord scaffolds[EB/OL].[2018-08-09]. https://onlinelibrary.wiley.com/doi/abs/10. 1002/adfm. 201801850.

[92] 科技日报 . 新型微芯片上可汇集 10 万支试管 [N/OL]. 科技日报：2 版，[2018-12-21]. http://digitalpaper.stdaily.com/http_www.kjrb.com/kjrb/html/2018-12/21/content_411043.htm?div=-1.

[93] Song J W，Chen C J，Zhu S Z，et al. Processing bulk natural wood into a high-performance structural material[J]. Nature，2018，554（7691）：224；DOI：10. 1038/nature25476.

[94] Chandler D. MIT and newly formed company launch novel approach to fusion power[EB/OL].[2018-03-09]. http://news.mit.edu/2018/mit-newly-formed-company-launch-novel-approach-fusion-power-0309.

[95] Far Eastern Federal University. Material with record melting point was created by FEFU researchers for the first time in the world[EB/OL]. [2018-06-25]. https://www.dvfu.ru/en/news/en_science_and_innovation/material_with_record_melting_point_was_created_by_fefu_researchers_for_the_first_time_in_the_world.

[96] PaintSquare. Anti-Corrosion Coating Helps Prevent Biofouling[EB/OL]. [2018-10-22]. https://www.paintsquare.com/news/?fuseaction=view&id=20048.

[97] BASF. One T for 1000 tasks - the new PPA Ultramid® Advanced T1000[EB/OL]. [2019-06-22]. https://products.basf.com/en/Ultramid-Advanced-T1000.html.

[98] STELIA Aerospace. STELIA Aerospace presents，as a world premiere，a demonstrator for metallic self-reinforced fuselage pannels manufactured by 3D impression[EB/OL]. [2018-02-19]. http://www.stelia-aerospace.com/en/1971-stelia-aerospace-presents-as-a-world-premiere-a-demonstrator-for-metallic-self-reinforced-fuselage-pannels-manufactured-by-3d-impression.

[99] Darren Q. World's largest metal 3D-printer scales up additive manufacturing[EB/OL]. [2018-05-17]. https://newatlas.com/titomic-worlds-largest-metal-3d-printer/54667.

[100] Lockheed Martin. Giant satellite fuel tank sets new record for 3-D printed space parts[EB/OL]. [2018-07-11]. https://news.lockheedmartin.com/2018-07-11-Giant-Satellite-Fuel-Tank-Sets-New-Record-for-3-D-Printed-Space-Parts.

[101] Jeremy T. LLNL explores machine learning to prevent defects in metal 3D-printed parts in real time[EB/OL]. [2018-09-13]. https://www.llnl.gov/news/llnl-explores-machine-learning-prevent-defects-metal-3d-printed-parts-real-time.

[102] European Space Agency. MELT 3D printer[EB/OL]. [2018-10-17]. http://www.esa.int/spaceinimages/Images/2018/10/MELT_3D_printer.

[103] Claire C. NASA JPL's Spider'Like Space Lander Designed With Artificial Intelligence[EB/OL]. [2019-01-15]. https://adsknews.autodesk.com/alternative-post/nasas-jet-propulsion-lab-teams-autodesk-explore-new-approaches-designing-interplanetary-lander.

[104] Kopperger E，List J，Madhira S，et al. A self-assembled nanoscale robotic arm controlled by electric fields[J]. Science，2018，359（6373）：296-301.

[105] Hondaprokevin. New Honda 3E Robot Concepts introduced at CES 2018[EB/OL]. [2018-01-05]. http://www.hondaprokevin.com/2018-honda-ces-show-concept-robots-3e-models-atv-four-wheeler-mobility-device.

[106] Ding Y，Kim M，Kuindersma S，et al. Human-in-the-loop optimization of hip assistance with a soft exosuit during walking[J]. Science Robotics，2018，3（15）：eaar5438.

[107] Houston Mechatronics. We're changing subsea technology with Aquanaut. [2019-08-20]. https://

www.houstonmechatronics.com/aquanaut/.

[108] Karásek M, Muijres F T, De Wagter C, et al. A tailless aerial robotic flapper reveals that flies use torque coupling in rapid banked turns[J]. Science, 2018, 361 (6407): 1089-1094.

[109] Dwyer D. Watch: new video from Boston Dynamics shows robot doing "parkour" [EB/OL]. [2018-10-15]. https://www.boston.com/news/local-news/2018/10/15/boston-dynamics-atlas-parkour-video.

[110] Wilhelm T S, Soule C W, Baboli M A, et al. Fabrication of suspended Ⅲ-Ⅴ nanofoils by inverse metal-assisted chemical etching of In0. 49Ga0. 51P/GaAs Heteroepitaxial Films[J]. ACS Applied Materials & Interfaces, 2018, 10 (2): 2058-2066.

[111] Carter R, Li M Y, Pint C L, et al. Toward small-diameter carbon nanotubes synthesized from captured carbon dioxide: critical role of catalyst coarsening[J]. ACS Applied Materials & Interfaces, 2018, 10 (22): 19010-19018.

[112] Saunders S. Cytosurge FluidFM technology can now 3D print pure metal structures with pinpoint accuracy[EB/OL]. [2018-06-14]. https://3dprint.com/216743/fluidfm-pinpoint-metal-3d-printing.

[113] Prakash D J, Lee Y. Heat transfer foot print on ceramics after thermal shock with droplet impingement: Development of thermal shock tolerant material with hydrophobic surface[J]. AIP Advances, 2018, 8 (8): 085116.

[114] Matheson R . Engineers produce smallest 3-D transistor yet[EB/OL]. [2018-12-07]http://news.mit.edu/2018/smallest-3-d-transistor-1207.

[115] Oran D, Rodriques S G, Gao R, et al. 3D nanofabrication by volumetric deposition and controlled shrinkage of patterned scaffolds[J]. Science, 2018, 362 (6420): 1281-1285.

[116] Siemens. Siemens presents its new high-speed train-the "Velaro Novo" [EB/OL]. [2018-06-13]. https://press.siemens.com/global/en/pressrelease/siemens-presents-its-new-high-speed-train-velaro-novo.

[117] Hellenic Shipping News. Hyundai Heavy Industries applies reliquefaction solution for LNG carriers[EB/OL]. [2018-08-13]. https://www.hellenicshippingnews.com/hyundai-heavy-industries-applies-reliquefaction-solution-for-lng-carriers.

[118] Gebauer J, Fischer M, Lasagni A F, et al. Laser structured surfaces for metal-plastic hybrid joined by injection molding[J]. Journal of Laser Applications, 2018, 30 (3): 032021.

[119] Romantsev B, Goncharuk A, Aleshchenko A, et al. Development of multipass skew rolling technology for stainless steel and alloy pipes' production[J]. The International Journal of Advanced Manufacturing Technology, 2018, 97 (9-12): 3223-3230.

[120] Kita D M, Miranda B, Favela D, et al. High-performance and scalable on-chip digital Fourier

transform spectroscopy[J]. Nature communications，2018，9（1）：4405.

[121] Cui Y，Gong H，Wang Y，et al. A thermally insulating textile inspired by polar bear hair[J]. Advanced Materials，2018，30（14）：1706807.

[122] Kim C，Xiao X，Chen S，et al. Artificial strain of human prions created in vitro[J]. Nature Communications，2018，9（1）：2166.

[123] Vamvaka E，Farré G，Molinos-Albert L M，et al. Unexpected synergistic HIV neutralization by a triple microbicide produced in rice endosperm[J]. Proceedings of the National Academy of Sciences，2018，115（33）：E7854-E7862.

[124] Bowen C H，Dai B，Sargent C J，et al. Recombinant spidroins fully replicate primary mechanical properties of natural spider silk[J]. Biomacromolecules，2018，19（9）：3853-3860.

[125] Loke D K，Clausen G J，Ohmura J F，et al. Biological-templating of a segregating binary alloy for nanowire-like phase-change materials and memory[J]. ACS Applied Nano Materials，2018，1（12）：6556-6562.

[126] Vattenfall. World's most powerful wind turbine successfully installed in Scottish waters[EB/OL]. [2018-04-04]. https://group.vattenfall.com/uk/newsroom/news-press-releases/pressreleases/stories/worlds-most-powerful-wind-turbine-successfully-installed-in-scottish-waters.

[127] Nürnberg D J，Morton J，Santabarbara S，et al. Photochemistry beyond the red limit in chlorophyll f-containing photosystems[J]. Science，2018，360（6394）：1210-1213；DOI：10.1126/science.aar8313.

[128] Kim K S，Tiwari J N，Sultan S，et al. Multicomponent electrocatalyst with ultralow Pt loading and high hydrogen evolution activity[EB/OL]. [2018-07-30]. https://www.nature.com/articles/s41560-018-0209-x.

[129] Brinkert K，Richter M H，Akay Ö，et al. Efficient solar hydrogen generation in microgravity environment[J]. Nature Communications，2018，9（1）：2527.

[130] Modanese C，Laine H，Pasanen T，et al. Economic advantages of dry-etched black silicon in passivated emitter rear cell（PERC）photovoltaic manufacturing[J]. Energies，2018，11（9）：2337.

[131] Segev G，Beeman J W，Greenblatt J B，et al. Hybrid photoelectrochemical and photovoltaic cells for simultaneous production of chemical fuels and electrical power[J]. Nature Materials，2018，17（12）：1115.

[132] 瞿剑. 3D 打印技术在国内商运核电站首次工程应用 [N/OL]. 科技日报：3 版，[2018-02-11]. http://digitalpaper.stdaily.com/http_www.kjrb.com/kjrb/html/2018-02/12/content_388560.htm.

[133] Bauer S. Seawater yields first grams of yellowcake[EB/OL]. [2018-06-13]. https://www.pnnl.gov/

news/release.aspx?id=4514.

[134] DOE/Idaho National Laboratory . INL's TREAT reactor successfully completes first fueled experiment[EB/OL]. [2018-09-19]. https://phys.org/news/2018-09-inl-reactor-successfully-fueled.html.

[135] World Nuclear News. First reactor on Russia's floating plant starts up[EB/OL]. [2018-11-05]. http://www.world-nuclear-news.org/Articles/First-reactor-on-Russia-s-floating-plant-starts-up.

[136] Office of Nuclear Energy. New accident tolerant fuel by Westinghouse successfully created at Idaho National Laboratory[EB/OL]. [2018-12-04]. https://www.energy.gov/ne/articles/new-accident-tolerant-fuel-westinghouse-successfully-created-idaho-national-laboratory.

[137] Imec. Imec reaches milestone for next-gen solid-state batteries to power future long-range electrical vehicles[EB/OL]. [2018-04-10]. https://www.imec-int.com/en/articles/imec-reaches-milestone-for-next-gen-solid-state-batteries-to-power-future-long-range-electrical-vehicles.

[138] Son S B，Gao T，Harvey S P，et al. An artificial interphase enables reversible magnesium chemistry in carbonate electrolytes[J]. Nature chemistry，2018，10（5）：532.

[139] MicroLink Devices. MicroLink Devices achieves certified 37.75% solar cell power conversion efficiency[EB/OL]. [2018-04-18]. http://mldevices.com/index.php/news/67-microlink-devices-achieves-certified-37-75-solar-cell-power-conversion-efficiency-microlink-devices-achieves-certified-37-75-solar-cell-power-conversion-efficiency.

[140] Wang F，Borodin O，Gao T，et al. Highly reversible zinc metal anode for aqueous batteries[J]. Nature Materials，2018，17（6）：543.

[141] Nelson B. Scientists transform sunlight into a liquid fuel that can be stored for 18 years[EB/OL]. [2018-11-06]https://www.mnn.com/earth-matters/energy/stories/scientists-transform-sunlight-liquid-fuel-can-store-18-years.

[142] Dong H，Liang Y，Tutusaus O，et al. Directing Mg-storage chemistry in organic polymers toward high-energy Mg batteries[J]. Joule，2019，3（3）：782-793.

[143] Tollefson J. Innovative zero-emissions power plant begins battery of tests[J]. Nature，2018，557（7706）：622-624.

[144] Liu Q K，Smalyukh I I，Yang R G，et al. Flexible transparent aerogels as window retrofitting films and optical elements with tunable birefringence[J]. Nano Energy，2018，48：266-274.

[145] Goldschmidt Conference. Scientists find way to make mineral which can remove CO_2 from atmosphere[EB/OL]. [2018-08-14]. https://phys.org/news/2018-08-scientists-mineral-co2-atmosphere.html.

[146] Swansea University. Scientists developing way of using waste plastic to create car fuel[EB/OL].

［2018-09-04］. https://phys.org/news/2018-09-scientists-plastic-car-fuel.html.

［147］ Ho H C，Keum J K，Naskar A K，et al. Amending the structure of renewable carbon from biorefinery waste-streams for energy storage applications［J］. Scientific Reports，2018，8：8355.

［148］ Kwak S-Y，Strano M S，Giraldo J P，et al. Polymethacrylamide and carbon composites that grow，strengthen，and self-repair using ambient carbon dioxide Fixation［J］. Advanced Materials，2018，30（46）：1804037.

［149］ Airbus. Airbus delivers its first A350-1000 to launch customer Qatar Airways［EB/OL］. ［2018-02-20］. https://www.airbus.com/newsroom/press-releases/en/2018/02/airbus-delivers-its-first-a350-1000-to-launch-customer-qatar-air.html.

［150］ Embraer S A. Embraer E190-E2 granted certification by ANAC，FAA and EASA［EB/OL］. ［2018-02-28］. https://www.prnewswire.com/news-releases/embraer-e190-e2-granted-certification-by-anac-faa-and-easa-300606052.html.

［151］ Irving M. Experimental NASA noise-reduction tech could make for quieter airports［EB/OL］. ［2018-06-26］. https://newatlas.com/nasa-aircraft-noise-reduction-experiments/55194.

［152］ Frangoul A. Airbus' solar-powered aircraft just flew for a record 26 days straight［EB/OL］. ［2018-08-09］. https://www.cnbc.com/2018/08/09/airbus-solar-powered-aircraft-just-flew-for-26-days-straight.html.

［153］ 邓媛雯，戴海滨 . 国产大型水陆两栖飞机"鲲龙"AG600 水上首飞成功［EB/OL］.［2018-10-20］. http://www.chinanews.com/gn/2018/10-20/8655110. shtml.

［154］ Chu J. MIT engineers fly first-ever plane with no moving parts［EB/OL］. ［2018-11-21］. http://news.mit.edu/2018/first-ionic-wind-plane-no-moving-parts-1121.

［155］ NASA. NASA team first to demonstrate X-ray navigation in space［EB/OL］. ［2018-01-11］. https://www.nasa.gov/feature/goddard/2018/nasa-team-first-to-demonstrate-x-ray-navigation-in-space.

［156］ Wall M. NASA's TESS satellite launches to seek out new alien worlds［EB/OL］. ［2018-04-18］. https://www.space.com/40320-spacex-nasa-tess-exoplanet-satellite-launch.html.

［157］ NASA. NASA's TESS spacecraft starts science operations［EB/OL］. ［2018-07-28］. https://www.nasa.gov/feature/goddard/2018/nasa-s-tess-spacecraft-starts-science-operations.

［158］ KYODO NEWS. Japan's Hayabusa2 probe reaches asteroid to search origin of life［EB/OL］. ［2018-06-28］. https://english.kyodonews.net/news/2018/06/19c01910e088-urgent-japans-hayabusa2-asteroid-probe-reaches-target-after-long-journey.html.

［159］ JAPAN Forward. Japan makes history：Hayabusa2 Spacecraft lands rovers on moving asteroid［EB/OL］. ［2018-09-24］. http://japan-forward.com/japan-makes-history-hayabusa2-spacecraft-lands-rovers-on-moving-asteroid.

[160] Herridge L. NASA's Parker Solar Probe begins journey to the Sun[EB/OL]. [2018-08-12]. https://blogs.nasa.gov/parkersolarprobe/2018/08/.

[161] ESA. Bepicolombo blasts off to investigate mercury's mysteries[EB/OL]. [2018-10-20]. http://www.esa.int/Science_Exploration/Space_Science/BepiColombo/BepiColombo_blasts_off_to_investigate_Mercury_s_mysteries .

[162] NASA. NASA lands InSight on Mars[EB/OL]. [2018-11-27]. https://mars.nasa.gov/resources/22173/nasa-lands-insight-on-mars/.

[163] Goh D. JAXA launches modified sounding rocket SS-520 No. 5[EB/OL]. [2018-02-06]. http://www.spacetechasia.com/jaxa-launches-modified-sounding-rocket-ss-520-no-5/.

[164] Phys.org. J SpaceX poised to launch "world's most powerful rocket" [EB/OL]. [2018-02-05]. https://phys.org/news/2018-02-spacex-poised-world-powerful-rocket.html.

[165] India Defence Consultants. India launches GSLV-3 carrying GSAT-29[EB/OL]. [2018-11-15]. https://indiadefence.com/india-launches-gslv-3-carrying-gsat-29/.

[166] Malik T. Atlas V rocket launches new missile-warning satellite for US Air Force[EB/OL]. [2018-01-20]. https://www.space.com/39427-atlas-v-rocket-launches-missile-warning-satellite-sbirs-4.html.

[167] Malik T. Watch Japan's Epsilon rocket launch the ASNARO-2 Radar Earth Satellite[EB/OL]. [2017-01-19]. https://www.space.com/39434-japan-epsilon-rocket-launches-asnaro-2-satellite.html.

[168] 胡潇潇 . 首颗地球轨道外专用中继通信卫星开启探月新征程 [EB/OL]. [2018-05-21]. http://tech.sina.com.cn/2018-05-21/doc-ihaturft5211224. shtml.

[169] Heiney A. ICESat-2 successfully launched on final flight of Delta II rocket[EB/OL]. [2018-09-15]. https://blogs.nasa.gov/icesat2/2018/09/15/icesat-2-successfully-launched-on-final-flight-of-delta-ii-rocket/.

[170] University of Surrey. Net successfully snares space debris[EB/OL]. [2018-09-19]. https://www.surrey.ac.uk/news/net-successfully-snares-space-debris.

[171] Clark S. SpaceX closes out year with successful GPS satellite launch[EB/OL]. [2018-12-23]. https://spaceflightnow.com/2018/12/23/spacex-closes-out-year-with-successful-gps-satellite-launch/.

[172] 李华昌，崔雪芹 . 我国建成国际规模最大的区域潜标观测网 [EB/OL]. [2018-03-25]. http://news.sciencenet.cn/htmlnews/2018/3/406817. shtm.

[173] 梁盛，张超 . 中国第六代深水半潜式钻井平台"海洋石油 982"入籍湛江 [EB/OL]. [2018-04-04]. http://finance.chinanews.com/gn/2018/04-04/8483554. shtml.

[174] 张建新 . 3619. 6 公里！国产水下滑翔机"海燕"再次刷新续航里程纪录 [EB/OL]. [2018-12-26]. http://www.chinanews.com/cj/2018/12-26/8713063.shtml.

[175] Matheson R. Wireless communication breaks through water-air barrier[EB/OL]. [2018-08-22]. http://news.mit.edu/2018/wireless-communication-through-water-air-0822.

[176] 阮煜琳 . 中国无人潜水器“海龙三号”西北太平洋成功开展试验性应用 [EB/OL]. [2019-09-03]. http://www.chinanews.com/gn/2018/09-03/8617923. shtml.

[177] General Dynamics Mission Systems，Inc. General Dynamics Mission Systems launches latest unmanned underwater vehicle at Oceans 2018[EB/OL]. [2018-10-23]. https://gdmissionsystems.com/en/articles/2018/10/23/news-release-general-dynamics-launches-new-bluefin-9.

[178] 国际船舶网 . 全球顶尖海洋科考船“东方红 3”号下水 [EB/OL]. [2018-01-17]. http://www.eworldship.com/html/2018/NewShipUnderConstrunction_0117/135684.html.

[179] Worldoil. GE，Noble Corp.launch world’s first digital drilling vessel[EB/OL]. [2018-02-22]. https://www.worldoil.com/news/2018/2/22/ge-noble-corp-launch-worlds-first-digital-drilling-vessel.

[180] World Maritime News. SHI gets world’s first cyber approval for smart ship solution[EB/OL]. [2018-03-27]. https://worldmaritimenews.com/archives/248179/shi-gets-worlds-first-cyber-approval-for-smart-ship-solution/.

[181] 李丽云 .“潜龙三号”：深潜无人自主潜水器中的“高分学霸”[N/OL]. 科技日报：4 版，[2018-05-07]. http://digitalpaper.stdaily.com/http_www.kjrb.com/kjrb/html/2018-05/07/content_393761.htm.

[182] MaritimeQuote. Rolls-Royce new stabiliser range offers greater stability for ice class ships[EB/OL]. [2018-08-15]. https://maritime-quote.com/rolls-royce-new-stabiliser-range-offers-greater-stability-for-ice-class-ships.

[183] 张享伟 . 首艘“中国造”极地破冰船“雪龙二号”在上海下水 [EB/OL]. [2018-09-10]. http://www.chinanews.com/gn/2018/09-10/8623539. shtml.

[184] 国际船舶网 . 我国首艘载人潜水器母船“深海一号”下水 [EB/OL]. [2018-12-08]. http://www.eworldship.com/html/2018/NewShipUnderConstrunction_1208/145278.html.

[185] Finferries. Finferries’ Falco world’s first fully autonomous ferry[EB/OL]. [2018-12-03]. https://www.finferries.fi/en/news/press-releases/finferries-falco-worlds-first-fully-autonomous-ferry.html.

Overview of High Technology Development in 2018

Zhang Jiuchun, *Su Na*, *Yang Jie*, *Ren Zhipeng*
(Institutes of Science and Development, Chinese Academy of Sciences)

In 2018, the global economic growth did not continue the strong and synchronized recovery of all countries in 2017. Except for a few economies including the United States, the economic growth rate of other economies fell back. Major countries continue to increase investment in science and technology in key areas such as information technology, life and health, advanced manufacturing, advanced materials, energy and environmental protection, aerospace and oceans. The United States focused heavily on many strategic high technologies around national security goals, and issued *Strategy for American Leadership in Advanced Manufacturing*, *National Strategic Overview for Quantum Information Science*, *National Cyber Strategy*, *and National Space Strategy*. The EU continues to emphasize innovation and invests new research infrastructure projects. The UK has launched the third phase of *Innovate UK's Open Programme* to fund game-changing or disruptive ideas. Germany has issued the *High-Tech Strategy* 2025 which make the deployment of some key areas, such as health and care, sustainable and climate protection, energy, zero-emission and intelligent transportation. The Japanese government has issued the *Integrated Innovation Strategy* which proposes important measures in five aspects: university reform, government support for innovation, artificial intelligence, agricultural development, environmental and energy. Guided by Xi Jinping Thought on Socialism with Chinese Characteristics for a New Era, China has continued to implement the Strategy for Innovation-driven Development, further improved its innovation capacity and efficiency, and made a number of major scientific and technological innovations such as Chang'e-4.

The 2019 High Technology Development Report summarizes and presents the major achievements and progress of high technologies in both China and the world in 2018 from the following 6 parts.

Information and communication technologies (ICT). Many important achievements have been made in ICT sector. In the field of integrated circuits, a new structure of self-healing phase-change memory, quasi-non-volatile memory, hydrogenated diamond circuit that remains operational at high temperature, solid-state memory with the highest storage density, and Sunny Cove have been developed. Information has been successfully stored in a single atom. In the aspect of high performance computing, artificial intelligence super chip, brain-like computer, new computer storage platform, super computer "Summit", the rugged 3U VPX GR2 and GR4 video and graphics cards were developed. In the field of artificial intelligence, deep neural network, the roadmap of connections in mouse brain and multi-person direct brain to brain interface were created. In the field of Cloud computing and big data, the great progress in artificial intelligence attracted a lot of attentions, such as Cloud AutoML, silicon photonics roadmap. In the field of network and communication, new encryption technology, all-graphene optical communication link, single frequency comb source, high-speed wireless data transmission link, and new laser-pointing platform that can transmit large amounts of data have been developed. The first 5G data transmission on 600 MHz spectrum has been successfully tested. In the field of quantum computing and communication, China has realized the intercontinental quantum key distribution of 7600 km for the first time. The 72-qubit chip, the single-electron "pump" device, the "teleportation" of a quantum gate between two qubits, the methods to control the disappearing of quantum information, the "quantum-resistant" code-signing to prevent cracking the password, and the new sensor to read the quantum-bit information with sensitivity are impressive.

Health care and biotech. Fruitful results have been achieved in the fields of health and medical technology. In the field of genetics and stem cells, China has successfully cloned two macaques. Many breakthroughs have been made in the detection platform of viruses and lung tumors, a knockin (KI) pig model of HD, genomic mutation prevention system, single-cell map of the human prefrontal cortex, development of more complete cerebral organoids, and artificial embryo-like structure. In the field of personalized therapy, the great progress in artificial intelligence attracted a lot of attentions, such as the new AI algorithm predicting heart disease by looking at your eyes, one 3D printing cardiac valve replacement, the late T cell immune therapy of breast cancer, a novel panel of six DNA biomarkers in detecting HCC, optimization of drug combination in artificial intelligence platform, and mini tumors from cancer cells in the lab. In the field of major new drugs, new synthetic vaccine against the H1N1 viruses, new antibiotics malacidins, "Plug and Play" technology platform for producing vaccine and new anti-cancer drugs putting cancer cells to sleep permanently have been discovered; the new antibodies to HIV/AIDS drugs and tumor targeting new drug have been approved, targeted cancer therapy drugs Vitrakvi appeared on the market. In the field of diagnosis and treatment of major diseases, transgenic treatment of mice born with congenital blindness, iPS treatment of human Parkinson's disease, transplantation of genetically modified pig hearts into baboons have achieved varying degrees of success. In the field of medical apparatus and instruments, a smart cancer-fighting DNA nanorobots, low-cost radiotherapy method IMRT, the da Vinci SP surgical system, the world's first large scale, fully automated and standardized pluripotent stem cell induction and culture equipment, disease forecasting system "EpiDefend" and "EpiFX", medical diagnosis platform "BacCapSeq", total-body medical scanner "EXPLORER", cardiac cell-integrated microneedle patch for treating myocardial infarction have been developed.

New material technologies. New material technology continues to develop towards integration of structure and function, intelligent device and green preparation process. In the field of nanomaterials, we have developed optical metamaterials that can bend light and make devices invisible, nanofibers with the highest performance, environmentally friendly new photoluminescence nanoparticles, and technologies that increase the stability of DNA double helix structure and have also designed new optical metamaterial. In the field of two-dimensional materials, high-quality graphene, multifunctional ceramic with high strength and toughness, "Magic Angle" double-layer graphene have been prepared. A new algorithm for identifying 2D structural materials from three-dimensional compounds and new magnetic two-dimensional material has been discovered, and a new method for mass and efficient production of high-quality graphene has been found. Molybdenum replaces zirconium in nuclear reactor material, light shape memory alloy, metal glass-titanium sulfur alloy, light stainless steel metal foam composite material, platinum alloy which is the most wear-resistant metal material were created. In semiconductor materials, a 5-inch-diameter BGO crystal, a semiconductor material called α-Ag_2S, a semiconductor material called defect-free boron arsenide and the world's smallest single-atom transistor have been made, and two crystals were seamlessly stitched together. In the field of advanced energy storage materials, there are a new oxide/graphene composite, sodium ion battery using copper sulfide, new materials for manufacturing large-capacity lithium ion battery with stable performance, and new technologies for significantly improving the electrochemical performance of lithium metal battery. For the first time, metal-free perovskite ferroelectrics have been discovered. In biomedical materials, a new biomaterial with the capability of regenerating tissue, the first human 3D-printed cornea, intelligent materials with powerful functions, a new generation of artificial retina, 3D-printed bio-engineered spinal cord, and new microchips for biochemical experiments emerged. In terms of other materials, wood directly becomes a super strong and super tough structural material with high performance. New magnetic energy superconducting materials, new super refractory materials, new anti-corrosion coatings for ships, and the new PPA Ultramid® Advanced T1000 have been successfully produced.

Advanced manufacturing technologies. The advanced manufacturing sector is accelerating its development to digital and green intelligence. Positive progress has been made in related technologies and components of 3D printing. The convolutional neural networks that can prevent defects of 3D printing components has been developed. Various robot products such as a self-assembled nanoscale robotic arm controlled by electric fields, new concept of 3E robot, personalized wearable robotic devices, multipurpose shape-shifting underwater robot, a novel insect-inspired flying-wing robot and the two-legged robot Atlas have been created. In the field of micro-nano processing and digital factory, the performance of electronic equipment has been improved by the I-MacEtch. The method of changing the CO_2 in the air into high quality carbon nanotubes, heat-resistant impact ceramic material, 3D print pure metal structures with pinpoint accuracy, smallest 3D transistor, the method of manufacturing nanoscale three-dimensional objects in almost any shape have been developed. In the field of high-end equipment manufacturing, new high-speed train "Velaro Novo", new re-liquefaction system for LNG carriers, cheap micro-spectrometer, new technology and equipment for seamless pipe, and method of improving the bonding strength of plastic and aluminum emerged continuously. In the field of biological manufacturing, the "thermal stealth" of organisms has been successfully achieved in infrared imaging equipment and human prions have been synthesized artificially. New spider silk whose properties are basically the same as those of natural spider silk and transgenic rice that can express three kinds of neutralizing HIV proteins has been designed. The method of accelerating computer storage with virus microorganisms has been used.

Energy and environmental technologies. Many new achievements have been made in the field of energy and environmental protection technologies focusing on the development goals of low carbon, clean, efficient, intelligent and safe. In the field of renewable energy, the most powerful single wind turbines in the world has been successfully installed. A new kind of photosynthesis, a new type of hydrogen production catalysts, the new method of cutting the solar cell production costs more than 10%, artificial photosynthesis device of converting sunlight and water into hydrogen and electric power have been discovered. A way to make solar hydrogen generation more efficient in microgravity environments was found. In the field of nuclear energy and security, we have successfully developed the 3D metal machine cover of compressed air system, new type of accident-resistance nuclear fuel, method of extracting uranium from seawater by acrylic fiber. The transient reactor has completed the first nuclear test. The world's first floating nuclear power plants in Russia for the first time implemented a chain reaction. In the field of advanced energy storage, many breakthroughs have been made in solid-state Li-ion battery, rechargeable non-aqueous magnesium-metal battery, high-energy magnesium battery, solar thin-film cell, highly reversible zinc metal anode for aqueous battery, and special liquids for absorbing and storing solar energy. In the field of energy conservation and environmental protection, a turbine prototype of power plant driving by pure CO_2 (not air), a new type of super-insulating gel, a method of rapidly producing magnesite, a way of using waste plastic to create car fuel, a way of creating functional materials from the impure waste sugars, as well as self-healing material that can build itself from carbon in the air emerged.

Aeronautics, space and marine technologies. The aerospace and ocean field has developed rapidly and achieved many major achievements. In the field of advanced aircraft, the first latest and greatest dual channel wide-bodied A350-1000 airbus aircraft, the first-ever plane with no moving parts, Zephyr S HAPS, technology of reducing the aircraft noise, China's large amphibious plane the AG600 have made new progress，Brazil E190-E2 jet has got certification from ANAC，FAA and EASA. In the field of space exploration，the space X ray fully autonomous navigation technology have been demonstrated，the exoplanet hunter TESS，Parker Solar Probe，mercury probe BepiColombo have been successful launched，Hayabusa 2 spacecraft reached asteroid Ryugu，Insight explorer successful landed on Mars. In the field of carrier technology，the subminiature rocket SS-520 No.5 and GSLV-3 rocket were successfully launched. In the field of artificial earth satellites，Space Based Infrared System GEO Flight 4，the ASNARO-2 satellite，the ICESat-2 satellite and the first satellite of GPS-3 have been successfully launched. China has successfully launched Chang'e-4 relay satellites Queqiao. The first space debris trapping test in space with a small debris clearing satellite has been completed. In the field of Marine exploration，China has for the first time established the largest international area buoy network in the South China Sea and the deep-water drilling rig "offshore oil 982" and also tested successfully underwater glider "Haiyan" . A system of "translational acoustic-RF communications" that can receive directly data transmission between underwater and airborne devices and the latest "tuna-9" unmanned underwater vehicle have been developed. In the field of advanced ships，China has launched a new large-scale silent comprehensive marine research vessel DFH-3，the unmanned submersible Qianlong Ⅲ，icebreaker Xuelong 2 and the mother vessel for the Deep-Sea No.1. With the emergence of the world's first digital drilling vessel，the latest version of Rolls-Royce stabilization systems and the world's first fully autonomous ferry Falco，South Korea's SHI has become the world's first supplier of smart ship solution.

第二章

航空技术新进展

Progress in Aeronautical Technology

2.1　航空材料技术新进展

益小苏

（宁波诺丁汉大学）

航空材料是用于制造飞机机体、发动机、机载设备的结构材料与功能材料的总称。近年来，航空技术的快速发展，对航空新材料提出了更高的要求；而材料技术的发展，又有力地推动了航空技术的进步。下面重点介绍近几年来航空材料领域的国内外新进展，并预测其发展趋势。

一、国际重大进展

1. 金属材料

金属材料是传统的航空材料，在飞机机体、发动机结构中发挥着重要作用。在备受关注的航空发动机用高温合金领域，2016 年，日本宣布在其六代机的发动机上，采用本国研制的镍钴高温合金 TMW-24，以传统的铸造和锻造工艺流程来制造涡轮盘，使其可耐 710℃的高温，接近十年前粉末冶金技术 730℃的水平[1]。2017 年，俄罗斯全俄轻合金研究院透露，该院在对最新的耐高温和高强度镍基粉末高温合金 VV753P 进行试验和检验后发现，用 VV753 合金制造的涡轮盘毛坯的极限强度不低于 1600 兆帕，750℃高温时的长时使用强度达 770～800 兆帕；VV753 合金已用于第四代粉末高温合金双金属涡轮盘。该院还在进行 820℃条件下 VV751P 的持久强度的评估，拟把它用于制造 PD-35 发动机，该发动机预计在 2025 年服役；同时，还对 VV752P 进行材料试验和结构强度性能的评估，以便将其用于制造未来的直升机发动机[2]。

在金属间化合物领域，德国 MTU 航空发动机公司于 2015 年 3 月宣布，该公司研制的钛铝（TiAl）金属间化合物已用于制造普惠公司（Pratt & Whitney）的齿轮传动涡扇（GTF）发动机的低压涡轮叶片[3]。安装该发动机的空客 A320neo 已完成首飞，并在 2014 年 12 月获得适航认证。这种钛铝金属间化合物采用变形合金制备，这说明其有由铸造制备向变形制备方向转变的趋势。

在起落架材料方面，2015 年，空中客车公司与法国梅西埃 · 布加迪 · 道蒂公司（Messier Bugatti Dowty）、美国卡彭特技术公司（Carpenter Technology Corporation）合作开发出耐蚀不锈钢 CRES[4]。CRES 保留了固有的耐腐蚀性，但取消了传统的镉和铬酸盐涂层，因而变得更加环保。CRES 具有与现有钢材相当的强度，而成本仅为钛合金的一半，同时由于改进了耐腐蚀性、断裂韧性和应力开裂性，具有了进一步降低成本的潜力。

除传统材料的持续进展外，近几年航空材料的重要进展之一是依靠 3D 打印等新型制备技术来提高传统钢材、铝合金等的性能。最典型的例子是美国休斯研究实验室（Houston Research Laboratories，HRL），在美国国防高级研究计划局（DARPA）启动的“微结构可控材料”（MCMA）项目资助下，开发出自动传布光敏聚合物波导法，并用它制备出全球最轻金属（密度仅为 0.9 毫克 / 厘米 ^{3}）[5]。该金属由互相连通的中空管构成，具备极佳的抗压弹性和冲击吸收力，可望用于制造飞机座舱侧壁、地板和其他非承力构件，从而显著减轻飞机的重量。此外，在航空发动机压气机盘、喷嘴等构件方面，航空界也开展了 3D 打印件的试验。

高熵合金（HEA）引入航空界是近年的一个热点。高熵合金由多种近似等量的金属混合而成，具有更轻、更强、更耐热、耐腐蚀和耐辐射等优点，甚至还具有独特的力学、磁、电特性。2017 年，美国《航空周刊与空间技术》发表了一个重要观点，即发展新一代可提升飞机或其他应用领域结构性能的材料。高熵合金有潜力改变未来结构和功能材料发展的规则。

2. 复合材料

高性能复合材料的技术进步首先表现在碳纤维的几个新品种上。日本东丽公司（TORAY）通过精细控制碳化过程中的温度、牵伸、催化、磁场等热处理因素，在纳米尺度上对碳化后纤维中石墨微晶的取向、尺寸、缺陷等进行控制，于 2014 年 3 月成功研制出 T1100G 新型碳纤维。该纤维强度达 6.6 吉帕，比 T800 提高了 12%；模量为 324 吉帕，比 T800 提高了 10%，从而使碳纤维强度和模量同时提升了 10% 以上，这标志着日本碳纤维产品跨入高强高模的第三代。2015 年，美国佐治亚理工学院研究小组用超高分子量的凝胶态聚丙烯腈代替液态聚丙烯腈作为原料，开创性地采用了凝胶纺丝工艺，在保证碳纤维高强度的基础上，大幅度提高了碳纤维模量[6]。美国第三代碳纤维抗拉强度达 5.5～5.8 吉帕，模量达 354～375 吉帕，其模量比美国第二代碳纤维 IM7 提高了 28%～35%；与目前应用最广泛的 T800 相比，在拉伸强度相当的情况下，模量提高了 20%～28%，而与日本第三代碳纤维 T1100G 相比，其拉伸模量又进一步提高了 10%～15%。2018 年 11 月，东丽公司通过严格控制纳米级石墨的晶体结构，进一步将碳纤维强度和拉伸模量同时提高到最大限度，开发出新型 M 系列碳纤维[7]。在该系列中，碳纤维 M40X 的抗拉强度较 M40J 提高了 30%，达 5.7 吉帕，同时保持了与其相当的拉伸模量，达 377 吉帕。

在树脂基复合材料（PMC）方面，东丽公司针对其 M 系列碳纤维，正在推出 MX 系列预浸料。2017 年 3 月，东丽公司通过对树脂的分子结构和固化反应进行精确控制，研发出高性能 3940 系列树脂，制备出新一代碳纤维预浸料 T1100G/3940，显著提升了预浸料的力学性能。与目前在 A350 和 B787 等客机上广泛采用的 T800S/900-2 预浸料相比，T1100G/3940 的拉伸强度和抗冲击性能同时提高了 30%，有望使复合材料部件减重 20%。2019 年，东丽公司推出新树脂 3960 与 T1100G 结合的最终产品 T1100G/3960，它属于高强中模航空级预浸料，与上一代产品 T800/3900 相比，其刚度提高了 20%。目前，全球最大的复合材料航空制造商——美国 Spirit 公司（Spirit AeroSystems Holdings）已开始 T1100G/3960 复合材料的数据测试和考核验证工作[8]。

在金属基复合材料（MMC）方面，2017 年，波音公司开始投资研制纳米陶瓷颗粒增强的铝基复合材料[9]。波音公司认为，大型宽体客机如 B787 上更适合采用碳纤维复合材料，但在窄体客机如 B737 上，则可能更需要金属基复合材料，特别是铝基复合材料等，这或许意味着铝基复合材料将在民机领域迎来新的发展机遇。

在陶瓷基复合材料（CMC）方面，2015 年 2 月，GE 航空公司在 F414 涡扇发动机验证机的旋转低压涡轮叶片上，成功试验了世界上首个非静子组件的轻质陶瓷基复合材料部件[10]。这种 CMC 叶片的重量仅为传统镍基高温合金叶片重量的 1/3。

3. 功能材料

在功能材料领域，新材料技术在隐身、防热、防冰、防辐射、频率可调、自修复保形天线等领域不断涌现。2016 年 2 月，美国艾奥瓦大学在制造超材料内部结构单元——开口谐振环中，用液态金属替代固态金属，研发出一种新型柔性隐身超材料液态金属谐振环[11]，其吸波带宽可由固态金属的 0.5 吉赫拓宽至 2 吉赫；其机械拉伸硅基底可改变液态金属环的尺寸，使拉伸率在 0～50% 范围内可调；其材料吸波频段可实现 8～11 吉赫的连续可调。雷达反射截面性能（RCS）测试表明，其 RCS 衰减 40～60 分贝·米^2，与现役装备雷达吸波材料相比，其隐身效能提高了 100 倍。该成果为宽频可调吸波材料的研究开辟了一条全新技术途径，未来利用该材料制成的智能隐身蒙皮，有望大幅提高装备隐身性能。2017 年 6 月，美国空军研究实验室（Air Force Research Laboratory，AFRL）称其正在研制液态金属天线，有望解决军用飞机上因配装多种不同频率的天线造成的系统构造复杂以及信号间相互干扰的问题[12]。

在智能材料领域，4D 打印是近年出现的新技术，其本质是智能材料的 3D 打印。2018 年，美国得克萨斯农工大学（Texas A&M University）利用高熵合金的工作原理，用四种或更多已知的可形成形状记忆合金的元素（镍、钛、铪、锆和钯）组成的材料，将形状记忆合金的工作温度从400℃提高到500～700℃，达到了减少油耗、降低飞机噪声的目标[13]。

4. 计算材料科学与工程

近年来，在人工智能技术发展热潮的引领下，航空材料设计、制备、检测评价技术正处于高速发展阶段，其研发模式也发生了根本变化。2016年，美国国家研究理事会（National Research Council，NRC）引用了两个成功的ICME合金设计实例，其一是Ferrium S553飞机着陆架采用齿轮钢；其二是应用GTD262高温合金[14]。

作为计算材料科学与工程的领航者，美国空军研究实验室于2016年10月开发出世界首套可自主开展材料制备实验的机器人样机"自主研究系统"（ARES）[15]。ARES能在材料制备迭代实验过程中，自主学习并优化实验设计以确定最佳制备参数，从而使材料制备实验效率提高了百倍，大幅提高了研发速度。此外，近年美国埃姆斯实验室（Ames Laboratory）、麻省理工学院、西北大学等在该领域的研发工作也十分活跃。

2017年，谷歌公司DeepMind机器系统"阿尔法元"（Alpha Zero）问世[16]。这表明，人工智能从0发展到1，不再被人类认知所局限，也不再受制于人类经验样本空间大小的限制，可以发现新知识、发展新策略。这项新技术能够用于解决如蛋白质折叠和新材料开发等重要问题，标志着人工智能技术正在引领先进材料的发展，深度强化学习算法正在助力材料的研发。

二、国内研究状况

航空材料作为国内外高技术新材料的代表，在中国的对外合作中扮演着非常重要的角色。2013年以来，在工业和信息化部的支持下，中国航空材料领域的科学家积极参与了欧盟著名的科研发展计划"地平线2020"（Horizon 2020），特别是其中的"绿色航空"主题。"生态友好与多功能复合材料在飞机结构中的应用"（Ecological and Multifunctional Composites for Application in Aircraft Interior and Secondary Structures，ECO-COMPASS）项目属于该科研发展计划，由中国主导，并由欧方8家和中方11家单位开展产学研大合作，这些单位包括中国航空工业集团有限公司（简称航空工业）、中国商用飞机有限责任公司（简称中国商飞）、欧洲空中客车公司、中国科学院、德国宇航院（DLR）及中欧多所大学[17]。该项目向国际社会展示了具有中国全部自主知识产权的生物基树脂复合材料，即"绿色复合材料"，该材料包括生物质树脂、植物纤维和"绿色"蜂窝等，其性能及应用效果不仅得到欧洲空中客车公司及欧盟有关航空科研单位的测试与正面评价，而且在中国 C919、MA600、Y12 等飞机上也开展了应用技术演示（图 1），获得了中国和欧盟政府与专家的一致好评。

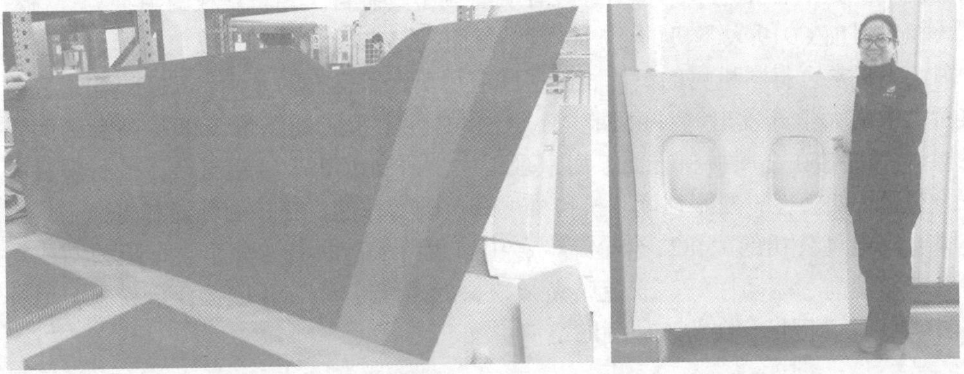

图 1 生物基复合材料在中国 C919 和 MA600 飞机上的制造技术演示

中欧合作的另一个航空材料技术项目是“增材制造、近净成型热等静压及精密铸造高效率制造技术研究”（Efficient Manufacturing for Aerospace Components USing Additive Manufacturing，Net Shape HIP and Investment Casting，EMUSIC）。该项目由中方 7 家及欧方 11 家单位进行产学研大合作，利用增材制造、近净成型热等静压和熔模铸造等技术，开展针对飞机门框和环形前外壳等实际钛合金复杂部件的先进制造技术的研究，取得了积极的进展。

飞机不仅是一个多材料的结构系统，更是一个机电一体化集成的电气电子系统。当飞机结构材料在由传统的金属材料快步迈向复合材料时，国际航空界开始高度重视复合材料的导电性。空中客车公司为此向全世界招标，要求航空结构复合材料在垂直厚度方向的电导率大于或等于 20 西［门子］/ 米，同时不能降低复合材料的韧性。在大型科研合作项目 SARISTU（Smart Intelligent Aircraft Structures）中，欧盟参研单位没有一家达标。中国在这种结构 - 功能一体化复合材料方向的创新性研究引人注目[18]。立足于中国国际发明专利的新型复合材料，不仅大幅超越空中客车公司的电导率指标，同时也大幅提升了材料的层间断裂韧性。欧盟单位额外的测试还表明，这种新型复合材料的电磁屏蔽有效性（electromagnetic shielding effect，EMSE）指标，接近航空铝合金材料的水平，且这种新型复合材料具有优异的抗雷击性能，呈现出更加轻量化的特点。2018 年，空中客车公司与中国航空工业集团有限公司旗下中航复合材料有限责任公司（ACC）正式签约，开展这个新方向的合作研究。

近年来，中国在航空材料领域开展的国际合作项目均贯彻落实了中国深化改革、开放创新的大政方针，反映了中国航空材料的长足技术进步，中国甚至在部分方向上引领了国际航空材料技术的发展。除国际合作之外，中国航空材料的研究也有新进展。例如，①在航空复合材料的应用技术方面，中国商用飞机有限责任公司北京民用飞机技术研究中心经过多年努力，设计和研制了具有自主知识产权的新型复合材料机翼，相对目前 C919 大飞机的金属材料机翼而言，实现了预定的减重目标，为下一代中国大飞机复合材料机翼的设计、制造和应用奠定了良好的基础。②在高温陶瓷材料方面，中南大学开发出一种由 Zr、Ti、C 和 B 元素组成的能耐 3000℃高温的陶瓷涂层材料[19]。③在金属材料方面，南京理工大学研制出 PST 钛铝材料，该材料具有良好的室温拉伸塑性、屈服强度、抗拉强度和抗蠕变性能，在核心性能和寿命上均优于美国通用电气公司的“4822 合金”[20]；中航迈特粉冶科技（北京）有限公司成功研制出球形度高、流动性好、非金属夹杂物少的高纯球形 TiNi 记忆合金粉末，填补了中国球形 TiNi 记忆合金粉末研制的空白[21]。

三、发展趋势

航空材料技术总的发展趋势是朝着复合化、高性能、多功能、低维化、智能化、人工智能设计方向发展，而从航空材料的工程化应用技术考虑，需要重点关注低成本、高稳定性和高可靠性的制备制造技术。具体来说，包括以下几个方面。

（1）开发新型的制备技术，进一步挖掘和提升传统航空材料的潜力。不仅包括金属结构材料和功能材料，还包括结构复合材料和功能复合材料等，甚至包括航空多材料系统与多功能系统等。3D 打印技术就是典型的新型制备技术。

（2）材要成料，料要成器，航空材料的发展最终要用得上和用得起。为此，必须大力开发航空结构与器件的低成本制造技术（包括材料与制造的一体化技术），努力提高材料制备和构件与器件制造的工程化的技术成熟度，提高航空材料产品的国际市场竞争力。

（3）多功能化是材料的一个重要的发展方面。一种材料具有多种功能意味着一种材料有多种用途，而且多功能的前提是不牺牲其已有的性能。多功能还意味着功能集成化，即在原有结构性能的基础上再集成额外的功能。

（4）材料技术（包括航空材料技术）的一个共性的发展趋势是可持续性和绿色化。不仅包含环境友好的含义，还包含资源节约的含义。

参考文献

[1] 黄涛 . 日本 XF9-1 发动机达到了日本战斗机技术计划的目标 [EB/OL]. [2018-11-23]. http://www.sohu.com/a/277372071_313834.

［2］张义文．俄罗斯粉末高温合金研究进展［J］．粉末冶金工业，2018，28（6）：1-9.

［3］RICHARD GARDNER. MTU develops new turbine blade material in record time［EB/OL］．［2015-04-06］．https://www.sae.org/news/2015/04/mtu-develops-new-turbine-blade-material-in-record-time.

［4］KCI. Airbus and its partners develop CRES［EB/OL］．［2015-09-28］．http://www.sswnews.com/news/56433/airbus-and-its-partners-develop-cres.html.

［5］Manufacturing Group. HRL researchers develop the world's lightest material.［2011-11-22］．https://www.todaysmedicaldevelopments.com/article/manufacturing-design-engineering-hrl-researchers-material-112211/.

［6］Rick Robinson. Innovative method improves strength and modulus in carbon fibers［EB/OL］．［2015-07-23］．https://phys.org/news/2015-07-method-strength-modulus-carbon-fibers.html.

［7］Toray Industries Inc. Toray Develops TORAYCA® MX Series Carbon Fiber with High Compressive Strength，High Tensile Modulus；to Introduce Prepreg［EB/OL］.［2018-11-19］．https://cs2. toray.co.jp/news/toray/en/newsrrs02. nsf/0/123AEEFBA960941049258343000 9633B.

［8］MarketScreener. Spirit AeroSystems：Develops New Carbon Fiber Fuselage Panel to Support Lower-Cost，Higher-Production Volumes for Aircraft Manufacturing.［2019-06-17］．https://www.marketscreener.com/SPIRIT-AEROSYSTEMS-HOLDIN-37142/news/Spirit-AeroSystems-Develops-New-Carbon-Fiber-Fuselage-Panel-to-Support-Lower-Cost-Higher-Producti-28765338/.

［9］Boeing. Boeing HorizonX Invests in Advanced Materials Producer Gamma Alloys［EB/OL］．［2017-11-01］．https://boeing.mediaroom.com/2017-11-01-Boeing-HorizonX-Invests-in-Advanced-Materials-Producer-Gamma-Alloys.

［10］GE Aviation. GE Successfully Tests World's First Rotating Ceramic Matrix Composite Material for Next-Gen Combat Engine［EB/OL］．［2015-02-10］．https://www.geaviation.com/press-release/military-engines/ge-successfully-tests-world%E2%80%99s-first-rotating-ceramic-matrix-composite.

［11］Wang Q G，Song J M，Dong L，et al. From Flexible and Stretchable Meta-Atom to Metamaterial：A Wearable Microwave Meta-Skin with Tunable Frequency Selective and Cloaking Effects［EB/OL］．［2016-02-23］．https://www.nature.com/articles/srep21921.

［12］Oriana Pawlyk. Air Force Works on Liquid Antennas for Aircraft Adaptability［EB/OL］．［2017-06-15］．http://www.ocnus.net/artman2/publish/Research_11/Air-Force-Works-on-Liquid-Antennas-for-Aircraft-Adaptability.shtml.

［13］Texas A&M University. New smart materials could open new research field［EB/OL］．［2018-09-04］．https://www.sciencedaily.com/releases/2018/09/180904140611.htm.

［14］James Saal. Exploration of High-Entropy Alloys for Turbine Applications［EB/OL］．［2016-11-02］．https://www.netl.doe.gov/sites/default/files/event-proceedings/2016/utsr/Wednesday/James-Saal.pdf.

［15］US Air Force Research Laboratory. AFRL System Revolutionizes Research Process［EB/OL］．［2016-

10-22]. http://www.defense-aerospace.com/cgi-bin/client/modele.pl?#shop=dae&modele=release&prod=178204&cat=3.

[16] David Meyer. Google's New AlphaGo Breakthrough Could Take Algorithms Where No Humans Have Gone[EB/OL]. [2017-10-19]. https://fortune.com/2017/10/19/google-alphago-zero-deepmind-artificial-intelligence/.

[17] Yi X S, Tserpes K. Eds. Ecological and Multifunctional Composites for Application in Aircraft Interior and Secondary Structures[EB/OL]. [2019-08-30]. https://www.mdpi.com/books/pdfview/book/1268.

[18] Ye L. Functionalized interleaf technology in carbon-fibre-reinforced composites for aircraft applications[EB/OL]. [2013-12-18]. https://academic.oup.com/nsr/article/1/1/7/1502977.

[19] 佚名．中南大学研发出耐 3000℃烧蚀的新材料［EB/OL］.［2019-11-10］. http://www.xinhuanet.com/2017-08/21/c_1121519048.htm.

[20] 盛捷．中国研制出新型航空航天材料 飞机或有更强“中国心”［EB/OL］.［2019-11-10］. http://finance.chinanews.com/gn/2016/06-21/7912509. shtml.

[21] 潇纵．中航迈特研发出 3D 打印 TiNi 记忆合金粉末材料［EB/OL］.［2019-11-10］. https://mp.ofweek.com/3dprint/a545663123016.

2.1 Aeronautical Materials Technology

Yi Xiaosu

(University of Nottingham Ningbo China)

This paper briefly describes the development of aeronautical materials technology in recent years. Among them, the international development is going towards higher performance by material innovations, while the Chinese materials technology has made outstanding achievements in international cooperation, especially with the EU. Facing the future, aeronautical materials technology will pay more attention on innovative manufacturing technologies to further enhance the application potential, and vigorously to develop cost-effective production technologies, including the integration of materials and manufacturing technologies. The development potential of multi-functional materials will highly be expected. Developing one material for multi-use is forming a new trend. The sustainable and green development also characterizes aeronautical materials.

2.2　航空制造技术新进展

范玉青

（北京航空航天大学）

航空器是大型、复杂精密机械装备，对安全性、可靠性等各方面要求十分严苛，其制造难度大，覆盖的制造技术门类齐全，同时对先进制造技术具有旺盛而迫切的需求。近年来，随着各种新型军民用航空器的不断出现和对其性能要求的持续提高，航空制造技术越来越受到世界各航空强国的重视。先进的航空制造技术对提高飞机性能、缩短研制周期及降低制造成本都发挥着至关重要的作用。随着现代科学技术的迅猛发展，航空制造技术已成为集各种学科为一体的宏大的工程技术体系。航空制造技术既是现代制造业的重要组成部分，也是引领相关领域发展的高技术。部分航空制造技术的内涵和实践相互融合和交叉，特别是智能制造与数字化、混合现实、数字孪生体和工业互联网关系密切又多有交集。下面以世界主要航空企业为例，重点介绍数字化、混合现实、数字孪生体、增材制造、工业互联网、大型飞机复合材料部件制造以及在多项技术集成应用基础上快速发展起来的智能制造等航空制造技术的国际最新进展，同时简要介绍国内相关情况并展望未来。

一、国际重大进展

2012 年，美国在“国家制造业创新网络”（National Network for Manufacturing Innovation，NNMI）中明确了建立国家增材制造创新研究院（NAMII）、数字化制造与设计创新研究院（DMDII）和智慧制造创新研究院（SMII）等。2014 年底，美国通过《振兴美国制造业和创新法案》（RAMI），主要针对航空航天、舰船和车辆制造，提出为建立 NNMI 铺平道路等战略措施。德国于 2013 年正式推出“工业 4.0”战略。这些战略与规划、计划都把航空制造置于十分重要的位置。

1. 数字化制造技术

数字化制造技术是从 20 世纪 80 年代的数字化设计（computer aided design，CAD）、数控加工（numerical control，NC）、数字化测试（computer aided testing，CAT）等技术发展而来的，现已发展出基于网络的涉及制造全过程的工业软件的集成系统，涵盖先前的计算机辅助设计 / 工程 / 工艺 / 制造 / 产品数据管理 / 企业资源计划［CAD/CAE（computer aided engineering）/CAPP（computer aided process planning）/CAM（computer aided manufacturing）/PDM（product data management）/ERP（enterprise resource planning）］等功能[1]，使传统制造业发生了根本性变革。在飞机制造中，数字化制造技术极大地加快了产品的研制速度并大幅提高了产品质量，其核心是基于模型的定义（model based definition，MBD）技术的发展及充分应用。MBD 技术的核心是基于模型对飞机产品进行数字化定义，以获得统一、完整的数字样机（digital mock-up，DMU）。MBD 是产品并行协同研制的单一依据，是产生连续、动态、数字化的全生命周期产品的数据流的基础。

在产品研制阶段，飞机数字样机采用并行、一体化研究的系统工作模式，把计算机辅助技术、系统集成技术和大规模产品数据管理系统综合成数字化的开发环境。在这种环境中，研制人员能够策划、设计和预测产品在真实环境中的性能、特征，以及真实工况下的响应，从而减少研制过程中反复和变更的次数，很好地检验和优化设计结果，有效缩短开发周期，大量节省开发费用。

利用 MBD 技术，美国波音公司开发出全球协同环境（global collaborative environment，GCE）。GCE 是一个能覆盖全球的、完整的数字化网络信息系统，可覆盖从顾客对飞机的要求，到飞机的设计、制造、交付出厂以及投入航线后提供服务的全过程，体现了基于模型的企业（model based enterprise，MBE）和工业 4.0 中的信息物理系统（cyber-physical systems，CPS）的思想。MBD 技术在波音 787 研制中得到成功应用，这是数字化制造技术在航空领域的一个新突破。美国国防部（Department of Defense，DOD）和美国国家标准与技术研究所（National Institute of Standards and Technology，NIST）等部门计划把 MBD 技术发展到 MBE（图 1），并把它纳入“国家制造业创新网络”项目中，以便进行深入的应用和推广。

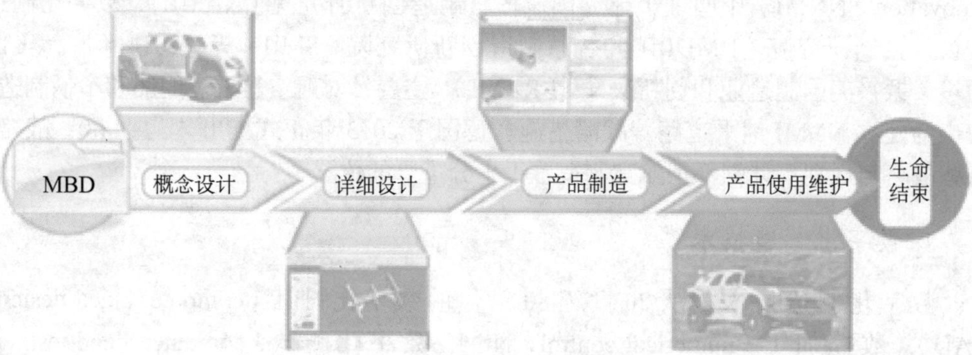

图 1　基于模型的企业

美国通用电气公司（GE）提出了数字转型战略理念，即在企业所有业务领域推进数字化革命，使数字化工业成为未来的生态系统和价值源头。在此基础上，GE明确提出建设以数字主线（digital thread）贯穿的智能工厂系统平台，旨在把所属的400家工厂变成“智慧工厂”。智慧工厂使数字化技术与工程、制造和设计联结为一个整体。在智慧工厂平台上，可以利用数据，使运行变得更高效，同时以新方式优化整个供应链，实时优化生产和物流，提前发现问题，增加机器的正常运行时间等。它体现了智能制造的数字主线（digital thread for smart manufacturing），是航空领域可持续制造方面的创新。

2. 混合现实技术

混合现实（mixed reality，MR）是未来航空制造的关键技术，可使现实世界和虚拟世界在同一个空间中工作，是一种现实－虚拟连续体（reality-virtuality continuum）。混合现实允许用户生成新环境并使之可视化，其中的物理和数字对象可共存并实时交互。

在发动机产品数字化制造中，如果将涡轮盘的数字模型投影到一张桌子上（现实世界），混合现实就会像在现实世界中一样，把数字模型摆放在桌子上，使观察者可以看到涡轮盘准确安装的全过程（图2）。

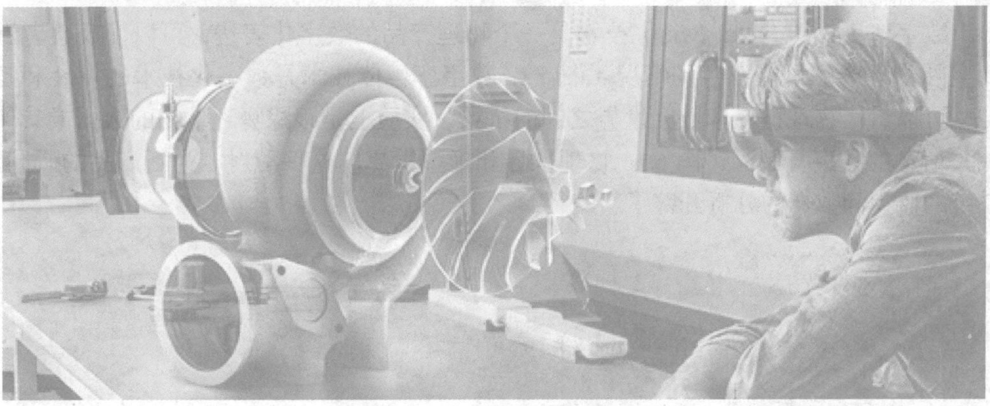

图2　混合现实技术应用实例

欧洲空客公司把混合现实技术列为未来七大航空制造技术之一[2]，计划为A350XWB开发世界第一个混合现实培训平台（图3）。欧洲空客公司在德国的工厂在生产A350XWB机身外壳的过程中，利用“混合增强现实应用”团队的技术，实现了机身隔框、支架的精确定位（图 4）。法国达索系统公司（Dassault Systemes）在飞机制造过程中，同时使用了 Catia V5 Cave 的头戴数字设备与 3D 虚拟现实系统。Catia V5 Cave 是一个沉浸式投影系统，允许工程师在飞机设计的早期“从内部”操作可视化的组件；其中的三维设计数据很容易转换成与虚拟现实兼容的模型，供从事飞机部件或组件设计的全体工程师使用。未来的混合现实技术将与人工智能技术相结合，呈现出更好的发展前景。

图 3　欧洲空客公司混合现实培训平台

图 4　欧洲空客公司混合增强现实应用

3. 数字孪生体技术

数字孪生体（digital twin）技术是一个物理产品的数字化表达，可以使观察者看到实际物理产品可能发生的情况（图 5）。数字孪生体技术是数字化技术的发展和延伸，可以看作物理世界和数字世界之间的桥梁，实质上是跟踪物理事物的数据或其他相关信息的数字复制品（图 6）。物理世界和虚拟世界的这种配对，为新产品的研制、系统的监视和数据的分析开辟了新路径。

图 5　数字孪生体

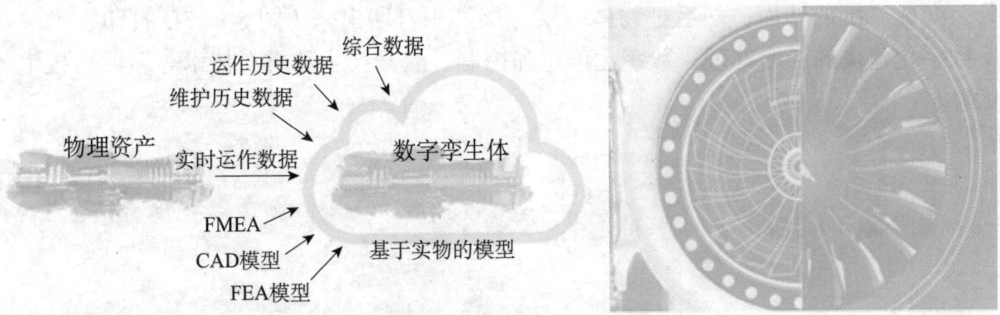

图 6　航空发动机数字孪生体内容

数字孪生体的概念最早由美国密歇根大学的学者于 2002 年提出，后由美国国家航空航天局、国防承包商、汽车制造商以及其他先进的工业组织采纳并实施。此后，美国国家航空航天局一直使用数字孪生体技术来监测空间站和航天器，以确保人员的安全。通用数字公司（GE Digital）认为，数字孪生体是资产和流程的软件表示，可用于理解、预测和优化其性能以改进业务流程[3]。在航空发动机数字孪生体的应用（图 7）中，利用高保真模拟平台分析数据，可以了解发动机内部的情况，延长发动机的使用寿命。欧洲空客公司也已在多个工厂应用数字孪生体技术，以支持工厂的数字化系统。

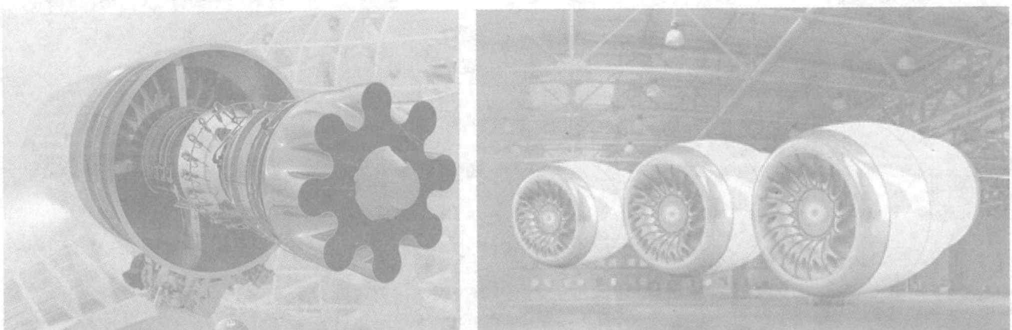

图 7　航空发动机数字孪生体的应用

4. 增材制造技术

增材制造（additive manufacturing，AM），俗称 3D 打印，是一种三维实体快速自由成型制造新技术。它利用计算机分层软件，将物体的三维数字模型进行均等切分，变成二维的切面，然后把物体一层一层累积打印出来（图 8）。3D 打印技术综合了数字化建模的图形处理、数字化信息和控制、激光技术和材料技术等多项高技术的优势。

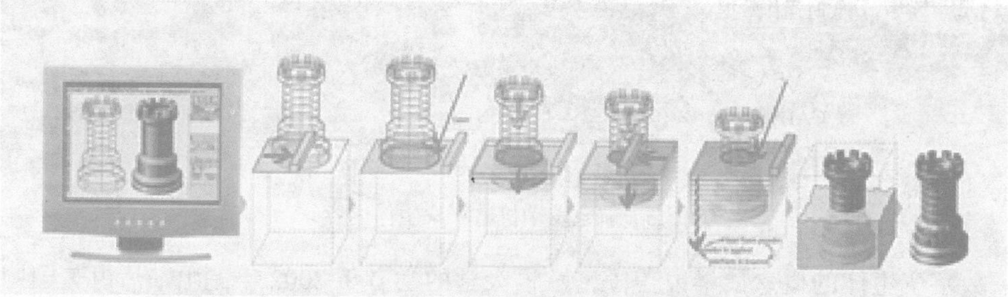

图 8　增材制造原理及物件成型过程

金属 3D 打印技术可直接为航空航天工业制造小批量、个性化、形状复杂的产品，被誉为“3D 打印行业皇冠上的明珠”。西方发达国家都在努力把它用于飞机制造业中。

2016 年 8 月，美国波音公司和美国橡树岭国家实验室联合利用 3D 打印技术，开发出飞机部件的模具（图 9）。模具长 5.33 米，宽 1.68 米，高 0.46 米，重 784 千克，是世界最大的实心 3D 打印物体。打印时间为 30 小时，而传统方法需要至少 3 个月[4,5]。

图 9　美国波音公司 3D 打印的大型模具

美国通用电气公司采用 3D 打印技术一次成型，制造出 LEAP 发动机的燃油喷嘴（图 10）。新方法制造的喷嘴比采用传统手段制造的喷嘴轻 25% 左右，且具有更佳的耐用性。美国通用电气公司利用 3D 打印技术，已累计生产 45 000 多个燃油喷嘴[6]。

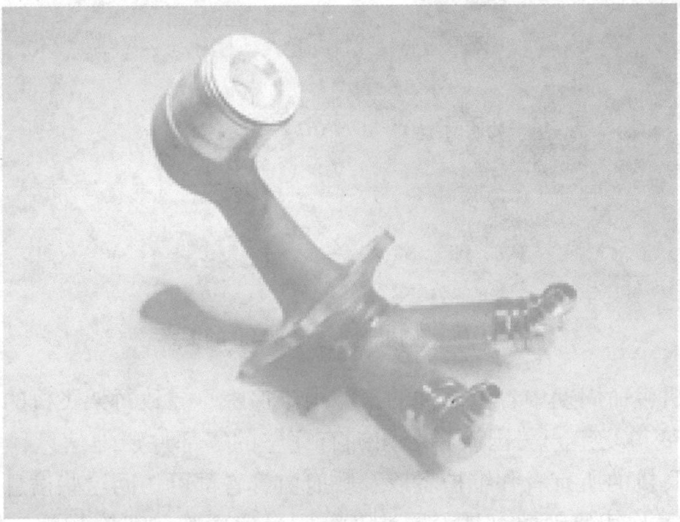

图 10　美国通用电气公司 3D 打印的燃油喷嘴

与传统制造技术相比，3D 打印技术有很多优势，适合制造复杂结构的零件，可广泛应用在飞机制造的各个领域。然而，3D 打印技术还有大量的研究工作需要继续开展，如激光成型专用合金体系、零件的组织与性能控制、应力变形控制、缺陷的检测与控制、先进装备的研发等，涉及从科学基础、工程化应用，到产业化生产的各个层面。

5. 工业物联网

物联网是指利用信息传感设备，按照约定的协议，把物品与互联网连接起来，进行信息交换和通信，以实现智能化识别、定位、跟踪、监控和管理的一种网络，是互联网的延伸与扩展。工业物联网（Industrial Internet of Things，IIoT）是一项十分有用的重要技术，受到广泛重视，并得到了快速发展。它把复杂的物理机械与高端软件和网络化传感器精确地集成在一起，并利用网络物理系统收集和实时分析从所有机器中获取的数据，再根据数据分析的结果调整操作。

工业物联网汇集了多领域的技术，如大数据、机器学习、机器到机器（machine to machine，M2M）技术、物联网等，可以极大地提高工业组织的连通性、效率、可伸缩性，节约时间和成本。工业物联网与工业 4.0 的关系如图 11 所示[7]。航空领域因产品复杂，产业链长，供应链管控难度大，尤其需要应用工业物联网技术。

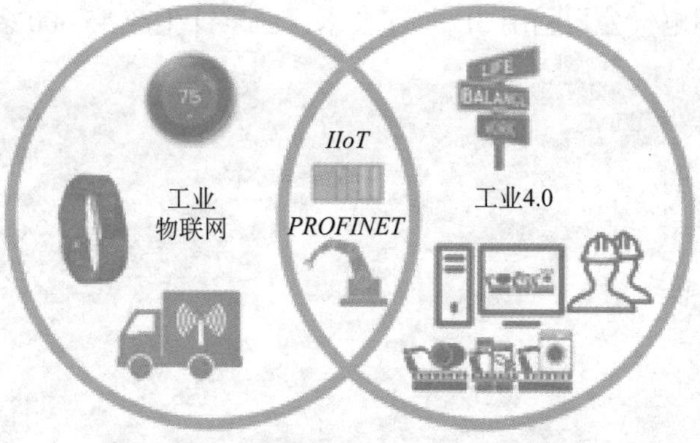

图 11　工业物联网与工业 4.0 的关系

目前，飞机生命周期中各个部件的来源很难追踪，导致每架飞机的操作、维护和最终处理工作变得复杂。美国波音公司拥有完整的零部件产地信息，在生产过程中每个制造商、飞机的所有者和维护者以及政府监管者都可访问这些信息。而信息的产生、收集、传播及其准确性，是美国波音公司目前面临的一大挑战。解决好这个问题，可以减少停机以及计划外的维护。

欧洲空客公司的未来工厂的主要关注点之一是装配过程的自动化。在飞机制造和装配过程中，有数万个需要操作人员必须遵循的步骤。一个给定的飞机组件大约有 400 000 个紧固点，需要 1100 多个基本的紧固工具。在这个过程中，一个错误可能要花费数十万美元来修复。欧洲空客公司正在开发智能工具系列，将用在钻孔、测量和记录质量数据（基于人的决策）以及紧固等程序中。智能工具可以理解操作员必须执行的操作动作，自动调整到适当设置，以极大地简化操作员的工作；操作完成后，监视并记录操作的结果，并用于提高生产效率。此外，智能工具与操作员和（或）其他工具通信，可以提供情景感知，便于“实时”决策，以控制生产线上的设施和机器。

欧洲空客公司还正与其他公司合作，在 A350XWB 飞机的总装线上扩大应用射频识别（radio frequency identification，RFID）技术。在物联网和大数据的背景下，利用射频识别技术和实时定位系统，把工厂的制造物件连接起来，是欧洲空中客车公司数字化战略和“未来工厂”计划的关键组成部分。

美国通用电气公司的工业物联网（图 12）涉及传感、控制软件、云计算、大数据分析等信息通信技术[8]，其具体技术路线是“智能机器 + 数据 + 分析模型”，即“发动机定义软件 + 数字孪生体 + 应用软件”，可提高机器设备的利用率，并降低产品制造成本。

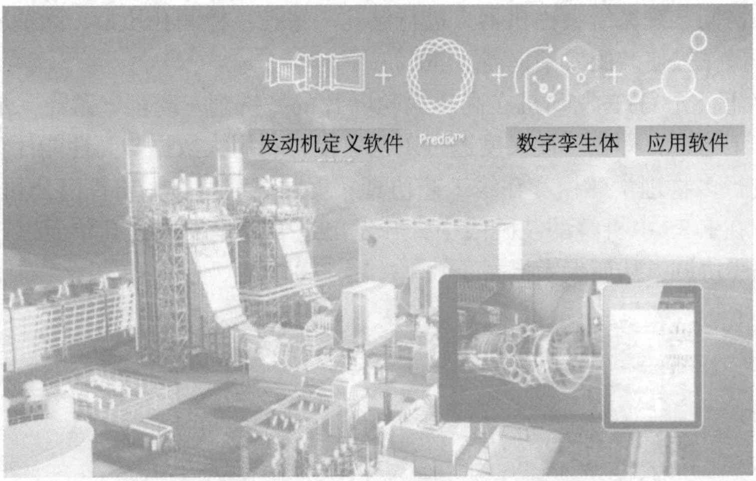

图 12 美国通用电气公司的工业物联网示意图

6. 智能制造

智能制造（intelligent manufacturing，IM）最早由日本在 1990 年 4 月倡导的“智能制造系统国际合作计划”中提出。IM 是一个集信息化、自动化、网络化、计算技术、软件技术、传感技术等为一体的技术集群，以数字化制造技术为基础，把数字化制造和人工智能技术结合，即把制作过程中的数据采集、分析、判断、推理、决策等智能活动与智能机器融合，从而取代制造环境中工作人员的部分脑力劳动，可大幅度提高生产效率与产品质量。

近年来，智能制造已成为热门技术，在航空领域尤其受到重视，欧洲和美国在这方面已取得领先地位。

德国人工智能研究中心提出了“工业 4.0”的三大范例——智能产品、智能机床、增强的操作员。美国 GE 公司提出了工业互联网的三大范例——智能设备、先进分析、机器与人的连接。这些范例构成了航空智能制造的基础，自主化装配、自适应加工、智能化管控、智能人机协作和智能人工增强等是航空智能制造的重点发展方向[10]。

欧洲空客公司正在打造制造系统的物联网，对飞机装配中的铆接、紧固等施行智能化改进，把它无线连接到中央控制台和工厂数据库，利用定位信息自动部署任务程序，同时利用物联网上链接的测量设施，进行实时测试与分析，据此及时调整操作。美国波音公司提出“网络化 / 可重构 / 自主装配”概念，通过在装配车间集成无线通信系统、运动控制系统和智能动力单元，使各类机器人能够动态感知制造环境并分析任务情况，在机 - 机之间实现自主配合。在波音 787 后机身的装配中，波音公司使用了多机器人协同装配系统，由机器人进行钻孔、锪孔、检测孔质量、涂覆密封剂和安装紧固件等操作，使装配效率提高了 30%。

美国普惠公司 GTF 发动机在高压涡轮叶片的“铣削 - 磨削 - 抛光”加工中，正在建立垂直工艺链，即在不同尺度进行工艺建模，利用大数据与高性能计算，对复杂加工过程进行多物理学建模和在线工艺仿真。美国诺斯罗普 · 格鲁门公司（Northrop Grumman）在 F-35 中机身的装配线中，开发出进气道机器人钻孔单元，并使之与测量机器人同步协调，从而大大提高了效率（图 13）。

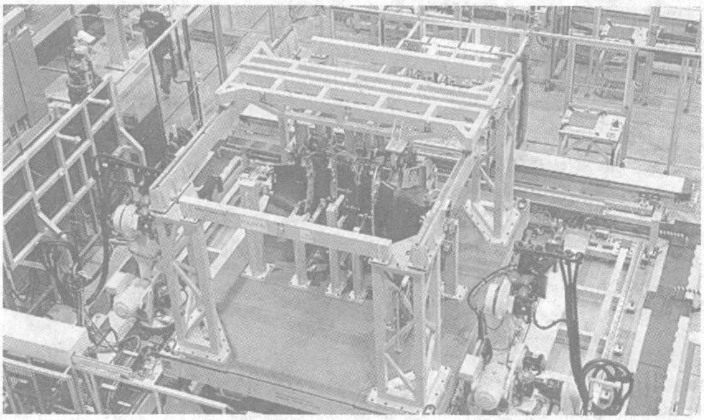

图 13　诺斯罗普 · 格鲁门公司的 F-35 中机身双机器人装配单元

美空军在 2013 年发布的《全球地平线》（*Global Horizons*）顶层科技规划文件中，将数字主线（digital thread）和数字孪生体（digital twin）视为“改变游戏规则”的颠覆性技术和智能制造的重要使能手段。美国洛克希德 · 马丁公司在 F-35 生产线上，部署了基于物联网的“智能空间”解决方案，利用模型和数据，将现实世界中的流程和移动资产定量化并使之变得可计量。欧洲空客公司 A400M 装配线也部署了类似的系统，使工厂的数字孪生可建模并实时监测数万平米空间和数千个对象，优化并提高了运行绩效。

基于灵巧机器人的人机协作技术正在快速发展。欧洲 BAE 系统公司在使用协作机器人生产“台风”战斗机中，利用无线技术自动加载个人配置文件，自动传输定制的提示和指令，使机器人能够识别与避免碰撞操作人员。欧洲空客公司在“未来装配”计划中，利用双臂拟人机器人操作 A380 方向舵梁的人机协作装配，完成抓取、插入和预装铆接任务；该机器人在欧洲工业领域中首次实现了与人类并肩工作。目前 A350 平尾翼盒装配线也使用了这类机器人。

智能人工增强是指综合利用 AR/VR 技术并使之与工业物联网、智能可穿戴移动设备结合，以提高人获取信息和利用知识的能力，从而使人更好地理解和执行任务，构建出更好的智能环境。欧洲空客公司在 A330 客舱座椅安装中，让操作人员佩戴谷歌眼镜，取得了很好的效果；此外，正在开发钻孔智能工具系统，计划采用嵌入式AR设备（包括嵌入操作人眼镜的高清摄像头、嵌入工作服的处理器与图像处理工具等），将加工、测试等相关信息告知操作人员，便于操作人员做出最佳的决策。

从上述新进展可以看到，智能制造在航空中得到了大量应用，扩展使用已成不可逆转之势。航空智能制造技术的进一步发展和应用值得期待。未来，它将使航空制造的创新能力和产品质量提高、研制与生产周期缩短、全寿命周期成本降低。

7. 大型飞机复合材料部件制造技术

波音787和空客A350的机体，以及777X的机翼，基本都是由碳纤维增强复合材料（carbon fiber-reinforced plastics，CFRP）制造的。在使用碳纤维增强复合材料制造飞机的过程中，从材料的自动化铺放，到构件的数字化检测、加工和装配等各个环节，采用了一系列先进技术（包括数字化、自动化技术）。图14为波音787的碳纤维增强复合材料机身生产线的局部，图15为大型碳纤维增强复合材料部件用于保障产品制造质量的数字化检测场景。

图14　波音787的碳纤维增强复合材料机身的生产现场

图15　大型碳纤维增强复合材料部件的数字化超声检测场景

波音 777X 碳纤维增强复合材料部件的制造技术有了新进展[9]。美国波音公司引入美国 Electroimpact 公司开发的由机械手控制的龙门式高速自动丝束铺放（automated fiber placement，AFP）设备，用于制造蒙皮和翼梁。自动丝束铺放设备铺放速度快，且能折转 90° 进行连续铺放（图 16）。美国波音公司还采用了西班牙 MTorres 公司提供的桁条自动丝束铺放设备，以及 777X 机翼翼梁装配单元和机翼桁条连接装配单元。

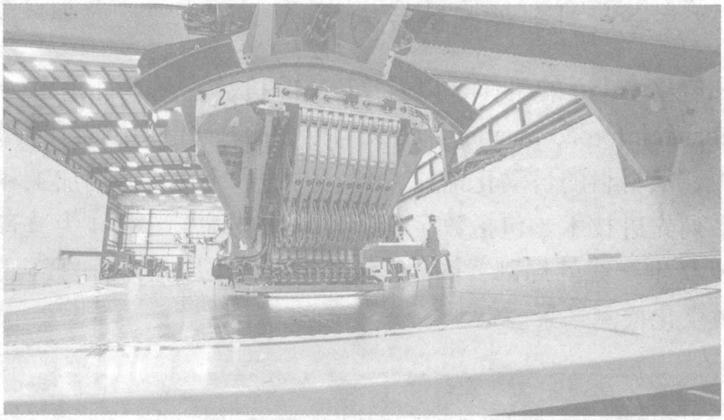

图 16　波音 777X 机翼的高速自动丝束铺放设备

波音 777X 机翼庞大的尺寸决定了它在铺放过程中无法采用人工手段检测铺放质量。美国 Electroimpact 公司耗时三年多开发的自动化原位检测系统，解决了这个技术难题。美国波音公司新的碳纤维增强复合材料部件数字化铺放设备如图 17 所示。

图 17　波音 777X 碳纤维增强复合材料机翼制造中心的复合材料铺放设备

二、国内重大进展

近几年，中国在航空制造技术方面也取得了一些进展。在新机研制中，较广泛地应用了基于模型的定义技术，并取得了较好的效果。混合现实技术也有一定的应用，工业物联网技术和大型飞机碳纤维增强复合材料部件的制造技术的应用也在积极推进中。飞机的 3D 打印技术有了突破性进展；北京航空航天大学、西北工业大学和西安交通大学等高校，在钛合金、超高强度钢等难加工的大型整体关键构件的激光成型工艺、成套装备以及一些关键技术上取得了较大的成就，制造出飞机的大型承力结构件，并应用在多种型号飞机上。智能制造在某些零部件专业化生产、部分车间和飞机总装的部分工序中得到应用，并取得了初步但却明显的成效。

然而，中国在航空制造领域还有亟待解决的技术问题。飞机制造中所用的大型工业软件基本依靠国外。工业物联网在航空企业和供应商中的应用尚不普遍。智能制造技术应用的深度和广度有待开拓。在大型飞机碳纤维增强复合材料部件的制造技术方面，基体和增强体的一些原材料、数字化自动铺放机、检测和加工用的一些关键设备尚不能保障完全自主研制。这些问题，同样反映中国航空工业企业“缺芯少魂”的重大技术隐忧[1]。

三、未来展望

从以上介绍可以看出，大量先进技术在取得突破后，往往率先应用于航空制造，促进了航空制造技术的进步，反过来航空制造又引领先进技术的进一步发展。航空制造技术呈现出数字化、智能化、绿色化的发展趋势，未来各种新技术都有可能用在航空制造业中，从而不断提高航空器的性能，降低制造成本，减少对环境的负面影响。中国经济正处在转型的关键时期，航空制造业面临着重大的挑战，如果能够把握好新的科技革命的发展机遇，脚踏实地，从体制机制方面创造有利于创新的环境，真正激发出我国科技人员的创造性，一定能够逐步缩小与先进国家的差距，使我国逐渐成为航空制造强国。

参考文献

[1] 苏楠，陈志．工业软件是制造强国之重器［J］. 科技中国，2019（5）：1-3.

[2] 范玉青．混合现实：未来七大航空制造技术之一［EB/OL］.［2018-11-26］. https://new.qq.com/omn/20181126/20181126 A0LZWR.html.

[3] 范玉青．给航空发动机用上数字双胞胎技术，神奇发生了……［EB/OL］.［2018-12-11］. https://cloud.

tencent.com/developer/ news/369132.

[4] 刘亚威 . 看看什么叫工业强国：创造历史的波音 777X 客机机翼制造创新！［EB/OL］.［2019-12-04］. http://www.sohu. com/a/292037338_613206.

[5] Annex Business Media. Researchers develop the world's largest solid 3D printed tool for aircraft manufacturing［EB/OL］.［2016-09-06］. https://www.design-engineering.com/3d-printed-tooling-1004024577/.

[6] 颜思铭 . GE 航空：不止是航空发动机巨头［EB/OL］.［2019-06-03］. https://t.cj.sina.com.cn/articles/view/6586480721/18895b85100100l6o5.

[7] 范玉青 . 工业物联网还能这么用？波音空客们又一次让我长了见识！［EB/OL］.［2019-09-26］. https://new.qq.com/omn/ 20181227/20181227A0FPZT. html.

[8] 彭慧 . 从 GE 工业互联网到中国工业互联网［EB/OL］.［2019-04-26］. http://articles.e-works.net.cn/iot/Article143639. htm.

[9] 范玉青 . 走进世界最大复材机翼制造中心［EB/OL］.［2017-09-26］. http://www.360doc.com/content/ 17/0926/16/46077601_ 690344052.shtml.

[10] 赵群力 . 航空武器装备技术创新发展［M］. 北京：航空工业出版社，2019

2.2 Aeronautical Manufacturing Technology

Fan Yuqing

(Beihang University)

Advanced aeronautical manufacturing technology plays a vital role in improving the performance of aircraft，shortening the development cycle and reducing the cost of manufacturing. With the rapid development of modern science and technology, aeronautical manufacturing technology has become an engineering and technology system integrating various disciplines. This paper describes the development of aeronautical manufacturing technology，such as digital technology，mixed reality technology，digital twin technology，3D printing technology，intelligent manufacturing and Industrial Internet of Things. It also introduces the application and development of these technologies in aeronautical manufacturing engineering.

2.3　航空动力技术新进展

王荣桥　胡殿印　毛建兴

（北京航空航天大学）

航空发动机是飞机的“心脏”，是国家安全和大国地位的重要战略保障。人类在航空领域获取的每一次重大革命性进展，都与航空动力技术的突破和进步有直接关系。航空发动机作为技术密集和高附加值的高科技产品，其发展水平已成为衡量一个国家科技水平、军事实力和综合国力的重要标志之一。自20世纪开始，美国就把航空发动机列为仅次于核武器的第二大军事敏感技术，目前世界仅有美国、俄罗斯、英国、法国可独立研制和发展一流水平的航空发动机。中国航空发动机技术正处于测绘仿制向自主研发的转型阶段，需要掌握核心技术，才能在设计能力方面实现从跟跑、并跑至领跑的发展。这就需要中国立足于现有的工业体系及其发展水平，借鉴国外先进技术，通过自主创新不断提升产品的设计能力。下面将从航空发动机的新型总体布局、高性能部件设计、服役寿命管理三个层面简要介绍部分关键技术的新进展。

一、新型总体布局

“更高推重比、更低耗油率”历来是高性能航空发动机设计追求的核心指标。然而，不同飞行器的飞行高度、速度、使用要求存在差异，例如，民用飞机要求低噪声和低污染，军用飞机要求具有多工况适用性，导弹要求超高速飞行。因此，动力系统总体布局的设计需要结合发动机安装对象的特点。

1. 分布式推进系统

在商用航空运输中，高频次客运、货运飞行导致的环境问题越来越受到人们的重视，下一代商用飞机在燃油消耗、噪声控制、污染排放等方面应满足更高的指标要求。美国国家航空航天局于2008年提出亚声速客机的发展目标，并按照2015年（N+1）、2020年（N+2）、2030年（N+3）三个阶段逐步实施。相比波音737客机与CFM56发动机，亚声速客机的各阶段具体目标如表1所示[1]。

表 1　美国国家航空航天局亚声速客机的各阶段性能目标

参数	*N*+1	*N*+2	*N*+3
噪声 / 分贝	−32	−42	−71
NO_x/%	−60	−75	＜−80
耗油率 /%	−33	−50	＜−70

注：－表示减少。

为实现上述要求，美国国家航空航天局提出一种翼身融合布局的分布式推进系统。该系统以大功率涡轴发动机为动力来源，通过传动系统把动力分配到飞机背部的多个风扇单元（图 1）。风扇数量的增加降低了单个风扇的直径，扩大了风扇转速的提升空间；与传统涡扇发动机相比，该系统的等效涵道比得到大幅提升，因而具有更低的耗油率。飞机背部的风扇与翼身融合的飞机构型相结合，可以有效阻挡噪声，达到静音效果。采用液氢等替代燃料，结合先进燃烧室的设计技术，可以有效降低燃烧室的 NO_x 排放量。

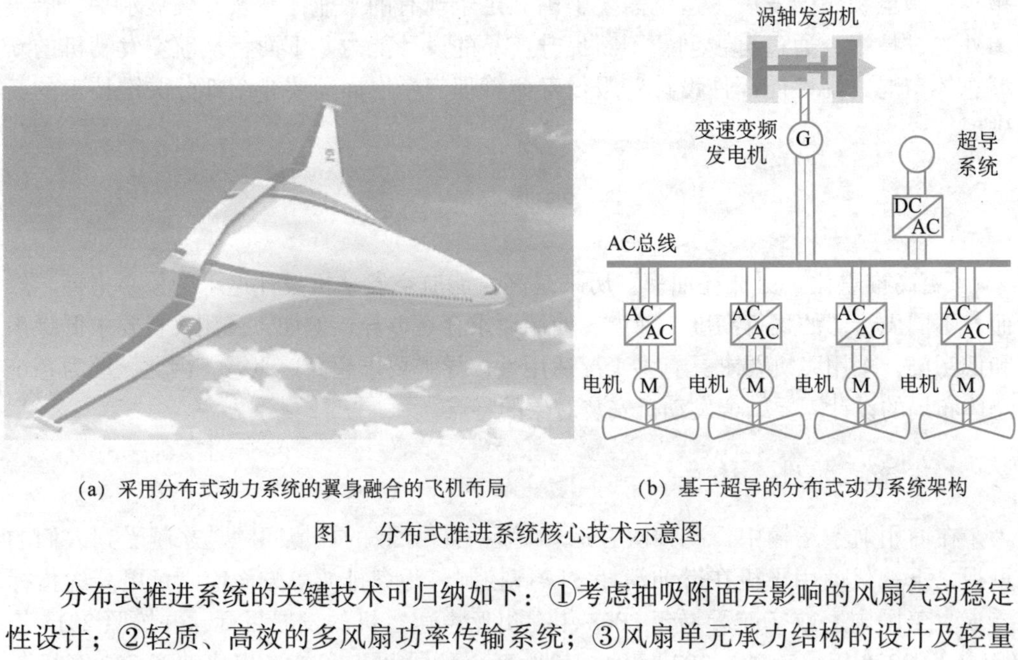

(a) 采用分布式动力系统的翼身融合的飞机布局　　(b) 基于超导的分布式动力系统架构

图 1　分布式推进系统核心技术示意图

分布式推进系统的关键技术可归纳如下：①考虑抽吸附面层影响的风扇气动稳定性设计；②轻质、高效的多风扇功率传输系统；③风扇单元承力结构的设计及轻量化；④大功率涡轴发动机的低污染排放控制技术。

2. 自适应变循环发动机

新型战机的多用途设计需求，使发动机设计面临飞行包线更广、载荷环境多变等挑战。美国国防部通过自适应多用途发动机技术（Adaptive Versatile Engine Technology，ADVENT）计划与自适应发动机技术发展（Adaptive Engine Technology Development，AETD）计划，发展可用于下一代军用飞机的高效变循环发动机。20 世纪 60 年代，美国率先开始变循环发动机的概念设计，并于 80 年代形成技术验证机（美国通用电气公司，YJ101 型），而后继续推动发动机向自适应功能延伸。英国罗尔斯 - 罗伊斯公司曾在 2018 年新加坡航展上率先提出“智能发动机”的愿景。在此背景下，UltraFan 发动机取得了显著进展，完成了多级中压涡轮（intermediate pressure turbine，IPT）的空气动力学测试，验证了功能特征和设计方法。UltraFan 发动机采用了最新的数字化设计和生产技术，将于 2021 年启动地面测试。

变循环发动机最初的设计理念是：利用模式选择阀、前涵道引射器、后涵道引射器，调节发动机涵道面积，从而改变涵道比，以满足不同飞行状态的动力需求（图 2）。在人工智能迅速发展的背景下，利用智能控制系统，根据外部环境和自身状态，重新规划、优化、控制和管理自身性能、可靠性、任务和健康等状况的自适应发动机应运而生。其中，发动机的主动控制系统和健康管理系统依靠传感器数据与专家模型，可以全面了解发动机和部件的工作环境与状态，并依据这些信息调整或修改发动机的工作状态，以实现对发动机性能和状态的主动和自我管理；同时，根据环境对平衡任务的要求，可以提高发动机的性能、可操纵性和可靠性，延长发动机的寿命，降低发动机的使用与维修成本，进而改善发动机的耐久性与经济可承受性。

自适应变循环发动机的关键技术可归纳如下：①适用于全飞行剖面的变循环发动机的稳态性能的设计；②低质量、高功能、可靠的发动机涵道调节结构的设计；③涵道调节对自适应变循环发动机过渡态性能的影响；④自适应变循环发动机的状态感知与闭环控制技术。

3. 高超声速发动机

高超声速飞行器是指飞行速度超过 5 倍声速的有翼或无翼飞行器。2019 年，美国空军与国防承包商美国洛克希德 · 马丁空间系统公司签订一项价值 9.28 亿美元的合同，以开发一种飞行速度 5 倍声速以上的武器，旨在以极快的速度突破敌人的防御系统，并提高攻击时间敏感目标的能力；美国已拥有 X-43A、X-51A 和 X-1 等多款高超

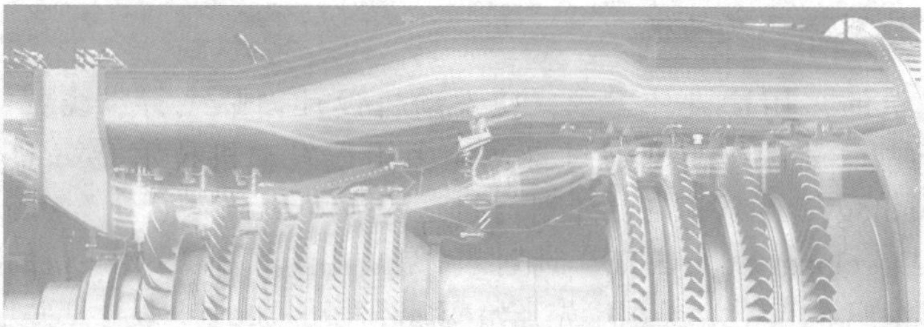

(a) 变循环发动机大涵道比工作状态

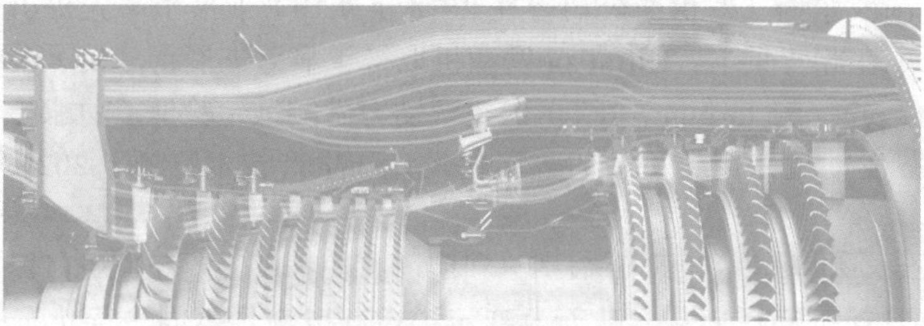

(b) 变循环发动机小涵道比工作状态

图 2　自适应变循环发动机核心技术示意图

声速武器，并在美国国防高级研究计划局（DARPA）的牵引下，正在开展“战术助推滑翔”（Tactical Boost Glide，TBG）与“高超声速吸气式武器概念”（Hypersonic Aspirated Weapon Concept，HAWC）项目。根据俄罗斯 2018～2027 年国家军备计划（Military Modernization Plans），苏 -57 隐身战斗机将装备一种名为“匕首”的空射型高超声速导弹系统。该武器可以安装在战斗机上进行空射，或者由地面发射的伊斯坎德尔火箭发射，其飞行速度高达 10 倍声速，可在飞行弹道的全程进行机动，能够突防所有现役的防空反导系统，用携带的核弹头或常规弹头打击 2000 千米远的目标。

高超声速飞行器的动力实现有以下两个基本途径：①适合超远距离战略打击任务的亚轨道空间火箭助推滑翔机飞行器；②适合强调突防与快速打击的超燃冲压发动机；两者的工作示意图如图 3 所示。高超声速助推滑翔机飞行器利用火箭助推器，飞至大气层外，待助推器分离后依据自身气动外形进行远距离的机动滑翔，主要应用于战略导弹。超燃冲压发动机是指燃料能够在超声速气流中燃烧的一类发动机，是保证飞行器高超声速飞行的关键；与传统涡扇发动机通过风扇和压缩机压缩空气不同，超燃冲压发动机由于空气来流速度很快，不需要风扇和压缩机，仅利用机身机构和发动机涵道截面积的变化就可以改变气流速度，从而把压缩气流导入燃烧室并使之燃烧后膨胀做功。

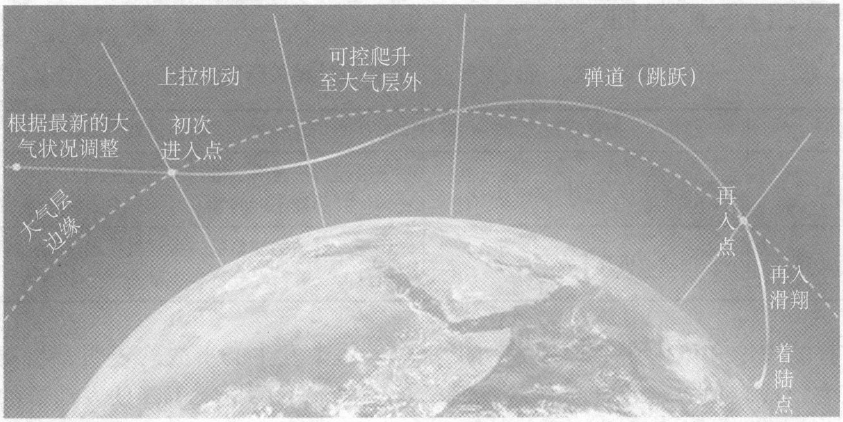

(a) 助推滑翔机飞行器轨迹图

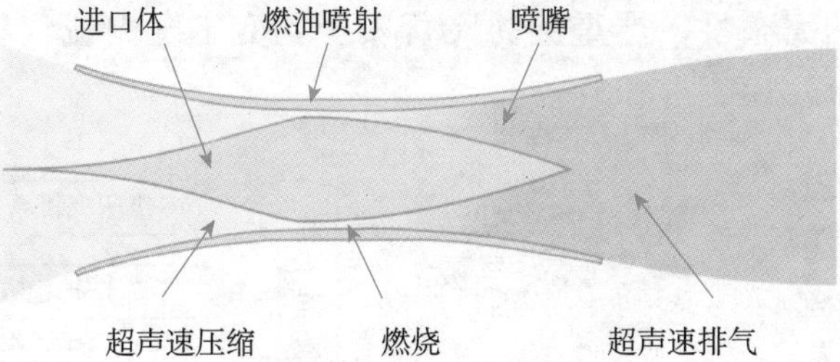

(b) 超燃冲压发动机工作图

图 3　高超声速发动机工作示意图

高超声速发动机关键技术归纳如下：①超高声速气流中超燃冲压发动机启动及燃烧技术；②强气动加热下飞行器热防护技术；③强非线性、快时变、强耦合下的制导和控制技术。

二、高性能部件设计

1. 变工况内流气动稳定性设计

航空发动机的气动稳定性是指从气体动力学的角度出发，不考虑航空发动机的结构及强度等因素，发动机在被干扰情况下保持稳态工作状态的能力。发动机如果在干扰的作用下没有出现旋转失速或喘振等失稳现象，并且在干扰消失后能够回到稳态工作状态，那么在该状态下是气动稳定的；反之，则是气动不稳定的[2]。变工况内流气动稳定性设计相关研究进展见表 2。

表 2　变工况内流气动稳定性设计相关研究进展

时间	研究计划	研究进展
2007～2012 年	自适应多用途发动机技术计划[3]	基于可控压比技术，进一步研究中间加力风扇在循环模式转化时的稳定性问题
2012～2016 年	自适应发动机技术发展计划[3]	采用三涵道结构的自适应发动机技术，将完成风扇和核心机试验、首台发动机整机试验

现有的理论和试验研究以及发动机使用过程中发生的事故均表明，当发动机进入旋转失速或喘振等不稳定工作状态时，会造成如下后果：①降低发动机的性能指标（如推力的减小和耗油率的升高）；②引起压缩部件的转子叶片产生强迫振动，增大振动应力；③增大涡轮的热负荷和热应力；④缩小燃烧室的稳定工作范围；⑤破坏发动机结构的完整性，严重威胁飞行安全。变工况内流气动稳定性设计如图 4 所示。

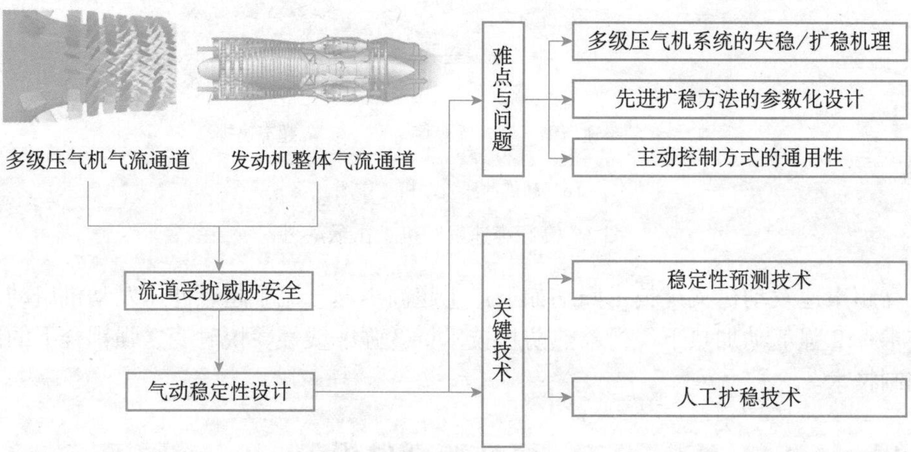

图 4　变工况内流气动稳定性设计

2. 低排放燃烧室及燃烧稳定性控制

航空发动机是飞行器的动力装置，在保证其安全可靠工作的前提下，对其提出了绿色环保的要求。从航空发动机燃烧室方面考虑，对其绿色环保的要求涉及以下两个方面：燃烧效率高、污染排放量低。目前，低排放燃烧室主要研究线路有以下三种：富油燃烧－快速淬熄－贫油燃烧线路、贫油预混预蒸发燃烧路线、贫油直喷燃烧路线。

低排放燃烧室及燃烧稳定性控制技术相关研究进展见表 3。

表 3　低排放燃烧室及燃烧稳定性控制技术相关研究进展

时间	研究计划	研究进展
2014 年至今	地平线计划[4]	与 2000 年标准相比，到 2020 年，CO_2 排放降低 50%，NO_x 排放降低 80%，噪声减少 50%

低排放燃烧室及燃烧稳定性控制的难点（图 5）如下：在航空燃气涡轮发动机主燃烧室内，燃烧区的平均空气流速为 20 米 / 秒，相当于台风和飓风的量级，而加力燃烧室燃烧区的平均空气流速为 100 米 / 秒，相当于有记录的最快龙卷风。冲压发动机燃烧室亚燃冲压平均流速为 100 米 / 秒，超燃冲压发动机的平均流速为 1000 米 / 秒量级。因此，如何稳定、高效、可靠地组织和控制好燃烧室中的高速流动燃烧，已成为航空发动机的主要难题[5]。

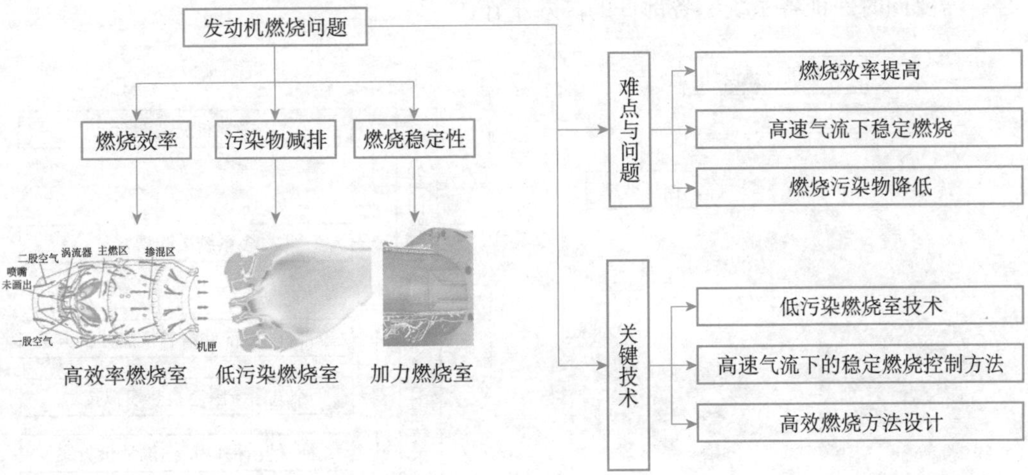

图 5　低排放燃烧室及燃烧稳定性控制重要组成部分及关键技术

3. 流动换热瞬态特征及综合热管理技术

航空发动机的热端部件长期工作在高温环境中，其冷却是影响发动机安全性的突出问题。热端部件的冷却一般通过航空发动机的空气系统实现，但在发动机过渡过程中（从一个工作状态过渡到另一个工作状态），空气系统往往呈现出复杂多变的瞬时压力分布，从而影响热端部件的封严和冷却，甚至诱发高温燃气倒灌，给发动机造成严重损伤。空气系统在过渡过程中展现的压力、流量等参数的瞬时变化被称为流动换热的瞬态特征。为保证发动机在过渡过程中的安全性，需要对流动换热的瞬态特征开展充分的研究。同时，为使燃料的化学能充分转化为机械能，有效提高发动机性能，即提高发动机增压比、涡轮前温度等指标，需要充分考虑能量的综合利用。航空发动机的综合热管理技术通过主动分配子系统和部件的能量，实现发动机能量的综合管理，使发动机在各种飞行状态下都能处在最佳状态。流动换热瞬态特征及综合热管理技术相关研究进展见表 4。

表 4　流动换热瞬态特征及综合热管理技术相关研究进展

时间	研究计划	研究进展
2016 年至今	经济可承受的先进涡轮技术项目[6]	首次纳入完整的综合能量与热管理要素的研究

流动换热瞬态特征问题及综合热管理问题的难点（图 6）如下：①多学科交叉融合特征突出，涉及热、力、结构、控制等诸多学科；②发动机多系统、多部件紧密耦合，需要同时保证各系统、各部件的高效工作。

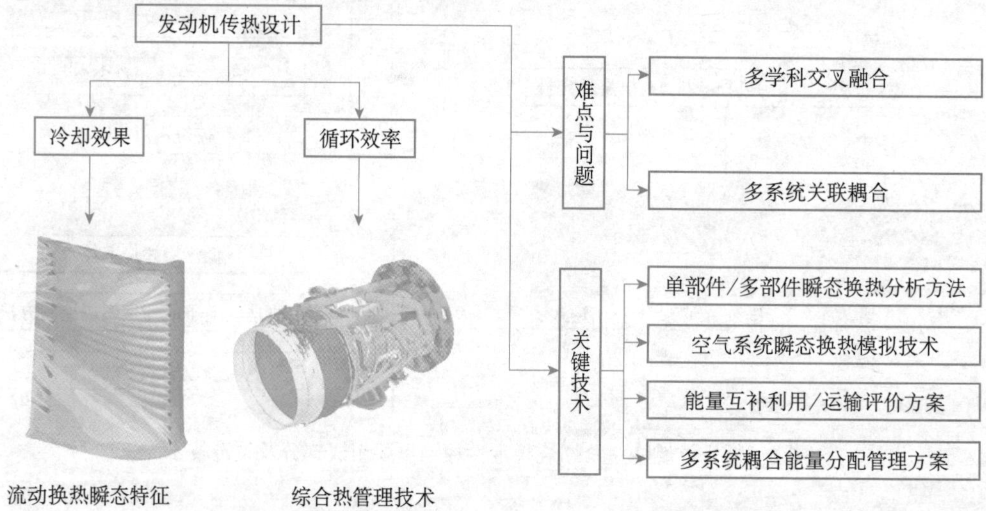

图 6　流动换热瞬态模拟及综合热管理的重要组成部分及关键技术

4. 承力部件材料 - 结构 - 工艺一体化设计

航空发动机中的承力结构是指转子与静子中承受载荷的结构。其中，叶盘长期处在高温、高压、高载及高转速的工作条件下，其服役条件最为恶劣，容易因疲劳而损坏。而叶盘的结构一旦被破坏，往往带来灾难性的后果。因此，叶盘的疲劳和寿命问题已成为制约先进发动机研发的瓶颈，其疲劳和寿命与材料、结构、工艺等密切相关。以往的研究更多关注如何预测部件的寿命。然而，随着航空发动机设计水平的不断提升，迫切需要发展材料－结构－工艺一体化的设计技术，充分发挥新材料、新工艺在提高发动机承力部件寿命方面的优势作用。承力部件的材料－结构－工艺一体化设计技术相关研究进展见表 5。

表 5　承力部件的材料－结构－工艺一体化设计技术相关研究进展

时间	研究计划	研究进展
2005～2018 年	涡轮转子完整性概率设计[7]	基于概率断裂力学方法，对合金材料铸造锻造、加工过程中产生的缺陷进行研究，并将其作为部件概率设计的依据
2012 年至今	材料基因组计划[8]	借助现代化的计算工具，开发快速可靠的计算方法和计算程序，建立普适可靠的数据库和材料信息学工具，以加速新材料的设计和使用

目前，材料－结构－工艺一体化设计技术的难点（图 7）如下：①高温环境下结构强度振动、疲劳损伤机理与寿命模型；②加工工艺、表面处理等对结构疲劳损伤的影响机制及寿命模型；③高温部件疲劳、损伤容限可靠性设计理论与方法。

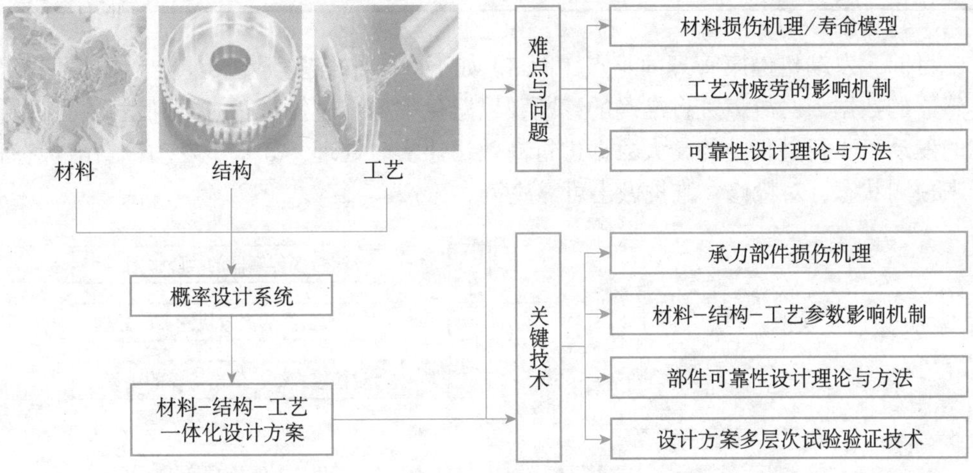

图 7　材料－结构－工艺一体化设计重要组成部分及关键技术

三、服役寿命管理

1. 发动机健康管理

航空发动机技术的发展，发动机性能的提升和结构的复杂化，对发动机的可靠性和维修提出了更高的要求。然而，不论是发动机的设计、材料和工艺水平，还是运营、维修的管理水平，都不能保证发动机在使用中不出现故障。因此，用户向发动机的提供方提出了健康管理的需求。发动机健康管理（engine health management，EHM）于20世纪60年代末在美国开始出现，主要利用发动机不同的数据资源，对发动机的故障进行诊断，预报其健康状态，以提高发动机的使用效率，减少发动机的维护费用和维修时间。发动机健康管理相关研究的进展见表6。

表6　发动机健康管理相关研究的进展

时间	研究计划	研究进展
2016年	美国通用电气公司数字解决方案计划[9]	发展EHM+增强型发动机健康预测与管理系统，提供更快、更准确的解决方案，减少停机维护时间
2018年	英国罗尔斯－罗伊斯公司智能发动机计划[10]	要求测量更多的参数，与地面监控中心进行双向通信，对监测参数进行实时调整

目前，发动机健康管理的难点（图8）如下：①结合多类型传感器、同类型多个传感器的数据，对故障进行准确的诊断，以避免失警、过警；②对同机型不同工作状态的发动机飞行过程中的庞大数据进行高效快速实时处理；③基于发动机当前状态和未来预测状态，对检修、维护做出可靠决策。

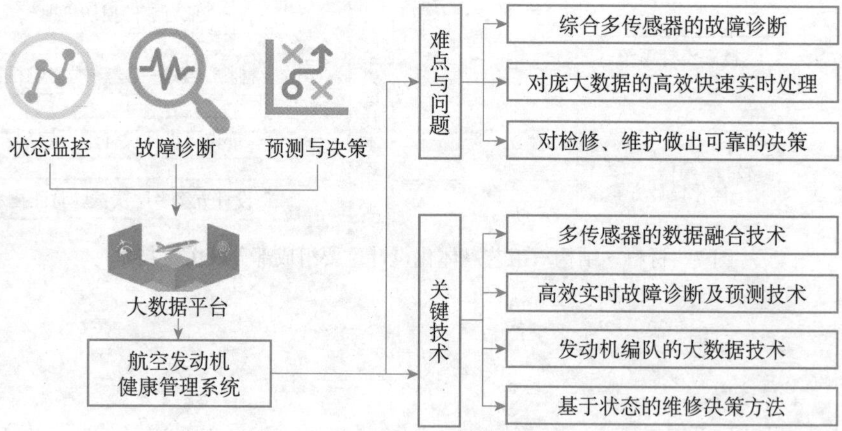

图8　发动机健康管理重要组成部分及关键技术

2. 数字孪生体虚拟发动机

数字孪生体以数字化方式构建物理实体与其虚拟模型之间的关联，在数字环境中借助数据模型与物理实体之间的数据交互，并利用融合分析及决策迭代优化，以集成面向产品全生命周期过程的模型、数据和智能技术，支持产品研发、生产及业务管理过程的科学、可靠、有效的分析和决策，完成更为准确的企业生产运营指标。数字孪生体虚拟发动机相关研究进展见表 7。

表 7　数字孪生体虚拟发动机相关研究进展

时间	单位	进展
2015 年	美国通用电气公司	采用或拟采用数字孪生体技术进行预测性维修
2015 年	美国洛克希德·马丁空间系统公司	通过数字孪生体技术大大提升了 F-35 制造和装配的自动化程度
2016 年	法国达索公司[11]	建立了基于数字孪生体的 3D 体验平台

目前，构建数字孪生体虚拟发动机的难点（图 9）如下：①数字孪生体包含表征发动机材料微观组织的结构、缺陷、制造公差等特性的精确模型，如果要跨越从微米到米的宽广范围，需要一系列高保真物理模型的支撑；②数字孪生体高度依赖综合健康管理系统，不断传输发动机运行过程中的实时监测数据，动态修正自身模型，精确监控和预测发动机的性能、寿命、任务可靠性，以达到虚实融合的目的，在实际使用中需要耐高温的新型传感器，以满足航空发动机的工作环境要求；③利用大数据挖掘、文本挖掘，集成产品数据资料、维修报告和其他历史信息，为仿真提供支撑。

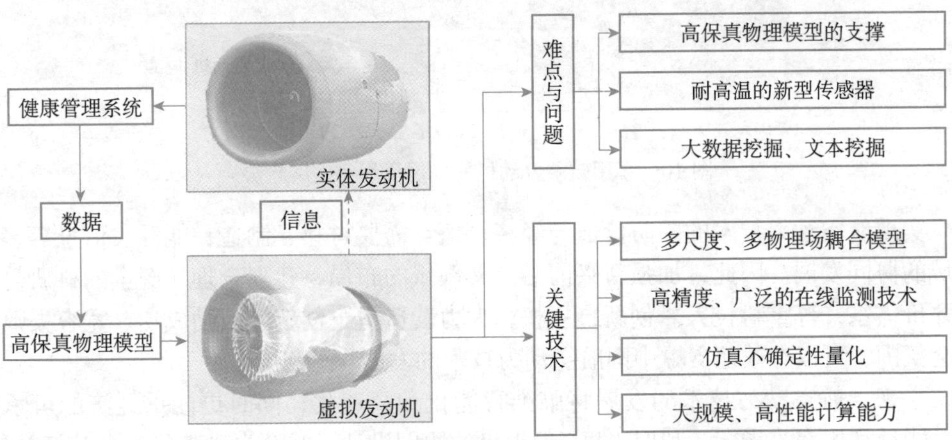

图 9　数字孪生体虚拟发动机重要组成部分及关键技术

四、未来展望

从军用、民用航空发动机的发展历程和发展趋势（图 10 和图 11）可以看出，基础科学问题的突破是推动发动机跨代发展的重要前提。军用航空发动机由涡喷、涡扇等单一循环模式向变循环、自适应、超高声速的跨越，来自压气机内流的气动稳定性、高速流动燃烧控制与稳定性等技术的突破；而民用航空发动机由从传统吊装方式到分布式推进的跨越，是以解决压缩系统抽吸附面层的气动稳定性问题，以及突破飞机和发动机一体化设计方法为基础。美国、俄罗斯、英国、法国的成功来自国家级基础研究机构的支撑。没有一流的基础研究就不可能有一流的航空发动机型号，这已成为国际工业界、学界的共识。有鉴于此，中国做出重大决策，设立了“航空发动机及燃气轮机重大专项”。该专项首次设立基础研究计划，研究未来的颠覆性技术和产品的基础与前沿问题，以期实现中国航空动力从跟跑、并跑到领跑的战略转变。

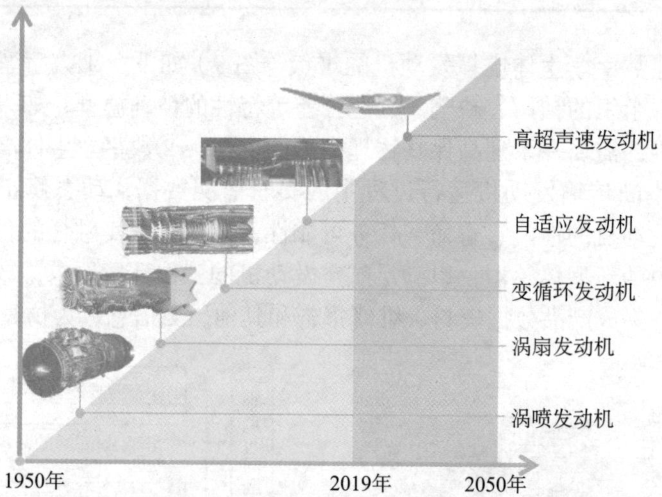

图 10　军用航空发动机的发展历程和发展趋势

实现航空动力技术的国防价值与经济价值，需要材料、制造、能源、信息等多个领域的协同发展。因此，加强新兴前沿交叉领域的布局，建立合理、健全的科研管理及评价体系，尊重科技人才创新自主权，大力营造勇于创新、鼓励成功、宽容失败的社会氛围，可以有效地支撑中国航空动力技术的发展。

未来，航空动力技术的发展将瞄准智能化和高速化，同时更注重经济的可承受性、能量利用率等指标。利用飞机-发动机的协同设计，结合先进数值仿真及新材料、新工艺的有效应用，将全面重构工业体系的布局，引导技术革新。

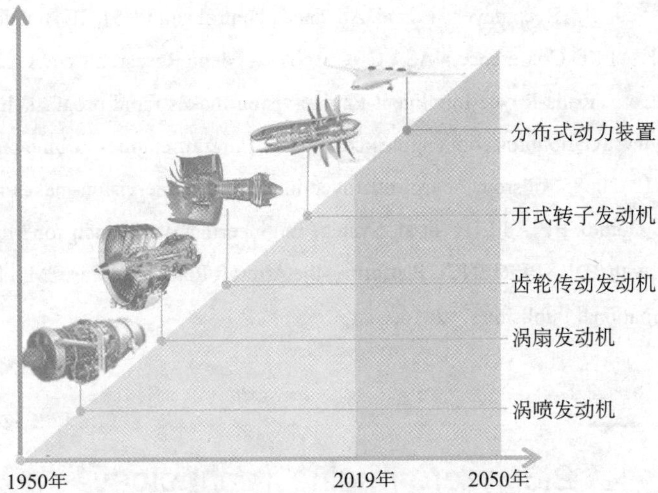

图 11 民用航空发动机的发展历程和发展趋势

参考文献

[1] Bradley M K，Droney C K，Allen T J. Subsonic Ultra Green Aircraft Research：Phase I final report[R]. Hampton，VA：NASA Langley Research Center，2011.

[2] 孙晓峰，孙大坤．失速先兆抑制型机匣处理研究进展 [J]. 航空学报，2015，36（8）：2529-2543.

[3] 孙明霞，梁春华．美国自适应发动机研究的进展与启示 [J]. 航空发动机，2017，43（1）：95-102.

[4] European Institute of Innovation and Technology. Horizon 2020-the framework programme for research and innovation[R]. Communication from the Commission to the European Parliament，the Council，the European Economic and Social Committee and the Committee of the Regions，2011.

[5] Lefebvre A H，Ballal D R. Gas Turbine Combustion-Alternative Fuels and Emissions[M]. 3rd ed. Boca Raton：CRC Press，2010.

[6] None. Federal Contract Opportunity for Advanced Turbine Technologies for Affordable Mission（ATTAM）capability Phase I[R]. Air Force Research Laboratory，2017.

[7] McClung R C，Enright M P，Lee Y D，et al. Probabilistic Design for Rotor Integrity[R]. Springfield，Virginia：National Technical Information Services（NTIS），Federal Aviation Administration，2018.

[8] Holdren J P. MGI Strategic Plan[R]. Washington D C：National Science and Technology Council，Committee on Technology，Subcommittee on the Materials Genome Initiative，2014.

[9] Adibhatla S, Waun S, Reepmeyer J, et al. Advanced control and PHM GE Aviation perspective[C]. Cleveland, OH: PCD Conference NASA GRC, NASA Glenn Research Center, 2015.
[10] Rolls-Royce Corp. Rolls-Royce Intelligent Engine vision makes rapid progress[EB/OL]. [2018-07-16]. https://www.aviationpros.com/engines-components/aircraft-engines/turbine-engine-maintenance/press-release/12420685/rollsroyce-corp-rollsroyce-intelligentengine-vision-makes-rapid-progress.
[11] Fourgeau E, Gomez E, Adli H, et al. System Engineering Workbench for Multi-views Systems Methodology with 3DEXPERIENCE Platform: the Aircraft Radar Use Case[M]. Berlin, Germany: Springer International Publishing, 2016.

2.3 Aero-engine Technology

Wang Rongqiao, Hu Dianyin, Mao Jianxing
(Beihang University)

Aero-engine is not only the "heart" of an aircraft, but also the important guarantee for the national security and high-ranking status. From a historical viewpoint, every revolutionary step achieved by human beings is closely related to the development in power technology. The aero-engine is a technology-intensive product with high additional-value, and its development level serves as one of the crucial evaluations for the technological development and military strength, as well as the comprehensive national power. From the 20th century, the U.S. government treated the aero-engine as the sensitive technology, being secondary to the nuclear weapon. At current stage, only the U.S.A, U.K., Russia and France are the contraries capable to independently develop the aero-engine with the first-class technology.

For China, the aero-engine technology is at the transition stage from surveying imitation to independent research. The development level of the core technology is to realize the design capacity from running after, running by side, to running by lead. Therefore, referring to the lessons of foreign advanced technology development, interpreting the current status of existing industrial system and the level of development, and effective promoting of high-technology product design ability based on independent innovation, are important steps to realize the independent guarantee in aero-engine technology.

In this article, some of the critical technologies will be introduced according to the following three classifications: the new overall layout, high-performance component design and service life management.

2.4 航空电子技术新进展

张晓林[1] 张 展[2] 杨昕欣[1]

（1. 北京航空航天大学；2. 中国商飞北京民用飞机技术研究中心）

航空电子系统作为典型的电子系统，是保证飞机完成预定任务，达到各项规定性能所需的各种电子设备的总和，是保障民用客机飞行安全、经济、环保与舒适的关键性系统。作为一种非常重要的特殊的电子系统，它具有技术难度大、涉及领域广、更新换代速度快的特点。现代民用飞机的飞行任务量急剧增加，飞行时间加长，航程更远，运行环境越来越复杂，这对于航空电子系统的功能和性能提出了更高的要求。下面简要介绍近几年这方面技术的最新进展并展望未来。

一、国际新进展

近几年，随着电子信息、计算机、人工智能与大数据技术的快速发展，航空电子系统也发生了巨大的变化。国际航空电子系统的发展和相关企业的创新主要体现在以下几个方面。

1. 航空电子系统由自动化系统逐步向智能系统发展

目前，大型客机的航空电子系统由飞行管理系统、导航定位系统、自动控制系统、通信系统和监视系统等构成，其核心是飞行管理系统，以自动化技术为支撑，引导飞机的自动化飞行。智能系统是引领未来的战略性技术，美国波音公司和欧洲空客公司都在开展人工智能应用技术的研发[1,2]。

欧洲空客公司启动了“Vahana”项目，开始开发自动驾驶飞机，以解决城市的交通拥堵问题。根据欧洲空客公司的设想，这样的无人驾驶飞机可以 360° 智能感知周围环境，大大改变人类的出行方式。此外，基于飞机中央维护系统（onboard maintenance system，OMS）平台、AirMan 软件和空地维护网络，欧洲空客公司开发出新一代的健康管理系统。该系统可以避免大量维修活动和签派延误事件，节省大量飞行员的日志报告，为每架飞机每飞行小时节约 4～6 美元，降低飞机停场次数及相应巨额费用。

美国波音公司于 2017 年开始在座舱模拟器中测试自动驾驶飞行器技术。新技术采用人工智能与飞行员配合飞行的方式，来考量人工智能系统对驾驶方式的选择，以及在特殊情况和应急情况下的反应。

2. 建立以通信导航监视 / 空中交通管理为基础的新航行体系

为满足航空运输流量不断增长的实际需求，国际民用航空组织提出：在飞机、空间和配套的地面设施 3 个环境中，利用由卫星和数字信息提供的先进通信、导航和监视技术，改善和提高空中监视和空中交通管理的能力，以解决现有大型客机的飞行安全性不良、容量低、效率低下等突出问题，并逐步形成以通信导航监视 / 空中交通管理（communication，navigation and surveillance/air traffic management，CNS/ATM）为基础的新航行体系。

随着新航行体系的提出，飞机的通信导航和监视系统已由传统强调单个系统的功能和性能，转向以通信导航监视 / 空中交通管理架构为基础，改进飞机飞行过程、提升飞行效率、体现空地协同一体化运行的层面上，其体系架构逐步走向联合化、综合化和模块化[3]。航行系统在信息共享、频谱资源综合、全机天线布局、系统间的功能协调、综合控制和管理等方面联系越来越密切，各功能之间相辅相成，互为补充。与传统航行系统相比，新航行系统更强调满足所需的通信、导航和监视性能：需要实现大数据带宽、高速、安全、抗干扰通信；导航系统逐步实现基于性能的导航运行模式；监视系统需加深系统的功能和结构综合，并不断发展基于自动相关监视的应用，以逐步建立大型客机的机载自主间隔保障系统（airborne separation assurance system，ASAS），保障飞行安全[4]。

根据美国 NextGen、欧洲单一天空交通管理研究（Single Europe Sky ATM Research，SESAR）和航空组块升级（Aviation System Block Upgrades，ASBU）相关计划的要求，美国罗克韦尔柯林斯公司、霍尼韦尔公司、泰雷兹公司都推出了相关系统及满足新航行体系的通信导航监视综合产品（如美国罗克韦尔柯林斯公司的 Proline Fusion、霍尼韦尔公司的 Primus Epic、泰雷兹公司的 TopSky 系列等）[5]。

3. 卫星导航成为民机第一导航源，应用范围越来越广

美国全球定位系统（global positioning system，GPS）是迄今唯一在民用航空航路、终端、进近/着陆控制中得到实际应用的全球卫星导航系统。2000年，美国政府取消选择可用性措施（selective available，SA），使基本GPS的定位精度达到10米左右，GPS增强系统的精度可达到米级甚至厘米级。霍尼韦尔公司等在欧洲、美国、澳大利亚等地的机场相继建设了地基增强系统（ground based augmentation system，GBAS）地面参考站，将地基增强系统逐步向国际民航市场推广应用[6,7]。

4. 基于卫星和空地无线宽带的通信技术发展迅速

机载卫星通信包括前舱卫星通信和后舱卫星通信两部分。前舱卫星通信为驾驶员和机组提供空中与地面的实时语音和数据通信服务。后舱卫星通信为乘客提供机载娱乐和上网服务。

在前舱卫星通信的卫星星座选择上，国际上通常选用海事卫星Inmarsat和铱星Iridium系统。目前，广泛应用的第四代国际海事卫星系统可为民航飞机提供语音、传真、数据通信等业务。铱星系统可以完全覆盖高纬度极地区域，是目前唯一真正实现全球通信覆盖的卫星通信系统[8,9]。

国外民航后舱宽带卫星服务使用基于甚小孔径终端（very small aperture terminal，VSAT）技术的Ku/Ka频段卫星通信，乘客通过舱内WiFi，经由机载卫星数据单元和卫星中继连接至地面互联网。空地无线宽带（air to ground，ATG）技术是另一种空地宽带通信技术，在陆地沿着航路建设移动通信基站，可实现飞机和地面的宽带接入服务。ATG通信的优点是成本低廉、技术成熟、结构简单；缺点是无法覆盖跨洋航线。然而，ATG与卫星通信可以相互补充，实现空地宽带通信[10]。

目前，在美国有9家航空公司的部分班机安装了ATG系统，实现了空中互联网体验。该业务由GoGo公司运营，系统工作在849～850.5兆赫和894～895.5兆赫频段，在飞机上可为乘客提供WiFi服务。

5. 显示控制系统更加人性化、智能化

空中交通流量不断提高的形势以及新的空中交通管理任务，要求驾驶舱显示控制系统的设计更加人性化和智能化。A350XWB和B787应用了大尺寸综合化显示器，配置平视显示系统（head up display，HUD）、合成视景和增强视景系统[11]。

触摸控制技术已逐渐在航空领域得到应用。佳明、泰雷兹、巴可、湾流、霍尼韦尔等公司为把触摸屏引入民机驾驶舱开展了许多研究工作。例如，佳明公司的G3000

和 G5000 导航系统使用了触摸屏以及 G3X touch 航电触控系统；霍尼韦尔公司与美国联邦航空管理局（FAA）一起开展驾驶舱触摸屏的工效学研究，设计了 Primus Epic 航空系统。

除控制技术外，显示控制系统的另一个重要特性是提供多种新显示画面，为飞行员提供增强的态势感知能力，以确保飞行员具备更强的情景意识。

未来，民机驾驶舱将采用基于自然语言的操作控制、一体化综合显示技术、基于神经网络的混合辅助决策、智能化的告警、机器辅助驾驶等技术，打造一个全新的、智能化的驾驶舱，使主动操控变为主动监控，以进一步减少人为操作失误，将飞行员从复杂、高强度、高集中度的操控中解放出来。

二、国内新进展

在航空电子技术方面，中国经过不断的努力，在应用人工智能，面向新航行系统的通信、导航和监视综合系统，民航卫星导航，卫星和 ATG 宽带通信，先进座舱显示控制等技术上取得了一些新成就。

1. 应用人工智能

目前，国内针对民机的高级和全智能飞行的研究较少，仅开展了一定的预研工作，包括采用自然语言交互的驾驶舱控制系统、合成视景仿真系统、增强视景仿真系统和组合视景仿真系统等，并在全航路的自动飞行技术上进行了尝试；对计算机视觉、自然语言识别和交互、机器学习等技术在智能飞行中的适用场景进行了研究。

2. 面向新航行系统的通信、导航和监视综合系统

国内虽然利用自主研发与国际合作结合的方式，在这方面取得了一定进展，但总体来说，民机的航电设计、集成、验证、制造综合能力与国外差距较大。国内仅拥有显控系统等个别较为成熟的民机航电产品，在通信、导航和监视综合系统方面尚没有一款成熟的通过适航认证的民机机载产品[12-14]。

3. 民航卫星导航

中国北斗卫星导航系统已基本建成。北斗三号卫星导航系统于 2018 年 12 月正式对外提供服务，将于 2020 年向全球提供高精度位置和短报文服务，以满足民航用户高精度导航定位的需求[15]。受到国内北斗导航接收机研制水平的制约，北斗卫星导航系统在国内民航的应用还不够。

为了推动北斗卫星导航在民航领域的应用，中国民用航空局与中国卫星导航系统管理办公室联合，推进北斗进入国际民航组织（International Civil Aviation Organization，ICAO）标准，预计于2021年左右完成该项工作。北京航空航天大学作为北斗进入国际民航组织标准的推进单位，已取得一定的成效。中国商用飞机有限责任公司作为北斗进入国际民航组织标准的推进单位，已提出推动北斗应用的主要技术方案及措施，为国产大飞机的应用开展多项技术攻关。目前，北斗卫星导航系统多模接收机等机载设备的研制、地面试验已经开展起来，并在ARJ21新支线飞机上进行了搭载飞行试验，下一步将逐步开展与航空电子系统的集成交联和适航工作。此外，要求使用设备留有北斗卫星导航系统的接口，以便在技术成熟时升级北斗卫生导航系统[16-18]。

4. 卫星和ATG宽带通信

在前舱卫星通信方面，中国国产卫星通信技术起步较晚，但发展迅速。天通一号卫星可提供与第四代国际海事卫星Inmarsat性能相当的服务。天通一号02星和03星将采用全新的东方红五号卫星平台，在发射后将形成对太平洋中东部、印度洋海域及“一带一路”区域的常态化覆盖。在后舱通信方面，中星16号卫星是中国第一颗Ka频段高通量通信卫星，通信总容量超过20吉字节，可以提供和Inmarsat的第五代通信卫星Global Express性能相当的服务，即为后舱提供视频点播、音视频实时通信，以及飞机状态实时监控、健康监测数据实时传输等服务。中星16号卫星通过点波束覆盖中东部地区。在ATG通信方面，中国国际航空公司联合中国移动和中兴通讯，已在北京飞往成都的航班上，成功试验了基于4G LTE的宽带地空通信服务，使乘客可通过接入客舱内的WiFi信号，在飞行中接入互联网，进行浏览网页、视频通话等体验。然而，此次试验只是技术验证性质，并没有形成固定的运营模式[19, 20]。

5. 先进座舱显示控制

中国研制的大型客机也采用了大尺寸的Smart综合显示器，可为飞行员提供更丰富的数据显示内容[21]。在触摸控制技术应用方面，国内已开始研究触摸技术在民机驾驶舱的应用，正在进行触摸应用的原型系统开发，面向触摸的人机交互接口的设计，以及触摸可用性的基本测试。除触摸控制外，语音控制依靠其特有的穿透优势，也将逐步用在民机驾驶舱。

三、发展趋势

随着航空电子系统的综合化、智能化和模块化水平不断提高，关键装备的研发能力和系统总体集成能力成为航空电子产业的制高点。未来，航空电子系统将呈现以下发展趋势。

1. 综合模块化架构成为主流，软件功能不断强化

现在主要的宽体客机采用先进的综合模块化航空电子（integrated modular avionics，IMA）架构，将过去大量分立的系统设备转化为少量综合化设备。随着综合化和模块化航电技术的不断发展，集中式综合模块化航空电子架构逐渐表现出向分布式综合模块化航空电子（distributed integrated modular avionics，DIMA）架构发展的趋势[5, 22]。分布式综合模块化航空电子技术，将系统的核心处理功能进行分布式部署，最终在不同的位置实现了系统功能。

此外，随着综合模块化航空电子架构、智能显示器在民机上的大量使用，机载软件对民机的重要性不断提高。航空电子系统软件的规模在大幅度增长，其在系统功能所占的比重已达 40% 甚至更多。

2. 飞行管理系统向高度综合化的方向发展

发动机推力管理系统的功能与自动飞行指引系统内环控制的结合，将满足新航行系统（通信导航监视 / 空中交通管理）对飞行管理的新要求，实现包括连续下降进近、数据链调谐管理等新的功能和应用[23]。飞行管理系统已不再简单地局限于优化飞机的三维运动，更重要的是，逐步提高了 4D（four dimensional）导航与运行能力，实现了大型客机到达时间的优化，可以满足在未来空域越来越拥挤的条件下的航行时间要求。

3. 基于互联网的新一代智慧客舱系统在改变航空的商业模式

围绕利用增值服务提高客户体验的目标，近年来提出了智慧客舱的概念。除提供互联网 WiFi 的接入功能外，智慧客舱还需要高度集成现有的客舱系统，整合所有的客舱服务，并通过简单易用的途径呈现给客户。例如，将现在的机载娱乐与通信系统（in-flight entertainment & communications，IFEC）、调光、服务呼唤、座椅调整、餐食服务等全部集成起来，使乘客可在单一简化的界面享受所有的客舱服务。智慧客舱还将利用大数据刻画出每位乘客的个性画像，为每位乘客提供个性化的增值服务，并根据乘客爱好推送喜欢的信息[24]。未来，智慧客舱将是大数据 + 互联网 + 移动通信 +

集成客舱的一体化产物，会演化成新型的生态圈，为航空电子技术创造新的发展机遇[25]。在“互联网 +”时代，基于互联网的航空公司的商业模式正在发生改变，智慧客舱将带来新的商业模式，产生新的增值服务，最大限度地降低成本。

参考文献

[1] Insaurralde C C. Intelligent Autonomy for Aerospace Engineering Systems[C]. 2018 IEEE/AIAA 37th Digital Avionics System Conference（DASC）. London，UK，2018.

[2] 高芳 . 全球知名智库对中国《新一代人工智能发展规划》发布与实施情况的评价及启示 [J]. 情报工程，2018，4（2）：26-34.

[3] Blasch E，Kostek P，Paces P，et al. Summary of avionics technologies[J]. IEEE Aerospace and Electronic System Magazine，2015，30（9）：6-11.

[4] Batuwangala E，Kistan T，Gardi A，et al. Certification challenges for next-generation avionics and air traffic management systems[J]. IEEE Aerospace and Electronic System Magazine，2018，33（9）：44-53.

[5] Gaska T，Watkin C，Chen Y. Integrated modular avionics：past，present，and future[J]. IEEE Aerospace and Electronic Systems Magazine，2015，30（9）：12-23.

[6] Helfrick A. The centennial of avionics：our 100-year trek to performance based navigation[J]. IEEE Aerospace and Electronic System Magazine，2015，30（9）：36-45.

[7] Sabatini R，Moore T，Hill C. Avionic-based GNSS Integrity augmentation synergies with SBAS and GBAS for saftety-critical aviation applications[C]. 2016 IEEE/AIAA 35th Digital Avionics System Conference（DASC）. Sacramento，USA，2016：1-10.

[8] Park P，Chang W. Performance comparison of industrial wireless networks for wireless avionics intra-communications[J]. IEEE Communication Letters，2017，21（3）：116-119.

[9] 谢博 . 航空器的顺风耳——机载卫星通信 [J]. 太空探索，2016，3：24-27.

[10] Sámano-Robles R，Tovar E，Cintra J，et al. Wireless avionics intra-communications：current trends and design issues[C]. 2016 Eleventh International Conference on Digital Information Management. Porto，Portugal，2016：266-273.

[11] Sherry L，Mauro R. Design of Cockpit displays to explicitly support flight crew intervention tasks[C]. 2014 IEEE/AIAA 33rd Digital Avionics Systems Conference（DASC）. Colorado Springs，CO，USA，2017：2B5-1-2B5-13.

[12] 岳润雨，张晓林，张展 . 基于 StateFlow 的 TTE 通信网络仿真和性能验证 [J]. 遥测遥控，2016，37（3）：61-66.

[13] 王凤侨，张晓林 . 基于 AFDX 的关键技术及通信网络设计 [J]. 遥测遥控，2011，32（5）：

68-72.
[14] 冯众保，冯晓波. 机载航空电子通信导航监视系统数字建模 [J]. 兵工自动化，2018，37（8）：83-86.
[15] 许冬彦. 北斗标准化工作路线综述 [J]. 卫星应用，2018，2：52-58.
[16] 康登榜，泉浩芳. 国际海事组织认可北斗的可行性分析下 [J]. 卫星与网络，2014，3：66-69.
[17] 姚鑫雨，张晓林，霍航宇. 观测值质量定权的北斗多模导航 RNP 性能评估方法 [J]. 遥测遥控，2017，38（1）：47-57.
[18] 霍航宇，张晓林. 组合卫星导航系统的快速选星方法 [J]. 北京航空航天大学学报，2014，41（2）：273-282.
[19] Wang X，Zhang X L. Channel estimation in OFDM-Based systems under the aeronautical channels with large time delays[C]. 2016 8th IEEE International Conference on Communications and Signal Processings. Yangzhou，China，2016：1-6.
[20] 刘悦. 我国民航进入卫星宽带上网 1. 0 时代 [J]. 国际太空，2014，8：16-17.
[21] 王洪瑶. 类波音 737 飞机驾驶舱人机界面概念设计 [D]. 南京：东南大学，2017.
[22] 李林剑. 综合模块化航空电子系统 [J]. 科技视界，2016，5：131-132.
[23] Gardi A，Sabatini R，Kistan T. Multiobjective 4D Trajectory optimization for integrated avionics and air traffic management systems[J]. IEEE Transactions on Aerospace and Electronic System，2019，55（1）：170-181.
[24] Qiu J，Wu C F，Wu A，et al. Smart airplane seat assignment system for passengers' multimedia preferences[C]. 2017 IEEE International Conference on Smart Computing（SMARTCOMP）. Hong Kong，China，2017：1-6.
[25] 贾璇. 机上互联带来千亿美元商机 [J]. 中国经济周刊，2018，6：58-59.

2.4 Avionics Technologies

Zhang Xiaolin[1]，*Zhang Zhan*[2]，*Yang Xinxin*[1]
（1.Beihang University；2.Beijing Aeronautical Science & Technology Research Institute）

Fast growing of civil aviation industry，heavily rely on avionic system to provide flight service that is more safe，more efficient，cost saving and pleasant. CNS/ATM architecture is being upgraded to comply with complicated ATC system. Smart flight and health management is being developed. Distributed Integrated Modular Avionics is being adopted. GNSS becomes the main source of navigation information. Moreover, there is demanding needs for advanced flight management system, smart and comfort cockpit system, Satellite/ATG based all-weather wideband communication system and next generation smart Cabin Management System. This paper describes the progress of avionics technologies and prospects its future.

2.5　航空机电系统技术新进展

孙友师

（中国航空工业发展研究中心）

航空机电系统也称机载公共设备系统，包括飞机上除机体、发动机、武器和航空电子系统之外的其他几乎所有的系统。按照产品与功能进行分类，航空机电系统行业可划分为电力系统、液压系统、环控系统、防除冰系统等15个细分行业。航空机电系统在保障军用飞机的作战效能和民用飞机的经济性、安全性、舒适性和环保性等方面发挥着重要作用。如果将发动机看成飞机的“心脏”，航空电子系统看成飞机的“神经系统”，则航空机电系统就是飞机的“肌肉、血液”等。随着现代飞机技术尤其是电推进技术的发展，航空机电系统将发挥越来越大的作用，其技术水平的高低直接影响到飞机的整体性能。

一、国外重大进展

在航空机电系统领域，多电/全电技术已经发展数十年。近几年，国外航空机电系统向能量优化和电推进的方向发展，在以下四个方面已取得一些成就。

1. 飞机能量优化技术

飞机能量优化技术是指在全机层面对能量的产生（转化）、分配和使用进行优化，以使全机能量消耗最小的技术。该技术是美国空军在“飞行器能量综合技术”

（INVENT）计划中提出的，其主要目标是解决美国下一代战斗机的辅助动力和热管理问题，研究内容主要包括两个方面：一是硬件实现层面的自适应子系统技术；二是设计优化层面的基于动态模型的设计技术。

自适应子系统包括自适应动力和热管理系统、鲁棒电源系统、高性能电力作动系统。这三个子系统分别用于实现机上辅助动力 / 热管理、兆瓦级电力和电能 / 机械能的转换，是能量优化的硬件基础。基于模型的设计技术，针对传统的仿真环境或者静态模型具有的很多局限性，采用基于动态模型的方法来设计飞机，以实现全机的能量优化，其关键是建模仿真技术[1]。

在飞行器能量综合技术计划结束后，美国空军又在该计划研究成果的基础上继续探索。2016 年 12 月，美国空军研究实验室在发布的一份题为“飞行器能量管理”的信息征询书中，提出通过优化控制策略，以实现飞机在整个飞行任务中，电能和热能在各子系统之间的动态高效分配和管理。2017 年 6 月起，美国空军先后授予洛克希德 · 马丁空间系统公司、诺斯罗普 · 格鲁门公司、美国通用电气公司、普拉特 · 惠特尼公司、霍尼韦尔公司和美国波音公司“下一代热、电力与控制”计划初始任务订单，要求针对机载定向能武器等需求，开展飞机能量优化技术的深化研究[2,3]。

2. 电力系统技术

随着多电飞机 / 全电飞机的不断发展，电力系统在飞机上的作用越来越大。对民用飞机而言，大功率变频电源系统技术具有结构简单、可靠性高、维修性好等优点，代表了大型飞机电力系统的发展方向[4]。波音 787 安装了 4 台 250 千伏安变频发电机、2 台 225 千伏安变频发电机（在辅助动力系统上）和 1 台 50 千伏安的空气涡轮发电机，使总容量达到 1500 千伏安。

电推进技术是多电飞机概念提出后航空界迎来的一场更具颠覆性的能量革命，从动力形式上彻底改变了传统飞机及其能量系统。为满足飞机电推进的需求，欧美地区或国家主要航空企业大力发展高功率电机技术，近年来取得了一系列突破[5]。

2017 年 3 月，霍尼韦尔公司宣布：为极光飞行科学公司（Aurora Flight Sciences）的 XV-24A“雷击”（Lightning Strike）验证机提供 1 兆瓦高效率发电机[6]。该发电机具有体积小、重量轻、效率高的特点，因使用固定频率而不需要额外的电子部件进行调节，可以进一步减轻重量，降低成本和系统复杂度。2017 年 8 月，美国通用电气公司完成了用于飞机电推进的发电机技术和电动机技术的演示验证。在发电机方面，该公司在行业内首次应用双轴功率提取技术，成功从高压涡轮提取 250 千瓦电力，从低压涡轮提取 750 千瓦；在电动机方面，设计出效率达到 98% 的 1 兆瓦先进电机[7]。美国国家航空航天局投资，用于开发采用电推进的电机技术和电力组件技术。伊利诺伊州立大学和俄亥俄州立大学曾在2017年分别获得美国国家航空航天局的投资协议，用于开发比功率（即功率除以重量）达13千瓦/千克的电机，其目标效率将大于93%。美国国家航空航天局格林研究中心正在开发一种超导电机，其比功率为16千瓦/千克，效率大于98%[8]。

美国阿贡国家实验室（Argonne National Laboratory，ANL）在参与美国国家航空航天局发起的早期可充电液体电池技术的调查时表示，采用流体储能方案的电动飞机，可以同其他采用燃油作为能源的飞机一样飞行。该机构正在研究的纳米电燃料液流电池，可以用在轮缘驱动电机上，为飞机提供安全、清洁和安静的推进动力。这类电池具有如下特征：具有非爆炸性的能量存储功能；能量密度高于固体锂离子电池；流体重新填充油箱的速度高于电池充电速度[9]。

3. 环控/热管理系统技术

环控系统的主要功能是为座舱和电子设备舱调节空气，提供冷却液，以满足其冷却、加热、防冰、增压和除湿等需求，同时为飞机其他系统提供气源。随着多电飞机技术的不断发展，飞机上用电量不断增加，热管理技术因而受到越来越多的重视。波音787飞机结束了已经沿用半个世纪的从发动机引气的传统客舱增压技术，现在的空调和增压通过电驱动的空气压缩机来实现。电驱动空气压缩机具有紧凑、高效和重量轻的优点，其核心技术是高转速自润滑轴承、高压直流电源控制元件和大功率变频电动机的冷却技术[10, 11]。

飞机防除冰（或称结冰保护）系统可以消除飞机机翼前缘、安定面或者发动机短舱上结的冰，对飞行安全非常重要。目前，大多数客机使用从发动机引气来除冰的传统方法，能量利用效率非常低。国外正在探索采用碳纳米管技术的电热结冰保护系统。2017年1月，美国联合技术航空航天系统公司（UTC Aerospace Systems）获得了梅蒂斯设计公司（Metis Design Corp）的独家特许，将一种基于碳纳米管加热器的技术用于飞机电热结冰保护系统[12]。英国航空航天技术网站2018年11月报道称，英国贝尔法斯特女王大学开发出基于碳纳米管的超轻型加热器，可用于飞机除冰[13]。

对于高性能军用飞机而言，热管理问题变得越发重要。先进电子战、高能激光等使飞机的用电量和散热需求变得非常严峻。美国空军在这方面开展了大量的探索。除了飞行器能量综合技术计划，美国空军于2017年授予通用电气公司合同，开展混合循环动力与热管理技术的研究。该方法综合了空气循环冷却、蒸发循环冷却、冷燃油及其他热能的存储机制，以最优的方式确保电子系统充分且高效地冷却[14]。

4. 液压 / 作动系统技术

随着多电飞机技术的发展，液压系统呈现出电气化的趋势，即采用电动液压泵来取代原来的发动机驱动泵。电静液作动器是先进的电驱动作动器，其基本工作过程并不烦琐：首先，伺服电机驱动双向液压泵旋转，产生高压油，再经过液压阀流入作动筒；其次，活塞杆在压差作用下克服负载，推动飞机舵面偏转；最后，通过传感器，反馈作动器的尾翼，控制电机的转速和方向，成功实现了舵面偏转的动态控制[15]。

美国帕克（Parker）公司、穆格（Moog）公司为波音 787 飞机及 F-35 战斗机提供的 35 兆帕等级的液压系统，其液压泵最高转速可达 2 万转 / 分，耐久寿命可达 6000 小时。为满足高压、高速、高可靠、长寿命等严苛要求，这种液压系统采用先进材料、液膜轴承（替代滚子轴承）等新技术，大幅度提高了液压泵的性能[16]。A380 的飞行控制作动系统采用 2H/2E（双液双电）结构，装备 4 套动力系统。其中，两套以液压为动力，为主动力系统；两套以电为动力，为备用系统[17]。该动力系统可利用分布式电液作动器操纵舵面。

二、国内技术现状

近年来，随着各方面对机电系统的重视，中国航空机电系统技术取得了一定的进展，但总体而言，与欧美地区的航空强国差距仍然较大。

1. 电力系统技术

国内航空电力系统仍大量使用 115 伏 /400 赫的恒频交流电源系统，正在开展变频交流及变频交流起动发电的相关技术研究。北京航空航天大学、南京航空航天大学、西北工业大学、陕西航空电气有限责任公司等开展了大功率起动 / 发电机的研究，发电容量在 100 千伏安左右，比功率接近 2.4 千瓦 / 千克，但在功率等级、功率重量比、可靠性上同国外都存在较大的差距[18]。

2. 环控 / 热管理系统技术

国内相关研究机构对环控系统技术开展了研究。中航飞机股份有限公司对飞机环境控制系统实施的模糊控制进行了分析和优化，并对优化后的系统进行了仿真实验[19]。南京航空航天大学总结和分析了各类常见的机载制冷系统和制热系统后认为，未来直升机环控系统的发展趋势为蒸发循环制冷系统与联合发动机引气加热系统[20]。中国航空制造技术研究院进行了高光波等相变储能技术、环路热管技术、强化换热技术等热管理技术的应用研究[21]。然而，国内环控产品的寿命较短、可靠性较低，现役飞机制冷系统均使用空气循环制冷系统。蒸发循环制冷系统、综合环控 / 热管理系统的型号尚未进行飞行验证，综合热 / 能量管理系统的研究刚起步。

3. 液压 / 作动系统技术

中国在客机液压系统的实用技术研究中，主要开展了 28 兆帕液压系统的研究，同时机电作动器和电静液作动器的使用研究也取得了一定成果，完成了地面原理实验工作[22]。北京航空航天大学、航空工业金城南京机电液压工程研究中心、航空工业西安飞行自动控制研究所等，对机电作动器和电静液作动器等开展创新原理研究与样机研制；已取得显著成果，但仍需要克服电静液作动器的发热严重和寿命短等难题[23, 24]。

三、发展趋势

在新型航空装备快速发展的牵引下，航空机电领域一大批关键技术逐步取得突破，航空机电系统技术加速向更加综合化和高效化的方向发展。

1. 系统构架向更加综合的方向发展

为适应先进作战飞机的发展，航空业加快了航空机电系统综合化的发展步伐，不断提高控制、功能、能量、物理的综合化水平，以提升航空机电系统的整体性能、能源利用率、功重比、可靠性、维修性、测试性等。

2. 能源利用和热管理向更高效方向发展

国外在该领域正围绕更大功率的起动发电、大容量电能存储、高功重比电力作动等关键技术开展攻关，以期提高航空机电系统的效率。此外，面对未来飞机更高的能量需求和更突出的散热难题，需要探索优化能量利用的新技术，以进一步提高热管理效率。

参考文献

[1] 孙友师，俞笑，黄铁山 . 美国空军能量优化飞机研究进展综述 [C]// 中国航空学会 . 2017 年（第三届）中国航空科学技术大会论文集（下册）. 北京：中国科学技术出版社，2017：33-36.
[2] 孙友师 . 综合推进、动力与热管理技术研究 [J]. 国际航空，2017（4）：66-67.
[3] 孙友师 . 美国空军研究实验室投资下一代电力、热管理与控制技术 [J]. 国际航空，2018（6）：

72-74.

［4］ Setlak L，Kowalik R. Evaluation of the VSC-HVDC system performance in accordance with the more electric aircraft concept［C］. 2018 19th International Scientific Conference on Electric Power Engineering（EPE），Brno，2018：1-6.

［5］ 孔祥浩，张卓然，陆嘉伟，等 . 分布式电推进飞机电力系统研究综述 [J]. 航空学报，2018（1）：21651

［6］ Stephen Trimble. Lightning Strike powered by Honeywell's electric breakthrough［EB/OL］.［2017-04-01］. https://www.flightglobal.com/news/articles/analysis-lightning-strike-powered-by-honeywells-el-434573/.

［7］ Desmond K. Electric Airplanes and Drones：A History［M］. Jefferson，North Carolina：McFarland，2018.

［8］ Jansen R，Bowman C，Jankovsky A，et al. Overview of NASA Electrified Aircraft Propulsion（EAP）Research for Large Subsonic Transports［EB/OL］.［2018-06-08］. https://ntrs.nasa.gov/search.jsp?R=20170006235.

［9］ DEAN SIGLER. Liquid Batteries for Aircraft？［EB/OL］.［2018-08-20］. http://sustainableskies.org/liquid-batteries-aircraft/.

［10］ 马慧才 . 多电飞机环境控制系统研究 [C]// 中国航空学会 . 探索 创新 交流：第六届中国航空学会青年科技论坛文集（下册）. 北京：航空工业出版社，2014：1208-1211.

［11］ 孟繁鑫，王瑞琪，高赞军，等 . 多电飞机电动环境控制系统关键技术研究 [J]. 航空科学技术，2018，29（02）：1-8.

［12］ STEPHEN TRIMBLE. UTAS pursues nanotubes for aircraft ice protection［EB/OL］.［2017-03-14］. https://www.flightglobal.com/news/articles/utas-pursues-nanotubes-for-aircraft-ice-protection-435164/.

［13］ None. Queen's researchers develop ice build-up prevention solution for aircraft［EB/OL］.［2018-11-26］. https://www.adsgroup.org.uk/news/member-news/queen-s-researchers-develop-ice-build-up-prevention-solution-for-aircraft/.

［14］ Keller J. GE Aviation developing electronics thermal management for manned and unmanned aircraft［EB/OL］.［2017-06-05］. https://www.intelligent-aerospace.com/military/article/16544661/ge-aviation-developing-electronics-thermal-management-for-manned-and-unmanned-aircraft.

［15］ 焦宗夏，徐兵，何永勇 . 电静液作动器：多电飞机的强健肌肉 [J]. 科技纵览，2018（7）：48-50.

［16］ 陈经跃，李奕宁，苗蕾，等 . 民机用高压高速液压泵的研究 [J]. 液压气动与密封，2019（6）：32-35.

[17] 付永领，韩旭，杨荣荣，等 . 电动静液作动器设计方法综述 [J]. 北京航空航天大学学报，2017（10）：1939-1948.

[18] 黄鹤，周强 . 国外飞机电气技术的现状及对我国多电飞机技术发展的考虑 [J]. 军民两用技术与产品，2017（14）：12.

[19] 黄晨辉，薛海明，冯燕 . 探究飞机环境控制系统的模糊控制 [J]. 军民两用技术与产品，2018（8）：17.

[20] 彭孝天，王苏明，王晨臣，等 . 直升机环境控制系统应用现状分析 [J]. 海军航空工程学院学报，2018（2）：225-230.

[21] 高光波，韩林森 . 机载激光武器热管理系统研究 [J]. 航空制造技术，2018（7）：93-96.

[22] 张炜 . 浅析客机液压系统的现状与发展趋势 [J]. 军民两用技术与产品，2016（22）：33.

[23] 张谦，李兵强 . 一种新型电静液作动飞机刹车系统 [J]. 测控技术，2011（7）：79-82.

[24] 陶思钰 . 多电飞机中电传作动器特性及其控制技术研究 [C]// 中国航空学会 . 2017 年（第三届）中国航空科学技术大会论文集（下册）. 北京：中国科学技术出版社，2017：223-228.

2.5　Aircraft Utility Systems Technology

Sun Youshi

（Aviation Industry Development Research Center of China）

With the in-depth development of more-electric/all-electric technology，aircraft utility systems technology is developing toward energy optimization and electric propulsion. In recent years，foreign countries have made important progress in high-power electric machines，advanced thermal management systems，and electric actuation system technologies. A variety of motors with a power of 1 megawatt have been developed. Aircraft utility systems technology in China has also made some progress，but in general there is a big gap with foreign countries. Aircraft utility systems technology will develop in a more integrated and efficient manner in the future. This paper describes the progress of aircraft utility systems technology and prospects its future.

2.6 高超声速飞行器技术新进展

朱广生 *

（中国运载火箭技术研究院）

高超声速飞行器是指飞行马赫数（表征飞行器在空气中的运动速度与当地声速的比值）大于5，能够在距离地面20～100千米的临近空间空域内依靠稀薄大气特性进行机动飞行的一类飞行器。它具有飞行速度快、机动能力强等优点，被公认是在军用和民用领域均具有广阔应用前景的颠覆性技术领域之一。在军事方面，高超声速飞行器能够执行远程快速精确打击、力量投送、进出空间等作战任务，可大幅提升作战能力，甚至影响未来战争形态演进；在民用方面，高超声速飞行器能够大幅缩短旅行时间，使“地球村”的概念进一步演变为“地球小屋”，在旅游运输等方面具有广阔的应用前景。下面简要介绍近几年国外该技术的最新进展并展望未来。

一、国外新进展

按照工作原理和飞行特点，高超声速飞行器可分为高超声速武器和可重复使用高超声速平台。高超声速武器可分为高超声速滑翔飞行器和高超声速巡航导弹。高超声速滑翔飞行器是指利用火箭发动机助推到头体分离后，在高初速条件下，综合利用气动升力和离心力在临近空间进行远距离滑翔机动飞行的一类飞行器[1]；高超声速巡航导弹是指利用助推发动机将巡航级助推至吸气式发动机工作窗口后，综合利用超燃冲压发动机产生的推力、弹体及翼面升力，使巡航级在临近空间进行高超声速机动飞行的一类导弹。可重复使用高超声速平台是指以超燃冲压发动机或其组合发动机为动力，能够水平起降并在临近空间进行高超声速自由飞行，也可加速至第一宇宙速度进入近地轨道，从而实现空天往返飞行的可重复使用飞行器。

（一）高超声速武器国外发展现状

1. 美国

为在核战略平衡的情况下，保持和强化在战略威慑上的绝对优势，美国高度重视

* 中国工程院院士。

高超声速武器装备及技术的发展。近年来，美国以2022年前具备初期作战能力为目标，按照“三步走”发展路线，加速推进高超声速武器的研制。

（1）以技术相对成熟的陆军先进高超声速武器（advanced hypersonic weapon，AHW）为基础，发展第一代高超声速武器。美国充分采用自2003年以来“常规快速全球打击”（conventional prompt global strike，CPGS）项目积累的成熟技术和经验，在先进高超声速武器的基础上，积极发展海、空基高超声速滑翔飞行器。2018年6月，美国国防部明确以升阻比较低、锥形回转体外形的先进高超声速武器为基础，研制三军通用高超声速滑翔飞行器（图1），从2020财年开始转化为第一代高超声速助推滑翔导弹，即陆军的远程高超声速导弹（long range hypersonic weapon，LRHW）、海军的常规快速打击导弹（conventional prompt strike，CPS，即海基版AHW）、空军的高超声速常规打击导弹（hypersonic conventional air-launched strike weapon，HCSW）。

图1　“先进高超声速武器”项目的高超声速滑翔飞行器

（2）以战术助推滑翔（tactical boost glider，TBG）为基础，发展性能更为先进的第二代高超声速武器。“战术助推滑翔”项目是美国空军与美国国防高级研究计划局（DARPA）发展的楔形助推滑翔飞行器，该飞行器的升阻比较高，其射程为1800千米。以“战术助推滑翔”项目为基础，美国陆、海、空三军分别通过作战火力（operational fires，OpFires）、舰射型战术助推滑翔、空射快速响应武器（air-launched rapid response weapon，ARRW）等计划，积极发展第二代高超声速助推滑翔导弹，其中“空射快速响应武器”计划发展的AGM-183A导弹已于2019年6月完成基于B52

轰炸机平台的挂载实验。

（3）以高超声速吸气式导弹概念为基础，积极发展高超声速巡航导弹。继超燃冲压发动机的验证机 X-51A 计划后，美国空军和美国国防高级研究计划局于 2014 年联合提出“高超声速吸气式导弹概念”（hypersonic air-breathing weapon concept，HAWC）项目，该导弹（图 2）巡航速度 Ma5～6，射程约 1100 千米，可实现 F-35/F-15 的外挂和 B-2/B-52 的内埋。2016 年，美国国防高级研究计划局分别授予洛克希德·马丁空间系统公司和雷声公司“高超声速吸气式导弹概念”项目第二阶段的合同，计划在 2020 年底首飞。

图 2　高超声速吸气式导弹概念图

2. 俄罗斯

为确保与美国之间的战略平衡，提升战略核威慑能力，俄罗斯在高超声速滑翔飞行器方面发展了“先锋”高超声速战略滑翔导弹，其飞行速度超过 Ma20，射程超过 10 000 千米，并于 2018 年 12 月成功进行了第五次飞行试验。“先锋”于 2019 年底正式列装并投入战备值班。

俄罗斯高超声速巡航导弹的典型代表为“锆石”和“吸气式空射高超声速导弹”。“锆石”飞行速度最大为 Ma9，射程为 400 千米，已于 2017 年完成首飞；“吸气式空射高超声速导弹”飞行速度为 Ma6，射程为 1500 千米。

（二）可重复使用高超声速平台国外发展现状

在国家航空航天倡议（National Aerospace Initiative，NAI）和“常规快速全球打

击”项目的牵引下，以发展察/打/评一体化作战能力为目标，美国相继开展了“黑雨燕”、MANTA、SR-72（图3）计划和波音高超声速飞机（图4）等项目的研究，上述项目均采用涡轮基组合循环动力系统TBCC。2014年，美国空军评估后认为，涡轮基组合循环动力系统的现有技术水平尚不足以支撑在2035年研制出可重复使用的高超声速平台。

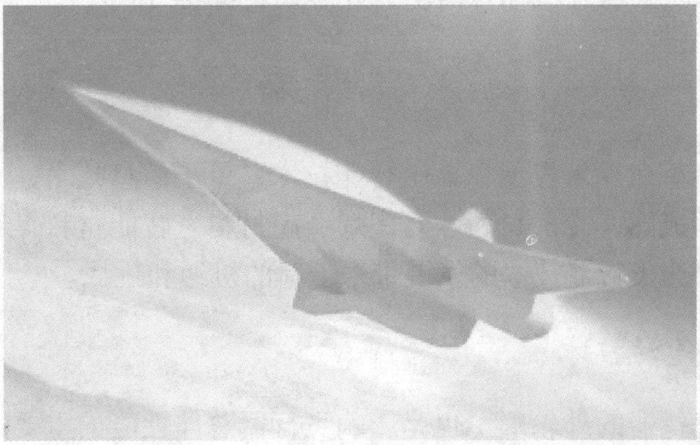

图3　洛克希德·马丁空间系统公司公布的SR-72外形

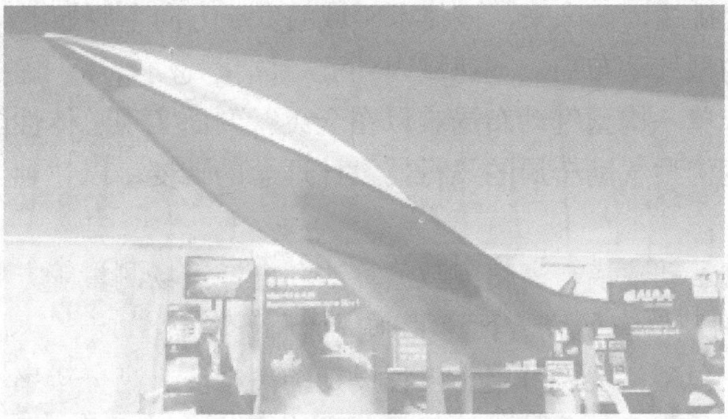

图4　美国波音公司2018年公布的高超声速飞机

2016年，美国空军透露，高超声速飞机将采取“先机载发射、再水平起降”的思路。2017年，美国空军明确表示，高超声速飞机的第一步是研制出空基发射、采用火箭基组合循环动力系统RBCC的SR-72，远期方案是研制出基于TBCC动力系统的水平起降型高超声速飞机。

从以上介绍的内容可以看出，美国高超声速飞机的研制具有以下特点：① 结合各自军事需求，美国和俄罗斯发展高超声速武器的侧重点有所不同，美国以满足区域介入性战役、战术行动中的作战需求为主，俄罗斯以突破美国导弹防御系统为目标。目前来看，俄罗斯将率先形成高超声速武器初始作战能力。②美国已将可重复使用高超声速平台调整为更为务实的“三步走”发展路线：第一步是2028年前完成空基发射、以火箭基组合循环动力系统为动力的飞行演示；第二步是2035年前完成基于现有涡轮基组合循环动力系统的飞行演示；第三步是2045年前后完成基于高速涡轮的涡轮基组合循环动力系统的验证机飞行演示，并形成装备能力。

二、发展展望

当前，新军事革命深入发展，人工智能技术、量子信息技术、大数据处理技术等颠覆性技术的逐渐成熟，冷沸材料、石墨烯、超材料、智能材料等新型材料的不断涌现，给未来高超声速飞行器技术的发展带来了新的机遇和挑战。

1. 高超声速气动技术

气动外形是飞行器的外轮廓，也是影响飞行器总体性能的重要因素。飞行器在高超声速飞行过程中其表面出现稀薄气体效应、黏性干扰效应、高温非平衡等各种复杂效应，以及流动分离、激波/边界层干扰等复杂流动现象，这给高超声速飞行器的气动设计带来了巨大挑战[2]。未来，该技术领域的发展方向主要如下。

（1）向可变构型气动布局、宽速域内外流一体化气动布局、虚拟气动构型等方向发展，以解决传统单一构型气动布局难以在全飞行剖面实现总体性能最优的问题，实现从单一构型向变构型气动布局的飞行器设计理念的转变，以达到全飞行剖面自适应高效飞行的目的[1]。

（2）向高保真气动建模、高精度数值算法和先进流场测量等方向发展。在高超声速复杂流动及多物理效应研究方面，亟须完善稀薄气体效应、高温真实气体效应等复杂流动效应物理模型，发展可用于工程设计的高精度、高分辨率、高鲁棒性数值算法，以精确模拟边界层流动、捕捉流场干扰和微尺度流动现象；亟须发展先进超/高超声速风洞试验测量技术，以提升高超声速复杂流动气动特性的预示水平[3]。

（3）转捩研究向精确预示和控制转捩方向发展。目前，高超声速转捩预示理论尚未成熟完备，数值模拟缺乏精确的转捩模型，试验测试手段不够精细，转捩流动控制仍处于起步阶段。下一步需要完善转捩预示理论、数值模拟和试验手段，以提升转捩位置预示和转捩流动控制技术水平。

2. 高超声速动力技术

采用传统的火箭发动机能够实现高超声速飞行，但是必须携带氧化剂与燃料，这将大幅增加动力系统和飞行器的重量；同时，火箭发动机比冲低，也会导致高超声速飞行器的飞行效率不高。以超燃冲压发动机、组合循环发动机为代表的吸气式动力系统大大减少了飞行器自身携带的氧化剂，经济性比火箭发动机更高，是高超声速飞行的理想动力系统。随着高超声速飞行器向更远、更快等方向发展，未来该技术领域的发展方向主要如下。

（1）向更高马赫数的超燃冲压发动机方向发展，探索燃烧室内流动、雾化、掺混和火焰稳定机理，解决更高马赫数的超燃冲压发动机的点火与稳定燃烧问题；研究高冷却能力碳氢燃料的主动冷却技术，有效解决更高马赫数发动机乃至飞行器的热防护问题。

（2）向组合循环动力等方向发展，通过将各种动力单元有机融为一体，解决大空域、宽速域的高效飞行的动力问题，以满足自由、高效进出空间的需求。

（3）向爆轰发动机等新型热力循环方向发展，以获得更好的整体飞行性能。爆轰发动机具有比冲高、结构简单、能够零速启动等优点，可在火箭模态和吸气式模态下工作，是各军事强国竞相发展、发展潜力巨大的高超声速飞行器动力系统之一。

3. 高超声速热防护与材料技术

飞行器长时间在临近空间以高超声速飞行，使空气受到强烈压缩和剧烈的摩擦作用，从而产生严酷的气动加热效应[4]。该过程还伴随黏性干扰、边界层转捩和湍流、高温离解、化学非平衡与表面催化、材料烧蚀等多种物理化学效应[5]。这些问题给飞行器气动热环境及热防护设计带来了巨大挑战。未来，该技术领域的发展方向主要如下。

（1）向高精度、高超声速复杂流动气动热数值计算方向发展。完善高空稀薄、高温非平衡和壁面催化、边界层转捩和湍流等物理化学效应的数学模型，丰富高温热化学反应、转捩和湍流等基础数据库，综合建立高精度、多物理化学效应的高超声速复杂流动气动热数值模型，以进一步提升气动热环境精细化设计能力[6,7]。

（2）向气动热与热防护系统多物理场强耦合方向发展。通过研究极端环境下，高温非平衡与气体辐射耦合作用模型、热防护材料传热传质与高超声速流场相互作用机制等基础科学问题，构建出热防护系统多物理场强耦合模拟理论与模型，实现气动热 / 热防护设计理念从“低维解耦设计”向“多物理场强耦合设计”的转变。

（3）向主动式热防护与热能综合利用方向发展。随着高超声速飞行器飞行速度的不断提高，传统的被动式热防护技术面临较大的发展瓶颈，需要主动对飞行器表面高温流动进行调控和隔离，以有效抑制飞行器的气动加热作用，降低热环境对防热材料的性能需求。此外，通过疏导、收集、转化和利用等方式，对飞行器外部富集的热能进行综合热管理，不仅可以缓解飞行器热防护设计的压力，还可以为飞行器提供新的动力能源。

（4）向新型高温材料及热防护设计方向发展。随着高超声速技术的发展，防热材料逐渐具备了功能多样化、组分复杂化和结构轻质化等特性。新型高温材料的复杂化和多样化，需要进一步提高材料高温烧蚀行为、传热传质行为的预测精度；同时，需要开展新型高温材料物理、化学、力学性能的测试与表征，高温本构关系与强度理论，材料与环境的耦合作用机制，以及局部细观烧蚀与氧化损伤等方面的研究[8]。此外，高超声速飞行器由单次使用向可重复使用方向发展，也给飞行器热防护设计提出了新的挑战。

4. 高超声速制导与控制技术

高超声速飞行器是一个强非线性、强耦合、快时变、不确定的非线性系统，具有力热控等多学科强耦合的特征，这对制导与控制技术提出了较大挑战。未来，该技术领域的发展方向主要如下。

（1）发展力热控交叉的现代控制建模及设计理论。高超声速飞行器的研制，很大程度上是针对“控制对象”的设计问题，即在各种环境偏差、热烧蚀、空气动力学变化、结构动力学变化等条件下，进行力热控多学科交叉的现代控制对象设计。向气动/结构/控制/热力学/飞行力学一体化研究方向发展，需要建立一体化模型和设计方法，从飞行力学本质上使飞行器达到自主智能，从而实现高超飞行器动力学特性及任务能力的最优化。

（2）发展长时间近地高精度自主导航技术。长时间近地飞行对导航提出了很高的要求，需要加快开展轻小型光学惯性器件关键技术的攻关，探索量子、脉冲星等新型导航技术，开发星光/太阳偏振光/地磁等自主导航技术并实现其工程应用。

（3）向智能感知飞行、人工智能控制等方向发展。飞行器如果能够实时感知飞行环境和飞行器状态信息，就可以应对较大的系统不确定性、飞行器特征变化以及/或者外部干扰，并在飞行过程中自主完成目标选择、威胁规避等决策。飞行器利用智能感知，可以自主自适应地进行控制策略的调整，最大限度地完成飞行任务。

高超声速飞行器技术是世界军事强国高度关注的颠覆性技术。中国发展高超声速飞行器技术，应立足国情，通过集智攻关、强强联合、持续创新，扎实地提升高超声速飞行器的研究水平。

参考文献

[1] 朱广生 . 世界高超声速机动飞行器技术发展纵览 [M]. 北京：科学出版社，2018.

[2] 朱广生 . 再入机动飞行器气动设计与实践 [M]. 北京：中国宇航出版社，2015.

[3] 余平，段毅，尘军 . 高超声速飞行的若干气动问题 [J]. 航空学报，2015，36（1）：7-23.

[4] 王璐，王友利 . 高超声速飞行器热防护技术研究进展和趋势分析 [J]. 宇航材料工艺，2016，1：1-6.

[5] 吴亚东，朱广生，蒋平，等 . 先进的热防护方法及在飞行器的应用前景初探 [J]. 宇航总体技术，2017，1（1）：60-65.

[6] 朱广生，聂春生，曹占伟，等 . 气动热环境试验及测量技术研究进展 [J]. 实验流体力学，2019，33（2）：1-10.

[7] Li Q，Nie L，Zhang K L，et al. Experimental investigation on aero-heating of rudder shaft within laminar/turbulent hypersonic boundary layer[J]. Chinese Journal of Aeronautics，2019，32（5）：1215-1221.

[8] 李宇，朱广生，聂春生，等 . 高超声速对流环境下冷点效应对圆箔式热流传感器测热特性的影响研究 [J]. 实验流体力学，2019，33（4）：39-44.

2.6　Technologies of Hypersonic Vehicle

Zu Guangsheng
（China Academy of Launch Vehicle Technology）

The technology of hypersonic vehicle has the advantages of fast flight speed and strong maneuverability，and is recognized as one of the subversive technology fields with broad application prospects in both military and civil fields. Recently，the technology of hypersonic vehicle has gained rapid development. This paper firstly introduces the concept and classification of hypersonic vehicle，and then systemically concludes the state-of-the-art status and the trends of hypersonic vehicle. Finally，the prospect toward the main key technologies of hypersonic is proposed.

第三章

航天技术新进展

Progress in Space Technology

3.1　月球与深空探测技术新进展

薛长斌　邹永廖　贾瑛卓

（中国科学院国家空间科学中心）

月球与深空探测是21世纪科学与技术发展的重要领域和热点，关系到未来人类可持续发展的空间和资源，是科学技术发展的重要引擎。近年来，世界各航天强国通过成功实施多项任务，在深空探测的各个领域均获得了多项重大突破，使人类对太阳系乃至宇宙的认知得到极大提升。下面简单介绍近几年深空探测领域国内外新进展并展望未来。

一、国际重大进展

根据深空探测对象的不同，可将深空探测分为月球探测、行星探测、小天体探测。经过数十年的发展，以美国为代表的航天强国在深空探测的各个领域均取得重大成果。

（一）小天体探测再次成为热点

太阳系中的小天体主要包括彗星和小行星，根据轨道可划分为近地小行星、主带小行星、木星轨道的特洛伊小行星、半人马小行星、柯伊伯带天体等；根据物质组成，可划分为C型（碳质）、S型（石质）、V型（灶神星型）、M型（金属）小行星。最原始的小行星和彗星中保存有太阳系形成之前的尘埃颗粒，小行星也是早期构成各大行星的基本物质，还有部分小行星含有大量水和有机质。因此，小行星探测有望解开太阳系起源和演化之谜，有助于人类重新认识行星的生长和分异过程，认识生命形成之前有机质形成和演化的过程。总之，小天体探测不仅具有重大的科学意义，还是太空资源开发的基础，与人类的安全密切相关。近年来，比较成功的小行星探测任务是美国的“欧西里斯”探测、日本的“隼鸟-2”号探测和“黎明”号小行星探测。

1.“欧西里斯”探测器

“欧西里斯”全称为“欧西里斯－雷克斯”（OSIRIS-REx），是美国国家航空航天局正在执行的近地小行星取样返回探测计划。“欧西里斯”探测器于 2016 年 9 月 8 日成功发射，经过两年多的长途飞行，于 2018 年 12 月 3 日进入环绕目标小行星贝努（Bennu）的轨道，开展科学探测。“欧西里斯”对贝努的探测分为九个阶段：接近段、初步调查段、轨道 A 段、详细调查段（一）、详细调查段（二）、轨道 B 段、低高度勘察段、预演段和接触即离段。目标是通过这些阶段的探测，加深对小行星的了解，并在微重力环境下控制航天器，确定最佳取样地点。探测器计划在 2021 年 3 月前采集 60 克～2 千克的贝努风化层的样品，并返回地球[1]。

“欧西里斯”探测的科学目标是：①从碳质小行星贝努表面取回足量的风化层物质，用于研究小行星矿物和有机物的特性、历史和分布；②对原始的碳质小行星的整体特征、化学特性和矿物学特性进行全球绘图，用于确定其地质特征和动力学历史特征；③描述取样点实地风化层的质地、形态、地球化学和光谱特性，使取样点的空间尺度达到亚毫米；④测量由非引力产生的轨道偏移，确定对小行星产生潜在危险的雅科夫斯基效应，以及这种效应对小行星性质的影响；⑤确定原始碳质小行星的整体全球特征，以便直接与地基望远镜获得的整个小行星的密度数据进行比较[1]。

目前，“欧西里斯”探测贝努小行星取得了丰富的科学成果：更精确地测定贝努的形状和轮廓，确定贝努表面非常粗糙，巨型岩石众多，反照率非常低；通过分析“欧西里斯”的光谱数据，发现在 2.7 微米附近有明显的吸收特性，且与含水的 CM 型碳质球粒陨石的光谱相似，这说明贝努上含有水矿物。

在“欧西里斯”探测贝努的九个阶段中，目前进行到第三个阶段，已取得丰硕的成果；当取样返回后，一定还有重大的发现，这将进一步激励人们更加关注小行星的科学问题。

2.“隼鸟-2”号（Hayabusa 2）飞抵小行星“龙宫”（Ryugu）

2014 年 12 月 3 日，日本发射“隼鸟-2”号，历经 3 年半的太空旅行后，在 2018 年 6 月 27 日顺利抵达龙宫小行星上空 20 千米处的预定观测点，此时它距离地球约 3 亿千米。

“隼鸟-2”号的有效载荷平台配置了光学导航相机、近红外光谱仪、中红外摄像敏感器、激光高度计、分离监测相机 5 种仪器。利用搭载的这些仪器，它对龙宫小行星进行几乎全方位的观测，获取了用于龙宫小行星表面矿物质成分调查、记录龙宫小行星表面温度变化，以及测得的龙宫小行星表面磁场的照片和数据信息，还为管控人员提供了选择投放和着陆点的信息。在科学研究方面，“隼鸟-2”号对研究太阳系起源、演化和生命的起源将起到重要作用[2]。

2018年10月3日，“隼鸟-2”号成功投放新型跳跃式着陆器至龙宫小行星表面，用自身携带的电机驱动着陆器以跳跃方式前进，用自身配备的加砝码的偏心臂梁所产生的反作用力矩控制着陆器完成反转跳跃，避开了直径大于60厘米的岩石，在龙宫小行星表面跳跃行走200米。在总计17个小时的工作中，“隼鸟-2”号利用携带的广角相机，连续拍摄龙宫小行星表面，获得清晰照片；利用分光显微镜，对龙宫小行星表面矿物质成分进行观测和分析；利用热辐射计测量，记录下了龙宫小行星表面温度的变化；利用磁强计，完成了对龙宫小行星表面的磁场测量等。

2019年2月22日，“隼鸟-2”号以“一触即离”的方式，在龙宫小行星上着陆，用弹射出的弹子撞击龙宫小行星，利用采样装置以被动方式采集到不少于3克的龙宫小行星表面弹射的飞溅碎片和粒子。

2019年4月3日，“隼鸟-2”号携带的撞击装置与探测器分离，并被引爆。分离监控相机拍摄到以下情景：撞击装置在极短的时间内形成剪影锥形铜金属块；以2米/秒的速度撞击龙宫小行星表面的目标点并形成小行星坑，炸出坑后溅射起岩石碎片和颗粒。按计划，“隼鸟-2”号将再次飞抵龙宫小行星上空，瞄准被炸出的小行星坑，以“一触即离”方式完成着陆，完成采集小行星内部不少于10克的样品。同时，将在2020年底把岩石样品带回地球[2]。

3.“黎明”号小行星探测器

“黎明”号经过近8年、49亿千米的飞行，继2011年探测灶神星后，于2015年3月6日抵达矮行星谷神星。这是第一个在主带环绕小行星天体的探测器，也是第一个在一次任务中先后环绕两个地外天体的探测器，还是第一个矮行星探测器。

“黎明”号任务的主要目标是利用探测器上的有效载荷，先后对原行星灶神星和矮行星谷神星进行环绕探测。通过深入分析“黎明”号搜集的信息，可以判断落入地球的陨石与其母体的关系、目标天体的受热过程。通过表面图像，可以了解其他天体对目标天体的撞击过程、目标天体的外壳构造和火山历史，并分析其形成和演变过程[3]。

“黎明”号首次为人类提供了有关灶神星表面化学成分的信息。对“黎明”号传回的3万多幅照片和其他大量科学探测数据进行分析，结果表明：①灶神星的化学和地质组成中含有来自小行星撞击或行星际尘埃带来的含水矿物；②在灶神星赤道附近的地区分布着广泛的易挥发物质；③灶神星地表物质组成中铁－氧和铁－硅元素的比值，与地球上发现的一类陨石元素相同，二者之间被确认存在紧密联系；④灶神星少量年轻的环形山上存在弯曲的冲沟和扇形沉积物，说明曾出现过短暂的少量水力驱动沙、岩粒形成的物质流。这些研究成果改变了人类对灶神星的地貌特征，以及它与太阳系行星之间关系等的认识，特别是关于是否存在过水的认识，而此前灶神星一度被认为是一颗完全干旱的多岩天体，理由是地表温度和气压过低，无法维系水分的存在。

谷神星被认为是除地球之外太阳系内部最大的“蓄水池”，拥有一个冰下海洋，可能存在外星生命。在“黎明”号拍摄的多幅谷神星照片中，有两个位于同一个盆地内的亮点；科学家推测，它可能是与火山有关的地貌，但需要更高分辨率图像传回后才能提供准确的地质学解译。

（二）行星探测

人类已实现火星探测 44 次，金星探测 41 次，水星探测 3 次，外太阳系巨行星探测 7 次（包括木星、土星、天王星、海王星及其卫星）[4]。已实现行星探测的国家或地区包括美国、俄罗斯、欧洲和印度。美国在太阳系行星探测领域具有绝对的领先优势。近三年，科学成果比较突出的任务是美国的“朱诺”号木星探测和“洞察”号火星探测。

1.“朱诺”号木星探测器

在离开地球五年并飞行 28 亿千米之后，2016 年 7 月 4 日，“朱诺”号成功抵达木星这颗气态巨行星。“朱诺”号的科学目标是了解大气成分（尤其是氨和水的丰度）、大气动力学性质、云物理、温度以及木星内部结构、磁层和极光等。“朱诺”号携带 9 种有效载荷：微波辐射计、木星红外极光成像仪、磁强计、重力仪器、木星极光分布计、木星高能粒子探测仪、无线电和等离子束探测仪、木星紫外成像光谱仪和可见光相机。

目前，观测到的木星大气运动主要是云层之上的风向和风速，对于云层下面的风向和风速所知甚少。“朱诺”号的初步研究结果表明，赤道附近急流深度至少可延伸至 3000 千米。“朱诺”号对木星的重力场进行精确测量，结果显示：木星的重力场在南北方向上不对称，同时重力场的异常与纬向风的带状结构吻合较好。这表明，木星的大气环流停留在云层附近，影响了更深层的大气。“朱诺”号的探测结果表明，木星大气热区的水汽含量确实较低，但这并不代表木星的深层含水量以及全球平均含水量与其他元素丰度差距很大[5]。

2.“洞察”号火星探测器

2018年5月5日,“宇宙神”V-401型火箭成功发射“洞察”号火星探测器。“洞察”号全称为“利用地震调查、测地学及热传导实施内部探测”(Interior Exploration Using Seismic Investigations，Geodesy and Heat Transport)，是首个探测火星内部的探测器，携带的主要仪器有地震测量仪、热流及物理性质探测包、火星环境监测探测包、旋转和内部结构实验装置，可用于探究火星内核大小、成分和物理状态、地质构造，以及火星内部温度、地震活动等情况。与“勇气”号和“机遇”号这些火星车不同，“洞察”号是固定式探测器，其大部分科学任务将通过“原地不动”的钻探实验完成。科学家希望通过“洞察”号了解火星的内核大小、成分和物理状态、地质构造，以及内部温度、地震活动等情况[6]。

“洞察”号于2018年11月26日成功着陆在一片靠近火星赤道、被称为艾利希(Elysium)的广阔平坦的平原上，此后向地球发送了一系列着陆后的更新信息。科学家期待着“洞察”号能够探究火星内部更多的秘密。

(三)月球探测

月球是人类探测次数最多的地外天体，已实现118次探测任务，成功65次，其中包括中国嫦娥系列6次月球探测任务[4]。2015年以来，国际月球探测任务包括中国的嫦娥四号月背探测、以色列的“创世纪”号月球着陆(已失败)、印度的月船2号(2019年8月20日进入月球轨道，9月7日与着陆器失联)。

二、国内深空探测进展

至今，中国已成功实施了“嫦娥一号”“嫦娥二号”“嫦娥三号”“嫦娥四号”4次任务，掌握了月球探测的基本技术，建立了较为完善的工程体系，获得了大量科学成果。总体来看，中国的探月工程起步晚，起点高，任务次数少，但涵盖内容多，投入少、产出多，整体能力发展较快，已跻身于国际月球探测先进行列。

2019年1月3日，“嫦娥四号”探测器在月球背面南极艾肯盆地内的冯·卡门撞击坑内实现自主软着陆，实现人类探测器首次在月球背面软着陆，开始进行月基甚低频射电天文观测，以及月球背面巡视区形貌和矿物组分、浅层结构的探测与研究[7]。目前，“嫦娥四号”探测器进行了超期服役(巡视器和着陆器的设计寿命分别为3个月和6个月)的科学探测活动，取得了丰富的科学探测数据，在地形地貌、月表浅层结构、月表矿物组分、月表空间环境、低频射电观测等方面取得了科学成果。2019年

12 月 4 日，“嫦娥四号”着陆器完成月夜设置，进入休眠状态。

三、发展趋势展望

行星科学已成为最热门的新兴交叉学科之一，再次推动了世界各国深空探测任务的快速发展。

美国于 2017 年 12 月正式提出将重返月球确定为美国国家航天目标，要求美国国家航空航天局广泛联合商业和国际力量，实施载人重返月球，以及后续火星及以远的探索活动。2018 年 9 月 24 日，美国国家航空航天局发布了《国家太空探索活动报告》，强调了美国国家太空探索活动的五项战略目标，并确定了美国从 2018 年到 2024 年及之后在绕月轨道、月球表面、近地轨道及火星 4 个领域的发展路线图。

在美国的带动下，2018 年 2 月 2 日，国际空间探索协调小组（International Space Exploration Coordination Group）最新发布了《全球探索路线图》（第三版）。这份由 14 个国家 / 地区航天管理机构共同指定的国际载人空间探索战略提出，将以国际空间站（international space station，ISS）为起点，向月球进发并最终实现载人探索火星。在《全球探索路线图》（第三版）中，各国一致认可月球在火星探索路径中的重要作用，并通过各国独立及合作开展的任务优化火星探索路径。

《全球探索路线图》（第三版）总结出载人空间探索涉及的六个关键技术领域：①推进、着陆和返回技术。它包括空间低温采集与推进剂存储，液氧 / 甲烷低温推进，火星进入、下降和着陆，精确着陆和危险规避，烧蚀隔热防护，电推进和功率处理，中级和高级太阳能电池阵列。②自主系统技术领域。它包括飞船系统自主管理，自主交会对接、接近操作、目标相对导航，近地轨道以远乘员的自主性。③生保技术。它包括强化生保可靠性、闭环生保、飞行中环境监测。④乘员健康和绩效技术。它包括长期空间飞行医疗、长期行为健康和绩效、微重力应对措施、深空任务人的因素和宜居性研究、空间辐射防护等。⑤基础设施和支持系统技术。它包括高数据速率、自适应网络临近通信、空间授时和导航、低温长寿命电池、综合减尘、低温机电一体化、火星原位资源利用、核裂变发电（行星表面任务）。⑥舱外活动、机动性、机器人技术。它包括深空航天服、行星表面作业航天服（月球和火星），下一代行星表面机动能力，机器人系统遥操控，与乘员协同工作的机器人。

《全球探索路线图》（第三版）还汇总了各国已经规划或处于概念研究的载人和无人探索任务，并指出载人深空探索的关键步骤：①近地轨道任务。它包括国际空间站、中国空间站、可能的商业空间站和俄罗斯空间站等，验证深空探索所需的技术和能力，持续在近地轨道开展科学研究。②无人探索任务。验证载人探索任务所需的技术，基于科学目标开展巡视探测或采样返回，以及资源和环境评估。③在月球附近建设平台（如“深空门户”）。进一步了解在深空中人如何生活，开展到达月球表面或在月球表面进行的无人探索任务，实施载人登月任务，开展对月球和太阳系的科学研究，组装和检查前往火星的飞船。④月球表面任务。支持月球科学研究，准备和测试载人火星和（或）长期载人驻月探索任务的运行，了解月球开放和（或）商业贸易的潜在经济影响。⑤载人火星任务。实现可持续的载人火星探索任务，到达火星轨道及表面。

探月工程的四战四捷已证明中国完全具备深入开展深空探测的能力。中国将系统探测月球、小行星和木星、火星作为优先发展方向。

在探测月球方面，中国计划在2023年发射“嫦娥七号”月球极区着陆巡视探测器，用来探测水冰及挥发分的性质和赋存状态，研究月球环境生物学效应，同时获取月尘效应分析与防护基础数据，研究月壳深部结构及岩浆洋模型；在2025年发射“嫦娥六号”月球极区采样返回探测器，主要研究月壳组成及空间分布的多样性，探测极区火山等的地质演化；在2027年发射“嫦娥八号”月球极区资源勘查探测器，主要研究月球永久阴影区汇总水冰的总量及分布，进行机器人资源开采试验和原位研究，探查月球极区地形，并初步勘测月球科考站站址。

在探测小行星和木星系方面，中国计划利用近地小行星探测器，对小行星实施飞越、附着和采样探测，研究小行星的形成和演化，获取太阳系起源、演化与生命信息，评估小行星撞击地球的灾害性影响；利用木星系探测器，探测木星磁层结构，研究木星卫星空间环境、磁场、表面环境及冰层特征，之后飞行器还可能飞抵天王星，开展天王星环境的研究。

在探测火星方面，中国计划于2020年发射首颗火星探测器；在2021年前后一次性完成火星绕、落、巡三项任务，同时研究火星的空间物理场、大气层和地质结构演化规律，探索火星生命信息；在2030年前后，发射第二颗火星探测器，实施火星取样返回，研究火星起源、生命生存环境、行星系统演化，并开展比较行星学的研究。

开发轻量化、小型化、集成化、功能多样的有效载荷，研究新的探测方法，同时适时开展对太阳系主要天体的探测，可以使中国在空间科学、空间技术和空间应用等领域加速实现从跟踪研究向自主创新的转变，以及从航天大国向航天强国的转变。

参考文献

[1] 焦维新．“欧西里斯”探测贝努小行星的初步成果 [J]. 国际太空，2019（4）：27-31.

[2] 王存恩．日本小行星探测器隼鸟 -2 运行成果分析 [J]. 国际太空，2019（4）：9-18.
[3] 李虹琳，李金钊．美国“黎明号”小行星探测器到达谷神星 [J]. 空间探测，2015（4）：14-20.
[4] 中国科学院月球与深空探测总体部．月球与深空探测 [M]. 广州：广东科技出版社，2014.
[5] 魏强，胡永云．木星大气探测综述 [J]. 大气科学，2018，42（4）：890-901.
[6] 季江徽，黄秀敏．“洞察号”启程探索火星内部世界 [J]. 科学通报，2018，63（26）：2678-2685.
[7] Jia Y Z，Zou Y L，Ping J S，et al. The scientific objectives and payloads of Chang’E-4 mission[J]. Planetary and Space Science，2018，162（1）：207-215.

3.1 Lunar and Deep Space Exploration Technology

Xue Changbin，*Zou Yongliao*，*Jia Yingzhuo*
（National Space Science Center，Chinese Academy of Sciences）

Lunar and deep space exploration is an important field and hot spot in the development of science and technology in the 21st century. It is related to the space and resources of sustainable development of human beings in the future，and is also an important engine of the development of science and technology. Four successes of the lunar exploration project have proved that China has the ability to carry out deep space exploration. Timely detection of the main celestial bodies in the solar system can accelerate the transformation from tracking research to independent innovation and from a major player in space to a space power in the fields of space science，space technology and space applications. This paper describes the progress of Lunar and deep space exploration technology and prospects its future.

3.2　卫星通信技术新进展

汪春霆　翟立君　徐晓帆

（中国电子科技集团公司电子科学研究院）

卫星通信以其覆盖区域广、通信距离远、传输容量大、通信质量高、组网灵活、费用与通信距离无关等优点，已成为国家信息基础设施中不可或缺的重要组成部分，并在应急通信、移动通信、边远山区通信等领域发挥着不可替代的作用。卫星通信技术的发展建立在诸多学科的基础上，主要涉及通信和航天技术领域。世界各主要国家都非常重视卫星通信技术的发展。下面简要介绍卫星通信星座系统、地球同步轨道（geosynchronous earth orbit，GEO）卫星通信系统等的国内外新进展并展望其未来。

一、国际新进展

1. 卫星通信星座系统的发展

卫星星座是由一组在轨卫星按一定的规则配置形成的一个卫星集合；这些卫星具有相同或相似的功能，通过协同完成特定任务。近年来，随着小卫星技术、运载火箭可重复利用技术、空间激光传输技术的进展，利用卫星通信星座系统[1]来实现与地面网络的协同覆盖和互补，已成为航天特别是商业航天领域的热点。

美国于 1997 年开始建设的铱星系统，以 L 频段移动通信服务为主，已于 2019 年初完成了二代“铱星 Next”[2]系统的更新和建设。铱星 Next 系统的卫星重量约 800 千克，依旧采用一代 66 颗卫星的近极地圆轨道构型[1]，运行在高度 780 千米、倾角 86.4° 的低轨道。在 L 频段，铱星 Next 采用 48 个波束的 L 频段相控阵阵列天线，使单星在地球表面直径 4700 千米内实现了蜂窝状的覆盖，同时将典型终端服务能力从一代最大的 132 千比特 / 秒中低速服务，提升至 1.5 兆比特 / 秒的宽带服务。在 Ka 频段，铱星 Next 提供了 8 兆比特 / 秒的高速接入能力，并利用 Ka 频段的星间链和星上交换构成空间网络，实现了全球范围内信息的“不落地”传输。除了通信，铱星 Next 还搭载了导航增强、航空监视 ADS-B 等载荷，拓展了服务能力。

近年来，欧美一些新兴公司为了发展空间互联网市场，相继实施了“另外三十亿人”（O3b）[3]、“一网”（OneWeb）[4]、星链（Starlink）[5]等项目，拟采用低成本商用电子设备、规模化流水线生产、宽带无线接入等新技术，并利用 Ku、Ka 以及 Q/V 频段，为全球用户提供泛在的宽带互联网接入服务，以争夺下一个海量流量的入口。

欧洲 O3b 星座系统的初始星座包括 12 颗卫星（9 颗主用、3 颗备用），运行在 8062 千米的中轨道上，轨道倾角小于 0.1°。O3b 是目前唯一投入运营的中轨道卫星系统，每颗星提供 10 个用户波束，每个波束最大可用容量为 1.6 吉比特 / 秒。

美国 OneWeb 卫星系统由飞行在 1200 千米的近极地圆轨道上的 600 颗“低地球轨道”（low earth orbit，LEO）卫星和在轨备份星，以及地面控制设施、网关地面站和终端用户地面站（用户终端）组成，单星提供 16 个 Ku 频段用户波束，容量可达 7.5 吉比特 / 秒。与铱星不同，OneWeb 采用“透明转发”模式，没有星间链。2019 年 2 月，OneWeb 将首批 6 颗试验卫星成功送入轨道。

美国 SpaceX 公司的 Starlink 系统计划建立一个卫星总数量接近 12 000 颗的庞大低轨卫星星座，这是目前各国提出的非对地静止轨道（non geostationary satellite orbit，NGSO）卫星星座计划中规模最大的一个。完全部署之后，其总容量将达 200 ～ 276 太比特 / 秒，单个用户链路的传输速率最高达 1 吉比特 / 秒，每颗卫星可提供 17 ～ 23 吉比特 / 秒的下行容量，使用 Ku 和 Ka 频段提供互联网接入服务。2019 年 2 月，美国联邦通信委员会批准 SpaceX 公司的请求，把星链（Starlink）星座初期部署卫星（1584 颗）的轨道高度从 1150 千米调整到 550 千米。2019 年 5 月，Starlink 首批 60 颗试验卫星成功发射；11 月，第二批 60 颗卫星成功发射。

2. 地球同步轨道卫星通信系统

地球同步轨道卫星运行在距离地面约 36 000 千米的地球同步轨道。与中低轨道系统相比，地球同步轨道卫星的单星覆盖区域更大，但传输延时更长。目前，地球同步轨道卫星通信主要包括移动通信卫星、高通量卫星通信系统、直播卫星系统。

国外典型的地球同步轨道卫星移动通信系统是 2009 年完成建设的 L 频段国际海事卫星第四代系统（Inmarsat-4）[6]。随着 2017 年第四颗卫星的发射，第五代海事卫星系统也完成了建设。第五代海事卫星系统引入 Ka 频段，可提供下行 50 兆比特 / 秒、上行 5 兆比特 / 秒的高速率服务，传输体制采用 DVB-S2 标准[7]。该系统的单星采用 89 个固定转发器和 6 个大容量机动转发器，拥有超过 5 吉赫的可用带宽，接近高通量通信卫星的范畴。

高通量卫星利用 Ku、Ka 的多点波束，可提供高达数百吉比特 / 秒的总系统容量。目前，在轨容量最大的 Viasat-2 卫星于 2017 年发射，采用 Ka 频段，总容量超过 300 吉比特 / 秒。后继规划的 Viasat-3 卫星总容量将高达 1 太比特 / 秒。

数字直播卫星系统主要承担广域的视音频直播业务，采用 H.265、AVS[8] 等先进视音频压缩技术，可传输数百路电视节目信号，还可提供数据信息、图文传送、互联网接入、交互式服务等业务。2016 年，美国两大卫星直播电视公司 DirecTV 和 Dish Network，以及国际卫星运营商 SES、SPI 公司，使用 8 颗卫星（2Ka/2ku/4C 波段），实现了 15 个 4K UHD 节目的传输。欧洲 SES 公司于 2019 年 5 月首次开展了利用直播卫星进行 8K 视频直播的试验。

二、国内新进展

中国的星座研究从“十五”计划起步，相继开展了 48 颗卫星低地球轨道星座方案的设计、星座动态路由技术等研究，至今已提出多个星座计划。2018 年 12 月，面向宽带服务的“虹云工程”以及面向移动网的“鸿雁工程”相继发射各自的第一颗技术验证星。2019 年 6 月，中国电子科技集团公司发射了两颗天基网络试验卫星。

近几年中国在地球同步轨道卫星通信系统方面也取得了一些成就。2016 年 8 月，中国成功发射首颗 S 频段自主卫星移动通信系统“天通一号”01 星[9]。它与 Inmarsat-4 系统一样，均基于 3GPP 3G 阶段系统的架构和上层呼叫协议，没有采用地面网的码分多址 WCDMA 体制[10]，而是根据卫星通信特点采用单载波时分多址 TDMA 的空中接口的设计方案。两个系统的单用户速率均可达 384 千比特 / 秒，但中国通信系统的话音话路容量仅为 Inmarsat-4 系统的一半左右。

在高通量卫星方面，中国于 2017 年成功发射了首颗自主 Ka 频段高通量卫星中星 16 号。它可以提供 26 个用户波束，但容量仅为 25 吉比特 / 秒左右，与国际先进水平相比，还有明显的差距。

在数字直播卫星方面，中国于 2017 年发射了中星 -9A 卫星。该卫星搭载 24 个 Ku 频段波束，可以确保中国主权区域内的直播覆盖（其中特别设计了南海波束），目前已有 1.4 亿用户，其中村村通 1653 万户、户户通 1.24 亿户。2021 年，中国可望实现开通 4K 节目的卫星直播。

三、趋势与展望

上文从两大类卫星通信系统介绍了卫星通信技术的新进展，下面先从具体的关键技术进行展望，然后描述卫星通信系统的发展愿景，并就中国发展该技术提出建议。

1. 关键技术的展望

从技术内涵来看，卫星通信主要涉及卫星、地面站和终端中为通信功能服务的天线、射频 / 激光通道、基带信号处理、路由和交换、协议处理以及应用处理等关键技术。未来的卫星通信不再是单颗卫星孤立提供服务，而是由多轨道、多卫星构成的空间信息网络为用户提供服务。近年来技术发展的重点主要集中在星地融合的新一代空间网络架构、高 / 低轨组网、星间 / 星地高速传输、自主可控新型载荷及元器件等领域。

在未来空间网络架构上，目前热点集中在高频段、宽带卫星星座的构建，以及与地面网络融合的问题上。采用传统透明转发和星上处理、空间组网的技术路线均有进展，软件灵活重构星上载荷的研究受到关注[11]。与地面网络融合的方案有通过地面 3GPP 移动体制［如长期演进（long term evolution，LTE）或者 5G］向卫星延伸[12]，以及以卫星体制为主［如数字视频广播（digital video broadcasting，DVB）］、采纳部分地面移动先进成果（如 OneWeb 下行采用 DVB S2 体制[13]、上行采用类 LTE 单载波频分多址体制[14]）等多种技术途径，详细技术方案尚在研究中。星地、多轨道、星间对频谱资源的协同利用，尤其是 Ku 和 Ka 频段的频率协调和干扰，也是重点关注的问题。目前，提出的解决方案有智能感知、渐进俯仰等一些技术途径。如何将人工智能、边缘计算、虚拟化等先进技术引入卫星通信，未来还需要深入研究。

在高、低轨组网上，高轨道卫星在继续提升容量的同时，采用星上光交换、数字信道化交换[15]等方式，正在向全星上处理和交换、高速大容量方向发展。研究数百颗卫星组成的低轨卫星网络，主要需要关注拓扑动态变化星座条件下的编址、路由、星上交换、流量感知、流量工程等技术问题[16]。作为卫星补充部分的临近空间平台、无人机平台，可用作星地激光中继、区域大容量服务的节点，目前已经开展部分实验工作。

在高速传输上，目前的星间 / 星地激光通信的传输数据率为数千兆比特 / 每秒，深空探测激光通信的传输数据率为数百兆比特 / 秒，未来将向数十吉比特 / 秒发展，研究重点是长距离传输上更具优势的相干体制[17]。随着功率放大等核心元器件的进步，200 吉赫左右的太赫频段近期有望用于星间链的试验中。

自主可控载荷是构建新一代卫星网络的基础。近期研究的热点包括：基于相控阵体制的捷变多波束星上天线[18]，小型化、长寿命激光通信载荷，高频器件，高端处理器件等。

2. 发展愿景

将卫星通信、天基网络纳入未来 6G 网络是世界各国的共识。英国电信首席网络架构师在 2017 年就说明了卫星在未来 6G 网络中的重要性。美国 SpaceX 公司在 2019 年 5 月首个全球 6G 峰会上提出，Starlink 星座系统将是未来 6G 的重要组成部分。第三代合作伙伴项目计划（3rd Generation Partnership Project，3GPP）组织已开展 5G 非地面网络（non-terrestrial networks，NTN）相关标准的编制工作。

在未来6G阶段，通过融合天基与地基网络、引入人工智能等方法，可为用户提供沉浸式、随心所欲的“智慧链路”，把用户的思维空间投影到实际的网络空间中，实现“想到”即“做到”的服务。此外，还需要继续推进通信向各种垂直、细分行业和场景的深入渗透，为智能制造、社会治理、社会生活的各个层面提供新的动力，以期最终实现“天地一体随遇接入、智慧赋能万物互联”的整体发展愿景。

3. 发展建议

为更好地发展中国的卫星通信技术，需要做好以下三方面的工作。

（1）加强顶层的统筹规划。

加强国家、主管机关在未来天基网络体系架构设计、关键技术攻关及标准规范制定等方面的引导作用，整合国内优势力量与资源，合力推进中国自主卫星通信、天基网络系统的体系化发展。

（2）突出关键技术、前沿技术在新一代卫星通信、天基网络构建中的核心地位。

在关键技术方面，需要创新研究思路和技术路线，以实现对国际先进水平的“弯道超越”。具体来说，需要加强的工作如下：①梳理并重点支持一批前沿的、关键的、“卡脖子”的卫星通信核心技术；②研究人工智能、B5G/6G移动通信、云计算、量子计算、虚拟化、虚拟现实等先进技术在天基网络中的应用，以有效提升卫星通信的效能；③全力推进卫星平台、载荷、核心元器件的自主研制，超前部署高频段射频关键器件、光电关键器件、高效率天线等核心组件的自主研发；④研究未来大规模天基组网涉及的频率共享与频谱管理、高精度全球实时测控、一体化运维管控等技术。

（3）提升科研和系统建设保障能力。

在这方面需要做好的工作如下：①建立综合、拟真、定量、精确的地面模拟试验验证环境和评估系统，发展可以支撑新型的卫星通信网络协议、空口设计、链路高速传输、交换路由方案等的仿真和验证，从而降低空间应用面临的技术风险。②面向未来天基多节点大规模组网的需求，加快转变设计制造理念，优化制造流程，简化生产工艺，改变生产模式，以形成整星、整箭的批量化生产能力。

参考文献

[1] 莫宇 . 低轨卫星通信星座多目标优化设计 [D]. 长沙：国防科学技术大学，2016.

[2] 刘悦 .“下一代铱星”系统首批10颗卫星成功发射 [J]. 国际太空，2017（4）：52-54.

[3] 张有志，王震华，张更新 . 欧洲O3b星座系统发展现状与分析 [J]. 国际太空，2017（3）：29-32.

[4] 林莉，左鹏，张更新 . 美国 OneWeb 系统发展现状与分析 [J]. 数字通信世界，2018（9）：22-23.
[5] 张晟宇 . 本质、技术与竞争：漫谈 Starlink 星座 [J]. 卫星与网络，2018（3）：18-20.
[6] 邹栫洁 . 第四代国际海事卫星技术的特点研究 [J]. 中国海事，2012（11）：53-56.
[7] 李胜，汪洋溢 . DVB-S2 及其相关技术 [J]. 无线电通信技术，2009，35（2）：9-12.
[8] 侯金亭，马思伟，高文 . AVS 标准综述 [J]. 计算机工程，2009，32（8）：247-252.
[9] 东方星 . 我国首颗移动通信卫星——天通 -1 的 01 星顺利升空 [J]. 国际太空，2016（8）：20-21.
[10] 王志海 . CDMA2000、WCDMA 和 TD-SCDMA 三种通信技术的比较分析 [J]. 科技信息，2010（1）：843.
[11] 赵明，王京，李忻 . 软件定义的星上信号处理架构 [J]. 电信网技术，2017（10）：26-28.
[12] 汪春霆，李宁，翟立君，等 . 卫星通信与地面 5G 的融合初探（一）[J]. 卫星与网络，2018（9）：14-21.
[13] 孙袁博 . 面向 DVB-S2 系统的同步技术研究 [D]. 西安：西安电子科技大学，2018.
[14] 江泌，曾黄麟，徐增伟 . LTE 中 SC-FDMA 技术的研究 [J]. 四川理工学院学报（自然科学版），2012，25（3）：26-29.
[15] 凌伟程，晏坚，陆建华 . 数字信道化器中高阶精确重构滤波器组设计方法与量化分析 [J]. 科学技术与工程，2018，24（18）：100-105.
[16] 史毅龙 . 微纳卫星星座网络路由技术研究 [D]. 北京：中国科学院大学，2018.
[17] 常帅，佟首峰，姜会林，等 . 星间高速相干激光通信系统中的光学锁相环技术 [J]. 光学学报，2017，37（2）：1-8.
[18] 任波，赵良波，朱富国 . 高分三号卫星 C 频段多极化有源相控阵天线系统设计 [J]. 航天器工程，2017，26（6）：68-74.

3.2 Satellite Communications Technology

Wang Chunting，Zhai Lijun，Xu Xiaofan
（China Academy of Electronics and Information Technology）

With the development of the small satellite and vehicle recycling technology, satellite communications is undergoing a series of new opportunities. Low-orbit broadband satellite constellation, high-throughput satellite communication system and high-definition digital direct broadcasting satellite are becoming the hotspots for the access to the massive flow. Satellite communication technology is considered as the strategic emerging industry technology，and is supported by governments all over the world. This paper introduces the current status of the satellite communication system，the progress of key technologies and the trend and vision for the future development. Suggestions are also given covering planning，innovation driven and support capacity building.

3.3 卫星导航定位技术新进展

施浒立[1] 刘 成[2] 尚俊娜[3]

（1. 中国科学院国家天文台；2. 北京跟踪与通信技术研究所；
3. 杭州电子科技大学）

近年来，卫星导航定位技术蓬勃发展，已成为世界上发展最快的三大信息产业之一。其技术特点是应用广泛、位置服务的精准化。应用广泛体现在它已应用于各行各业，开启了万物互联的时代，甚至已与人类的日常生活息息相关。位置服务的精准化是指通过导航定位终端接收几万千米高空上卫星广播的信号，就能在地球上实现厘米级，甚至毫米级的精准定位，这完全超越了设计者对工程实现的终极目标的定位要求，改变了人类的生活方式。下面简述近年来国内外卫星导航定位技术新的重要进展并展望未来。

一、多系统兼用的全球卫星导航系统人造时空构架形成[1-6]

1. 国际新进展

目前，已建设的全球卫星导航系统（global navigation satellite system，GNSS）主要有美国的全球定位系统（GPS）、俄罗斯的格洛纳斯（GLONASS）、中国的北斗（BDS）和欧盟伽利略（GALILEO）。GPS 发展最早也最成熟，有 34 颗卫星，其中 31 颗卫星正常工作，可提供 0.2～10 米级的民用导航精度，规划了 L1C / A、L1C、L2C

和 L5 等多个民用信号。2018 年 12 月 18 日，美国发射了第三代 GPS 卫星“GPS Ⅲ SV01”。据美国空军网（United State Air Force，USAF）报道，GPS Ⅲ SV01 的精度能提高了 3 倍，抗干扰能力提高了 8 倍。

截至 2018 年 11 月 5 日，俄罗斯 GLONASS 星座组成包括：3 颗地球静止轨道（GEO）卫星，其中 2 颗工作，1 颗维护；27 颗中圆轨道（medium earth orbit，MEO）卫星，其中 24 颗工作，1 颗调试，1 颗维护，1 颗发射测试。GLONASS 的导航信号原采用频分多址体制，后增加了码分多址体制。

GALILEO 系统已完成第一代全球组网建设，有 26 颗卫星在轨运行。未来 5 年，将有 40 颗卫星在轨运行。遗憾的是，2019 年 7 月 GALILEO 系统出现故障，无法正常更新卫星星历，一周后故障逐步恢复，但产生的负面影响比较大。

2. 国内新进展

北斗作为中国自主研发设计的系统，于 2018 年 12 月 27 日正式向全球提供无线电导航卫星系统（radio navigation satellite system，RNSS）服务，提前两年开启“全球时代”。至 2020 年底，中国将全面完成北斗三号系统建设。北斗三号是一流的“三星座”多轨道卫星兼容备份的卫星导航系统，部署 35 颗卫星，其中中圆轨道卫星 27 颗，地球倾斜同步轨道卫星 3 颗，地球静止轨道卫星 5 颗。至 2019 年 6 月 25 日，北斗已发射导航卫星 46 颗，可在全球范围内提供 10 米分辨率的民用导航服务，在亚太地区尤其是“一带一路”沿线可提供 2.5 米分辨率的民用导航服务；还能提供全球短报文通信、国际搜救以及中国和周边地区的星基增强、精密单点定位等服务能力。2019 年 12 月 16 日，编号为 52、53 的北斗导航卫星成功发射，至此，北斗三号全球系统核心星座部署完成。

3. 国内外多系统的兼容与互操作

兼容与互操作是实现各卫星导航系统和增强系统联网的关键。关于全球卫星导航系统的兼容与互操作，全球卫星导航系统国际委员会（International Committee on Global Navigation Satellite Systems，ICG）给出如下的定义。

（1）兼容性：全球卫星导航系统和区域卫星导航系统以及增强系统可以独立使用或者联合使用，但不会引起不可接受的干扰，也不会伤害其他单一卫星导航系统的服务能力。它需要考虑导航信号射频兼容、授权信号和民用信号的频谱分离、信号发射功率、空间坐标与时间参考系统兼容等。

（2）互操作定义：用户综合使用多个系统得到的服务水平（定位、导航、授时），等效或超过其中任意一个系统单独提供的服务水准。

四大卫星导航系统（表1）具有对抗性，同时也有合作的一面，在不断地探索和实现系统间的兼容与互操作。中国北斗在设计时，民用信号B1采用与GPS L1（1575.420兆赫）临近的频点和同类的信号体制，GALILEO和GLONASS也采用相似的做法。同样，1176.450兆赫频点上有SBAS QZS NAVIC（GPS）、E5a（GAL）、B2a（BDS）系统的信号。

表1　全球四大GNSS系统对比

系统名称	GPS	GLONASS	BDS	GALILEO
研制国家 / 组织	美国	俄罗斯	中国	欧盟
启动时间	1964年	1976年	1994年	1999年
卫星数量	24颗	24颗	35颗	30颗
定位精度	0.2～10米	1.5～4米	2.5～20米	—
服务对象	军民两用	军民两用	军民两用	民用
测速精度	0.1米 / 秒	0.1米 / 秒	0.2米 / 秒	0.1米 / 秒

各系统间通过针锋相对的谈判、及时交流与密集协商，使难以达成一致的兼容与互操作成为可能。2004年，美国与欧盟签署GPS-Galileo合作协议，确定下一代GPS /Galileo民用服务工作组每年召开两次协商会议。2017年5月，在华盛顿举行的民用空间对话中，技术工作组（TWG）讨论了GPS和日本准天顶系统（QZSS）的兼容和互操作。美国、印度民用空间联合工作组（CSJWG）于2017年10月在华盛顿举行了有关GNSS的兼容和互操作的会议。2017年11月，中美签署《北斗与GPS信号兼容与互操作联合声明》，确定中国贯彻的方针如下：与其他卫星导航系统供应商进行兼容和互操作协调，以便为全球用户提供更高效、更可靠的服务。2018年11月7日，中俄总理在第二十三次定期会晤期间，签署了《中华人民共和国政府和俄罗斯联邦政府关于和平使用北斗和格洛纳斯全球卫星导航系统的合作协定》，这是两系统兼容与互操作、融合应用等的联合声明。

至今，地球上空的导航卫星数量已有140多颗，当解决好时间空间基准统一和导航信号扩频码与载波相位的相干相融性等问题，并实现兼容与互操作以后，就会在地球上空构架一个庞大的GNSS人造时空星座网。这就使地球上空的多个卫星导航系统的星座成为可以共用的空间财富。与自然天体星座相比，GNSS人造时空星座有如下优势：①星座轨道设置合理，使接收终端接收卫星信号时星座构型有好的几何衰减因子，卫星定轨精度高，可使轨道实时广播精度达到米级，精密星历精度高达分米、厘米级；②人为设置的信号标准较统一，信号强度与性能较一致，因此容易实现高精度的测距；③终端研制成本低，实用性好，容易实现相对于地心地固坐标系的高精度绝对定位及授时。

二、星基增强系统的蓬勃发展[1-8]

1. 国际星基增强系统

在卫星导航发展历程中，推动其价值提升最有力的是增强技术。增强技术使终端的性能、精度和可用性等大为改观，从而使卫星导航的实用价值飙升。近年来，在众多的增强系统与应用中，星基增强系统（satellite-based augmentation system，SBAS）和精密单点定位（precise point positioning，PPP）服务受到特别的青睐。

除美国广域增强系统（wind area augmentation system，WAAS）外，目前全球已建或在建的星基增强系统还包括：欧洲地球静止卫星导航重叠服务系统（European geostationary navigation overlay service，EGNOS）、日本多功能卫星增强系统（multi-functional satellite augmentation system，MSAS），印度 GPS 辅助型对地静止轨道扩增导航系统（GPS aided geo augmented navigation，GAGAN）、俄罗斯差分校正和监测系统（the Russian system for differential correction and monitoring，SDCM）、韩国卫星增强系统（Korea augmentation satellite system，KASS）、中国北斗星基增强系统（BeiDou satellite based augmentation system，BDSBAS）。

目前，各星基增强系统服务供应商正在国际民用航空组织（ICAO）导航系统专家组（Navigation Systems Panel，NSP）及国际星基增强系统互操作工作组（Interoperability Working Group，IWG）确定的框架下，联合开展下一代双频多星座（Dual Frequency Multi Constellation，DFMC）星基增强系统的标准研究与制定工作，以进一步提高星基增强系统服务性能。

精密单点定位系统起初由企业自行主导建设，提供付费商业服务，其代表性系统如下：美国喷气推进实验室（JPL）研制的用于卫星定轨、科学研究和高端商业服务的全球差分 GPS（global differential GPS，GDGPS）系统，美国 Navcom 公司的 StarFire 系统，美国 Trimble 公司的 OmniSTAR 系统和 RTX 系统，中国 Fugro 公司的 StarFix/SeaStar 系统，美国 Oceaneering International 公司的 C-Nav 系统，瑞典 Hexagon 公司的 VeriPos 系统和 TerraStar 系统等。各商业精密单点定位系统一般利用国际海事通信卫星（Inmarsat）播发服务区域内的广域改正产品，通常采用自定义的数据格式。

近年来，为提高基本导航系统的竞争力，具备精密单点定位功能已成为卫星导航系统建设和发展的趋势。欧洲 GALILEO 系统与日本 QZSS 系统在其基本导航系统内都设计并提供高精度的精密单点定位服务。GALILEO 系统基于 E6B 信号（1278.75 兆赫）免费提供精密单点定位服务；E6B 信号由中圆轨道卫星播发，传输速率达 500 比特 / 秒，可以对 GPS 和 GALILEO 两系统进行增强，实现厘米级定位。QZSS 系统的精密定位分为亚米级增强服务（SLAS）和厘米级增强服务（CLAS）两类。QZSS 系统基于 L1S 和 L6 信号分别由地球静止轨道及倾斜地球同步轨道（inclined geosynchronous orbit，IGSO）卫星播发免费服务。其中，厘米级增强服务采用自定义压缩设计的 RTCM SSR 格式，其播发速率达 2000 比特 / 秒，能够同时实现对四大 GNSS 及 QZSS 系统的增强。

2. 国内星基增强系统

中国正在建设北斗星基增强系统，同时，也在国际民用航空组织和互操作工作组确定的框架下，开展下一代双频多星座的星基增强系统的标准研究与制订工作。

北斗广域精密单点定位系统采用自定义电文格式设计，以双频载波为主要定位模式，能够免费为中国及周边用户提供动态分米级、静态厘米级的高精度定位服务。北斗广域精密单点定位的服务功能与北斗全球系统采用一体化设计，与北斗全球系统共用地球静止轨道卫星和地面站资源。北斗全球系统地球静止轨道卫星以 B2b 信号为数据通道，播发卫星精密轨道和钟差等改正参数，已具备为中国及周边地区用户提供精密单点定位服务的能力，下一步还需要继续完善，以满足国土测绘、海洋开发、精准导航等高精度应用的需求。目前，精密单点定位系统第一颗地球静止轨道卫星已于 2018 年 11 月 1 日发射成功。

3. 对发展星基增强系统的思考

提高系统性能是工程技术人员追求的永恒目标。原来的卫星导航系统是一个以高空导航卫星为基准的广域广播定位系统，采用开口链路，是一个开放的系统。而误差闭环修正是提高精度的最佳手段。采用天地闭合修正误差的办法，实现大系统反馈闭环控制，是支撑发展卫星导航增强系统的实质性理念。星基增强系统及精密单点定位系统的成功，使卫星导航增强系统进一步发展并焕发出新的活力。

星基增强系统的建设应有序开展，标准和规范要先行。合理的建设流程应该是先广域后局域，这样容易实现系统间的兼容与互操作，也能减少重复投入，提高建设效益。而星基增强系统是投入产出比最佳的增强系统，应该首先得到发展和建设。之后，再发展针对各种需求的局域增强系统。中国的局域增强系统发展迅速，而广域增强系统的建设相对迟缓，这种局面正在改变。

在星基增强系统中，信号的完好性、连续性、完善性及时间可用性等要求统称为可用性要求，可用性要求的增强叫作可用性增强。星基增强系统在提高精度方面取得显著成效后，便向可用性增强方向发展，未来将向网络密集化、空间段现代化、覆盖范围扩大等方面发展。

三、卫星导航与通信传输的融合[1-6]

1. 卫星导航与通信传输的融合

GPS 卫星导航定位系统在最初设计时采用了当年通信领域的一些前沿技术，但过分强调不暴露终端目标和实现无源接收，且没有考虑导航定位数据的传输与利用。实际上，导航定位数据除提供给终端用户端外，有时还需要汇总到网络侧。此外，在星基增强系统中，要收集监测站数据，把监测数据处理后反演出误差修正数据并传输给用户，都需要通信传输系统。所以，随着卫星导航系统和技术的不断发展，导航与通信系统及技术的结合重新得到重视。

导航与通信系统及技术的结合也考虑到低轨卫星的增强功能。低轨卫星对基本卫星导航系统的增强主要体现在：①作为全球高速率数据播发通道，低轨通信卫星具有较大的信号带宽与较高的信息传输速率，还可作为卫星导航基本电文及差分改正电文的播发通道；②可在低轨卫星上搭载高精度 GNSS 监测接收机，从而实现全球移动监测，构成天地一体化监测网；③低轨卫星具有轨道低和运动快的特点，其相邻历元间观测方程的相关性较 GNSS 卫星弱。因此，低轨卫星联合 GNSS 卫星进行精密单点定位，有利于定位误差参数的快速估计，加快精密定位的收敛过程；相关研究表明，与传统精密单点定位 15～30 分钟的收敛时间相比，其可将收敛时间缩短至 1 分钟。欧洲科学家近期提出：在伽利略卫星导航系统的中圆轨道基础上，增加一个低轨的小规模星座以及光学星间链路，以实现一种无钟中圆轨道和需要极少地面基础设施的卫星导航系统，称为开普勒卫星导航系统。

2. 中国卫星导航与通信传输的融合

中国在 BDS-2 区域导航系统建设时考虑到与 BDS-1 的兼用性，保留并发展了短报文通信能力，在汶川大地震中显示出其作用。这使北斗系统成为四大卫星导航系统中唯一兼具通导功能的导航系统，可实现双向通信，将导航定位、短报文通信、差分增强融为一体，在重大险情灾害等特殊应用场景中具有优势。通过 3 颗地球静止轨道卫星和 14 颗中圆轨道卫星，采用双向链接的通信方式，BDS-3 系统可以提供中国区域短报文通信服务和全球短报文通信服务。

中国已向国际电信联盟（International Telecommunication Union，ITU）申报了27个低轨通信卫星的网络资料（3000余颗卫星），涉及宽带、窄带多种业务。其中“夔龙系统”正在积极整合国际国内星地资源，开展系统演示验证工作。

北斗系统计划与5G通信系统融合。5G移动通信网络技术的性能比4G有巨大的提升（表2），能更好地实现卫星导航的增强。北斗/GNSS与5G融合的技术未来将应用于“互联网+”及智慧城市等领域，以满足城市普适环境下的高精度定位、导航与授时（positioning，navigation，timing，PNT）服务的需求。

表2　5G通信技术提升对比

项目	带宽	复用方式	单站覆盖范围	同步精度
4G	20兆赫	单天线	300～400米	<1.5微秒
5G	6G以下：100兆赫 毫米波：400兆赫	大规模天线技术 （massive mimo）	200米	<0.13微秒

目前，北斗B1I民用信号在第三代合作伙伴计划（3GPP）框架下，已完成移动通信定位相关国际化标准的制定，成为未来5G NR（new radio）定位的可选信号。未来，中国将重点推进北斗B1C全球信号的3GPP国际标准化工作，使北斗B1C信号成为5G定位的可选信号；同时，北斗增强体系将与5G、低轨卫星等新技术，以及互联网、物联网进一步融合，经过不断丰富和完善，从传统走向智能，以提升服务性能、拓展服务范围及应用场景，并在北斗综合定位、PNT服务中发挥重要作用。

四、发展展望

根据以上对卫星导航定位技术发展的几个方面特点的介绍，我们判断未来该技术将呈现出以下发展趋势。

1. 空间整体框架的重新设计[2,3,8]

近几年，美国提出了PNT新概念框架。在最近的美国国会证词和相关报告中，美国又提出军事空间整体架构重新设计的新概念，力图在战略与总体层面，整合美国和其盟国的太空活动计划。新概念涉及美国的民用和军事机构以及政府和商业卫星。有关军事官员认为，现在的重点是改变目前空间基础设施的整体架构，以便让对手无法通过攻击太空资产，轻松地实现阻断卫星导航的目标。2002年，中国科学院曾提出利用商用通信卫星进行导航定位，并在后来的试验和应用中取得成功。这先于美国提出的空间基础设施整体架构概念。

2. 惯性导航系统是 GNSS 的最佳搭配

美国在探索 PNT 新概念时，已经在发展 Micro-PNT，以弥补卫星导航易受区域干扰等影响的缺陷。惯性导航系统是卫星导航系统的最佳搭配，是 Micro-PNT 的重要发展方向。美国已研制出 0.01°/ 时高精度微机电系统（micro-electro-mechanical system，MEMS）陀螺样机，以及精度为 5×10^{-11} 秒、体积为 16 厘米 ^{3} 的芯片级原子钟；密歇根大学已完成单片集成样机的验证；卡内基梅隆大学完成了单兵演示验证。GNSS+ 惯性导航可以满足绝大多数室内及室外场景的 PNT 需求，将有力地推动室内外无缝导航定位的实现，因此其发展需要得到重视[1-3]。

3. 室内外定位数据的融合[1]

室内与室外定位正在向多元融合的方向发展。多元融合涉及以下几个问题：选什么样的定位方式融合，选择几种定位方式融合比较合适，选用什么样的算法实施融合效果比较好，等等。选择定位方式常会牵涉不同定位坐标框架下异构数据的融合问题，其实质是位置坐标系的融合。定位数据有以下两类：绝对定位数据，是在地心地固坐标系下的绝对坐标位置；相对定位数据，只知道位置和方向的变化，不知道绝对坐标位置。绝对定位数据与相对定位数据的融合，需要解决坐标系统的转换问题（包括从室外进入室内，或从一个建筑物到另一个建筑物内），从而解决好地图与导航定位轨迹的正确描述问题。多种定位方法的位置数据融合，还涉及算法的选择问题，即能否创造出适用于多元定位方法与数据融合的新算法，提高室内外导航定位综合解的精度。

4. 室内定位导航是物联网定位技术的难点

经过多年的研究，物联网定位技术仍不够成熟和完善，目前存在的主要问题是室内普适定位技术尚未突破，还没有找到一种能像 GPS 那样基本解决了室外场景下导航定位的方法与技术，来解决室内普适定位导航问题。有人曾试图在室内接收 GPS/BDS、低轨卫星信号进行定位，但接收到的信号大多是经过反射的信号；这些信号已经变弱，难以接收且测距精度较差。如果利用传感网的无线电信号，仿效 GPS 定位原理，进行交会定位，则因室内空间分割多、每个空间小、信号多次反射，会出现紊乱及严重的多径现象等。这就需要解决信号源如何分布，远近效应如何克服，时间同步是否选用，以及多径现象如何克服等难题。这说明，完全套用 GPS 定位原理去解决室内定位问题难以走通。如果利用信号强度进行匹配定位，则会出现精度不高、信号强度匹配指纹库数据采集量较大等问题。若利用惯性器件作轨迹位置外推，存在外推后累积误差在室内如何去校正等问题。此外，室内定位还存在室内空间描述与显示等问题。室内空间的描述产品推出迟缓，标准也没有形成，难以在以下选项中做出选择：①满足基于用户地理位置的位置增值服务（location based services，LBS）；②随着增强现实（augmented reality，AR）等技术的发展，把虚拟世界与现实环境进行完美融合[9]。

室内环境多变与网络异构的特点，使得不同设备在不同环境下的准确定位成为定位技术在物联网中的新挑战。在实际应用中，经常需要根据物联网变化的应用环境去选择适当的定位技术，或者将其中几种技术兼容使用。由此看来，定位技术想要在物联网中获得成熟应用还有一段路程要走。

参考文献

[1] 中国卫星导航系统管理办公室 . 北斗卫星导航系统发展报告（3.0 版）[R]. 北京，2018.

[2] 冉承其 . 北斗卫星导航系统建设与发展 [C]. 哈尔滨：第九届中国卫星导航学术年会，2018：1-32.

[3] 郭树人，刘成，高为广，等 . 卫星导航系统增强系统建设与发展 [J]. 全球定位技术，2019，44（2）：1-12.

[4] 中关村空间信息产业技术联盟 . 空间信息产业发展研究报告 [R/OL]. [2019-06-20]. https://max.book118. com/html/2019/0323/5240100344002021. shtm.

[5] Dominic HAYES. Galileo Program UP！ Xi’an，China：ICG 13，2017.

[6] Cabinet Office. Quasi-Zenith Satellite System Interface Specification Centimeter Level Augmentation Service（IS-QZSS-L6-001）[EB/OL]. [2018-11-05]. https://qzss.go.jp/en/technical/download/pdf/ps-is-qzss/is-qzss-l6-001. pdf?t=1536121879498.

[7] 施浒立，李林 . 卫星导航增强系统讨论 [J]. 导航定位与授时，2015（5）：30-34.

[8] 曹冲 . 美提出军事空间整体架构重新设计新概念 [EB/OL]. [2019-06-06]. http://www.sohu.com/a/318923210_99924008.

[9] 周成虎，裴韬 . 大数据时代的城市位置服务 [C]. 合肥：第十四届中国电子信息技术年会，2019：38-48.

3.3 Satellite Navigation and Positioning Technology

Shi Huli[1], *Liu Cheng*[2], *Shang Junna*[3]
(1. National Astronomical Observatory of China; 2. Beijing Institute of Tracking and Telecommunication Technology; 3. Hangzhou Dianzi University)

Satellite navigation and positioning technology has flourished in recent years. It has become one of the three fastest growing information industries in the world. This technology has been commercialized in various industries and has wide application in our daily life. Its positioning accuracy are getting more and more precise. It interconnects with every individual not only human but also things. Now we are able to achieve centimeter level of positioning accuracy, some even at millimeter level. The positioning accuracy totally exceeds engineers' expectation when they first started to design satellite system. The development of satellite navigation and positioning technology changed rapidly. Its diverse applications are adapted to every industry and evolve along with them. The article introduces the important progress of satellite navigation and positioning system in recent years and prospects its future.

3.4 卫星微波遥感技术新进展

王振占　徐曦煜　李　东　朱　迪　何杰颖

（中国科学院微波遥感技术重点实验室；中国科学院国家空间科学中心）

微波遥感技术是一种利用微波技术接收来自目标或者场景的电磁波的遥感技术手段。微波遥感通常分为主动微波遥感和被动微波遥感。主动微波遥感又称雷达遥感，通过接收遥感器发射的电磁波信号来实现目标探测，主要包括微波高度计、微波散射计和合成孔径雷达（synthetic aperture radar，SAR）三类遥感器。被动微波遥感又称微波辐射计遥感，通过直接接收目标的自然微波辐射来提取目标信息。近年来，卫星微波遥感技术发展非常迅速，主要体现在遥感器的种类、光谱/频谱分辨率和空间分辨率的进展上，出现了一些新的微波遥感手段，如微波波谱仪、微波波浪计、扇形波束微波散射计、综合孔径微波辐射计等。下面按照卫星微波遥感技术的主要种类，简要介绍国内外最新进展及发展趋势。

一、国际重大进展

（一）被动微波遥感技术

微波遥感已成为气象卫星的主载荷，在数值天气预报和气候研究中发挥着越来越重要的作用。微波载荷进展最大的是欧洲、美国和俄罗斯的气象卫星系列。

1. 欧洲气象卫星系列微波载荷

正在进行中的欧洲气象卫星包括两个系列[1]：Metop 系列和 Metop-SG 系列。Metop 系列全称是业务气象卫星，包括 3 颗卫星，其中 Metop-A 于 2006 年发射，Metop-B 于 2012 年发射，Metop-C 于 2018 年发射。该系列卫星都搭载了两个微波载荷：一个是微波湿度计（microwave humidity sounder，MHS），包括 89 吉赫、157 吉赫、（183 ± 1）吉赫、（183 ± 3）吉赫和 190.31 吉赫 5 个通道[1,2]；另一个是延用 NOAA 卫星系列的载荷 AMSU-A，有 15 个通道，频率为 23.8～89 吉赫。此外，卫星还搭载一台先进的 C 波段（5.255 吉赫）微波散射计（advanced scatterometer，ASCAT），用于测量海面风矢量，以及大尺度陆地土壤湿度。

Metop 第二代气象卫星系列为 Metop-SG，包括 A 系列和 B 系列，每个系列各有 3 颗微波系列卫星。Metop-SG-A 系列卫星都携带一台微波探测仪（microwave sounder，MWS）和一台无线电掩星探测仪（radio occultation，RO）。微波探测仪有 24 个通道，频率为 23～229 吉赫，覆盖 50～60 吉赫的氧气吸收峰和 183 吉赫的水汽吸收峰。无线电掩星探测仪兼容 GPS、北斗系列、GLONASS、伽利略系列导航卫星。Metop-SG-B 系列卫星都携带四种微波载荷：微波成像仪（microwave imager，MWI）、冰云成像仪（ice cloud imager，ICI）、RO 和微波散射计（scatterometer，SCA）。其中 MWI 是一台成像微波辐射计[1]，有 18 个频率，26 个通道，频率范围为 18.7～183 吉赫，主要用于测量降水和温湿度廓线，以及海面风速、海冰和冰云总量。ICI 是一台亚毫米波冰云成像仪，频率范围为 183～664 吉赫，用于测量大气的冰云分布和比湿[2]。RO 与 Metop-SG-A 系列卫星上的 RO 相同。SCA 是一台散射计，频率为 C 波段（5.3 吉赫），是 Metop 系列卫星散射计的升级版[1]。

2. 美国气象卫星的微波载荷

JPSS 是美国新一代极轨业务环境卫星系统，于 2011 年在国家极轨业务环境卫星系统（NPOESS）的基础上组建的。JPSS 卫星计划截止时间为 2038 年。JPSS 包括 5 颗卫星系列：SNPP（2011～2019 年，已结束任务）、NOAA20（2017～2024 年）、JPSS-2（2022～2029 年）、JPSS-3（2026～2033 年）、JPSS-4（2031～2038 年）。这 5 颗卫星各携带一台重要的微波载荷——先进的微波探测仪（advanced technology microwave sounder，ATMS）[1]。ATMS 是 NOAA 15～19 卫星的 AMSU-A 和 NOAA 15～17 卫星的 AMSU-B 的结合，频率范围为 23.8～183 吉赫，有 22 个通道，同时覆盖 50～60 吉赫的氧气吸收峰和 183 吉赫的水汽吸收峰。先进的微波探测仪与 Metop-SG-A 的微波探测仪较为类似，只是缺少最高频率 229 吉赫，可以实现近全天候的大气温度、湿度廓线测量，还可以测量降水，用于业务天气预报和气候应用。

美国还在积极发展小卫星微波辐射计载荷的研制和卫星试验。其小卫星计划主要以微波（包括毫米波、亚毫米波）和红外谱仪为主。主要计划包括：美国国家航空航天局支持的立方星创新发射计划（CubeSat Launch Initiative，CSLI），美国国家航空航天局地球科学技术办公室（NASA Earth Science Technology Office，NASA/ESTO）支持的高空单片微波集成电路探测辐射计（High-Altitude MMIC Sounding Radiometer，HAMSR）项目，以及美国国家海洋和大气管理局支持的研制低轨卫星（LEO）的载荷（ATMS）与静止轨道卫星（GEO）的载荷（GOES）的项目。

3. 俄罗斯卫星微波遥感技术

俄罗斯业务气象卫星系列计划有 9 颗卫星[1]，包括一个试验星 Meteor-3M（2001～2006 年），5 颗 Meteor-M 系列和 3 颗 Meteor-MP 系列（2001～2030 年）。其试验星 Meteor-3M 携带一台微波辐射计——成像探测微波辐射计（MTVZA），包括 20 个频率 26 个通道圆锥扫描的全功率型辐射计，可用于大气温度和湿度廓线的探测，以及表面参数和降雨的测量。

Meteor-3M 以后正式的业务星包括：Meteor-M N1（2009～2019 年，已经结束任务）、Meteor-M N2（2014～2019 年，已经结束任务）、Meteor-M N3（2021～2026 年）。此外，N2 系列还包括 6 颗星，其中第一颗星 Meteor-M N2-1 于 2017 发射成功，第二颗星 Meteor-M N2-2 于 2019 年发射成功。该系列卫星都有一台基于 MTVZA 的改进版辐射计 MTVZA-GY，这台辐射计有 21 个频率、29 个通道，增加了 10.6 吉赫双极化辐射计，用于海表温度和风的测量。N2-3、N2-4、N2-5、N2-6、N3 五颗卫星，各携带一台 X 波段（9.623 吉赫）的气象合成孔径雷达。在海洋卫星 N3 上还有一台 Ku 频段（13.4 吉赫）的微波散射计，用于海面风场测量。

Meteor-MP 系列卫星增加了陆地和空间科学方面的观测目标，携带一台专门的微波辐射计 MTVZA-GY-MP，有 21 个频率、29 个通道，其中 42 吉赫和 48 吉赫更改为 52.3 吉赫，另外增加了 6.9 吉赫的海面温度和土壤湿度探测频率。

（二）主动微波遥感技术

星载雷达高度计是最重要的海洋微波遥感器之一[3]。近年来，国际上提出了一些性能更好的新体制高度计。欧洲航天局于 2016 年和 2018 年发射的哨兵 3 号（Sentinel-3）系列卫星（A 星和 B 星），是首颗在全球海洋进行合成孔径测高的卫星，大大提高了测量的精度和近岸地区的分辨率。美国和欧洲将于 2020 年后联合发射 Sentinel-6/Jason-CS 卫星，将引入新的信号处理技术，以获得更好的测量性能。传统高度计实现的是星下点单点测量，对于时间和空间分辨率难以兼顾，限制了其在中尺度、高动态遥感方面的应用。Rodriguez 等[4]提出宽刈幅高度计的构想，利用双天线获得干涉相位测量，从而精确地反演 100 千米左右刈幅的高度场。美国和法国将于 2021 年左右联合发射“地表水和海洋地形卫星”（Surface Water and Ocean Topography，SWOT）[4]，用来进行海洋、内湖和湿地的遥感观测。该卫星发射后，将在 20 天左右实现全球覆盖、分辨率为 100 米左右的全球海洋和内陆水域高度场监测，填补数字高程模型在水域上的空白，监测海洋中尺度涡、近岸流、高分辨率潮汐、湖泊水量变化和河流径流等全球水循环过程中的重要因素。

在散射计技术方面，近年来的发展主要体现在以下几个方面：①探测要素多样化。利用散射计可进行宽刈幅流场探测、海面气压探测、云雨探测、极冰及高原冰川探测，覆盖了大气、海洋及陆地探测。②高空间分辨率、大幅宽。目前，美国预研的日本航天局全球变化观测卫星系列——水循环卫星的第二颗星［JAXA's Global Change Observation Mission（GCOM）satellite series：the second water cycle series，GCOM-W2］的双频散射计（dual frequency scatterometer，DFS），工作在 Ku 和 C 双频段，分辨率 5 千米 ×1 千米，测量幅宽 1800 千米，风速测量范围 2～70 米 / 秒，风速精度为 ±1.5 米 / 秒，风向精度为 ±15°。③大气海洋一体化探测。2010 年，由美国国家航空航天局等联合设计的双频段、双波束的高空机载风雨成像廓线仪（high-altitude imaging wind and rain airborne profiler，HIWRAP）雷达，实现了对流层、大气层和海面风的一体化探测，推进了台风等强对流天气测量技术的发展。④高灵敏度多频多极化。美国国家航空航天局与日本航天局联合，发射了全球降水测量计划（Global Precipitation Measurement，GPM）卫星，其主要载荷为双频降水测量雷达（dual-frequency precipitation radar，DPR），降水探测灵敏度可达 0.2 毫米 / 时。欧洲航天局在研的多普勒测云雷达，其测量灵敏度达 −36dBz。

SAR 能全天时、全天候地获取地物目标高分辨率图像，具有极高的应用价值。截至 2019 年 1 月，在轨 SAR 卫星数量已达 30 多颗。若现在各国 SAR 任务规划都得以顺利实施，那么未来 5 年全球将新增 15 颗 SAR 卫星[5]，全球商业 SAR 市场到 2022 年将有望达到 42.1 亿美元[6]。这些极大地推动了 SAR 技术的快速发展。灾害监测和海事服务等应用对 SAR 卫星覆盖范围和回访周期提出了全新要求，SAR 星座成为流行配置：加拿大 MDA 公司到 2019 年 6 月已成功实施由 3 颗 C 波段 SAR 卫星构成的 RADARSAT 星座任务（RADARSAT Constellation Mission，RCM）[7]；2018 年发射的西班牙 PAZ 卫星与德国 TerraSAR-X 组成 X 波段 SAR 双星观测（TSX/PAZ）[8]；意大利 COSMO-SkyMed SAR 星座（4 颗卫星）也将于 2020 年底前与阿根廷 SAOCOM 的 2 颗卫星融合，进一步形成星座观测[9]；欧洲航天局下一代 Sentinel-1 任务也将有望出现 C 波段 SAR 星座观测[10]。为降低 SAR 成本和体积，以及考虑到小卫星和无人机等全新观测平台，各种微小型 SAR 系统和设计方案先后提出，具代表性的有：荷兰初创公司 ICEYE 于 2018 年发射的世界首颗微型 SAR 卫星 ICEYE-X1[11]、美国国家航空航天局的 CIRES[12]、美国 ARTEMIS 公司的 SlimSAR[13]、德国宇航中心（DLR）的 MirrorSAR[14]、英国萨里卫星公司的 NIASAR[15] 等。各种先进小卫星组网和星座观测方案也先后出现，如美国国家航空航天局的 CubeSat[16]、美国 Capella 空间公司的 Capella 星座[17]、德国宇航中心的 Dispersed SAR 和 Swarm SAR[18] 等。除传统 C、L、X 和 Ku 波段 SAR 外，P 和 S 波段 SAR 卫星计划也在持续深入：欧洲航天局预计于 2021 年发射的 BIOMASS 将有望成为全球第一个 P 波段 SAR 卫星[19]；美国国家航空航天局的 SESAR 系统致力于利用 P 波段全极化 SAR 技术，实现对月球、火星和小行星探测[20]；英国萨里卫星公司 2018 年发射的 NovaSAR-S 卫星工作于 S 波段[21]；美国国家航空航天局和印度空间研究组织的 NISAR 卫星将同时具有 S 和 L 波段 SAR 成像能力[22]。SAR 凝视成像模式有望在 NISAR 以及德国宇航中心下一代 Tandem-L 任务中得以应用[23]。简缩极化、全极化和（或）极化干涉测量，已成为当前大多数 SAR 系统标准配置。SAR 系统分辨率越来越高，星载 SAR 实现 1 米分辨率已是常事。星载 SAR 观测刈幅越来越宽，数字波束形成（digital beamforming，DBF）加相控阵技术，已成为星载 SAR 扩大观测刈幅和实现高增益的流行方法[24]。海洋遥感成为 SAR 全新应用方向，美国国家航空航天局计划于 2021 年发射的 SWOT 任务[25]，以及德国宇航中心和欧洲航天局提出的 CoSAR 和 SEASTAR[26] 计划，将推进 SAR 海洋遥感至全新水平。

二、国内研发情况

国内微波遥感包括两个主要卫星系列：FY-3 卫星和 HY-2 卫星系列。此外，还包括中法海洋卫星、HY-3 卫星、云海卫星、水资源卫星等微波遥感器系列。

1. FY-3 卫星系列微波辐射计

FY-3 卫星系列包括已经发射的 FY-3A～FY-3D 卫星，其中 FY-3D 卫星于 2017 年发射。目前，除了 FY-3A 卫星已结束任务外，其他三颗卫星在轨正常运行。后续还包括 FY-3E、FY-3F、FY-3G 卫星，其中 FY-3E 卫星计划 2020 年发射。此外，还包括两颗降雨星 FY-3RM-1 和 FY-3RM-2，第一颗星计划在 2020 年以后发射[1]。

FY-3A 和 FY-3B 卫星的微波载荷包括：4 频段 5 通道的微波湿度计（150～191 吉赫）[27]、4 频段 4 通道的微波温度计（50～57 吉赫）和 5 频率 10 通道的微波成像仪（MWRI，10～89 吉赫）。在 FY-3C 和 FY-3D 卫星上，性能得到提升的微波湿度计和微波温度计，分别命名为微波温湿度计（MWHTS 或者 MWHS- Ⅱ）和微波温度计二型（MWTS- Ⅱ）。微波湿度计的频点和通道都变为 15 个，首次把 118 吉赫附近的氧气吸收峰用于大气的温度探测。微波温度计 V 波段的频点和通道都变为 13 个，提高了大气温度廓线的探测能力。

FY-3F 和 FY-3G 卫星沿用 FY-3D 卫星的微波湿温度计和微波成像仪，微波温度计升级为微波温度计Ⅲ型（MWTS- Ⅲ）。FY-3E 和 FY-3H 卫星没有微波成像仪，只有与 FY-3D 卫星一致的微波湿温度计和微波温度计Ⅱ型[28]。FY-3E 和 FY-3H 卫星还搭载一台测风雷达（WindRAD），用于测量海面风和土壤湿度，工作在 C 波段（5.3 吉赫）和 Ku 波段（13.265 吉赫）。该雷达采用双波段、扇形波束圆锥扫描体制，空间分辨率高：10 千米（Ku）、25 千米（C）；风场测量范围大：3～50 米 / 秒；测风精度高：风速 1.5 米 / 秒，风向 ±15°。

“风云四号”微波星属于中国第二代静止轨道气象卫星系列，主要科学与应用目的为气象预报、气候监测和环境监测。“风云四号”微波星装载的主要仪器为微波探测仪。由于静止轨道较高，要获得一定的分辨率，必须采用较高频段进行探测。2016 年底发射的 FY-4A 卫星搭载一台辐射计，覆盖到太赫频段（183 吉赫、425 吉赫），进行静止轨道微波载荷试验验证。2018 年，“十二五”国家高技术研究发展计划（简称 863 计划）重点项目静止轨道干涉式毫米波探测仪（geostationary interferometric microwave sounder，GIMS）完成测试验收，为静止轨道大气微波探测奠定了坚实的技术基础。GIMS 工作于 50～56 吉赫和 183 吉赫，用于静止轨道大气温度和湿度垂直分布探测。它采用 70 个天线单元组成的稀疏圆环天线阵列，利用圆环匀速自旋，实现空间频率域采样[29]，最长基线预计超过 3.5 米，以实现高于 50 千米的空间分辨率。

2. 海洋卫星系列

HY-2 卫星系列是微波载荷系列卫星，主要有效载荷为雷达高度计、微波散射计、扫描微波辐射计和校正微波辐射计，可以全天候探测海面高、海浪高、海面风场、海面温度、天底方向水汽含量等。目前，计划的 HY-2 卫星系列包括 2A～2H 八颗卫星。其中，HY-2A、HY-2B、HY-2E 和 HY-2H 卫星为极轨卫星，均搭载两台被动微波载荷（扫描微波辐射计和大气校正辐射计）和两台主动微波载荷。HY-2C、HY-2D、HY-2F 和 HY-2G 卫星为倾斜轨道卫星，每颗卫星主要搭载雷达高度计、微波散射计和一台为高度计定标的大气校正辐射计。微波扫描辐射计为 5 频率（范围 6.6～37 吉赫）9 通道的全功率辐射计。校正辐射计为 3 频率（18.7～37 吉赫）3 通道全功率辐射计。雷达高度计是一台 C 和 Ku 波段的雷达，主要用于海面高、风速和有效波高的测量。微波散射计是一台圆锥扫描的 Ku 波段的散射计，主要用于海面风场测量。

HY-2B 卫星已于 2018 年 10 月 25 日发射，其主载荷之一的微波高度计的探测精度较 HY-2A 卫星有显著提升，和国外公认最先进的 Jason-3 卫星高度计测量精度相当。后续的 HY-2C 和 HY-2D 卫星也将于 2020 年以后发射。目前，HY-2A 卫星工作于漂移轨道，HY-2B 和 HY-2C/D 卫星也配置了互补的回归轨道，国内的测高卫星已形成星座，为多种前沿应用研究的开展提供了便利。

HY-3 卫星系列是 SAR 卫星，主要载荷为 W-SAR，工作在 X 波段（9.5 吉赫），进行海洋的全天候观测。HY-4 卫星系列是微波盐度计卫星，首颗星计划于 2021 年以后发射。

中法海洋卫星于 2018 年 10 月发射，其搭载的微波散射计成为国际上首个扇形波束旋转扫描体制散射计。微波散射计的主要功能是测量海洋表面后向散射系数，能够实现在 1～2 天对全球 90% 以上洋面的实时检测，获得全球海洋表面风场信息，为灾害性海洋预报和监测、海洋气候研究提供信息。

3. SAR 卫星

高分三号是中国 C 波段星载 SAR 卫星，于 2016 年 8 月发射升空[30]。SAR 系统由中国科学院电子学研究所研制，是目前世界上成像模式最多的 SAR 卫星，具有 12 种成像模式。该卫星具有高分辨率、大成像幅宽、多成像模式、长运行寿命等特点，主要技术指标达到或超过国际同类卫星水平，最高分辨率可达 1 米，最大观测幅宽可达 650 千米，具有先进的全极化成像能力。

静止轨道 SAR（GEO SAR）致力于将 SAR 观测提升至更高的地球同步轨道，这对于感兴趣区域的遥感监测具有极大的帮助，但也带来了轨道设计、测绘方式、成像算法、数据处理和目标解译等一系列挑战。这些挑战是下一代星载 SAR 发展的核心研究。北京理工大学[31]和中国科学院电子学研究所[32]近年在这方面做了大量工作，走在世界前列。在 GEO SAR 的基础上，中国科学院电子学研究所进一步提出 GEO SAR 星座计划，以实现对中纬度地区的连续观测。遥感和对地观测应用对成像分辨率要求越来越高，下一代 SAR 须具有同时跨越大频谱范围、收发和处理大时长与大带宽信号的能力。中国科学院电子学研究所于 2017 年成功研制出国内第一台基于微波光子技术的雷达样机，并进行了外场非合作目标逆 SAR 成像测试，获得了国内第一幅微波光子雷达成像图样[33]。同期，南京航空航天大学联合南京电子工程研究所，研制出可实现小目标实时成像的微波光子雷达验证系统[34]。

4. 其他卫星的微波载荷

天宫二号三维成像微波高度计由中国科学院国家空间科学中心研制，2016 年 9 月随天宫二号空间实验室发射升空，是国际上第一个宽刈幅雷达高度计，也是国际上第三个星载双天线干涉雷达，工作于 Ku 波段。它利用国内先进的小角度干涉成像技术，突破传统星载高度计只能进行星下点沿飞行方向一维线观测、刈幅只有数千米的局限，使单侧幅宽达到数十千米、海平面高度相对测量精度达到厘米级、绝对测量精度达到分米级[35, 36]。它可在宽刈幅测高的同时对海面三维形态、海洋内波、风速、有效波和波向进行测量，使中国海洋雷达成像测高技术走在世界前列[37]。此外，中国近年来发射或者正在研制的微波辐射计卫星主要有云海卫星和水资源卫星。其中，云海卫星携带一台 6～89 吉赫的 6 个频率 20 个通道的极化微波辐射计，用于海洋和大气参数测量。

三、发展趋势

基于以上对卫星微波遥感技术新进展的介绍，结合未来可能的需求，卫星微波遥感技术将呈现出以下发展趋势。

1. 新技术体制的不断涌现

一系列遥感机理的研究将催生更多的新型微波遥感系统。新型微波遥感系统未来的发展会集中在多波段、高灵敏度、多种微波遥感系统联合工作和轻小型化等方面。微波遥感载荷总体是向多要素、多频段、多极化、高分辨率、宽刈幅方向发展，并通过干涉、分布式、星座组网，实现高重访观测。

近年来，出现了很多新体制微波高度计，如合成孔径雷达高度计、Ka 波段高度计、宽刈幅三维成像高度计、星载 GNSS-R 测高、次表层探测高度计等。近三年还出现了全聚焦合成孔径高度计[38]、通信卫星机会信号无源雷达高度计等新概念的研究。P 波段、S 波段甚至太赫 SAR 系统将进一步增多。多频段、多角度、多极化、多站 SAR 融合观测不再困难。数字波束形成和微波光子技术将极大地提高 SAR 成像分辨率、观测刈幅和带宽等。简缩极化、全极化和极化干涉等测量方式将成为 SAR 系统标配。MIMO SAR 及其所带来的同时极化 SAR 成像将激发全新研究热点。SAR 卫星不再只局限于低轨，中轨和地球同步轨道将 SAR 观测提升至全新高度，感兴趣区域的高分辨宽刈幅凝视成像成为可能。SAR 在生态系统和全球碳循环遥感等方面的应用能力将进一步加强。海洋遥感和海事应用将成为 SAR 的另一个重要应用方向，进一步带动 SAR 技术的创新发展。中国 SAR 技术将继续走在世界前列，相关技术和应用将引领未来发展。

被动遥感器的探测频率不断提升，从最早的微波毫米波向更高的太赫低端发展，主要用于大气成分和参数的探测，以提高对中高层大气的探测能力。欧洲气象卫星的冰云成像仪（ice cloud imager，ICI），频率已达到 664 吉赫。日本计划在 2023 年在空间站发射的 SMILES-2 探测仪拥有的频率范围为 485～529 吉赫和 623～652 吉赫；携带一个 2.06 太赫和一个 1.8 太赫的接收机，用于测量氧原子、上层大气温度和风，以及 OH、H_2O、O_3 等成分[39]。瑞典正在研究的平流层小卫星测风仪器（SIW），携带一台用于测风的亚毫米波辐射计 SMM，可测量 30～80 千米的水平风；SMM 包括两个边带：625 吉赫和 655 吉赫频段[40]。随着太赫遥感系统研究的日益成熟，未来必将出现更多的空间太赫遥感系统的研究和应用。

被动微波遥感器的空间分辨率不断提高。传统辐射计为提高分辨率，一般需要增加天线的尺寸。综合孔径辐射计技术用多个小天线（阵元）等效替代一台大天线，天线不再需要扫描，从而减小了转动惯量。综合孔径辐射计技术可用于电磁波波长较长（如 L 波段海洋盐度遥感）或卫星轨道较高（如地球同步遥感探测）的场合。第一台星载综合孔径微波辐射计是欧洲航天局（ESA）的土壤湿度和海水盐度计划（SMOS）的主载荷，其天线有 3 条 4 米 ×0.25 米的 Y 型臂，能以 30～90 千米的地面分辨率实现对全球土壤湿度和海洋盐度的观测。

2. 微波载荷能力的综合化

高空间分辨率、大幅宽、高灵敏度、多参数一体化探测，代表了微波辐射计、微波散射计技术的发展方向，已在风场测量、降水等要素的定量测量方面走向应用，相关产品具有较高的稳定性和可靠性。

微波辐射计遥感技术的综合能力不断提升。单一载荷如果能够集总多参数的探测功能，就可以提高观测的一致性和应用能力。对于大气探测仪类型的微波辐射计（如微波温度计、微波湿度计）而言，其频段不但包含从 V 波段、D 波段到 G 波段等毫米波范围的大气温度和湿度探测通道，还包括 Ku、Ka、W、D 等波段的窗区通道。这些通道的集总测量，减小了面元匹配的时空误差，增加了对大气廓线和降水的探测功能，提高了对大气和地球表面的综合观测能力。对于圆锥扫描成像仪类型的探测载荷，同样需要拓展频率覆盖范围，把以前只包含窗区通道的成像仪，换成包含大气温度和湿度探测通道的成像仪，从而提高了对大气的探测能力。

综合能力的发展还体现在一颗卫星上可以同时携带多种微波载荷。例如，欧洲和俄罗斯气象卫星增加了微波散射计；中国的风云卫星在研制双频段的微波散射计，以提高海洋测风能力以及对陆地土壤和极区冰雪的观测能力。俄罗斯的 Meteor-3M 系列卫星后续的业务星，携带一台 X 波段（9.623 吉赫）的气象合成孔径雷达。海洋卫星 N3 携带一台 Ku 波段（13.4 吉赫）的微波散射计，可用于海面风场测量。此外，下一代 Meteor-MP 系列卫星增加了陆地和空间科学方面的观测目标。

3. 微波遥感的应用场景不断拓展

利用散射计可进行宽刈幅流场探测、海面气压探测、云雨探测、极冰及高原冰川探测，其应用覆盖了大气、海洋及陆地探测。传统高度计的应用局限于开阔的深海，随着高度计测量能力的提升和新体制高度计的提出，其应用场景已拓展至近岸海域、内陆水域、极冰、海冰、沙漠、植被、降水测量等方面[41,42]，并已用于深空探测[43]。

太赫技术已在天文探测、气象遥感、深空探测、高分辨率成像和物质成分分析等方面获得了大量应用，并凸显优势，同时在电子、信息、生命、国防和航天等领域也蕴含着巨大的应用前景。空间太赫技术以其独特的优势，将在空间应用中获得快速发展。微波辐射计的应用已从地球海洋、大气和陆地拓展到行星及天体遥感，如对火星、木星及其卫星、金星等的大气临边探测和表面探测等。

4. 智能化和组网观测技术

为了缩短重复观测目标的时间，即提高观测的时间分辨率，缩短重复观测的周期，以满足获取目标的时效性上的要求，科学家提出发展卫星星座及组网技术。利用多颗卫星组成星座，可提高对特定地区的重访能力，大大缩短重访时间，实现对移动目标的近连续跟踪观测。美国和欧洲已发射多个微小卫星，搭载微波辐射计，进行大气参数的组网观测。

宽覆盖范围和短回访周期的应用，要求 SAR 星座继续保持快速的发展趋势。大数据技术的发展，也将进一步加快不同 SAR 平台之间的联合组网。小卫星、无人机等新型观测平台，将驱使 SAR 成本和体积进一步缩减。SAR 将不再独属于世界各强国航天部门，而成为一种普通国家可负担起费用的遥感工具，造福于各国人民。小卫星技术的发展，使得微波遥感的商业化成为一种必然，各种应用场景将不断开拓。

参考文献

[1] OSCAR.Observing systems capability analysis and review tool[EB/OL]. [2019-09-20]. http://www.wmo-sat.inf/oscar/.

[2] EUMETSAT. EUMETSAT and NOAA sign Polar System Program Implementation Plan[EB/OL]. [2016-12-21]. http://www.eumetsat.int/website/home/News/DAT_3319255. html.

[3] Stammer D，Cazenave A. Satellite Altimetry over Oceans and Land Surfaces[M]. Boca Raton：CRC Press，2017.

[4] Rodriguez E. Surface Water and Ocean Topography project，science requirement document[C]. JPL D-61923，2015：1-29.

[5] Seguin G，Geudtner G. Challenges for Next Generation SAR[C]. 12th European Conference on Synthetic Aperture Radar（EUSAR），2018：1350-1353.

[6] MarketsandMarkets. Synthetic Aperture Radar market-global forecast to 2022[EB/OL]. [2019-08-10]. https://www.asdreports.com/market-research-report-421141/synthetic-aperture-radar-market-global-forecast.

[7] De Lisle D，Iris S，Arsenault E，et al. RADARSAT Constellation Mission status update[C]. EUSAR，2018：528-532.

[8] Bach K，Kahabka H，Cerezo F，et al. The TerraSAR-X / PAZ constellation：post-launch update[C]. EUSAR，2018：765-767，2018.

[9] Gebert N，Domínguez B C，Martín M D，et al. SAR instrument pre-development activities for SAOCOM-CS[C]. 11th European Conference on Synthetic Aperture Radar（EUSAR），2016：718-721.

[10] Levrini G，Geudtner D. Next generation SAR：a Copernicus perspective[C]. EUSAR，2018：1354-1358.

[11] Antropov O，Praks J，Kauppinen M，et al. Assessment of operational microsatellite based SAR for earth observation applications[C]. URSI Atlantic Radio Science Meeting（AT-RASC），2018：1.

[12] Wye L，Lee S. SRI CubeSat imaging radar for earth science（SRI-CIRES）[C]. Annapolis，MD，USA：Earth Sci Technol Forum，2016：1-13.

[13] Zaugg E，Rabus B，Meyer F，et al. SlimSAR for research in advanced SAR applications[C]. EUSAR，2018：280-285.

[14] Krieger G，Zonno M，Mittermayer J，et al. MirrorSAR：a fractionated space transponder concept for the implementation of low-cost multistatic SAR missions[C]. EUSAR，2018：1359-1364.

[15] Doody S，Cohen M，Marquez-Martinez J. NIASAR-X low cost SAR development[C]. EUSAR，2018：195-199.

[16] Peral E，Im E，Wye L，et al. Radar technologies for earth remote sensing from CubeSat platforms[J]. Proceedings of The IEEE，2018，106（3）：404-418.

[17] Farquharson G，Woods W，Stringham C，et al. The Capella Synthetic Aperture Radar constellation[C]. EUSAR，2018：1245-1249.

[18] Mittermayer J，Krieger G. Floating swarm concept for passive bi-static SAR satellites[C]. EUSAR，2018：1250-1255.

[19] Prats-Iraola P，Papathanassiou K，Kim J S，et al. The BIOMASS Ground Processor Prototype：an overview[C]. EUSAR，2018：919-924.

[20] Rincon R F，Lu D，Perrine M，et al. Beamforming P-band synthetic aperture radar for planetary applications[C]. IEEE Radar Conference，2018：1487-1490.

[21] Achiri L，Guida R，Iervolino P. Collaborative use of SAR and AIS data from NovaSAR-S for Maritime Surveillance[C]. EUSAR，2018：1197-1202.

[22] Rosen P A，Kim Y，Kumar R，et al. Global persistent SAR sampling with the NASA-ISRO SAR（NISAR）mission[C]. Seattle，WA，USA：Proceedings of IEEE Radar Conference，2017：410-414.

[23] Villano M，Pinheiro M，Krieger G，et al. Gapless imaging with the NASA-ISRO SAR（NISAR）mission：challenges and opportunities of staggered SAR[C]. EUSAR，2018：200-205.

[24] Rincon R F，Carter L M，Lu D，et al. Spaceborne P-band MIMO SAR for planetary applications[C]. IGARSS，2018：5667-5670.

[25] Fu L-L，Morrow R. Observation the ocean surface topography at high-resolution by the SWOT（surface water and ocean topography）mission[C]. IGARSS，2018：3783-3784.

[26] Gommenginger C，Chapron B，Martin A，et al. SEASTAR：a new mission for high-resolution imaging of ocean surface current and wind vectors from space[C]. EUSAR，2018：1433-1436.

[27] 张瑜，张升伟，王振占，等 . FY-3 卫星大气湿度微波探测技术发展 [J]. 上海航天，2017，4：52-61.

[28] 尹红刚，吴琼，谷松岩，等 . 风云三号 03 批降水测量卫星探测能力及应用 [J]. 气象科技进展，2016，6（3）：55-61.

[29] Zhang C，Liu H，Wu J，et al. Imaging analysis and first results of the geostationary interferometric microwave sounder demonstrator[J]. IEEE Transactions on Geoscience and Remote Sensing，2015，53（1）：207-218.

[30] Han B，Zhong L，Liu J，et al. SAR data processing for GF3[C]. EUSAR，2018：1007-1012.

[31] Zhu Y，Ke M，Zhang T，et al. Image representation of GEO SAR time-variant scene[C]. EUSAR，2018：987-991.

[32] Huang L，Ding C，Zhang H，et al. A geosynchronous SAR constellation for mid-latitude continuous observation[C]. EUSAR，2018：1458-1461.

[33] Li R，Li W，Ding M，et al. Demonstration of a microwave photonic synthetic aperture radar based on photonics-assisted signal generation and stretch processing[J]. Optics Express，2017，25（13）：14334-14340.

[34] Zhang F，Guo Q，Wang Z，et al. Photonics-based broadband radar for high-resolution and real-time inverse synthetic aperture imaging[J]. Optics Express，2017，25（14）：16274-16281.

[35] Zhang Y，Xiao D，Shi X，et al. Demonstration of ocean target detection by Tiangong-2 interferometric imaging radar altimeter[C]. Proc Int Microw Radar Conf，2018：261-264.

[36] Dong X，Zhang Y，Zhai W. Design and algorithms of the Tiangong-2 interferometric imaging radar altimeter processor[C]. Proc PIERS，2017：3802-3803.

[37] 杨劲松，任林，郑罡 . 天宫二号三维成像微波高度计对海洋的首次定量遥感 [J]. 海洋学报，39（2），2017：129-130.

[38] Egido A，Smith W H F. Fully focused sar altimetry：theory and applications[J]. IEEE Trans Geosci Remote Sens，2017，55（1）：392-406.

[39] Ochiai S，Baron P，et al. SMILES-2 mission for temperature，wind，and composition in the whole atmosphere[J]. SOLA，2017，13A：13-18.

[40] Baron P，Murtagh D，Eriksson P，et al. Simulation study for the Stratospheric Inferred Wind（SIW）sub-millimeter limb sounder[J]. Atmospheric Measurement Techniques，2018，11（7）：4545-4566.

[41] Xu X-Y，Birol F，Cazenave A. Evaluation of coastal sea level offshore Hong Kong from Jason-2 altimetry[J]. Remote Sensing，2018，10（2）：282.

[42] 徐曦煜，刘和光，杨双宝 . 星载雷达高度计沙漠散射系数特性及定标方法研究 [J]. 遥感技术与应用，31（5），2016：893-899.

[43] 徐曦煜，朱迪，杨双宝 . 中国自主木星冰卫星冰下液态海洋探测刍议 [J]. 深空探测学报，2019：1-6.

3.4 Satellite-Based Microwave Remote Sensing Technology

Wang Zhenzhan，Xu Xiyu，Li Dong，Zhu Di，He Jieying
（Key Laboratory of Microwave Remote Sensing，Chinese Academy of Sciences；
National Space Science Center，Chinese Academy of Sciences）

Microwave remote sensing is a kind of technical implement of remote sensing. It applies microwave technology to receive reflected or emitted electromagnetic waves from non-contact targets or sceneries. Generally，the microwave remote sensing can be categorized into two branches：active microwave remote sensing and passive microwave remote sensing. Active microwave remote sensing，or radar remote sensing，fulfills the target detection by receiving the echoes of the electromagnetic waves that are transmitted by the radar itself. There are three types of active remote sensors：microwave altimeter，microwave scatter meter and synthetic aperture radar（SAR）. On the other hand，passive microwave remote sensing，or microwave radiometer remote sensing，collects the target information by directly receiving the natural microwave radiation from the targets. Significant progress has been made in the satellite microwave remote sensing technology during the past few years，and its primary progress lies in the new type microwave sensors，and sensors with higher spectral resolution and spatial resolution than those several years ago. A number of sensors based on new concepts are proposed，such as the microwave spectrometer，the microwave wave meter，the fan-beam rotating microwave scatter meter and the synthetic aperture microwave radiometer.

3.5 运载火箭技术新进展

李 东 李国爱

（中国运载火箭技术研究院）

世界各国在发展运载技术的进程中，根据需求牵引和技术推动不断调整发展战略与规划，研发新的技术，推出新型运载火箭，并持续改进与提升在役型号的性能。运载火箭技术呈现出新的趋势和特点。主流运载火箭继续向大吨位、高可靠、低成本和快响应的方向发展，同时针对载人登月、重复使用等特殊应用的运载火箭也得到积极发展。在技术方面，重复使用、大直径结构、大推力发动机、低成本改进等取得可喜成果，促进了全球航天技术的进步[1]。近年来，中国新一代运载火箭相继首飞成功，长征系列火箭在高密度发射过程中获取了成功的经验，应用发射日益成熟，为北斗导航、探月工程、载人航天工程等国家重大工程任务的顺利实施提供了保障，取得了显著的成果，也为后续开展载人登月重型运载火箭的研制等工作，打下了坚实的基础[2,3]。

一、国外运载火箭新发展

1. 国外运载火箭已完成更新换代

面向 21 世纪，美国、俄罗斯、欧洲等航天大国或地区都建立起比较完整的运载火箭型谱，并不断完善，已完成运载火箭的更新换代。

美国拥有完整的运载火箭型谱：小型火箭包括空射飞马座、米诺陶系列；中大型火箭包括德尔塔 2、德尔塔 4 系列、宇宙神 5 系列、法尔肯 9、安塔瑞斯；超大型火箭包括太空发射系统（space launch system，SLS）、法尔肯重型、新格伦号。由于大力鼓励私营商业航天发展，美国各发射市场中存在火箭构型重叠、相互竞争的局面。

俄罗斯运载火箭型谱很完善：中小型运载火箭包括隆声号、第聂伯、宇宙号等；现役中型火箭包括联盟号、质子号、天顶号三个系列；新研的安加拉系列运载火箭原本想取代现有隆声号、第聂伯、天顶号和质子号等火箭，以压缩构型。然而，安加拉火箭虽然首飞成功，但比质子号更昂贵的发射价格和较为缓慢的产品准备周期，阻碍了其承接相应的发射任务。2015 年俄罗斯又提出发展中大型运载火箭联盟号 5 系列火箭。

在欧洲，多个国家联合开展航天发射活动，主要以较少构型来满足国际主流发射市场的需求。目前，在役型号运载火箭中，小型的是织女号，中型采用俄罗斯的联盟号 ST，大型的是阿里安 5 系列（用于发射一箭多星）。未来，将用阿里安 6 系列火箭替代阿里安 5 系列，来承担主流商业高轨卫星的发射。

2. 以重返月球、深空探测等大规模航天活动为背景的大型运载火箭

2005 年，美国政府提出 2020 年重返月球的“星座”计划，为载人探测火星和火星以远做准备，确定了“战神”1 载人火箭和“战神”5 重型火箭的研制计划，整个“星座计划”耗资将高达 2300 亿美元。

面对美国政府的巨额财政赤字，以及“星座计划”存在的费用和进度问题，2010 年奥巴马政府终止“星座计划”，并提出“2025 年实现载人登陆小行星，2030 年载人探测火星并安全返回”的远期探索目标。美国虽然终止了“星座计划”，但发展重型运载火箭的脚步没有停止。2011 年 9 月 14 日，美国国家航空航天局正式对外公布新一代重型运载火箭——“太空发射系统”的初步方案和研制计划[4]。太空发射系统是美国继“土星 5 号”和航天飞机之后的又一重型火箭，采用渐进式发展模式，初始方案近地轨道 LEO 运载能力为 70 吨，改进后将达到 130 吨。由于“预算匮乏”和其他各种限制进度的问题[5]，太空发射系统首飞时间屡屡推迟，从最初的 2017 年推迟到 2021 年。

2019 年是阿波罗登月 50 周年。2019 年 3 月 27 日，美国总统特朗普和副总统彭斯宣布：美国国家航空航天局要在未来 5 年里重返月球，让宇航员在 2024 年再次登月，登月地点位于月球南极。这项计划的最终目标就是在 2033 年登陆火星，它为后续美国航天发展指明了方向。

3. 私营航天发展迅速，在商业发射和政府载荷方面均占很大比重

商业航天发展迅猛，2002 年 SpaceX 公司创立，2004 年蓝色起源公司创建。奥巴马政府上台后调整了航天政策，鼓励私营公司参与市场竞争[6]。美国的商业航天公司获得了快速发展的机会。

私营商业航天公司以低廉的研制及发射服务成本，以及创新的设计理念和管理模式，为航天领域带来了一股活力，在航天领域内获得广泛关注。SpaceX 公司已成为美国私营商业航天企业的中坚力量，它研制出的法尔肯系列运载火箭以出色的性能和低廉的价格，给国际航天业带来了巨大冲击。法尔肯 9 火箭根据“简单、低成本、高可靠”的设计理念，采用箭体自主可控回收、动力冗余、系统重构、交叉输送等技术，不断提高火箭的性能和飞行可靠性，降低研制成本。特别值得指出的是，法尔

肯 9 火箭突破了多年来各国停留在论证与概念研究的重复使用技术，在商业航天技术的可重复使用遭到世界广泛质疑的情况下，成功实现了一级和整流罩的回收与重复使用。目前，重复使用已经常态化，相关技术及商业运营日趋成熟。

SpaceX 公司通过创新推进航天运输系统技术的发展和进步，降低了成本，不断提高其市场份额。2017 年，在美国运载火箭 30 次发射中，法尔肯 9 火箭完成 18 次，占发射次数的比重为 60%，联合发射联盟（United Launch Alliance，ULA）占 26.6%。2018 年，美国执行发射任务 34 次，法尔肯系列共计执行 21 次，占发射次数的比重为 61.8%，联合发射联盟占 23.5%。SpaceX 公司连续两年超过联合发射联盟，其商业航天市场的主体地位得到巩固。

私营航天公司这样大胆的创新意识和活跃的市场行为，极大地刺激了传统航天领域企业的技术进步。联合发射联盟提出的“火神”火箭，以及欧洲提出的“阿里安 6”火箭的设计方案，均提到箭体部分的可重复使用和降低成本的设计概念。

二、国内运载火箭新发展

1. 新一代火箭首飞相继成功

中国新一代运载火箭 CZ-6、CZ-11 于 2015 年首飞成功，CZ-5、CZ-7 于 2016 年首飞成功。固体小火箭开拓 1 号、开拓 2 号分别于 2003 年、2017 年发射成功。新一代系列运载火箭的首飞成功，标志着中国运载火箭的运载能力和可靠性得到大幅提升，拉开了中国运载火箭更新换代的序幕。

(a) CZ-6 (2015年9月20日)　(b) CZ-11 (2015年9月25日)　(c) CZ-7 (2016年6月25日)　(d) CZ-5 (2016年11月3日)

图 1　新一代运载火箭首飞图

2. 长征火箭走向成熟

长征系列运载火箭在二代导航、嫦娥工程、载人航天工程等国家重大专项工程任务中发挥了重大作用。

2000 年 10 月 31 日至 2019 年 5 月 17 日，CZ-3A 系列火箭已经发射 45 颗北斗导航卫星，完成了北斗导航试验系统的建设，把北斗卫星导航系统建造成为继 GPS、GLONASS、GALILEO 之后第 4 个成熟的卫星导航系统。

2007 年 10 月 24 日至 2018 年 12 月 8 日，月球探测一期、二期工程的 4 个嫦娥探测器已由 CZ-3A 系列火箭完成发射，标志着中国在深空探测领域迈出了坚实的一步。CZ-2F 火箭是中国目前唯一的载人运载火箭[7]，先后将 11 名航天员、14 人次安全送入太空，达到 100% 的发射成功率[8]。CZ-2C、CZ-2D、CZ-4 等长征火箭在高密度发射背景下也保持较高的发射成功率。

2019 年 3 月 10 日 0 时，长征火箭迎来第 300 次发射，一枚长征三号乙型火箭从西昌升空。从 1970 年首发至今，首个百发历时 37 年，第二个百发用 7.5 年，第三个百发仅用 4 年。未来，随着中国和平利用太空空间的不断深入，长征系列运载火箭必将续写新的辉煌。

目前，长征系列火箭已经进入高密度发射阶段，2015～2017 年分别完成 19 次、22 次、18 次发射任务，2018 年长征系列火箭成功完成 37 次发射任务，将航天发射频度带入一个新的高峰。目前，长征系列火箭一共完成了 305 次航天发射任务，成功率创历史新高，达到 95%，长征火箭正在以高可靠的发射技术和低廉的发射价格助力航天强国建设。

3. 新一代火箭改型相继开始

随着新一代运载火箭 CZ-5、CZ-6、CZ-7、CZ-11 的相继首飞成功，中国拉开了长征火箭系列化升级换代的帷幕。中国运载火箭综合能力已进入国际先进行列，研制工作取得阶段性成果。在目前新一代运载火箭成熟技术的基础上，基于“模块化、组合化、系列化”的设计思想，中国正在开展新一代运载火箭的改型研制，以形成新一代长征系列火箭型谱[9]。

为了进一步提升运载能力，新一代系列火箭改进型的研制工作正在如火如荼地开展。通过增加上面级、捆绑不同个数的助推器，把常规推进剂发动机换成大推力、高比冲的液氧煤油发动机及氢氧发动机，可以进一步拓宽新一代运载火箭的运载能力范围；通过增大整流罩直径、长度等设计参数，可以进一步提高对更大规模卫星的适应能力；未来，还可采用通用芯级技术、交叉输送技术、大推力发动机技术、大直径箭体结构技术等，实现长征火箭运载能力的大跨越。通过技术改造，实现长征系列火箭整体的升级换代，可以满足后续卫星发射市场的广泛需求。

4. 以载人登月为背景的重型火箭持续攻关

重型火箭为三级半构型，地月转移轨道 LTO 运载能力 50 吨。重型火箭是中国建设航天强国的重要标志，是完成深空探测、载人登月和登火等任务的重要支撑。经过论证，中国重型火箭的总体方案基本收敛，已进入关键技术攻关、方案深化论证及方案设计阶段，取得了以 10 米级直径整体锻环、500 吨级推力液氧煤油发动机涡轮泵与发生器联试、3 米直径分段装药固体发动机试验为代表的阶段性成果，为后续工程研制奠定了基础[8]。

5. 上面级渐成系列，增强了火箭的适应性

上面级作为航天运输系统的重要组成部分，是提升运载火箭任务适应能力的有效途径，中国已完成远征系列上面级研制并成功应用于卫星发射任务中。上面级与基础级火箭组合使用，可以利用多星发射、直接入轨、轨道部署等模式，完成各种轨道运输任务，有利于降低发射成本，最大限度地发挥基础级运载火箭的作用，可用于高、中、低轨一箭多星的直接入轨发射任务。发展上面级的核心在于发展长期在轨、多次启动和强轨道机动等能力，以弥补运载火箭的不足，提升运载火箭的任务适应能力。

6. 其他先进技术的预研与论证

重复使用运载器是先进天地往返航天运输系统的重要发展方向，是实现“快速、机动、廉价、可靠”进入空间的重要途径。中国已开展可重复使用轨道机动运载器的相关研究，完成了总体、结构、热防护、气动、控制技术的攻关，并成功完成挂飞试验。

在芯级、助推器的可控回收和重复使用领域，中国正在积极探索和研究，并把它们搭载在在役型号上，开展可控回收飞行的试验验证工作。在飞型号先解决助推器落区控制问题，再解决落区安全性问题，为芯级、助推器回收奠定技术基础。新型商业火箭已经开展垂直起降可控回收等技术研究，采用重复使用技术以降低成本。在可重复使用飞行器领域，通过开展天地往返无人飞行器演示验证及关键技术攻关，中国已逐渐掌握相关技术，并取得长足进步[8]。

7. 私营航天起步，尚处起步阶段

在国家军民融合发展战略的带动下，从事运载火箭研制、火箭动力研发和火箭运营的民营公司已达数十家。2015 年，以零壹空间、蓝箭、翎客等为代表的第一批火箭公司诞生。2016 年，星际荣耀、星途探索、九州云箭、灵动飞天、深蓝航天等公司相

继出现。近年来，国内商业航天市场发展很快，各类探空火箭、运载火箭的飞行和固体液体动力试验相继进行，成为中国航天发展的热点。2018 年，星际荣耀、零壹空间分别实现了自己的亚轨道飞行，蓝箭首飞失败。这几次发射证明，中国民营航天公司有能力打通从产品到发射的链路。中国的商业发射正处于起步阶段，后续还有很长的路。随着未来对低轨道通信星座等大量微小载荷需求的不断增加，实现低成本、快速发射、重复使用，不仅是私营航天的目标，也是传统航天发展的需要。此外，商业航天未来的盈利模式，也需要不断探索。随着科技的不断进步，人类对太空的关注和向往也与日俱增，这是航天强国建设赋予我们的责任和使命。

三、未来发展趋势

在未来的航天发射市场中，一次性运载火箭在很长一段时间还将占据主导地位，依旧是航天发射的主力。但重复使用技术在解决航落区安全性、降低发射成本等方面，具备较大优势，是国际航天领域发展的热点之一。

1. 新一代火箭完善，全面替代现役常规推进剂火箭

以美国、俄罗斯为代表的航天强国运载火箭，其技术发展已从单纯追求技术的先进性，向提升火箭综合水平、任务适应性等方向发展，主要表现如下：火箭型谱精简完善，通用化、组合化和模块化水平较高；发动机具有简单、高性能、推进剂无毒无污染、易维护的特点；电气系统具有单机智能化、联系高速网络化、系统协同自主化的特点。

中国新一代运载火箭采用无毒无污染推进剂，具有环境友好的特点；同时，采用全箭统一的总线技术和先进的电气设备，基于“通用化、系列化、组合化”的设计思路，形成了比较完备的新一代运载火箭型谱[10]，后续可采用捆绑通用芯级等方式拓展运载能力。

2. 重型火箭研制，为载人登月打下基础

载人登月是航天强国的重要标志，也是载人航天工程发展的长远战略。美国已制定 2024 年重返月球计划，俄罗斯将于 2028 年发射重型火箭，世界航天领域掀起了新一轮载人月球探测的热潮。为占领未来航天技术制高点，全面提升中国太空竞争优势，需尽快研制重型火箭，开展大推力发动机、大直径结构设计及制造、跷振 POGO 抑制、动特性获取、轻合金材料等关键技术的研究[11, 12]。重型火箭的近地轨道最大运载能力可达 150 吨。发展重型运载火箭可以满足月球探测、火星探测和深空探测的需

求。研制成功重型火箭，将是中国从航天大国迈向航天强国的重要标志。

3. 重复使用

美国、俄罗斯、欧洲、日本等主要航天大国和地区拥有不同程度的重复使用技术储备。美国已初步具备轨道再入及重复使用能力，航天飞机已积累长达 30 年的运行使用经验，X-37B 也已完成 4 次飞行试验。美国 SpaceX 等私营公司也在积极开展重复使用运载器的探索研究，其重复使用技术日趋成熟，可用于商业发射中。法尔肯 9 火箭已进行多次一级垂直回收验证试验，为传统垂直起飞火箭的可重复使用探索出了一条可行路线。俄罗斯具备一定的重复使用技术能力，已成功完成暴风雪号航天飞机的不载人飞行试验。欧洲、日本也进行过以低速进场和高速再入为代表的多次技术级飞行试验，为重复使用技术的应用奠定了一定的技术基础。国外正在研制的火神、阿里安 6、H-3、新格伦等下一代中型系列运载火箭，都提出降低 30%～50% 发射成本的发展目标，并广泛采用形式多样的重复使用技术来优化成本。中国也开展可重复使用轨道机动运载器的相关研究，并取得了一定的进步。

4. 私营航天的发展

美国商业航天蓬勃发展，并获得了多项发射任务的订单，市场反馈良好。这是美国政府及相关机构大力支持的结果，同时也是美国在航天领域深厚技术经验及管理经验积累的体现，展现出美国目前较为良好的航天竞争生态。

中国私营商业航天近几年快速发展。这对中国航天事业的发展既是挑战，也是机遇，国有航天企业应主动开展市场化改革，在确保自身技术优势及产品可靠性优势的基础上，利用好私营商业航天公司这条“鲶鱼”带来的刺激效应，来完成自身的改革与升级，实现企业新的发展。

世界各主要航天大国都十分重视运载火箭技术的发展，航天运载领域也成为航天最为活跃的领域之一。中国运载火箭正处于快速全面发展的时期，在国家科技重大专项和国家重大航天工程任务的牵引下，长征火箭一定会不断勇攀高峰、创造奇迹，加快更新换代的脚步，助力航天强国的建设。

参考文献

[1] 李东 . 长征五号运载火箭总体方案及关键技术 [J]. 导弹与航天运载技术，2017（3）：1-6.

[2] 李东 . 中国航天舞台的擎天柱——中国新一代大型运载火箭长征 -5 首飞在即 [J]. 国际太空，2016（10）：9-13.

[3] 李东 . 我国新一代大型运载火箭长征 -5 首飞大捷 [J]. 国际太空，2016（11）：2-7.

[4] 刘竹生 . 国外重型运载火箭研制启示 [J]. 中国航天，2015（1）：22-27.
[5] 龙乐豪 . 关于中国载人登月工程若干问题的思考 [J]. 导弹与航天运载技术，2010（6）：1-5.
[6] 刘竹生 . 航天运输系统发展及展望 [J]. 中国科学（E 辑：技术科学），2012（5）：493-504.
[7] 张智 . 载人运载火箭技术回顾与展望 [J]. 宇航总体技术，2018（2）：56-61.
[8] 鲁宇 . 中国运载火箭技术发展 [J]. 宇航总体技术，2017（3）：1-8.
[9] 龙乐豪 . 我国航天运输系统 60 年发展回顾 [J]. 宇航总体技术，2018（2）：1-6.
[10] 吴燕生 . 中国航天运输系统的发展与未来 [J]. 导弹与航天运载技术，2007（5）：1-4.
[11] 龙乐豪 . 关于重型运载火箭若干问题的思考 [J]. 宇航总体技术，2017（1）：8-12.
[12] 张智 . 重型运载火箭总体技术研究 [J]. 载人航天，2017（23）：1-7.

3.5　Launch Vehicles Technology

Li Dong，*Li Guoai*
（China Academy of Launch Vehicle Technology）

The technology level of Launch Vehicles shows ability of one country to enter the space freely，and it is the precondition to develop all kinds of space explorations. The amount of aerospace launch missions increases rapidly and the launch mission competition is drastic in the world now. There are some new characters of Launch vehicle development in the aerospace countries these years. On the base of analyzing the latest development and tendency of the international Launch Vehicles，the future tendency of Long March Launch Vehicles is discussed in this paper.

3.6 卫星平台技术新进展

张柏楠

（中国空间技术研究院）

人造卫星一般由专用系统和保障系统组成。专用系统是指与卫星执行任务直接有关的系统，也称有效载荷。卫星公用平台（简称卫星平台）是保证卫星的有效载荷正常工作的基础系统或舱段，也就是卫星的保障系统。世界许多国家在卫星研制中，常采用平台化或批量化途径降低制造成本。卫星平台具有通用性，只需做少量适应性修改，就可以装载不同的有效载荷。这样做可以缩短卫星的研制周期，节约研制经费，提高卫星的可靠性。建设卫星平台，需要根据市场和用户的通用需求，以综合指标和综合效益为目标，开发卫星平台的型谱，并根据具体用户的定制化要求，确定具体卫星的具体状态。采用模块化方式设计卫星平台，可以在一定范围内满足不同用户的定制化需求。在产业化较为完善的通信和对地观测领域，较为稳定的卫星平台型谱已经形成。世界各航天大国都重视卫星平台的建设。下面将简述卫星平台技术的国内外新进展并展望未来。

一、航天任务对卫星平台的需求

满足航天任务的要求是发展卫星平台的前提，航天任务的要求牵引着卫星平台技术的发展。

1. 通信卫星

日益增长的小型移动终端高带宽的通信需求和激烈的市场竞争，对通信卫星平台的性能和成本提出了严苛的要求。卫星平台通过提高地球同步轨道通信卫星平台的载荷能力和建设低轨道小卫星星座两个途径，提高小型移动终端高带宽信号的收发能力；采用共用平台和批量生产的途径，降低成本。通信卫星平台的主要功能就是搭载载荷并为之供电。

2. 对地观测卫星

空间分辨率和时间分辨率是对地观测卫星的主要需求，提升和平衡这两个分辨率的能力是对地观测卫星需要解决的主要问题。采用大型高精度、高稳定性对地观测平台，支持传统的大口径高分辨率光电遥感器，可获取近 0.1 米空间分辨率的观测图像；采用批量生产数量众多的微纳对地观测卫星星座，可获得全球 1 天以内的时间分辨率。

大型高精度、高稳定性卫星平台的主要能力需求包括载荷支持能力、指向控制能力和数据传输能力。微纳卫星平台的主要能力需求包括载荷支持能力、姿态 / 轨道保持和机动能力、自主控制能力和星间协同能力。

二、国外卫星平台

（一）国外主要通信卫星平台

1. 地球同步轨道卫星平台

（1）美国洛克希德·马丁空间系统公司的 A2100M 卫星平台。采用该平台的卫星总重量达 6.8 吨，载荷能力为 1.4 吨，整星功率为 15 千瓦，可为载荷供电 14 千瓦，采用化学推进和 BPT-4000 霍尔电推进系统。A2100M 已用于美国“先进极高频”（Advanced Extreme High Frequency，AEHF）和“移动通信目标系统”（Mobile User Objective System，MUOS）等卫星。

（2）美国波音公司的 BSS-702HP 卫星平台。采用该平台的卫星总重量为 5.2～6.4 吨，可为有效载荷供电 12～18 千瓦，以 XIPS-25 离子电推进系统为补充。BSS-702HP 已用于“国际移动通信卫星 -5”和“卫讯”卫星。

（3）美国劳拉公司的 LS-1300S 卫星平台。采用该平台的卫星总重量约 6.9 吨，载荷能力为 2 吨，发电功率为 18 千瓦，可为载荷供电 14 千瓦，以 SPT-100 霍尔电推进系统为补充。LS-1300S 已用于“互联网协议星”和“天狼”移动通信卫星。

（4）欧洲阿斯特里姆公司的欧洲之星 -3000（Eurostar-3000）卫星平台。采用该平台的卫星总重量约 6 吨，载荷能力为 1.2～1.6 吨，发电能力约 15 千瓦，可为载荷供电 12 千瓦，采用化学推进和 PPS-1350 霍尔电推进系统。Eurostar-3000 已用于“美国直播电视”卫星和“国际移动通信卫星 -4”。

（5）欧洲泰雷兹·阿莱尼亚航天公司的空间客车 -4000C4（Spacebus-4000C4）卫星平台。采用该平台的卫星总重量约 6 吨，载荷能力为 1.5 吨，发电功率约 16 千瓦，可为载荷供电 12 千瓦，采用 4 台 SPT-100 霍尔电推进系统。Spacebus-4000C4 已用于

“西埃尔”卫星。已完成建造且待发射的空间客车 -NEO（Spacebus-NEO）平台，卫星总重量为 3～6 吨，发电功率为 25 千瓦，采用全电推进。

（6）由欧洲航天局、阿斯特里姆公司和泰雷兹·阿莱尼亚航天公司联合研制的阿尔法平台（Alphabus）。采用该平台的卫星总重量为 6.5～8.6 吨，载荷能力为 1.5 吨，可为载荷供电 12～22 千瓦，配备 PPS-1350 霍尔电推进系统。Alphabus 已用于“国际通信卫星 -XL”。

综上可见，1.5～2 吨的载荷能力，12～22 千瓦的载荷供电能力，全部采用化学和电混合推进或全电推进系统，代表当前国际地球同步轨道通信卫星平台的能力水平。

2. 低轨通信卫星平台

（1）欧洲泰雷兹·阿莱尼亚航天公司的“寿命延长平台”（Eli Te Bus-1000）。采用该平台的卫星总重量约 700 千克，功率约 2 千瓦，设计寿命约 15 年。Eli Te Bus-1000 已应用于第二代“全球星”和第二代“铱”星等卫星星座。

（2）英国一网公司的“一网”低轨宽带通信卫星。卫星总重量在 150 千克以内，配有等离子电推进系统，配备两副 Ku 频段用户链路天线，单星容量为 8 吉比特 / 秒，可为甚小口径用户终端（very small aperture terminal，VSAT）提供 50～200 兆比特 / 秒速率的服务。卫星目前采用批量化生产以降低成本，尚未见采用平台化设计。卫星采用自动化流水线生产，目标是达到单条生产线 1 天 1 星的出厂能力，单星成本 50 万美元。首批 6 颗“一网”通信卫星已于 2019 年 2 月 27 日发射。

（3）美国 Space X 公司的“星链”低轨宽带通信卫星。卫星总重量为 227 千克，采用霍尔电推进，配有 Ku 频段用户链路，可为全球甚小口径用户终端提供宽带通信服务。卫星同样采用集中批量生产，未见采用平台化设计，计划平均每个月建造和发射 44 颗卫星，最新的首期计划是在 550 千米高的轨道部署 1600 颗宽带卫星。首批 60 颗“星链”卫星已经于 2019 年 5 月 24 日发射成功，第二批 60 颗于 11 月发射成功。

（4）美国亚马逊公司的“柯伊伯”低轨宽带卫星。该卫星拟采用 Ka 频段相控阵和机械扫描天线，设计寿命 7 年，瞄准飞机、船舶、车辆在内的运输系统宽带消费需求；共计划 3236 颗，分 5 期发射；未见采用平台化设计。第一期 578 颗卫星，目前尚未发射。

综上可见，低轨通信卫星平台主要服务于宽带甚小口径移动终端和窄带手机两类消费用户，卫星总重量在 150～700 千克，并通过卫星星座实现全球覆盖。

（二）国外主要对地观测卫星平台

1. 大型对地观测平台

（1）美国洛克希德·马丁空间系统公司的“平台 -1”（Bus-1）卫星平台。卫星直径 4.5 米、长 15 米，总重量可达 18 吨，载荷能力在 2 吨以上。采用该平台的“锁眼”12 号（KH-12）光学侦察卫星，是世界上分辨率最高的光学对地观测卫星，空间分辨率可达 0.1 米。

（2）美国波音公司和诺斯罗普－格鲁曼公司联合开发的“未来成像体系－雷达”卫星（FIA-Radar）。它是新一代雷达成像侦察卫星，具有工作模式和参数快速切换、运动目标检测、超精细分辨等特点，空间分辨率据估计可达 0.15 米。卫星平台信息尚未披露。

（3）美国鲍尔航天技术公司的 BCP-2000/-5000 对地观测卫星平台。采用该平台的卫星总重量为 1～3 吨，供电能力为 3 千瓦，载荷能力为 650 千克，姿态控制精度为 0.015°，姿态稳定度为 0.0005°/ 秒，姿态机动能力为 22°/9 秒，数据传输能力为 800 兆比特 / 秒。BCP-2000/-5000 已用于“快鸟”和“世界观测”等卫星。

（4）阿斯特里姆公司的 MK.3 卫星平台。采用该平台的卫星总重量为 3～4.5 吨，供电能力为 2.4 千瓦，载荷能力为 1.5 吨，姿态控制精度为 0.05°，数据传输能力为 100 兆 / 秒。MK.3 已应用于“斯波特 -5”卫星。

（5）阿斯特里姆公司的欧洲极轨平台（PPF）。采用该平台的卫星总重量为 4～8.5 吨（最大加注量 3.2 吨），供电能力为 6.5 千瓦，载荷能力为 2 吨，姿态控制精度为 0.1°。极轨平台已用于欧洲“环境卫星”和“气象业务”卫星 -A。

综上可见，大型对地观测卫星平台总重量为 3～20 吨，可提供 2 吨以上载荷能力，姿态稳定度应在 0.0005°/秒以上，应具备 100～800 兆 / 秒的数据传输能力。

2. 微小型对地观测平台

（1）阿斯特里姆公司的“天体卫星 -1000”（AstroSat Bus-1000）平台。卫星干重为 1 吨。平台采用控制力矩陀螺，实现卫星快速摆动，能单轨立体成像，姿态机动能力为 60°/25秒。采用该平台的“昴宿星”卫星平均每天可拍摄 390 幅图像。

（2）英国萨里卫星技术公司的 Constella（Microsat-100）微小卫星平台。采用该平台的卫星总重量为 70～140 千克，有效载荷为 10～60 千克，设计寿命为 7 年，姿态控制精度为 0.2°，姿态稳定度为 0.005°/秒，姿态机动速度为 5°/ 秒。

（3）法国航天局（CNES）联合阿斯特里姆公司和欧洲泰雷兹·阿莱尼亚航

天公司开发的 Myriade 卫星平台。平台采用集成电子技术和大量的商用货架产品（commercial off-the-shelf，COTS）器件，降低了卫星的研制成本，设计寿命为 2～5 年。采用该平台的卫星总重量为 130 千克，载荷能力为 50 千克，姿态控制精度为 0.1°，姿态稳定度为 0.05°/ 秒，姿态机动能力为 30°/90 秒。

（4）美国卫星成像初创公司行星实验室的“鸽群”对地观测卫星。这是全球最大规模的地球影像卫星星座，可提供空间分辨率 3～5 米的光学图像，具备每天更新一次全球影像的能力。卫星采用 3U 立方体卫星结构，总重量仅 5 千克，采用批量化生产，已发射入轨 146 颗。

综上可见，目前主流的微小型对地观测平台，一方面在保证必要的姿态控制精度的前提下，重视姿态机动能力，以提高观测能力；另一方面，通过商用器件和批量生产的卫星星座，在降低成本的同时，也提供了较高的时间分辨率。

三、国内主要卫星平台

（一）通信卫星平台

1. 地球同步轨道卫星平台

（1）中国空间技术研究院的“东方红四号”卫星平台。采用该平台的卫星总重量可达 5.5 吨，总功率可达 14 千瓦，设计寿命为 15 年。

（2）中国空间技术研究院的“东方红五号”卫星平台。采用该平台的卫星总重量可达到 7 吨，有效载荷能力可达 1.5 吨，总功率超过 20 千瓦，设计寿命为 15 年。

2. 低轨通信卫星平台

中国空间技术研究院深圳航天东方红海特卫星有限公司的 CAST5 平台。整星重量为 10～100 千克，可用于对地观测、通信、空间科学与技术试验等领域。该平台具备快速姿态机动能力以及高速的数据传输能力，已应用于“鸿雁”低轨通信卫星的首发试验星。

3. 月球中继卫星

中国空间技术研究院深圳航天东方红海特卫星有限公司的“鹊桥”卫星。这是世界第一颗月球中继卫星，也称为“嫦娥四号”中继星，其主要任务是为“嫦娥四号”任务的着陆器、巡视器提供在月球背面的中继通信支持。“鹊桥”卫星于 2018 年 6 月 14 日进入绕地月 L_2 平动点的晕轨道运行。“鹊桥”号月球中继星基于 CAST100 卫星平台研制，总重量为448.7千克，最大输出功率为780瓦。

（二）对地观测卫星平台

（1）中国空间技术研究院的CAST2000平台。这是高精度、高稳定度小卫星公用平台，能满足高分辨率、高功率、快速姿态机动及轨道机动的需求。平台允许整星重量达到1吨，其中载荷为350千克，光照区的整星供电能力为2500瓦，设计寿命为8年。平台具备扩展能力，整星重量最大可扩大到1500千克，其中载荷为750千克。它的姿态稳定度优于0.0003°/秒，姿态机动能力35°/60秒的。平台已用在环境减灾一号C星、高分一号、委内瑞拉遥感卫星一号、委内瑞拉遥感卫星二号（VRSS-1、VRSS-2）等卫星上。

（2）中国空间技术研究院深圳航天东方红海特卫星有限公司CAST3000B卫星平台。这是轻型敏捷商用卫星平台，适用于对地光学、微波遥感、通信、科学试验等领域。平台末期功率可达1500瓦，最大设计寿命为8年，可承载最大1吨的载荷，载重比达到43%。平台指向精度优于0.02°，姿态稳定度优于0.001°/秒，具备30°/20秒（含稳定）、120°/47秒（含稳定）的高敏捷快速机动能力，可使载荷实现5条带图像拼接（60千米 ×70千米），3视角立体成像与同轨连续20个目标的成像能力。平台已成功用在“高景一号”卫星星座。

（3）中国空间技术研究院深圳航天东方红海特卫星有限公司的CAST10卫星公用平台。采用该平台的整星重量为70～300千克，可用在气象探测、地磁测量卫星、对地观测、空间科学与技术试验等领域。卫星可以实现高精度、高数据量、长寿命和高可靠性要求，大范围的轨道机动，以及快速的姿态机动能力，同时具备高速的数据传输能力。

（4）国防科技大学研制的“天拓一号”卫星。卫星重量为9.3千克，主要任务是开展星载船舶自动识别系统接收、光学成像、空间环境探测等在轨科学试验。卫星是中国首颗将星务管理、电源控制、姿态确定与控制、测控数据传输等基本功能部件，集成在单块电路板上的微小卫星（称“单板纳星”）。

（5）中国科学院上海微小卫星工程中心的“上科大二号”（STU-2A、STU-2B、STU-2C）卫星。STU-2A星重量为9千克，STU-2B星重量为2.2千克，STU-2C星重量为1.7千克。主要载荷包括用于极地观测的小型光学相机、用于船舶信息采集的星载船舶自动识别系统接收机，以及用于飞机信息采集的星载广播式自动相关监视系统接收机。卫星实现了立方星级别的星间通信组网。

（6）清华大学的“紫荆一号”和“紫荆二号”卫星。“紫荆一号”卫星重量为234克，采用单板集成的综合电子系统，主要开展微型互补金属氧化物（CMOS，

Complementary Metal Oxide Semiconductor）相机、微机电系统（MEMS，Micro-Electro-Mechanical System）磁强计等商用器件的在轨试验，以及与“紫荆二号”卫星的星间通信技术试验。“紫荆二号”卫星重量为 173 克，主要开展超低功率的星地通信试验、氮化镓（GaN）器件空间效应试验等。

四、发展趋势

1. 发展新一代卫星平台的总体要求

卫星平台正处在一个变革升级的关键阶段，应用任务和市场竞争的需求正催生新一代高性能、低成本、高自主、体系化的卫星平台。

（1）高性能：需要发展具有更高载荷能力和高精度、高稳定性能的大型卫星平台，以满足科学研究、国防安全和经济社会的特殊需求；需要发展高敏捷的微小型卫星平台，以满足民用、军用和商用的高覆盖性和高时间分辨率等共性需求。

（2）低成本：需要发展批量化的微小卫星星座，以降低卫星的研制、制造和发射成本；需要发展可维护、可补给、可升级、长寿命的高性能卫星平台，以降低卫星运营成本。

（3）高自主：需要发展可自主规划、自主诊断、自主管理的卫星平台，以便简化地面运营管理。

（4）体系化：需要发展可协同规划、协同管理、定义功能的卫星星座，以提升系统效能和系统可靠性。

2. 新一代卫星平台需要的专业技术

（1）高精度、高稳定度指向技术：这是保证载荷光轴精确并稳定地指向观测目标的技术，是高分辨率对地和天文观测必需的关键技术，包括高精度导星测量、多级复合控制、超静力矩陀螺和微振动抑制等技术。

（2）高效大推力电推进技术：这是将电能转换为推进剂动能来推动航天器的火箭发动机技术，是提升同步轨道卫星的载荷能力和深空探测水平的关键技术，包括阴极技术、高压大功率电源技术、多模式微流量控制技术等。

（3）维护补给技术：这是在轨对卫星进行维护和升级、补充推进剂的技术，是延长卫星使用寿命，提高应用效益的关键技术，涉及非合作目标捕获、在轨检测更换技术和推进剂补加技术。

（4）微纳卫星的应用技术：这是将微纳卫星应用于通信和对地观测等领域的技

术，是微纳卫星发展的关键，包括微机电系统、片上系统、微推进等技术。

（5）自主协同规划技术：这是星上自主星间协同规划的技术，是分布式星座系统管理的关键技术，包括星间任务协同规划、星间任务调度、星座自主重构等技术。

（6）星间通信技术：这是卫星与卫星之间通信的技术，以及分布式卫星星座系统的关键技术，涉及星间数据传输、数据组网、时间同步、测距等技术。

3. 中国的发展对策

面对国际卫星发展和市场激烈竞争的形势，中国应当做好以下几方面的工作。

（1）加大卫星平台系统技术和专业技术的研发投入，提升卫星平台技术的水平；

（2）充分发挥企业创新主体的作用，完善产业扶持政策和资金支持；

（3）探索在轨卫星平台资源的循环综合利用的相关技术、政策。

（4）探索太空治理技术，参与国际太空管理合作，积极应对空间位置和频段资源日益拥挤的问题。

3.6　Satellite Platform Technology

Zhang Bainan

（China Academy of Space Technology）

Satellite platform（or satellite bus）is fundamental system or modules for normal operation of the payload，and plays a key role in an aerospace mission. Using common modules，which satisfies diverse customized demands from various subscribers，is an important approach to improve reliability of satellite，to accelerate development process and to reduce costs. The demands on application tasks，performance，benefit，and technology innovation of satellite have higher requirements for system and specialized technology of the satellite bus. Meanwhile，the progress of specialized technology on structure，thermal control，spacecraft control，propulsion，power and information promotes enhancement of the satellite bus technology. In this paper，the demands for the satellite bus in an aerospace mission are analyzed. Then，research status from domestic and abroad of the satellite bus system and its technology is introduced. Furthermore，the paper also looks ahead to the future development.

第四章

海洋技术新进展

Progress in Marine Technology

4.1 深海探测技术新进展

徐 文 王德麟

（浙江大学）

深海是地球表面最后一块人类远未涉足的区域，蕴藏着丰富的资源，是人类社会谋求未来生存与发展的战略新疆域。作为进入深海、认知深海、探查资源、保障安全的核心手段，深海探测技术受到各海洋大国的高度重视。下面结合近年来两个重大应用案例，简要介绍深海探测技术的新进展，针对深海应用越来越广泛的需求，提出创新发展水下遥测体系的必要性。

一、国际重大进展

深海探测技术广义上包括深海运载器探测技术、深海传感探测技术、深海取样探测技术等[1]。支撑深海探测的基础技术包括能源、通信、定时和定位[2]。历史上深海数据的收集依赖科考船或调查船，利用船上的多波束测深仪或拖曳的侧扫声呐，可以获取大范围海底地形地貌测量数据；亦可通过吊放传感器和采样器进行温盐等水文参数测量、水体采样或地质采样。长时序深海数据收集通常依赖锚底或着底的平台，以及有缆海底观测网络。近年来有学者提出利用商业运行的跨大洋海底通信光缆的中继器部署传感器[3]，该提议受到学术界和工业界的关注。

美欧等发达国家和地区已经发展出系列潜水器平台，包括载人潜水器、远程缆控潜水器和无人无缆潜水器等。载人潜水器可针对特定的区域进行直接观测和采样，使人类真正进入深海。远程缆控潜水器已具备对海底活动进行实时、全景广播的能力，为人类参与海底观测提供了另一种方式。这两种潜水器活动范围较小。为应对更大时空覆盖的观测需求，无人无缆潜水器获得快速的发展，尤其是小型长航程海洋滑翔机，已成为一种标准的海洋观测设备，获得广泛使用。作为无人无缆潜水器的一种，自治式潜水器（autonomous underwater vehicle，AUV）因其具有更高的机动和在线处理能力，在区域水文加强观测等特定应用场合发挥了重要作用。值得指出的是，无人潜水器与岸基站通信的频率或许只有数小时一次，但如果考虑到海洋时空变化的尺度，并与传统锚系潜标 6 个月或更长时间收取一次数据相比，它仍可近似被认为是实时的。因此，无人潜水器的广泛使用给海洋观测及相关科学研究带来了新机会。

观测平台通常只是一个点，而国际上若干大型深海研究计划涉及多用途、多台套、不同种类平台组成的观测网络。20 世纪随波逐流的 Argo 浮标网络和精心设计的卫星遥感体系的建立，都体现了这一思路。进入 21 世纪，观测网络示范应用不断涌现。美国、法国、英国和澳大利亚等国家相继开展了潜水器组网观测，尤其是美国开展了多次潜水器编队协作控制与组网观测的海上试验，已在海洋观测、军事活动、应急处置、工程作业等领域进行了规模性或代表性的应用，体现了组网观测、探测的优势与价值[4]。同时，潜水器组网观测理论研究也趋于成熟，并呈现出多学科交叉的特点。

下面通过两个典型应用案例，简述深海探测技术的发展现状和面临的挑战。

1. 马航 MH370 搜寻

2014 年 3 月 8 日，一架马来西亚航空公司波音 777 客机（航班号 MH370）在从吉隆坡飞往北京途中失联。以马来西亚、澳大利亚和中国为主的国际搜寻持续了 1046 天，遗憾的是没有找到飞机的踪迹。在这场人类航空史上最大规模的海上搜救行动中，深海探测技术扮演了重要角色，也经历了很大的挑战[5,6]。主要挑战是飞机起飞 38 分钟后的位置数据极其有限（主要来源于定时卫星通信和机会雷达探测）；这类数据以往未曾用于飞行器定位。

搜寻分水面和水下两个阶段。水面搜寻动用了飞机和船只，目的是尽快定位失联的飞行器。在搜寻过程中，除了视觉查看水面可能的残骸外，也试图检测水下黑盒子声信标信号，还利用洋流模型对残骸的可能位置进行了预测[6]。对于声信标信号的检测，澳大利亚采用了美国海军的拖曳信标定位系统，此外，澳大利亚空军还投放了若干声呐浮标；中国用的是手持式水听器；英国军舰使用了船体安装的水听器系统。在检测到疑似信标的信号后，在 3800～5000 米深处布放了澳大利亚凤凰国际有限公司（Phoenix International）的 Artemis 自主式潜水器。Artemis 携带 120 千赫侧扫声呐，共执行了 30 航次任务，搜索面积达 860 平方千米，但仍未找到目标[6,7]。

水下搜寻开始于地形测绘，测绘区域覆盖了 71 万平方千米的印度洋海底，这是单次水文地理测量中面积最大的。高分辨力测绘声呐搜索覆盖了 12 万平方千米，也是同类型中范围最大的。声呐地形测绘以卫星推导的地形数据为指导展开。所采用的 Simrad Kongsberg EM 302（30 千赫）、Simrad Kongsberg EM 122（12 千赫）和 Reson Seabat7150（12 千赫）等船载多波束回波测深仪，其分辨力大约为 40 平方米，而与它进行对照的卫星数据的分辨力是 5 平方千米。数据对比表明，卫星模型错过了一些千米高的海山和千米宽的峡谷[6]。水下目标搜寻主要采用深拖系统和自主式潜水器，它们各有优势和劣势。深拖系统在海底相对较平时，可连续搜索数个星期，其工作状态相对不依赖水面海况，但操控能力和定位准确性相对较差，而且因地形变化需要频繁提升或下放拖曳系统，这些都会影响声呐数据的质量。自主式潜水器的高机动性使其具有更多的测绘模式，它的高精度惯性导航、多普勒计程仪、超短基线组合定位的精度在一般情况下比深拖系统高，但其主要问题是航程短、布放回收要求高。它们搭载了侧扫声呐或者合成孔径声呐，其中合成孔径声呐在 2 千米扫描幅宽外边缘仍可获得 10 厘米 ×10 厘米的分辨力[8]。搜寻期间，美国 Bluefin 潜水器创造了自身最大下潜深度和最长下潜时间的记录。

应该说在这次搜寻中，潜水器和探测声呐都较好地完成了使命，也展示出其未来需要改进的方向，如显著延长潜水器续航时间、提高声呐可操作的平台速度、发展多潜水器编队智能搜索技术等。针对更快、更大范围水下声学信标的定位需求，研究人员需要重新审视信标原有的设计理念和方案，并利用物联网的概念建立全新的多平台、分布式协同搜索模式。

2. 大西洋鱼类行为学研究

在广阔深邃的海洋中对海洋鱼类行为进行时间、空间连续观测具有极大的难度。其根本原因是海水介质对电磁波会产生较大的衰减作用，从而限制了包括卫星等电磁观测手段的观测范围与精度。海洋波导声学技术以中、低频声波为信息载体，为海洋鱼类行为遥测提供了一种有效的手段。其基本原理是：声波传输介质在海 – 气和海 – 底两个界面存在较大的阻抗不匹配，导致声波在这两个界面之间反复反射，最终在垂直方向形成多模式相互叠加的驻波，从而使能量主要局限在海洋水层中并保持横向传输[9]。其结果等同于在海洋中形成声学波导。与自由空间传输模式相比，波导传输模式在指数级尺度降低了声波传输损耗，显著增大了基于这项技术的遥测方法的水平遥测范围（最大可达几百千米）。世界各国一直把海洋波导声学技术作为主要的水下遥测工具。

20 世纪后期，海洋波导声学成像技术逐步在生物环境信息，特别是鱼类行为遥测中得以应用。20 世纪 90 年代初，美国麻省理工学院率先提出了基于海洋波导声学原理并结合波束成形等信号处理技术的海洋波导声学成像方法[10, 11]。2016 年，Wang 等采用与海洋波导声学成像相似的技术，采集到大西洋多种发声哺乳动物的声信号，实现了对多物种海洋鲸类及其捕食鱼群的大规模准实时成像；首次在宏观尺度观测到海洋鲸类依种群类型不同表现出各自的时间、空间聚集现象，并定量研究了鲸类与其捕食鱼类的生态关系[12]。目前多项基于该技术的渔业及哺乳动物行为研究在国际上引起了广泛关注。美国国家海洋渔业署已将海洋波导声学成像技术用于每年一次的鲱鱼资源调查。目前成像系统主要安装在走航式调查船上，随着海洋生态系统研究与保护管理需求的增加，未来有可能用于海域的长期定点观测。

科学家正在利用海洋波导声学成像技术，开展精确的鱼群分布成像及其行为研究，并通过信息技术、水声学、物理海洋学、海洋生物学等多学科的交叉融合，使研究进一步深化。2016 年，Yi 等利用鱼鳔在不同水深悬浮的膨胀特性，并结合物理散射模型，开发出大规模鱼群的三维观测方法，首次实现了大西洋鲱鱼垂直移动行为的大规模成像[13]。然而，目前仍有多项技术难题亟待解决，如多物种鱼群混合的分类成像方法，高噪声背景下的低密度鱼群分布观测和鱼群密度成像的散射损耗补偿等。解决这些问题，还需要做好以下工作：①深入研究声波在海洋波导中传输、散射的各类物理机制及其与环境的耦合，引入随机多路径声场的高维度与丰富性，来对欠定问题进行“补欠”；②引入知识性的不变特征或约束以及合理的数据变换“降维”，由部分信息通过拼接、合成、模型演化等递归地实现水下成像与情景分析，以最终建立起系统的水下成像方法[14]。

二、国内研发现状

中国深海探测技术在“十二五”期间取得跨越式发展，出现了以“蛟龙”号载人潜水器、“海马”号远程缆控潜水器和“海燕”“海翼”水下滑翔机及探索系列自主式潜水器为代表的一批重要成果，载人深潜技术跻入世界先进行列。“十三五”期间中国进一步加大投入，延续了这种良好的发展势头。据不完全统计，中国主要的研究计划包括国家重点研发计划“深海关键技术与装备”和“海洋环境安全保障”两个专项，中国科学院“热带西太平洋海洋系统物质能量交换及其影响”和“南海环境变化”两个战略性先导科技专项以及国家自然科学基金重大仪器专项等。资助的范围涵括观测 / 探测传感器、设备及系统，以及新概念潜水器、长航程潜水器、全海深载人潜水器、全海深无人潜水器、深海作业技术及装备、潜水器组网作业、海洋环境立体观测示范系统等。

在国家重点研发计划“深海关键技术与装备”专项支持下，由中国科学院深海科学与工程研究所负责组织研制的“深海勇士”号载人潜水器自 2017 年 8 月 16 日至 2019 年 8 月 24 日，先后在南海和印度洋完成了 189 次下潜，其中 2018 年度下潜 87 次，下潜次数达到当年国际下潜的领先水平，并创造了 19 天下潜 20 次的世界纪录，同时建立了国际上唯一的夜潜模式。这些下潜活动取得了一批标志性成果：①首次进行载人深潜考古调查，并成功提取 6 件文物，实现了中国水下考古从 40 米至 1000 米的历史性跨越；②首次实现大深度载人潜水器和远程缆控潜水器的水下联合作业；③圈定了海马冷泉区的精确范围，发现了 4 个新的冷泉活动点，确定了海马冷泉化学环境和生命群落分布特征；④在南海甘泉海台海域发现冷水珊瑚林；⑤在印度洋发现多处活动热液喷口。此外，中国已基本建成具有世界水平的潜水器岸基支持系统。

在单体技术突破的基础上，潜水器协作和编队的应用也逐步开展。以水下滑翔机为核心装备，天津大学、中国科学院沈阳自动化研究所均开展了移动组网监测应用研究与规模性海上试验。2017 年，中国科学院沈阳自动化研究所研制的“海翼”系列水下滑翔机，在中国科学院海洋先导专项南海综合调查航次第一航段科考任务中，共布放 12 台，实现了较大规模的水下滑翔机集群观测。2017 年 8 月，天津大学与中国海洋大学等多家单位联合，组织实施了覆盖海 - 气界面至 4200 米水深范围的 14 万平方千米海区的中尺度涡组网观测实验，所用的移动观测平台包括“海燕”水下滑翔机、各型波浪滑翔机等共计 30 余台（套）国产观测装备。2018 年 6 月，中国科学院沈阳自动化研究所组织开展空海一体化立体协同观测联合试验，投放的有“云鹞 100”无人直升机、“GZ-01”无人水面艇、“远征二号”自主式潜水器、“探索 4500”自主式潜水器和“海翼”水下滑翔机等五大类型 8 台（套）无人装备，构建出空海一体化立体协同观测系统[4]。

在国家高技术研究发展计划（863 计划）支持下，浙江大学牵头开展了“声场 - 动力环境同步观测系统集成与示范”研究，以声学 - 动力数据同化与模式预报为指导，采用移动声学 - 动力观测节点与锚系声学 - 动力观测潜标组网，把大范围低分辨声层析和小范围高分辨自适应水文采样结合起来，实现了区域动力环境 - 声场同步、机动和智能监测，形成了快变动力环境下的观测能力。该项目于 2016 年 6 月开展集成试验，通过射频 / 水声通信组网，在岸基中心完成了数据集成、声场与动力环境耦合预报以及潜水器观测策略反馈。这是中国首次多台（套）自主式潜水器参与组网环境观测，并形成闭环控制的集成示范试验。

中国科学院“热带西太平洋海洋系统物质能量交换及其影响”先导专项，研发出一批自主式观测系统、海洋连续观测与作业系统及新型海洋观测系列传感器与采样系统。其中长期定点剖面观测型潜水器是一种自航式和垂直剖面运动相结合的新型自主连续观测系统，利用高精度的双向浮力调节技术，实现了最优水平航行和垂直剖面运动，可获得超过 30 天的海流、溶解氧、浊度、叶绿素、温盐深等海洋要素的长期剖面数据信息，满足黑潮流经的敏感海域的长期、定点、连续观测的需求[15]。此外，该专项构建出由 20 套深海潜标组成的西太平洋科学观测网络，实现了深海数据的实时传输，使观测深度最大达到 3000 米，显著推进了对西太平洋三维环流结构、变化及其动力机制的研究[2]。

总体而言，中国深海探测与运载技术取得了重大突破，提升了走进深远海的能力。然而，规模化的组网观测、探测方面尚处于初步试验阶段，在组网技术、海上验证、应用能力等方面与国际先进水平相比仍有较大差距。此外，中国海洋高技术市场主要被外国产品垄断，自主研发技术的规模和核心竞争力亟待提高。

中国水声遥测技术的研究多集中于浅海环境，只进行了为数不多的深海试验。这些试验以点对点传播为主。沿海声学层析试验在舟山海域、胶州湾都进行过，基于多节点系统的深海中尺度声学层析试验在国内尚为空白。国家重点研发计划“海洋环境安全保障”专项支持了“海洋声学层析成像理论、技术与应用示范”项目，相关试验工作将于 2020 年在南海深海区域展开。

三、发展趋势及展望

科学研究、海洋探索、资源开发、海上安防等应用需求，一直是深海探测技术发展的主要推动因素，今天这种需求表现出更大的时间和空间尺度。深海观测策略（Deep-Ocean Observing Strategy，DOOS）近期提出了全球深海观测的关键科学问题和应对方案[2]，这些问题包括：①深海在地球能量失衡和陆 / 海水重新分布中的角色；②自然 / 人为气候变化与全球翻转环流及其变化的关系；③深海生态环境对自然变化和多气候变化压力源的响应；④自然 / 人为气候变化对深海碳汇的影响；⑤造成深海海底热、养分等通量观测发生变化的原因；⑥自然 / 人为气候变化和资源开采活动对深海及海底动物、微生物功能显著性的影响；⑦人类活动产生深海污染物的来源、路径、演变和后果。深海观测策略针对上述问题也给出了深海探测技术与装备的若干发展方向，提出通过示范项目实现多学科融合，强调了数据发现、标准化、互用和综合的重要性。

平台与传感技术的发展有其自身的规律，也与支撑其发展的能源、材料等通用技术相互促进。美国、日本等发达国家目前已拥有从先进的水面支持母船，到可下潜 100～11 000 米的载人、无人等不同类型的深海潜水器，以及探测、作业技术与装备综合谱系。中国制定了深海潜水器谱系化的蓝图，绘制了功能、类型、深度各维度的发展路线，在航程、潜深、负载能力与多功能方面进行了拓展。智能化和仿生技术是目前研究的热点，潜水器出现了仿蝠鲼水下无人机，传感技术出现了仿海豚声呐。组网技术开始关注不同种类潜水器的通用互操作、多台套无人潜水器的协同路径规划与预测、多台套无人潜水器的协同控制、水下滑翔机的大规模集群化、基于大数据和仿生技术的高效控制，以及跨介质多维空间的监控体系等新方向。

然而，深海探测在区域乃至全球尺度尚缺乏较为完整的体系架构。融合信息、空间、电子、光学、通信、地球物理学和海洋物理学等多学科的遥感技术，经过四十多年的发展，已经形成覆盖遥感、地理信息系统、全球定位系统等在内的多个空间信息技术，对于海洋科学的进步产生了极为重要的影响。而传统遥感技术主要是航空遥感和卫星遥感对海洋表面环境的监测，尚未形成水下环境大范围遥测体系。以马航MH370为例，卫星体系尚不足以对失联飞行器进行实时定位，开展水下搜寻更是大海捞针，即便在万平方千米这样的尺度范围，也缺乏对类似目标进行实时或者准实时监控的手段。人类首次数千平方千米区域鱼群分布即时成像的成功实践，或许为深海探测技术提供了新的发展思路。因此，需要开展以下工作：①系统研究海水内部通过声、光、电、磁进行遥测的机理与方法；②突破能源、材料、通信、定位等水下固定或移动平台技术的发展瓶颈；③结合海洋学、海洋物理、信息理论与技术及海洋工程技术，开展水下环境遥测体系的顶层设计，为真正意义上的“透明海洋”提供具体实现的框架和技术手段。

参考文献

[1] 丁忠军，任玉刚，张奕，等. 深海探测技术研发和展望 [J]. 海洋开发与管理，2019（4）：71-77.

[2] Levin L A，Bett B J，Gates A R，et al. Global observing needs in the deep ocean[J]. Frontiers in Marine Science，2019，6：1-32.

[3] Howe B M，et al. From space to the deep seafloor：using SMART submarine cable systems in the Ocean Observing System[R]. Reports of NASA Workshops，October 2014，Pasadena，CA；May 2015，Honolulu，HI.

[4] 徐文，王延辉，李一平，等. 潜水器组网观测研究现状与发展趋势分析 [J]. 电子科学与技术，2019，(2)：56-63.

[5] Australian Transport Safety Bureau. MH370 - First Principles Review[EB/OL]. [2016-12-20]. http://www.atsb.gov.au/media/5772107/ae2014054_final-first-principles-report.pdf.

[6] Australian Transport Safety Bureau. The Operational Search for MH370[EB/OL]. [2017-10-03]. https://www.mh370wiki.net/wiki/Reference：The_Operational_Search_for_MH370.

[7] LeHardy P K，Moore C. Deep ocean search for Malaysia Airlines Flight 370[J]. Proc MTS/IEEE OCEANS，IEEE，2014：1-4.

[8] LeHardy P K，Larsen J. Deepwater synthetic aperture sonar and the search for MH370[J]. Proc MTS/IEEE OCEANS，IEEE，2015：1-4.

[9] Jensen F B，Kuperman W A，Porter M B，et al. Computational Ocean Acoustics[M]. New York：Springer Science，2011.

[10] Makris N C. Imaging ocean-basin reverberation via inversion[J]. Journal of the Acoustical Society of America，1993，94：983-993.

[11] Ratilal P，Makris N C. Long range remote imaging of the continental shelf environment：the Acoustic Clutter Reconnaissance Experiment 2001[J]. Journal of the Acoustical Society of America，2005，117：1977-1998.

[12] Wang D，Garcia H，Huang W，et al. Vast assembly of vocal marine mammals from diverse species on fish spawning ground[J]. Nature，2016，531：366-370.

[13] Yi D H，Gong Z，Jech J M，et al. Instantaneous 3D continental-shelf scale imaging of oceanic fish by multi-spectral resonance sensing reveals group behavior during spawning migration[J]. Remote Sensing，2018，10（1）：108.

[14] 徐文，鄢社锋，季飞，等. 海洋信息获取、传输、处理及融合前沿研究评述 [J]. 中国科学：信息科学，2016，46（8）：1053-1085.

[15] 李硕，唐元贵，黄琰，等. 深海技术装备研制现状与展望 [J]. 中国科学院院刊，2016，31（12）：1316-1325.

4.1 Deep Sea Exploration Technology

Xu Wen，Wang Delin
（Zhejiang University）

Deep sea is the last piece in the earth that our human being has far less reached. Embodying rich resources，it is a strategically important region for our future well-being and development. As the central tools for entering the deep sea，understanding the deep sea，exploiting the resources and safeguarding the security，deep sea exploration technology has been highly valued by world-wide ocean powers. This paper briefly presents some new progresses and trends，via addressing two recent important application cases. Considering increasing application needs，it also proposes to innovatively develop large-scale system of underwater remote-sensing systems.

4.2　海水综合利用技术新进展

赵河立

（自然资源部天津海水淡化与综合利用研究所）

海水综合利用技术包括海水淡化、海水冷却、海水化学资源利用等技术。海水淡化技术是从海水中提取淡水的技术，已广泛用于国内外城市的生活和工业供水，是解决沿海地区缺水问题的重要途径。商业上进行海水淡化涉及的淡化工艺主要有反渗透、多级闪蒸、低温多效蒸馏等。海水冷却技术是利用海水替代冷却水的技术，一般用于火电、核电、化工等行业中，主要包括海水直流冷却和海水循环冷却两类，其中海水循环冷却是最主要的发展方向。海水化学资源利用技术是从海水或浓海水中提取钾、溴、镁、铀、锂等化学元素的技术。

一、国际进展

1. 传统海水淡化技术

海水淡化利用海水生产淡水，是实现水资源开源的增量技术，且不受时空和气候的影响，可以保障人们生产和生活的用水需求。目前，海水淡化技术已在全球 130 多个国家实现应用，成功解决了全球2亿多人的饮水问题，是世界各国解决水资源短缺、实现社会经济可持续发展的重要途径。

反渗透、多级闪蒸、多效蒸馏等是目前海水淡化市场的主流技术[1]。反渗透技术需要满足海水预处理、专业运行维护、膜材料更换等工艺要求，但在工程投资成本、原料水多样性、热源条件制约、应用灵活性及产水成本经济性等方面具有十分明显的优势，其优势足以弥补其不足，使其成为目前市场的优先选择，已占据全球海水淡化大部分的市场份额。例如，2015～2016 年，反渗透占淡化市场的比重达 93%，而同期蒸馏淡化已缩减至 7%[2,3]。

中东国家早期倾向于发展适应当地海洋环境的运维简单的蒸馏法海水淡化技术（包括多级闪蒸、多效蒸馏等），已建成多项大型蒸馏法海水淡化工程。基于当地丰富的能源条件和政府多年兴建输水设施的成果，大型蒸馏法淡化装置充分发挥了规模优势。然而，2010 年以后，全球经济增长放缓，石油价格不断下跌，中东各国纷纷缩减国内预算，致使大型蒸馏淡化工程纷纷停滞或被取消，海湾地区的淡化市场逐步被投资效益更高的反渗透技术取代。

2. 海水淡化新技术

反渗透、多级闪蒸和多效蒸馏等商业化海水淡化技术之外的新技术一直是国内外的研究热点，主要包括膜蒸馏、正渗透、电容去离子等技术。海水淡化新技术尚未表现出取代传统海水淡化技术的趋势，但已在苦咸水淡化、废水等领域取得了一些商业化应用。膜蒸馏海水淡化是一种由蒸汽差压驱动的膜分离过程，其核心是膜的通透性和疏水性。研发具有优良疏水性的高通量膜是目前国际研发的热点[4]，如对传统使用的相转换或拉伸法制备的平板或中空纤维膜进行表面改性，以提高其疏水性；构建疏水 / 亲水双层机构的中空纤维膜蒸馏膜，以提高其通透性等。正渗透是利用膜两侧的渗透差压作为驱动力实现脱盐，研究方向是：①开发性能优良的膜。理想的正渗透膜要有高通量和高盐截留率以及耐污染性，并且使浓差极化效应尽量小[5]；②开发合适的汲取液，尤其是实现汲取液的再生。电容去离子技术利用静电场中的阴阳电极，在其与电解质溶液界面产生很强的双电层，以吸附电解质离子，达到除盐的目的。电容去离子技术的核心是电极，电极要有好的导电性和很大的比表面积。国际上研究的核心是高性能电极材料。此外，电容去离子技术的理论模拟也得到很多关注[6-9]。

3. 海水冷却技术

海水冷却技术包括海水循环冷却和海水直流冷却两种技术。海水循环冷却技术是以原海水为冷却介质，经换热设备完成一次换热后，再经冷却塔冷却并循环使用的冷却技术。与海水直流冷却技术相比，海水循环冷却技术的取排海水量可降低 95% 以上，是海水冷却技术的发展方向。

国外海水循环冷却技术于 20 世纪 70 年代开始应用，由于具有对海洋生态环境友好的优势，近年来受到主要沿海发达国家的重视。美国通过制订法规、政策、标准、规范等，推动了海水循环冷却技术的快速发展，使其整体技术水平处于领先地位。2010 年开始，加利福尼亚、纽约、新泽西等州相继根据美国《清洁水法》第 316 款出台了政策，禁止海水直流冷却技术的使用，有效促进了海水循环冷却等环境友好型海水利用技术的推广。随着各国对生态环境保护的日益重视，海水循环冷却技术逐渐向应用领域广泛化、规模大型化和绿色环保化方向发展，在沿海火电、核电、石化、化工、钢铁等高耗水行业得到普遍应用。全球已建成海水循环冷却装置数百套，单套最大冷却规模超过 18 万米^3/ 小时，海水浓缩倍率可控制在 1.5～2.0，海水取排水量比海水直流冷却技术降低 95% 以上，取得了良好的环境效益，为缓解沿海地区淡水资源紧缺的局面发挥了巨大作用[10, 11]。

4. 海水化学资源利用技术

海水化学资源利用包括常量元素利用和微量元素利用。常量元素利用是指从海水中提取海盐（氯化钠）、钾盐、溴、镁等化工产品，目前产业化技术基本成熟。在海水制盐方面[12-14]，美国等国家倾向于开发液体盐，降低下游产业的化盐工序。在制备高纯氢氧化镁技术研发与应用方面[15, 16]，马来西亚工艺大学、马来西亚理科大学、墨西哥萨尔蒂约应用化学研究中心等，主要从单个晶体的结合机理出发，在高纯氢氧化镁的微观解析、晶格架构等方面开展了相关研究。在提溴技术方面[17, 18]，美国雅保公司、德国朗盛集团、以色列化工集团和日本东曹公司开发了深加工的溴系列产品。

微量元素利用是指从海水中提取铀、锂等元素，目前尚不具备产业化条件。例如，美国橡树岭国家实验室和佛罗里达希尔公司（Hills）合作，通过高容量吸附剂材料与聚乙烯纤维素的有序结合，开发出吸附力强的 HiCap 提铀吸附剂；美国太平洋西北国家实验室宣布，开发出了偕胺肟基聚乙烯纤维材料，可将海水提铀成本降至原来的 1/4～1/3[19]。材料科学的发展促进了海水提锂相关技术的进步，目前海水提锂的工艺主要有电化学法、离子筛吸附、离子液体萃取、纳滤 + 渗析、膜结晶等。

二、国内发展现状

1. 传统海水淡化技术

反渗透和多效蒸馏是国内海水淡化的主流技术，截至 2017 年底，我国（不含香港、澳门、台湾）已建成海水淡化工程 136 座，工程规模为 1 189 105 吨 / 日。全国应用反渗透技术的工程 117 座，工程规模为 813 655 吨 / 日，占全国总工程规模的 68.43%；应用低温多效技术的工程 16 座，工程规模为 369 150 吨 / 日，占全国总工程规模的 31.04%。国内规模最大的多效蒸馏和反渗透海水淡化工程，规模分别达到 20 万吨 / 日和 10 万吨 / 日，相关技术达到或接近国际先进水平[20]。

我国已建成万吨级以上海水淡化工程 36 座，工程规模为 1 059 600 吨 / 日；千吨级以上、万吨级以下海水淡化工程 38 座，工程规模为 117 500 吨 / 日；千吨级以下海水淡化工程 62 座，工程规模为 12 005 吨 / 日[2, 3]。从上述数据可以看出，万吨级以上海水淡化工程规模占据市场总量的 89.11%，构成了国内海水淡化的市场主体。上述情况也与国际海水淡化工程规模大型化趋势相一致。

我国海水淡化工程主要集中在天津、山东、辽宁、河北、浙江、福建、海南等 9

个沿海缺水省份。其中，北方以大规模的工业用海水淡化工程为主，主要集中在天津、山东、河北等电力、钢铁等高耗水行业，南方以民用海水淡化工程居多，主要分布在浙江、海南等地，以百吨级和千吨级工程为主。

我国在未来将进一步扩大产业园区海水淡化的产能规模，在新建或在建沿海产业园区中规划建设大型海水淡化工程，并配套建设输送管网，向园区内企业供应不同品质的淡化水，实现园区内供水自给自足。此外，随着中国"一带一路""海洋强国"等国家战略的实施，远洋船舶、海上平台、港口建设、海岛开发等对海水淡化的需求日益迫切，海水淡化在上述场合和地区也必将发挥更加重要的基础保障作用。

在我国海水淡化水中，工业用水占比较大，达 66.56%，主要用于沿海电力、钢铁、化工、石化等企业锅炉、生产工艺用水等。例如，众和海水淡化工程有限公司开发的以低温热水为热源的多效蒸馏海水淡化装置，在大连恒力石化建造并于 2019 年 6 月投入使用。居民生活用水占工程总规模的 33.31%。为居民提供生活用水的工程主要分布在天津、舟山和青岛等地，可通过"点对点"的方式提供淡化水，或使之与常规水源按比例掺混后，再进入局部供水管网，为居民提供生活用水。

我国淡化水的应用对象主要是工业企业，多数工程用来满足工业企业自身的用水需求，其发展模式多为企业的自给自足。与国际上淡化水主要用于市政供水不同，国内受现行供水管理体系的影响，淡化水尚未实现大规模进入市政管网，其产业发展规模受到极大制约[1]。

我国在海水淡化核心技术和装备水平方面的能力仍需进一步提升。在蒸馏海水淡化方面，高填充率蒸发器、蒸汽热压缩、廉价传热材料等技术有待突破。在反渗透海水淡化方面，反渗透膜、能量回收装置、高压泵等关键材料和设备性能有待提升。中国海水淡化的基础研究相对薄弱，在高性能膜材料、强化传热、核心装备、大型工程系统集成等方面仍落后于国际先进水平，整体研发水平亟待提升。

2. 海水淡化新技术

在膜蒸馏海水淡化技术方面，国内的研究者近年来主要围绕传统平板或中空纤维膜的工艺优化和表面修饰、亲水 / 疏水双层结构膜的性能优化、新型膜的制备和性能展开研究。例如，天津工业大学利用共挤压纺丝相转换法制备出一种具有高孔隙率皮层的中空纤维膜，用于膜蒸馏时使通量提高了一半[21]；中国科学院上海高等研究院研究了聚偏氟乙烯（PVDF）膜表面与负电荷之间的关系[22]，并用 FAS 修饰的硅纳米颗粒和聚苯乙烯颗粒，共同改性 PVDF 膜表面，以赋予其疏水疏油性[23]，提高了 PVDF 膜的耐浸润性能；西安交通大学制备出基于聚四氟乙烯（PTFE）的疏水 / 亲水双层复合膜，并对其耐浸润性能和抗污染性能进行了研究[24]。

在正渗透海水淡化技术方面，国内研究者近几年一方面围绕新型正渗透复合膜的构筑以及表面改性策略进行研究，来提高其耐污染性能，降低浓差极化，降低反向离子透过率；另一方面开发了更多种类型的汲取液，研究了其可行性。例如，浙江大学用具有垂直孔的孔状基底来制备复合正渗透膜[25]。福州大学研究了哌嗪基电离功能材料[26]和磁性纳米颗粒[27]，并把它们作为汲取液，用于正渗透海水淡化。

在电容去离子海水淡化技术方面，国内的研究近年来基本围绕高性能电极的研发开展。例如，河海大学开发出氮掺杂的介孔碳纳米晶电极[27]和纳米状金属有机框架（MOF）/ 聚吡咯复合电极[28]，增加了电极的比表面积，显著增强了吸附性能；宁夏大学把石墨烯 / 结晶钛酸钠（$Na_4Ti_9O_{20}$）复合纳米管作为电极[29]，有效抑制了相同离子在电极上的嵌入，从而提高了淡化性能。

3. 海水冷却技术

国内海水循环冷却技术主要集中应用在火电行业和个别化工企业，已形成具有自主知识产权的十万吨级海水循环冷却成套技术，并成功研发出系列化的海水阻垢剂、缓蚀剂、菌藻抑制剂产品，初步搭建成海水循环冷却技术标准的体系框架，其整体技术水平与国际先进水平接近。以浙江国华宁海发电厂 2×1000 兆瓦超超临界火电机组配套 2×10 万吨级海水循环冷却工程为例，自 2009 年投入运行至今，设备已安全稳定运行了 10 年，海水浓缩倍率控制在 2.0，污垢热阻小于 2.15×10^{-4} 米^2·开 / 瓦，杀菌率达到 99% 以上，实现了年替代淡水 3000 万吨；与同等规模的海水直流冷却相比，实现年取排水量减少 15 亿吨以上。由于社会、经济、环境效益显著，中国海水循环冷却工程总规模增长很快，截至 2017 年底，已建成海水循环冷却工程 20 个，总循环量为 167.88 万吨 / 时，其中新增海水循环量 43.40 万吨 / 时。目前，中国已形成一批实力较强的科研机构和企业，具备与国外先进水平竞争的基础。随着电力、石化、化工、钢铁等高耗水行业的趋海分布和对海洋生态环境保护的重视，中国海水循环冷却技术正在迅速向环境友好化、规模大型化、应用领域广泛化发展，并逐渐显现出规模优势，为中国海水循环冷却技术赶超国际领先地位提供了契机[30]。

4. 海水化学资源利用技术

在制盐技术领域，我国海盐产量位居世界前列，基本满足国内两碱行业及其他行业工业盐的使用需求，然而，我国液体盐的开发利用仍处于较低水平。在制碱技术领域，山东海化集团探索了采用纳滤技术，对卤水进行一二价离子分离，并应用于纯碱生产，取得了良好的经济效益[31]。在提镁、提溴技术领域，自然资源部天津海水淡化与综合利用研究所对高纯氢氧化镁合成的连续控制技术进行了系统研究，投建了中试线，开发出高效低能耗（浓）海水、卤水空气吹出法提溴产业化技术及成套装备。在微量元素提取方面，我国针对铀提取，开展了吸附材料筛选、抗微生物性能提升等研究，并开展了相关的海试试验[32]；针对锂提取，我国研究了利用磷酸三叔丁酯从离子液体和煤油体系盐湖卤水中提取锂的技术，以及从室温离子液体萃取溶液中提取锂的技术等[33]。

三、发展趋势

1. 淡化工艺相互耦合，提高系统综合效益

纳滤与反渗透、纳滤与蒸馏法、反渗透与蒸馏法等多种工艺的耦合应用日益普遍。通过将不同淡化工艺耦合，来发挥技术互补优势，可提高整个海水淡化系统的综合效益。例如，利用共用取排水等基础设施，降低了工程投资成本；通过提高产水回收率和扩大装置产能的规模，可以最大限度地降低工艺能耗；将不同淡化工艺产水按一定比例混合，以满足不同用水需求。此外，将海水淡化工艺与淡化后浓海水综合利用工艺进行耦合，也受到了广泛关注。利用蝶式反渗透（DTRO）、超高压反渗透（UHPRO）、蒸汽机械压缩（MVR）等技术，大大提高了淡化后浓海水的浓缩倍率，为海水制盐、化学资源提取等创造了有利条件，由此提高了海水淡化的综合经济效益，同时减少了浓盐水的直接排放。

2. 探索新能源海水淡化技术，突破能源成本瓶颈

为摆脱海水淡化对化石能源的依赖，突破能源成本对产业发展的制约，利用新能源进行海水淡化意义重大。目前，与海水淡化相结合的新能源主要包括：可再生能源（如太阳能、风能、生物质能、地热能和海洋能等）、核能、工业低品位余热。其中，利用太阳能、风能进行海水淡化的技术发展迅速。风光互补技术有效克服了可再生能源不稳定等缺点，已在我国海岛等电力短缺地区实现了工程应用。此外，随着新一代核技术的发展，核能的应用将从发电领域向核供热、海水淡化等领域扩展。国内外大型核电企业均在大力开发模块化小型堆、低温供热堆、快堆、浮岛式核堆等技术。这些新型核反应堆可与海水淡化有机结合，充分发挥核能高效、清洁、廉价等技术特点，有望从根本上突破海水淡化能源成本的瓶颈[34]。

3. 注重生态环境保护，促进淡化可持续发展

重视海水综合利用对生态环境的影响，我国应大力开发高效节能型工艺及装备，

努力实现节能减排。各国普遍重视开发可再生能源技术，以减少化石燃料消耗，降低碳排放。研发无药剂、药剂减量化或绿色环保型药剂等新型海水处理技术，可最大限度地降低对海洋生态环境的污染。结合卫星遥感和近岸海洋监测技术，对项目选址、取水口位置、取水方式、浓盐水排放进行优化设计，同时制定和完善海水淡化取排水的相关标准，可以降低对周边环境的影响[35]。开展浓盐水处置工艺研究，积极开发浓盐水综合利用、高质化利用技术，以促进海洋循环经济发展。各种海水综合利用新工艺、新装备的不断开发和应用，将为海水综合利用的可持续发展提供一条有效途径，同时显著提高节能环保效益。

参考文献

[1] 冯厚军，谢春刚．中国海水淡化技术研究现状与展望［J］．化学工业与工程，2010，27（2）：103-109.

[2] IDA．IDA Desalination Year Book：Water Desalination Report 2015-2016［M］. Oxford：Media Analytics Ltd，2016.

[3] IDA．IDA Desalination Year Book：Water Desalination Report 2014-2015［M］. Oxford：Media Analytics Ltd，2015.

[4] Qtaishat M，Khayet M，Matsuura T. Guidelines for preparation of higher flux hydrophobic/hydrophilic composite membranes for membrane distillation［J］. Journal of Membrane Science，2009，329：193-200.

[5] Liu C H，Lee J H，Ma J，et al. Antifouling thin-film composite membranes by controlled architecture of zwitterionic polymer brush layer［J］. Environmental Science and Technology，2017，51：2161-2169.

[6] Bao W Z，Tang X，Guo X，et al. Porous cryo-dried mxene for efficient capacitive deionization［J］. Joule，2018，2：778-787.

[7] Wang L，Biesheuvel P M，Lin S H. Reversible thermodynamic cycle analysis for capacitive deionization with modified Donnan model［J］. Journal of Colloid and Interface Science，2018，512：522-528.

[8] Ramachandran A，Hemmatifar A，Hawks S A，et al. Self similarities in desalination dynamics and performance using capacitive deionization［J］. Water Research，2018，140：323-334.

[9] Yasin A S，Mohamed I M A，Mousa H M，et al. Facile synthesis of TiO_2/ZrO_2 nanofibers/nitrogen co-doped activated carbon to enhance the desalination and bacterial inactivation via capacitive deionization［J］. Scientific Reports，2018，8：541.

[10] Ibrahim S M A，Attia S I. The influence of the condenser cooling seawater salinity changes on the thermal performance of a nuclear power plant［J］. Progress in Nuclear Energy，2015（79）：115-

126.
[11] Hu M M, Chen C, Yuan H. Biofouling control method based on quaternary ammonium compounds[J]. Desalination and Water Treatment, 2018 (119): 118-124.
[12] Giwa A, Dufour V, Al Marzooqi F. Brine management methods: recent innovations and current status[J]. Desalination, 2017 (407): 1-23.
[13] Semblante U, Lee Z, Lee Y. Brine pre-treatment technologies for zero liquid discharge systems[J]. Desalination, 2018 (441): 96-111.
[14] Morillo U, José D. Comparative study of brine management technologies for desalination plants[J]. Desalination, 2014 (336): 32-49.
[15] Ma Y H, Chen M, Liu N, et al. Combustion characteristics and thermal properties of high-density polyethylene/ethylene vinyl-acetate copolymer blends containing magnesium hydroxide[J]. Journal of Thermoplastic Composites, 2017, 30 (10): 1393-1413.
[16] None. FMI: Magnesium Hydroxide market: global industry analysis and opportunity assessment 2016-2026[EB/OL]. [2016-06-09]. https://www.futuremarketinsights.com/reports/magnesium-hydroxide-market.
[17] Liu W, Zhang Q. The application of concentrated seawater from desalination in commercial extraction of bromine[C]. The International Desalination Association World Congress on Desalination and Water Reuse, Sao Paulo, 2017: 254-258.
[18] Cai R H, Liu W, Zhang Y S. Atmospheric gas-liquid phase equilibrium of bromine-concentrated seawater system[J]. Chemical Industry and Engineering, 2010, 27 (03): 197-202.
[19] Xu X, Chen Y M, Wan P Y, et al. Extraction of lithium with functionalized lithium ion-sieves[J]. Progress in Materials Science, 2016 (84): 276-313.
[20] 自然资源部 . 2017 年全国海水利用报告 [R]. 北京：自然资源部，2018.
[21] Zhao L H, Wu C R, Liu Z Y, et al. Highly porous PVDF hollow fiber membranes for VMD application by applying a simultaneous co-extrusion spinning process[J]. Journal of Membrane Science, 2016, 505C: 82-91.
[22] Chen Y, Tian M M, Li X M, et al. Anti-wetting behavior of negatively charged superhydrophobic PVDF membranes in direct contact membrane distillation of emulsified wastewaters[J]. Journal of Membrane Science, 2017, 535: 230-238.
[23] Zheng R, Chen Y, Wang J, et al. Preparation of omniphobic PVDF membrane with hierarchical structure for treating saline oily wastewater using direct contact membrane distillation[J]. Journal of Membrane Science, 2018, 555: 197-205.
[24] Cheng D G, Zhang J H, Li N, et al. Anti-wettability and performance stability of a composite

hydrophobic/hydrophilic dual-layer membrane in wastewater treatment by membrane distillation[J]. Industrial&Engineering Chemistry Research，2018，57：9313-9322.

[25] Liang H Q，Hung W S，Yu H H，et al. Forward osmosis membranes with unprecedented water flux[J]. Journal of Membrane Science，2017，529：47-54.

[26] Wu Y H，Zhang W H，Gai Q Q. Piperazine-based functional materials as draw solutes for desalination via forward osmosis[J]. ACS Sustainable Chemistry and Engineering，2018，6：14170-14177.

[27] Gai Q Q，Yang L M，Cai J Z. Hydroacid magnetic nanoparticles in forward osmosis for seawater desalination and efficient regeneration via integrated magnetic and membrane separations[J]. Journal of Membrane Science，2016，520：550-559.

[28] Wang Z M，Xu X T，Kim J H，et al. Nanoarchitectured metal-organic framework/polypyrrole hybrids for brackish water desalination using capacitive deionization[J]. Materials Horizon，2019，6：1433-1437.

[29] Zhou F，Gao T，Luo M，et al. Heterostructured graphene@Na4Ti9O20 nanotubes for asymmetrical capacitive deionization with ultrahigh desalination capacity[J]. Chemical Engineering Journal，2018，343：8-15.

[30] 李亚红 . 我国海水冷却技术的应用现状及发展应对策略 [J]. 应用化工，2017，12：2431-2434.

[31] 刘俊强 . 纳滤卤水精制技术在纯碱生产中的应用 [J]. 纯碱工业，2015，4：15-17.

[32] 熊杰 . 中国海水提铀研究进展 [J]. 核化学与放射化学，2015，37（5）：257-265.

[33] 赵晓昱 . 海卤水提锂新技术研究现状及展望 [J]. 高校化学工程学报，2017，31（3）：497-508.

[34] 赵河立，初喜章，阮国岭 . 核能在海水淡化中的应用 [J]. 中国给水排水，2002，21（4）：17-21.

[35] 张拂坤，邹川玲，李磊，等 . 美国海水取水政策及其对我国海水淡化取水的借鉴 [J]. 水利经济，2016，34（2）：53-55.

4.2　Seawater Multi-Purpose Utilization Technology

Zhao Heli

[The Institute of Seawater Desalination and Multipurpose Utilization，MNR (Tianjin)]

The seawater multi-purpose utilization technology includes seawater desalination technology，seawater cooling technology and utilization technology of chemical resources in seawater. The seawater desalination technology is a process of extracting fresh water from seawater. It has been widely used for domestic and industrial water supply in urban all around the world and has become an important way to solve the problem of water shortage in coastal areas. The main commercial desalination processes mainly include reverse osmosis，multi-stage flash distillation and low temperature multi-effect distillation，etc. The seawater cooling technology is a process of using seawater instead of cooling water. It has been widely used for industrial cooling in thermal power，nuclear power and chemical industry，etc. It mainly includes two processes of seawater DC cooling and seawater circulation cooling，and its development direction is seawater circulation cooling. The utilization technology of chemical resources in seawater is a process of extracting chemical elements such as potassium，bromine，magnesium，uranium and lithium from seawater or concentrated seawater. In view of this，countries with marine resources in the world attach great importance to the development of this technology. In this paper，we briefly introduce the progress of this technology and look forward to the future.

4.3 深海油气开发利用技术新进展

高德利* 杨 进 王宴滨

（中国石油大学）

随着油气资源开发利用的逐步深化，海洋油气勘探开发已从浅水区（小于500米）向深水区（500～1500米）和超深水区（大于1500米）发展。近年来，全球重大的油气发现一多半来自海洋深水区（简称“深海”），深海油气资源将成为油气能源的重要接替区之一。中国南海深水区油气资源丰富，但开发利用程度较低，因此进一步加强深海油气开发利用技术的创新势在必行。下面将从开发模式、深水钻井、生产与集输、深海天然气水合物开采、工程装备与安全控制等方面，介绍深海油气开发利用技术的国内外现状与发展趋势。

* 中国科学院院士。

一、国际重大进展

1. 深海油气开发模式

深海油气开发具有“高技术、高投资、高风险、高回报”的基本特征[1]，有多种开发模式可供选用。不同开发模式在开发成本上存在较大区别，开发模式的选择往往决定着一个深海油气开发项目的成功与否，以及收益率的高低。美国、巴西及西非的深海油气开发技术居世界领先地位，在工程实践中逐步形成了适合对应海域特点的深海油气开发模式。

在美国，由于对浮式生产储卸装置（FPSO）使用的限制，采出的深海油气主要通过海底管道输送上岸。因此，美国在其所属的墨西哥湾海域建立了大规模的海底管道和管网设施，为海洋平台外输管线的接入和油气外输创造了便利条件。美国在其所属的墨西哥湾海域大多采用“浮式钻井 + 水下生产 + 海底管网集输 + 管道外输销售”的深海油气开发模式。

巴西针对其海域大陆架的特点，通过技术研究和生产实践，将钻井、生产、储存和外输等多种功能组合起来，形成了“半潜式钻井+浮式生产与储卸+船运外输销售”的深海油气开发模式。这是巴西深海油气高效开发的标准模式。

西非深海油气开发模式的选择，受到各种因素的制约。从目前的应用情况来看，西非海域环境条件相对较温和，且政府对各浮式平台无明确限制，再加上西非海域海底管网并不发达，因而西非海域形成了“浮式钻井 + 浮式生产与集输 + 穿梭油轮外输销售”的深海油气开发模式，以及利用附近已有水下基础设施进行水下回接的开发模式。

2. 深水钻井技术

海洋深水钻井或钻探，是深水条件下海洋油气工程中不可或缺的基本环节。与近海浅水钻井不同，海洋深水钻井必须面对更为复杂的海洋深水环境和工程作业条件，面临“下海、入地”的双重挑战，需要使用浮式钻井作业平台，并采用特殊的深水钻井管具系统（包括深水导管、送入管柱、深水钻井隔水管等）、水下机器人及智能控制系统等，建立安全稳定的水下井口与钻井系统。这是一项复杂的系统工程[2]。

全球深海油气勘探开发始于 20 世纪 70 年代。近年来，通过不断的技术创新，在保障作业安全的同时，大幅提高了深水钻井作业效率。全球深水钻探作业水深已超过 3000 米，单井作业成本大幅度降低，在墨西哥湾、巴西、北海和西非几大海域，已逐步形成了窄压力窗口地层钻井、深水巨厚盐膏层钻井、深水高温高压钻井、深水大位移钻井等系列深水钻井技术体系。随着人工智能和大数据技术的不断发展，美国斯伦贝谢（Schlumberger）和贝克休斯（Baker Hughes）等著名油气技术服务公司，分别提出了 OptiDrill* 实时钻井智能技术服务、TERRADAPT ™地层自适应钻头等一系列深水钻井智能化技术措施，并通过采集钻井过程中的地层数据，不断调整和改进钻头性能和钻进参数，从而提高了深水钻井效率。利用大数据实时监控和识别井下可能出现的钻井复杂工况和事故，并及时反馈给作业人员进行辅助决策，可以保障深水钻井作业的安全高效运行。

深水导管设计控制、深水隔水管安装与悬挂及其涡激振动控制、深水浮式钻井系统整体分析等技术，是深水钻井特有的关键技术问题，相关研究备受关注。近年来，国外相关机构提出了一种利用神经网络技术，主动调节深水钻井隔水管顶张力的新型涡激振动控制方法[3]，并研发出一种深水隔水管涡激振动抑制（longitudinally grooved suppression，LGS）技术。涡激振动抑制技术通过在浮力块上设置轴向沟槽，显著改善了隔水管的涡激响应，有利于提高其疲劳寿命[4]。2010 年起，英国石油公司（BP）、埃克森美孚公司（Exxon Mobil Corporation）、荷兰皇家壳牌石油公司（Royal Dutch Shell）、雪佛龙股份有限公司（Chevron Corporation）等 10 多家国际化油气公司联合挪威船级社（Det Norske Veritas，DNV），开始对水下井口的疲劳寿命进行研究。深水浮式钻井系统（设备 - 隔水管 - 导管）的整体分析模型（global analysis model），是水下井口疲劳寿命分析的重要研究内容之一。在前期大量工作的基础上，挪威船级社分别于 2015 年和 2018 年颁布了两个推荐做法，为深水浮式钻井系统的整体力学分析和水下井口疲劳寿命预测提供了科学依据[5]。

3. 深海油气生产与集输技术

不同于陆地和浅水区，深海油气开采大多使用安装于海底的水下生产系统[6]，包括水下井口、水下采油树、水下增压泵、海底管汇、水下立管等水下设备。水下生产系统的安装、测试、控制及回收等技术的开发难度较大，对材料性能、密封性能等要求较高，控制系统和阀件等单元容易出问题且不易维修。因此，水下井口、水下采油树、水下立管等水下生产系统长期被美国的 FMC、卡麦隆（Cameron）和 Vetco Gray 三大厂商垄断，这三家企业占有全球 85% 以上的市场份额。近年来，国际深海油气开发技术的发展方向是：采用高速率数据传输与处理技术建立深海智能油气田。FMC 和德希尼布（Technip）公司于 2017 年提出了 Subsea 2.0 水下生产系统的概念，在提高工程装备作业水深和安全性能的基础上，采用数字化技术实时监测和智能调控每口井的产量参数，以缩短深海油气田开发的投资回报周期。

水下井口的作业贯穿于深水钻井和油气生产的全过程。水下井口系统独特的机械结构和作业形式，导致其载荷在服役过程中出现问题（如出现复杂的桩土接触、温度－压力耦合效应及频繁的动载等），对其稳定性和疲劳寿命产生了严重影响，相关研究已取得新进展[7,8]。水下立管系统是深海油气开发中连接水下井口和水面作业平台的通道，是深海油气田水下生产系统的重要组成部分，包括顶端张紧立管（TTR）、柔性立管（FR）、混合立管（HR）和钢悬链立管（SCR）。近年来，水下立管系统的研制、使用及维护等取得了一些技术进展[9,10]。

4. 深海天然气水合物开采技术

天然气水合物俗称“可燃冰”，是一种可开发利用的清洁能源。深水海底的高压低温环境有利于天然气水合物的形成与稳定储存，超过 90% 的天然气水合物位于水深超过 800 米的海洋深水区。全球目前已经进行多次陆地冻土带和深水海域天然气水合物的试采，并取得一定突破。例如，日本于 2013 年和 2017 年在日本南海海槽实施了两次深海天然气水合物的试采工程，累计产气量为 12 万立方米，但由于井筒严重出砂等问题被迫终止。深海天然气水合物开采面临的主要技术挑战包括：①深海天然气水合物勘探成本高、精度低；②天然气水合物在生产过程中二次生成并堵塞管路；③天然气水合物分解有可能造成海底滑坡和甲烷逸散；④天然气水合物在海底以下埋深较浅；⑤天然气水合物分解，导致开采过程中地层失稳及严重出砂和出水；⑥天然气水合物储层渗透率低，提高其单井产量及最终采收率难度大。目前，天然气水合物的主要开采方法有降压法、注热法、置换法、抑制剂法等[11]，但要实现天然气水合物的商业化开发利用仍面临诸多技术挑战。

5. 深海油气工程装备与安全控制系统

“工欲善其事，必先利其器”。深海油气工程装备作为深海油气开发利用的硬件条件，具有不可或缺的重要作用，主要包括深水作业平台、深水隔水管系统、水下生产系统和海底管道等。目前，能够在深水区作业的半潜式平台、立柱式平台（SPAR）、张力腿式平台（TLP）等浮式作业平台，已在全球广为应用。迄今，已有 50 余座半潜式生产平台在世界范围内服役，作业水深最深达 2414 米；已建成和在建的张力腿式平台 30 座，作业水深最深达 1580 米；单柱式平台 22 座，作业水深最深达 2383 米。浮式多功能装备，如浮式生产储卸装置（FPSO）、浮式液化天然气装置（FLNG）、浮式钻井生产储卸装置（FDPSO）等深水浮式作业装备不断涌现。目前，全世界共有 178 艘浮式生产储卸装置、浮式液化天然气装置、浮式钻井生产储卸装置等浮式装备[12]，其正在被快速推进之中。

世界上海底管道铺设已超过 10 万千米，遍布世界各大海域，最大铺设水深接近

3000 米。钢悬链立管、顶端张紧立管、柔性立管、混合立管等水下立管系统已被广泛用于墨西哥湾、巴西、西非等深水海域。目前，水深 3000 米以内海底管道和立管的工程设计、制造、铺设安装等技术已较为成熟。为保证深水海底管道和立管的运行安全可靠，相关的监测和检测技术也在快速发展，立管监测系统已成为深水立管系统的标准配置。

在深海油气开发重大事故风险控制方面，挪威康斯博格（Konsberg）公司已开发出能够智能识别钻井事故并与远程专家同步决策的 eDrilling 系统，可利用钻井实时数据分析，对现场深水钻井施工进行科学指导。在深水作业应急技术及装备研发方面，目前国外已有 7 家行业组织和公司共研制出约 17 套水下应急封井装置，包括海上油井封堵公司（Marine Well Containment Company，MWCC）的海上油井封堵系统、螺旋能源公司（Helix Energy Solutions Group）的快速响应系统、威尔德井控公司（Wild Well Control Inc.，WWCI）的油井封井回收系统等。美国石油学会已于 2014 年发布了《水下应急封井装置》的技术标准。

二、国内研发现状

目前，中国在深海油气开发、深水钻井、深海油气生产与集输、深海天然气水合物试采、深海油气工程装备与安全控制系统等方面，也取得了重要技术进展。

1. 深海油气开发模式

国内现场应用的深海油气开发模式基本上是借鉴国外的开发模式。针对南海深水区常规天然气和天然气水合物的开发利用，国内学者也提出了一些开发模式[13, 14]。例如，“水平井或复杂结构井工程 + 浮式生产、集输与 FLNG 处理 + 船运外销”的常规天然气开发模式，以及“复杂结构井工程 + 原位分解开采（气、液、固三相流）+ 浮式集输与 FLNG 处理 + 船运外销”的天然气水合物开发新模式等[15]，但尚未进行现场试验与推广应用。

2. 深水钻井技术

近年来，国内高度重视深水钻井理论与关键技术的研究，取得了丰硕的研究成果。特别是阐明了深水导管和隔水管的安装力学行为及其不稳定性，揭示了深水浅层钻井作业的风险因素与机理，建立了一套深水钻井安全高效作业设计控制理论和方法。在此基础上，国内攻克了深水钻探工程的关键技术难题，形成了一套海洋深水钻探安全高效作业设计控制技术体系，并制定出自已相应的设计标准、作业规程和技术指南；首先在南海深水钻探中成功实施，进而在国内外推广应用，助力中国深水钻探工程实现从浅水到超深水的跨越，创造了南海油气钻探作业水深达2619米的亚洲深水钻井新纪录。代表性成果“海洋深水钻探关键技术创新及产业化”获2017年度北京市科学技术奖一等奖。

3. 深海油气生产与集输技术

通过南海荔湾3-1天然气田（水深约1480米）的开发实践[16]，中国形成了一套深海油气开发技术体系，并对南海陵水17-2深水天然气田的开发方案进行了自主设计[17]。然而，由于深海油气开采主要采用水下生产系统，加上国外长期的专利保护和技术封锁等原因，迄今国内采用的水下井口、水下采油树、水下增压泵及其控制系统等关键装备，整体上仍然依赖进口并由外国公司提供相应的技术服务。南海荔湾3-1天然气田开采工程的成功实施，标志着中国深海油气集输技术取得了重大突破，已初步形成了适应300～1500米水深范围的海洋油气输运工程技术体系，特别是研制出海底管道堵塞与泄漏、立管段塞流等监测系统。

4. 深海天然气水合物试采技术

2017年，中国在南海神狐海域天然气水合物试采中取得重大突破[18]，采用降压法试采达60天，初步掌握了深水海域天然气水合物目标勘查与钻探技术，逐步深化了天然气水合物的基础物性及开采工艺模拟试验研究，自主研制了相应的钻采技术与部分装备，初步具备了深水海域天然气水合物试采工程的自主设计与施工能力。然而，要实现深水海域天然气水合物资源的商业化开发利用，仍面临许多技术挑战，还有较长的一段路要走。

5. 深海油气工程装备与安全控制系统

在深海油气工程装备方面，中国已自主建成了以“海洋石油981”半潜式钻井平台、“海洋石油201”起重铺管船、“海洋石油708”工程勘探船为代表的具备3000米水深作业能力的“5型6船”深水作业工程装备，填补了国内空白，拥有了勘探开发深海油气资源的“深海舰队”。同时，掌握了半潜式平台、张力腿平台、单柱式平台、浮式生产储油装置等多种深海油气开发平台技术，研发出混合立管、柔性软管、湿式保温管道、水下脐带缆等水下生产系统，个别产品已形成产业化能力。

然而，中国仍缺乏核心技术。例如，动力定位、升沉补偿系统、控制系统等深水钻井核心模块均依赖进口，在海洋作业平台上使用的高强度钢、高性能防腐材料、高压湿式接头、张力腿系统、大型锚机、单点系统、张紧系统等关键材料和部件仍依赖进口。同时，缺少深水施工作业的关键机具，以及深海油气浮式生产平台的设计、建造、安装及运营维保等经验。另外，国内严重缺乏深水应急救援装备及应急响应预案，难以应对深海重大安全事故。

三、发展趋势

综上所述，深海油气开发利用技术在未来仍需要持续做好如下工作。

（1）需要进一步优化与创新深海油气开发模式，同时积极研发并建立与之相适应的工程技术支撑体系，不断满足深海油气安全高效开发利用对高技术的重大需求。就南中国海而言，目前主要面临着远海深水区天然气及天然气水合物的开发工程的挑战，应探索和建立相适应的开发模式及其工程技术支撑体系，力求形成“地质－工程－市场”一体化的解决方案。

（2）需要通过多学科交叉研究与协同创新，不断提高多功能海洋油气工程装备的设计制造与合理使用的综合技术水平，为深海油气高效开发提供关键“重器”及配套技术。

（3）随着信息、材料、人工智能等相关学科领域的科技进步，深海油气综合开发利用技术必然朝着信息化、智能化及自动化方向加速发展，以适应复杂的深水作业环境。

参考文献

[1] 高德利，朱旺喜，李军，等. 深水油气工程科学问题与技术瓶颈——第 147 期双清论坛学术综述［J］. 中国基础科学，2016，18（3）：1-6.

[2] 高德利，王宴滨. 深水钻井管柱力学与设计控制技术研究新进展［J］. 石油科学通报，2016，1（1）：61-80.

[3] Trigo C C O，Morooka，C K. Model test with a vertical pipe to elevate cold sea water［C］. Proceedings of the ASME 2018 37th International Conference on Ocean，Offshore and Arctic Engineering，Madrid，Spain，2018.

[4] Marcollo H，Potts A E，Johnstone D R，et al. Drag reduction and vortex-induced vibration suppression behavior of longitudinally grooved suppression technology integral to drilling riser buoyancy units［J］. Journal of Offshore Mechanics and Arctic Engineering，2018，140（6）：061802.

[5] DNV · GL. Recommended practice：wellhead fatigue analysis.［2019-09-15］. https://www.docin.

com/p-1765546907. html.

[6] 李志刚，贾鹏，王洪海，等 . 水下生产系统发展现状和研究热点 [J]. 哈尔滨工程大学学报，2019，40（5）：944-952.

[7] Langley M，Cleveland M，Eulberg J，et al. Flexible，self-healing cement eliminates sustained casing pressure in Denver-Julesburg basin unconventional wells[C]. IADC/SPE Drilling Conference and Exhibition，Fort Worth，Texas，2018.

[8] Thieken K，Achmus M，Terceros M，et al. Evaluation of p-y approaches for large-diameter piles in layered sand[J]. International Journal of Offshore and Polar Engineering，2018，28（3）：318-327.

[9] Duffett C C. Dissection，measurement and analysis of a recovered damaged flexible riser[C]. SNAME 24th Offshore Symposium，Houston，Texas，2019.

[10] Yong H Y，Liew M S，Ovinis M，et al. Hydrodynamic study of free standing drilling risers under typhoon generated swell[C]. Offshore Technology Conference Asia，Kuala Lumpur，Malaysia，2018.

[11] 杜卫刚 . 天然气水合物试采技术 [J]. 油气井测试，2019，28（1）：20-24.

[12] 佚名 . 中国船厂崛起！全球 FPSO 市场大规模复苏 [EB/OL].［2019-08-20］. http://www.eworldship.com/html/2019/ship_market_observation_0820/151974.html.

[13] 高德利 . 复杂井工程力学与设计控制技术 [M]. 北京：石油工业出版社，2018.

[14] 周守为，陈伟，李清平，等 . 深水浅层非成岩天然气水合物固态流化试采技术研究及进展 [J]. 中国海上油气，2017，29（4）：1-8.

[15] 高德利 . 推进我国页岩革命和深海油气开发的技术对策和建议 [R]. 中国科学院学部咨询项目验收报告，2018.

[16] 金晓剑，陈荣旗，朱晓环 . 南海深水陆坡区油气集输的重大挑战与技术创新——荔湾 3-1 深水气田及周边气田水下及水上集输工程关键技术 [J]. 中国海上油气，2018，30（03）：157-163.

[17] 朱海山，李达，魏澈，等 . 南海陵水 17-2 深水气田开发工程方案研究 [J]. 中国海上油气，2018，30（4）：170-177，214.

[18] 吴时国，王吉亮 . 南海神狐海域天然气水合物试采成功后的思考 [J]. 科学通报，2018，63（1）：2-8.

4.3 New Technology for Development and Utilization of Deep Sea Oil and Gas

Gao Deli, *Yang Jin*, *Wang Yanbin*
(China University of Petroleum)

With the gradual deepening of development and utilization of oil and gas resources, offshore oil and gas exploration and development has marched from shallow water area (less than 500 m) to both deep water area (500 m to 1500 m) and ultra-deep water area (more than 1500 m). In recent years, 70% of the major oil and gas discoveries in the world have come from the deep water area of the ocean (referred to as "deep sea"), and deep sea oil and gas resource will become one of the important replacement for oil and gas energy. Although the deep sea area in South China Sea is rich in oil and gas resources, but the degree of development and utilization is relatively low. It is imperative for China to strengthen technical innovation in the development and utilization of deep sea oil and gas. This paper introduced the domestic and international status and trend of deep sea oil and gas development and utilization technologies in the aspects of development mode, drilling and completion, production, gathering and transportation, engineering equipment & safety control and so on.

4.4 海洋环境污染检测技术新进展

秦 伟 江天甲 梁荣宁 冯巍巍

（中国科学院烟台海岸带研究所）

海洋污染已成为全球性的环境问题，近年来海洋污染检测技术日益受到人们的关注。下面系统介绍近几年国内外海洋环境典型污染物的检测技术研究进展，涉及营养盐、重金属、有机污染物、致病菌和生物毒素、微塑料（microplastics）等的检测技术，并对污染物检测技术的未来发展趋势进行展望。

一、国际重大进展

近几年，国际上海洋环境污染检测技术在以下几个方面取得重大进展。

1. 营养盐检测

营养盐是指与生物过程有密切关系的营养元素组成的盐，是影响浮游植物种群演替的重要因子。海水营养盐含量较高，可引起水体的富营养化，造成浮游植物大量繁殖，引起赤潮等海洋环境事件，并给整个海洋生态系统带来破坏，因此海水营养盐是海洋环境监测的必测项目。根据传统的海洋学定义，营养元素是指硅、氮、磷三大元素，营养盐一般包括磷酸、氨氮、亚硝酸盐、硝酸盐和硅酸盐。

Saiapina 等利用二烷基硫醚易于与金结合的原理，制备出铵离子选择性金电极，用于检测水体中的铵离子[1]。Bakker 等利用样品与唐南排斥膜（Donnan exclusion membrane）之间发生的阳离子交换过程，研发出一种在线样品酸化方法，可将亚硝酸盐选择性电极的检测下限提高 2 个数量级[2]。Niu 等基于小型化、可现场实时使用的液滴微流体系统，构建出水中硝酸盐 / 亚硝酸盐传感器，提高了测量频率，降低了流体消耗；该系统每十秒测量一次，试剂消耗量为 2.8 毫升 / 天，极大地提高了传感器的检测效率[3]。

2. 重金属污染物检测

重金属是常见的海洋环境污染物之一，重金属污染物可通过食物链进入人体并富集，严重威胁人类的身体健康。因此，发展快速、准确、灵敏的检测手段，对海洋重金属污染的防治具有重要的意义。目前，可用于重金属污染物定性和定量检测的分析手段有很多，常见的检测方法为电化学检测法和光谱检测法。

电化学检测方法具有检测速度快、操作简便、检测灵敏度高等优点，基于电化学方法的重金属快速检测技术也常用于环境样品的分析检测。此类检测技术可根据重金属的电化学性质，将溶液中待测离子的变化转化为相应的电信号并记录下来，从而定性和定量地分析样品中所含的待测离子。随着新检测技术的出现以及新材料的使用，电化学检测法的检测性能得到进一步改善。Devi 等借助金纳米颗粒修饰的巯基化氧化石墨烯，提高了循环伏安法检测 Hg^{2+} 的性能[4]。Ding 等通过将基于纸基的微流控采样技术与电位检测法结合，实现了重金属离子的准确检测[5]。

光谱检测法可实现重金属污染物的准确检测，但该方法的检出下限难以满足环境样品中痕量重金属离子的检测需求。针对此问题，研究者已提出多种联用方法，以提高光谱检测法的检测性能。Sitko 等以巯基化氧化石墨烯为固体吸附剂，以提高 X 射线荧光光谱检测重金属离子的检测性能[6]。Aguirre 等提出将液 - 液微萃取方法与激光诱导击穿光谱联用，实现了水样中铬离子、铜离子、锰离子、镍离子和锌离子的同时检测[7]。

3. 有机污染物检测

有机污染物的肆意排放是造成海洋环境污染的一大因素，针对有机污染物的检测主要包括：化学需氧量（chemical oxygen demand，COD）、溢油、持久性有机污染物（persistent organic pollutants，POPs）和有机磷农药等的分析测试。

在检测化学需氧量和石油烃类方面，主要采用的检测方法为光学检测法。此方法具有检测速度快、不造成二次环境污染、可实现现场直接检测等优点。Sami 等利用多波长激光诱导荧光对石油泄漏进行远程检测，在波长 266 纳米的光源激发下，可检测到原油的强发射荧光信号[8]。Tehila 等将实时紫外分光光度检测法与机器学习法联用，实现了水质监测和早期污染物检测，结果表明该方法具有较好的检测准确度[9]。

在检测持久性有机污染物和有机磷农药方面，近年来出现了一些简便、低成本的检测方法（如电化学检测技术、光谱检测技术和生物检测技术等）。这些检测技术具有灵敏度高、准确性好的优点。Sharma 等曾利用石墨烯和二氧化锡纳米颗粒的纳米复合材料，设计出一种新型的基于表面等离子体共振的传感器，该传感器用于检测六氯苯，检出下限达 8.67×10^{-13} 克 / 升[10]。Talan 等研发出基于金纳米粒子和氟掺杂氧化锡的电化学免疫传感器，该传感器用于有机农药毒死蜱的特异性检测，检出下限为 10×10^{-12} 摩尔 / 升[11]。

4. 致病菌和生物毒素检测

污染物的排放导致海水中致病菌和生物毒素大量增加，严重威胁了人类健康和海洋环境的安全，引起了世界的广泛关注。因此，实现海洋中致病菌和生物毒素的快速、灵敏、实时、低成本检测，对水产养殖、海洋水质监控、环境安全等领域具有重要意义。

海洋致病菌通常是指可寄生在海洋中鱼类或贝类，并对人类的生产活动造成危害的一类原核单细胞生物。分子生物学方法和免疫学方法具有灵敏度高、选择性好、分析效率高等优势，在海水致病菌检测中应用较久。Kongrueng 等采用环介导等温扩增技术（loop-mediated isothermal amplification，LAMP），实现了虾中副溶血弧菌（VP）53 CFU/ 毫升的检测，此方法可用于虾养殖过程中副溶血弧菌含量的实时监测[12]。以识别分子为核心的生物传感器具有专一性强、分析速度快、准确性高、易实现自动化等优点，以致病菌的核酸适体作为识别分子的生物传感技术，正在被广泛用于海水致病菌的检测。Ozalp 等将沙氏门菌适体固定在磁珠上，制备出适体石英晶体微天平（quartz crystal microbalance，QCM）传感器，可在 10 分钟内实现对沙氏门菌 100 CFU/ 毫升的检测[13]。

海洋生物毒素是一类仅为海洋生物体内所特有的高活性特殊代谢成分，具有分布范围广、毒性强、解毒难等特点。Cristina 等采用高效液相色谱 - 高分辨质谱联用技术，检测来自地中海西部海岸的 10 种亲脂性海洋生物毒素，检出下限达到纳克 / 升或者皮克 / 升[14]。海水中大田软海绵酸（okadaic acid，OA）毒素的监测，可作为海洋生物毒素的一种早期预警。大田软海绵酸具有抑制 PP2A 酶（蛋白磷酸酶 2）活力的特性，Molinero-Abad 等利用这一特性开发出一种新方法，实现了对大田软海绵酸皮摩尔数量级的检测，并将该方法用于赤潮时大西洋加利西亚海岸海水中大田软海绵酸的检测[15]。

5. 微塑料检测

全球塑料年产量逐年攀高，每年有 480 万～1270 万吨塑料垃圾被释放到海洋中。大块的塑料经太阳辐射、机械力和生物作用等途径分解后，会形成尺寸较小的微塑料，微塑料通常被定义为粒径小于 5 毫米的塑料颗粒[16]。微塑料极难被降解，在海洋中正以越来越快的速度积累，严重威胁着海洋生物的生活环境。此外，微塑料会通过水产品经食物链向人类传播，对人类的生命健康构成威胁。微塑料对海洋环境的污染不容小觑，因此发展准确可靠、简便高效的微塑料检测方法至关重要。

目前，显微镜结合傅里叶变换红外光谱（Fourier transforming infrared spectrum，FT-IR）和拉曼光谱（Raman spectra），是使用频率最高的微塑料检测方法。通常，先在显微镜下对样品中的微塑料进行形貌分析，然后用傅里叶变换红外光谱或者拉曼光谱进行光谱分析，以确定其化学组成。然而，这种组合检测的方法耗时较长且误判率较高。为此，Primpke 等提出一种基于焦平面阵列（focal plane array，FPA）的傅里叶变换红外光谱检测方法，实现了“自动化”识别微塑料并确定其数量，同时大大缩短了检测时间[17]。Zada 等使用受激拉曼散射显微成像的方法，成功测定了海水沉积物样品中的聚苯乙烯等 6 种微塑料，在不到 5 小时的时间内扫描了 1 平方厘米的过滤器表面，识别出 88 个微塑料，极大地提高了检测效率[18]。

二、国内研发现状

国内海洋环境污染检测技术在近几年也取得了长足的发展，主要表现在以下几个方面。

1. 富营养化（营养盐）检测

杨泽明等结合自主研制的 Z 型高灵敏液芯波导样品池和多适应环管器，优化了顺序注射分析技术，建立了一种海水亚硝酸盐快速全自动分光光度检测方法[19]。Huang 等以聚苯胺和 2,5- 二甲氧基苯胺共聚物为传感器，制备出一种新型全固态铵电极，其响应时间小于 1 分钟，使用寿命可达 3 个月[20]。刘春秀等报道了一种基于聚吡咯纳米线的电化学传感器，可用于海水中硝酸盐的检测，结果表明，纳米聚合物的存在极大地提高了传感器的灵敏度[21]。

2. 重金属污染物检测

在电化学检测重金属离子方面，Wei 等采用氮杂冠醚与电化学阻抗法，在 pH 5.0 下实现了 Cr（Ⅵ）离子的有效检测，检测下限为 0.0014 微克 / 升，此方法检测 Cr（Ⅵ）离子具有较好的选择性和稳定性[22]。中国科学院烟台海岸带研究所秦伟等通过向电位型传感器结构中引入固体接触层，极大地提高了电位法检测重金属离子的稳定性和准确性[23]；此外，Zhao 等还利用制备的电位型微电极，实现了对海洋沉积物孔隙水中重金属离子的准确检测[24]。

在光谱法检测重金属离子方面，Jiang 等将电促吸附法与 X 射线荧光光谱结合，实现了对 As（Ⅲ）离子的无干扰检测[25]；此外，还通过把电促吸附法、微区气体排空系统与激光诱导击穿光谱结合起来，实现了水环境中 Cr（Ⅵ）离子的原位检测[26]。

3. 有机污染物检测

光学法海洋有机污染物检测技术装备产业发展主要分布于渤海地区、长江三角洲地区和珠江三角洲地区，其基本特点是依托科研机构沿产业链自上而下发展。中国科学院烟台海岸带研究所冯巍巍等对光学法有机污染物检测进行了一系列研究，研究主要集中在化学需氧量测量和水面油膜厚度测量方面[27-30]。

在持久性有机污染物检测方面，刘腾飞等以羧基化多壁碳纳米管作为吸附剂，采用气相色谱 / 质谱联用技术来测定多氯联苯。该方法操作简便，准确度高，可用于多种多氯联苯的同时测定[31]。中国科学院烟台海岸带研究所秦伟等将流动分析分子印迹固相萃取技术与电位传感器检测法结合，开发出水体中羟基多氯联苯在线检测传感器系统。该系统对 4- 羟基联苯的检出下限为 2.6×10^{-11} 摩尔 / 升，为海洋有机污染物的检测提供了重要的技术手段[32]。在有机农药检测方面，国内在光学检测技术和电化学检测技术研究中取得了较大的进步。Tao 等合成出一种新型的柱状层面发光的金属有机骨架，将其用于有机农药 2,6- 二氯 -4- 硝基苯胺的快速检测，使检出下限达到

0.13×10^{-6} 摩尔 / 升[33]。中国科学院烟台海岸带研究所梁荣宁等采用分子印迹技术，制备出离子选择性电极，并把它用于检测有机农药毒死蜱，同时构建出海水中毒死蜱的快速检测电位传感系统，使检出下限达到 2.7×10^{-11} 摩尔 / 升[34]。

4. 致病菌和生物毒素检测

近年来，生物传感器常用于海洋致病菌检测。副溶血性弧菌是海洋中较为常见的一种革兰氏阴性海洋致病菌。宁波大学沙玉红等把多功能化氧化石墨烯的复合材料滴涂于电极表面，开发出一种超灵敏、免标记的电化学发光传感器，并将其用于快速检测海水及海产品中的副溶血性弧菌[35]。宋信信等制备出一种检测副溶血性弧菌的“法拉第笼式”电化学免疫传感器，其检测下限达 33 CFU/ 毫升；该传感器可用于海水和海鲜食品中副溶血性弧菌的实时监测[36]。

基于核酸适配体的生物传感技术在海洋毒素检测中已有报道。江南大学顾华杰等把大田软海绵酸与微孔板上的适配体特异性结合，建立了一种基于滚环复制扩增信号的竞争型荧光适配体分析法，实现了对大田软海绵酸的 1 皮克 / 毫升的高灵敏检测[37]。为了简化检测步骤，免疫试纸条正被广泛用于毒素检测。浙江大学苏凯麒等开发出定量胶体金免疫层析试纸条，并将其与手持式智能快速检测系统（智能手机）结合，可在 15 分钟内实现大田软海绵酸和石房蛤毒素（STX）的现场快速、高灵敏度和高特异性的检测；该检测系统具有巨大的科研、应用、商业和社会公益价值[38]。

5. 微塑料检测

近年来，海滩、河口、近海等不同海洋环境中的微塑料研究也在进行。华东师范大学李道季等研究了长江河口沉积物中的微塑料丰度，发现每千克干重沉积物样品中微塑料的平均数目为 130 个[39]。他们在用显微镜和红外光谱进行形貌和成分分析后发现，微塑料主要呈现出透明的纤维状且尺寸小于1毫米，其化学组成主要是人造丝、聚酯和腈纶。中国科学院烟台海岸带研究所赵建民等分析了渤海和黄海沉积物样品中的微塑料，实验结果表明，每千克干重沉积物样品中微塑料的平均数量分别为 172 个和 124 个，这些微塑料大多呈纤维状，其成分以人造丝 Rayon、聚乙烯和聚酯为主，大多属于生活塑料[40]。这些研究的取样点附近多是人口较密集的城市。这说明，生活塑料是海洋微塑料的主要来源，微塑料污染水平与人口密集程度和人类活动影响呈正相关。

三、发展趋势

根据目前的海洋环境污染物检测技术的发展状况判断，未来该领域技术将呈现出如下发展趋势。

1. 营养盐检测

受到现场检测条件的限制，需要发展小体积、低能耗、使用持续时间长、离子选择性强的检测技术。多学科（化学、光学、电子学等）的交叉，是实现传感器微型化、降低能耗的重要途径。根据离子的光谱特征，研制不需要反应试剂的高精度营养盐传感器，是增加传感器持续测定时间的重要方法。另外，研制高灵敏度和高选择性的电化学传感器也是突破现场检测条件限制的有效手段。

2. 重金属污染物检测

重金属检测技术以实现高灵敏、低检测下限、快速检测为主流方向，并进一步向集成化和多功能化的方向发展。针对现有检测方法的缺点，通过多学科知识的结合，提出更为准确、实用的联用检测方法，可以提高对海洋环境中重金属污染物的监测水平。

3. 有机污染物检测

在检测化学需氧量和石油烃方面，应进一步提高检测设备的准确度和精准度，提高检测设备的智能化程度。

在检测持久性有机污染物和有机磷农药方面，需要发展高灵敏度、高稳定性、普适性强且成本低廉的新技术。不同环境介质基体都会对检测造成干扰，需要采用合适的方法去除基体的干扰，以实现快速检测。不断尝试开发多种检测技术的联用，以扩大其检测范围和检测的准确性。

4. 致病菌和生物毒素检测

尽管现有方法已实现对海水中某些致病菌和生物毒素的检测，但因海水基质复杂，致病菌和生物毒素种类多且数量低，故需要发展具有方便、快捷、准确、高灵敏度、高选择性和低成本特点的检测技术。发展智能化、微型化、便携的检测系统，实现实时、现场、动态、快速检测正成为一种新的发展趋势，同时，在新方法的开发和研究过程中，检测手段的标准化、规范化和便捷化也是致病菌和生物毒素检测的重要发展方向。

5. 微塑料检测

海洋微塑料污染研究的未来发展主要表现在以下三个方面：①需制定统一的微塑料检测、分析和评估标准；②进一步探讨微塑料的通量模型、估算方法、迁移机制；③完善微塑料的毒理学效应和潜在生态风险评估。

参考文献

[1] Saiapina O Y，Kharchenko S G，Vishnevskii S G，et al. Development of conductometric sensor based on 25，27-di-（5-thio-octyloxy）calix[4]arene-crown-6 for determination of ammonium[J]. Nanoscale Research Letters，2016，11：105-115.

[2] Nadezda P，Maria C，Thomas C，et al. In-line acidification for potentiometric sensing of nitrite in natural waters[J]. Analytical Chemistry，2017，891：571-575.

[3] Adrian M N，Sammer-ul H，Brett M W，et al. A droplet microfluidic-based sensor for simultaneous in situ monitoring of nitrate and nitrite in natural waters[J]. Environmental Science & Technology，2019，53：9677-9685.

[4] Devi N R，Sasidharan M，Sundramoorthy A K. Gold nanoparticles-thiol-functionalized reduced graphene oxide coated electrochemical sensor system for selective detection of mercury ion[J]. Journal of the Electrochemical Society，2018，165：3046-3053.

[5] Ding R，Krikstolaityte V，Lisak G. Inorganic salt modified paper substrates utilized in paper based microfluidic sampling for potentiometric determination of heavy metals[J]. Sensors and Actuators B-Chemical，2019，290：347-356.

[6] Sitko R，Janik P，Zawisza B，et al. Green approach for ultratrace determination of divalent metal ions and arsenic species using total-reflection X ray fluorescence spectrometry and mercapto-modified graphene oxide nanosheets as a novel adsorbent[J]. Analytical Chemistry，2015，87：3535-3542.

[7] Aguirre M A，Selva E J，Hidalgo M，et al. Dispersive liquid-liquid microextraction for metals enrichment：a useful strategy for improving sensitivity of laser-induced breakdown spectroscopy in liquid samples analysis[J]. Talanta，2015，131：348-353.

[8] Sami D A. Multiwavelength laser induced fluorescence（LIF）LIDAR system for remote detection and identification of oil spills[J]. Optik-International Journal for Light and Electron Optics，2019，181：239-245.

[9] Tehila A A，Shai E，Barak F. Water characterization and early contamination detection in highly varying stochastic background water，based on Machine Learning methodology for processing real-time UV-Spectrophotometry.[J] Water Research，2019，155：333-342.

[10] Sharma S，Usha S P，Shrivastav A M，et al. A novel method of SPR based SnO_2：GNP nano-hybrid decorated optical fiber platform for hexachlorobenzene sensing[J]. Sensors and Actuators B：Chemical，2017，246：927-936.

[11] Talan A，Mishra A，Eremin S A，et al. Ultrasensitive electrochemical immuno-sensing platform based on gold nanoparticles triggering chlorpyrifos detection in fruits and vegetables[J]. Biosensors and Bioelectronics，2018，105：14-21.

[12] Kongrueng J，Tansila N，Mitraparp-arthorn P，et al. LAMP assay to detect Vibrio parahaemolyticus causing acute hepatopancreatic necrosis disease in shrimp[J]. Aquaculture International，2015，23：1179-1188.

[13] Ozalp V C，Bayramoglu G，Erdem Z，et al. Pathogen detection in complex samples by quartz crystal microbalance sensor coupled to aptamer functionalized core-shell type magnetic separation[J]. Analytica Chimica Acta，2015，853：533-540.

[14] Bosch-Orea C，Sanchis J，Farre M，et al. Analysis of lipophilic marine biotoxins by liquid chromatography coupled with high-resolution mass spectrometry in seawater from the Catalan Coast[J]. Analytical and Bioanalytical Chemistry，2017，409：5451-5462.

[15] Molinero-Abad B，Perez L，Izquierdo D，et al. Sensor system based on flexible screen-printed electrodes for electrochemical detection of okadaic acid in seawater[J]. Talanta，2019，192：347-352.

[16] Silva A B，Bastos A S，Justino C I L，et al. Microplastics in the environment：challenges in analytical chemistry—a review[J]. Analytica Chimica Acta，2018，1017：1-19.

[17] Primpke S，Lorenz C，Rascher-Friesenhausen R，et al. An automated approach for microplastics analysis using focal plane array（FPA）FTIR microscopy and image analysis[J]. Analytical Methods，2017，9：1499-1511.

[18] Zada L，Leslie H A，Vethaak A D，et al. Fast microplastics identification with stimulated Raman scattering microscopy[J]. Journal of Raman Spectroscopy，2018，49：1136-1144.

[19] 杨泽明，李彩，卢桂新，等 . 基于顺序注射分析的海水亚硝酸盐快速检测方法研究 [J]. 光谱学与光谱分析，2019，39：589-595.

[20] Huang Y，Li J，Yin T，et al. A novel all-solid-state ammonium electrode with polyaniline and copolymer of aniline/2,5-dimethoxyaniline as transducers[J]. Journal of Electroanalytical Chemistry，2015，741：87-92.

[21] 刘春秀，纪殿胜，王芹，等 . 电化学传感技术在海洋环境监测中的应用分析 [J]. 科学管理，2016，7：202.

[22] Wei J，Guo Z，Chen X，et al. Ultrasensitive and ultraselective impedimetric detection of Cr（Ⅵ）using crown ethers as high-affinity targeting receptors[J]. Analytical Chemistry，2015，87：1991-

1998.

[23] Li J，Qin W. A freestanding all-solid-state polymeric membrane Cu^{2+}-selective electrode based on three-dimensional graphene sponge[J]. Analytica Chimica Acta，2019，1068：11-17.

[24] Zhao G，Liang R，Wang F，et al. An all-solid-state potentiometric microelectrode for detection of copper in coastal sediment pore water[J]. Sensors and Actuators B-Chemical，2019，279：369-373.

[25] Jiang T J，Guo Z，Liu J H，et al. Electroadsorption-assisted direct determination of trace arsenic without interference using transmission X-ray fluorescence spectroscopy[J]. Analytical Chemistry，2015，87：8503-8509.

[26] Jiang T J，Yang M，Li S S，et al. In situ underwater laser-induced breakdown spectroscopy analysis for trace Cr（Ⅵ）in aqueous solution supported by electrosorption enrichment and a gas-assisted localized liquid discharge apparatus[J]. Analytical Chemistry，2017，89：5557-5564.

[27] Feng W W，Cai Z Q，Wang W T，et al. Research of turbidity influence on UV-vis absorption spectrum in coastal environment monitoring[J]. Advanced Sensor Systems and Applications Ⅷ，2018，10821：108211A.

[28] Feng W W，Li D，Cai Z Q，et al. An instrument for on-line chemical oxygen demand and nitrate in water monitoring[J]. Real-time Photonic Measurements，Data Management，and Processing Ⅱ，2016，10026；DOI：10.1117/12.2245301.

[29] Feng W W，Li D，Cai Z Q，et al. A new method for COD analysis with full-spectrum based on Artificial Neural Network[C]. Proc.of SPIE 9684，8th International Symposium on Advanced Optical Manufacturing and Testing Technologies：Optical Test，Measurement Technology，and Equipment，2016：96842K.

[30] 蔡宗岐，冯巍巍，王传远．基于激光拉曼光谱的水面油膜厚度测量方法研究［J］．光谱学与光谱分析，2018，38：1661-1664.

[31] 刘腾飞，杨代凤，范君，等．羧基化多壁碳纳米管净化－气相色谱／质谱联用技术测定土壤中18种多氯联苯［J］．分析科学学报，2019，35（4）：467-473.

[32] 赵焱．环境水体中羟基多氯联苯离线和在线检测方法的构建［R］．中国科学院烟台海岸带研究所，2015.

[33] Tao C L，Chen B，Liu X G，et al. A highly luminescent entangled metal-organic framework based on pyridine-substituted tetraphenylethene for efficient pesticide detection[J]. Chemical Communications，2017，53（72）：9975-9978.

[34] Li S，Liang R，Qin W，et al. Potentiometric detection of trace-level chlorpyrifos in seawater using a polymeric membrane electrode coupled with on-line molecularly imprinted solid-phase extraction

[J]. International Journal of Electrochemical Science，2015，10（2）：7-12.
[35] Sha Y H，Zhang X，Li W，et al. A label-free multi-functionalized graphene oxide based electrochemiluminscence immunosensor for ultrasensitive and rapid detection of Vibrio parahaemolyticus in seawater and seafood[J]. Talanta，2016，147：220-225.
[36] Song X X，Xü L H，Wu L，et al. Electrochemical immunosensor for detection of Vibrio parahaemolyticus based on Faradaycage-type anodic stripping voltammetry[J]. Journal of the Electrochemical Society，2017，164：B704-B709.
[37] Gu H J，Hao L L，Duan N，et al. A competitive fluorescent aptasensor for okadaic acid detection assisted by rolling circle amplification[J]. Microchimica Acta，2017，284：2893-2899.
[38] Su K Q，Qiu X X，Fang J R，et al. An improved efficient biochemical detection method to marine toxins with a smartphone-based portable system-Bionic e-Eye[J]. Sensors and Actuators B-Chemical，2017，238：1165-1172.
[39] Peng G Y，Zhu B S，Yang D Q，et al. Microplastics in sediments of the Changjiang Estuary，China[J]. Environmental Pollution，2017，225：283-290.
[40] Zhao J M，Ran W，Teng J，et al. Microplastic pollution in sediments from the Bohai Sea and the Yellow Sea，China[J]. Science of the Total Environment，2018，640-641：637-645.

4.4 Analytical Techniques for Marine Pollutants

Qin Wei，*Jiang Tianjia*，*Liang Rongning*，*Feng Weiwei*
（Yantai Institute of Coastal Zone Research，Chinese Academy of Sciences）

Nowadays，the contamination of oceans is increasingly becoming a serious environmental problem throughout the world. During the past few years，analytical methods for the determination of pollutants in oceans have received considerable attention. Hence，in this review，the research progresses on the analytical approaches for detection of some typical pollutants in seas are summarized. These pollutants include nutrients，heavy metals，organic pollutants，pathogenic bacteria，bio toxins and micro plastics. Also，the further research directions for determination of marine pollutants are discussed.

4.5　海洋声学技术新进展

郭良浩
（中国科学院声学研究所）

水声是目前已知的唯一能在海洋中远距离传播的能量形式，基于水声的海洋声学技术（又称声呐技术）是获取、利用、处理海洋信息的重要手段，对海洋资源开发、海洋环境保护、海洋灾害预警以及国家安全具有重大意义。近年来，声呐技术发展迅速，需求推动力强大，应用前景广阔，在海洋开发和应用方面占据不可替代的重要地位。下面将重点介绍近几年来海洋声学技术国内外重大进展并展望其未来。

一、国际重大进展

国际海洋声学技术新进展主要体现在水声建模、水声探测、水声通信与组网、水声定位导航、水声换能器等方面。

1. 水声建模技术

海洋声学模型是人类在对海洋中声波传播、混响、噪声等自然现象认识的基础上归纳形成的基础理论，是现代声呐设计及水面、水下实际应用的物理基础。由于海洋环境的温度、盐度、密度、声速和流速普遍存在复杂的时间和空间变化特性，以及复杂海面和海底的约束，声波在海洋环境中的传播、混响以及噪声表现出特殊的变化特征，并在不同的信号处理和功能任务中发挥各自独特的作用。

到目前为止[1,2]，针对不同的环境条件和应用功能，传播模型有射线理论、简正波理论、多途扩展、快速场、抛物方程 5 类共 126 个模型；混响模型根据单元散射或点散射模型方法的不同分为 26 个模型；噪声模型有环境噪声模型和波束噪声统计模型 2 类共 19 个模型；声呐性能模型结合海洋环境、传播模型、混响模型、噪声模型、信号处理模型和功能任务，可分为被动声呐、主动声呐、战术辅助决策支持工具等 34 个模型，其中约 18% 是专门为浅海环境定制的。

2. 水声探测技术

海洋声学探测技术（又称水声探测技术）的探测对象主要包括海面、海底、水体、水中、水底的生物与人工目标，它通过主动和（或）被动的探测方式，来确定被探测对象是否存在以及被探测对象的位置信息和属性信息。海洋声学探测技术主要包括全海深测绘、近海底微地形测绘、声学测速测流及水质监测、海洋生物资源环境声学探测与调查评估、声学区域安防及维权、海底资源声学勘探等技术，安装在舰船、潜器、浮标、潜标、岸站等平台上，可以实施海洋科学研究、海底矿产资源勘测开发、海洋工程建设及军事等活动。

多波束测深声呐、高分辨率测深侧扫声呐、浅地层剖面仪、合成孔径声呐和三维成像声呐是近年来快速发展的海底声学探测高技术装备。多波束测深声呐以美国R2SONIC 公司推出的 SONIC 系列为代表，可实现全海深、全覆盖、多分辨率的海底地形测量。高分辨率测深侧扫声呐可同时获得高分辨率的海底等深线图和优于常规侧扫声呐的地貌图。浅地层剖面仪（sub-bottom profiler）以挪威 Kongsberg 公司的 TOPASPS18 产品为代表，它利用声波探测浅地层的剖面结构和构造，可高分辨率地以声学剖面图形反映浅地层地质剖面结构和构造，主要用于海底管线调查、海洋地质勘查、海洋工程建设和水下掩埋物探测等领域。合成孔径声呐是近年来发展的新型高分辨率水下成像声呐，它利用小尺寸声基阵的匀速直线运动来虚拟大孔径基阵，提高了横向分辨率。法国和美国在合成孔径声呐技术领域处于领先地位，例如，法国 T-SAS 合成孔径声呐，具有分辨率高、成像清晰的优点，可对小目标进行远距离、高分辨率成像。三维成像声呐是水下目标探测、识别、地形测绘及人工目标成像的关键设备，近年来利用稀疏、压缩传感等信号处理技术大幅提高了水下三维成像的实时性和可实现性，如英国 Coda Octopus 公司的 Echoscope C500 三维成像声呐是典型代表。

声学测速测流技术利用声学多普勒原理和声相关原理，在不扰动流场的情况下探测海流的流速剖面，也可以用于测量水下平台的运动速度。声学多普勒流速剖面仪（ADCP）是目前国际上最主要的流速测量设备。例如，美国 SonTek 公司最新的 M9，采用双频 8 波束测速，提高了测速精度。声学多普勒流速剖面仪的主要研发机构有美国 RDI 公司、EDO 公司，瑞典 Consilium 公司以及英国 CTI 公司等，其中美国 Teledyne RDI 公司在技术和市场占有率方面居国际领先地位。

3. 水声通信与组网技术

水声通信技术是水下无线信息传输的主要手段，而水声通信网技术可实现多个独立观测设备或平台之间的信息交流，用于网络化观测和协同作业。水声通信按信道特点可分为水平通信、垂直通信、浅海通信、深海通信；按通信信号的调制解调方式可分为非相干通信、相干通信和扩频通信等；按作用距离可分为近程通信、中程通信和远程通信，其中远程通信一般指作用距离为数十到数百千米，甚至上千千米的水声通信。

水声通信技术中的非相干通信技术最成熟，是当前水声调制解调器的基本通信技术。近年来，正交频分复用（orthogonal frequency division multiplexing，OFDM）技术受到越来越多关注。正交频分复用技术采用先进的信道纠错技术（如 Turbo 码、低密度奇偶校验码、空时编码、喷泉码等），在水声通信领域中取得较好的应用效果。美国 Benthos 公司和 Linkquest 公司、澳大利亚 DSPComm 公司、英国 Tritech 公司等多家公司生产的水声调制解调器，均支持非相干和相干等通信技术。

针对远程水声通信存在的信号多途、频散、畸变与衰减问题，各国学者提出了各种远程水声通信体制，其中研究最多的是扩频水声通信。受限于通信技术的发展水平，国际上见诸文献的水声通信一般为浅海水声通信，作用距离一般不超过100千米。近年来，深海远程水声通信成为水声通信技术研究的新热点，日本、美国和俄罗斯等国家竞相开展原理和应用研究，海试结果已达到数百千米乃至 1000 千米量级。

20 世纪 90 年代初，在水声通信网领域，美国在自组织采样网（AOSNs）中率先提出“水声网”的概念，并启动了海网（Sea Web）计划，经过实践和验证，衍生出一系列水声网计划和应用，如近海水下持续监测网 PLUSNet、深海汽笛战术寻呼 DSTP。欧盟近年来在海洋科技计划（Marine Science and Technology Program，MAST）支持下，也实施了一系列水声通信网络研究计划，如 ACME（Acoustic Communication Network for Monitoring of Underwater Environment in Coastal Areas）、LOTUS 计划、SWAN（Shallow Water Acoustic Communication Network）、ROBLINKS（Long Range Shallow Water Robust Acoustic Communication Links）。目前，水下组网主要面向实时观测、潜水器通信定位、声呐组网和物理场探测等研究领域[3]，在海底科学长期观测和水下信息体系建设中具有重大的应用前景。

4. 水声定位导航技术

水声定位导航技术是以基线的方式激励，通过测量声波传播的时间、相位、频率等信息实现定位与导航的技术。根据定位系统基线长度和工作模式的差别，一般将其划分为长基线系统、短基线系统、超短基线系统和综合定位系统。国外已有英国 Sonardyne、法国 IXBLUE（原 IxSea）、挪威 Kongsberg 等多家公司推出了多套高性能的商用乃至军用水声定位导航货架产品[4, 5]，这些公司的产品占据了全球绝大部分的市场。例如，法国 IXBLUE 公司率先推出将罗经与声基阵进行一体化安装的 GAPS 超短基线系统，系统的安装偏差由厂商预先标定，用户则享受即装即用的便利。

5. 水声换能器技术

海洋声学技术的发展需要各类水声换能器的支撑。水声换能器的功能是在水下发射和接收声波，其综合技术性能的改善和提高依赖于应用新材料、采用新工艺和设计新结构等。

为了最大限度地满足水声领域日益迫切的需求，相应的新材料不断涌现并取得了应用突破。这些材料包括最初的 PZT 压电陶瓷、后来的稀土超磁致伸缩材料三元合金 Terfenol-D、高压电性高能量密度的弛豫铁电单晶材料 PZN-PT 和 PMN-PT。同时，通过换能器结构工艺的创新，改善波束特性和频率特性，提高发射声功率，增大耐静水压力性能，尤其是低频、宽带、大功率、耐高静水压，成为近年来提高换能器综合技术性能的主要发展方向[6, 7]。国际上已成功研发出全海深（11 000 米范围内）、宽频带、适应不同装备类型的多功能多品系产品。例如，美国海军的拖曳式主动声呐，采用由 18 只大功率Ⅳ型弯张换能器组成的垂直发射阵，其工作频带低端拓展为 100～500 赫，声源级高达 220～235 分贝。

光纤水听器是近年来受到格外关注的新型水下声信号获取器件。它利用高灵敏度光纤相干检测技术，将水声信号转换成光信号，再通过光纤传至信号处理系统，从而提取出声信号信息。传统声呐系统需要大量水下电子器件和信号传输电缆，具有价格昂贵、重量较大、密封性不好等缺点，而光纤水听器可以有效克服这些缺点，提高水声信号的探测精度、动态范围和系统的稳定度。

二、国内研发现状

经过我国科学家和科技工作者的努力，近年来我国在海洋声学技术方面也取得了一些重要成果。

1. 水声建模技术

中国科学院声学研究所是我国系统开展水声物理基础研究的主要单位，在浅海与深海水声物理规律研究中曾取得“平滑平均声场理论”“浅海声场统一理论”“远程声传播理论及应用”等系列创新成果。

2. 水声探测技术

21 世纪以来，在国家高技术研究发展计划（863 计划）等项目支持下，哈尔滨工程大学、中国科学院声学研究所、中国船舶第七一五研究所和浙江大学等单位研究设计出多款样机和产品。目前浅水型多波束测深声呐已完成多款产品研制，而深水型多波束测深声呐还处于样机阶段，未形成产品。

经过几十年的发展，我国侧扫声呐技术研究较成熟，形成的主要代表产品有华南理工大学和中国科学院声学研究所的侧扫声呐。

在合成孔径声呐研究方面，我国目前基本与国际先进水平保持同步，代表产品有苏州桑泰海洋仪器研发有限责任公司的合成孔径声呐系列产品和中国科学院声学研究所研制的合成孔径声呐。

声学多普勒流速剖面仪（acoustic Doppler current profiler，ADCP）是目前应用最广泛的流速测量仪器。国内声学多普勒测流技术的研究和开发工作以科研院所为主，主要有中国科学院声学研究所、中国船舶重工集团第七一五研究所、哈尔滨工程大学等单位。例如，中国科学院声学研究所研制的系列自容式声学多普勒流速剖面仪产品样机（75 千赫、150 千赫、300 千赫、600 千赫），经长期潜标海上验证后已提供给用户使用。中国船舶重工集团第七一五研究所主要开发形成了船用 38 千赫和 150 千赫相控阵声学多普勒流速剖面仪，其中，38 千赫相控阵声学多普勒流速剖面仪已提供给用户装船使用。哈尔滨工程大学主要研发 120 千赫以上频率的系列相控阵声学多普勒计程仪（acoustic Doppler log，ADL）。

虽然我国海洋声学探测技术与装备取得了快速进步，但距世界先进水平仍有较大差距，主要表现为：①声学探测技术装备基本处于集成创新阶段，核心关键技术研发落后，可靠性低于进口产品。例如，远洋科考船上配备的先进海底声学探测装备主要是进口装备；②海洋声学技术装备的研发周期长、需求有限、投资大且风险高，导致企业参与的积极性不高，未形成需求驱动，因而产业化水平低，技术研发与市场机制结合不够。

3. 水声通信与组网技术

国内从事水声通信与组网技术研究的主要机构包括中国科学院声学研究所、哈尔滨工程大学、中国船舶重工集团第七一五研究所、厦门大学、浙江大学、西北工业大学和东南大学，主要从事扩频通信、非相干通信、单载波相干通信、多载波相干通信、时反通信、多输入多输出（multiple-input multiple-output，MIMO）通信、纠错编码技术等水声通信领域的相关研究工作。

中国科学院声学研究所在“蛟龙”号水声通信系统研制和应用的基础上，为“深海勇士”号 4500 米载人潜水器研制了水声通信系统，新系统最主要的变化是改进了相干和非相干通信算法以及纠正了编码技术，提高了低信噪比条件下的通信能力。

2018 年底研制完成的全海深载人潜水器水声通信系统，在通信功能和通信速率指标不变的前提下，将通信距离由“蛟龙”号的 7000 米提升到 12 000 米，完成海试验证后的该套水声通信系统，将是国际上最先进的水声通信系统之一。

在水声通信网技术方面，国内多家单位开展了跟踪研究。在科学技术部“水声通信网络节点及组网关键技术”计划的支持下，中国科学院声学研究所、中国船舶重工集团第七一五研究所、哈尔滨工程大学、浙江大学研制了水声通信节点，制定了一套水声通信网络协议规范，并开展了中等规模湖海组网试验，验证了通信节点和网络协议的功能和性能，展示了水声通信网的组网观测能力。

与国外相比，我国在理论研究和产品两方面仍存在明显差距，因此，需要继续大力开展水声通信算法研究、网络协议研究、试验与应用研究、换能器和数字系统研制以及水声通信产品的开发，形成具有自主知识产权的国产化、系列化的水声通信与组网技术产品。

4. 水声定位导航技术

中国水声定位导航技术经历了深海高精度定位技术从零到同船竞争，高精度水声综合定位技术从“跟跑”到局部领先并进入“并跑”初级阶段。其中，万米级高精度定位导航技术处于“领跑”阶段，打破了国外在超短基线、长基线定位技术与装备方面的技术垄断。

面向我国海底矿产资源精细调查、勘探、开采的作业需求，紧密结合 7000 米载人潜水器“蛟龙”号、“潜龙 1 号”自治式潜水器（AUV）、深海空间站等重大海洋装备与工程的亚米级定位需求，在科学技术部“深水高精度水下综合定位系统研制”项目支持下，哈尔滨工程大学研制出了一套具有自主知识产权的水下综合定位系统样机，可在 7000 米海深提供高精度定位服务。该样机于 2015 年起服役于“科学”号科考船，定位精度优于 0.5 米。在深海高精度水声综合定位系统引导下，中国“深海勇士”号载人潜水器于 2017 年 9 月在南海 3500 米深处快速找到了预定的海底目标，实现了“大海捞针”，这标志着中国深海高精度水声定位装备与技术达到国际领先水平。装备的深海定位精度首次达到 0.3 米，定位有效率超过 90%，综合技术水平进入世界领先行列。

面向我国重大发展战略需求的水声定位导航技术，其主要需求特征体现在“深、远、精、多”，即深海底、远距离、精度高、多用户。目前，深海实践已经从 7000 米进步至 11 000 米，作用距离由 8000 米向 12 000 米迈进，定位精度从几十米量级提升至优于 0.5 米，可接入的目标数也从单目标定位发展到满足水下多作业平台的集群定位。

5. 水声换能器技术

近些年来，中国水声换能器从新材料应用、新结构、新工艺方面实现了综合技术性能的优化与提升，在几个典型技术方向尤其是深水换能器、宽带换能器方向上形成了系列研究成果。针对超远程水下信息传输和超隐身潜艇探测的迫切需求，中国科学院声学研究所开发出了弯曲振动低频换能器和弯张换能器；针对高分辨率图像声呐、高数据率水声通信等高频模式的要求，以及工作频带尽可能宽的需求，中国科学院声学研究所开发出压电陶瓷柱加匹配层、双匹配层、1-1-3 压电复合材料、1-3 压电复合材料、压电复合材料圆环等高频宽带换能器；针对深海水声装备需求，中国科学院声学研究所开发出采用溢流式圆管换能器作为激励源的多液腔低频宽带换能器、低频大功率 Janus-Helmholtz 换能器、多液腔 Janus-Helmholtz 水声换能器、溢流环深水宽带换能器、深水宽带纵向换能器等深水设备。

在只作为接收声学信号的新型水听器技术方面，矢量水听器和光纤水听器技术是目前国际上的研究热点。近年来，我国这两项技术的研究进展较快，研究成果在实际中发挥了重要作用。在矢量水听器方面，同振型矢量水听器的理论和工艺比较成熟，采用新型压电单晶材料 PMNT 和 PZNT，水听器的体积减小、灵敏度提高、自噪声降低。在光纤水听器方面，以中国科学院声学研究所为主要代表的国内有关科研机构，实现了光纤传感技术在水声领域的成功应用；这些机构开发的光纤传感技术具有高灵敏度、低噪声、大动态范围、抗干扰好、高可靠性等特点。

国内海洋声学装备的发展制约因素之一是海洋声学换能器技术发展相对滞后，针对多种类型海洋装备专门设计的换能器品系不够全面，尤其是深海多波束声呐基阵、深海低频发射换能器、高灵敏度深海水听器等，与国外存在较大差距，技术水平和工艺水平有待提高。

三、发展趋势及展望

海洋声学技术的发展动力来自海洋科学研究、资源调查开发、工程建设及军事活动等海洋应用的迫切要求，其发展直接体现在海洋声学装备技术水平的提高。纵观国内外海洋声学技术的发展现状，可以看出该技术将展现出如下的发展趋势。

（1）水声建模技术。主要是针对复杂时空变化的海洋环境，探索高分辨率海洋环境动态建模、海洋 - 声场耦合动态建模以及海洋声场数据同化，以进一步提升海洋三维声场信息动态预报的准确性、实时性和分辨能力。

（2）海洋声学探测技术。主要是研究全自适应智能化认知、共址和分布式 MIMO

处理以及广域异质多传感器联合感知，以提高对海洋环境和水中目标信号的探测与识别能力。

（3）水声通信与组网技术。水声通信主要是提高复杂时变信道条件下通信的距离、速率和可靠性，降低发射源级和设备功耗要求，提高通信设备工程化水平，形成满足各种功能和任务要求的系列化产品。水声通信网的主要发展趋势是发展具备长期工作、高速实时传输、多移动节点接入等特点的通信，并与海底有线网络结合，实现大覆盖范围、灵活布放、实时的海洋观测。

（4）水声定位导航技术。水声导航定位最初是采用窄带定位模式的超短基线定位系统和长基线定位系统，后根据海洋调查与海洋工程要求的不断提高，逐步由单定位模式转向综合定位模式，由声学定位转向声学定位集成惯性导航定位，由窄带信号体制转向宽带信号体制，由少量用户作业转向区域内密集目标作业，由单一定位功能转向多功能集成，同时定位精度由最初的几十米级转向米级。未来水声定位导航技术的主要发展方向是追求更深更远的全海深水声定位导航，以及面向水下无人航行器集群作业互联、互通、互操作的水下动态网络定位，建设海底大地测量基准，支持国家定位导航授时（PNT）体系的建设。

（5）水声换能器技术。水声换能器是海洋声学装备取得技术突破的关键之一，其发展方向主要是深海声学换能器技术，通过开展材料优化、耐压结构设计、制造工艺优化以及深海条件下的测试等一系列研究工作，形成深海低频宽带小尺寸大功率换能器、深海探测通信导航小尺寸低频换能器等各种类型换能器，以丰富换能器产品系列，满足深海声学装备发展的需要。

参考文献

[1] Etter P C. Review of Ocean-Acoustic Models [R]. OCEANS 2009，Biloxi，MS，2009：1-6.

[2] Etter P C. Underwater Acoustic Modeling and Simulation [M]. Fifth edition. CRC Press，2018.

[3] 朱敏，武岩波 . 水声通信技术进展 [J]. 中国科学院院刊，2019，34（3）：289-296.

[4] 孙大军，郑翠娥 . 水声导航、定位技术发展趋势探讨 [J]. 海洋技术学报，2015，34（3）：64-68.

[5] 孙大军，郑翠娥，张居成，等 . 水声定位导航技术的发展与展望 [J]. 中国科学院院刊，2019，34（3）：331-338.

[6] 莫喜平 . 水声换能器发展中的技术创新 [J]. 陕西师范大学学报（自然科学版），2018，3：1-12.

[7] 莫喜平 . 我国水声换能器技术研究进展与发展机遇 [J]. 中国科学院院刊，2019，34（3）：272-282.

4.5 Underwater Acoustic Technology

Guo Lianghao
（Institute of Acoustics，Chinese Academy of Sciences）

Underwater acoustic is the only known energy form that can transmit in the ocean at a long distance. Underwater acoustic technology（also known as "sonar technology"）is an important means to acquire，utilize and process marine information. It has important functions for marine resources development，marine environmental protection，marine disaster warning and national security. In recent years，sonar technology has developed rapidly and has broad applications. It plays an irreplaceable important role in marine development and application. This paper reviews recent advancements in the world in this field and the current situation in China，and prospects for its future.

4.6 海洋信息技术新进展

姜晓轶　康林冲　符　昱

（国家海洋信息中心）

18 世纪以来，人类社会发展经历了机械化、电气化和数字化三次技术革命[1,2]。20 世纪下半叶以来，信息与物理技术开始不断融合，并带来了第四次技术革命，即知识革命，推动人类社会进入智能化时代。随着人类对海洋开发利用的不断深入和综合管控的逐步加强，海洋已不是传统意义上的海岛、海岸线和茫茫海水的简单空间组合，而是由海洋环境、海上装备和人类活动等多种元素综合作用构成的复杂巨系统[2]。海洋信息技术则是认知和经略这个复杂巨系统最直接、最便捷的手段。海洋信息技术涉及内涵丰富，包括对海洋资源环境和态势信息的感知、通信组网传输、数据计算与融合处理、信息产品挖掘和应用服务等。与人类社会的四次技术革命相对应，海洋信息技术也逐步从数字化向网络化、智能化发展[2,3]。下面简要概述 2015 年以来海洋信息技术和信息基础设施发展的现状与特征。

一、国际新进展

1. 海洋信息感知技术

海洋传感器处于感知海洋的最前端。当前，海洋传感器设计研发注重利用新原理、新结构、新材料，以能够适应海上恶劣的自然环境条件。美国开发的基于微机电系统（micro-electro-mechanical system，MEMS）技术的智能传感器[4]，体积 1.5 立方毫米，重 5 毫克，集成了激光通信、中央处理器（central processing unit，CPU）、电池等组件和速度、加速度、温度等多个传感器，已用在多个领域。此外，新概念智能浮标系统可自动传输信息[5]和自动选择多能互补供电方式，并可根据海况自动选择工作模式。

为适应细分观测需求，海洋观测装备在成品设备、标准件、元器件等方面均向通用化、模块化方向发展，针对特定用途已实现快速、低成本、差异化的组网运行，并逐步由“平台为中心”向“网络为中心”转变。2016 年，俄罗斯海军研制出一种能将通信信息与声波相互转换的系统[6]，这种系统把水下活动潜艇、深海载人潜水器、无人潜航器和潜水员联系起来，构筑了水下互联网。美国国防高级研究计划局（DAPAR）推出了一个全新的传感器网络[7]，旨在通过成千上万个小型、低成本的可漂浮传感器，收集舰船、海上设施、装备和海洋生物的活动信息，并通过卫星网络上传数据进而做出实时分析，以搭建海上物联网，提升海洋信息持续感知能力。美国国防高级研究计划局近年又提出近零功耗能量驱动新型传感技术[8]，其原理是：利用自然界广布的各种能量作为原始驱动，由目标信息能量来驱动微传感芯片进行能量转换，并利用效应传递形成开关动作，进而驱动后续感知或探测系统工作。该技术是涉及国家安全的关键基础技术，由美国电子复兴计划持续支持，2015～2018 年取得了多项重要技术突破。由于待机功耗可以达到纳瓦或皮瓦量级，因此它可实现长时间无能量耗散值守，在海洋信息感知方面有广阔的应用前景。

卫星海洋遥感观测一直是获取海洋环境和海洋动力信息最便捷、最有效的手段之一。1995 年至今，全球共有海洋卫星或具备海洋观测能力的卫星近百颗，目前海洋卫星可提供全球海表层的重要数据或环境特征[9]。

2. 海洋通信组网技术

当前，海洋信息传输技术向宽覆盖、跨介质、网络化、全天候及实时的方向发展。利用宽带通信卫星系统和移动通信卫星系统等，基本能实现全球海面通信覆盖。

同时，随着海上平台技术的发展，一些原本在陆地广泛应用的通信手段正在逐步伸向海洋，新型通信技术如5G通信、量子通信、中微子通信等在海洋信息技术方面的应用也得到较快发展。

目前国外主流的宽带通信卫星正处于第二代[10]，主要建设于2005～2007年，能够为用户提供256千比特/秒至5兆比特/秒的信息速率，支持互联网接入服务。第三代卫星宽带通信系统可用速率最高可达20兆比特/秒，能够提供真正的视频多媒体互联网服务；其单颗卫星的容量达到100吉比特/秒；可满足200万～500万用户的需求。在空基通信方面，被国际电信联盟定义为“弥补信息覆盖缝隙”的新技术——临近空间飞行器（距地面20～100千米）互联网已开展研究[11]。与卫星通信相比，临近空间飞行器互联网的优点是效费比高、机动性好、有效载荷技术难度小、易于更新和维护。Google、Facebook分别提出了利用高空气球实现互联网信号接入的“潜鸟计划”和基于太阳能无人机的激光无线通信网络[11]。在无线通信组网方面，基于超视距雷达中继和大气波导的超视距通信建立在微波、4G、5G等视距组网的基础上，已初现端倪。

水下中远距离通信技术一直是海洋通信系统发展的瓶颈。美国劳伦斯伯克利国家实验室研发出轨道角动量复用技术，把深海水声通信速率提高了8倍[12]。2016年美国国防高级研究计划局启动“深海导航定位系统”项目[13]，力争使水下航行器在实现精确导航的同时一直潜在水下。整体而言，由静态组网转向动态组网，增强网络环境的适应性和自组织功能，已成为水声通信网络技术领域的主要发展趋势。水下通信技术的大幅提升，将大幅提高海洋多单元通信的组网和协同能力。

3. 海洋信息基础设施

在海洋信息基础设施建设方面，美国的综合海洋观测系统（Integrated Ocean Observing System，IOOS）[14]和加拿大的海王星海底观测网（Neptune）[15]代表了当前国际最高水平。这些重大海洋信息基础设施建设大多是由国家主导、多部门协同、体系化推进的。2018年，美国国家科学技术委员会发布的《美国国家海洋科技发展：未来十年愿景》[16]和日本发布的《第11次科学技术预测调查——面向2040年的日本》[17]强调，充分利用全球范围内远程和原位传感器来收集各种海洋数据，强化海洋模型研究和产品研制，从而提高决策能力。其他发达国家（如澳大利亚、加拿大等）也在各自的海洋中长期战略计划中对海洋信息的感知、传输和计算应用进行了重点描述。

4. 海洋信息应用服务技术

世界各国纷纷围绕大数据、人工智能、超级计算、区块链等新一代信息技术与海洋科学的交叉融合展开了研究，从不断丰富的海量数据中高效快速地提取相关信息，加深了人类对海洋的认知和理解，相关研究的应用较为广泛。

2015 年，美国国家海洋和大气管理局（National Oceanic and Atmospheric Administration，NOAA）联合亚马逊、谷歌、IBM 等公司及开放云联合会（Open Cloud Consortium），实施了大数据计划（Big Data Project），旨在基于美国国家海洋和大气管理局已有的海洋观测数据，利用各方技术优势，建设海洋大数据服务平台。美国加州大学伯克利分校开发的 Spark 系统，集分布式存储和流处理、批处理、机器学习等处理与挖掘功能于一体，已成为业界公认的大数据系统。日本海洋研究机构和九州大学，利用人工智能深度学习技术，从全球云系统分辨率模型（Nonhydrostatic Icosahedral Atmospheric Model，NICAM）气候实验数据中开发出高精度识别热带低气压征兆云的方法[18]；利用该方法，可识别出夏季西北太平洋热带低气压发生一周前的征兆。近年来，海洋数据同化、再分析、预测预报等技术飞速发展。美国国家环境预报中心（National Centers for Environmental Prediction，NCEP）和欧洲中期预报中心（European Centre for Medium-Range Weather Forecasts，ECMWF）等研究机构研制发布的数据产品，倾向于高时空分辨率和准实时化，已广泛应用于海洋各领域。

在信息资源共享服务方面，各国纷纷设立专门的部门和机构，负责组织协调本国和全球海洋数据的收集、整合集成工作。例如，美国国家海洋数据中心（National Oceanographic Data Center，NODC），利用云计算技术向公众发布并共享各个国家、科研机构、行业部门等所获取的海洋信息；欧洲海洋观测数据网络（European Marine Observation and Data Network，EMODNET）通过制定通用的数据标准和免费开放的数据共享政策，在欧洲海洋数据网络（SeaDataNet）、欧洲海洋观测网（ESONET）、欧洲全球海洋观测系统（Euro GOOS）等相关数据和观测体系的基础上，实现了不同国家、地区系统间的整合。

二、国内新进展

随着信息技术的发展以及对海洋资源开发利用的重视，我国在海洋信息技术方面取得了显著成就。

1. 海洋信息感知技术

国内在传统物理海洋传感器方面，部分测量要素技术［如船用高精度 CTD

（conductivity temperature depth）剖面仪、XCTD（expendable conductivity temperature depth）、XBT（expendable bathy thermograph）等］的研发水平已接近国际先进水平[19]，但其成果的产品转化和新平台新环境产品衍生的步伐却相对缓慢。在基于光纤、雷达等新方法新原理的物理海洋传感器方面，国内已具有部分技术基础。在海洋装备方面，近年来，中国重点突破了水下滑翔机的长续航、可组网、大潜深等技术[20]，目前其最大航程已超过 3000 千米，完成了 12 台海上集群组网的观测应用。“海翼 7000”是目前世界上唯一能在 7000 米深度进行长期稳定观测作业的水下滑翔机[20]。至 2019 年 6 月，中国共有水色、动力、监视监测 3 个系列 7 颗海洋卫星[21]（其中 5 颗在轨运行），包括海洋 1 号水色卫星（HY-1A/B/C）、海洋 2 号动力卫星（HY-2A/B）、高分三号卫星和中法海洋卫星等。其中高分三号 C 频段多极化合成孔径雷达（synthetic aperture radar，SAR）成像卫星的分辨率为 1 米，达到国际主流的合成孔径雷达卫星分辨率水平[21]。总体来说，我国的海洋传感器技术相当于发达国家 2000～2005 年的水平[19]。我国应立足于满足海洋信息业务化的应用需求，重点自主发展海洋动力环境、生态环境、水下目标观 / 监测等高精度仪器和网络智能感知终端，并结合当前透明海洋、智慧海洋等重大工程所需，培育以使用自主传感器为主的产业化环境。

2. 海洋信息通信组网技术

中国广泛应用的海洋通信系统主要包括海上无线短波通信、海洋卫星通信和岸基移动通信。在卫星通信组网方面，2017 年北斗三号卫星系统开始向全球提供服务。它创新融合了导航与通信能力，增强了短报文通信服务功能[22]，同时开启了鸿雁、虹云、行云等商业组网小卫星星座的建设[23]。我国在轨民用和商用卫星的覆盖区域高度集中于本国国土和亚太地区，而在管辖海域、深远海大洋和极地的通信方面，卫星通信链路还无法满足自主可控的需求，需要大量租用国际海事卫星等系统的转发器。在水下通信与导航方面，2017 年上海交通大学成功完成首个海水量子通信实验，其通信距离达 900 米[12]。此外，我国正在尝试发展无人机升空应急通信[24]。我国海洋信息传输组网仍存在明显不足：①过多依赖国外系统，海洋感知信息安全没有保障；②军民间、部门间开展海上协同行动时互联互通手段匮乏，信息共享与协同困难；③自主通信能力弱，制约了海洋信息感知和海上信息消费的发展。

3. 海洋信息基础设施

经过多年发展，我国海洋信息基础设施建设初具规模。自然资源部初步建成由近岸海洋观测、离岸海洋观测以及大洋和极地观测组成的海洋观测网基本框架[25]。近岸海洋观测系统包括 133 个海洋站、35 套大型锚系浮标、3 套岸基高频地波雷达、8 套 X 波段雷达、51 艘志愿船和 15 条海洋断面；大洋和极地观测由大洋科学考察船、浮潜标、卫星和志愿船等承担，南北两极已基本形成“两船五基地”的科学观测格局。而中国气象局建设了 290 个海岛自动气象站、39 个船舶自动气象站、25 个锚系浮标气象站、6 部地波雷达和 2 个风暴潮站等[25]。交通运输部管理海洋观测站点近 20 个、船舶自动识别系统（automatic identification system，AIS）岸基台站 201 座、海区级 AIS 中心 3 个、国家级 AIS 中心 1 个[25]。中国科学院海洋研究所在黄海和东海布设了 21 套浮标观测系统和 2 套海岛自动气象站观测系统，在中国近海至西太平洋海域的海洋立体观测网络中布设了 22 套浮标和 74 套潜标[26]。其他涉海部委以及地方海洋管理部门和涉海企事业单位也根据业务需要，部署了一定数量的岸基和海上观测站点。

“十三五”期间，“全球海洋立体观测网”整合建设正式纳入国家重大工程计划[27]。该项目集成海洋空间、环境、生态、资源等各类数据，整合先进的海洋观测技术与手段，实现了高密度、多要素、全天候、全自动的全球海洋立体观测。海底科学观测网国家重大科技基础设施 2017 年正式立项[15]，是我国海洋领域第一个国家重大科技基础设施，对实现海洋强国战略具有重要意义。

4. 海洋信息应用服务技术

在海洋大数据理论方法研究与应用方面，我国已率先开展了尝试，主要成果有：①研究构建了海洋大数据技术体系，提出了分类分级的海洋大数据资源管理总体设计[28]，并将列存储、分布式和虚拟化等大数据技术应用于海洋数据全流程管理，建成了中国新一代海洋综合数据库，该数据库的千亿级记录全量查询耗时仅 3 秒[28]；②研究了基于海洋大数据的海面高度、海表温度、三维温盐和声场、台风、厄尔尼诺与南方涛动（El Niño-Southern Oscillation，ENSO）和赤潮等的海洋预报技术，有效降低了海洋动力方程参数化带来的不确定性[29]。在海洋数据共享服务方面，在科学技术部的组织推动下，国家海洋科学数据中心、西太海洋数据共享服务系统、南海及其邻近海区科学数据中心等已投入业务化运行，面向社会各类用户可提供多元化的数据共享服务。国家海洋信息中心、中国海洋大学等在海洋数据同化与再分析方面推出了积累数据长达 60 年且覆盖西太平洋区域的分辨率达 1/12° 的三维温盐流产品，其精度在远海区域与国外同类产品接近，近海区域高于国外。应用系统[30]的建设向数据协同、业务协同的超大系统方向发展，同时利用信息物理融合、智能决策等技术，向精细化、智能化业务管理方向发展。整体而言，新一代信息技术在中国海洋信息处理服务方面的应用仍有一定的滞后性，其发展缺乏大的科学计划引领，信息处理相关算法大都借鉴国外，缺乏自主创新，信息产品精度低，服务能力不足。

三、未来展望

当前，全球海洋信息体系和治理体系正处在技术变革和调整的关键时期。传统海洋强国纷纷建立跨部门的海洋信息统筹机制以体现国家意志，积极推动海洋信息基础设施的建设，不断拓展战略利益空间。

我国在建设海洋强国、抢占海洋制高点的过程中，必须高度关注海洋信息技术创新的全球变化趋势，抓住当前海洋智能化技术革命的有利契机，在以下几方面开展工作：①构建海洋信息立体获取和传输体系，全面提升海洋信息感知能力，实现部门内与部门间海洋信息资源互通共享，显著提升海洋信息分析处理和共享开放能力；②结合海洋安全与权益维护、海洋开发利用、海洋环境认知等信息应用服务的需求，拓展智慧应用服务能力；③逐步推进海洋状态全面感知、信息广泛互联、资源按需分配和服务协同智能的发展。这些工作对实现“两个一百年”的发展目标，具有重大的现实和战略意义。

参考文献

[1] 周宏仁. 信息化论 [M]. 北京：人民出版社，2008：28-31.

[2] 姜晓轶，潘德炉. 谈谈我国智慧海洋发展的建议 [J]. 海洋信息，2018（1）：3-4.

[3] 周宏仁. 信息化蓝皮书：中国信息化形势分析与预测（2016—2017）[M]. 北京：社会科学文献出版社，2017：3-5.

[4] 张仔辰，董恺称，张益源，等. 基于 MEMS 技术的智能传感器系统（“智能灰尘”）[J]. 电子学报，2015，43（10）：2095-2097.

[5] 李大海，吴立新，陈朝晖. “透明海洋”的战略方向与建设路径 [J]. 山东大学学报（哲学社会科学版），2019（2）：131-132.

[6] 栾海. 俄罗斯海军构建水下“互联网”[EB/OL]. [2016-12-27]. http://news.sciencenet.cn/htmlnews/2016/12/364201. shtm.

[7] 季自力，王文华. 美军加快推进战场感知系统建设 [J]. 军事文摘，2019（13）：52-55.

[8] 吴海. DARPA 开发近零功耗传感器以大幅提高监测效率 [J]. 防务视点，2015（6）：63.

[9] 姜晓轶，康林冲，潘德炉. 中国工程院中长期咨询研究项目——智慧海洋发展战略和顶层设计策略研究报告 [R]. 北京，2019：22-23.

[10] 吴建军，梁庆林，项海格. 国外宽带卫星通信发展概述 [C]// 中国通信学会卫星通信委员会. 第十届卫星通信学术年会论文集. 北京，2015：14-22.

[11] 马洪忠，李庆，刘晓春，等 . 临近空间太阳能无人机在应急通信中的应用 [J]. 科技导报，2018，36（6）：47.
[12] 工农商学兵 . 水下通信技术最新发展动态研究 [EB/OL].［2017-12-19］. http://www. 360doc.com/content/17/1219/22/3542203_714629951. shtml.
[13] 王璐菲，李方 . 美国欲创建水下 GPS 系统 [J]. 防务视点，2015（8）：62.
[14] 同济大学海洋科技中心海底观测组 . 美国的两大海洋观测系统：OOI 与 IOOS[J]. 地球科学进展，2011（6）：650-655.
[15] 朱俊江，李智刚，练树民，等 . 全球有缆海底观测网概述 [J]. 热带海洋学报，2017，36（3）：22-24.
[16] The Subcommittee on Ocean Science and Technology，Committee on Environment of the National Science & Technology Council. Science and technology for America's oceans：a decadal vision[EB/OL].［2019-08-30］. https://www.whitehouse.gov/wp-content/uploads/2018/11/Science-and-Technology-for-Americas-Oceans-A-Decadal-Vision.pdf.
[17] Science and Technology Foresight Center. The 11th Science and Technology Foresight：Discussion on Desirable Society 2040（Workshop Report）[R]. NISTEP RESEARCH MATERIAL，No. 276. Tokyo：National Institute of Science and Technology Policy，2018.
[18] 佚名 . 人工智能或能提前一周预测台风 [J]. 浙江气象，2019（01）：49.
[19] 李红志，贾文娟，任炜，等 . 物理海洋传感器现状及未来发展趋势 [J]. 海洋技术学报，2015（3）：43-44.
[20] 沈新蕊，王延辉，杨绍琼，等 . 水下滑翔机技术发展现状与展望 [J]. 水下无人系统学报，2018，26（2）：89-103.
[21] 国家海洋局，国家国防科技工业局 . 海洋卫星业务发展“十三五”规划 [R]. 北京，2017.
[22] 佚名 . 北斗卫星导航系统介绍 [EB/OL].［2017-03-16］. http://www.beidou.gov.cn/xt/xtjs/201710/t20171011_280.html.
[23] 中国银河证券 . 2018 年低轨通信卫星行业研究报告 [EB/OL].［2019-08-05］. http://www.sohu.com/a/311697253_800248.
[24] 国家海洋信息中心 . 智慧海洋应急通信网络项目可行性研究报告 [R]. 天津，2018：12-25.
[25] 国家海洋信息中心 . 智慧海洋工程顶层设计报告 [R]. 天津，2017.
[26] 国家海洋信息中心 . 国家海洋科学数据中心建设运行实施方案（2020—2025）[R]. 天津，2019：9-10.
[27] 中国新闻网 . 中国将推进全球海洋立体观测网建设 [EB/OL].［2016-04-27］. http://www.xinhuanet.com/politics/2016-04/27/c_128938006.htm.
[28] 国家海洋信息中心 . 智慧海洋大数据共享云平台建设方案 [R]. 天津，2018：34-35.

[29] 国家海洋信息中心 . 国家重点研发计划“海洋环境安全保障”重点专项“海洋大数据分析预报技术研发”项目实施方案 [R]. 天津，2017：9-12.
[30] 国家海洋信息中心 . 海洋应用系统整合集成建设方案 [R]. 天津，2017：5-6.

4.6 Marine Information Technology

Jiang Xiaoyi，*Kang Linchong*，*Fu Yu*
(National Marine Data and Information Service)

Marine information technology is an important means to understand the development and utilization of the ocean. With the fourth technological revolution, that is，the coming of knowledge revolution，marine information technology is developing to intelligence. This paper mainly analyzes and summarizes the current situation and trends of marine information technology such as information perception, communication and network constructions，and application service technology since 2015. At last，several suggestions for the research and development of marine information are presented.

第五章

航空航天和海洋技术产业化新进展

Commercialization of Aeronautics, Space and Marine Technology

5.1　商用飞机产业化新进展

刘晓庆

（中国商飞北京民用飞机技术研究中心）

民用飞机通常包括商用飞机和通用飞机。商用飞机是指用于公共商业航空运输的航空器，可分为支线飞机和干线飞机。支线飞机一般指客座数在 100 座以下，航程在 3000 千米以下的小型商用飞机。干线飞机一般指客座数在 100 座以上，航程大于 3000 千米的大型商用飞机，分为窄体干线（单通道）和宽体干线（双通道）飞机。第一次世界大战后，飞机开始广泛投入商用，出现了真正意义上的民用客机。第二次世界大战后，民用飞机迎来了快速发展的黄金时期，飞机的设计、研发、制造技术不断创新。喷气飞机在 20 世纪 50 年代问世，并在此后的几十年引领了现代商用飞机的发展。下面重点介绍支线、干线商用飞机制造业的产业化新进展。

一、国际商用飞机产业化发展概述

近年来，航空技术的飞速发展及世界经济的稳步推进，为商用飞机提供了良好的发展空间，干线飞机和支线飞机的订货量都大幅上升。商用飞机的产业科技具有牵引作用巨大、产业链长、产业关联性大和涉及专业领域多等特点，能够带动新材料、现代制造、先进动力、电子信息、自动控制、计算机等领域关键技术的群体突破，还能带动流体力学、固体力学、计算数学、热物理学、化学、信息科学、环境科学等基础科学的重大发展[1]。

然而，商用飞机产业是一种典型的具有知识密集、技术密集和资本密集特点的战略性产业，拥有坚固的产业壁垒。

2018 年前，全球商用飞机市场一直保持着“四足鼎立”的局面。美国波音公司、欧洲空中客车公司（简称空客公司）几乎主导了整个干线飞机市场，形成双寡头垄断的格局；巴西航空工业公司和加拿大庞巴迪公司主要生产 100 座以下的支线客机，在商用飞机市场虽占有一定的份额，但对双寡头一直未形成有力的冲击。市场新进入者中国、俄罗斯、日本的商用飞机，暂不会威胁到前述四大公司的市场地位。2018 年，空客公司收购了庞巴迪 C 系列（更名为 A220），波音公司与巴西航空工业公司联手，从而打破了商用飞机领域几十年来的市场平衡[2]。庞巴迪公司以 7.5 亿美元将 CRJ

（Canada Regional Jet）飞机项目出售给日本三菱飞机公司，加之此前已出售 Q400 支线飞机，至此，庞巴迪公司退出了商用飞机市场。

在商用飞机产业两家国外新进入的主制造商中，俄罗斯联合航空制造集团（UAC）的支线飞机 SSJ-100 已投入市场运营多年；窄体干线 MC-21 飞机已于 2017 年首飞，目前正处于取证试飞阶段。日本三菱飞机公司的 SpaceJet 项目（原 MRJ 支线飞机项目）处于取证试飞阶段。

在新飞机交付方面，2018 年度空客公司交付 800 架（其中宽体 154 架），波音公司交付 806 架（其中宽体 226 架）[3]。两公司的交付情况见表 1 和表 2。但从交付飞机的价值来看，2018 年波音公司交付的飞机在计算标准折扣后的价值约为 600 亿美元，而空客公司交付飞机的价值约为 540 亿美元，主要原因是波音公司交付的客机中宽体机的数量更多。2018 年俄罗斯苏霍伊公司交付 26 架 SSJ-100 飞机。

表 1　空客公司商用飞机累计订单及交付量　　（单位：架）

型号	A300/A310	A220/A320	A330/A340/A350	A380	合计
累计订单	816	15 176	3 001	290	19 283
累计交付量	816	8 917	2 106	237	12 076
在役飞机	306	8 511	1 948	234	10 999

资料来源：空客公司官网，作者整理，截至 2019 年 5 月 31 日。

表 2　波音公司商用飞机累计订单及交付量　　（单位：架）

型号	737	747	767	777	787	合计
累计订单	11 957	154	863	1 887	1 441	16 302
累计交付量	7 356	134	764	1 456	859	10 569
在役飞机	5 695	306	601	1 130	222	7 954

资料来源：波音公司官网，航升数据库，作者整理，截至 2019 年 5 月 31 日。

2018 年，波音公司获得 893 架新商用飞机的净订单，价值约为 1440 亿美元。空客公司获得 747 架净订单，但在整个窄体细分市场中以近 6∶4 的比例占据相当大的市场份额。空客 A320 系列改型客机具有最大的客容量和航程能力，在该领域高端市场占有优势。空中客车（天津）总装有限公司已交付超过 400 架 A320 飞机，对抢占中国市场起到关键作用，其本土战略获得巨大成功。

波音公司在迅速发展的同时，也出现了一些安全隐患，如波音 737MAX 接连发生两起空难事故，被迫先停飞后停产。这看似是“黑天鹅”事件，实则是“灰犀牛”，商用飞机技术研发过分注重短期利益必然导致风险结果。此次事件给商用飞机产业带来巨大震荡，甚至可能改变整个产业格局。对于商用飞机而言，无论是飞机改进改型的新技术以及操作系统的应用，还是飞行员培训、适航审定等，均不可急功近利。

未来 20 年，全球航空旅客周转量（RPKs）将以平均每年 4.46% 的速度递增。这项预测主要依据是：全球经济保持年均 2.9% 的增长率；新兴经济体国家的航空需求增长仍高于全球平均水平；中国 RPKs 将以平均每年 6.5% 的速度增长。全球航空运输市场需求的增长必然带动商用飞机产业进一步发展。

二、中国商用飞机产业化发展现状与前景

我国商用飞机产业近半个世纪的发展可谓“命运多舛”，已获得一系列技术成功的运 -10 飞机被挡在适航许可证的门槛外，MD-82、MD-90、MPC-75、AE-100 等国际合作项目夭折，商用飞机产业链及能力基础的发展停滞。2002 年，新支线飞机项目立项，继而《国家中长期科学和技术发展规划纲要（2006—2020 年）》将大型飞机作为 16 个重大专项之一，使得商用飞机的研发制造得以重启。

（一）总体发展情况

2017 年，我国民用航空工业总产值为 2744.0 亿元，其中民用航空产品产值为 651.25 亿元，占比 23.7%。在民用航空产品产值中，民用飞机（不含无人机）整机产值为 51.56 亿元，占比 7.9%；民用飞机零部件、发动机、机载设备等航空产品产值为 217.51 亿元，占比 33.4%；民用飞机发动机、机载设备和其他民用航空产品的修理产值为 214.76 亿元，占比 33.0%。2017 年纳入全国民用航空工业统计调查的单位有 160 个，其中 55 家隶属于中国航空工业集团有限公司，其民用航空产品产值在全国占比为 20.0%；6 家隶属于中国商用飞机有限责任公司，产值占比为 6.8%。这些单位主要分布在 26 个省（自治区、直辖市），拥有从业人员 34.8 万人[4]。

我国十余年前就是全球第二大航空运输市场。2018 年，机场全年旅客吞吐量达到 12.65 亿人次，较 2017 年增长 10.2%。其中，国内航线完成 11.39 亿人次，国际航线完成 1.26 亿人次。全年完成货邮吞吐量 1674.0 万吨，飞机起降 1108.83 万架次，其中运输架次达 937.27 万。完成旅客周转量 10 712.32 亿人千米，国内航线完成旅客周转量 7889.70 亿人千米，国际航线完成旅客周转量 2822.61 亿人千米。截至 2018 年底，共有民用航空（颁证）机场 235 个（未含香港、澳门和台湾地区数据），拥有定期航班国内通航城市 230 个（未含香港、澳门和台湾地区数据）。其中，年旅客吞吐量 100 万人次以上的机场达 95 个（未含香港、澳门和台湾地区数据）[5, 6]。

我国近年来民用航空运输飞机的数量见图 1。截至 2018 年底，民用航空全行业运

输飞机在册架数为3639架，客运飞机中宽体干线飞机409架，窄体干线飞机2883架，支线飞机187架。货运飞机160架[5]。

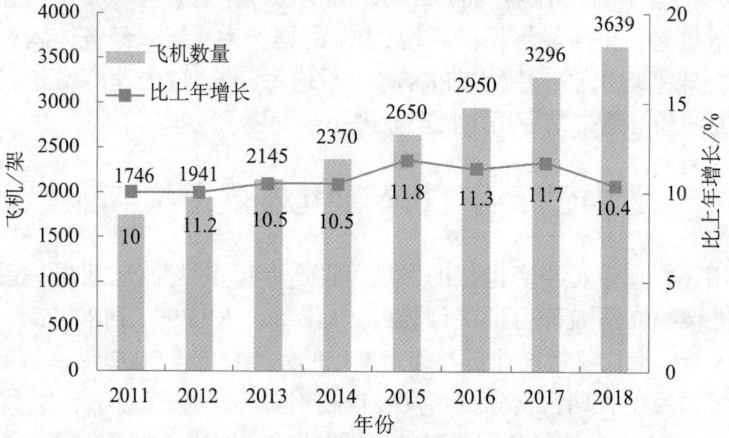

图1 2011～2018年我国民用航空运输飞机数量

（二）产业发展现状

经过十余年的发展，我国的商用飞机产业虽然在产品研发、技术能力建设、国际合作、市场开拓与发展、客户服务与航线运营、科技创新等方面取得积极进展，但其发展仍受到产品研发、技术能力、生产制造、人才、运营环境和研制保障等多方面因素的制约。其发展特征如下。

1. 产品发展路径成型，主制造商稳定向好成长

中国商用飞机主制造商有中国商飞和航空工业。中国商飞是全球民航崛起的新力量，是中国大型飞机重大专项中大型客机项目的主体，也是统筹干线飞机和支线飞机发展、实现中国大飞机产业化的主要载体，目前有支线飞机ARJ21、窄体干线飞机C919和中俄远程宽体飞机CR929，三个型号全面贯彻“好制造、好维修、好运行、降成本、能竞争”的要求。中国商飞经系统策划和统筹推进，正在着力提升产品的竞争能力，企业正处于产品研制、生产、运营并行的状态。ARJ21是国内首次按照适航要求研制的喷气式客机，已走完喷气式客机的设计、试制、试验、试飞、批产、交付和运营的全过程，2015年交付用户，2016年6月28日投入商业运营，截至目前订单累计528架，交付14架，已执飞20多条航线，载客45万人次，单机日利用率达到8小时，正在持续推进型号的设计优化和改进改型。C919是我国按照国际民航规

章自行研制、具有自主知识产权的大型喷气式民用飞机，2015 年总装下线，2017 年 5 月 5 日成功首飞，目前处于适航取证阶段，已累积订单 815 架，预计 2021 年交付首架。CR929 是中俄联合研制的双通道民用飞机，以中国和俄罗斯及独联体市场为切入点，满足全球国际、区域间航空客运市场的需求。2015 年 CR929 项目完成立项准备，2017 年 5 月，该项目主体中俄国际商用飞机有限责任公司成立，目前项目处于联合概念定义阶段。

新舟 60 是航空工业下属西安飞机工业（集团）有限责任公司研制生产的 50～60 座级的双涡轮螺旋桨发动机支线客机，于 2000 年取得型号合格证，首架飞机于 2005 年交付商业运营，截至 2018 年底累计订单已达 200 余架，累计交付 100 余架，分布在亚洲、非洲 16 个国家的 27 家用户运营的 260 余条航线。新舟 60 改进型为新舟 600。MA700 涡桨支线飞机于 2013 年立项，用于承担 800 千米以内中等运量市场的区域航空运输，目前处于型号研制中。

2. 技术能力发展显著，产业配套能力增强

经过十余年的发展，中国商用飞机产业的能力建设取得长足进步，已形成以产品研制为核心的预先研究、设计研发、总装制造、客户服务、试验试飞和基础支持能力，以全球供应商代表室、实时供应商管控平台等为核心的管控体系和供应商的管理能力，以符合民航规章要求的设计保证系统、持续适航体系和运行支持体系为核心的适航管理能力，以市场研究、预测、开发和客户需求管理为代表的市场营销能力。

我国商用飞机已初步形成“以中国商飞为核心，联合航空工业，辐射全国，面向全球”的产业体系；通过 C919 项目聚合了全球 15 个国家和地区的 200 家一级供应商，促成国外系统供应商与中国航空工业集团有限公司、中国电子科技集团有限公司等国内企业组建了 16 家合资企业，其中，中航通用电气民用航电系统有限责任公司、鸿翔飞控技术（西安）有限责任公司、伊顿上飞（上海）航空管路制造有限公司等已作为一级供应商提供了产品；确定了多家国内材料供应商和标准件潜在供应商；提升了国内民机机体结构、机载系统、材料和标准件的配套能力，带动了航空运输、材料、电子信息、金融租赁等相关产业的发展。全国已有 22 个省市、200 多家企业、20 万人参与了项目研制，民机产业配套能级得到了提升。

3. 市场与客户服务完善，产业发展环境向好

市场开拓与客户服务是商用飞机产业链上的重要环节，也是市场成功的关键，涉及飞机营销、选型、监造、交付、飞机维修、航材支援、手册提供、运营支援等多种活动，是以主制造商、供应商、功能服务提供商和客户为主体，融合服务流和信息流

的集成化服务供应链。长期以来，国外航空服务企业占据我国民航市场的主体地位。国产飞机投入运营后，中国商飞不断提高其市场销售能力、运营维修支援能力，加强现场维修支援队伍的建设。

我国政府和产业主体均在着力改善产业发展环境，并促进产业基础的不断升级。首先，国家和行业主管部门高度重视国产商用飞机产业的发展。其次，加大了国产商用飞机运行管理的力度，取得了明显进步。再次，2016 年出台《关于加强新设航空公司市场准入管理的通知》，以确保行业发展与资源保障能力相适应。最后，制定《中国民用航空发展第十三个五年规划》，为建设民航强国指明了方向。

4. 构建技术创新体系，科技创新取得丰硕成果

在商用飞机产业技术方面，中国正在构建“以中国商飞为主体，市场为导向，产学研相结合”的技术创新体系；国内 47 所高校参与型号技术攻关，建立了多专业融合、多团队协同、多技术集成的协同创新平台；攻克了全时全权限电传飞控系统控制律设计、模块集成化的航电软件架构和设计验证技术等 108 项关键技术；攻克了柔性制孔、大部件自动对接等一系列数字化装配技术；突破了大型客机超临界机翼的设计与分析验证、钛合金 3D 打印、蒙皮镜像铣等核心技术；积累了 5 类 4 级 617 项专业技术、6744 项标准规范，获得 1125 项专利等成果[7]。

5. 产业处于生命周期前段，发展制约因素多

当前，我国商用飞机产业进入由萌芽期向成长期爬升的关键时期，产业发展、产品研发和能力建设方面仍存在以下主要问题：①产业发展路径不清，未形成清晰明确的产业发展规划。②技术储备不足，难以满足型号发展的需求。③配套企业数量少，能力基础较弱，产业链不完善，没有形成符合市场竞争要求的配套供应体系。同时，发动机、机载设备和零部件的国产化率低，本土化少，满足适航要求的也少。

（三）我国商用飞机产业未来发展前景

未来全球和我国商用飞机的需求量都很大，商用飞机产业得到中国政府的高度重视，在获得研发经费和各项政策的支持下，未来一段时期将在复杂多变的环境下呈现如下发展特征。

1. 市场需求巨大，竞争愈发激烈

随着国际经济的发展、旅游需求的增加、航空基础设施的建设、先进空中交通管理系统的应用和航线网络的增加，全球市场对飞机的需求将保持持续增长。未来 20

年，现役机队将有约 74% 的飞机退出商业客运服务，被改装成公务机、货机和其他用途的飞机，或是永久退役；全球商用飞机的新机交付量将达到 42 702 架，总价值达 5.8 万亿美元；中国将成为全球唯一的万亿美元级航空市场，将接收价值约 1.3 万亿美元（以 2017 年目录价格为基础）的 9008 架新飞机，到 2037 年占全球机队的比例将从现在的 16% 提高到 21%[8]。

波音公司收购了巴西航空工业公司的商用飞机业务，空客公司收购了庞巴迪 C 系列飞机，双双进入干支全覆盖、全谱系的发展模式，且拥有庞大（10 年以上）的订单储量、93% 以上的市场占有率，具有雄厚的实力。中国的商用飞机欲进入全球市场，将面临全面竞争，必然遭到双寡头的全面阻击。

2. 产业发展仍需谋篇布局

健全、完备的产业体系是美国、欧洲航空产业得以发展的基础，也是波音公司和空客公司保持垄断地位的根本。美国和欧洲在航空产业上拥有各自的自主知识产权和自主配套能力。采用“主制造商 - 供应商”模式，波音公司在普吉特海湾形成产业集群，空客公司在图卢兹及周边地区有完美的产业链。中国虽有完整的工业体系，但商用飞机产业的基础薄弱，现阶段难以满足批量生产对效率和成本的需要。为此，中国商用飞机产业的发展需要谋篇布局，在主制造商的牵引下，建立“立足上海、延伸长三角、辐射全国、面向全球”的商用飞机产业布局，形成具有全球竞争力的商用飞机产业体系。

3. 未来产品创新面临挑战

未来的商用飞机将更环保、更经济、更安全、更舒适、更快捷和更智能。在“低碳经济”和燃油价格居高不下的背景下，航空运输业更关注绿色环保、更好的经济性指标以及对复杂条件更强的适应性，需要在进一步提高气动效率、结构效率、动力系统效率和设备可靠性方面取得技术突破。美国提出未来民航发展的六大引擎，即运量增长、超声速飞机创新、超高效亚声速飞机、空管自动化 / 无人机、实时广域安全保障、低碳目标推进。欧盟委员会提出航迹 2050 航空领导计划，在减少飞机对环境的影响、保障航空能源的供给、保障航空安全、优先发展航空的研究能力、测试能力和航空教育、保持和扩大航空工业领导力、满足社会市场需求等方面提出了重要举措。

国外政府高度重视商用飞机的发展，新构型的民机技术处在大尺寸验证机阶段，翼身融合、飞翼、发动机半嵌入、支撑翼、连接翼、分布式动力、倾转旋翼等技术已日益成熟，超音速客机相关产品或在 2030 年前后问世，这将是航空产业内部的产品创新对产业的颠覆。中国商用飞机在未来一段时间内研究和发展的重点仍是传统飞机，在产品创新方面将面临严峻的外部挑战。

4. 大量新技术的应用将加快国产商用飞机的技术进步

目前，大量先进商用飞机技术日趋成熟，正在或即将应用到产品上。这些先进技术包括自然层流机翼、层流技术飞行试验、新型材料、增材制造技术、分布式航电、智能飞行/智能驾驶舱、多电技术、嵌入式进气道、超大涵道比发动机、开式转子、飞发一体化等。此外，信息网络、大数据、5G、人工智能、智能制造、新能源和新材料等也已应用于产业，新能源、新构型、超音速商用飞机的研发正在加快发展，新模式、新业态也呼之欲出。行业的新进入者可以借助这些新技术，选择新路径，进行智能化转型，有可能从局部到整体逐步建立起后发优势。

三、中国商用飞机产业化发展的建议

中国商用飞机已从艰难初创期进入成长期，面对国际贸易的不确定性、未来产业格局的多元化以及美国在全球飞行标准和安全规则制定方面的领先地位，中国的商用飞机若想在市场占有一席之地，还需要相当长时间的积累，并接受市场的检验。

航空产业的繁荣由飞机制造商、航空公司、机场、空管部门以及民航监管部门协同缔造。中国民航运输企业正处于转型升级阶段，未来十年是发展的关键期，中国需要从顶层设计、航空立法、模式创新等方面进行探索，做好以下几方面的工作。

1. 组织开展实施商用飞机产业发展战略规划

研制和发展大型商用飞机是建设创新型国家、提高自主创新能力和增强国家核心竞争力的重大战略举措。商用飞机是大型复杂技术系统，发展商用飞机产业需要充分发挥商用飞机产业的引领作用和规划的引导作用，明确发展目标与主攻方向，强化主体地位，发挥主制造商的带头作用，鼓励地方政府和民营企业进入配套业和相关产业，以提高产业能力和国产化率；需将商用飞机产业发展与国家产业规划对接，并融入国家科技创新布局，同时建立健全宏观管理制度和体系，在国家宏观层面为国产商用飞机的预先研究、型号研发、总装制造、运营服务、机场、金融财税等提供政策支持；需进一步强化民机战略，打造国产商用飞机示范运营的标杆。

2. 加大关键核心技术自主可控力度，保障产业安全

规模经济和范围经济使民机产业的格局和竞争关系不断演变。我国航空工业基础薄弱，技术能力不足，产品和关键技术的自主可控范围有限，面对当前复杂严峻的外部环境带来的威胁，亟须增强关键技术及重要系统部件的自主创新和生产能力，实现自主可控，减少对国外的依赖，保障产业安全。在关键核心技术和供应链的关键核心

环节，还需探索新型产学研合作模式，聚集力量，突破核心技术，以培育优势领域，推动产品的装机应用，提升核心竞争力。

3. 加强商用飞机产业链建设

主制造商之间的竞争愈发体现为以主制造商为核心的供应链体系的竞争。在产业链方面，与美国、欧洲国家相比，中国仍需完善产业体系，做好以下几方面的工作：①培育和完善符合国际市场竞争要求的供应商体系，鼓励国内供应商参与型号研制；②主制造商需要向产业链控制者转变，加快培育关键系统的研制能力；③进一步加强适航认证能力的建设，大型商用飞机不仅要取得中国民用航空局（CAAC）的适航证，还要取得美国联邦航空管理局（FAA）和欧洲航空安全局（EASA）的适航许可证，以突破国内和国际市场的准入限制；④完善客户服务体系，形成涵盖技术服务、备件供应、维护维修的客户服务体系；⑤构建政府、产业、运营商、空管、服务商协同合作体系，推动产业发展。

商用飞机产业是全球竞争的产业。我国商用飞机的竞争对手具有产品订单多、谱系全、实力强的特点。我国需要制定系列政策，加强研发投入，在考核、融资方面对生产、运营国产商用飞机的企业给予支持，同时动员多方力量，助力国产商用飞机产业的发展。

参考文献

[1] 蔺建武，仲伟周，任炳群，等. 中国航空制造业升级路径探索 [J]. 国际经济合作，2011（10）：33-38.

[2] 王妙香. 国际民机市场竞争态势展望 [N]. 中国航空报，2018-08-18：05 版.

[3] 陈培儒. 回顾与展望之主制造商篇 在变局中重构——2018 全球商用飞机产业分析 [J]. 大飞机，2019（02）：12-19.

[4] 工业和信息化部装备工业司. 中国民用航空工业年鉴（2018）[M]. 北京：航空工业出版社，2018.

[5] 中国民用航空局. 2018 年民航行业发展统计公报 [R/OL]. [2019-07-07]. http://www.caac.gov.cn/XXGK/XXGK/TZTG/201905/P020190508527175796080. pdf.

[6] 中国民用航空局. 2018 年民航机场生产统计公报 [R/OL]. [2019-07-01]. http://www.caac.gov.cn/XXGK/XXGK/TJSJ/201903/t20190305_194972.html.

[7] 李锋白. 中国制造在自主创新中厚积薄发 [N]. 中国工业报，2018-07-24：01 版.

[8] 中国商用飞机有限责任公司. 2018—2037 中国商飞公司市场预测年报 [R/OL]. [2019-07-07]. http://www.comac.cc/xwzx/gsxw/201811/06/t20181106_6600647. shtml.

5.1 Industrialization of Commercial Aircraft

Liu Xiaoqing
(COMAC Beijing Aeronautical Science & Technology Research Institute)

The commercial aircraft industry is a typical knowledge-intensive, technology-intensive and capital-intensive strategic industry. It is highly concentrated and monopolized with solid barriers to entry. After more than a decade of developments, China's commercial aircraft industry has develped from germination stage to growth stage, driven by the main manufacturer, COMAC, and the commercial aircraft industry has accomplished some achievements. The future of the industry is very bright and promising. However, it also requires implementing a strategic planning, increasing the range of control over those key independent-research technologies, ensuring the industrial safety, as well as strengthening the constructions of the supply chain for commercial aircraft, because of the complex and changing scenarios of international competitions.

5.2 通用航空器产业化新进展

高远洋
（北京航空航天大学通用航空产业研究中心）

公共航空运输和通用航空被称为民用航空的两翼。公共航空运输指利用民用航空器运送旅客、行李或者货物。通用航空（general aviation）指利用民用航空器从事公共航空运输以外的民用航空活动，包括从事工业、农业、林业、渔业和建筑业的作业飞行以及医疗卫生、抢险救灾、气象探测、海洋监测、科学实验、教育训练、文化体育等方面的飞行活动。在通用航空发达的国家，通用航空的产业体量和经济贡献超过了公共航空运输，真正成为民航业的基础。全球航空业最发达的是美国，而中国是世界最有潜力的通用航空器的新兴市场。下面重点介绍全球背景下中国航空器产业化的现状并对未来发展提出建议。

一、中国通用航空器产业化的现状

随着中国社会和经济的快速发展，中国通用航空器产业迅速成长，呈现出以下几个方面的特征。

1. 中国正成为全球通用航空最为重要的新兴市场

经过改革开放四十多年的发展，中国的公共航空运输发展迅猛。航空旅客运输量从1978年的230万人次飙升到2018年的6.12亿人次，增长265倍，连续14年跻身全球第二，仅次于美国，估计到2030年有望超过美国。然而，通用航空情况则不同。截至2018年底，我国通用飞机的保有量为3380架，不仅远落后于美国（21万余架），也大大落后于发展中国家巴西[1]。

根据国外的发展经验，人均GDP达到4000美元是通用航空得以发展的基本经济条件。我国在2010年迈过了这一门槛，具备了发展通用航空的市场基础与经济条件。更重要的是，国家开放低空、推动通用航空发展的政策信号明确。自2010年国务院和中央军事委员会发布《关于深化我国低空空域管理改革的意见》后，2016年国务院办公厅出台了《关于促进我国通用航空业发展的指导意见》。在这两部《意见》的指引下，近年来国家发展和改革委员会、工业和信息化部、中国民用航空局、国家体育总局等相关部委出台了一系列促进通用航空发展的利好政策。地方政府发展通用航空的热情高涨，纷纷出台通用航空产业的发展规划、通用机场布局规划及地方性通用航空促进政策，目前正在积极规划建设通用机场、通用航空产业园、通用航空小镇，谋划和实施通用航空的大发展，已有26个地市被列为国家通用航空产业综合示范区。国内外通用航空产业主力已在中国进行产业布局，产业资本、投资基金也高度关注并进入这一投资领域。

近年来全球航空市场处于低迷状态，而中国目前通用航空业虽然体量小、基础弱，但市场却在高速增长。受全球金融危机的影响，全球通用航空市场曾经历过一次急剧下滑，通用飞机年交付量从2007年的4277架下降到2010年的2024架。2010年后，全球通用飞机市场有所复苏，但增长乏力，2018年仅交付2443架（图1）。而中国的通用航空业异军突起，从2004到2018年，通用航空器保有量的复合增长率达13.62%。其中，从2013到2018年，年均增长量超过300架，年均增长率达15.36%（图2）。显然，中国已成为全球通用航空最为重要的新兴市场[2]。

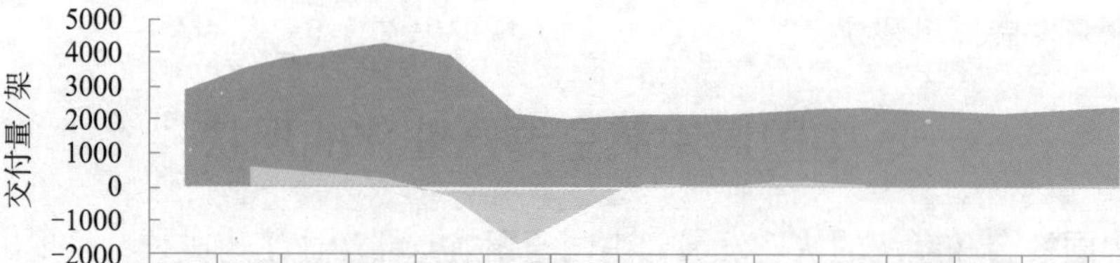

	2004	2005	2006	2007	2008	2009	2010	2011	2012	2013	2014	2015	2016	2017	2018
■交付量	2962	3590	4054	4277	3974	2283	2024	2120	2164	2353	2454	2331	2262	2324	2443
■增长量		628	464	223	−303	−1691	−259	96	44	189	101	−123	−69	62	119

图 1　2004～2018 年全球通用飞机交付量统计

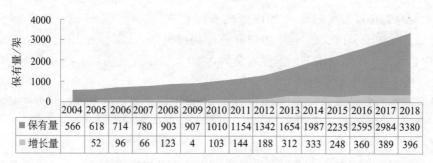

	2004	2005	2006	2007	2008	2009	2010	2011	2012	2013	2014	2015	2016	2017	2018
■保有量	566	618	714	780	903	907	1010	1154	1342	1654	1987	2235	2595	2984	3380
■增长量		52	96	66	123	4	103	144	188	312	333	248	360	389	396

图 2　2004～2018 年中国通用飞机保有量统计

2. 通用飞机“中国造”渐成气候

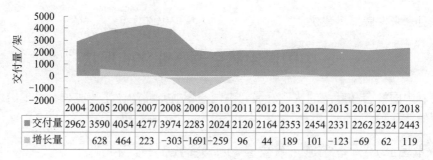

中国不仅是全球通用航空最为重要的新兴市场，也是全球通用航空制造产业的重要一员。全球最大的通用飞机制造商赛斯纳飞机公司（Cessna）已与中国航空工业集团有限公司在石家庄开始合作，组装生产赛斯纳 208 飞机。全球第二大通用飞机制造商西锐公司（Cirrus）和全球第二大通用航空发动机制造商大陆航空发动机公司（Continental Motors）已被航空工业全资收购。全球第三大通用飞机制造商钻石飞机公司（Diamond Aircraft）被浙江的民营企业万丰航空工业有限公司收购，其畅销机型钻石 DA40 飞机在山东滨州组装生产，另一款双发通用飞机钻石 DA42 在芜湖生产制造。美国著名的穆尼飞机公司（Mooney）的制造项目落户郑州，小熊飞机制造有限公司（TopCub）制造项目落户大连，贝尔公司的 407 直升机组装项目落户西安，恩斯特龙飞机制造公司（Enstrom）的直升机的生产制造落户重庆，空客公司 H135 直升机的组装项目落户青岛，新西兰太平洋航空航天有限公司的 P750 飞机的生产项目落户常州，德国道尼尔（Dornier）公司的海星水陆两栖飞机的制造项目落户无锡，深圳光启科学公司投资控股了新西兰的马丁飞行喷射包公司，吉利汽车控股公司全资收购了极具超

前性的美国 Terrafugia 飞行汽车公司。

通用飞机的自主研发和制造有突破。航空工业自主研制的小鹰 500 通用飞机，获得了中国民用航空局适航认证，在石家庄生产。航空工业自主研制的大型水陆两栖飞机蛟龙 AG600 原型机下线，正在进行适航验证。航空工业直升机有限责任公司自主研制的 AC352 民用直升机填补了国内 7 吨级谱系民用直升机制造的空白。沈阳航空航天大学自主研制的锐翔电动通用飞机获得了中国民用航空局适航认证。民营通用飞机制造公司山河航空产业有限公司自主研制的阿诺拉 SA60L 轻型飞机，同时获得中国民用航空局和美国联邦航空管理局（FAA）的适航认证，已开始批量化生产。在无人机制造方面，中国已成为无人机制造业的世界领导者，享誉全球的中国大疆无人机在全球消费级无人机市场占据一定的市场份额。

虽然大多数上述通用飞机的制造项目还未实现量产，但通用飞机“中国造”已渐成气候。随着全球通用航空市场的复苏，特别是中国通用航空市场的迅猛发展，中国将实现通用航空产品的规模化生产。

3. 产业形态呈现，体系尚待成型，环境亟待进一步改善

通用航空产业园是发展通用航空产业的载体，各地正在积极规划建设。总体来看，全国通用航空产业园的产业形态可归为四类：①集制造、运营、服务、会展为一体的综合性通用航空产业园；②基于通用航空制造的通用航空工业园；③以飞行娱乐、飞行培训、航空运动、航空体验旅游为特色的通用航空小镇 / 飞行营地；④依托于运输机场的“通用航空产业基地”。

2017 年，国家发展和改革委员会启动了国家通用航空产业综合示范区建设，已入选的 26 个示范区以产业集聚示范为中心，围绕构建通用航空产业发展的新体系、新平台、新环境，统筹资源，探索发展道路与发展模式，并为全国通用航空发展积攒好经验[3]。目前的进展情况是：①在西安、哈尔滨、成都、景德镇等地区，正在形成以传统军工企业为主、推动通用航空产业军民深度融合发展的新模式；②在芜湖、重庆、绍兴等地区，正在形成以国际合作引进先进技术为主、快速实现弯道超车的国际合作创新模式；③正在形成安阳航空运动、深圳无人机、荆门特种飞机、天津直升机等各具地方特色的专业型示范区；④在郑州、北京、吉林等地区，正在形成以通用航空运营旅游为特色，带动通用航空制造、服务等全产业链发展的综合型示范区；⑤正在形成以珠海通飞、株洲南方工业、南京爱飞客等龙头企业为带动，产业集聚示范发展的新思路；⑥正在形成以石家庄栾城通用航空小镇、南昌航空工业城、安顺民用航空国家高技术产业基地等为平台载体，产城融合发展的新机制；⑦正在形成以郑州上街、银川月牙湖等通用机场建设为契机，通用机场与运输机场升级转换及综合交通运

输发展的新路径；⑧在沈阳、宁波、青岛、昆明、成都等地区，正在形成以低空空域管理改革为试点，优化飞行运行环境，推动通用航空产业集聚发展和创新的新举措。

尽管中国通用航空产业发展的形态开始显现，但通用航空器产业体系尚未成型，主要表现在以下几方面。第一，在通用飞机研制的项目立项和项目引进中，由于目光聚焦在通用飞机的整机上，因而形成一个认识的误区：通用航空制造等于通用飞机的整机制造。这导致引进的通用飞机整机制造项目多，但几乎没有通用飞机零部件和原材料制造的项目。事实上，全球上千家通用飞机制造商都采购少数零部件厂家生产的通用航空零部件。此外，航空器是一种延寿产品，没有报废期，只要处在适航状态就可一直使用，然而要使航空器处于持续适航状态就需要不断更换零部件。所以，航空零部件本质上属于消耗材料，消耗量大，易形成规模化。通用航空零部件及原材料的产业价值要大于整机制造。第二，缺乏全局性的产业技术支撑平台。美国有国家级的航空技术研究中心——美国国家航空研究所（National Institute for Aviation Research，NIAR），可以为全国航空产业，尤其是通用航空产业的发展提供专业（包括通用航空技术研究、产品化产业化研究、适航验证测试等）支撑。中国也需要国家来布局和提供支持，以形成一个统一的全局性的通用航空技术支撑平台，不宜各自为政。第三，国内通用航空人才奇缺，不仅缺少通用航空飞行员与机务维修人员，也急需一大批通用航空的研发人员、工程技术人员及工匠。而在美国和加拿大都有国家级的航空培训中心，如美国的国家航空训练中心（National Center for Aviation Training，NCAT）和加拿大的国家航空培训中心（École Nationale d’Aérotechnique，ENA），可以为全国乃至全球通用航空发展培养专业化和职业化的工程技术人才及工匠。

观察通用航空市场要看两个数据，一是通用飞机保有量，二是通用航空飞行小时数。2013～2018 年，中国通用飞机保有量获得年均 16% 的高速增长，但通用航空飞行小时数的年均增长不到 8%，远低于飞机保有量的增长[4]。这说明，飞机在源源不断增加，飞行小时数却上不去，买来的新飞机都成了摆设，最终必然会影响飞机销售的市场，影响通用航空器制造产业的发展。通用航空飞行小时数上不去，其原因主要是受制于低空空域的管制，通用机场及基础设施不足。目前低空空域管理的改革工作有了进展，但低空开放的关键性政策还没有出台，不容易开展通用航空的飞行活动。真正意义上的低空开放应该能实现由点到线低空飞行的常态化，这样才能促进通用航空产业的快速发展。美国有近 2 万个机场可供通用飞机起降，而国内通用机场加上临时起降点的数量只有 400 多个，数量严重不足。因此，中国急需改善通用航空的运营环境，建立起由天到地适宜的通用航空的飞行运营环境。

二、关于加快我国通用航空器产业化发展的思考和建议

中国的通用航空具有广阔的发展前景，目前是布局通用航空产业发展的最佳时机。当务之急是要做好顶层设计，科学布局未来，营造发展环境，以促进中国通用航空的健康快速发展。具体思考和建议如下。

（1）进一步改善通用航空的飞行运营环境。第一，加快低空空域开放进程，尽快出台低空空域使用管理规定等关键政策，以实现低空空域动态管理和点到点低空飞行的常态化。第二，加快通用机场建设，尤其要简化通用机场建设的核准程序（包括通用机场选择审批程序）[5]。

（2）着力启动通用航空应用市场，尤其是通用航空消费市场。通用航空消费是通用航空市场最为精彩的发展领域。在美国每年约 2500 万通用航空飞行小时数中，消费类通用航空飞行小时占 75%。中国每年近百万小时的通用航空飞行量主要由传统的飞行训练和作业飞行小时构成，而用于消费用途（公务飞行、私人飞行、个人娱乐飞行、航空运动、应急救援）的飞行小时不到通用航空飞行量的 10%。中国通用航空的发展逻辑应该是：尽快启动通用航空消费市场，进而带动通用飞机销售市场的进一步增长；当飞机保有量及飞行小时数上去后，才会带来通用航空器产品制造和通用航空服务业务的规模化发展。

（3）建设国家通用航空工程中心，为全国通用航空发展提供技术与专业支撑。2016 年国务院发布的《关于促进通用航空业发展的指导意见》中提到“鼓励创建国际化通用航空工程中心”。可以考虑在国家发展和改革委员会、中国民用航空局等相关部门及地方政府的支持下，由大学科研机构和产业界联合发起并建设国家通用航空工程中心，以便为全国通用航空发展提供通用航空工程研究、通用航空适航试验与验证、通用航空工程师认知培训及实用性人才培训等专业支撑和服务。

（4）加强通用航空适航审定能力的建设，完善通用航空器适航的审定政策。各地上马的众多的航空器制造项目，将考验投资人的眼光及项目主体的承接能力，以及适航审定及适航管理的能力。在加强通用航空适航审定能力建设方面，可以将上述国家通用航空工程中心建设成中国民用航空局认可的独立于中国民用航空局的第三方适航检测与验证机构，以便为通用航空产品适航取证提供试验手段、验证环境和检测服务。完善通用航空器适航审定政策，需要分级分类地制定和放宽通用航空器适航审定标准。2018 年中国民用航空局增设和开放了实验类飞机适航认证，这对鼓励与促进航空产品的创新具有重要意义。事实上，许多新的航空器设计概念和新的航空技术通常先在通用航空器上进行实验和验证。

（5）通用航空制造不等于通用飞机整机制造。在美国，通用飞机整机制造仅占通

用航空制造产值的 18%，通用航空零部件制造的产值贡献占 62%。所以，在项目引进中，不要只盯着整机制造，而要从整机制造开始，沿着制造的产业链，向关键零部件及周边产品延伸，包括航空发动机、航电、螺旋桨、透明座舱盖等主要部件以及飞机机载、周边设备、机场设施、空导设施设备和飞行员装备等周边产品。

参考文献

[1] General Aviation Manufacturers Association. GAMA 2018 annual report[R/OL]. [2019-07-02]. https://gama.aero/facts-and-statistics/statistical-databook-and-industry-outlook/.

[2] 高远洋 . 2018 中国通用航空大盘点：稳中有升 稳中求变 [N]. 中国民航报，2019-01-14：7 版 .

[3] 金伟，高远洋 . 加快国家示范区建设 推动区域通用航空发展 [J]. 民航管理，2018（4）：9-11.

[4] 中国民用航空局飞行标准司 . 2018 通用及小型运输航空运行报告 [R/OL]. [2019-02-20]. http://pilot.caac.gov.cn/jsp/airmanNews/airmanNewsDetail.jsp?uuid=c6904b1d-dcbf-4448-b1c0-5e1a3f370b33&code=Statistical_info#down/.

[5] 高远洋 . 砥砺前行待变革：2017 中国通用航空发展综述 [N]. 中国民航报，2018-01-17：8 版 .

5.2 Commercialization of General Aviation Industry

Gao Yuanyang

（General Aviation Industry Research Center，Beihang University）

Despite the small size of Chinese general aviation（GA）industry，while the global GA market is in a downturn，Chinese GA fleet has achieved an average annual growth of 16% in the past five years. “Made in China” of GA is becoming a climate，and China also becomes an important player of the global GA industry chain. The industrial pattern of GA appears initially and the industrial system of GA has not yet formed. The operating environment of GA needs to be improved urgently. It is suggested to speed up the opening of low altitude airspace and the construction of general airports，build the National General Aviation Engineering Center，start up the GA consumer market in order to promote the development of the GA product market，strengthen the capacity of airworthiness management，and improve the industrial chain and industrial system from whole aircraft to GA parts manufacturing.

5.3　对地观测技术产业化新进展

郭华东* 刘　广　阮智星　肖　函

（中国科学院遥感与数字地球研究所）

对地观测技术是通过航空航天的空间平台搭载的光电仪器，利用微波、可见光、高光谱等多波段探测通道，对地球多圈层环境及其变化、人类活动及其影响等开展观测的技术。对地观测技术的产业化是围绕对地观测技术、基础设施体系、观测数据、平台系统等要素构建的空天地一体化对地观测技术的产业链，及其在数据和信息产品规模化生产与服务过程中体现的信息价值链。它主要包含基于航天航空和地面站点探测并获取地球数据的基础设施与技术体系，卫星导航定位及其服务平台，基础地理信息平台与数据库系统和数字地球平台等产业。

一、国际对地观测技术产业化发展概述

1. 基于地球空间信息技术的国际对地观测产业的发展

地球空间信息技术作为地球科学、空间科学与信息科学交叉的新型技术，是近60年来国际前沿研究和科技竞争的关键领域，在地球科学研究和国防建设方面都有着重要的地位[1]。2004年，美国劳工部将地球空间技术与纳米技术和生物技术并列为21世纪最具产业潜力和发展前途的三大高新技术。自1957年苏联发射第一颗人造卫星后，随着计算机、数据通信、航空航天等高新技术的迅速发展，对地观测技术日趋完备。到2018年，全球在轨运行的卫星数量达到2100颗，全球卫星产业总收入高达2774亿美元，比2017年增长3%[2]。

2. 云计算平台和大数据融合的对地观测产业的发展

对地观测技术可以实现全球尺度的长期连续监测，获取区域性大尺度高分辨率数据，并且可对重点区域和目标进行重复观测。对地观测数据具有多学科、多数据源、多时相、多尺度、海量等特征，有很高的科学研究和国家战略价值。对地观测技术产业涵盖了从数据获取、信号加工、信息挖掘到信息应用一系列复杂的产业链，近几年

* 中国科学院院士。

其研究重点为如何充分并有效地共享、处理及应用对地观测大数据，催生了相关的云计算平台和大数据处理技术。相关的国际科学组织长期致力于对地观测数据网络的建立和数据共享的推进。这些国际组织包括国际对地观测卫星委员会（Committee on Earth Observation Satellites，CEOS）、全球综合观测战略（Integrated Global Observing Strategy，IGOS）、地球观测组织（Group on Earth Observations，GEO）等[3]，其中GEO 推动建立了全球综合对地观测系统（Global Earth Observation System of Systems，GEOSS），以数据共享来服务于政府决策及科研。

数字地球平台是云计算平台和大数据技术成功融合的结果，是目前对地观测产业的发展趋势。国际数字地球学会（International Society for Digital Earth，ISDE）是由中国科学院联合数字地球领域国内外机构和学者于 2006 年发起成立的非政府性国际学术组织，主要致力于推进对地观测和数字地球领域的学术交流、科学和技术创新以及国际合作[4]。在 10 多年的发展中，ISDE 积极推动对地观测产业的发展，其活动涵盖了理论基础、技术革新直至科学应用三个层面，主要包括：①推动对地观测理论与方法的创新；②保障数字地球科学平台支持区域的可持续发展与安全决策；③加强数字地球服务于地球系统科学研究和全球变化研究等。自 1999 年中国科学院举办第一届数字地球国际会议起，两年一届的数字地球会议成为国际科研领域的重要交流平台，先后在加拿大、日本、美国、澳大利亚等国举办，加速了数字地球概念及其相关技术的发展。目前全球已有多种虚拟地球平台，包括 Google Earth、NASA WorldWind、武汉大学的 GeoGlobe、中国科学院数字地球系统、微软 Bing Maps、Esri 公司的 ArcGIS 浏览器、Unidata 的数据集成系统以及 Digitnext 的 VirtualGeo 等，为科学家提供了更多研究手段[5]。

二、中国对地观测技术产业化的发展路线

当前中国对地观测技术产业蓬勃发展。卫星应用市场规模逐年扩大，天空地一体化对地观测产业链的上游（包括载荷制造、卫星制造和发射服务）和下游（包括地面数据接收站、数字地球平台、地理信息及位置服务平台等）发展迅速，基于大数据技术支持的云计算平台已为政府、科研、教学、企业与国际合作等客户提供了大量的信息和决策支持。其中，对地观测产业链上游的中国卫星研发和制造产业以中国航天科技集团有限公司为代表，该公司 2018 年营业收入为 75.83 亿元，同比增长 2.68%，发展较为稳健。对地观测产业链下游的地理信息产业在 2018 年稳步发展，并向高质量方向转变。截至 2018 年 6 月底，地理信息产业从业单位数量超过 9.5 万家，从业人员数量超过 117 万人，产业总产值超过 6200 亿元，同比增长 20%[6]。

1. 中国的地球观测发展策略为对地观测产业化指明了方向

中国长期以来注重对地观测卫星的发展与应用，近几年国家各部门发布了多项重要的国家政策和规划，保障并推动了对地观测产业的蓬勃发展（图 1）。《国家民用空间基础设施中长期发展规划（2015—2025 年）》、《“十三五”国家战略性新兴产业发展规划》和《关于加快推进“一带一路”空间信息走廊建设与应用的指导意见》等多项卫星应用领域的相关规划，在国家层面持续推进中国卫星产业链的快速发展。

以国家政策方针为引导，中国对地观测产业发展的重点为：①融合新一代技术，实现对地观测技术的创新。加速遥感技术、地理信息技术与以移动互联网、物联网、大数据、云计算为代表的新一代信息技术的融合，催生更多对地观测产业的新应用、新产品和新服务。②高分辨率对地观测系统的成长与突破。中国已发射并将持续发射高分专项系列卫星，建设全面的高分辨率对地观测系统，实现高空间分辨率、高时间分辨率和高光谱分辨率的观测。③拓展对地观测数据共享模式，深化大数据对经济、社会、科学领域的服务。中国科学院战略性先导科技专项“地球大数据科学工程”和“一带一路”地球大数据战略等将支撑国家宏观决策与重大科学发现。

2. 中国的地球观测基础设施为对地观测产业化发展提供支撑

经过 50 多年的发展，中国的航空航天对地观测体系和空间数据处理技术系统已逐步完善，为空间信息产业的发展提供了强有力的技术支持。中国的自主卫星遥感、航空与无人机遥感技术以及北斗导航卫星等空天地对地观测体系，保障了地球观测空间数据源的稳定获取，使地面接收基础设施和数据处理及信息规模化应用能力也跻身世界先进水平。

中国对地观测卫星产业已形成较为全面和成熟的观测系统，包括自主研发的一系列导航卫星和遥感卫星（主要的卫星研发发射情况见图 2）[7]。北斗卫星导航系统是中国自主建设、独立运行的卫星导航系统，可为全球用户提供全天候、全天时、高精度的定位、导航和授时服务，已于 2018 年底完成了 19 颗卫星的发射组网，计划在 2020 年前后完成 30 颗卫星的发射组网，从而全面建成北斗三号系统[8]。北斗产业已逐步构建出集芯片、模块、终端和运行服务于一体的北斗产业链。中国的遥感卫星产业也已形成气象、海洋、资源、环境、减灾与高分五大系列，并建立了遥感卫星地面接收站、国家卫星气象中心、中国资源卫星应用中心、国家遥感中心等国家遥感数据接收、处理和应用的机构，为国家经济社会发展提供了多方面的信息服务。2010 年启动的高分科技专项工程的高分系列卫星至今已构建出高空间分辨率、高光谱分辨率、高时间分辨率的对地观测系统，实现了米级甚至亚米级的对地观测能力、合成孔径雷达

颁发部门	2006年	2007年	2010年	2011年	2012年	2013年	2014年	2015年	2016年	2017年
国务院	《国家中长期科学和技术发展规划纲要（2006—2020年）》			《国家“十二五”科学和技术发展规划》	《“十二五”国家战略性新兴产业发展规划》				《中国业斗卫星导航系统》白皮书	
发改委		《关于促进卫星应用行业发展若干意见》					《关于组织开展北斗卫星导航产业重大应用示范发展专项的通知》，《国家地理信息产业发展规划（2014—2020年）》	《国家民用空间基础设施中长期发展规划》	《全国测绘地理信息事业“十三五”规划》	
国家认监委										《北斗卫星导航监测认证2020行动计划》
科技部					《导航与位置服务科技发展“十二五”专项次划》					
农业部				《全国农业农村信息化发展“十二五”规划》	《高洗装备制造业“十二五”发展规划》《通信业“十二五”发展规划》					
工业与信息化部				《“十二五”产业技术创新规划》	《电子信息制造业“十二五”发展规划》					
交通运输部										《北斗卫星导航系统交通运输行业应用专项规划》
中国人民解放军总参谋部							《中国人民解放军卫星导航应用管理规定》			
全国人民代表大会			《国家“十二五”规划纲要》							
中国气象局						《我国气象卫星及其应用发展规划2011—2020年）》				
国家海洋局				《陆海观测卫星业务发展规划（2011—2020年）》						《海洋卫星业务发展“十三五”规划》
国家测绘局				《测绘地理信息发展“十二五”总体规划纲要》	《测绘地理信息科技发展“十二五”规划》		《关于北斗卫星导航系统推广应用的若干意见》，《国家地理信息产业发展规划（2014—2020年）》		《全国绘测地理信息事业“十三五”规划》	

图 1　中国对地观测领域的重要政策和规划（综合编绘：阮智星、刘广）

	2000~2002年	2003~2004年	2005~2007年	2008年	2009~2010年	2011年	2012~2014年	2015~2017年	2018~2019年	规划任务
气象卫星	FY(风云)-2B/1D	FY-2C	FY-2D	FY-2E/3A	FY-3B		FY-2F		FY二号09	10颗业务星 2颗试验星
海洋卫星	HY(海洋)-1A		HY-1B							4颗水色星、 2颗动力环星、 2颗海陆雷达星
资源卫星		CBERS-2A	CBERS-2B				CBERS-04	陆地勘察卫星-1/2	陆地勘察卫星-3/4	6颗
环境减灾卫星				HJ(环境)-1A/1B		HJ-IC				4+4星座
北斗导航卫星	北斗-1A/1B	北斗-1C	北斗-1C,M1		北斗-G1/G2/G3/G4/I1/I2	北斗-I3/I4/I5			北斗三号星座	2020年前规划 完成北斗卫星 全球组网建设
高分卫星							GF(高分)-1/2	GF-3/4/8/9	GF-5/6 GF-7(筹)	全球覆盖
小卫星								高景一号01/02星 珠海一号	高景一号03/04星、龙江二号、海南一号（筹）	海南卫星星座
雷达卫星								GF-3		三沙一号、 2颗合成孔 径雷达王星
月球探测卫星			Chang'e(嫦娥)-1		Chang'e-2		Chang'e-3		Chang'e-4 Chang'e-5(筹)	
航天飞行器	神舟-2/3/4	神舟-5	神舟-6	神舟-7		神舟-8 天宫-1			神舟-9/10/11 天宫-2	

图 2　中国 21 世纪以来对地观测卫星技术发展情况（综合编绘：阮智星、陈国强）

观测能力、地球同步轨道遥感观测能力以及高光谱观测能力。

在对地观测产业链上游的航天航空等数据获取平台的坚实支持下，数字地球平台、数字城市平台、地理信息及服务平台等下游产业也在逐步建设和完善。中国 1∶5 万地理信息数据库工程和后续的更新工程，标志着数字中国空间框架的建成，其成果在国家信息化建设、基础设施建设、防灾减灾、城乡规划、生态建设与环境保护和国防建设等多个领域得到广泛应用。高分辨率卫星数据与导航卫星数据、地理信息相结合，为数字城市建设、信息化社会建设、国家城镇化数字管理提供了支持。国家地理信息公共服务平台“天地图”、中国科学院提出的数字地球原型系统（DEPS/CAS）、中国科学院 2019 年发布的地球大数据共享服务平台等，是中国对地观测产业链下游的重要基础设施，使对地观测技术有效地面向科学应用与社会服务，从而进一步推进了对地观测产业化的深入发展[9]。

3. 中国对地观测技术的国际合作与“走出去”

对地观测技术具有宏观、快速、准确、客观获取数据的特点和能力，是空间信息获取的重要手段。中国正在构建新型大国关系，践行“亲诚惠容”的周边外交理念，这些为中国对地观测技术的国际合作与“走出去”战略指明了新思路和新方向。中国已与世界主要国家建立了联系，参加了 18 个主要的航天国际组织。截至 2019 年 5 月，中国已与 43 个国家和 4 个国际组织签署了 136 份政府和政府部门间的航天合作协定，建立了 18 个不同层级的双边合作机制。通过政府的组织和引导，中国已构建起以航天企业和国家科研机构为主、产学研用相结合的对地观测国际合作体系。

“一带一路”倡议是中国提出的具有突破性、全局性的国际倡议，具有范围广、周期长、领域宽等特点。“一带一路”建设的环境监测及其变化预测，对空间技术的发展和应用能力提出了更高的要求。基于卫星、平流层飞艇和飞机的高分辨率对地观测系统，同时结合虚拟地面站、北斗导航定位系统、数据处理技术、空间大数据工程中的可视化系统、数据共享系统和数据密集型科学等，中国已形成全天候、全天时、全球覆盖的对地观测能力，能够对沿线国家的生态环境格局和发展潜力进行宏观和动态的分析，为“一带一路”的国际合作和“走出去”战略提供基础性、区域性的环境监测数据[10]。

2017 年，中国陆地观测卫星数据全国接收站网建设项目完成，可以实现中国地区的全覆盖，填补了中国西部、南海与周边国家数据接收的空白，达到了国际领先水平的接收技术指标，此外，也可以实现亚洲地区的 70% 陆地的覆盖。“中国制造”的高精优质影像资源，可为亚洲地区的国家提供影像数据，其应用重点是应急减灾和观测地表变化。2019 年，卫星地面站北极接收站的建设项目完成验收，首次实现了三频段天线的工程化应用，突破了远程无人值守及高可靠自动化运行、高时延链路快速传输等关键技术，做到了高分极轨卫星的数据接收和传输的业务化运行，极大地提高了中国全球数据的接收和获取能力，可为冰上丝绸之路的沿线国家和国际的北极航道提供助力。

三、依托国家发展战略，拓展对地观测技术产业新格局

1. 地球大数据科学工程推动科学大数据的系统研究与应用

大数据是当今国家和科技发展的重要战略资源，而地球大数据作为大数据的重要组成部分，越来越受到政府部门和科研领域的关注。充分整合并利用地球大数据，可以进一步推动地球系统科学的发展和重大科学现象的发现。地球大数据涵盖了地球科学中多圈层观测生成的海量数据集，同时包含了多圈层与人类活动相互作用产生的数据，具有多时相、多尺度、多维度、多数据源、大体量和高复杂性等特点[11]。这些复杂的特性，对包括对地观测、数据传输、数据存储和管理、数据处理分析和共享等技术提出了更高的要求。地球大数据的相关技术领域面临着全新的挑战。

基于地球科学的发展需求和国家战略发展方向，中国科学院于 2018 年设立战略性先导科技专项（A 类）“地球大数据科学工程”（Big Earth Data Science Engineering Project，CASEarth），成功开拓了地球大数据对地观测产业的新领域。CASEarth 旨在利用地球大数据，驱动多学科融合的宏观科学研究，推进地球系统科学认知上的重大突破，并支持宏观决策、技术创新和知识传播。CASEarth 的预期成果包括：CASEarth 小卫星的研制、大数据与云服务平台的构建、数字“一带一路”地球大数据集成技术和评价体系、全景“美丽中国”和智慧城市等系统的开发以及数字地球科学平台的建设等。2019 年 1 月，中国科学院发布地球大数据共享服务平台，该平台集成了多领域海量数据，可为全球用户提供系统、多元、动态、连续并具有全球唯一标识规范化的地球大数据，推动形成地球科学数据共享的新模式。基于已有平台和规划中的发展方向，地球大数据科学工程将为中国对地观测产业化建设提供新的助力，促进对地观测技术的应用。

2.“一带一路”的空间观测与“数字丝路”的构建

2013 年习近平主席提出的“一带一路”倡议，为古丝绸之路赋予了全新的时代内涵。“一带一路”建设的精髓是开放共享，助力 60 多个丝路国家的社会经济发展。“一带一路”区域具有复杂的特点：①人口密集分布，多个城市群共覆盖全球 65% 以上的人口；②积雪、冰川、冻土、森林、草原、沙漠等多样的地理和生态环境；③丰富

的世界遗产，即联合国教育、科学及文化组织（UNESCO）确认的大量濒危的世界遗产；④自然灾害的威胁，全球约 85% 的地震、海啸、台风、洪水、干旱等重大灾害都发生在丝路区域。因此，准确及时地为“一带一路”区域提供天空地一体化的科学观测，对认知“一带一路”生态环境和社会发展的宏观格局，具有重要的科学意义和战略价值。

依托国家发展战略，中国科学家于 2016 年倡议发起“数字丝路”国际科学计划（DBAR），该计划得到了 19 个国家和 7 个国际组织的支持。DBAR 旨在利用先进的对地观测技术和地球大数据，提高“一带一路”区域的生态环境监测能力，促进科学观测数据的共享，为相关国家、地区可持续发展的科学决策提供支持。DBAR 涉及的主要领域包括：①加强对地观测技术的发展和对地观测数据的处理与科学分析；②促进地球大数据的开放共享和应用服务；③探索科学研究新范式，大力推动海量科学数据的信息挖掘；④加强双边或多边的国际交流与合作。DBAR 将有力促进中国乃至“一带一路”区域的多个国家的对地观测技术与应用能力的发展，进而服务全球的可持续发展[12]。

3. 从科学卫星到月基平台的地球系统空间观测体系

地球在长期自然演化过程中呈现的大尺度、动态变化现象与人类生存密切相关，这是各国政府都关心的重要科学问题。2016 年 1 月，联合国可持续发展峰会通过的《2030 年可持续发展议程》正式生效。该议程涵盖 17 个可持续发展目标，其中非常重要的一个目标是制定应对全球气候变化和保护环境的战略。全球变化的研究强调把地球的各个组成部分作为统一的整体加以认识和研究。半个多世纪以来，全球性对地观测已形成强大的技术能力和系统体系，为整体上观测、分析和模拟地球系统的环境变化提供了可能。全球已发射的全球变化科学卫星接近 30 颗，主要是欧美发射的 TERRA 和 AQUA 等，中国于 2016 年底发射了碳观测卫星。

虽然近年来空间对地观测技术获得了长足的发展，但目前星机地观测只能对地球区域性的表面进行监测，且观测周期长达几周乃至数月，如果用于监测全球环境变化还有很大的困难。月球是地球唯一的自然卫星，作为对地观测平台具有独特优点：①月球表面是超高真空状态；②月球正面总是朝向地球，可从月球对地球进行连续可变视角的整体观测；③月球表面的稳定性是人造卫星无法比拟的。目前，世界上一些先进国家提出了建立月球基地的计划，预计到 2025 年，月基对地观测科学理论构架的研究将逐步完成；至 2035 年，一些先进国家将陆续建立无人值守的自动观测站，实现中小型观测仪器设备对地球的宏观科学现象的持续观测，同时将确定建立月球基地的可行性并依据《外太空公约》选择合适的月球基地的地点；至 2050 年，月基对地观测系统将呈现出多国共同建设、无人和有人多基地结合、全谱段多传感器多变量联合观测的趋势[13]。

四、结 语

中国对地观测技术能力的发展为本国乃至“一带一路”国家的发展提供了强大的科技支撑，提高了地区和国家的科技创新能力，形成了经济发展的新格局。为进一步推进中国对地观测技术产业的发展，需要加快推进以下四项工作。

第一，积极牵头组织对地观测技术发展领域的国际大科学计划和大科学工程，以“一带一路”国家为主体，由沿线国家科研机构和国际组织共同参与，攻克对地观测发展的“卡脖子”技术，促进对地观测领域前沿技术的发展。第二，在“五站”网建设的基础上，启动“多站丝路空间信息驿网”基础设施规划与实施方案，增加西藏林芝移动站和非洲站，形成“覆盖亚欧非的丝路对地观测大视野”，为丝路建设与安全发展提供强大的科技支撑。第三，加强对地观测科技成果在沿线国家的转移转化和落地应用，联合“一带一路”国家共同制定应用标准和建立相关机制，加快对地观测大数据应用、对地观测数据共享、数字地球与智慧城市等的发展。第四，加强国际合作和坚定“走出去”战略的实施，以及与俄罗斯、欧盟等国家和地区的对地观测技术与产业化发展计划的对接，提升“一带一路”倡议为附近国家和地区服务的能力，实现共享共赢。

参考文献

[1] Virginia Gewin. Mapping opportunities[J]. Nature，2004，427：376-377.

[2] The Satellite Industry Association（SIA）. Over two thousand satellites operating in Orbit-SIA releases 22nd annual state of the the satellite industry report[EB/OL]. [2019-05-08]. https://www.sia.org/22nd_ssir/.

[3] 国家遥感中心 . 地球空间信息科学技术进展 [M]. 北京：电子工业出版社，2009.

[4] International Society for Digital Earth. About ISDE[EB/OL]. [2019-05-08]. www.digitalearth-isde.org/society/54/.

[5] Goodchild M F，Guo H D，Alessandro A，et al. Next-generation digital Earth[J]. Proceedings of the National Academy of Sciences（PNAS），2012，109（28）：11088-11094.

[6] 中国地理信息产业协会 . 2018 年我国地理信息产业产值将超 6200 亿元 [EB/OL]. [2018-07-26]. http://www.cagis.org.cn/Lists/content/id/2697.html/.

[7] 郭华东，等 . 全球变化科学卫星 [M]. 北京：科学出版社，2014：153-190.

[8] 北斗网．北斗卫星导航系统介绍［EB/OL］.［2018-07-26］. http://www.beidou.gov.cn/xt/xtjs/201710/t20171011_280.html.
[9] 李德仁．论空天地一体化对地观测网络［J］. 地理信息科学学报，2012，14（4）：419-425.
[10] Digital Belt and Road Program（DBAR）. DBAR Science Plan：an international science program for sustainable development of the Belt and Road Region using big earth data［EB/OL］.［2018-07-26］. https://www.researchgate.net/publication/319248631_DBAR_AN_INTERNATIONAL_SCIENCE_PROGRAM_FOR_REGIONAL_SUSTAINABLE_DEVELOPMENT.
[11] 郭华东．地球大数据科学工程［J］. 中国科学院院刊，2018（08）：818-824.
[12] Guo H D. Steps to the digital Silk Road［J］. Nature，2018，554：25-27.
[13] Guo H D，Fu W X，Liu G. Scientific Satellite and Moon-Based Earth Observation for Global Change［M］. Singapore：Springer，2019：509-618.

5.3 Commercialization of Earth Observation Technology

Guo Huadong，*Liu Guang*，*Ruan Zhixing*，*Xiao Han*
（Institute of Remote Sensing and Digital Earth，Chinese Academy of Sciences）

After 30 years，China has developed a complete chain model of the Earth observation industry covering from aerospace technology to Digital Earth big data platform. The increase rate of data and information in this industry is around 20% per year，and the output value is expected to reach 800 billion RMB in 2020. The key government planning policies，such as “The 13th Five-year Plan for National Strategic Emerging Industry Development” and “The Guidance on Accelerating the Construction and Application of the ‘Belt and Road’ Space Information Corridor”，guarantee and promote the development of Earth observation industry. In addition，China has been working on the International collaboration system for the combination of production，study and research in Earth observation industry，including aerospace enterprise and research institutions. The current major national scientific programs are focusing on exploring the innovative development in Earth observation industry in China，such as “Big Earth Data Science Engineering Project”（CASEarth），“Digital Belt and Road Program”（DBAR），and programs about Earth observation scientific satellites，which give new directions for Earth observation technologies.

5.4　卫星导航技术产业化新进展

曹　冲　武晓淦

（中国卫星导航定位协会）

随着信息时代从数字化、网络化发展到智能化阶段，导航定位系统已从全球定位系统（GPS）发展到全球导航卫星系统（GNSS）。多星座兼容互操作将实现分米级定位、十纳秒级授时，GNSS的可用性和可靠性将得到极大的提高。在不久的将来，多系统多产业的天基地基、室内室外、导航通信的深度融合，将引领科技与产业的跨越发展；国际上称为泛在定位导航授时技术（中国称为北斗新时空技术）的产业体系将逐步形成。这将推动中国智能信息产业和服务的健康成长。中国将迎来一个智能信息服务产业发展的新时代。

一、全球卫星定位导航授时技术产业进展

1. GNSS即将进入卫星导航系统3.0时代

2020年，GNSS系统将进入转折性发展的新阶段。四大系统（GPS、格洛纳斯、北斗和伽利略系统）将完全投入运营，两个区域系统（准天顶卫星系统QZSS、印度导航星座NavIC）将陆续提供服务，再加上早已提供服务的若干星基增强系统（WAAS、EGNOS、SDCM、MSAS、GAGAN），GNSS系统之系统概念将成为现实。这标志着第二代导航卫星系统的发展告一段落，人类将迎来第三代导航卫星系统，即导航（卫星）系统3.0时代，或泛在PNT时代。在这个时代，最为突出的标志是融合，最先可能的发展形式是导航与通信融合的卫星系统。而在现有的四大全球系统中，北斗系统在这方面已先声夺人，开辟了提供短信服务的先河。导航与通信的深度融合，很可能是第三代导航卫星系统的靓丽风景线。而实现这种通导融合的最佳方案落在低地球轨道（LEO）卫星系统上。目前大多数低地球轨道宽带通信卫星系统只用作卫星导航增强系统，没有直接面对通导融合的难题。实际上，数以千计的低轨通信卫星完全满足通导一体化的架构要求，如果把天基地基定位加进去，完全可以实现天地基、室内外的融合导航。这将把卫星导航的应用提高到一个新的泛在化档次。目前众多的LEO方案和层出不穷的星座都不能真正从市场需求、产业发展、应用与服务前景上考

虑，即没有提出全面深入的综合性一体化解决方案（在某种程度上被宽带通信技术的概念所限制）。现在需要从更高层次上把握好整体思路和顶层设计，从客观需求和长远发展趋势出发，把有限的人力物力财力用在刀刃上。

2. GNSS 应用技术和产业与市场发展现状

随着 GNSS 应用产业的深化，其用户技术也在发生深刻变化。卫星导航能够一体化提供高精度时间与位置的服务信息，可用于过程监测和远程控制，实现智能化和自动化[1-2]。

GNSS 引领泛在 PNT 技术和智能信息产业的发展，融合多种基础关键技术的特性，推动自动化与环境智能化技术的发展，形成了泛在 PNT 技术驱动力的金字塔（图 1）。在图中，金字塔底边的四角代表“四性”：泛在性、精准性、安全性与连接性；“四性”集中推进自动化和环境智能化。GNSS 的重大价值在高精度时间和空间泛在的框架中，为泛在 PNT 的信息服务和功能性工具奠定了技术基础，也为服务自动化和智能化建立了强大的基础，使连接性和安全性实现了良性对接。组成金字塔的五角要素都体现出“融合”的特征。在各不相同的环境条件下，实现泛在性、精准性、连接性和安全性都需要“融合”。实现多种定位授时技术、多种网络技术和多种多样的传感器技术与方法的集成融合，是目前技术与产业最重要的发展趋势。

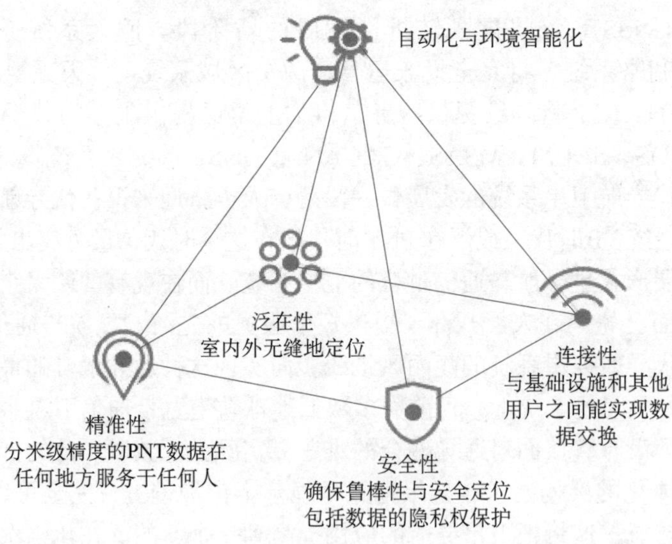

图 1　以 GNSS 为基础的泛在 PNT 技术驱动力金字塔

全球 GNSS 市场正处于稳定增长的阶段。尽管欧洲和北美市场已逐渐饱和，但亚太地区发展强劲，一系列新兴市场正在显现。全球 GNSS 设备的安装数量预计将从 2017 年的 58 亿台飙升至 2020 年的 80 亿台，即平均每人拥有一台以上的 GNSS 设备。发展中国家经济体 GNSS 设备的普及程度已赶上成熟市场的普及程度[3]，价廉物美的卫星导航终端融入智能手机，已成为大众化应用的一大亮点。

2017 年导航终端全球社会持有量达 58 亿套，其中手持终端 54 亿套，车载终端 3.8 亿套，其余为专业应用终端。2020 年社会持有量达 80 亿套。全球 GNSS 设备大多数安装在智能手机上，安装在公路细分市场汽车上的数量相对较少（图 2）。2017 年，GNSS 在智能手机上的安装数量达 54 亿台，在公路细分市场的汽车上的安装数量为 3.8 亿台。从地区来看，亚太地区（包含中国、日本、印度、韩国等）的 GNSS 应用终端的年销售量和产值都占全球总量的 40% 以上，而且还在不断增长。

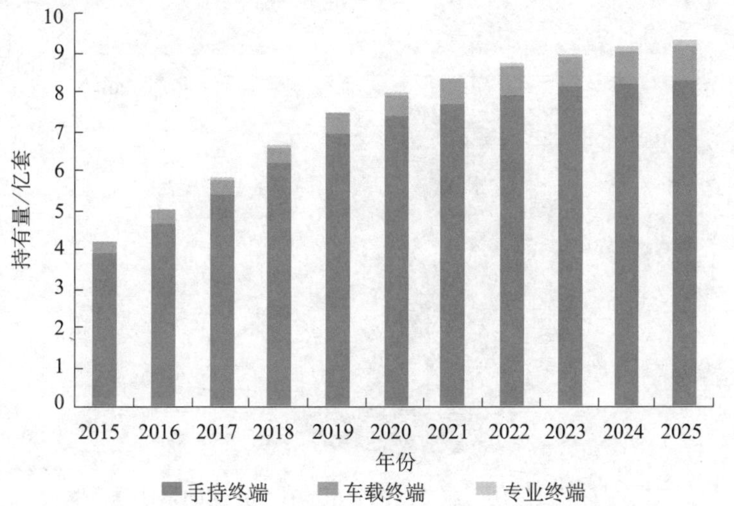

图 2　GNSS 应用终端全球的社会持有量统计与预测

3. GNSS 是所有无人系统构成中的关键要素

北斗 /GNSS 目前最为热门和具有良好前景的发展领域是无人系统，包括无人机、无人舰船、无人驾驶车辆等，广义上也包括高端的机器人。目前最接近市场的是无人机（UAV）系统，未来应是无人驾驶车辆的应用与服务。无人机系统常用在军事项目中，近些年才用在民用方面，已广泛应用在农业飞行植保、飞机喷药、飞机灭（林）火等领域。然而，无人机进入大众消费领域，实现城市物流配送，提供门到门的服务，还面临重大挑战（包括获取时空信息及其实时动态演变数据）。这些新兴业务，对精度的要求高，对可靠性和智能化要求更高。这些要求主要涉及 GNSS 在 UAV 应用中的标准，GNSS 接收机的抗干扰技术，以及高精度定位的实时动态测量和环境智能化技术。

4. GNSS 的应用与服务产业发展现状和未来前景

GNSS 应用市场通常分为专业市场、大众市场和特殊应用市场，欧洲伽利略系统管理局（GSA）市场报告则把它分为八种：测绘、农业、航空、航海、公路、铁路、位置服务与授时和时间同步[4]。其中贡献率最大的是位置服务和公路（图 3），即与智能手机和车辆相关的市场。特别是 2013～2023 年，位置服务的累计贡献率将超过 50%。可见，GNSS 未来将走向智能化、大众化和自动化，并提供服务（尤其是增值服务）。

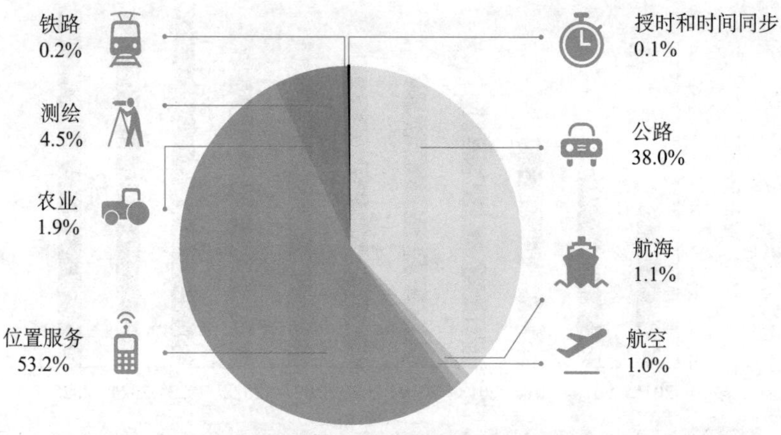

图 3　GNSS 应用与服务的细分市场在十年间的累计贡献率

GNSS 应用的产业规模引人注目。从 2010 年以来，欧洲的 GSA 先后发布 5 个《GNSS 市场报告》，每个报告都把 GNSS 市场规模作为重要内容。2015 年的报告[4]将市场贡献分为核心贡献和赋能带动两部分，并预计到 2020 年，两部分的市场总规模将超过 3000 亿欧元。2017 年的报告[3]（图 4）把市场贡献分为类似的两部分，即设备和增强服务及增值服务，并预计到 2020 年两部分的市场总规模不超过 2000 亿欧元。参照美国的一个市场报告，本文认为 GSA 的 2015 年报告估值过高，2017 年报告估值过低，两者折中较为适当，即到 2020 年全球卫星导航产业市场总规模为 2600 亿欧元左右。

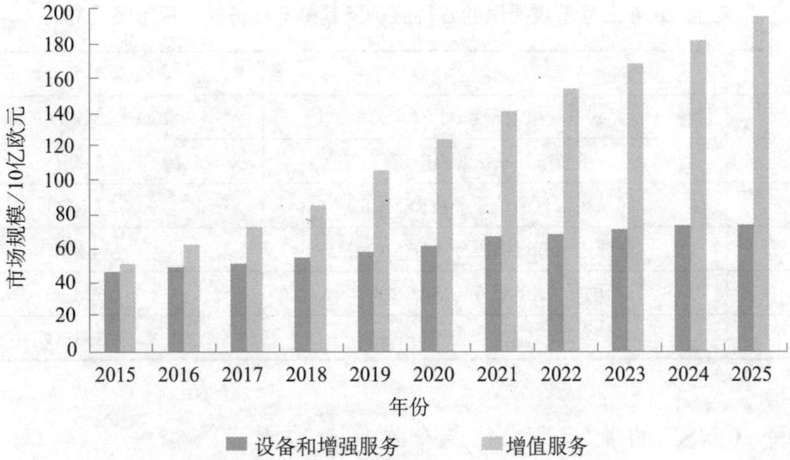

图 4 GNSS 应用与服务产业市场规模统计与预测[3]

二、中国卫星导航定位授时技术产业进展

1. 北斗三号使中国与其他 GNSS 处于同台竞技的发展阶段

到 2020 年，中国的北斗三号将完成全球布网［包括 24 颗中轨道卫星（MEO）、3 颗赤道静止卫星（GEO）和 3 颗倾斜轨道卫星（IGSO）］并提供正式服务。这说明，北斗卫星导航系统将处于全球运营、区域增强、独具特色、与其他 GNSS 相容并竞争的发展阶段，中国将实现建成自己的全球导航卫星系统的梦想，以及“中国的北斗，世界的北斗”的愿景。这样的成就具有里程碑式的意义。

北斗系统是当前 GNSS 中最为复杂的系统，不仅是北斗二号区域系统与北斗三号全球系统之间的过渡，也是融合 GEO、IGSO、MEO 三种轨道类型的复杂星座，可同时提供 PNT 服务和通信服务，是所有 GNSS 系统中提供服务种类最多（6 种）的系统。截至 2019 年底，北斗二号在轨工作卫星有 15 颗。北斗三号已成功发射 24 颗中轨卫星，3 颗倾斜轨道地球同步卫星和 1 颗地球静止轨道卫星，2020 年上半年再发射 2 颗地球静止轨道卫星，就可以实现北斗三号 30 颗卫星的完全组网。北斗三号全球服务的性能指标是：空间信号测距误差小于 0.5 米，定位精度单频测量为 7 米，双频为 3 米，测速精度为 0.2 米 / 秒，授时精度为 20 纳秒，可用性达 99%。它的服务性能在亚太区域明显优于全球。北斗三号提供的 6 种典型服务类型和相关服务的卫星数量见表 1。

表 1　北斗三号系统提供的 6 种服务及其参与服务的卫星数量分布

序号	服务类型	卫星类型与数量
1	无线电导航卫星系统（RNSS）	3 GEO + 3 IGSO + 24 MEO
2	星基增强系统（SBAS）	3 GEO
3	区域短信息通信服务（RSMCS）	3 GEO
4	全球短信息通信服务（GSMCS）	14 MEO
5	国际 SAR 服务（ISARS）	6 MEO
6	精密单点定位服务（PPPS）	3 GEO

2. 北斗 /GNSS 的兼容互操作是个发展着力点

至 2020 年，全球卫星导航系统将以 GNSS 的兼容互操作为轴心，把多星座系统关联起来，同时将把多星座、多频率共存共荣的局面，简化为 L1 和 L5 频率上不同系统的多种信号，也把 GNSS 接收机进行简化（简化了硬件，复杂化了软件），以开拓终端产业多样化的前景。GNSS 系统的应用与服务已遍及国计民生的方方面面（尤其是提供时空信息），深入到国防安全、国民经济、社会民生和科学技术的每个角落。单个卫星导航系统出现问题（如此前伽利略系统出现的瘫痪性故障），就会给整个系统带来严重后果。GNSS 多星座之间如果可以兼容互操作，那么当故障发生时就可以充分利用卫星的冗余量，从而避免产生严重后果。这充分说明，GNSS 系统的兼容互操作，不仅在很大程度上提高了定位导航的精度，也在相当程度上提高了卫星导航系统的可用性和可靠性。可见，GNSS 多星座、多频率应用和兼容互操作技术，将把卫星导航产业推向巅峰，在今后相当长时期内持续产生巨大的经济和社会效益。

3. 从“北斗 +”转变为“+ 北斗”

在科技领域中，很少有像北斗导航系统那样能够在政治、经济、科技、社会四个方面都产生明显巨大效益的创新系统。北斗导航系统真正同时体现出自主创新、协同创新和开放创新的精神。从北斗导航系统已经凝练出北斗新时空体系，并促进了智能信息产业的发展。此外，北斗导航系统在科学理论、技术实践、产业发展和体系推进等层次也展现出多项新成果。

以上是从“北斗 +”的角度强调其自身的科技价值。北斗导航系统是军民两用（民用免费）的开放性创新系统，是用户无限的时空信息基础设施，可改变人类的生活方式。实际上，北斗导航系统更大的价值是带动其他产业的融合发展，改造传统产业结构，以及促进社会发展深层次的变革。北斗新时空是当今精准计算与度量衡的顶峰，体现了时空一体，其价值是占领了全局性、基础性、持续性和关键性的科技制高点。正在开启的“+北斗”，是发挥北斗新时空在产业发展中的核心引领和关键带动力的阶段。在这个阶段需要利用举国体制并调动一切积极因素，建设北斗新时空科创中心（主要包括思想创新智库、前沿创新中心、科技集成创新与智能服务共享平台），实施北斗与其他 GNSS 兼容互操作的标配化和中国时空服务——2030 年行动计划等一系列重大举措，促进北斗导航与其他技术系统和产业市场的集成，实现天基地基、室内室外、通信导航的深度融合，并在物联网、大数据、人工智能、移动互联网、云计算、增强现实、区块链等新兴产业的集聚、资源整合和系统集成的过程中发挥重大作用，快速培育出世界级领军式平台型科技巨头和北斗新时空智能数据与信息服务的企业群体，以推进中国智能信息产业的长足发展，形成中国服务的国家品牌，服务全世界。

4. 2020 年北斗卫星导航技术的产业总产值将达到 4000 亿元

近年来，中国卫星导航与位置服务产业规模持续扩大，产值稳步增长。2018 年，中国卫星导航与位置服务产业总体产值达到 3016 亿元人民币，较 2017 年增长 18.3%，其中包括与卫星导航技术直接相关的芯片、器件、算法、软件、导航数据、终端设备等在内的产业核心产值占比为 35.44%。北斗导航系统对产业核心产值的贡献率达到 80%，包括各种应用数据及软件、各类应用集成系统、基于位置的运营服务等在内的，由应用卫星导航技术所衍生或直接带动的关联产值达 1947 亿元人民币。中国卫星导航与位置服务领域企事业单位数量在 14 000 家左右，从业人员数量超过 50 万。截至 2018 年底，业内相关上市公司（含新三板）总数为 51 家，上市公司涉及卫星导航与位置服务的相关产值约占全国总产值的 10.74%[5]。图 5 表明，2020 年中国卫星导航与位置服务产业实现总产值 4000 亿元的目标已无悬念。

三、展望与建议

1. 北斗导航系统需要升级跨越，融合进入北斗新时空

北斗 /GNSS 系统需要通过升级走跨越式发展之路。它已超出卫星导航系统的范畴，从天基走向泛在的时空信息服务，即美国提出的从天基 PNT 走向泛在 PNT。天基 PNT 的应用与服务，明显受到时空限制，而泛在 PNT，相当于把天基 PNT 彻底解放出来。泛在融合的概念，就是以时间空间为主线，将天基地基、室内室外、通信导航等多种技术与系统，以及智能信息产业众多产业分支融合集聚，实现跨越发展。

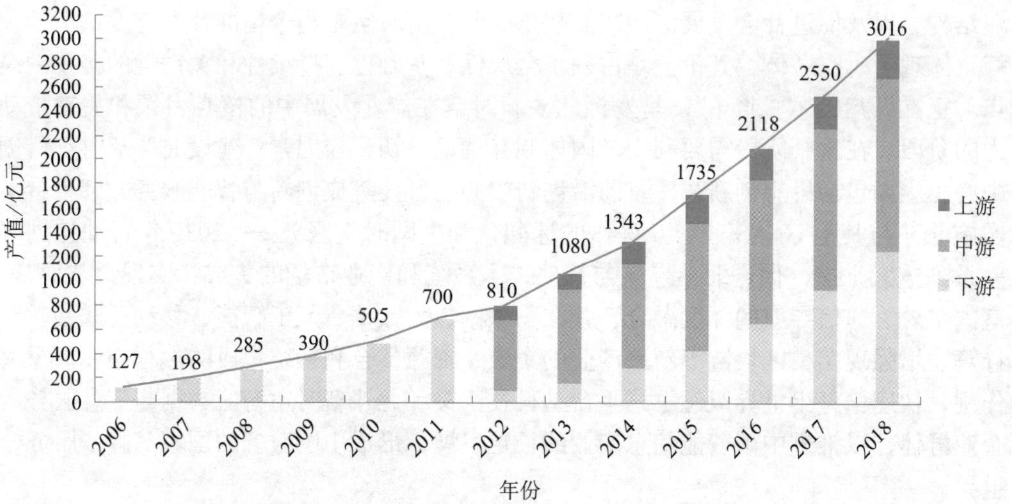

图 5　2006～2018 年中国卫星导航与位置服务产业产值增长图[5]

泛在 PNT 对于中国来说就是新时空服务体系，是新时空技术体系的一部分。新系统需要满足更多的功性能指标，要求体现信息时代、移动时代和智能时代的精神，即做到安全可靠、精准确保、融合替换、开放共享和群智众创。这些要求已超出北斗新时空技术革命的范畴，进入智能信息产业革命和相关的社会革命中。因此，需要实现卫星导航系统与产业的升级换代和跨越发展，以进一步服务于国计民生，服务于国家的长远发展。总之，要在现在北斗导航系统的基础上，到 2035 年“建设完善更加泛在、更加融合、更加智能的综合时空体系”。

2. 北斗新时空必须坚持“三大对标”，实现升级跨越发展

北斗导航系统的产业当前的主要任务是在北斗系统全球化的进程中，不失时机地把其产业做大做强，实现升级和跨越式发展。要坚持“北斗导航创新驱动发展，中国时空融合引领跨越，智能信息服务分享惠民”的基本发展方针，实施三大对标行动计划，为从北斗导航定位授时产业升级跨越发展至新兴的智能信息产业，奠定技术与产业发展基础，开拓远大前程[6,7]。

今后 10～15 年内分期分批实施的三大对标行动包括：①对标全球 GNSS 产业发展，赢得国际竞争发展的话语权。结合北斗系统全球化，加快进入 GNSS 兼容互操作的步伐。以北斗 /GNSS 标配化为抓手，促进北斗的技术国际化、产品融合化、产业规模化、服务产业化和市场全球化，为中国赢得 GNSS 的国际竞争话语权，并逐步确立中国作为导航定位的强国地位。其直接的结果是形成全球最大的 GNSS 单体市场，

在用户数量上，进而在产值上有望位居全球第一。②对标美国泛在PNT，打造中国北斗新时空，赢得产业发展主动权。对标美国的2025年PNT发展规划，以北斗时空信息融合为基础，以通信导航技术融合为契机，推进天基地基、室内室外、地内地外的定位导航授时技术的融合，推进以时空技术为主线的新一代信息技术，促进与大数据、物联网、云计算、增强现实、区块链、人工智能等技术的融合，进而推动以位置服务、移动健康、物流运输、精化管理监护、应急联动安全救援等为系列方向的智能信息产业的全方位、多层次的蓬勃发展，以赢得智能信息产业发展的主动权，打造享誉全球的国家品牌。③对标中国现代化，结合中国梦，形成体系化和获得知识产权。北斗导航产业向智能信息产业的全面升级跨越，是中国现代化进程中的重大事件，具有里程碑意义。其突出特点是实现了体系化推进和多种技术系统、多个新兴产业的跨界融合，并从根本上摆脱了与国外“剪不断、理还乱”的知识产权纷争，形成自主可控的北斗新时空服务体系和相应的强大知识产权体系。这是实现中国强国梦的一个重要节点和组成部分，意义重大且深远。

3. 北斗新时空将引领庞大的智能信息产业

北斗/GNSS系统真正的伟大作用是北斗新时空技术的引领性及其总体架构的作用。北斗新时空技术将成为信息时代智能化发展的领头羊和总体态势的统领者，智能信息产业的新引擎和整体架构师，以及无人系统与自动化的核心竞争力和革命性的武装力量。其优势体现在整体的系统性上，适合于把控全局态势和发展趋势。实时化、场景化、个性化演绎空间布局和时间进程的变化，是实现智能化的真正难题，也是在无人系统中运动载体与周围实际环境实现融合交互、协调匹配、安全高效运行的关键。北斗新时空技术为时空状态的实时感知、动态控制、情景预测、难题破解、智能服务的探索和研发，提供了广阔空间；也为在物联网、大数据、云计算、增强现实、区块链、人工智能等一系列基础技术，以及自动驾驶车辆、无人机、无人船、机器人等自动化系统的基础上，系统集成整体化架构和实现系统的互联互通共建共享，提供了统一的大平台。

参考文献

[1] European GNSS Agency. GNSS user technical report 2018，ISSUE 2[R/OL].[2018-10-16]. https://galileognss.eu/wp-content/uploads/2018/10/gnss-user-tech-report-2018. pdf.

[2] 曹冲，郁文贤，裴凌，等. GNSS技术发展趋势蓝皮书[R]. 上海北斗导航创新研究院、环球新时空信息技术研究院，2018.

[3] European GNSS Agency. GNSS market report 2017，ISSUE 5[R/OL].[2018-10-16]. https://www.

gsa.europa.eu/system/files/reports/gnss_mr_2017.pdf.

[4] European GNSS Agency. GNSS market report 2015，ISSUE 4[R/OL].[2018-10-16]. http://www.gsa.europa.eu/2015-gnss-market-report.

[5] 中国卫星导航定位协会咨询中心 . 中国卫星导航与位置服务产业发展白皮书（2019）[M]. 北京：测绘出版社，2019.

[6] 曹冲 . 北斗产业发展现状与前景预测研究 [R/OL].[2019-07-05]. http://www.beidou.gov.cn/yy/cy/201712/t20171226_10971.html.

[7] 曹冲 . 北斗应用技术发展现状与趋势 [C]// 中国卫星导航定位协会 . 中国卫星导航定位协会 2019 年会论文集 . 北京：测绘出版社，2019.

5.4 Commercialization of Satellite Navigation Technology

Cao Chong，*Wu Xiaogan*

（GNSS and LBS Association of China）

In the information age，the world has been digitalized and networked，and has reached a new stage of intelligent development. With the Internet of Things，big data and radio revolution，GNSS（Global Navigation Satellite System）with the times demonstrates its emerging space-time foundation and integration. Satellite Navigation Technology has developed from GPS（Global Positioning System），one of the three major aerospace technologies of the 20th century，to the system of GNSS systems in the 21st century. Multi-constellation compatible interoperability will achieve decimeter-level positioning，and ten-nanosecond-level timing. In the near future，the deeply integration of multi-system and multi-industry on the basis of indoor and outdoor，navigation and communication will lead the development of science and technology and industry. The ubiquitous PNT technology industry system which is called Beidou New Space-Time in China will gradually form and promote the healthy growth and long-term development of the intelligent information industry and services in China. It will also usher in a new intelligent information service industry era.

5.5　卫星通信技术产业化新进展

沈永言　马　芳　尹浩琼

（中国卫通集团股份有限公司）

卫星通信是以人造地球卫星为中继节点的无线通信方式。截至 2018 年底，全球在轨通信卫星接近 800 颗，七成以上为商用通信卫星；卫星产业的总产值为 2774 亿美元，其中，卫星制造业为 195 亿美元，卫星发射服务业为 62 亿美元，以视频通信为主的卫星服务业为 1265 亿美元[1]。卫星通信一直与地面通信齐头并进，具有覆盖地域广、业务种类多、建设速度快、生存能力强等优势，在广播和电信公网以及政府、交通、能源、军事、应急等专网中发挥了必要的支撑作用。近年来，随着互联网、物联网的普及，以及机载、船载、空间中继等通信需求的日益增加，卫星互联网与5G相互融合已成为许多国家和卫星通信运营商的重要发展战略。高通量卫星（high throughput satellite，HTS）、低轨（low earth orbit，LEO）星座等技术在其中发挥了推动作用，同时也实现了各自的产业化发展。

一、国际卫星通信技术产业化概况

1. HTS 倍增卫星通信网络的容量

为适应社交媒体、高清 / 超高清视频等应用的快速发展，基于多点波束和频分复用的高通量卫星（HTS）应运而生。自 2004 年发射首颗 HTS 以来，截至 2019 年 5 月，全球超过半数的卫星通信运营商合计部署了 150 多颗 HTS，其中包括高轨道（geostationary earth orbits，GEO）专用或搭载、中轨道（medium earth orbit，MEO）、LEO 等卫星。其中，北美 Viasat 公司的 Viasat-2 和 Hughes 公司的 Jupiter-2 的容量分别达到 300 千兆位每秒和 220 千兆位每秒（传统通信卫星容量只有 1 千兆位每秒左右），在建的 Viasat-3 和 Jupiter-3 的容量将分别达到 1 太比特每秒和 500 千兆位每秒。随着数字波束形成和信道化系统等技术的不断进步，HTS 每千兆位每秒的制造成本将降至百万美元以下。同时，以单个国家为服务对象、容量在 100 千兆位每秒以下的小型经济型 GEO HTS 已出现。除了宽带接入、基站中继、机载通信等互联网类应用之外，区域性高清 / 超高清电视卫星直播也是 HTS 大带宽和多波束的用武之地。在北美，这一应用已发展为规模化的产业。

2. 中低轨星座实现全球覆盖

GEO HTS 虽然容量大、结构简单，但是传输延时长、区域覆盖有限，满足不了 5G 时代广覆盖、低延时等应用的需要。最近几年，原有铱星（Iridium）、全球星（Globalstar）和轨道通信（Orbcomm）LEO 系统陆续进行系统升级，普遍增加了 IP 接入、遥感、导航增强、飞机广播式自动相关监视（ADS-B）、船舶自动识别系统（AIS）等功能[2]。

截至 2019 年底，全球新推出的 MEO 和 LEO 星座计划有 20 个左右。其中，一网（OneWeb）LEO 星座有 720 颗卫星，总容量达 10 太比特每秒，已获得美国联邦通信委员会（Federal Communications Commission，FCC）的运营许可。2018 年，OneWeb 向 FCC 提出增加 1280 颗 MEO 卫星，并在后续修正案中进一步将 MEO 卫星的规模扩展到 2560 颗。2019 年 2 月 28 号，OneWeb 成功发射首批 6 颗卫星，计划 2020 年开始商用[3]。2018 年 3 月，FCC 批准了 SpaceX 的天链（Starlink）LEO 星座系统，该系统有 4425 颗卫星。2019 年 5 月和 11 月，SpaceX 分别发射了一批小卫星，每批 60 颗，计划 2020 年开始服务。2018 年 11 月，FCC 批准了 SpaceX 另外一个有 7518 颗卫星的 LEO 星座计划，两项总共近 1.2 万颗卫星[4]。

为了弥补 GEO 服务能力的不足，ViaSat 公司于 2016 年提出了一个由 24 颗卫星（后缩减到 20 颗）组成的 MEO 星座计划，它使用 Ka 和 V 波段，为北美、拉美等地区的用户提供宽带服务。该 MEO 星座系统不仅带有载荷遥感，还可为 GEO 卫星提供额外和备用的传输通道。目前唯一实现商用化的 MEO HTS 是 O3b 系统。该系统初期规模是 20 颗卫星，工作于赤道圆轨道，为南北纬 45 度之间的用户提供互联网服务。该系统于 2013 年开始建设，目前在轨 20 颗。2016 年，SES 公司实现了对 O3b 的全部控股，以完成 GEO 和 MEO 的互补和协同。2017 年，O3b 计划在完成一期星座建设的基础上，再发射 22 颗 MEO 卫星，建设下一代 MEO 星座——O3b mPOWER，其中 12 颗运行在赤道圆轨道，另外 10 颗运行于倾斜轨道。下一代 O3b mPOWER 卫星采用先进的全电进和波束形成技术，以进一步提高服务能力。这些中低轨星座的发展将有效提高互联网、物联网的全球和立体覆盖能力。

3. 软件定义技术赋予卫星系统灵活性

传统通信卫星的技术状态在发射前两三年就要冻结，在入轨后的 15 年服役时间内无法更改，这种固定模式无法适应今天动态变化的信息服务市场环境。而基于软件定义技术的通信卫星可根据应用需求的变化，对卫星的覆盖、连接、带宽、频率、功率、路由等性能进行动态调整和功能重构[5]。

根据 Euroconsult 公司的统计，目前全球一半左右的 HTS 带有灵活性载荷，其中覆盖灵活性载荷占 35%，连接、带宽和频率各占 15%，功率占 9%。Intelsat 公司的史诗（EPIC）HTS 是载荷灵活性的典型案例，可随时建立不同波束用户之间的直接连接，避免了一般 HTS 网络星状结构的双跳缺陷。该功能也可有效地实现业务后向兼容，以确保原有用户不用更换终端设备就能使用新的 HTS 网络[6]。2019 年 5 月 10 日，号称全球首颗真正意义上的软件定义商用通信卫星——欧洲量子（Eutelsat Quantum）成功完成有效载荷舱与平台的对接，它可根据应用需求调整卫星覆盖、频率和功率等载荷特性。

卫星之外，HTS 网络的星地一体化设计和运营管理也要求卫星通信运营商借助地面网络软件定义网络（SDN）和网络功能虚拟化（NFV）技术，以提升 HTS 网络的精细化管理、新业务快速部署和差异化服务能力。

4. 高频传输突破通信带宽瓶颈

频率是通信的基础和带宽的源头，频段越高，频率资源越丰富，能够提供的带宽越大。经过多年的发展，卫星通信中的 L、S、C、Ku 频段资源几乎被使用殆尽，Ka 频段正在被广泛应用。同时，卫星通信的 C、Ka 频段也要面对 5G 网络的激烈争夺。2018 年底，由 Intelsat、SES、Eutelsat、Telesat 全球四大卫星通信运营商组成的 C 频段联盟，同意让出 200 兆赫供 5G 网络使用，这要求卫星通信必须大力开发 Q/V/W、太赫、激光等新的频率资源。

截至 2018 年底，Q、V 频段已进入商用阶段。2016 年 3 月，Eutelsat 率先在 Eutelsat 65 West A 卫星上使用 Q 频段；OneWeb、波音、三星等公司的星座系统都有 V 频段的使用计划；欧洲、北美等地区的国家已开始 W 频段卫星通信的研究工作。2018 年 6 月 20 日，由芬兰研制的纳卫星首次从太空向地球发送 W 频段信号。这些频段主要用于关口站与卫星之间的馈电链路以及星际链路。

太赫频率在 0.1～10 太赫，理论传输速度可达 1 太比特每秒，是 5G 的 50 倍，4G 的 1000 倍。2018 年 5 月，Tektronix/IEMN（一个法国研究试验室）在 252～325 吉赫频段实现了 100 千兆位每秒无线传输（最近电气和电子工程师协会 IEEE 802.15.3d 的标准）。在 6G 时代，太赫或将广泛应用于天空地一体网络中。

卫星激光通信同样用于星间链路和馈电链路。多年来，美国、欧洲、日本开展了一系列卫星激光通信研究计划，目前开始进入实用阶段。2019 年 2 月，欧洲空客公司与日本天空完美日星公司（SKY Perfect JSAT）签订了 EDRS-D 节点设计准备合作协议，旨在共同开展激光数据中继卫星业务。另外，一些 LEO 星座系统计划通过激光链路，向用户提供点到点的数据传输服务[7]。

5. 电推进技术提升卫星费效比

卫星发射和运行过程中的定点、位保、飘星和离轨等工作都需要推进力量。使用电推进技术替代目前广泛使用的化学推进技术，可减少卫星平台多达 50% 的载重，进而降低发射质量，增加卫星有效载荷，延长卫星寿命和提高卫星系统性价比。2012 年 3 月，波音公司 702SP 全电推平台首次获得 4 颗卫星的订单，开启了卫星全电推时代。截至 2016 年底，全球共签 18 颗全电推通信卫星的订单，总体呈现逐年稳步增长的势头。截至 2018 年底，全电推卫星已占据商用卫星四分之一的市场。

全电推产生推力相对较小，用于定点需要数月时间，更适用于位保。因此，保留化学推进来加速实现定点和飘星的混合方案仍是业界的一种选择。2014～2016 年，全球采用混合推进方案的 GEO 商业通信卫星共签约 13 颗。

6. 小卫星驱动卫星制造和发射升级

卫星制造和发射是卫星通信产业的上游，直接决定着卫星通信服务的成本。LEO 星座小卫星的蓬勃发展引发了卫星制造和发射业的变革。以 SpaceX 公司的 Starlink 星座为例，从 2019 年 5 月开始，平均每月要部署近 120 颗卫星，才能按照 FCC 的要求在 2027 年底前完成发射任务。这必然要求对传统的卫星制造和发射进行升级换代，缩短卫星研制和发射周期，以降低研制和发射成本。

在小卫星制造方面，OneWeb 等公司开始使用非航天级别的商业现货（COTS）组件，利用 3D 打印、模块化设计、即插即用、智能装配、大数据、机器人、增强现实等现有成熟技术，采用与飞机和汽车生产相似的流水线组装方式，批量生产小卫星，实现了每天生产 3～5 颗卫星的目标。最新发射的 Starlink 小卫星采用扁平化设计，以易于量产、装载、发射；采用先进可靠的离子推进器，以进一步降低成本；配备光学追踪器，以主动探测、自动避开太空垃圾；使用到期时，可自行拆解，以实现 100% 环保。

多星发射和一级火箭回收利用，可以大幅降低卫星的发射成本，对于大规模、多频次的小卫星发射意义更大。2017 年 2 月 15 日，印度空间研究组织（ISRO）成功一箭发射 104 星。2019 年 5 月 24 日，SpaceX 用此前飞过两次的“猎鹰 9”号 5 型的第一级火箭，成功将 60 颗（每颗重 227 千克）小卫星送入轨道。SpaceX 公司表示，5 型火箭被设计成“在无须例行整修的情况下”能反复使用 10 次，若“做适当的例行维护”可用 100 次。除现役“猎鹰 9”号重鹰火箭外，SpaceX 已开始研制星舰飞船 + 超重鹰火箭的下一代卫星发射系统，它能一次性部署数百颗小卫星。

7. 平板天线（flat panel antenna，FPA）助推移动应用

机载、船载、车载等移动平台对终端尺寸和功耗、波束切换等要求的不断提高，以及中低轨卫星相对地面的高速运动，决定了以小尺寸、低功耗为特点，能够同时跟踪多颗卫星，波束可以快速指向的 FPA 成为卫星互联网的一项关键技术。

目前，Phasor 等制造商已拥有可用于宽带卫星通信的电调控天线。2019 年 1 月 25 日，OneWeb 公司宣称，其自筹资金项目开发出一种厚度不到八分之一英寸、成本仅 15 美元的 ESA 模块，为卫星互联网终端未来 200～300 美元的定价打下了基础。该天线可实现 50 兆位每秒的下行速率，有望在 2020 年初实现商业化。该产品初期工作于 Ku 频段，可在成本几乎不变的条件下调整到 Ka、V 等频段。ESA 零件数目很多，降低成本较为困难，OneWeb 目前开发的 ESA 并不适合航空类特殊市场。尽管如此，美国北方天空研究公司（Northern Sky Research，NSR）预测，卫星天线市场 2020 年后将向 ESA 转型，到 2026 年，FPA 的年销售量将超过 210 万块。

8. 通导结合提高位置等服务能力

通过在通信卫星上搭载卫星导航增强载荷，并向用户播发星历误差、卫星钟差、电离层延迟等多种修正信息，可以有效提高导航定位精度和服务能力。在星基增强系统（SBAS）中，基于 LEO 的 SBAS 具有覆盖面广、信号衰耗小、计算收敛速度快、通信与导航信号可以融合设计等优点。Iridium 二代星搭载了美军集成全球定位系统（iGPS）的有效载荷，可将 GPS 定位精度由原来的米级提高到厘米级。

除一般性的导航定位之外，面向全球空中和海上交通监视和跟踪服务的 ADS-B 和 AIS 也是卫星通信与导航结合的重要应用领域。Iridium 和 Globalstar 二代星上都带有 ADS-B、AIS 等载荷。Iridium 二代星携带的 Harris 公司的 ADS-B 载荷可单星监视 3000 个目标，处理 1000 个以上目标，其目标用户包括空管、搜救和军方等。2019 年 6 月，基于 Iridium 二代星提供 ADS-B 监视服务的 Aireon 成为欧洲航空安全局（EASA）首次认证的航空导航服务商。此后，Aireon 可在丹麦、爱尔兰、意大利和英国等区域提供该服务。Orbcomm 二代星中也增加了 AIS 载荷，用于海上资产的跟踪与管理。有了星载 ADS-B 这样的系统，类似马航 MH370、法航 AF447 航班失踪等事故发生的概率就会大大降低。

9. 中继通信成为新的商业服务类型

卫星数据中继最初主要为遥感卫星、飞船等飞行器提供全天候的数据中继和测控服务。代表性的卫星中继系统有美国的 TDRSS、LCRD 和欧洲的 ARTEMIS、EDRS

等，它们基本上属于专用系统。

2018 年是全球卫星中继通信提供商业化服务的元年。7 月，Inmarsat 公司和飞行硬件制造商 Addvalue 与一家 LEO 星座运营商签署了一份合作协议，利用 Inmarsat 的 GEO 卫星和全球网络，对装有卫星间数据中继系统（Inter-Satellite Data Relay System，IDRS）的 LEO 星座进行全天候的卫星测控、任务控制和故障查找等资产运行和管理。10 月，Audacy 公司宣布与用户签署价值 1 亿美元的商业服务协议，其服务范围为地球观测、物联网、宽带星座、运载火箭和深空探测任务。Audacy 目前拥有三颗 MEO 数据中继卫星。未来，卫星中继通信服务将从一般性的数据传输扩展到空间资产管理和不同轨道卫星间的路由迂回。

10. 在轨服务延长卫星寿命

卫星通信行业是个重资产、高风险的行业。燃料耗尽、故障和碎片碰撞等因素都可能影响卫星的寿命，直接影响卫星通信运营商的收入。以 GEO 卫星为例，其寿命通常为 15 年，当燃料耗尽时，即便卫星功能完好，也要做离轨操作；如果发生故障或遭遇碎片碰撞，则不得不提前终止服务。2019 年 4 月，服役仅 3 年的造价 4 亿美元的 Intelsat 29e 发生故障并最终解体，直接使 Intelsat 全年收入减少近 5000 万美元。值得庆幸的是，经过数十年尝试的基于空间机器人或无人飞船的在轨服务有望改变这个局面。

劳拉空间系统（SSL）公司的在轨服务项目——RSGS 能够在静止轨道上为 20～30 颗卫星提供在轨维修服务。SSL 的无人飞船可与需要维修的卫星对接，为其补充燃料，同时修复或更换必要的组件。空客公司的“太空拖船”可将报废卫星推到距地面 200 千米左右的轨道，随后卫星会逐渐下降，进入地球大气中燃烧成灰烬。诺斯罗普·格鲁曼公司（Northrop Grumman）公司旗下的 Space Logistics 将在 2019 年晚些时候发射一艘飞船，使之对接到 Intelsat 一枚寿命已到期的卫星上，为其提供动力。日本 Astroscale 公司正在开发一种交会并捕捉太空碎片与报废卫星的系统。英国萨里太空中心等也在致力于碎片减缓和清除技术的应用。此外，近年也出现了很多在轨服务初创公司。

在轨服务已进行数十年的尝试。据 NSR 预测[8]，该市场的长期商业机会将不断增加。到 2028 年，在轨服务的整体服务收入累计将达 45 亿美元，其中延长服务占 59%，抢救占 11%，离轨占 8%。未来的在轨服务还包括从退役卫星等航天器上回收可用部件。

二、中国卫星通信技术产业化概况

1. 卫星通信综合实力进入国际前列

从 1968 年至今，经过 50 多年的艰苦奋斗，中国已建立比较完整的卫星通信技术和应用体系。近五年来，中国空间技术研究院完成了 17 颗军民商通信卫星的研制。国内军民卫星保持 100% 自主研制。商业通信卫星整星出口已达 10 颗，并带动了国产 VSAT 设备走向国际市场。中国空间技术研究院抓总研制的东方红五号卫星平台的开发，使中国具备了研制 100～1000 千兆位每秒超大容量 HTS 的能力。2015 年 9 月 20 日，新型运载火箭长征六号成功将 20 颗微小卫星送入太空，展示了“一箭多星”发射通信卫星的潜力。截至 2018 年底，中国由中星、亚太、亚洲、天通系列构成的在轨商用通信卫星已达 20 多颗，信号覆盖全球 75% 以上的国家和地区。2008 年发射的中星 9 号等广播电视直播卫星的服务用户已达 1.4 亿户。2016 年，“天通一号”卫星的发射拉开了中国卫星移动通信的序幕，面向全球覆盖的天通 2、3 号在建设中。2017 年，容量为 20 千兆位每秒的中星 16 号 HTS 的发射标志着中国进入宽带卫星通信时代，后续的中星 19、26、27 号 HTS 将进一步增加我国和“一带一路”沿线地区的高通量容量。

2. 小卫星研制和低轨星座建设得到多方的积极参与

在军民融合政策和商业航天、天地一体网络大潮的推动下，中国航天、电子等领域的多家机构与中国科学院、高校等众多单位都在积极参与通信小卫星的研发和低轨星座系统的建设。2014 年，北京信威科技集团股份有限公司和清华大学在联合研制和发射的灵巧卫星上进行了智能天线、处理与交换、天地组网等技术试验。2018 年，中国航天科技集团有限公司和中国航天科工集团有限公司分别发射了一颗低轨高通量实验星——鸿雁 1 号和虹云 1 号。鸿雁星座系统属于窄宽带融合系统，具有移动通信、导航增强、ADS-B、AIS 等综合功能。虹云星座系统是宽带系统，具备通信、导航和遥感一体化服务功能。2018 年 4 月 23 日，中国电子科技集团有限公司发布了天地一体化信息网络重大专项中的首个成果——“地面信息港”，该成果融合了网络、遥感、地理信息和导航定位等功能。除了以上中央企业，一些民营企业也纷纷提出各自的卫星互联网和物联网的星座计划。这些低轨星座的建设将实现中国卫星通信网络的全球覆盖。

3. 有效载荷技术获得实质性突破

经过多年的技术攻关和试验验证，中国在灵活载荷、Q/V 频段载荷、激光通信载荷产品功能等方面获得实质性突破，完成了单机研制和整星系统集成验证。亚太 6C 卫星是中国目前研制的商用通信卫星中转发器路数最多、切换最灵活、有效载荷功率最高、重量最大的通信卫星，其有效载荷的单机数量达到 700 余台。Q/V 频段载荷将应用于亚太 6D HTS 和印度尼西亚 PSN 项目。2017 年 1 月 23 日，借助中星 16 上搭载的激光通信终端，哈尔滨工业大学空间光通信技术研究中心成功进行了国际首次高轨卫星与地面间双向 5 千兆位每秒高速激光通信试验，这标志着中国在空间激光通信领域走在世界前列。

4. 量子通信处于世界领先位置

2016 年 8 月 16 日，长征二号丁运载火箭将世界首颗量子科学实验卫星“墨子号”发射升空，实现了全球首个“千公里级”的星地双向量子纠缠和密钥分发及隐形传态。2017 年 9 月 29 日，世界首条量子保密通信干线——“京沪干线”正式开通，这标志着中国向构建全球量子保密通信网络迈出了坚实的一步。2018 年 1 月，中国科学技术大学联合中国科学院、奥地利科学院等研究团队，利用“墨子号”量子科学实验卫星，在中国和奥地利之间首次实现了距离达 7600 千米的洲际量子密钥分发，并利用共享密钥实现了加密数据传输和视频通信，这标志着“墨子号”已具备实现洲际量子保密通信的能力，未来可服务于政务、金融和商业等领域。

5. 卫星终端天线制造最具市场活力

卫星通信终端天线对整个系统的可用性和业务的竞争力具有决定性的影响。随着天线制造技术的进步、星上发射功率的提升、卫星通信频率的升高，以及车载、机载、船载等移动平台应用需求的增多，卫星通信终端天线逐步从大型固定抛物面天线向动中通、便携式、平板式等形态发展，总的趋势是低轮廓、低成本、低功耗和小尺寸。由于政策和资金壁垒相对较低，中国卫星通信终端天线制造领域表现出较高的市场活力，在西安、成都、北京等地出现一批有创新能力的从事动中通、静中通、平板、相控阵天线研发和制造的民营企业，有的已成功打入国际市场，并具有一定的行业竞争力。

三、发展趋势及未来展望

在航天、电子信息和互联网等技术的推动下，全球卫星通信产业进入以 HTS、中低轨星座、灵活载荷、平板天线等技术为热点的新阶段。中国卫星通信技术基本上与国际同步发展。带宽化、星座化、智能化、小型化和融合化成为总的发展趋势。根据 3GPP 的研究和 SaT5G 的试验，卫星互联网与 5G 的融合应用将有内容投递、基站中继、固定宽带接入和移动平台接入等形式，其背后的支撑技术有移动边缘计算（MEC）、卫星组播和内容缓存等技术[9]。随着人类活动空间逐步从陆地向海洋和太空拓展，卫星互联网在信息基础设施中的地位将越来越突出，卫星互联网将以高中低轨混合网络和中继迂回的形式实现空间立体化覆盖。为满足航空、海事等领域综合信息服务的需要，基于卫星通信的导航增强、视频遥感等将是未来 6G 时代天地一体化信息网络中的关键技术和应用。信息网络带宽需求的日益增长和动态变化，将推动毫米波、太赫和空间光通信的发展，并要求天地网络之间的频谱分配和卫星载荷的使用必须达到灵活化和智能化。为降低用户的应用和技术门槛，跨频段、跨网络、低成本、低功耗和小尺寸的平板天线将是大势所趋。中低轨星座的竞相发展将促进卫星制造与互联网产业的融合发展，同时必然增大卫星碰撞和垃圾发生的概率。为维护太空环境，卫星行业必须大力发展卫星跟踪、碎片探测和自动避让技术，并促进在轨服务的产业化发展。

四、结　　语

中国卫星通信事业已取得长足的进步，建立了相对完整的产业体系。但与美国等发达国家相比，中国卫星通信在功率、射频、基带、组网、LEO 星座等技术方面仍有很大的提升空间。中国卫星移动和宽带通信的产业化刚开始，卫星直播电视的巨大商业价值尚未被释放出来，LEO 星座建设还处于规划论证阶段。

卫星通信系统是信息基础设施的重要组成部分，也是航天产业的主体。卫星通信技术的发展和产业化直接关系到中国“网络强国”“航天强国”战略的实现。为加快卫星通信技术的进步和产业化进程，中国需要加强天地信息网络的整体规划、协同发展和频轨资源的综合利用，提高卫星载荷的灵活性和卫星通信网络的智能化水平，加大相控阵、超材料等平板天线的技术研究和应用力度，重视中低轨星座时代的空间碎片处理和软件定义时代的卫星通信网络安全研究，推广卫星通信在“宽带中国”计划、普遍服务和机载通信中的应用，开展商业化的高清、超高清和区域卫星直播电视服务，深化卫星通信行业的军民融合和体制机制改革。

参考文献

[1] SIA. State of the satellite industry report[R/OL].[2019-05-15]. https://www.sia.org/wp-content/uploads/2019/05/2019-SSIR-2-Page-20190507.pdf.

[2] 肖永伟，孙晨华，赵伟松 . 低轨通信星座发展的思考 [J]. 国际太空，2018（11）：26-32.

[3] 高端装备发展研究中心 . OneWeb 星座研制情况及应用模式展望 [R/OL].[2019-05-15]. http://www.360doc.com/content/18/1215/16/43885509_802005074.shtml.

[4] 李博 . SpaceX 公司低轨宽带星座发展研判与启示 [J]. 国际太空，2018（8）：20-25.

[5] 朱贵伟，李博 . 国外通信卫星灵活有效载荷技术与趋势研究（上）[J]. 国际太空，2018（8）：26-33.

[6] 沈永言 . 卫星产业的创新案例与现实启示 [J]. 国际太空，2015（10）：36-41.

[7] 沈永言 . 全球空间信息基础设施的发展态势与我国卫星通信的发展思路 [C]. 卫星通信学术年会，2016.

[8] NSR. 在轨服务市场的机遇 [EO/OL].[2019-05-15]. https://baijiahao.baidu.com/s?id=1633611124232714635&wfr=spider&for=pc.

[9] 尹浩琼，陈宁宇，马芳 . SDN/NFV 技术在卫星通信地面系统中的应用研究 [C]// 中国通信学会卫星通信委员会，中国宇航学会卫星应用专业委员会 . 第十五届卫星通信学术年会论文集 . 北京：中国通信学会，2019：98-103.

5.5 Commercialization of Satellite Communications Technology

Shen Yongyan，*Ma Fang*，*Yin Haoqiong*

（China Satellite Communications Co.，Ltd.）

Satellite communication system is an important part of information infrastructure. At present，the new technology hotspots such as HTS，LEO constellation，flexible load，and panel antenna appear in the global satellite communication industry. Although China's satellite communications technology has made great progress in HTS，mobile communications and DTH，etc.，there is still much room for improvement in technologies like in power，radio frequency，baseband and their industrialization. It is necessary to strengthen system and mechanism innovation.

5.6　微小卫星产业化新进展

龚建村　于慧亮

（中国科学院微小卫星创新研究院）

20世纪80年代英国萨里大学成功发射了世界第一颗微小卫星UoSAT-1。此后，随着微电子技术、新材料与新工艺和先进载荷等技术的发展，微小卫星技术的发展与应用大致经历了三个阶段：第一阶段（1981～2000年），欧美部分大学和科研机构研制少量业余无线电、技术试验性质的微小卫星；第二阶段（2001～2014年），微小卫星以其功能密度高、成本低、研制周期短等优势，迅速在通信和遥感等领域获得大量应用，同时《科学》杂志将立方星列入世界（或全球）十大科技突破（或进展）；第三阶段（2015年至今），微小卫星技术进入全面应用阶段，并与人工智能、大数据、物联网等技术结合，推动微小卫星全产业链发生深刻变革。近几年，全球商业通信和遥感等微小卫星呈井喷态势。据美国空间企业协会（SEI）的预测，2017～2023年全球将发射近1760颗质量在50千克以下的微小卫星，年均约251颗[1]。2018年，全球共发射261颗50千克以下的微小卫星[2]。

一、国际微小卫星技术及产业新进展

近年来，微小卫星在技术发展、研制模式、应用模式等方面的发展越来越快，表现出以下几个特点。

1. 新材料、新技术使微小卫星的功能密度越来越高，功能越来越强大

发展微小卫星技术需要解决的核心问题是：在成本和资源严重受限的条件下，如何提高功能密度比。为解决这个问题，研发人员采用新材料、新技术以及先进的设计理念和方法，赋予微小卫星更高的功能密度和更强的功能。首先，弱化了传统卫星设计理念中的星载计算机、电源控制器、测控数传计算机、姿控计算机等单机概念，采用综合电子一体化设计，通过单机级的芯片化、分系统级的板卡化和整星级的总线化，实现了整星电子学的高度集成，大大提高了整星的功能密度和可靠性，显著降低了整星的功耗。其次，采用构型一体化设计。受体积限制，星内各组件之间存在很强的结构耦合关系，需尽量采用高强度、低密度的轻质合金或碳纤维复合材料；将部分

星内设备外壳作为结构的一部分，以减轻主承力结构的重量；采用 3D 打印等先进加工工艺，一次成型特殊构型的承力结构，以减少整星构型设计的复杂性。其中最重要的先进设计理念是：采用载荷平台一体化设计，弱化卫星平台概念，整星不再以设计出一个功能强大、性能稳定、满足各类有效载荷的卫星平台为目标，而是以实现有效载荷的在轨功能为最终目标。

近两年，以立方体卫星为典型代表的微小卫星得到了广泛应用。2018 年 5 月，宇宙神 -5 火箭在美国范登堡空军基地成功发射了“洞察”号火星探测器，同时搭载发射了两颗“火星立方一号”立方体卫星 A 和 B。A 星和 B 星互为备份，为“洞察”号着陆器在着陆火星期间提供中继服务。“火星立方一号”的任务是利用低功耗、高增益 X 频段平板反射阵列天线进行深空通信的试验，这是首次在地外行星上进行的小型立方体卫星技术试验[3]。

2018 年 8 月，美国国家航空航天局（NASA）在世界上首次成功进行了立方体卫星的星地激光通信验证试验。参与此次试验任务的是 2 颗于 2017 年发射的 2U 立方体卫星，每颗卫星重约 2.5 千克，指向精度为 0.025 度。在试验中，2 颗卫星首先利用传感器进行逼近操作，同时通过星间链路进行数传，然后再把两星数传数据以及逼近操作的动态参数通过星地激光链路实时传回地面，其综合传输速率达到 100 兆比特 / 秒[4]。

2. 研制模式的创新使得单星成本更低、研制周期更短，实现了大规模组网运行

2017 年 6 月，美国联邦通信委员会（FCC）批准一网公司（OneWeb）发射 720 颗卫星（后调整为 650 颗），以构建其低轨互联网星座。2018 年 3 月，FCC 批准了 SpaceX 发射 4425 颗“星链”卫星的计划，2018 年 11 月，又批准了“星链”另外 7518 颗卫星的发射计划[4]。SpaceX 公司和 OneWeb 公司等计划建设的低轨星座包括成千上万颗卫星，这对传统卫星的研制成本、模式和理念形成巨大冲击。

传统卫星几百上千万美元的高价严重制约了微小卫星产业的大规模发展。为降低研发成本，建成用户和投资方都能承受的卫星应用生态体系，以萨里卫星技术公司、SpaceX 公司和 OneWeb 公司为代表的卫星公司，充分利用商用现货器件，形成了领先的低成本研制航天器的能力。OneWeb 公司还通过大量采用成熟的商用器件，把单星的研制成本控制在 100 万美元以内。

考虑到低轨卫星的设计寿命和采用商用器件后卫星的可靠性，以 OneWeb 公司和 SpaceX 公司为代表的企业需建立完全不同于传统卫星的研发模式，计划用 3～5 年的时间完成星座的建设，为用户提供可靠、持续的服务。例如，OneWeb 公司和空中客

车防务与航天公司（ADS）合作，打破了传统的技术路线，利用精准数字仿真和虚拟试验取代结构件、电性件和初样件的研制，以及自动装配工装、机器人、大数据工艺控制及智能测试等手段，搭建出卫星生产的流水线，实现了批量卫星的总装、集成和测试。OneWeb 公司在法国图卢兹的试验生产线包括 30 个测试和组装工位，可实现 1 天 1 星的出厂交付能力；在美国佛罗里达的卫星工厂装备 3 条生产线，最高交付速度可达 1 天 3 星[5]。

此外，大规模的低轨微小卫星还利用在轨备份星等手段，以确保故障出现时的服务质量和连续性。2019 年 5 月，SpaceX“星链”首批 60 颗卫星发射，至 2019 年 7 月有 3 颗卫星发生故障。从 SpaceX 对这 3 颗故障卫星的反应可以推测，这种结果基本符合 SpaceX 的预期设计目标。SpaceX 还计划离轨操作另 2 颗正常工作的卫星，以验证卫星寿命末期的可控性。因低轨商业微小卫星的研制成本较低，卫星运营商在星座设计之初就考虑到在可耐受条件下，用在轨备份卫星随时接替故障卫星提供服务，以提高星座的可靠性和可用性。简单说就是，如果把一颗商业微小卫星的可靠性从 99% 提高到 99.9%，其研制成本和交付周期的增加将是几何级数的[5]。

3. 商业资本大量涌入微小卫星产业领域，催生初创航天企业雨后春笋般创立

大量商业资本的注入使初创航天企业迅速发展壮大。新生初创航天企业的数量持续增多，从 2000 年前后年均成立 4 家初创企业，增至近 4 年年均成立 19 家初创企业。据统计，2000～2017 年，全球大约新成立 180 家初创航天企业。有的初创航天企业至今已成长为行业的“巨头”。SpaceX 公司作为世界航天承包商，已成为这个领域的重要力量。发展良好的初创航天企业还有美国行星公司和 OneWeb 公司等[6]。

以对地遥感领域为例，商业微纳卫星对地观测卫星星座已进入稳定运行阶段。美国行星公司（Planet）的“鸽群”（Flock）星座已完成部署，由约 150 颗卫星组成；黑天全球公司（BlackSky Globlal）2018 年底发射了首批工作卫星，后续还将计划完成全部 60 颗卫星的发射。此外，更多初创公司开始发射自己的商业对地观测卫星星座。美国鹰眼 360 公司（Kestrel Eye 360）和阿斯特罗数字公司（Astro Digital）均在 2018 年发射了首颗对地观测微小卫星。美国卡佩拉空间公司（Capella Space）和高光谱卫星公司（HyperSat）等获得融资，正在研制并即将发射新型商业合成孔径雷达（SAR）小卫星星座和全球首个高光谱小卫星星座[7]。

4. 欧美政府和军方采取措施大力扶持微小卫星产业发展

低轨商业微小卫星技术和产业的快速发展引起欧美地区和国家政府和军方的重

视，并从政策、资金等多个渠道获得了大力扶持。

近两年，美国政府对中低轨星座的监管审批进度加快。2018 年，FCC 先后为 SpaceX 公司和欧洲卫星公司（SES）等机构超过 12 000 颗卫星颁发了审批许可。此举将进一步激发市场活力，推动低轨商业航天发展进入新的阶段。

新兴低轨微小卫星星座适应了美军航天作战体系转型的新思路。新兴商业低轨宽带星座因具有低延时、大容量、能够真正实现全球覆盖等特点，成为美军不可或缺的重要选择。低轨微小卫星星座具有卫星数量多、研制成本低和组网时间短等特点，整个系统在单星遭到破坏时受到的影响有限，而敌方攻击它的成本高且难度大，这符合美军近年来推行的“弹性”作战体系理念。2018 年，美国国防高级研究计划局（DARPA）与 ADS、美国蓝色峡谷技术公司（Blue Canyon）以及加拿大电信卫星公司（Telesat）等签署合同，委托上述公司研发低成本的微小卫星相关产品和技术。2019 年 3 月，美国空军战略发展规划和实验（SDPE）办公室与 SpaceX 公司签订价值 2800 万美元的合同，要求 SpaceX 公司在 3 年内，利用其正在发展的“星链”星座开展相关的军事服务演示验证[8]。2018 年，美国微小型商业对地观测卫星领域发展活跃，微纳卫星业务领域不断得到拓展，微小卫星对地成像和气象监测等应用领域逐步成熟。2018 年 12 月，美国成功发射“军事作战空间使能效果”（SeeMe）卫星，该卫星为 DARPA 发展的低轨小型低成本卫星；后续又提出“雷达网”和“小卫星传感器”遥感项目，以重点突破可用于微小卫星的光电 / 红外传感器、展开式天线和星间通信技术等[7]。

二、国内微小卫星产业发展现状

作为国内在 2000 年开始的第一轮微小卫星发展热潮中形成的具有研制系列化和批量化微小卫星能力的主要科研单位，中国科学院微小卫星创新研究院自 2016 年开始，陆续研制发射了“高分微纳卫星”、“高光谱微纳卫星”、“天宫二号伴飞卫星”、“力星一号”和“软件定义卫星”等一系列独具特色的技术试验微小卫星，卓有成效，并将大部分成果转化应用于卫星工程任务。近几年，哈尔滨工业大学、西北工业大学、上海科技大学等有关高校和其他科研机构也积极开展微小卫星的研究工作，成功研制并发射了“翱翔之星”、“珞珈一号”和“上科大二号”等微小卫星，取得了较好的科研成果。

在地方政府和商业资本的大力推动下，近几年国内商业微小卫星产业取得较大进展。2015 年至今，国内研制发射的商业微小卫星包括：长春长光卫星技术有限公司的 13 颗“吉林一号”系列遥感成像卫星、长沙天仪研究院的 12 颗多类型技术试验卫星、上海欧科微航天技术有限公司的“翔云”物联网星座“嘉定一号”卫星、北京九天微星科技发展有限公司的“瓢虫系列”8颗技术试验卫星和北京零重空间技术有限公司的“风马牛一号”技术试验卫星、北京未来导航科技有限公司的“微厘空间一号”导航增强星座首发星等。浙江时空道宇科技有限公司、银河航天（北京）科技有限公司等20余家航天初创企业也在积极布局微小卫星产业。

国内的航天主要研制机构依托自身技术优势，借助投资基金等资本，积极规划开展商业通信星座的建设和运营。2018年11月，中国科学院微小卫星创新研究院的全球多媒体宽带通信星座首发2颗试验卫星已完成正样研制，具备出厂发射条件。2018年12月22日，航天科工集团有限公司低轨宽带通信“虹云”星座首发星发射；2018年12月29日，航天科技集团有限公司全球低轨卫星通信“鸿雁”星座首发星“重庆号”发射。

国内微小卫星产业虽然取得较大进步，但与欧美等地区或国家的微小卫星技术及产业相比还有较大差距。首先，卫星的研制成本受限于国内航天传统的配套体系，无法满足商业航天低成本运营的需求，而航天初创企业受技术力量的制约，尚未建立起成熟的商用器件选用标准和规范，所研制的卫星可靠性达不到设计要求。其次，国内航天研制单位尚未建立起满足大规模商业卫星星座建设的低成本卫星生产线，这严重影响了星座建设的周期。最后，国内商业航天的应用市场尚未很好地培育起来，民营航天企业可预期的收入有限，企业融资环境不佳，企业发展困难。

三、微小卫星产业发展趋势展望与建议

（一）微小卫星产业发展趋势

1. 微小卫星的创新发展推动航天技术加速更新换代

微小卫星低成本的特点降低了新器件和新材料在轨飞行验证的门槛，拓宽了传统航天业界外部科研机构、民营企业的科研成果应用于航天领域的渠道，形成了良性互动的创新体系。近年来，中国科学院微小卫星创新研究院联合国内航天企业、科研院所、民营企业，在锂离子电池、高速转台机构、星载国产CPU和星载国产SOC芯片等方面做了一系列开创性的工作，相关成果已在国内航天领域得到推广应用，取得很好的成效。2019年1月，日本宇宙航空研究开发机构（JAXA）成功发射了“革新技术验证卫星计划”的首组7颗卫星。该组卫星主要是验证一系列民用产品和技术在航天领域的应用，包括：抗辐照能力极强的革新的现场可编程门阵列（NBFPGA）、传输速率2～3吉比特/秒的X频段下行通信链路、采用环保推进剂的绿色推进系统、

革新的地球敏感器和星敏感器及超小低耗全球导航卫星系统（GNSS）接收机等[9]。

2. 微小卫星将逐步成为低轨业务卫星的主力军

NASA 的 2019 财年预算表明，美国正在全力推进低地球轨道任务的商业化进程，将低地球轨道进入和低地球轨道操作任务移交给商业部门。2018 年 11 月，世界小卫星之父马丁·斯维廷在出席首届中国微小卫星大会时表示："在对地遥感领域，10 年前小卫星很难与大卫星竞争，但如果仔细看看今天的情况，大的遥感卫星项目在减少，而小卫星几乎在所有遥感方向都能提供最佳解决方案。"除 SpaceX 和 OneWeb 等公司发展的低轨商业通信卫星星座外，在对地遥感领域，商业微纳卫星对地观测星座已进入大规模部署的阶段。美国行星公司的"鸽群"星座每天可对全球表面完成一次观测，成像分辨率为 3 米。BlackSky Global 公司的星座具有 10～60 分钟的重访能力，成像分辨率为 1 米[10]。

3. 产业链上下游融合发展，构建完整生态圈

更好更快地发展微小卫星产业需要整个产业链的创新，特别是应用产业的培育，它可以带动整个行业的健康发展。OneWeb 公司的发展是立足于星座的低成本快速建设，寻找合适的投资者，深度布局整个产业链条，以形成以星座计划为核心的完整生态圈。它的投资者在卫星制造、发射部署、地面网络、系统技术以及推广运营等各方面可为星座的快速立项和进入市场提供有力支持[11]。

4. 微小卫星结合人工智能、大数据和物联网等技术推动航天应用模式加快涌现

近 20 多年来，基于大数据的人工智能应用层出不穷，渗透到社会、经济、科技等众多领域，并产生了巨大的经济效益。2016 年 8 月，斯坦福大学计算机研究中心利用机器学习与卫星图片相结合的方式，找到一种精准识别贫穷区域的新方法，成功标识出非洲五个国家的经济状况。2016 年 8 月，美国中央情报局旗下的 CosmiQ Works 公司联合 DigitalGlobe、英伟达公司和亚马逊云计算 AWS，共同发布一项数据共享计划 SpaceNet，旨在提供分析模型的"训练"数据，帮助研究者利用人工智能方法识别卫星图片中的城市基础设施，并提升人工智能分析卫星影像的能力。无人驾驶汽车、无人驾驶飞机及无人驾驶舰船等智能交通工具的大规模使用，必然向低轨微小卫星在通信、导航和遥感领域的应用提出巨大的需求。人工智能、大数据和物联网等技术的发展能够大大加快这种进程。

（二）发展建议

1. 加快完善微小卫星产业发展的法律法规

从融资能力、商业模式和发展前景来看，目前国内的商业微小卫星企业还无法与美国 SpaceX 公司和 OneWeb 公司等企业相比。以往中国航天领域的研发力量基本是国有企事业单位，航天工业体系相对封闭，应用需求以政府和军方部门为主。而国内的几家低轨商业遥感卫星企业目前基本采用地方政府资金为主、资本市场融资为辅的模式发展。低轨通信和导航卫星企业也以国有大型企事业单位或其所属企业为主，其他所有制的通信卫星研发企业在频率申请和发射许可等方面遇到一些困难。在全球低轨微小卫星全面商业化的发展趋势下，中国急需完善微小卫星产业发展的政策，甚至在必要时需颁布专门的商业航天产业发展的法律和法规，从政策、资金等方面扶持小微初创企业，推动中国商业微小卫星产业的良性快速发展。

2. 鼓励国企与民企在微小卫星产业领域的深度合作

在中国的科技体制和工业体系中，航天工业的发展完全依托中国科学院、中国航天科技集团有限公司、中国航天科工集团有限公司等国有大型企事业单位。党的十八大后，在习近平新时代中国特色社会主义思想的引领下，面对全球商业航天的快速崛起，中国应积极谋划独具特色的商业航天发展道路，特别是在低轨商业微小卫星产业，应大力推动国有研发机构与民营企业的深度合作，最大程度发挥国有研发机构的科研、技术优势及提高民营企业的市场融资和开拓能力，在全球商业航天领域实现商业微小卫星产业的弯道超车。

3. 引导微小卫星产业成为政商融合发展的典范

商业微小卫星已成为美国政府在空天领域不可或缺的力量。随着习近平新时代中国特色社会主义经济、科技等事业的发展，中国航天强国之路越来越需要灵活多样、稳定可靠的卫星通信、导航和遥感等航天手段来提供保障。中国应制定微小卫星政商融合发展规划，把商业和民用微小卫星纳入国家航天建设体系，加大利用商业航天资源的投入力度，使微小卫星产业服务于习近平新时代中国特色社会主义现代化建设。

参考文献

[1] 林来兴 . 小卫星越来越小，发射量越来越多 [J]. 国际太空，2018（7）：52.

[2] 付郁 . 2018 年全球航天器发射统计与分析 [J]. 国际太空，2019（2）：17.

[3] 王帅 . 美国“洞察”探测器发射，将为人类聆听火星之音 [J]. 国际太空，2018（5）：5-8.
[4] 李博，赵琪 . 2018 年国外通信卫星发展综述 [J]. 国际太空，2019（2）：40.
[5] 李博 . SpaceX 公司低轨宽带星座发展研判与启示 [J]. 国际太空，2018（8）：25.
[6] 原民辉，刘悦 . 世界商业航天发展态势分析 [J]. 国际太空，2018（10）：12.
[7] 龚燃，刘韬 . 2018 年国外对地观测卫星发展综述 [J]. 国际太空，2019（2）：49.
[8] 链星 . 美军利用商业低轨通信星座的新动向分析 [J]. 国际太空，2019（5）：12-13.
[9] 王存恩 .“革新技术验证卫星计划”首组卫星及其验证任务 [J]. 国际太空，2019（4）：32-38.
[10] 原民辉，刘韬 . 空间对地观测系统与应用最新发展 [J]. 国际太空，2018（4）：10.
[11] 李博，刘忠义 .“一网”系统发展情况分析与启示 [J]. 国际太空，2018（4）：22.

5.6 Commercialization of Microsatellites

Gong Jiancun，*Yu Huiliang*
（Innovation Academy for Microsatellites，Chinese Academy of Sciences）

Today，Micro-satellites such as global commercial communication satellite and remote sensing satellite have an explosive growth in amount due to the great advantages of low cost，high function density and short manufacture period. In a few years，about 250 Micro-satellites（<50kg）will be launched every year. High requirement of reliability，combination between new technologies（AI，Big Data，Internet of Things etc.）and space area，use of new devices and materials，integration in electronic systems，construction of platform will expand the applications of micro-satellite. In addition，the success of many foreign commercial Micro-satellites stimulate the innovation and revolution of Micro-satellite in China.

5.7　空间生物实验技术产业化新进展

胡肖传　李　飞

（航天神舟生物科技集团有限公司）

空间的微重力、辐射等环境会对许多生命体及其生物学、物理学过程产生重要影响。空间生物实验技术将现代生物技术与空间实验相结合，并利用空间特殊环境开展生物技术创新和转化应用，丰富和促进了地面医药、环境、能源和农业等领域的生物技术及其产业发展[1]。下面将重点介绍近几年国内外空间生物实验技术应用及产业化的最新进展并展望未来。

一、国际空间生物实验技术产业化最新进展

近几年，国际空间生物实验技术及其产业化发展表现出以下几个特征。

1. 空间疾病模型为疾病研究与药物测试提供新手段

空间飞行会诱发身体系统发生各种变化，并使身体出现骨质丢失、肌肉萎缩、免疫功能下降以及心血管功能障碍等健康问题。生物在空间发生的这些变化与在地球上发生的衰老和慢性疾病过程相似，但变化的速度更快。因此，生物在空间发生的变化可用作疾病模型，用于衰老和慢性疾病研究以及治疗药物的开发与测试。

美国主要以小鼠为模型在国际空间站（ISS）进行实验，即利用啮齿动物与人类的相似性，来研究微重力对人体各系统的可能影响，并测试相关的治疗药物。从2001年开始，美国国家航空航天局（NASA）在ISS上进行了商业生物医学测试模块（CBTM）的系列实验，以小鼠为模型，开展骨丢失、肌肉萎缩的治疗实验。从2014年至今，NASA与空间科学促进中心（CASIS）合作，在ISS上持续进行了“啮齿动物研究”系列实验；同样以小鼠为模型，利用改进的实验装置，系统研究微重力对骨丢失、肌肉萎缩、免疫系统、心血管系统和神经系统等的影响，并开发针对性的治疗方法或药物。在药物开发方面，安进公司（Amgen）基于空间小鼠的实验结果开发出系列骨质疏松的治疗药物，获得了食品药品监督管理局（FDA）的上市批准[2]。

日本宇宙航空研究开发机构（JAXA）开发出多重人工重力研究系统（MARS），可为空间小鼠实验提供多种人工重力对照，并在ISS进行实验，研究了空间飞行对小

鼠表观遗传学的影响，以及转录因子 Nrf2 在小鼠对空间环境应激防御反应中的作用。JAXA 还在 ISS 上以小鼠和非洲爪蟾细胞为模型，在细胞水平上研究了肌肉萎缩的发生机制，并验证了治疗药物的有效性；此外，还以空间培养线虫为模型，研究了控制衰老的基因，并开发出一种可减缓衰老或预防衰老相关疾病的新基因药物。

2. 空间蛋白质结晶技术应用取得新进展

在空间微重力环境中可生长出比地面尺寸更大、质量更高的蛋白质晶体。利用 X 射线衍射可获得这些蛋白质分子的精细结构，进而揭示其生物学功能（正常生理作用、致病机制、药效或副作用）与分子结构的关系[3]。空间蛋白质结晶研究具有巨大的应用价值。例如，在制药行业，可用来确定疾病相关蛋白质的结构，改进药物设计[4]；在农业上，可用来设计更好的方案，以保护植物或促进农作物的生长[5]。经过 30 年的研究，空间蛋白质结晶技术已成为最重要的空间生物实验技术之一。近年来，美、日等国在 ISS 上开展了大量的蛋白质结晶实验，在蛋白质结晶技术的应用方面取得较大进展。

美国 CASIS 与一些医学研究机构和制药企业合作，在 ISS 上开展了系列蛋白质结晶实验（CASIS PCG），以研究医学相关蛋白的结构和开发相关药物。例如，迈克尔·福克斯基金会开展了帕金森病相关蛋白质 LRRK2 的结晶实验，以研究帕金森病的发病机理及开发治疗药物；默克集团开展了药用人源单克隆抗体系列结晶实验，以阐明其作用机制，并探索微重力晶体生长在改进药物输送、纯化和长期存储等方面的应用；美国商业化空间站服务运营商 NanoRacks 利用一种商业化产品——CrystalCards ™，成功在微重力下生长出高品质蛋白质晶体，不仅与麻省理工学院和哈佛大学合作，开展了与心脏病和癌症相关的两种重要蛋白质的结晶实验，同时也与埃及的研究者合作，开展了丙型肝炎病毒的结晶实验。

日本 JAXA 基于 ISS 建立了“药物设计支持平台”，以促进日本“健康与长寿”的研究，并对用户提供一站式的空间蛋白质结晶实验服务；该服务对日本学术研究用户免费，对私营公司（制药公司、生物企业等）收费[6]。基于该平台，日本取得一系列成果。例如，利用空间结晶，将 α- 淀粉酶的晶体衍射分辨率从地面最高的 1.4 埃提高到空间的 0.79 埃；将前列腺素 D 合成酶（L-PGDS）的晶体衍射分辨率从地面最高的 2.0 埃提高到空间的 1.0 埃。在空间站远征任务 53～56 期间，JAXA 开展了淀粉样纤维蛋白的结晶实验，以了解神经退行性疾病阿尔茨海默病的发病机制及开发新的治疗方法。

3. 干细胞和组织工程成为空间生物实验研究的热点

干细胞、组织工程与再生医学是当今生物医学研究的前沿与热点，也是最具转化前景的研究领域之一。在微重力条件下，细胞呈三维生长并形成更类似于人体组织的复杂结构，干细胞增殖被促进并利于保持分化能力。

美国政府十分重视空间再生医学的研究。2013 年，ISS 国家实验室提出“微重力对基本干细胞特性的影响”的研究计划，共有 7 项研究入选；这些研究利用 ISS 独特的微重力环境开展实验，推动了药物筛选、组织工程 / 再生医学、细胞替代治疗等领域的进步[7]。2018 年，CASIS 与国家科学基金会（NSF）联合发起“空间站组织工程”的研究计划，以利用 ISS 资源推进变革性组织工程技术的研究[8]。

近期美国开展的研究包括：微重力下干细胞的扩增研究、微重力下磁性细胞 3D 培养的生物学研究、微重力对干细胞衍生心脏细胞的影响、脂肪间充质干细胞转化为成熟心脏肌细胞实验、太空飞行对心血管干细胞的功能影响、空间飞行对血管内皮和平滑肌细胞的影响等。

4.“太空组织芯片”计划标志着空间生物实验技术的新突破

从跳动的心脏到会呼吸的肺，人体组织 / 器官芯片已成为人类生物学研究中最热门的新兴工具之一。这些芯片上的器官生理微系统，可在体外模拟人体不同组织器官的主要结构和功能特征，用以预测人体对药物或外界刺激的反应，在生命科学和医学研究、新药研发、个性化医疗等领域具有广泛的应用前景。

2016 年，CASIS 发起“器官芯片 3D 微生理系统”的研究计划，用于支持微重力条件下人类微生理系统、组织芯片、器官芯片以及相关技术的开发。有 2 项研究入选该计划，分别为：“用于微重力环境下复合骨组织降解和修复研究的微生理 3D 器官培养系统”和“跟踪人类骨骼肌细胞生长和生物标识表达的微流控芯片的开发与验证”[9]。2018 年，CASIS 与国立卫生研究院国家促进转化科学中心（NCATS）联合发起“太空组织芯片”计划，将在 ISS 微重力环境下开展一系列的组织芯片研究。该计划的第一阶段包括免疫系统老化、肺宿主防御、血脑屏障、肌肉骨骼疾病和肾功能等五项研究，第一项研究已在 2018 年 11 月中旬发射的 SpaceX CRS-16 上开展，另外四项研究计划在发射的 SpaceX CRS-17 或随后的飞行任务中进行[10]。

5. 空间流体和纳米技术为医药新技术发展提供新途径

研究人员利用微重力对流体的扩散和表面张力的影响，开发出多种新型药物输送系统。2012 年，NASA 利用静电纺丝技术，在轨制备出治疗前列腺癌的纳米微囊。

2018 年，NASA 开发出基于微流控技术的纳米通道药物传输系统，可在微重力环境下利用流体扩散作用控制药物输送，在无泵状态下可稳定释放数月。2019 年，NASA 利用绿色超流体技术在微重力下制造精密靶向纳米粒子并用于治疗阿尔茨海默病。

二、国内空间生物实验技术产业化新进展

中国空间生物实验技术与先进国家相比，仍存在不小的差距。首先，空间实验平台有限，实验次数少、时间短、规模小，没有形成持续、常态化的空间生物实验机制。其次，在空间生物实验技术研究方面持续性和针对性不够。最后，与产业应用的结合度不够。尽管如此，中国空间生物实验技术近年来在以下三个方面也取得较大发展。

1. 空间蛋白质结晶技术

2011 年，在“神舟八号”飞船上，利用德国提供的通用生物培养箱和自主研制的新型无源浸入式通用毛细管结晶室，中国开展了 14 种蛋白质的空间结晶实验，其结晶成功率达到 85%，优于地面的 78% 和“神舟三号”的 75%[11]。

2. 动物及细胞培养技术

2011 年，在“神舟八号”飞船上，利用德国培养箱开展模式生物秀丽线虫的培养实验，研究了其在空间飞行条件下的生长、发育规律、代谢生理及其调控机制[11]。2016 年，在“天宫二号”空间实验室中，开展了 8 项动物细胞培养实验，研究了微重力环境下哺乳动物干细胞分化、不同胚胎干细胞发育等科学问题[12]。2016 年，在“实践十号”返回式科学实验卫星上，完成了 12 天的家蚕胚胎培养实验；在国际上首次获得太空条件下小鼠早期胚胎发育的实时摄影图片，首次证明微重力条件下哺乳动物早期胚胎能够在体外完成从 2- 细胞到囊胚发育的全过程[13]。

3. 植物及细胞培养技术

2011 年，在“神舟八号”飞船上，利用德国培养箱开展了 7 项植物和植物细胞培养实验，研究主要集中于植物细胞响应空间微重力的基因组和蛋白质组分析[11]。2016 年，在“天宫二号”上，首次在太空环境下开展了植物整个生命周期的培育试验，并运用实时成像技术记录了水稻等模式生物种子的萌发、幼苗生长和开花全过程。2016 年，在“实践十号”上，利用长日与短日植物（拟南芥和水稻）光周期诱导开花的特点，研究了空间微重力条件下光周期诱导开花的作用机理。

三、发展趋势及建议

空间生物实验技术利用空间环境资源服务于生物技术创新和产业发展，是利用航天技术造福人类的重要途径。通过分析国际空间生物实验技术及产业发展的主要趋势，结合我国航天技术应用和生物技术产业发展实际需求，对我国空间生物实验技术发展提出建议。

1. 发展趋势

从国际当前发展状况看，空间生物实验技术的产业化发展总体上还处在技术研究与实验验证阶段，在一些发展比较早、成熟度比较高的技术领域，如空间动物疾病模型技术和空间蛋白质结晶技术等，已在药物研发等产业应用方面取得一定的成果，但距离大规模产业化应用还有一定差距。

随着空间技术快速发展和商业航天的兴起，空间生物实验的开展机会将日趋增多，实验成本会不断降低。一些专业化实验服务平台的建立和商业化企业的参与，为空间生物实验的规模化开展和产业化应用奠定了基础。经过持续的研究和积累，空间生物实验技术将会日臻完善，在医药、环保、能源、农业等生物技术产业的应用也会更加广泛。可以预见，随着空间生物实验技术研究及产业应用的不断发展，太空将会逐步成为重要的生物技术研发与制造基地，在生物技术产业发展中发挥重要的作用。

2. 发展建议

由于 ISS 已逐步老化并临近退役，中国正在建设中的空间站将成为国际空间生物研究与合作的主要平台。为发展空间生物实验技术产业，有效利用空间资源，推动中国生物技术的创新与产业发展，促进国际合作，建议从以下几个方面着手。

（1）基于空间资源，建立专业、开放的空间生物实验服务平台。为促进对空间资源的利用，推动空间生物实验技术的发展和产业化应用，应基于空间站、飞船和返回式卫星等空间实验资源，建立专业、开放的空间生物实验服务平台，专门从事空间生物实验技术的研发和对外提供空间生物实验服务。平台应针对不同空间生物实验种类，研发专门的实验技术和装置，建立标准化的实验流程，在实验各阶段提供一站式的服务，以保障空间实验的成功开展。

（2）紧跟生物技术前沿领域，持续深入开展空间生物实验技术的研究。从国外情况来看，空间生物实验技术的发展始终与生物技术前沿领域紧密结合，并以产业应用为主要目标。中国应根据生物技术及产业发展的实际需求，确定具体的研究方向。当前需重点发展的方向有：空间疾病模型技术，用于衰老和慢性疾病的研究和药物实验；空间蛋白质结晶技术，用于靶向药物开发和改进药物设计；空间干细胞、组织工程与器官芯片技术，用于再生医学和药物测试等。空间生物实验技术研究是一项长期、系统的工程，包括方法技术研究、实验装置研制和空间试验验证，需要持续开展，不断完善。

（3）开展空间生物实验，服务于生物技术与产品研发。应汇集相关生物科研机构和企业，基于空间生物实验服务平台，针对生物技术研究与产业发展的实际需求，开展空间生物实验研究，以服务于生物技术与产品的研发。

（4）积极推动空间生物实验成果应用转化与产业化。遴选具有市场前景、技术先进、与地面技术相比优势明显的空间生物实验成果，利用投资、合作、技术转让等形式，对其进行转化和产业化。

参考文献

[1] 商澎，呼延霆，杨周岐，等. 中国空间生命科学的关键科学问题和发展方向 [J]. 中国科学：技术科学，2015，45（8）：796-808.

[2] Stodieck L. Amgen countermeasures for bone and muscle loss in Space and on Earth[EB/OL]. [2019-06-18]. https://docplayer.net/19194128-Amgen-countermeasures-for-bone-and-muscle-loss-in-space-and-on-earth-amgen-sponsored-studies-muscles-and-bone-respond-to-unloading.html.

[3] Mcpherson A，DeLucas L J. Microgravity protein crystallization[J]. npj Microgravity，2015（20）：1-9.

[4] Emily R. Crystal clear：the ability to crystallize proteins in space is accelerating drug development on Earth[J]. IEEE Pulse，2014，5（4）：30-34.

[5] ISS U. S. NATIONAL LABORATORY. Life sciences research onboard the ISS National Lab[EB/OL]. [2019-06-18]. https://www.issnationallab.org/research-on-the-iss/areas-of-research/life-sciences.

[6] JAXA. Protein：the key to unlocking the mysteries of life[EB/OL]. [2019-06-18]. http://iss.jaxa.jp/kiboexp/theme/first/protein/en/img/pcg_leaflet.pdf.

[7] ISS U. S. National Laboratory. The ISS National Lab announces grant awards for stem cell research[EB/OL]. [2019-06-18]. https://www.iss-casis.org/press-releases/casis-announces-grant-awards-for-stem-cell-research.

[8] ISS U. S. National Laboratory. The ISS National Lab and National Science Foundation announce awards in tissue engineering research[EB/OL]. [2019-06-18]. https://www.issnationallab.org/press-releases/casis-and-national-science-foundation-announce-awards-in-tissue-engineering-research.

[9] ISS U. S. National Laboratory. The ISS National Lab announces $1 million in grant awards for organs-on-chips challenge[EB/OL]. [2019-06-18]. https://www.issnationallab.org/press-releases/casis-

announces-1-million-in-grant-awards-for-organs-on-chips-challenge.

［10］NASA. Small tissue chips in space a big leap forward for research［EB/OL］.［2019-06-18］. https://www.nasa.gov/tissue-chips.

［11］中国科学院太空应用重点实验室．我国空间生命科学与生物技术成果概述［EB/OL］.［2019-06-18］. http://lsu.csu.cas.cn/kxyylyjz/kjsmkxyswjs/201609/t20160909_347653.html.

［12］高铭，赵光恒，顾逸东．我国空间站的空间科学与应用任务［J］. 中国科学院院刊，2015（6）：721-732.

［13］康琦，胡文瑞．“实践十号”微重力下的新科研［N］. 光明日报，2018-03-29：13 版．

5.7 Commercialization of Space Biological Experimental Technology

Hu Xiaochuan，Li Fei

（Shenzhou Space Biotechnology Group）

The space biological experimental technology combines the modern biotechnology with the space experiment and is promoting the biotechnology innovation and product development by using the unique space environments. In recent years，great progresses have been made in the research and commercialization of space biological experimental technology. With the rapid development of space technology and biotechnology，space biological experimental technology will play an increasing important role in the utilization of space resources and the development of biotechnology and bioindustry.

5.8 深海探测装备制造产业化新进展

任 翀[1,2] 李 楠[2]

(1. 中国船舶重工集团有限公司第七一〇研究所;
2. 青岛海洋科学与技术试点国家实验室)

深海探测装备通常指应用于水深超过1000米的深海空间中的探测装备[1]，包括深海探测平台、深海传感器及其他通用配套技术装备等，在海洋经济发展、国防建设、海洋科技创新等领域具有重要的作用。海洋探测平台主要包括：①海表面探测平台，如船舶、锚系浮标、表面漂流浮标等；②水下探测平台，如载人深潜器（HOV）、有缆遥控潜水器（ROV）、自治式潜水器（AUV）、潜标、Argo浮标、水下滑翔机、水下拖体等；③海底探测平台，如海床基、海底爬行机器人和海底观测网等[2]。深海探测平台主要指可应用于深海环境的水下探测平台和海底探测平台。深海传感器是能感受被测量的海洋要素，并按照一定的规律转换成可用输出信号的装置，包括海洋物理、化学、生物及地球物理传感器等。通用配套技术装备包括深海材料、动力、导航、通信及其他作业设备等通用配套技术装备。世界各临深海国家都重视发展深海探测装备及其产业化，下面将重点介绍这方面的国内外新进展并展望未来。

一、国外深海探测装备制造产业发展现状

最初，海洋探测装备仅能探测浅水海域[3]。在深海探测需求的驱动下，深海探测技术与装备得到快速的发展。目前，美国、日本、欧洲等国家和地区的深海探测装备产业发展最为成熟[4]，其发展特点如下。

1. 深海探测平台朝着多样化、多功能化方向发展

在HOV领域，美国、法国、俄罗斯、日本和中国等居于领先地位。美国“阿尔文”号HOV是世界上最为成熟的深海载人潜水器，作业深度达4500米；法国“鹦鹉螺”号HOV作业水深为6000米，截至2018年已下潜1700多次；日本“深海6500”HOV已调查了水深6500米的海底；俄罗斯“和平1”号“和平2”号是目前世界上仅有的可配合作业的载人潜水器[5,6]。

在无人潜水器领域，美、日处于领先地位。美国“Ventanta”号ROV已下潜300多次，是世界上利用率最高的ROV；日本“海沟”号ROV是世界上下潜深度最大的ROV，曾下潜至10 911米的深度。国际上ROV型号已有数百种，超过400家厂商可提供各种ROV整机、零部件及服务，已形成完整的产业链。AUV技术也趋于成熟。美国Bluefin机器人公司和挪威康斯伯格公司等已推出系列化的AUV产品[5,7]。

其他探测平台如Argo浮标、锚系浮标、表层漂流浮标、潜标、海底观测网等也有长足的发展。国际Argo计划已投放超过10 000个Argo浮标，其中3800多个2018年仍在正常工作，以美国Webb公司的APEX型浮标和法国Martec集团下属的加拿大Metocean分公司的PROVOR型浮标的投放数量最多[7]。以电、磁、声、光、震等多种手段对海水、海底地形、地貌及地球物理场进行联合探测已成为重要的探测方式。例如，已将浅地层剖面仪、侧扫声呐、摄像系统等深海传感器集成于水下拖体并进行探测。此外，将荧光计、浊度计、硝酸盐传感器、浮游生物计数器及采样器、底质取样器等集成于一体的海底原位探测与采样装备也得到较多应用。

2. 深海传感器已市场化、产业化

在深海长期连续观测需求的驱动下，美国、日本、加拿大和德国等已研制出种类繁多的海洋传感器，并已形成系列化产品，如温盐深仪（CTD）、流速剖面仪、多参数水质分析仪和水声传感器等，已广泛应用于各种观测平台；针对深海、热液喷口等极端环境也研制出相应的产品[8]。此外，具有运动平台自动补偿功能的传感器也取得较大进展，已成功研制适应于AUV、ROV、水下滑翔机和深海拖体等水下运动平台温度、盐度、湍流、pH、营养盐、溶解氧等的多种传感器。

3. 深海通用配套技术装备朝着模块化、标准化、通用化方向发展

在水密接插件方面，市场上已出现满足不同水深的电气、光纤水密接插件产品；在水下导航定位方面，Ixsea公司推出了针对水面至水下6000米的多种水下导航产品；在浮力材料方面，已出现满足不同水深、不同用途的浮力材料；在ROV作业工具方面，已出现水下结构物清洗、切割打磨、钻眼攻丝等专用作业工具；水下高能量密度电池也已实现模块化，无须耐压密封舱即可直接在水中使用[9]。

整体上，国外深海探测装备产业不仅在技术方面具有绝对优势，其技术成果转化和产业组织能力也更为完善。

二、中国深海探测装备制造产业发展现状

据中国工程院报道，中国海洋探测设备技术水平落后于发达国家 10～20 年[10]。《“十三五”海洋领域科技创新专项规划》指出，中国深海探测与作业技术与国际先进水平相差 10 年左右。

1. 已研制出种类基本齐全的深海探测装备

目前，中国自主研发出 HOV、ROV、AUV、水下滑翔机、浮标、潜标、水下拖体、海床基、海底爬行机器人等深海探测装备，海底观测网也在建设过程中。在深海探测装备种类上，中国与国外基本一致。

2. 已具备研制系列化深海传感器的能力

传感器是制约中国深海探测技术发展的瓶颈之一。近年来，中国海洋传感器技术得到长足发展，研制出高精度 CTD、多普勒流速剖面仪（ADCP）、重力仪等设备，但仍存在自主创新能力不强、智能化程度较低和仪器长期稳定性不佳等短板[11]。

3. 深海潜器等集成技术已接近世界先进水平

中国船舶科学研究中心研制的“蛟龙号”载人潜水器的许多关键部件仍依赖进口，国产化率较低。2017 年 10 月，该中心研制的“深海勇士号”4500 米级载人潜水器的国产化率已提升到 90% 以上。在 ROV 方面，中国已成功研制多型 ROV，其中工作水深最大的是“海马号”4500 米级 ROV。在 AUV 方面，中国在“潜龙一号”AUV 的基础上研制出功能更加齐备的“潜龙二号”和“潜龙三号”AUV，从而成为少数拥有 6000 米级 AUV 的国家之一。在 Argo 浮标方面，中国船舶重工集团有限公司第七一〇研究所研制的 HM2000 浮标已获得国际 Argo 组织的认可，并开展了业务化应用。在水下滑翔机方面，天津大学研制的“海燕 -10000”水下滑翔机成功下潜至 8213 米的深度，是目前全球下潜深度最大的水下滑翔机。自 2000 年以来，依托各项科研计划的支持，中国在深海探测装备的设计能力、总体集成和应用等方面已取得长足进步，接近国际先进水平[5,7]。

整体上，中国深海探测装备技术，尤其是产业发展水平显著落后于欧美等发达国家和地区。国内中高端产品及关键零部件 60% 以上的市场份额被国外企业占有，而大型和高精度探测设备更加依赖进口[4]。

三、中国深海探测装备制造产业存在的问题和面临的挑战

1. 中国深海探测装备制造产业存在的问题

（1）亟须制定深海探测技术与装备产业发展的国家规划。目前，在深海探测技术与装备方面，中国还没有出台国家层面的发展规划，缺乏顶层设计。各部门独立制定发展规划，部分重叠，甚至出现低层次领域重复建设、高层次领域无人问津的局面。

（2）缺乏深海探测技术与装备的国家或行业技术标准。深海探测技术与装备虽然已形成部分行业标准，但依然缺乏国家统一标准，这不利于科技成果向产品转化。另外，样机技术水平参差不齐，数据接口与格式互不兼容，这也不利于采集、处理各类海洋探测数据。

（3）深海传感器以及通用配套技术装备研发落后。中国目前使用的高性能重、磁、电、震、声等海洋传感器几乎全部依赖进口。此外，在深海专用材料、动力、导航、通信、作业设备等通用配套技术装备方面，中国与先进国家相比差距也很大。

（4）缺乏深海技术装备试验的公用平台和试验场。2018 年 7 月，自然资源部批复同意国家海洋技术中心启动浅海试验场区（威海）试点建设。但在深海方面，中国尚缺乏国家级、开放型、军民兼用、多功能的测试平台和海上试验场，不能为深海探测装备的测试、评价以及海洋高技术成果转化等提供试验服务保障[7]。

（5）科技成果转化率低。中国海洋科研机构和海洋科研人员众多，海洋科研能力较强，拥有发展深海技术与装备产业的科技优势。但目前中国大部分海洋科技成果仍处于研发或试验阶段，科技成果转化和应用缓慢，科技成果向现实生产力的转化程度较低[12]。

（6）深海探测装备产业化道路举步维艰。中国深海探测技术装备尚处于装备集成创新阶段。其核心部件依赖进口，这推高了价格成本；其可靠性也低于国外先进产品，这导致了用户购买意愿不强。另外，深海探测装备的研发通常具有周期长、耗资大和需求量小的特点，企业考虑到投资风险大，因而参与的积极性不高。

2. 中国深海探测装备制造产业面临的挑战

（1）高新技术需求迫切。海洋观测越来越依赖海洋高新技术的发展。高新技术的每一次创新都可能给海洋观测带来革命。大深度、极端环境、隐蔽探测等需求的进一步拓展，对深海探测技术与装备提出了新的挑战。

（2）资金需求巨大。开展海洋观测需要耗费巨额资金。例如，截至 2016 年 6 月，美国大型海底观测计划（OOI）历时 10 年，耗资 3.86 亿美元[13]。随着深海、极端环境探测难度的加大和对探测设备要求的提高，资金需求也日益增多。

（3）国外技术封锁。部分国家错误地视中国崛起为其威胁，对中国实施技术封锁，禁止向中国销售包括 AUV 和水下滑翔机等设备。面对这种国际环境，中国发展深海探测装备产业只能走自主创新的道路[14]。

四、中国深海探测装备制造产业的展望与建议

1. 深海探测装备的发展趋势

（1）无人遥感化。无人设备及遥感技术在深海探测中的应用前景日趋广阔。例如，深海资源探测对 ROV 的作业能力及其作业范围要求越来越高；随着深海探测尺度的拓展，超远程 AUV 将是重要的发展方向。

（2）探测立体化。大型海洋科研项目多采用由各种平台组成的立体探测系统，力求获取更加全面的资料。在多种类型的深海探测装备有机结合的基础上，建立多平台协同立体化探测，将是今后的发展趋势。

（3）网络智能化。网络智能化、物联网、云计算和大数据技术将在深海探测中发挥越来越重要的作用。随着深海探测的不断发展，亟须建设海洋领域的云计算大数据平台，使获取的海量数据服务于国民经济、科研和国防建设[3]。目前由青岛海洋科学与技术试点国家实验室主导的“透明海洋”物联网技术体系，正在构建包括太空、海面、水下、海底多个层面的海洋探测技术装备网络体系，进一步结合大数据云平台，未来可实现海洋的状态透明、过程透明、变化透明和目标透明。

2. 深海探测装备制造产业发展的建议

（1）建设深海探测装备制造的科技创新体系。中国需制定深海探测技术与装备产业系统发展的国家规划；制定相关标准与规范，推动深海探测技术装备研制的标准化与规范化；推进产学研结合，发挥企业在成果转化过程中的主体作用；制定长期稳定的激励政策，扶持深海探测技术和装备制造业的发展。

（2）突破深海探测通用技术。需开展深海专用材料等通用技术研究，提高中国深海探测通用技术的整体水平；构建深海探测关键基础零部件的研制体系，以实现关键设备的自主研制、生产，形成若干具有自主知识产权和竞争力产品的骨干企业，推动深海探测通用技术及仪器设备系列化、产业化、市场化。

（3）建立国家级深海探测装备试验、成果转化平台。《国家海洋事业发展规划纲要》、《国家深海高技术发展专项规划（2009—2020 年）》及《“十三五”海洋领域科技创新专项规划》等指出，要加快建设国家级海洋科学技术共享服务平台、实验室和试验场。需要建立国家级深海探测装备公共试验平台和深海试验场，实现企业化、业务

化运作；建设若干国家工程中心、企业技术中心等，促进产学研结合，推动深海探测装备制造产业化的进程。

（4）深化国内外合作。发展深海探测技术装备要有全球视野和开放的思路，要积极推进与国际组织和国外海洋科研机构的交流合作；加强与“一带一路”沿线国家等的蓝色经济合作，推动深海探测装备制造产业走出去，以实现快速、健康和持续发展[14]。

参考文献

[1] 中国科学院．2015 高技术发展报告［M］．北京：科学出版社，2015：234-242.

[2] 罗续业．论海洋观测技术装备在我国海洋强国建设中的战略地位［J］．海洋开发与管理，2014（3）：37-38.

[3] 牟健．我国海洋调查装备技术的发展［J］．海洋开发与管理，2016，33（10）：78-82.

[4] 刘振宇，管泉，刘瑾，等．青岛市海洋环境观测产业发展［J］．中国科技信息，2016（10）：96-99.

[5] 朱大奇，胡震．深海潜水器研究现状与展望［J］．安徽师范大学学报（自然科学版），2018（3）：205-216.

[6] 刘峰．深海载人潜水器的现状与展望［J］．工程研究：跨学科视野中的工程，2016，8（2）：172-178.

[7] 朱心科，金翔龙，陶春辉，等．海洋探测技术与装备发展探讨［J］．机器人，2013，35（3）：376-384.

[8] Argo Project Office. Positions of the floats that have delivered data within the last 30 days［EB/OL］．［2019-07-12］. http://www.argo.ucsd.edu/.

[9] Glickson D，Barron E，Fine R. Determining critical infrastructure for ocean research and societal needs in 2030［R］. 2011. DOI：10. 1029/2011EO250002.

[10] “中国海洋工程与科技发展战略研究”项目综合组．海洋工程技术强国战略［J］．中国工程科学，2016，18（2）：1-9.

[11] 王祎，李彦，高艳波．我国业务化海洋观测仪器发展探讨——浅析中美海洋站仪器的差异、趋势及对策［J］．海洋学研究，2016，34（3）：69-75.

[12] 马贝，王彦霖，高强．国外海洋产业发展经验对中国的启示［J］．世界农业，2016（7）：79-84.

[13] 李颖虹，王凡，任小波．海洋观测能力建设的现状、趋势与对策思考［J］．地球科学进展，2010，25（7）：715-722.

[14] 邵毅，张倩．以海洋调查观测技术创新发展支撑加快海洋强国建设的思考［C］// 海洋开发与管理第二届学术会议论文集．北京：《海洋开发与管理》杂志社，2018.

5.8 Commercialization of Deep Sea Detection Device Manufacturing

Ren Chong[1, 2], *Li Nan*[2]

[1. 710 Institute, China Shipbuilding Industry Corporation; 2. Pilot National Laboratory for Marine Science and Technology (Qingdao)]

Deep sea detection device industry is important to the development of marine economy, national defense, marine science and technology. Although China's development in deep sea detection device industry is relatively lag and weak compared with other leading countries, it has made great achievements in recent years. In the future, some kinds of policies should be suggested to overcome the related bottlenecks and to fully utilize the potential, which would promote the rapid, healthy and sustainable development of deep sea detection device industry in China.

5.9 海洋工程装备产业化新进展

戴国华[1] 李国宾[2]

（1. 渤海石油管理局渤海石油研究院；2. 大连海事大学）

2011 年 8 月 5 日，中国国家发展和改革委员会、科技部、工业和信息化部、国家能源局联合印发《海洋工程装备产业创新发展战略（2011—2020）》，以增强海洋工程装备产业的创新能力和国际竞争力，推动海洋资源开发和海洋工程装备产业的创新、持续和协调发展。2017 年 11 月 27 日，工业和信息化部、国家发展和改革委员会、科技部、财政部、人民银行、国务院国有资产监督管理委员会、中国银行业监督管理委员会和国家海洋局联合印发《海洋工程装备制造业持续健康发展行动计划（2017—2020 年）》，明确提出海洋工程装备制造产业是《中国制造 2025》确定的重点领域之一，是中国战略性新兴产业的重要组成部分和高端装备制造业的重点方向，是国家实施海洋强国战略的重要基础和支撑[1-3]。

“十二五”以来，中国海洋工程装备制造产业快速发展，进入世界海洋工程装备总装建造的第一梯队。但从 2014 年开始，国际油价呈现断崖式下跌，国内外各大石油公司的勘探开发投入大幅削减，造成海洋工程装备制造产业的极度萎缩；2017 年后，国际原油价格企稳上行，海洋工程装备运营市场得以触底企稳。中国海洋工程装备制造产业既面临严峻的挑战，也面临加快赶超的战略机遇。当前，中国海洋工程装备的研发、设计及制造与世界发达国家相比，尚存在一定的差距，其产业化发展仍面临诸多挑战。下面将简介国外海洋工程装备的发展现状，分析中国海洋工程装备产业化的进展，针对存在的问题提出对策与建议。

一、国外海洋工程装备的发展状况

目前，世界海洋工程装备的研发、设计及制造已形成三个梯队，并呈现出金字塔式的竞争格局（图 1）。第一梯队为美欧发达国家和地区，主导着海洋工程装备的研发设计，并垄断关键设备和高端设备的制造；第二梯队为日本、韩国、新加坡和中国，具备较强的造船技术，已拥有世界领先的海洋工程装备建造和改装能力，主要从事高附加值装备的建造与总装，以及近海开发装备和海洋工程辅助船舶的建造；第三梯队为巴西、俄罗斯、越南、阿拉伯联合酋长国等国家，其船舶工业的基础相对薄弱，具备一定的浅水装备建造能力。

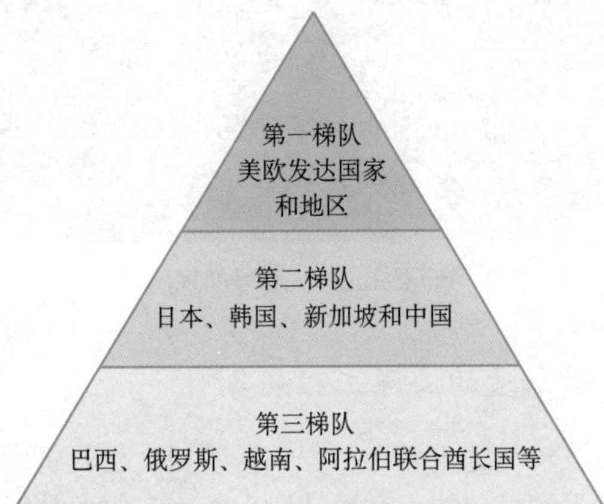

图 1　世界海洋工程装备制造的三大梯队

1. 美欧海洋工程装备

目前，美欧仍主导着海洋工程装备的研发、设计以及绝大部分的关键配套设备技术。在采油平台方面，美国的张力腿平台技术最为成熟，已建造出目前世界上最深的张力腿平台，其深度达 1425 米；挪威建造出世界上最深的浮式生产储卸装置（FPSO）平台，其深度达 1994 米；美国、荷兰、挪威及意大利在自升式钻井平台、半潜式钻井平台、钻井船方面的设计长期处于领先地位；挪威垄断了锚作拖轮（AHTS）、平台供应船（PSV）、海上施工船（OCV）、铺管船（PLV）和风电安装船的设计研发。在绞车、泥浆泵、顶驱、转盘、动力设备、电气设备、系泊设备、电控设备及海水淡化装置等关键系统和配套设备方面，美国长期处于垄断地位，德国、英国、法国、意大利、瑞士及挪威也有独树一帜的产品。

瑞士 Allseas 集团最新建造了具备 48 000 吨平台组块、25 000 吨导管架提升安装和拆除能力的全球最大的 Single-Lift 型起重船 Pioneering Spirit 号（图 2）。2019 年 3 月，该船完成了挪威国家石油公司 Equinor 的 Johan Sverdrup 油田 26 000 吨的中心处理平台的安装，体现了欧美海洋工程装备的最新技术实力。

图 2　Pioneering Spirit 号的现场作业

2. 日本、韩国和新加坡的海洋工程装备

日本、韩国和新加坡较早进入海洋工程装备领域，已具备世界领先的海洋工程装备建造和改装能力，较强的总包能力和设计研发能力，主要从事高附加值装备的建造与总装。日本在油气开发平台、海洋工程结构及石油管材及平台配套设备方面取得了重大的突破，在自治式潜水器（AUV）和有缆遥控潜水器（ROV）上一直处于领先地位。新加坡和韩国在中、浅水域平台上掌握了较为成熟的建造技术，同时致力于深水高技术平台及相关配套产品的研发和设计。

3. 巴西、阿拉伯联合酋长国和俄罗斯的海洋工程装备

船舶工业基础相对薄弱的巴西、俄罗斯、越南、阿拉伯联合酋长国等国家，对海洋工程装备的需求较大，激发了这些国家发展海洋工程装备的热情。目前这些国家已具备一定的浅水装备建造能力。其中，阿拉伯联合酋长国在自升式钻井平台方面具有较强的制造优势；巴西和俄罗斯正大力发展本国的海洋工程装备制造业，有可能成为最新的最有实力的世界海洋工程装备制造业的竞争者。

二、国内海洋工程装备的发展状况

“十二五”和“十三五”期间，中国海洋工程装备产品实现了全方位的发展，产品结构不断丰富、优化和升级，已由传统的自升式钻井平台、半潜式钻井平台、浮式生产储卸装置（FPSO）和海洋工程辅助船，扩展至经济型钻井船、浮式液化天然气储存及浮式储存再气化装置（FSRU）、小型浮式液化天然气生产储卸装置（LNG-FPSO）、特种海洋工程作业船等相对高端的领域（图 3 和图 4），全面形成了 500 米以内浅海油气资源开发装备的设计和建造能力，具备初步的深水和超深水开发装备的建造能力。在此期间，世界上最大的单臂架起重船——上海振华重工（集团）股份有限公司的 12 000 吨的全回转自航起重船项目顺利通过国家验收，是展现中国海洋工程实力的国家重器，已在港珠澳大桥建设中大展身手。最大钻探深度达到 15 250 米、能抵抗 15 级飓风的半潜式深水钻井船“蓝鲸二号”，是中国最新建成的全球最大石油钻井平台。中国海洋石油集团有限公司在南海深水区的陵水 17-2 气田开发项目中，自行设计建造 1500 米水深的半潜式生产处理储存平台，并在世界上首次采用水下潜体为凝析油存储舱。这些成果体现了中国在深水油田开发中所取得的长足进步。

(a) 桩基导管架式　　(b) 顺应塔式　　(c) 重力式

图 3　海上固定平台

（a）半潜式平台

（b）深水钻井船

（c）张力腿式平台

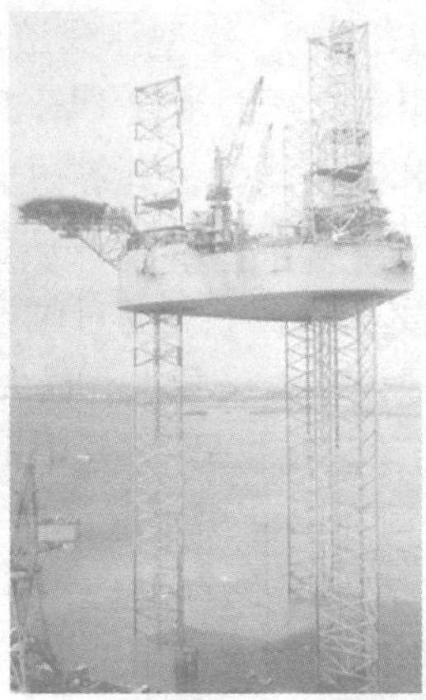

（d）自升式平台

（e）重力式平台

（f）浮式生产储油轮

图 4　海上移动平台

中国海洋工程装备的发展可归纳为以下三个阶段。

第一阶段为起步阶段（20 世纪 50 年代至 90 年代）。在这个阶段，海洋工程装备从无到有，先后建成自升式钻井平台、半潜式钻井平台、浮式生产储卸装置（FPSO）等储运装备；受国际石油危机和国内外市场需求减少的影响，90 年代以后海洋工程装备制造的发展明显放缓，其整体技术水平和国外差距也逐渐拉大。

第二阶段为发展阶段（2000～2005 年）。海洋工程装备制造业经过前期的进口、模仿和研制逐渐形成自己的特色，尤其在 FPSO 的研发和制造方面有很大进步。

第三阶段为走出国门和多元化发展阶段（2006 年至今）。2010 年 10 月发布的《国务院关于加快培育和发展战略性新兴产业的决定》明确：海洋工程装备产业是开发利用海洋资源的物质和技术基础，是中国当前加快培育和发展的战略性新兴产业，是船舶工业调整和振兴的重要方向。在此背景下，通过引进、消化、吸收和再创新，中国先后自主设计建造了亚洲最大的近海导管架固定式平台——荔湾 3-1 中心处理平台（上部组块浮托重量达到 1.8 万吨），国内最大、设计最先进的 30 万吨浮式生产储油轮“海洋石油 117”号，国际最先进的 3000 米深水半潜式钻井平台“海洋石油 981”号，“海洋石油 708”号深水工程勘探船，“海洋石油 720”号深水物探船，以及“海洋石油 201”号深水铺管起重船等一批先进的深水海洋工程装备。同时，陕西柴油机重工有限公司的 SXD-MAN12V 23/40 原油发电机组中标南海某油田，中国船舶重工集团有限公司的 25 兆瓦双燃料燃气轮机发电机组在渤海某油田海上平台成功投运，以及中国船舶重工集团公司第七〇二研究所承担的国家科技支撑计划“DP3 动力定位系统研制”项目通过科技部组织的结题验收。这些成果代表了中国在海洋工程高端配套设备领域取得的最新成就。

三、中国海洋工程装备产业化发展趋势及展望

为推动中国船舶工业的持续转型升级，提高其技术水平和核心竞争力，巩固和增强国际竞争优势，国家发展和改革委员会根据《增强制造业核心竞争力三年行动计划（2018—2020 年）》，制定了《高端船舶和海洋工程装备关键技术产业化实施方案》。在政策推动下，中国海洋工程装备产业化前景广阔，发展潜力巨大，但任重而道远。未来中国海洋工程装备产业化将呈现出以下的发展趋势。

1. 由浅海到深海

随着陆上和浅海区油气勘探和开采难度的增加，深水已成为全球油气资源的重要接替区。中国也在进行南海深海油气资源的勘探开发，并首次将南海权益列为中国的

核心利益。对于许多未知的深海海域，良好的海洋工程装备是深海油气资源可持续开发的物质保障。随着中国未来深海油气资源开发速度的提高，深海海洋工程装备的产业化将具有广阔的市场前景。这些工程装备主要包括：液化天然气浮式生产储卸装置（LNG-FPSO）、深吃水立柱式平台（SPAR）、张力腿式平台（TLP）、浮式钻井生产储卸装置（FDPSO）、自升式生产储卸油平台、深海水下应急作业装备及系统，以及其他新型装备。将取得突破的相关关键技术和共性技术主要包括：深海设施的运动性能及载荷分析预报技术、深海设施动力响应及强度分析技术、深海锚索/立管等柔性构件的动力特性分析技术、深海海洋工程装备风险控制技术、深海设施长效防腐及防护技术、深水浮式结构物恶劣海况下安全性评估技术、海上构筑物寿命评估及弃置技术等。

2. 从低端走向高端

目前，高端海洋工程装备仍然被美欧等发达国家和地区垄断。因此，研发高技术、高附加值的海洋工程装备，使中国的海洋工程装备从低端走向高端，是大势所趋。近年来，中国正在制造或改造高端海洋工程装备，一些企业开始涉足张力腿式平台（TLP）、立柱式平台（SPAR）、浮式天然气储存及再气化装置（LNG-FSRU）、浮式天然气生产储卸装置（LNG-FPSO）、浮式液化天然气发电船（LNG-FPGU）等高端海洋工程装备的设计建造。随着国家扶植政策的实施以及中国海洋工程制造企业竞争力的提升，未来几年中国高端海洋工程装备在世界市场的份额将不断增长。

3. 配套设备从依赖进口到自主研发

海洋工程装备配套设备技术要求高，研制难度大。“十二五”期间，中国大量海洋石油装备订单向国内配套的装备倾斜，未来配套设备将迎来黄金发展期，逐渐由目前的中低端配套，向附加值更高的核心高端配套发展，将形成大功率动力及传动系统、动力定位系统、提升系统、甲板吊机等关键配套设备和零部件的制造能力，逐渐实现进口替代。

未来几年，预计海洋工程装备配套设备的制造能力会有大幅提升，配套设备和零部件制造将获得进一步的发展，主要包括：自升式平台升降系统、深海锚泊系统、动力定位系统、FPSO 单点系泊系统、大型海洋平台电站、燃气动力模块、自动化控制系统、大型海洋平台吊机、水下生产设备和系统、水下设备安装及维护系统、物探设备、测井/录井/固井系统及设备、铺管/铺缆设备、钻修井设备及系统、安全防护及监测检测系统，以及其他重大配套设备。需重点突破系统集成设计技术、系统成套试验和检测技术、关键设备和系统的设计制造技术等。

4. 前瞻性技术的开发

当今可能改变世界海洋资源开发模式的新装备主要包括：多金属结核、天然气水合物等的开采装备，波浪能、潮流能等海洋可再生能源的开发装备，海水提锂等海洋化学资源的开发装备，以及其他新型装备。需要重点开展概念性技术研究，提高前瞻性技术的开发能力，为未来装备发展做好技术储备。

四、结　语

海洋工程装备产业化是开发海洋油气资源的迫切要求，是中国经略大洋的必要准备，也是建设海洋强国的题中应有之义。国家正在制定和实施海洋发展战略，要求大幅提升国家控制、开发和管理海洋的能力。“工欲善其事，必先利其器”，发展海洋工程装备是目前加强国家开发和利用海洋能力的关键一环。中国海洋工程装备产业化具有美好的发展前景。

参考文献

［1］蔡敬伟，屠佳樱 . 我国发展海洋资源开发装备的机遇和挑战［J］. 中国船检，2018（9）：68-71.

［2］刘栋梁，顾继俊，康凯，等 . 海洋工程装备行业技术成熟度的研究与应用［J］. 海洋石油，2018，38（2）：101-104，116.

［3］北京中研华泰信息技术研究院 . 中国海洋工程装备制造行业现状调研及前景战略分析报告 2019—2024 年［R/OL］.［2019-06-30］. http://www.zyzyyjy.com/baogao/261316.html.

5.9　Commercialization of Ocean Engineering Equipment

Dai Guohua[1]，*Li Guobin*[2]

（1. Bohai Oilfield Research Institute；2. Dalian Maritime University）

Ocean engineering equipment mainly refers to the major equipment and auxiliary equipment which used for exploration，exploitation，process，storage，administration and logistic service of ocean resources especially for the offshore oil and gas resources. The development of ocean engineering equipment is the requirement of the exploration of ocean, protection of ocean authority, development of ocean economy and building a maritime power. In these years, the offshore oil and gas equipment in China has been achieving some outstanding progress, however there are still some disparity with the developed country in the world and a lot of challenges with their industrialization. This paper analyzes the history and current status of our ocean engineering equipment, points out the problem of their industrialization, and furthermore, proposes some suggestion and measures to deal with them.

5.10 海水淡化技术产业化新进展

李琳梅

（自然资源部天津海水淡化与综合利用研究所）

水是基础性自然资源和战略性经济资源，水资源的安全供给是关系到国计民生的重大战略问题。海水淡化是现有水源供给的重要补充，是开源增量技术。在沿海大力发展海水淡化，是解决当地淡水短缺的重要途径，是落实国家节水行动和生态文明建设的重要抓手，对于保障国家水安全、保护水环境和维护水生态具有重要意义。

一、国际海水淡化技术产业化进展

国际海水淡化技术产业化不断取得进展，呈现出以下的几个发展特点。

1. 全球规模持续增长，保障区域水供给

根据国际脱盐协会（International Desalination Association，IDA）发布的最新数据统计，截至 2018 年 6 月，全球海水淡化工程已签约规模为 10 487 万吨 / 日，已运行规模为 9820 万吨 / 日（图 1）[1]。

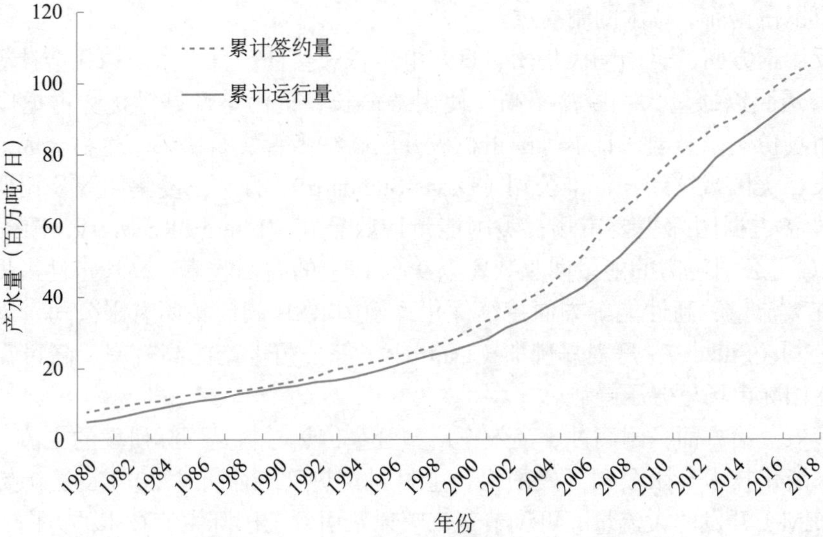

图 1　1980～2018 年全球累计淡化工程总量

海水淡化技术已在 160 多个国家应用，海水淡化工程遍布亚洲、非洲、欧洲、美洲和大洋洲。据国际脱盐协会（IDA）统计，截至 2018 年 9 月，全球海水淡化水约 60% 用于市政，28% 用于工业，6% 用于电力，2% 用于灌溉，4% 用于其他用途。[1]“新鲜”的海水淡化水需要矿化处理或与其他水源掺混来进行水质调整，解决管网的兼容性问题并防止发生“红水”等现象。

至 2018 年，海水淡化水作为市政供水已有 50 余年历史，供超过 3 亿人饮用。海水淡化作为现有水源的补充措施，在很大程度上缓解了区域缺水状况，为生活水平提高和经济发展提供了水资源保障。在中东和一些岛屿地区，海水淡化水已成为基本水源。如果没有海水淡化，就很难保证如沙特阿拉伯王国、阿拉伯联合酋长国、以色列等国家的发展与繁荣，新加坡也就缺少了与马来西亚谈判水价的底气。

2. 技术应用广泛，科技创新持续

国际上海水淡化技术成熟、应用广泛，其主要技术包括膜法（反渗透工艺）和热法（多级闪蒸和多效蒸馏工艺）。据国际脱盐协会（IDA）统计，目前全球已建工程中反渗透、多级闪蒸、多效蒸馏规模占比分别为 68%、18% 和 7%[1]。新建工程中反渗透、多效蒸馏为主流工艺，多级闪蒸因能耗高、投资大而市场份额日益降低。

长期以来，欧洲、美国、日本、韩国等发达地区和国家在海水淡化基础理论研究、关键技术研发、核心装备开发、基础材料研制、工程建设运行等方面领先，持续投入巨资以占据前沿技术的制高点。

在反渗透方面，美国陶氏集团、日东电工株式会社、日本东丽株式会社等公司生产的反渗透膜以通量大、脱盐率高、使用寿命长、抗污染性好等优势占据国际80%以上的市场份额，美国、日本等国正积极开展碳纳米管、石墨烯、生物合成等新材料膜的研发；美国戴维斯－标准公司（Davis-Standard）、日本三菱集团等公司研发的高端制膜设备占据国际主要市场；美国能量回收公司（Energy Recovery，ERI）、瑞士Calder AG等公司生产的能量回收装置以95%以上的高回收率、高稳定性占据绝对优势，并在大流量、高性能等方面持续优化；德国KSB阀门集团有限公司、瑞士苏尔寿有限公司（Sulzer）、丹麦丹佛斯（Danfoss）等公司生产的高效率、高可靠性海水高压泵在国际市场呈碾压趋势。

在多效蒸馏方面，耐腐蚀、高效率新型合金传热材料是国际研发的主流，以色列IDE海水淡化技术有限公司开发的铝合金材料传热管寿命可达20年；法国威立雅公司（SIDEM）开发的大流量、可调节蒸汽喷射泵引领了国际主流技术的方向；韩国斗山集团（DOOSAN）开发的大规模模块化海水淡化蒸发器，其单机容量达到6.8万吨/日并可整体运输。

在新技术方面，研发活动长期活跃。耶鲁大学、麻省理工学院、东京大学等一流研发机构正积极开展正渗透、膜蒸馏、电容去离子等海水淡化新技术、新工艺、新材料、新装备等的研发，以确保在新一轮竞争中赢得主动和抢占优势，已陆续取得原创性高水平成果。

在产业应用方面，新加坡的凯发有限公司、法国威立雅公司的子公司SIDEM、以色列IDE海水淡化技术有限公司等不断优化提升工艺设计、系统集成、工程建设及运行服务等水平，领军国际海水淡化和水处理市场。

3. 政府持续支持发展，统一配置规划淡化水

国外海水淡化技术产业的发展，离不开政府的持续支持。很多国家如美国、沙特阿拉伯王国、阿拉伯联合酋长国、西班牙、以色列、新加坡、澳大利亚等，积极出台海水淡化支持政策，促进了产业发展。这些政策措施主要包括以下几种。

一是统一规划和统一管理。例如，西班牙搁置原有的跨流域调水国家方案，批准《水利用管理与规划》。在该规划中，海水淡化产水量占整个计划供水量的50%，并列出了拟建淡化项目的数量、名称、规模和预算等。2019年3月，美国白宫发布了由国家科学技术委员会编制的《提升淡化技术以加强水安全的统筹战略规划》，通过评估水资源、开发淡化的最优方案以及鼓励研发、模块化生产和减少生态影响、强化协调管理、促进公私合作、加强国际合作，以支持保障淡化技术的应用和技术创新发展，

应对未来水危机。

二是以需定产、从优采购。大部分国家发展海水淡化均以需求为牵引，严格论证规模，远近结合，分期实施，从优采购，既保障工程质量，又避免了产能闲置。

三是统一配置，尽产尽销。海湾六国、以色列、新加坡通过国有机构对海水淡化水进行统一配置和购买，保证了淡化水尽产尽销。例如，沙特阿拉伯王国的“盐水转化公司”负责全国的发电和产水，从国家战略上保证了能源和水安全。此外，澳大利亚将海水淡化水作为战略备用水源，根据水资源状况适时开启。

四是科学测算，公平补贴。以色列对海水淡化工程投资给予资金支持，并确定政府以签约水价和水量购买淡化水，以保证运营商权益；沙特阿拉伯王国、阿拉伯联合酋长国对用于市政的海水淡化水提供补贴。

五是持续升级，高效运行。注重技术升级，通过限制性条款，逼迫运营商不断升级技术。另外，通过推进国家主导下的海水淡化的私有化，降低运行成本，提高运行效率。同时，回笼资金，建设新厂，以形成良性循环机制。

二、我国海水淡化技术产业化进展

“十三五”期间，国家高度重视海水淡化，先后出台了《全国海水利用“十三五”规划》和《海岛海水淡化工程实施方案》，并将海水淡化纳入国民经济和社会发展以及科技创新、海洋经济、战略性新兴产业、全民节水、工业绿色发展等多个规划中去，是“十三五”海洋经济创新发展区域示范重点支持的三大产业之一，在一定程度上促进了产业的发展。截至 2017 年底，全国已建成海水淡化工程 136 个，工程规模从 2015 年的 100.88 万吨 / 日[2] 上升至 118.91 万吨 / 日[3]（图 2）。全国已建成万吨级以上海水淡化工程 36 个，工程规模 105.96 万吨 / 日；其中，天津大港新泉海水淡化有限公司的 10 万吨 / 日海水淡化工程、青岛百发海水淡化有限公司的 10 万吨 / 日海水淡化工程、青岛董家口经济区的 10 万吨 / 日海水淡化工程并列全国最大的反渗透海水淡化工程，天津北疆电厂的 20 万吨 / 日海水淡化工程是全国最大的低温多效海水淡化工程。

海水淡化工程主要分布在辽宁、天津、河北、山东、江苏、浙江、福建、广东、海南等沿海 9 个省（直辖市），呈现“北多、南少”的分布格局（图 3）。其中，天津市海水淡化工程规模最大，为 31.72 万吨 / 日，山东省为 28.26 万吨 / 日，浙江省为 22.78 吨 / 日，河北省为 17.35 万吨 / 日，辽宁省为 8.77 万吨 / 日，广东省为 8.13 万吨 / 日，福建省为 1.12 万吨 / 日，江苏省为 0.51 万吨 / 日，海南省为 0.27 万吨 / 日。

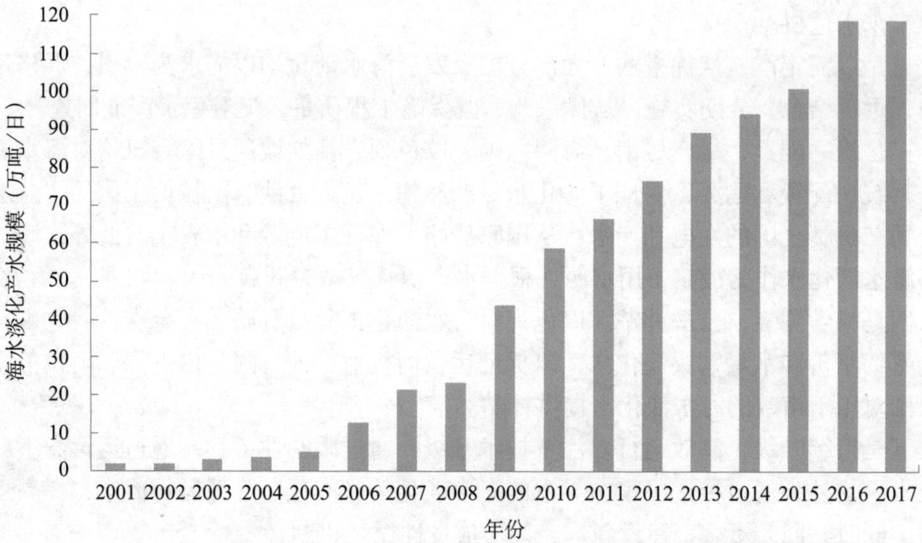

图 2　2001～2017 年全国海水淡化产水规模增长图

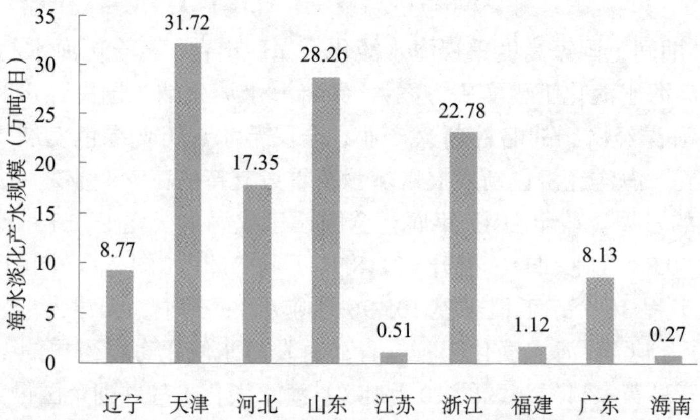

图 3　全国沿海省市海水淡化工程产水规模示意图

特别是随着海岛开发与保护的推进，海水淡化技术在浙江、广东、福建等海岛地区得到积极应用。截至 2017 年底，海岛海水淡化工程规模从 2015 年的 12.63 万吨 / 日上升至 14.88 万吨 / 日，并且与风能、太阳能等新能源耦合，是解决海岛军民用水的重要途径。2016 年 10 月，海南省三沙市永兴岛建成 1000 吨 / 日海水淡化工程。该工程针对海岛高温、高湿、高盐雾特点，采用“超滤 + 反渗透”双膜法工艺、“两用一备”运行方式和系统全自动控制，充分保证设备的产水量和稳定运行，为岛上军民用水提供了保障。

在海水淡化技术产业化创新方面，蒸发器、蒸汽喷射泵、高压泵、反渗透膜等海水淡化关键装备材料技术研究和产业化开发实现了突破，初步具备系统集成和工程成套能力，自主建成河北沧州黄骅单机 2.5 万吨 / 日低温多效海水淡化工程和浙江盘山六横单机 2 万吨 / 日反渗透海水淡化工程。自然资源部天津临港海水淡化与综合利用示范基地一期中试实验区主体工程基本建成。

目前，中国海水淡化工程主要用于工业领域，并在舟山、天津、青岛等地开展了海水淡化水进入市政供水管网的尝试，如青岛百发海水淡化厂、天津北疆海水淡化厂、舟山六横海水淡化厂等，提高了海水淡化的实际产水量，进一步发挥了海水淡化保障水安全的作用。

三、存在问题

“十三五”期间，中国海水淡化技术产业化取得一定的进步，但与国外先进国家相比，在核心产业化技术突破、关键设备制造、领军企业培育、行业整体发展等方面还存在差距，主要表现在以下几点。

一是基础研究弱，核心技术亟须突破。自主关键设备材料研制虽然取得较大进展，但性能技术指标与国际先进水平差距明显，亟须进行熟化与突破。

二是领军企业少，国际竞争力弱。虽然目前从事海水淡化的企业不断增多，但领军企业少，产品装备多处于初级阶段，缺乏大型工程化验证与应用经验，成果转化水平有待提升，竞争力弱且高端产品少，行业国际影响力低。

三是激励政策缺乏，各地发展不均衡。“十三五”期间，国家和沿海地方虽然出台了一些规划或计划，但多是宏观层面的意见，可操作性不强，缺乏具体激励政策；青岛、天津、舟山等地虽出台了地方性引导政策，但需要进一步在其他沿海省市推广应用，以促进海水淡化的规模化应用。

四、发展趋势及未来展望

海水淡化是坚持节约资源和保护环境的基本国策，践行“绿水青山就是金山银山”发展理念的重要途径，是海洋战略性新兴产业。未来，随着生态文明建设的推进，海水淡化在缓解沿海地区水资源短缺、推进海洋经济高质量发展中将发挥更加重要的作用。其未来趋势如下。

一是在技术方面，将进一步向节能环保方向发展。重点围绕“高效、节能、低成本、高可靠”的海水淡化关键技术和装备研究，依托创新示范基地，进一步加强大型海水淡化核心技术攻关和关键装备研发，推进海水淡化与新能源技术的耦合以及新型材料、工艺、产品等的研发，促进装备在国产化率、单机规模、物耗能耗指标等方面达到国际先进水平。

二是在产业推进方面，将进一步加大产业集聚，增强上下游产业的关联度，进一步促进创新链、产业链和市场需求的有机衔接，并构建一条海水淡化相关材料和装备加工制造—海水淡化工程与服务—浓海水利用的循环经济产业链，打造产业链条。

三是在政策管理方面，海水淡化政策将进一步落地。未来，将对接技术产业的发展需求，使管理更加精准落地。制定促进海水淡化发展的技术创新政策和产业激励政策；进一步扩大海水淡化投融资渠道，引导社会资本参与海水淡化工程的建设运营，营造良好的市场环境。

五、相关建议

针对以上介绍的中国海水淡化技术产业化的问题及全球的发展趋势，提出如下发展建议。

一是突破技术短板，加快国家级创新平台的建设。加快建设国家海水资源利用技术创新中心、重点实验室、创新示范基地等科技创新平台，集聚优势，加大投入，持续攻关；面向国家长远发展和全球竞争，需开展重大共性关键技术和产品装备的研发、成果转化及应用示范；需突破技术短板，全面提升核心竞争力，打破国际垄断，以确保自主可控，抢占产业技术创新制高点和主动权，构建国际一流的海水资源利用技术创新引擎。

二是培育领军企业，推进产业高质量发展。需突破海水淡化核心装备制造的瓶颈，将其纳入国家重大短板装备专项工程支持的范畴；集聚优势企业、科研院所和创新团队，集中开展海水淡化专用材料、水处理药剂、核心装备的研制与开发，尽快培育一批掌握核心技术、拥有自主知识产权、具有国际竞争力的创新型领军企业，以推进自主海水淡化产业的高质量发展。

三是制定优惠政策，支持产业快速发展。明确海水淡化水作为水资源的法律地位，并享受与水利民生工程同等的工程和管网建设运行补贴。例如，参照水利建设基金和城市管网专项资金做法，为海水淡化工程建设、维护和管网建设提供支持。参照浙江和青岛等地做法，对海水淡化工程给予农业用电或居民用电等电价优惠政策，给予海水淡化企业税收优惠。

四是创造自主品牌，服务“一带一路”建设。需进一步加快自主海水淡化新技术、新产品、新装置（包括反渗透膜材料及组件、海水淡化阻垢剂、传热铝合金和钛合金材料、大中小型海水淡化装备等）的研制，创造自主品牌。深入落实“一带一路”倡议中关于“积极推进海水淡化领域合作”的要求，推动中国海水淡化技术、装备、整体解决方案向“一带一路”沿线国家辐射输出，提升中国的影响力和话语权，并引领产业发展。

参考文献

[1] GWI，IDA. IDA Desalination Yearbook 2017-2018［R/OL］.［2019-06-26］. http://www.desalyearbook.com/.

[2] 国家海洋局 . 2015 年全国海水利用报告［R/OL］.［2019-06-26］. http://news.sciencenet.cn/htmlnews/2016/9/355675. shtm.

[3] 自然资源部海洋战略规划与经济司 . 2017 年全国海水利用报告［R/OL］.［2019-06-26］. http://www.gov.cn/xinwen/2018-12/24/5351606/files/b3772449b77a405f9094973e53115969. pdf.

5.10 Commercialization of Seawater Desalination Technology

Li Linmei

［The Institute of Seawater Desalination and Multipurpose Utilization，MNR（Tianjin）］

Seawater desalination is an important way to solve the problem of water shortage and a strategic emerging industry. This paper expounds the development status and progress of international seawater desalination technology industrialization since 2015，objectively analyses the development status and problems of seawater desalination technology industry in China，and points out the development trend and future prospects of this industry. Suggestions for promoting the development of independent seawater desalination industry are put forward from the aspects of speeding up the breakthrough of technological shortcomings，cultivating leading enterprises，formulating preferential policies and creating independent brands.

5.11 海洋生物医药技术产业化新进展

王长云 管华诗*

（中国海洋大学医药学院）

海洋占地球表面积的2/3，被认为是生命的起源地，孕育着丰富的海洋药用生物资源，堪称巨大的“蓝色药库”。海洋生物医药是指以海洋生物为药源，运用现代科学方法和技术研制出的药物及生物功能制品。高盐、高压、低光照 / 无光、低温及寡营养等极端的海洋环境使得海洋生物具有独特的代谢机制，能够产生结构新颖、活性显著的代谢产物，对抗肿瘤和治疗心脑血管疾病等重大疾病药物的开发具有十分重要的意义。近年来，海洋药物和海洋生物功能制品的研发取得一系列新进展，已成为创新药物国际竞争的焦点，显示了广阔的发展前景。

一、国际海洋生物医药研发技术发展状况

国际上，海洋生物医药的研究始于20世纪40年代，兴起于60年代初。1964年，第一个海洋真菌来源的抗菌药物头孢菌素上市，此后一系列头孢类抗生素被开发出并在临床上得到广泛应用，形成了庞大的抗生素产业。迄今，世界各国已从海洋来源的动植物及微生物中发现3.5万余个活性天然产物分子，成功开发上市13个海洋药物（表1）。目前还有30多种针对癌症、慢性疼痛、阿尔茨海默病、血脂异常等疾病的海洋候选药物进入Ⅰ－Ⅲ期临床研究阶段，有望从中产生具有临床应用前景的海洋新药[1-4]。

目前，国际上以企业为主导的海洋药物研发体系已成为主流，出现了专门从事海洋药物研发的制药公司，已取得令人瞩目的突破性进展。例如，西班牙的生物制药公司PharmMar，已上市2个抗肿瘤海洋药物Yondelis® 和Aplidin®，目前还有2个抗肿瘤海洋药物PM01183和PM060184分别进入了Ⅲ期和Ⅱ期临床试验[5, 6]。随着海洋药物研究成果的不断涌现，一些国际知名的医药企业和生物技术公司，包括美国辉瑞（Pfizer）、施贵宝（Bristol-Myers Squibb）、瑞士罗氏（Roche）以及法国赛诺菲（Sanofi）等制药企业，纷纷投身于海洋药物的研发和生产。

为加快海洋生物医药的研发进程，基因组挖掘、合成生物学技术、纳米技术、抗

* 中国工程院院士。

体偶联技术等高新技术被应用到海洋生物医药的研发中。随着DNA测序技术的发展，基因组挖掘和合成生物学等相关技术已运用到海洋微生物药物的研发中，为海洋药物先导化合物的开发提供了更多的可能性[7,8]。近年来，纳米技术在药物递送研究中受到广泛关注。例如，脂质体纳米材料将药物包埋在类脂质双分子层内，并形成直径为25～1000纳米的微型泡囊体，然后利用其可以和细胞膜融合的特点，将药物送入细胞内部，以延长其在体内循环的滞留半衰期，从而提高药物的药效和稳定性[9]。2017年8月，美国食品药品监督管理局（FDA）批准由柔红霉素和阿糖胞苷形成的脂质体（CPX-351）用于治疗急性髓性白血病（t-AML）或伴有骨髓异常增生的急性髓性白血病（AML-MRC）[10]。由日本Kyowa Hakko Kirin公司开发的KRN7000脂质体RGI-2001已进入Ⅱ期临床试验[11]。近期抗体偶联药物（ADC）为海洋毒素类靶向药物的开发开辟出一条新途径。ADC通过化学连接，将活性药物小分子连接到单克隆抗体上，再以单克隆抗体为载体，将小分子药物靶向运输到目标细胞中。2011年，Takeda/Seattle Genetics公司开发的抗体偶联药物——海兔毒素抗肿瘤药物泊仁妥西凡多汀（SGN-35），被FDA批准用于治疗霍奇金淋巴瘤和渐变性大细胞淋巴瘤（图1-A和图1-B）[12]。此后，各国十分关注抗体偶联药物在海洋生物医药中的应用[1,13]，目前有20多个海洋来源的候选抗体偶联药物处于临床阶段。近年来，双特异性及小分子量的抗体以及多位点特异性偶联技术被开发出来，将抗体偶联药物的开发推到一个新时代[2]。

表1 国际上批准上市的海洋药物[1,14,15]

序号	药物名称	商品名	适应证及功效	研发机构
1	头孢菌素（Cephalosporins）	头孢菌素系列	细菌感染	Eli Lilly
2	阿糖胞苷（Cytarabine/Ara-C）	Cytosar-U®	白血病	Pfizer
3	阿糖腺苷（Vidarabine/Ara-A）	Vira-A®	单纯性疱疹病毒	Mochida
4	齐考诺肽（Ziconotide）	Prialt®	慢性严重疼痛	Jazz
5	曲贝替定（Trabectedin，ecteinascidin 743/ET-743）	Yondelis®	软组织肉瘤，卵巢癌	PharmMar
6	甲磺酸艾日布林（Eribulin，E7389）	Halavan®	转移性乳腺癌	Eisai
7	泊仁妥西凡多汀（BrentuximabVedotin，SGN-35）	Adcetris®	淋巴瘤	Takeda and Seattle Genetics
8	Ω-3-脂肪酸乙酯，伐赛帕（AMR101）	Lovaza®，Vascepa®	高甘油三酯血症	GlaxoSmithKline；AmarinPharma Inc.

续表

序号	药物名称	商品名	适应证及功效	研发机构
9	Plitidepsin	Aplidin®	骨髓瘤，白血病，淋巴瘤	PharmaMar
10	硫酸多糖（Carragelose）	Carragelose®	流感病毒	Marinomed
11	Pseudopterosins	Resilience™	抗炎	Resilience Therapeutics
12	利福霉素（Rifamycin）	Rifampin®	结核病	Lepetit
13	硫酸鱼精蛋白	Protamine Sulfate®	肝素中和剂	Fresenius Kabi

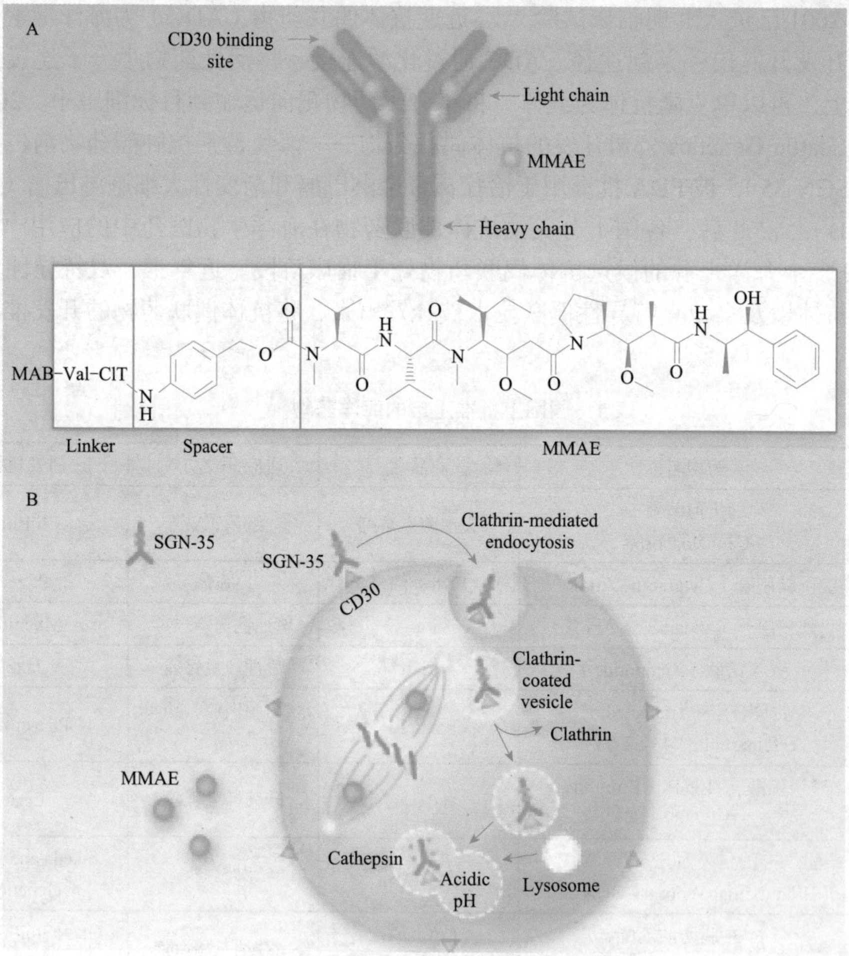

图 1　SGN-35 的组成结构和作用机制[12]

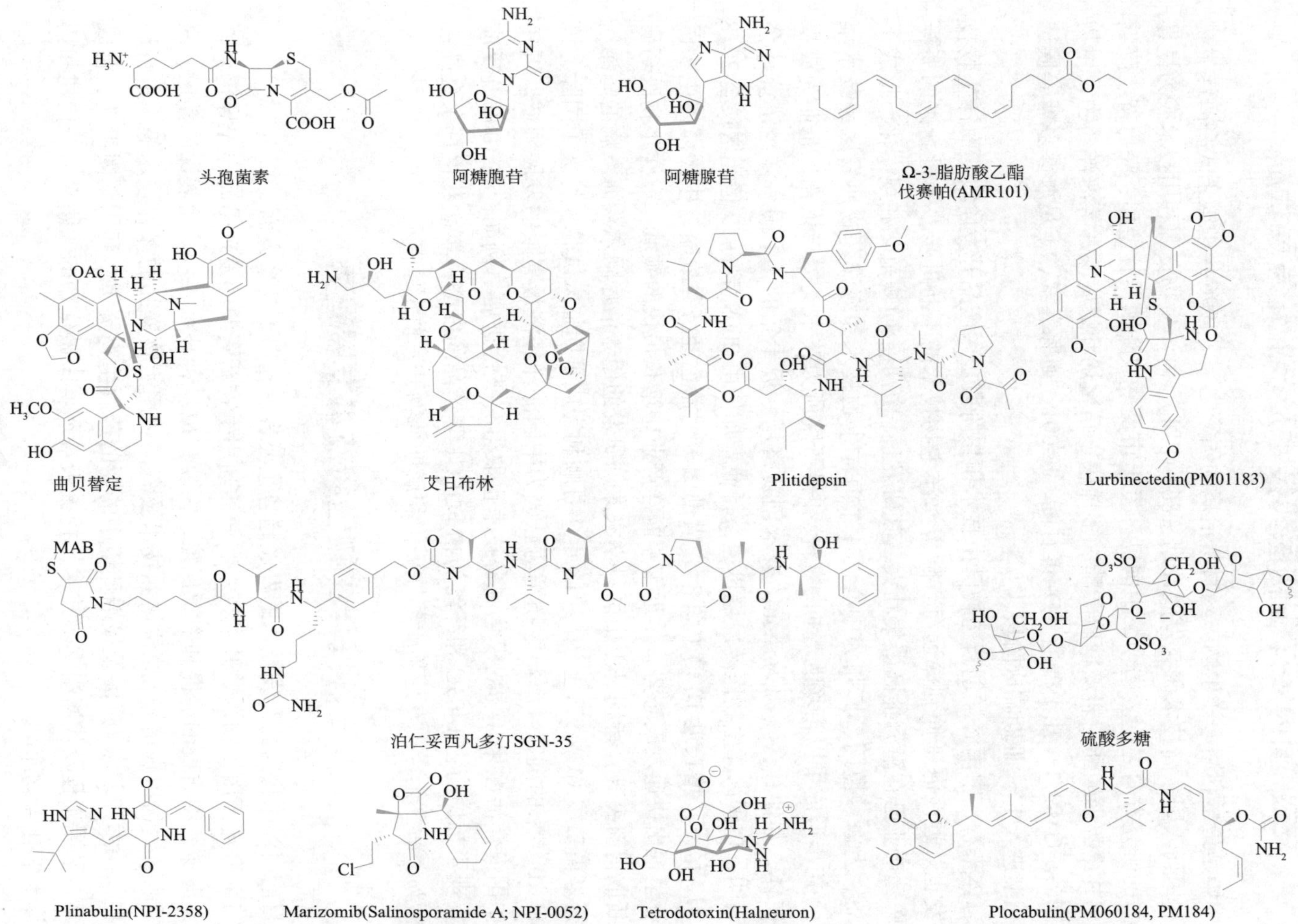

图 2 部分上市和处于临床阶段的海洋药物结构

二、国内海洋生物医药技术及产业化发展状况

中国是最早利用海洋生物（药材）治病的国家之一。1996 年中国正式将海洋生物资源利用列入国家高技术研究发展计划（863 计划），海洋生物资源利用技术成为最具生命力的研究方向之一。迄今，中国已开发上市藻酸双酯钠、甘糖酯、海力特、降糖宁散、甘露醇烟酸酯、岩藻糖硫酸酯、多烯康、角鲨烯和螺旋藻片等海洋药物及生物功能制品。GV-971、几丁糖酯、D- 聚甘酯、K-001、河豚毒素、玉足海参多糖等候选药物相继进入Ⅰ～Ⅲ期临床阶段[14]。

总体来看，中国海洋创新药物已由技术积累阶段步入产品开发阶段，海洋生物技术研发也从近浅海延伸到深远海。随着海洋生物技术的不断进步，一批新兴的海洋生物医药产业已在沿海地区聚集壮大，其研发过程逐步走向规范化和规模化，形成了以青岛、上海、厦门、广州为中心的 4 个海洋生物技术和海洋药物研发区域技术集群[16]，初步形成了以市场为导向，高校和科研院所为技术支撑与依托，企业为成果转化主体，其他社会资源为补充的技术创新格局。近十年的《中国海洋经济统计公报》表明，中国海洋生物医药发展迅速，行业增加值由 2009 年的 59 亿元增长至 2018 年的 413 亿元，增长近 10 倍（图 3）。借助国家“蓝色经济”战略，中国海洋生物医药产业呈现出快速发展态势，是近十年海洋产业中增长最快的领域。海洋生物医药研发不断取得新突破，特别是由中国科学家原创研发的用于治疗阿尔茨海默病的海洋新药甘露寡糖二酸（GV-971），于 2018 年 7 月顺利完成Ⅲ期临床试验，打破了国际上该领域近 20 年来的沉寂。海洋生物医药已成为中国海洋经济最亮眼的发展领域。近年来，中国海洋活性化合物规模化制备技术也取得突破性进展。例如，在 1000 升反应器中实现了抗癌药物 1403C 和纤溶药物 FGFC1 等产品的发酵，单次获得百余克高纯度（97%）活性化合物，为其成药性评价和后期药物开发奠定了基础。

三、海洋生物医药技术发展趋势

目前海洋生物医药开发技术的发展趋势主要表现在以下几个方面。

（1）海洋药用生物资源开发技术。海洋药用生物新资源的发现是海洋先导化合物及创新海洋药物研发的前提和资源保障，需要集成各种技术（包括发展深海勘探、深海 / 极地微生物仿真培养 / 原位培养技术及海洋药用生物样品的保存技术等）进行深度挖掘，探索开发深 / 远海及极端环境中的新的药用生物资源。利用基因组学、合成生物学、基因工程及代谢组学等技术，挖掘极端环境中微生物的代谢潜力，构建和拓展海洋天然化合物库。

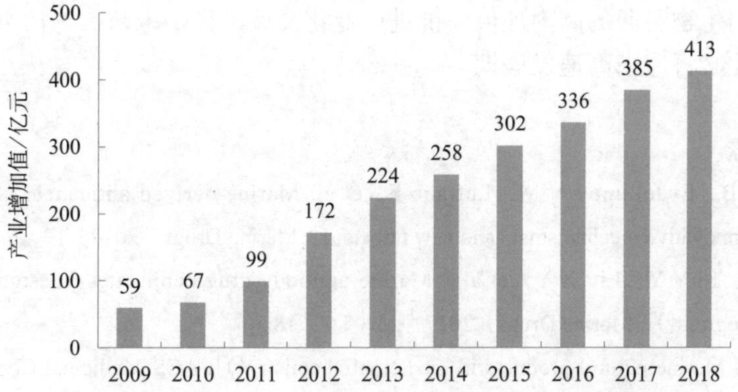

图 3 2009～2018 年中国海洋生物医药产业增加值

（2）海洋药物先导化合物的高效发现与筛选技术。需要采用化学筛选技术和高通量分子水平与高内涵细胞水平相结合的活性筛选技术，对复杂海洋生物样品进行活性组分的快速筛选；利用多种色谱技术，对活性组分进行单体化合物的分离纯化；利用计算机辅助药物设计技术，对先导化合物进行虚拟筛选和结构优化；利用药物新靶点发现和验证集成技术，研究药物的作用机制；利用海洋药物生物合成机制及遗传改造等技术，实现海洋药物大规模产业化制备。

（3）海洋药物药理和药效研究技术。利用计算机模拟技术优化临床试验设计，并确认药物剂量的选择和样本数的选择，以提高药物研发的成功率，加速临床研究的进程；利用纳米技术，将药物与纳米材料结合，以提高药物的稳定性，降低药物的毒副作用和增加疗效；利用抗体偶联技术，将药物分子与抗体结合，开发新型抗体偶联药物，以实现疾病的靶向治疗。

四、展望与建议

中国在海洋生物医药研发方面已经取得一定的成效，但与发达国家相比，还存在很大的差距，主要表现在海洋生物医药相关技术发展滞后，特别是纳米药物递送技术、基因组采掘技术和抗体偶联药物技术。有鉴于此，政府应加大对海洋生物医药业的扶持力度，提高海洋生物医药的自主创新能力，尤其是力争突破深海勘探和药物研发等关键技术，以提升海洋生物医药业的竞争力；应加强由高校、研究所和企业构成的“三位一体”的新型知识密集型基地的建设，培育高素质的海洋高新技术人才，并促进海洋生物医药产品的高效产出。同时，要加强专利服务机构的建设，促进研究成果的转化与海洋生物医药产品的产业化；应加强国际合作，探索新的合作研究模式，实现海洋药用生物资源的高附加值，推进产业化发展进程。未来 5～10 年，中国海洋生物医药产业必将迎来高速发展期。

参考文献

[1] Pereira R B，Evdokimov N M，Lefranc F，et al. Marine-derived anticancer agents：clinical benefits，innovative mechanisms，and new targets[J]. Marine Drugs，2019，17（6）：329.

[2] Wang Y J，Li Y Y，Liu X Y，et al. . Marine antibody-drug conjugates：design strategies and research progress[J]. Marine Drugs，2017，15（1）：18.

[3] Jimenez C. Marine natural products in medicinal chemistry[J]. ACS Medicinal Chemistry Letters，2018，9：959-961.

[4] Midwestern University. Marine pharmaceuticals：the clinical pipeline[EB/OL]. [2019-06-28]. https://www.midwestern.edu/departments/marinepharmacology.xml.

[5] Belgiovine C，Bello E，Liguori M，et al. Lurbinectedin reduces tumour-associated macrophages and the inflammatory tumour microenvironment in preclinical models[J]. British Journal of Cancer，2017，117（5）：628-638.

[6] Galmarini C M，Martin M，Bouchet B P，et al. Plocabulin，a novel tubulin-binding agent，inhibits angiogenesis by modulation of microtubule dynamics in endothelial cells[J]. BMC Cancer，2018，18（1）：164.

[7] Kumar A，Sørensen J L，Hansen F T，et al. Genome sequencing and analyses of two marine fungi from the North Sea unraveled a plethora of novel biosynthetic gene clusters[J]. Scientific Reports，2018，8（1）：201.

[8] Reen F，Stefano R，Alan D，et al. The sound of silence：activating silent biosynthetic gene clusters in marine microorganisms[J]. Marine Drugs，2015，13（8）：4754-4783.

[9] 白毅 . 新技术让药物研发展现勃勃生机 [N]. 中国医药报，2015-06-02：006 版 .

[10] Kim M，Williams S，et al. Daunorubicin and cytarabine liposomein newly diagnosed therapy-related acute myeloid leukemia（AML）or AML with myelodysplasia-related changes[J]. Annals of Pharmacotherapy，2018，52（8）：792-800.

[11] Chen Y B，Efebera Y A，Johnston L，et al. Increased $Foxp^{3+}Helios^{+}$ regulatory T cells and decreased acute graft-versus-host disease after allogeneic bone marrow transplantation in patients receiving sirolimus and RGI-2001，an activator of invariant natural killer T cells[J]. Biology of Blood and Marrow Transplantation，2017，23（4）：625-634.

[12] Jessica K，Janik J E，Anas Y. Brentuximab vedotin（SGN-35）[J]. Clinical Cancer Research Official Journal of the American Association for Cancer Research，2011，17（20）：6428-6436.

[13] Newman D J. The "Utility" of highly toxic marine-sourced compounds[J]. Marine Drugs，2019，17（6）：324.

[14] 张善文，黄洪波，桂春，等．海洋药物及其研发进展 [J]. 中国海洋药物，2018，37（3）：78-92.

[15] 刘宸畅，徐雪莲，孙延龙，等．海洋小分子药物临床研究进展 [J]. 中国海洋药物，2015，34（1）：74-89.

[16] 付秀梅，陈倩雯，王东亚，等．我国海洋生物医药研究成果产业化国际合作机制研究 [J]. 中国海洋药物，2015，23（12）：93-102.

5.11 Commercialization of Marine Biomedicine Technology

Wang Changyun，*Guan Huashi*

（School of Medicine and Pharmacy，Ocean University of China）

Up to now，more than 35 000 marine natural products with unique structures and extensive bioactivities have been discovered all over the world. More importantly，13 marine drugs have been successfully developed and marketed，and a series of marine drug candidates are being in clinic research stages，forming a high yield trend based on long term accumulation. Innovative and high technologies such as genome mining，synthetic biology technology，nanotechnology and antibody coupling technology have become new engines for promoting the rapid development of marine biomedicine industry. The marine biomedicine industry in China has ushered in new development opportunities，and the application of high and new technologies will certainly provide impetus for the implementation of China's "Blue Pharmacy" Project.

5.12 海洋生物技术产业化新进展

相建海[1] 秦 松[2]

（1. 中国科学院海洋研究所；2. 中国科学院烟台海岸带研究所）

海洋生物技术“将科学和技术应用于海洋资源中的有机体及其组分、产物和模型，以变革生物或非生物材料来产生知识、商品和服务”[1]。发展海洋生物技术可为提高海洋生产力以及保持海洋可持续性提供支撑，有助于人类解决诸如食品和燃料安全以及人口健康和工业绿色加工等一些全球性的难题[2]。科技进步促进产业的提升与发展，海洋生物技术正强有力地催生蓝色生物经济产业的蓬勃发展。

一、国外海洋生物技术产业化新进展

1. 大力发展海洋食品生产

人类过度捕捞，导致半数以上传统渔业资源陷入衰竭。世界各国都在追求渔业的可持续发展。欧洲采用遥感技术搜寻鱼类，并利用技术和有效的科学管理来实现负责任的捕捞。美国在生物可持续水平内捕捞的鱼类比例从 2005 年的 53% 上升到 2016 年的 74%[3]，澳大利亚则从 2004 年的 27% 上升到 2018 年的 85%[4]。

探寻和利用渔业新资源一直是各国追求的目标。南极磷虾的蕴藏量约为 4 亿～6 亿吨。南极磷虾产业是一个精深利用生物的具有高投入、高产出特点的新兴高技术产业，是远洋渔业发展的新业态。2015～2016 年，全球获得磷虾捕捞许可的渔船有 12 艘：韩国 3 艘、挪威 3 艘、智利 1 艘、乌克兰 1 艘和中国 4 艘[5]。挪威等国的南极磷虾产业已形成规模[6]，挪威的公司采用横杆水下连续泵吸捕捞技术，使捕虾达到了极高的产量和效率。

近 40 年，世界上几乎所有的鱼类消费的增长都来自水产养殖，水产养殖是发展最快的食品行业，其增长率已超过人口增长[3]。2014 年，水产养殖的鱼类超过捕捞渔业，预计到 2030 年，水产养殖将提供人类鱼类消费的 60%。2050 年全球人口将达到 97 亿，水产养殖将对粮食安全和充足营养的供应做出更显著的贡献。联合国粮食及农业组织（FAO）预测养殖业 2030 年的产量可达 1.09 亿吨，比 2016 年增长 37%。

在促进养殖业发展的贡献率中，良种占 40%，饲料和疫病防控各占 20%，养殖管理占 15%，其他占 5%[3]。种质、种苗是养殖生产的源头与基础。围绕种业高技术的竞争比以往任何时候都激烈。美国、欧盟、澳大利亚、日本等发达国家或地区养殖规模虽然很小，但抢占了遗传操作技术和生物育种技术等的制高点，目的是控制广大发展中国家对优质种质资源的巨大而急迫的需求市场；从瞄准金枪鱼、龙虾、鳗鱼等高端种类的人工育苗到各种大宗养殖的鱼虾贝藻高产优质抗逆的性状培育，都不惜投入大量资金、智力，保持优先发展的逼人势头。

随着养殖业的超速发展，各种病害问题越来越突出。药物滥用导致了抗药病原产生、药物残留、环境污染等问题。因此，迫切需要发展与应用生物安保技术。病害的分子诊断、生物絮团（bio floc）、免疫强化和免疫防治等技术迅速得以应用。挪威、美国、日本等养殖技术先进国家已采用疫苗接种的方式来预防鱼类养殖病害。

耕海牧洋，装备先行。发达国家现代水产养殖设施发展尤为迅速。挪威、德国、美国、法国、日本等国已实现在线自动检测水体中的各项参数，可将水体控制在最适宜养殖对象的状态。为满足生产蛋白的强劲需求，国际深海养殖快速发展，先进的养殖方式应运而生。挪威 Havfarm 深水养殖工船，体型超大；NKS 船舶公司为其设计的全长 410 米，宽 45 米，内设六口 50 米 ×50 米的网箱，可下潜至 60 米深度，并容纳 1 万吨三文鱼（约 200 万尾）[7]。2017 年 6 月，由挪威初始设计、中国进行工程设计和建造的首座世界规模最大的深海半潜式智能养殖场正式交付（图 1），该深海装备安装各类传感器 2 万余个，融入生物学、工学、电学、计算机等多学科技术。该“超级渔场”总高 69 米，船体总装量达到 7700 吨，抗 12 级台风，可实现全自动监测、喂养、清洁等工作，7 名员工就能实现一次养鱼 150 万尾[8]。

图 1　挪威初始设计、中国承建的世界规模最大的首座深海半潜式智能养殖场

2. 发展海洋生物炼制，创新生物制品，提高附加值

生物经济是世界下一轮生产革命的重要组成部分，其基石是以生物质能为基础的产品，取代由化石资源制成的化学品和燃料。先进生物炼制是新型生物产业的核心技术[9]。海洋生物资源的高效、深层次开发利用，尤其是海洋药物和海洋生物制品的研究与产业化，已成为发达国家竞争最激烈的领域之一。近年来，全球在研的海洋药物和海洋生物制品的数量和研发支出正在稳步增长。海洋生物深度开发已形成朝阳产业，欧美、日本等发达地区或国家每年投入 100 亿美元，用于开发海洋生物酶；美国强生、英国施乐辉等公司均投入巨资，开发生物相容性海洋生物医用材料。

当下在饮食或化妆品中导入新制品，可以支持更健康的生活。生物材料通常具有生物相容性和生物可降解性，比传统材料的副作用更小，受到消费者的高度青睐。由于药物开发和营销的风险更大、时间更长，目前产业界最主要和容易实现的目标是功能性食品或化妆品。源于海洋的功能性食品、化妆品和生物材料的发展机遇巨大。海藻还被用来做纺织品，部分取代棉花。2019 年 3 月，以色列的 Algae Apparel（藻类服饰）项目获得了 2018 年 H&M（全球著名时尚服装品牌公司）资助的全球变革大奖（Global Change Award）[10]。

2013～2018 年，微藻市场维持着每年 4.68% 的增长率，预计到 2021 年，微藻产业的市场规模将达到 36.8 亿美元[11]。

3. 着力挖掘和提升海洋生态系统的服务功能和价值

海洋生态出现很多问题，急需保护和改善，而且保护和改善海洋生态系统是解决若干挑战性全球问题（粮食、药物、清洁新能源、气候监管、创造就业和包容性增长）的核心。据估计，全球海洋生态价值为 20.949 万亿美元 / 年，其中近海生态价值为 12.568 万亿美元 / 年[12]。海洋储存了地球上约 93% 的蓝碳（约 40 万亿吨），是地球上最大的碳汇体（图 2），且每年可清除 30% 以上排放到大气中的 CO_2[13, 14]。与碳在陆地生态系统可储存数十年相比，埋藏在滨海湿地土壤中的有机碳和溶解在海水里的惰性无机碳可储存千年。世界沿海地区的红树林、潮汐沼泽和海草，对保持沿海水质和渔业的健康，以及保护海岸免受洪水和风暴的影响具有重要作用。不到海洋总面积 2% 的沿海栖息地封存的碳量，大约占全球海洋沉积物中碳封存总量的一半[15]。因此，着力保护和修复红树林、海草和滩涂湿地，已成为国际共识和一致行动。

图 2 海岸带蓝碳生态系统[16]

二、国内海洋生物技术产业化新进展

中国海洋生物技术产业与国际蓝色生物经济发展同向而行，发展迅速，亮点纷呈。2018 年，中国海水产品全年总产量达 3321.74 万吨，其中远洋渔业为 225.75 万吨，同比增长 8.21%[16]。中国已成为世界远洋渔业第一大国。远洋渔业重点开展新资源和新渔场、渔具装备和渔情预报等 3 个领域的技术研发，在“十二五”期间取得跨越式发展，装备水平和整体实力显著提升；进入“十三五”，在水产养殖、装备、深海养殖、海洋生物制品、海洋牧场、生态保护和灾害处理等方面又取得新进展。

发展现代水产种业，引领水产养殖的绿色发展是中国水产养殖业的重要趋势。2018 年中国水产养殖（含水产苗种）产值 1011.21 亿元，占渔业产值的 79%，是中国渔业的主体[16]。2018 年，中国水产良种对渔业增产的贡献率为 35%，发展潜力巨大。1996～2018 年，通过全国水产原种和良种审定委员会审定、发布公告推广养殖的水产新品种有 215 个，其推广应用有力促进了水产养殖业的绿色高质量发展[17]。近 10 年，中国在水产病害防治开发上也取得可喜的进展。2015 年 5 月，世界第一个海洋微生物农药——海洋芽孢杆菌系列微生物农药获得生产批准并实现了产业化；海洋动物疫苗如鳗弧菌疫苗、迟钝爱德华菌疫苗、虹彩病毒疫苗等实现了自主研发[18-20]。2016 年，大菱鲆迟钝爱德华菌活疫苗获得生产文号，填补了国内海鱼疫苗的空白，突破了产业化的技术瓶颈，将推动以免疫防治为核心的海水鱼类健康养殖新模式的建立。宁波大学联合多个单位开展的“水产病原微生物基因芯片检测技术研发及设备创制”，在历经 10 年的科学攻关后，创立了多病原、免培养、同张芯片检测的技术体系，实现了病原微生物基因芯片检测从实验室到现场、从定性到定量的跨越式突破。

水产品消费升级推动的养殖结构不断优化，使水产饲料销量在所有饲料种类中表现突出。2017 年，中国水产饲料产量 2079.8 万吨，同比增长 7.7%；产品的生产技术由资源消耗型向科技创新型、资源节约型、环境友好型等方面转变，在质量安全、生态建设方面取得了新突破[21]。

2019 年 3 月，宁波欧亚远洋渔业公司与武汉船舶设计研究院正式签署“甬利号”南极磷虾捕捞加工船舶的设计合同。该船总投资 6.5 亿元，排水量近 1.9 万吨，将采用先进的连续泵吸捕捞系统，以及现代化和智能化的生产流水线，日加工能力 800 吨，年捕捞量 8 万吨。同年 5 月 18 日，中船黄埔文冲船舶有限公司建造的南极磷虾船“深蓝号”在广州下水[22]。该船是中国已建的最大远洋渔业捕捞加工一体船，配有当下最先进的捕捞设备、连续泵吸捕捞系统，以及冻虾、虾粉等智能化船载加工生产线，可实现连续加工处理和自动包装运输作业。

图 3　我国南极磷虾船“深蓝号”2019 年 5 月 18 日在广州下水

在相对较深的海域（通常为水深 20 米以上），中国开展了具有较强的抗风、抗浪、抗海流能力的深水网箱养殖。2018 年，由中国船舶重工集团武昌船舶重工集团有限公司负责打造的国内首批 3 座用于南海的超大型渔业养殖装备“海南陵水深远海渔业养殖平台”开建，其设计可抵御最大 17 级台风[23]。上海耕海渔业有限公司历经 10 年成功研发出深远海大型养殖加工平台——“智渔工厂”（图 4），该设施整合了北欧先进养殖经验与海工装备的尖端技术，有很强的可复制性。该公司 2019 年 6 月在临港开始建设以平台为核心的“智渔工厂”，它占地约 2000 平方米，将构建国际一流的三文鱼陆上循环水养殖系统，具备养殖试验、育苗、孵化、养成等功能，同时搭配自动化的各类设备，以全程实现三文鱼养殖的智能化、自动化、机械化的养殖示范。此外，“智渔工厂”还将包括万吨级至10万吨级的海上示范养殖加工平台。其中10万吨级平台可提供近8万立方米养殖水体，年产三文鱼7000～9000吨，产值约10亿元[24]。随着南海渔业养殖产业链的不断完善，据测算，未来可形成约1800亿元人民币的渔业装备市场，成鱼年产值将达1350亿元。[25]

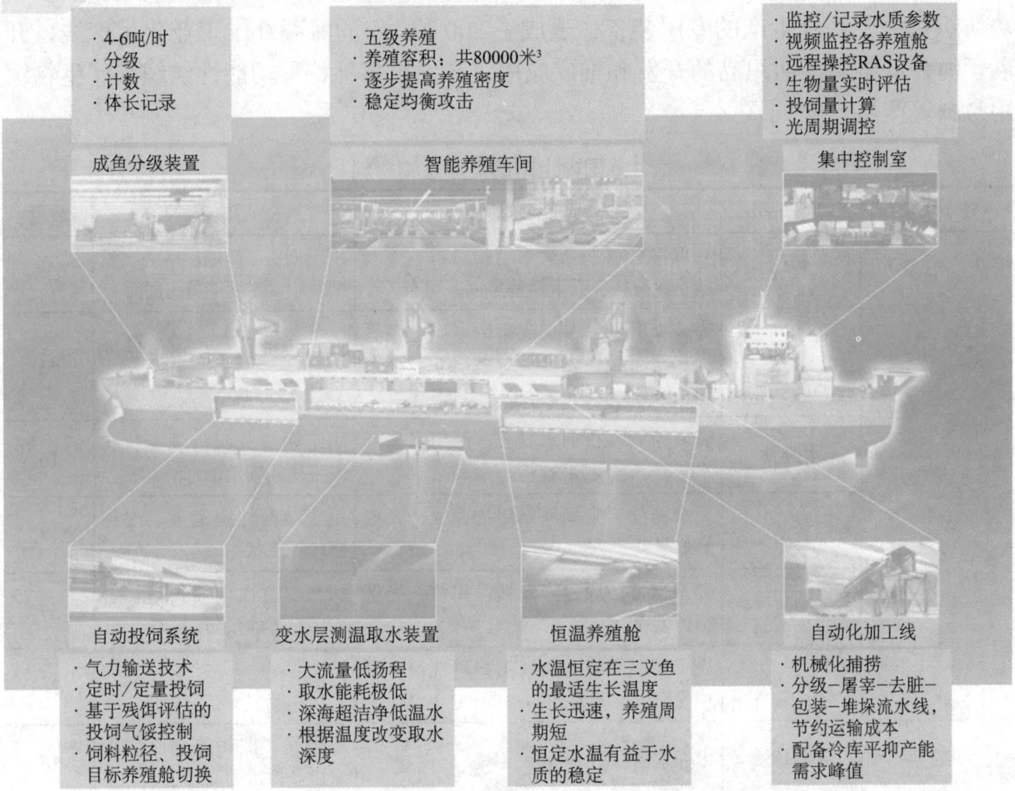

图4　上海临港将建国内首个深远海“智渔工厂”

中国海洋生物制品主要有壳聚糖、海藻酸盐基生物医用材料、海洋功能性食品、海洋多糖植物免疫调节剂、海藻糖空心胶囊、水产疫苗和酶制剂等[26, 27]。壳聚糖、藻酸盐基海洋功能材料如止血、愈创、抗菌敷料和手术防粘连产品已进入产业化阶段，共有458个壳聚糖、藻酸盐基医疗器械产品获批上市，其中近五年共有187个壳聚糖、藻酸盐基医疗器械产品获得医疗器械证书（表1）[28]；多糖寡糖制品、系列鱼油制品、系列高附加值蛋白肽类制品等海洋功能食品品种丰富[29-31]。599个获批上市的海洋功能食品（表2），以增强免疫力功能、辅助降血脂、缓解体力疲劳和美容功能的产品为主导，占总数76%。海洋绿色农用制剂寡糖农药的应用全面展开，在植物抗病、抗逆、促生长、降农残、改善品质等领域得到广泛应用。海洋溶菌酶、蛋白酶、脂肪酶、酯酶等酶制剂已实现产业化[32]，获得了4个生产证书和6个产品批准文号；2015年，年产4000吨的新型海洋生物酶产业化项目完工，实现了蛋白酶和两种脂肪酶的产业化[33]。青岛大学攻克了纤维级海藻酸钠原料产业化的关键技术，建成千吨级纤维级海藻酸钠生产线，攻克了原料高效溶解、无脱水剂分纤等关键技术，研发成功纺织用海藻纤维生产的专用装备，建成了800吨/年的海藻纤维工业化生产线，开展了海藻纤维功能纺织品的开发和推广应用，开发出多种特种功能性纺织品、生物医用敷料等产品[10]。

表1　国内上市的海洋生物材料

化学性质	产品剂型	产品名称	适应证	数量
壳聚糖	敷料	壳聚糖敷料、壳聚糖创伤敷料、壳聚糖止血敷料、壳聚糖基愈创非织布	用于创伤、褥疮、痔疮、溃疡及一、二度烧烫伤创面	118
	凝胶	壳聚糖凝胶、医用壳聚糖凝胶、壳聚糖妇科凝胶、壳聚糖抗菌凝胶、壳聚糖止血凝胶、	抑菌、抗炎、止血、促进愈合	63
	水凝胶	壳聚糖妇科抗菌水凝胶、医用壳聚糖水凝胶、水凝胶敷料	用于阴道炎、宫颈炎、肛周疾病的辅助治疗	16
	栓剂	壳聚糖栓、壳聚糖妇用抗菌栓、壳聚糖妇科栓	用于细菌性阴道炎、改善瘙痒等症状	17
	膜	壳聚糖抗菌膜、壳聚糖医用膜、壳聚糖护创膜	抑菌、急性创面护理、手术后粘连的预防	37
	液体	壳聚糖漱口液、壳聚糖妇科洗液、医用壳聚糖抗菌液	抑菌、抗炎	26
甲壳素	创口贴	甲壳素创口贴	小创伤、擦伤等创面的止血以及保护创面	16
藻酸盐	敷料	藻酸盐敷料、海藻酸盐敷料、藻酸盐止血敷料	吸收渗液、促进止血，促进伤口愈合	85
	印模材料	齿科藻酸盐印模材料	口腔矫形，软组织印模	39
	水凝胶	海藻酸钠口腔用水凝胶	口腔黏膜创面隔离、止痛、促进创面愈合	1
	膜	藻酸盐医用膜	止血、非慢性创面的覆盖和护理	1

表 2　中国已上市的海洋功能食品

	数量	比例（%）	保健功能	数量	比例（%）
增强免疫力	204	34.1	对辐射危害有辅助保护作用	14	2.3
辅助降血压	87	14.5	促进排铅	13	2.2
缓解体力疲劳	84	14.0	营养素补充剂	9	1.5
美容	80	13.4	抗氧化	8	1.3
增加骨密度	37	6.2	改善生长发育	8	1.3
延缓衰老	35	5.8	改善营养性贫血	7	1.2
改善睡眠	31	5.2	辅助降血压	7	1.2
辅助改善记忆	24	4.0	对胃黏膜有辅助保护作用	6	1.0
提高缺氧耐受力	23	3.8	清咽	3	0.5
辅助降血糖	23	3.8	缓解视疲劳	2	0.3
减肥	22	3.7	抗突变	2	0.3
通便	19	3.2	促进消化	1	0.2
对化学肝损伤有辅助保护作用	14	3.3	调节肠道菌群	1	0.2

海洋资源与环境问题是制约中国海洋水产养殖业可持续发展的瓶颈。致力于海洋牧场的研究、开发和应用是主要海洋国家的战略选择，也是世界发达国家渔业发展的主攻方向之一。海洋牧场是基于海洋生态学原理，利用现代工程技术，并充分利用自然生产力，在一定海域内营造健康的生态系统，科学养护和管理生物资源而形成的人工渔场[34]（图 5）。

图 5　设想的海洋牧场示意图

到 2025 年，中国将创建 178 个国家级海洋牧场示范区。截至 2018 年底，农业农村部公布了四批共计 86 处国家级海洋牧场示范区。例如，青岛市自 2009 年起，已建设 10 处增殖休闲型海洋牧场和崂山湾公益型海洋牧场，全市累计投资 7.38 亿元，礁体投放 150 多万空方。经多年的努力，中国牧场海域生态环境保护、生物资源养护已初见成效，万亩海上牧场年收益增加 20%[35]。

为加快绿色发展，促进产业转型升级，2019 年 2 月 15 日，农业农村部等十部委联合印发《关于加快推进水产养殖业绿色发展的若干意见》[36]，坚持“生态优先”的基本原则，提出到 2022 年，国家级水产种质资源保护区达到 550 个以上，国家级水产健康养殖示范场达到 7000 个以上，健康养殖示范县达到 50 个以上，健康养殖示范面积达 65% 以上，产地水产品抽检合格率保持在 98% 以上。

中国有约 300 万平方千米的主张管辖海域和 1.8 万千米的大陆岸线，是世界上少数几个同时拥有海草床、红树林、盐沼这三大蓝碳生态系统的国家之一，其 6.70 平方千米的滨海湿地也为蓝碳发展提供了广阔空间。当前中国在全国沿海划定了海洋生态红线，建设海洋保护区网络，严格控制围填海，并通过实施“蓝色海湾整治”“南红北柳”和“生态岛礁”等工程，积极恢复滨海湿地和近海生态系统[37]。

针对不同赤潮等有害藻华，中国科学院海洋研究所已研发出十几种不同类别的改性黏土，并分别用在中国一系列重大活动的有害藻华应急处置中，如 2015 年以来广西防城港核电厂冷源取水海域的安全保障等。这些技术获得国内外普遍认可，成为国内外赤潮治理的指导性方法[38]。

三、海洋生物技术产业化发展趋势、展望及建议

据 OECD《2030 海洋经济展望》预测，到 2030 年，无论是在附加值还是就业方面，若干海洋产业都有潜力超过全球经济的整体增长。2010～2030 年，在“一切照常”假设的基础上，海洋经济对全球增加值的贡献可能会增加一倍以上，达到 3 万亿美元以上；海洋水产养殖、海上风力发电、鱼类加工、造船和修理等行业的增长将尤其强劲，到 2030 年将在正常情况下创造约 4000 万个全职的工作岗位[9]。

中国海洋生物技术产业的科技水平与国际先进水平相比，虽然有自己的特色和优势，但也有不少的差距。中国拥有世界最大的海洋捕捞业和水产养殖业，近 20 年来政府不断加大对海洋生物技术的支持和投入，取得了显著效果，特别是在水产组学和种业的研发上，已由“跟跑”跨入“领跑”的方队。但总体而言，中国海洋生物产业研究的基础还较薄弱，关键技术亟待完善与集成。此外，中国海岸线资源开发过度、深远海资源利用不足、近岸渔业资源趋于枯竭、海洋污染现象日趋严重等问题突出。

在机制层面，中国在海洋生物资源开发利用上的资助不足，4 个五年计划总资助经费仅 10 亿元人民币左右，远低于发达国家同期 500 亿美元的水平；国内企业参与投入的积极性也不高，以企业为主体的研发体制尚未形成。

中国海洋生物技术产业发展必定遵循如下新的理念。

一是要更加注重创新发展。为有效应对多样化的海洋活动面临的日益增长的挑战，科学、技术和创新将发挥越来越大的作用。在数字化的推动下，颠覆性技术（如人工智能、大数据、区块链）的采用正在影响海洋学术研究领域和商业创新的周期。国家“十三五”部署的“蓝色粮仓”重大专项在科学问题认知、关键技术突破、产业示范应用三个层面一起发力。

二是要更加注重绿色发展。蓝色产业的持续发展需要生态优先，达到人海合一[39]。2013 年，浙江、海南、江苏、辽宁和福建 5 省的海域资源消耗成本占海洋资源与环境总成本的比重分别达 88.1%、87%、77.9%、74.4% 和 62.9%，“老板发财、百姓受害、政府买单”的尴尬局面时常出现。今后的发展要突出健康和美丽的主题，水产品的需求转向“质量型、健康型”，海洋生态环境更加重视营造碧海银滩。

三是要更加注重协调发展。在实践中，要以陆促海、以海带陆、陆海统筹，要使开发与保护同步，要在运作机制上促进官产学研结合，要在发展领域中破难题、扩优势、补短板。

此外，“一带一路”倡议从顶层设计和规划层面逐步走向落实，在带动总体经济发展的同时给海洋经济的发展带来了多重机遇与挑战[40]。中国海洋生物经济的绿色发展前景美好。

参考文献

［1］OECD. Marine biotechnology：enabling solutions for ocean productivity and sustainability［R］. 2013. DOI：https://dx.doi.org/10.1787/9789264194243-en.

［2］OECD. Marine biotechnology：definitions，infrastructures and directions for innovation［R］. OECD Science，Technology and Industry Policy Papers，2017：43.

［3］FAO. The State of World Fisheries and Aquaculture 2018-meeting the sustainable development goals.［2019-07-15］. http://www.fao.org/3/i9540en/i9540en.pdf.

［4］SAFS. The Status of Australian fish stocks report 2018［EB/OL］.［2019-07-14］. https://www.fish.gov.au/.

［5］中国船检 . 极地渔业和船舶技术现状［EB/OL］.［2019-07-25］http://www.eworldship.com/html/2019/ship_market_observation_0314/147626.html.

［6］中国船检 .2019 极地渔业和船舶技术现状［EB/OL］.［2019-07-14］. http://www.eworldship.com/

html/2019/ship_market_observation_0314/147626.html/.

[7] 徐晓丽，王传荣．深远海渔业养殖装备，冬天里的一把火？［EB/OL］.［2019-07-14］. http://www.eworldship.com/html/2017/ship_market_observation_0925/132209.html

[8]《制造技术与机床》杂志社．中国造世界首座“超级渔场”交付挪威 可抗 12 级台风［EB/OL］.［2019-07-14］. http://m.sohu.com/a/148813800_765124/.

[9] OECD. THE OCEAN ECONOMY IN 2030［EB/OL］.［2019-07-14］. https://www.oecd.org/environment/the-ocean-economy-in-2030-9789264251724-en.htm.

[10] 佚名．以色列藻类服饰项目获得“全球变革大奖”［EB/OL］.［2019-07-15］. http://www.malgaetech.com/microalgae/vip_doc/8127628.html/.

[11] 佚名．全球微藻市场规模继续保持高速增长［EB/OL］.［2019-07-15］. http://www.malgaetech.com/ microalgae/vip_doc/8083114.html.

[12] Costanza R，et al.The value of the world's ecosystem services and natural capital［J］. Ecological Economics，1998，25（1）：3-15.

[13] Herr D，Landis E. Coastal blue carbon ecosystems，opportunities for nationally determined contributions［R］. Gland，Switzerland：IUCN，Washington D C，USA：TNC.

[14] BLUE CARBON：Mitigating climate change along our coasts，［2019-07-17］. https://www.conservation.org/projects/Pages/mitigating-climate-change-on-coasts-blue-carbon.aspx.

[15] 国际自然保护联盟．蓝碳《问题简报》［EB/OL］.［2019-07-25］. http://blog.sciencenet.cn/blog-1721-1141204.html.

[16] 农业农村部渔业渔政管理局．中国渔业统计年鉴 2019［M］. 北京：中国农业出版社，2019.

[17] 王建波．现代水产种业引领水产养殖绿色发展［J］. 海洋与渔业，2019（03）：12-13.

[18] Camacho F，Macedo A，Malcata F. Potential industrial applications and commercialization of microalgae in the functional food and feed industries［J］. Mar Drugs，2019，17（6）：ii.

[19] Sathasivam R，Radhakrishnan R，Hashem A，et al. Microalgae metabolites：a rich source for food and medicine［J］. Saudi J Biol Sci，2019，26（4）：709-722.

[20] Zhao X Q，Xu X N，Chen L Y. Production of enzymes from marine actinobacteria［J］. Adv Food Nutr Res，2016，78：137-151.

[21] 佚名 .2018 年我国水产饲料行业产量不断增加 未来发展将向“生态饲料”转变［EB/OL］.［2019-07-21］. http://market.chinabaogao.com/nonglinmuyu/1253UN12018.html/.

[22] 中国船舶工业行业协会．我国首制南极磷虾船“深蓝”号在广州下水［EB/OL］.［2019-07-21］. http://www.cansi.org.cn/news/shownews.php?lang=cn&id=12314/.

[23] 杨艺华，邓韶勇．海南将装备直径 120 米“超级渔场”深海养殖网箱 可远程遥控［N］. 海南日报，2019-07-21.

[24] 王志彦．深耕万亿级“水产蛋白市场”，临港将建国内首个深远海“智渔工厂”[J]，市场周刊（理论研究）2017（08）：17，28，29，44-45.

[25] 中国船舶重工经济研究中心．国内外海洋渔业养殖装备现状及深、远海养殖装备发展面临的挑战[EB/OL].[2019-07-25]. http://www.sohu.com/a/195049227_726570.

[26] 方琼玟，罗茵．海洋生物产业发展迎来新契机[J]. 海洋与渔业，2019（03）：28-29.

[27] 张玉忠，杜昱光，宋晓妍．海洋生物制品开发与利用[M]. 北京：科学出版社，2017.

[28] 国家药品监督管理局．国家药品监督管理局药品数据查询[EB/OL].[2019-07-25]. http://app1.sfda.gov.cn/datasearchcnda/face3/base.jsp?tableId=26&tableName=TABLE26&title=%E5%9B%BD%E4%BA%A7%E5%99%A8%E6%A2%B0&bcId=152904417281669781044048234789/.

[29] Tziveleka L A，Ioannou E，Roussis V. Ulvan，a bioactive marine sulphated polysaccharide as a key constituent of hybrid biomaterials[J]. Carbohydr Polym，2019，15（218）：355-370.

[30] Generalić Mekinić I，Skroza D，Šimat V，et al. Phenolic content of brown algae（pheophyceae）species：Extraction，identification，and quantification. Biomolecules. 2019，9（6）：266.

[31] Cherry P，Yadav S，Strain C R，et al. Prebiotics from seaweeds：an ocean of opportunity？[J]. Mar Drugs. 2019，17（6）：Pii.

[32] Commission Staff Working Document. Report on the Blue Growth Strategy towards more sustainable growth and jobs in the blue economy[EB/OL].[2019-07-15]. https://ec.europa.eu/maritimeaffairs/policy/blue_growth_en.

[33] 福建省海洋与渔业厅．福建：“年产 4000 吨新型海洋生物酶产业化”项目通过验收[J].[2019-07-25]. http://www.shuichan.cc/news_view-237904.html.

[34] 杨红生，章守宇，张秀梅，等．中国现代化海洋牧场建设的战略思考[J]. 水产学报，2019（4）：1255-1262.

[35] 乔金亮．我国将创建 178 个国家级海洋牧场示范区[EB/OL].[2019-07-25]. http://www.ce.cn/cysc/newmain/yc/jsxw/201810/26/t20181026_30629995.shtml/.

[36] 李易珊．十部委联合印发《关于加快推进水产养殖业绿色发展的若干意见》[J]. 水产学杂志，2018，31（02），50-56.

[37] 刘诗瑶．中国蓝碳研究走在世界前列[EB/OL].[2017-12-07]. http://politics.people.com.cn/n1/2017/ 1207/c1001-29691122.html.

[38] 王沛．应对有害藻华，研发出改性黏土技术，俞志明 愿做赤潮“消防员”[N]. 人民网－人民日报，2019-04-08.

[39] 李曾骙．引领海洋经济的绿色发展大潮[EB/OL].[2019-07-25]. http://world.gmw.cn/2017-09/20/content_26251689.htm.

[40] 国家发展和改革委员会，国家海洋局．全国海洋经济发展“十三五”规划[EB/OL].[2019-07-

25]. http://www.ndrc.gov.cn/zcfb/zcfbghwb/201705/W020170512615906757118.pdf.

5.12 Commercialization of Marine Biotechnology

Xiang Jianhai[1], *Qin Song*[2]
(1.Institute of Oceanology, Chinese Academy of Sciences;
2.Yantai Institute of Coastal Zone Research, Chinese Academy of Sciences)

Marine biotechnology is an enabling technology that provides solutions to marine productivity and sustainability. In the past 30 years, marine biotechnology has made great progress, and the speed and format of its industrialization have been changing rapidly. Cited abundant references and data, this paper reviews and compares the latest progress in the three directions of biotechnology industrialization at home and abroad: the first is to vigorously develop marine biomass and food production; the second is to develop marine biological refining, innovate biological products and increase added value; the third is to explore and enhance the service function and value of marine ecosystem. Finally, the development trend and prospect of marine biotechnology industrialization in China are discussed.

第六章

高技术产业国际竞争力与创新能力评价

Evaluation on High-tech Industry Competitiveness and Innovation Capacity

6.1　中国航空航天器及设备制造业国际竞争力评价

张婧婧[1,2]　蔺　洁[1]

（1. 中国科学院科技战略咨询研究院；
2. 中国科学院大学公共政策与管理学院）

一、中国航空航天器及设备制造业发展概述

航空航天器及设备制造业①是技术和资本密集型产业，是国家工业发展水平的集中体现。航空航天器及设备制造业国际竞争力的提升，对于维护国家安全、推动经济社会发展、提高人民生活质量具有重要的战略意义。

中国航空航天器及设备制造业规模快速扩大。2012～2016年，航空航天器及设备制造业主营业务收入从2329.90亿元持续增加到3801.67亿元，年均增速高达13.02%，高于高技术产业年均增速（10.73%）；利润总额从121.80亿元持续增加到224.39亿元，年均增速高达16.50%，高于高技术产业年均增速（13.60%）（图1）。同期，从业人员年平均人数从359 315人增加到402 202人②，年均增速达2.86%，高于高技术产业年均增速1.41%，大中型企业数量从118家持续增加到169家，年均增速达9.40%，远高于高技术产业年均增速（2.38%）；大中型企业企均主营业务收入从13.99亿元/家持续增加到20.40亿元/家，年均增幅达9.89%，高于高技术产业年均增幅平均水平（7.65%）。

① 根据国统字［2013］55号《国家统计局关于印发高技术产业（制造业）分类（2013）的通知》，航空、航天器及设备制造业这一大类分为飞机制造，航天器制造，航空、航天相关设备制造，其他航空航天器制造和航空航天器修理等五个中类。虽然2017年12月国家统计局依据修订后的《国民经济行业分类（2017）》发布的《高技术产业（制造业）分类（2017）》将2013年“航空、航天器及设备制造业”这一大类中的“航天器制造”更名为“航天器及运载火箭制造”，将“航空、航天相关设备制造”细分出两个小类：“航天相关设备制造”“航空相关设备制造”，但由于本节所用相关数据均是2016年和2017年的数据，因此仍采用2013年分类名称。

② 按照国家统计局，2005年及以前年份数据口径为全部国有及年主营业务收入500万元及以上的非国有法人工业企业，2010年为年主营业务收入为500万元及以上的法人工业企业，2011年及以后年份为年主营业务收入2000万元及以上的法人工业企业。此处从业人员年平均人数的年份为2012～2016年，因此不受统计口径变化影响。

中国航空航天器及设备制造业产业集中度不断提高。2012～2016年，航空航天器及设备制造业大中型企业数量占所有企业数量的比例从38.82%振荡提升至39.76%，大中型企业主营业务收入占所有企业主营业务收入的比例从70.85%持续提升至90.69%。大中型企业在航空航天器及设备制造业发展中发挥的作用愈加突出。

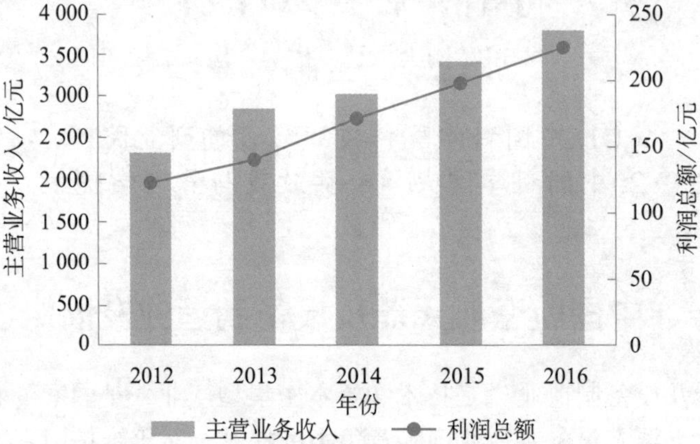

图1　中国航空航天器及设备制造业经济规模（2012～2016年）

资料来源：《中国高技术产业统计年鉴》（2015，2017）。

三资企业[①]在航空航天器及设备制造业领域企业数量占比较少，但利润总额占比较高。2016年，中国航空航天器及设备制造业共有三资企业82家，占航空航天器及设备制造业企业总数的19.29%，从业人员平均数、主营业务收入、利润总额和出口交货值分别占航空航天器及设备制造业从业人员总数的11.07%、22.23%、37.39%和52.93%（表1）。其中，飞机制造业中三资企业从业人员平均数占飞机制造业从业人员数的比例仅为3.44%，但利润总额占比高达40.38%。

表1　中国航空航天器及设备制造业中三资企业所占比例（2016年）　（单位：%）

行业	企业数	从业人员平均数	主营业务收入	利润总额	出口交货值
高技术产业	23.32	45.22	45.08	36.85	76.88
航空航天器及设备制造业	19.29	11.07	22.23	37.39	52.93
飞机制造	19.75	3.44	19.42	40.38	28.76
航天器制造	0.00	0.00	0.00	0.00	0.00

资料来源：《中国高技术产业统计年鉴（2017）》。

本文将从竞争实力、竞争潜力、竞争环境和竞争态势四个方面[1]分析中国航空

① 指港澳台投资企业和外商投资企业。

航天器及设备制造业国际竞争力现状和发展态势，力图发现该产业发展面临的重大问题，识别影响产业发展的关键因素，并提出相应的对策和建议。

二、中国航空航天器及设备制造业竞争实力

中国航空航天器及设备制造业的竞争实力，主要体现在资源转化能力、市场竞争能力和产业技术能力三个方面①。

1. 资源转化能力

资源转化能力可以衡量生产要素转化为产品与服务的效率和效能，主要体现在全员劳动生产率②和利润率③ 2 项指标。全员劳动生产率是产业生产技术水平、经营管理水平、职工技术熟练程度和劳动积极性的综合体现；利润率反映产业的生产赢利能力。由于产业增加值数据难以获得，本文认为，人均主营业务收入在一定程度上可以反映产业全员劳动生产率的发展水平。

中国航空航天器及设备制造业人均主营业务收入和利润率均低于高技术产业平均水平。2016 年，中国航空航天器及设备制造业人均主营业务收入为 92.52 万元 /（人・年），为高技术产业平均水平［114.59 万元 /（人・年）］的 80.73%，该比值与 2012 年比值（80.42%）相比有小幅上升；利润率为 5.65%，为高技术产业平均水平（6.73%）的 83.88%，该比值与 2012 年比值（86.86%）相比有较大幅度下降。

从细分产业来看，飞机制造业人均主营业务收入高于航天器制造业，但飞机制造业利润率低于航天器制造业。2016 年，中国飞机制造业人均主营业务收入［92.52 万元 /（人・年）］是航天器制造业人均主营业务收入［88.07 万元 /（人・年）］的 1.05 倍；航天器制造业利润率（6.71%）则是飞机制造业利润率（4.94%）的 1.36 倍。

与发达国家相比，中国航空航天器及设备制造业的全员劳动生产率仍有较大提升空间。2015 年，法国、美国、德国、英国和意大利航空航天器及相关机械制造业全员劳动生产率④依次为 108.24 万美元 /（人・年）⑤、52.48 万美元 /（人・年）、44.18 万美

① 有关数据主要来源于历年《中国高技术统计年鉴》，考虑到不同数据统计口径的差异，如无特殊说明，以下数据统计口径均为大中型工业企业。

② 全员劳动生产率［万元 /（人・年）］= 产业增加值 / 全部从业人员平均数。考虑到数据可获得性，中国的全员劳动生产率用人均主营业务收入代替。

③ 利润率 =（利润总额 / 主营业务收入）×100%。

④ Air and spacecraft and related machinery，labor productivity=production（gross output）/Number of persons engaged-total employment. 资料来源：OECD STAN 数据库中产业分析部分的产业分类 D303，以上数据库的产业分类标准是 ISIC Rev.4。https://stats.oecd.org/Index.aspx?DataSetCode=STANI4_2016［2019-05-09］.

⑤ 本段内数据均按现价计。

元 /（人·年）、41.02 万美元 /（人·年）和 36.76 万美元 /（人·年）；2014 年，韩国和日本航空航天器及相关机械制造业全员劳动生产率依次为 33.31 万美元 /（人·年）和 30.27 万美元 /（人·年）；上述各国全员劳动生产率为 2016 年中国航空航天器及设备制造业全员劳动生产率［13.93 万美元 /（人·年）］① 的 2.17～7.77 倍。

2. 市场竞争能力

市场竞争能力主要由产品目标市场份额、贸易竞争指数②、价格指数③3 项指标表征。产品目标市场份额反映一国某商品对目标市场的贸易出口占目标市场该商品贸易进口的比例。贸易竞争指数反映一国某商品贸易进出口差额的相对大小，1 表示只有出口，−1 表示只有进口。价格指数反映该国某商品进出口价格比率，0～1 表明该商品出口价格低于进口价格，大于 1 表明该商品出口价格高于进口价格。

中国航空航天器及其部件④产品在全球市场竞争力较弱，占全球市场份额的比例仅为 1.36%，国际贸易主要表现为贸易逆差。2016 年，中国航空航天器及其部件产品出口总额为 33.65 亿美元，进口总额为 228.40 亿美元，贸易逆差高达 194.76 亿美元，贸易竞争指数为 −0.743。

美国、德国、法国是中国航空航天器及其部件产品开展国际贸易的主要国家，在这些市场主要表现为贸易逆差，缺乏市场竞争力。2016 年，中国对美国、法国和德国市场出口额分别为 11.12 亿美元、2.19 亿美元和 1.44 亿美元，进口额分别为 132.85 亿美元、39.24 亿美元和 41.18 亿美元，因此，中国在美国、法国和德国市场的贸易竞争指数分别为 −0.846、−0.894 和 −0.933，目标市场份额分别为 3.58%、0.65% 和 0.73%，表现出较弱的市场竞争能力。

在金砖国家中，中国航空航天器及其部件产品在巴西的出口额为 22.91 万美元，进口额为 3.73 亿美元，贸易竞争指数为 −0.999，目标市场份额为 0.01%，表现为几乎没有竞争力；在印度的出口额为 0.04 亿美元，进口额为 0.01 亿美元，贸易竞争指数为 0.666，目标市场份额为 0.13%。中国在印度市场虽然市场份额较小，但表现出较强的贸易竞争力。

① 根据 2016 年美元兑人民币汇率（6.644）得。汇率数据来源：OECD data，https://data.oecd.org/。

② 贸易竞争指数 =（出口额 − 进口额）/（出口额 + 进口额）。

③ 价格指数 =（出口额 / 出口数量）/（进口额 / 进口数量）。

④ Aircraft，spacecraft and parts thereof（商品编码为二位码 88）。数据来源：UN Comtrade 数据库，商品编码标准为 HS1996，本小节数据来源均为此。

表 2　中国航空航天器及其部件产品国际贸易情况（2016 年）

	全球市场	美国市场	法国市场	德国市场	巴西市场	印度市场
出口 / 亿美元	33.65	11.12	2.19	1.44	0.00	0.04
进口 / 亿美元	228.40	132.85	39.24	41.18	3.73	0.01
贸易顺差 / 亿美元	−194.76	−121.73	−37.05	−39.75	−3.73	0.03
贸易竞争指数	−0.743	−0.846	−0.894	−0.933	−0.999	0.666
目标市场份额 /%	1.36	3.58	0.65	0.73	0.01	0.13

资料来源：UN Comtrade 数据库，商品编码标准为 HS1996。

中国航空航天器及设备制造业 HS 编码 8801 的气球、飞船、滑翔机和无动力飞机①、编码 8804 的降落伞及其配件②在国际市场上具有较强的价格优势，但也反映出我国该产品仍相对处于价值链低端环节，产品附加值较低。从编码 8801 相关产品来看，2016 年相关产品的贸易竞争指数和价格指数分别为 0.927 和 0.003，表明中国该商品主要依靠价格优势占领国际市场。德国、美国、巴西该产品贸易竞争指数均小于 0，表明这些国家该商品主要依赖进口。印度该商品的贸易竞争指数和价格指数分别为 −0.037 和 0.008，表明印度该产品凭借价格优势也无法获取市场。从编码 8804 相关产品来看，2016 年中国相关产品的贸易竞争指数为 0.598，价格指数为 0.272，表明该产品出口额大于进口额，具有明显的价格优势。美国编码 8804 的降落伞及其配件产品贸易竞争指数达 0.716，价格指数为 1.505，说明美国此类产品具有较强的市场竞争能力。

中国航空航天器及设备制造业 HS 编码 8802 的飞机、飞船和卫星③，编码 8803 的飞机、宇宙飞船等部件④和编码 8805 的飞机发射装置和飞机模拟器⑤依靠价格优势也无法获得国际市场。从编码 8802 的产品来看，2016 年中国相关产品的贸易竞争指数和价格指数分别为 −0.838 和 0.000，表明中国该产品主要依赖进口，虽然出口价格较低，但仍然无法占据国际市场。法国、德国、巴西的该产品贸易竞争指数为 0.583、0.433 和 0.853，表明这些国家该产品以出口为主，具有较强的贸易竞争优势。巴西该产品的价格指数为 722.598，该产品以较高的市场价格获得国际市场，表明巴西该产品具有很强的国际竞争力。从编码 8803 的产品来看，中国相关产品的贸易竞争指数和价格指数分别为 −0.171 和 0.624，表明中国该产品依靠价格优势也无法获得国际市

① Balloons，dirigibles，gliders，non-powered aircraft。

② Parachutes，parts and accessories thereof。

③ Aircraft，spacecraft，satellites。

④ Parts of aircraft，spacecraft，etc。

⑤ Aircraft launching gear，flight simulators。

场。法国、美国、巴西该产品的贸易竞争指数均小于 0，表明这些国家该产品进口额大于出口额。德国编码 8803 的飞机、宇宙飞船等部件贸易竞争指数和价格指数分别为 0.229 和 1.431，表明德国该产品附加值高，虽然出口价格较高，但仍然拥有一定的市场份额。从编码 8805 的产品来看，中国相关产品的贸易竞争指数和价格指数分别为 −0.986 和 0.099，表明中国该产品在国际市场虽然具备价格优势，但是绝大部分依靠进口，基本没有进入国际市场。德国编码 8805 的飞机发射装置和飞机模拟器产品贸易竞争指数和价格指数分别是 0.213 和 0.681，表明该类产品依靠价格优势赢得小部分国际市场。

表 3　部分国家航空航天器及其部件细分产品贸易竞争指数和价格指数（2016 年）

HS 编码	中国		法国		德国		美国		巴西		印度	
	贸易竞争指数	价格指数	贸易竞争指数	价格指数	贸易竞争指数	价格指数	贸易竞争指数	价格指数	贸易竞争指数	价格指数	贸易竞争指数	价格指数
8801	0.927	0.003	0.004	*	−0.019	*	−0.401	*	−0.890	25.651	−0.037	0.008
8802	−0.838	0.000	0.583	*	0.433	*	−0.312	36.079	0.853	722.598	0.114	*
8803	−0.171	0.624	−0.481	0.611	0.229	1.431	−0.461	2.259	−0.559	1.767	−0.033	0.462
8804	0.598	0.272	−0.032	1.271	−0.120	1.435	0.716	1.505	0.532	1.370	−0.396	1.061
8805	−0.986	0.099	0.040	0.567	0.213	0.681	−0.128	1.624	−0.583	1.562	−0.009	*

资料来源：UN Comtrade 数据库，商品编码标准为 HS1996。
* 表示无数据。

3. 产业技术能力

产业技术能力主要体现在产业关键技术水平、新产品销售率①和新产品出口销售率②等 3 项指标。产业关键技术水平体现产业技术硬件水平，与产业技术能力有着直接的关系。新产品销售率和新产品出口销售率一定程度上反映了新技术的市场化收益能力，也是衡量产业技术水平的重要指标。

近年来，中国航空航天器及设备制造业的技术水平取得较大提升。在航天领域，2017 年 9 月，中国第一艘货运飞船天舟 −1 与天宫 −2 空间实验室开展了一系列任务，成功验证了空间站货物补给、推进剂在轨补加、自主快速交会对接等关键技术，标志着中国载人航天工程第二步胜利完成。2017 年 11 月 5 日，中国以“一箭双星”方式发射中国北斗 −3 第 1、2 颗组网卫星，开启了“北斗”卫星导航系统全球组网的新时

① 新产品销售率 = 新产品销售收入 / 产品销售收入 ×100%，其中，产品销售收入用主营业务收入替代。
② 新产品出口销售率 = 新产品出口销售收入 / 新产品销售收入 ×100%。

代[①]。2018 年 4 月 5 日，北京星际荣耀公司的首枚固体验证火箭“双曲线一号 S 火箭”在海南发射升空，标志着中国首枚民营企业研制的商业运载火箭飞行试验成功[②]。2019 年 1 月 3 日，嫦娥四号探测器成功着陆在月球背面预选着陆区，并通过“鹊桥”中继星传回了世界第一张近距离拍摄的月背影像图，实现了人类探测器首次月背软着陆、首次月背与地球的中继通信[③]。

在航空领域，2017 年 5 月 5 日，中国完全按照世界先进标准自主研制的 C919 大型客机成功首飞，意味着中国实现了民机技术集群式突破，形成了我国大型客机发展核心能力[④]。2017 年 10 月 26 日，全球首款吨位级的货运无人机 AT200 在陕西蒲城成功首飞[⑤]，突破了多项关键技术。2018 年 10 月 20 日，中国自主研制的大型灭火 / 水上救援水陆两栖飞机“鲲龙”AG600 成功实现水上首飞，这也是当时世界上在研最大的水陆两栖飞机[⑥]。

中国航空航天器及设备制造业新产品销售率高于高技术产业平均水平，但新产品主要销往国内市场。2016 年，中国航空航天器及设备制造业新产品销售率 43.16%，比高技术产业平均水平（35.46%）高 7.70 个百分点。其中，飞机制造的新产品销售率为 54.17%，比高技术产业平均水平高 11.01 个百分点；航天器制造的新产品销售率为 30.36%，低于高技术产业平均水平。同期，中国航空航天器及设备制造业新产品出口销售率仅为 9.06%，比高技术产业平均水平（40.45%）低 31.39 个百分点。其中，飞机制造和航天器制造的新产品出口销售率分别为 8.16% 和 0.42%，远低于高技术产业平均水平。

综合考察资源转化能力、市场竞争能力和产业技术能力，可以认为，中国航空航天器及设备制造业近年取得了较大的技术进展，但新产品主要面向国内市场，与美国、法国和德国等发达国家相比，全员劳动生产率和国际市场份额都有较大差距，主要靠部分产品的价格优势占领国际市场，因此在国际市场中国航空航天器及设备制造

① 人民网 - 人民日报 . 我国“一箭双星”发射两颗北斗卫星 开启全球组网新时代 .[2019-04-09]. http://military.people.com.cn/n1/2017/1106/c1011-29628274.html.

② 刘玉国，张仁渊 . 十院航天天马为中国首枚民营航天火箭搭建发射台 .[2019-04-09]. http://www.gzht.casic.cn/n3906040/n3906042/c7455628/content.html.

③ 邹维荣，王天益 . 中国成功实现人类探测器首次月球背面软着陆 .[2019-04-09]. http://www.81.cn/jmywyl/2019-01/04/content_9395608.htm.

④ 中国商飞公司新闻中心 . 我国自主研制 C919 大型客机在上海圆满首飞 .[2019-04-09]. http://www.comac.cc/zt/c919shoufei/xw/201705/05/t20170505_5166788.shtml.

⑤ 新华网 . 全球首款吨位级货运无人机成功首飞 .[2019-04-09]. http://www.xinhuanet.com//politics/2017-10/27/c_129727726.htm.

⑥ 人民网 - 北京青年报 .“鲲龙”AG600 水上首飞成功 .[2019-04-09]http://bj.people.com.cn/n2/2018/1021/c233086-32182208.html.

业竞争实力较弱。

三、中国航空航天器及设备制造业竞争潜力

竞争潜力体现在产业运行状态、技术投入、比较优势和创新活力四个方面。由于产业运行状态缺乏相关统计数据，本文仅从技术投入、比较优势和创新活力三个方面分析中国航空航天器及设备制造业的竞争潜力。

1. 技术投入

技术投入强度直接影响产业未来技术水平和竞争力的提升，体现在 R&D 人员比例①、R&D经费强度②、技术改造经费比例③及消化吸收经费比例④等4项指标。中国航空航天器及设备制造业技术 R&D 人员和经费投入比例高于高技术产业平均水平。2016 年，中国航空航天器及设备制造业 R&D 人员比例高达 9.47%，比高技术产业平均水平（5.41%）高出 4.06 个百分点，其中，飞机制造和航天器制造 R&D 人员比例分别为 9.57% 和 18.64%；中国航空航天器及设备制造业 R&D 经费强度高达 4.97%，比高技术产业平均水平（1.98%）高出 2.99 个百分点，其中，飞机制造和航天器制造 R&D 经费强度分别为 5.25% 和 11.52%（表 4）。

表 4　中国航空航天器及设备制造业技术投入指标（2016 年）　　（单位：%）

行业	R&D 人员比例	R&D 经费强度	技术改造经费比例	消化吸收经费比例
高技术产业	5.41	1.98	0.33	7.81
航空航天器及设备制造业	9.47	4.97	1.33	0.00
飞机制造	9.57	5.25	1.60	0.00
航天器制造	18.64	11.52	0.90	0.00

资料来源：《中国高技术产业统计年鉴（2017）》。

中国航空航天器及设备制造业技术改造经费比例较高，消化吸收经费比例较低。2016 年，中国航空航天器及设备制造业技术改造经费比例为 1.33%，高于高技术产业平均水平 1.00 个百分点。其中，飞机制造业的技术改造经费比例达到 1.6%。但是中国航空航天及设备制造业的消化吸收经费比例几乎为 0，表明中国航空航天器及设备

① R&D 人员比例 =（R&D 人员折合全时当量 / 从业人员）× 100%。
② R&D 经费强度 =（R&D 经费内部支出 / 主营业务收入）× 100%。
③ 技术改造经费比例 =（技术改造经费 / 主营业务收入）× 100%。
④ 消化吸收经费比例 =（消化吸收经费 / 技术引进经费）× 100%。

制造业的自主研发水平较高。

与发达国家相比，中国航空航天器及设备制造业研发经费投入总量和 R&D 经费强度均有较大差距。2016 年，美国波音公司 R&D 经费投入 45.29 亿美元①，R&D 经费强度为 4.6%，是中国航空航天器及设备制造业 R&D 经费内部支出（25.81 亿美元）的 1.76 倍；欧洲空客公司 R&D 经费投入 36.29 亿美元，R&D 经费强度为 4.9%，是中国航空航天器及设备制造业 R&D 经费内部支出的 1.41 倍；加拿大庞巴迪公司 R&D 投入 15.59 亿美元，R&D 经费强度为 9.1%，是中国航空航天器及设备制造业 R&D 经费强度的 1.83 倍[2]。

2. 比较优势

比较优势主要体现在劳动力成本、产业规模和相关产品市场规模 3 个方面。

中国航空航天器及设备制造业劳动力低成本优势显著。OECD 数据显示，2015 年，美国、法国、德国、英国和加拿大航空航天相关机械制造业②单位劳动力成本分别为 12.26 万美元 / 年、10.33 万美元 / 年、8.95 万美元 / 年、8.87 万美元 / 年和 8.46 万美元 / 年；2014 年，日本和韩国航空航天及相关机械制造业单位劳动力成本分别为 7.68 万美元 / 年和 6.54 万美元 / 年。2016 年中国制造业每小时劳动力成本 4.99 美元③，折合单位劳动力成本 1.04 万美元 / 年，仅为上述发达国家单位劳动力成本的 8.56%～16.06%④。

中国航空航天器及设备制造业产业规模不断扩大，与多数国家相比优势显著，但与美国和法国相比还有差距。2015 年，美国航空航天相关机械制造业产值达 2582.24 亿美元⑤，从业人员达 49.20 万人；法国航空航天相关机械制造业产值达 616.96 亿美元，从业人员达 5.70 万人；英国航空航天相关机械制造业产值为 362.58 亿美元，从业人员达 8.84 万人；德国航空航天相关机械制造业产值为 344.58 亿美元，从业人员达 7.80 万人。2014 年，日本航空航天相关机械制造业产值为 181.60 亿美元，从业人员达 6.00 万人。2016 年，中国航空航天器及设备制造业主营业务收入达 3447.62 亿元，

---

① 因中国航空航天器及设备制造业 R&D 经费只有 2016 年数据，所以这里其他指标也采用 2016 年数据。

② Air and spacecraft and related machinery，数据来源：OECD STAN 数据库中产业分析部分的产业分类 D303，该数据库的产业分类标准是 ISIC Rev.4。https://stats.oecd.org/Index.aspx?DataSetCode=STANI4_2016［2019-05-09］。

③ Manufacturing labor costs per hour for China，Vietnam，Mexico from 2016 to 2020（in U.S. dollars）.［2019-06-12］https://www.statista.com/statistics/744071/manufacturing-labor-costs-per-hour-china-vietnam-mexico/.

④ 中国航空航天器及设备制造业每小时劳动力成本会稍高于中国制造业每小时劳动力成本，因此这个比值实际上会比文中列出的比值高一些。

⑤ 现价美元，数据来源：OECD STAN 数据库中产业分析部分的产业分类 D303。

约合 518.91 亿美元，从业人员平均人数 37.33 万人，产业规模超过英国、德国和日本等，但低于法国产值，而且与美国相比产值和从业人员数还有较大差距。

中国航空相关产品市场是全球最大航空市场之一，为中国航空产业发展提供了市场条件。波音公司分析表明，2017 年，中国航空公司飞行量[①]占全球飞行量的 14%，2037 年这一比例将接近 20%；2027 年，中国将超过美国，成为全球最大的国内飞机出行市场[②]；2018～2037年，中国将新增客机和货机7690架，占全球新增民航飞机份额的 18.00%，占亚洲新增民航飞机份额的 45.42%，总价值约 11.90 千亿美元，其中，单通道飞机 5730 架，总价值约 6300 亿美元，宽体飞机 1620 架，总价值约 5000 亿美元，支线飞机 140 架，货机 200 架。[③]截至 2018 年 11 月，中国商用飞机有限责任公司（简称中国商飞）的C919订单（单通道飞机）已超过800架[④]，ARJ21（支线飞机）订单已超过500架[⑤]。中国航天相关产品市场规模也在不断扩大。以我国卫星导航产业为例，根据《2018 中国卫星导航与位置服务产业发展白皮书》，2017 年我国卫星导航与位置服务产业总体产值已达到 2550 亿元，这已经是连续 7 年年增长率超过 20%[⑥]。

3. 创新活力

创新活力主要体现在专利申请数、有效发明专利数和单位主营业务收入对应有效发明专利数[⑦]三个方面。

中国航空航天器及设备制造业专利数占我国高技术产业专利总数比例较低。2016 年，中国航空航天器及设备制造业共申请专利 7040 项，有效发明专利 6188 项，仅占高技术产业专利申请总数的 5.35% 和 2.41%。其中，飞机制造业的专利申请数和有效发明专利数分别为 3691 项和 3733 项，分别占该产业专利申请量和有效发明专利数的 52.43% 和 60.33%；航天器制造业的专利申请数和有效发明专利数分别为 632 项和 1532 项，分别占该产业专利申请量和有效发明专利数的 8.98% 和 24.76%。

---

① 英文原文为“Chinese airlines account for 14 percent of global traffic”。引自：Boeing Company. Commercial Market Outlook 2018-2037. P41。

② Travel market，根据波音公司报告前后文是指在国内以飞机为交通工具的出行次数。

③ Boeing Company. Commercial Market Outlook 2018-2037.［2019-05-14］. https://www.boeing.com/commercial/market/commercial-market-outlook/.

④ 新华社新媒体 . C919 订单望破千架 全国性航空产业集群加速成型 .［2019-05-14］. http://baijiahao.baidu.com/s?id=1603772452765168025&wfr=spider&for=pc.

⑤ 中国民航网 . 国产支线飞机 ARJ21 订单达到 528 架 .［2019-05-14］. http://www.caacnews.com.cn/1/6/201811/t20181106_1259849_wap.html.

⑥ 央视网 . 2018 中国卫星导航与位置服务产业发展白皮书发布 .［2019-06-10］. http://www.glac.org.cn/index.php?m=content&c=index&a=show&catid=43&id=3706.

⑦ 单位主营业务收入对应有效发明专利数 = 有效发明专利数 / 主营业务收入。

中国航空航天器及设备制造业创新效率与高技术产业平均水平相比还有差距。2016 年，中国航空航天器及设备制造业单位主营业务收入对应有效发明专利数仅为 1.79 项 / 亿元，低于高技术产业平均水平 2.09 项 / 亿元。其中，飞机制造业单位有效发明专利数为 1.58 项 / 亿元，低于高技术产业平均水平；航天器制造业单位有效发明专利数为 6.91 项 / 亿元，远高于高技术产业平均水平，表现出该细分行业较强的创新效率。

综合考虑技术投入、比较优势和创新活力，可以认为，中国航空航天器及设备制造业技术投入相对高技术产业平均水平较高，专利申请数和有效发明专利数相对高技术产业平均水平较低。与发达国家相比，中国航空航天器及设备制造业劳动力低成本优势明显，研发投入强度还有较大差距，在产业规模方面还落后于美国和法国。

四、中国航空航天器及设备制造业竞争环境

竞争环境主要体现在政治经济环境、贸易和技术环境、相关产业发展环境、产业政策环境等方面。总体上看，中国航空航天器及设备制造业面临的竞争环境呈现出以下四个特点。

1. 主要发达国家调整战略和政策，航天军事和航天经济成为发展重点

航空航天领域是事关国家安全的高技术领域，一直是世界主要国家发展战略的重点。由于太空发展不受国界限制且具有重大国防安全意义，因此航天领域发展备受重视。

美国于 2018 年陆续发布相关战略和政策强调发展航天军事。2018 年 3 月，特朗普政府制定了美国历史上首份航天战略——《国家航天战略》(*National Space Strategy*) [①]，提出要转变太空体系架构，使其更具抗毁性；强化威慑手段和作战方式，增加美国及其盟友的选择，以阻止潜在敌人将冲突扩展到太空，如果威慑失败，则对敌人出于敌对目的而进行的威胁进行反击。该战略的提出表明特朗普政府备战太空、提升航天军事实力的决心。2018 年 4 月，美国发布新版《太空作战》(*Space Operations*) 条令 [②]，首次明确太空是与陆、海、空类似的作战域，并强调太空作战能力对联合作战的支撑作用，太空作战对联合作战指挥控制的贡献，主要体现在天基情

① President Donald J. Trump is Unveiling an America First National Space Strategy.［2019-07-10］. https://www.whitehouse.gov/briefings-statements/president-donald-j-trump-unveiling-america-first-national-space-strategy/.

② 军事科学院军事科学信息研究中心 . 美发布新版太空作战条令 将用三类措施减缓太空威胁 .［2019-07-10］. http://mil.news.sina.com.cn/world/2018-05-11/doc-ihamfahw3600599.shtml.

报搜集、太空态势感知、卫星通信、定位导航授时和导弹预警等方面。

俄罗斯高度重视太空安全，2010 年和 2014 年，俄罗斯先后发布两版《俄联邦军事学说》(*Military Doctrine of the Russian Federation*)，均强调军事航天在国家安全与发展中不可替代的地位和作用。2016 年 3 月，俄罗斯政府审议通过《2016—2025 年联邦航天计划》(*Russian Federal Space Program for 2016-2025*) 草案，提出未来十年俄罗斯将为航天活动划拨 1.4 万亿卢布（约 1387 亿元人民币①)，用于推进包括军用卫星、核动力发动机、超重型运载火箭等在内的各项航天计划的进展，2022 年后或再补充划拨 1150 亿卢布（约 114 亿元人民币）[3]。欧盟、英国和日本等国家（组织）积极强化和布局发展空间军事能力。欧洲议会 2018 年 7 月批准“欧洲国防工业发展计划”，提出 2019～2020 年从欧盟预算中拨款 5 亿欧元（约合 39 亿元人民币②）资助包括卫星通信、进入太空自主性和永久对地观测等航天产品和技术的研究、设计、测试和认证等③。2018 年英国提出预计耗资 80 亿美元用于旨在实现为军方提供远程通信服务的卫星星座现代化的“天网 6”项目④。日本早在2008年颁布的《航天基本法》(Basic Space Law）就已经解除了航天不能应用于军事目的的限制[4]。2018 年 12 月，日本发布《2019 年以后防卫计划大纲》(*National Defense Program Guidelines for FY2019 and Beyond*）及《2019～2023 年中期防卫力量整备计划》[*Medium Term Defense Program*（*FY 2019-FY 2023*）]，提出“跨域作战”理论，将航天与网络、电磁频谱作为新作战域，并在联合参谋部下组建联合作战部队，在航空自卫队下组建太空部队等⑤。

航天经济发展成为主要发达国家战略和政策的重点。2018 年美国《国家航天战略》(*National Space Strategy*）积极松绑束缚商业航天发展的体制机制，提出要创造有利的国内和国际环境，简化监管框架、政策和流程，以更好地支持美国工商界发展航天产业。2018 年 5 月，特朗普签署“2 号航天政策指令”，旨在简化商业发射和遥感监管，创建商业航天的“一站式审批”办公室，并对频谱和出口管制政策进行评估⑥。

---

① 2016 年美元兑卢布汇率为 67.056，美元兑人民币汇率为 6.644。汇率数据来源：OECD data，https://data.oecd.org/conversion/exchange-rates.htm[2019-07-10]。

② 2018 年美元兑欧元汇率为 0.847，美元兑人民币汇率为 6.616。汇率数据来源：OECD data，https://data.oecd.org/conversion/exchange-rates.htm[2019-07-10]。

③ 新华网 . 欧洲议会批准设立首个欧盟防务工业基金 .［2019-07-11］. https://baijiahao.baidu.com/s?id=1605103460210096750&wfr=spider&for=pc.

④ 国防科技要闻 . 英国在太空领域的现状以及发展计划 .［2019-07-11］. http://dy.163.com/v2/article/detail/E4MIIA740515E1BM.html.

⑤ 柳铱雯，贾平 . 日本新版《防卫计划大纲》强化航天和导弹作战能力 .［2019-07-11］. http://www.sohu.com/a/283905102_313834.

⑥ 张莉敏 . 特朗普即将签署 2 号航天政策指令改革商业航天监管体制 .［2019-07-11］. http://www.dsti.net/Information/News/110058.

为改善航天工业现状，2018 年 5 月，普京任命原主管国防工业的副总理罗戈津出任俄罗斯航天国家集团公司总经理，集中精力负责航天工业。2018 年 6 月，罗戈津提出十项“工作基本原则”，提出国际合作要注重商业贡献，对开辟新业务方向增加收入的企业给予财政优惠，向私人投资者打开大门并予以支持等①。2018年10月，俄罗斯航天局制定了更新版的《2030 年及以后俄罗斯联邦在太空活动领域的国家政策基础》（*Fundamentals of the Russian Federation's State Policy in the Field of Space Activities for the Period up to 2030 and Beyond*）计划，建议扩大太空领域国家政策的优先级，除了保证国家从其领土进入太空之外，最重要的是提高国内太空产品和服务在国内外市场上的竞争力②。与美国主要通过发展市场化的民营商业航天企业以改善航天经济不同，俄罗斯主要通过发展传统的国营航天企业改以善航天经济。英国 2017 年 8 月发布《2017—2018 年发展计划》（*Delivery Plan 2017 to 2018*），提出调整航天局管理制度以推动航天工业发展，和发布小卫星发射计划以推动商业航天发展等重点领域发展③；2018 年 3 月通过《航天工业法案》（Space Industry Act），允许民用公司使用英国国家太空中心的高超声速飞行器和高速点对点发射器，以促进空间技术的商业开发。日本 2017 年 5 月发布《航天产业展望 2030》，提出日本航天产业发展方向包括利用卫星大数据和ICT 技术创造新服务，提高航天制造产业的国际竞争力，建立新的商业模式④。

2. 发达国家技术领先优势依然显著，后发国家追赶步伐明显加快

主要发达国家持续投入大量研发资金以保持其在国际上的技术领先优势。2017 年工业研发投入记分牌显示，共有 51 家航空航天及防务（Aerospace & Defence）企业进入全球前2500强，其中美国18家，欧盟16家（其中英国6家、法国4家、荷兰2家），中国 6 家[5]。虽然我国有多家企业上榜，但研发经费投入总量与发达国家相比差距巨大。2017 年美国波音公司、联合技术公司和洛克希德·马丁公司研发经费投入总量分别达 24.11 亿欧元、19.90 亿欧元和 10.01 亿欧元，欧洲空客公司研发经费投入总量达 30.26 亿欧元，英国罗尔斯－罗伊斯公司研发经费投入总量达 11.12 亿欧元，加拿大庞巴迪公司研发经费投入总量达 10.30 亿欧元，而中国航空工业集团有限公司研发经费投入总量仅 1.00 亿欧元。

---

①　马婧 . 俄航天工业 2018 年总结与未来发展 .［2019-07-11］. http://www.sohu.com/a/293233777_465915.

②　俄罗斯新版 2030 航天战略：优先探月，要与中国印度加强合作 .［2019-07-12］. https://new.qq.com/omn/20181129/20181129A0XKQ3.html.

③　方勇 .2017 年世界航天发展重要进展与趋势 .［2019-07-12］. http://www.taikongmedia.com/Item/Show.asp?m=1&d=25316.

④　张耘 . 世界主要国家和地区民用航天业发展态势 .［2019-07-12］. http://www.istis.sh.cn/list/list.aspx?id=12055.

发达国家大型企业持续的高研发经费投入推动产生大量新技术和新产品。2017 年 6 月，波音公司公布新中型飞机（NMA/797）的概念图，NMA 将采用第五代复合材料机翼、“混合”（hybrid）机身设计和新型高效的超高涵道比涡扇发动机[①]。2018年6月，美国通用电气公司、美国普惠公司和英国罗尔斯－罗伊斯公司针对 NMA 都提出了发动机投标方案，其中，罗尔斯－罗伊斯公司将采用全新技术设计的“超扇”（UltraFan）齿轮传动发动机；美国通用电气公司将以 GEnx 和 GE9X 先进技术为基础，提出一款新的涡扇发动机方案；普惠公司将在 A321neo 采用的 PW1100G 齿轮传动发动机基础上进行升级。2017 年，空客公司宣布与罗尔斯－罗伊斯公司、西门子公司合作研发支线客机级电推进验证机——E-Fan X，该项目是空客公司朝着混合电推进单通道客机研制迈进的重要一步[②]。目前，波音公司正与 NASA 合作，进行混合电推进系统的 SUGAR Volt 项目研发，计划在 2030 年左右推出[③]。2018 年 10 月，GE 航空集团宣布已完成 55 年来首款民用超音速发动机 Affinity 的初始设计。2017 年，庞巴迪公司发布 Atmosphere 概念客舱，这种客舱设计的商务舱行李架容量比以前增加 50%，经济舱行李架可容纳尺寸比传统航空公司大 40%。2019 年 4 月 14 日，Stratolaunch Systems 公司研发的世界最大飞机 Stratolaunch 在美国加利福尼亚州完成首飞，设计用途是携带最高 50 万磅（约 226.8 吨）的火箭到达 35 000 英尺（10 670 米）平流层发射。

后发国家航空航天工业快速发展，加快追赶步伐。在航空领域，2018 年波音公司交付民用飞机 806 架，新获订单 893 架；空客公司交付民用飞机 800 架，新获订单 747 架[④]。由于空难事故对市场的影响，截至 2019 年 1 月，波音公司现有未交付订单中 737MAX 系列的飞机逾 4600 架，占该公司订单的八成[⑤]。与此同时，中国在民用飞机领域开始发力，截至 2018 年 11 月，中国商飞的 C919 订单已超过 800 架[⑥]，ARJ21 订单已超过 500 架[⑦]，可以预见未来将会有更多的中国飞机进入国际和国内市场。在航

① 波音公布 NMA 研制时间表 . http://www.sohu.com/a/159487344_115926.

② 朱文韵 . 空客混合动力商用飞机发展态势 .［2019-07-14］. http://www.istis.sh.cn/list/list.aspx?id=11729.

③ 朱文韵 . 波音混合动力商用飞机发展态势 .［2019-07-14］. http://www.istis.sh.cn/list/list.aspx?id=11732.

④ 杨敏 . 2018 年世界两大飞机制造商均打破年度产量记录 .［2019-07-14］. http://www.cannews.com.cn/2019/0111/187991.shtml.

⑤ 澳壹海外 . 波音超 4000 架订单来自 737MAX 埃航坠机事件会带来多大损失 .［2019-07-14］. https://www.sohu.com/a/301017950_120111499.

⑥ 新华社新媒体 .C919 订单望破千架 全国性航空产业集群加速成型 .［2019-07-15］. http://baijiahao.baidu.com/s?id=1603772452765168025&wfr=spider&for=pc.

⑦ 中国民航网 . 国产支线飞机 ARJ21 订单达到 528 架 .［2019-07-16］. http://www.caacnews.com.cn/1/6/201811/t20181106_1259849_wap.html.

天领域，2018年，中国发射次数39次[①]，首次独居全球榜首[②]，超过美国34次和俄罗斯20次的发射次数。印度发射7次，发射航天器69个。按航天器研制所属国家统计，中国研制航天器数量已经达到96个，虽远低于美国的180个[③]，但已经超过了欧洲（86个）和俄罗斯（24个）的数量。在研制50千克及以上卫星的较大型宇航公司排名中，综合考虑航天器数量和质量等指标，2018年中国和印度分别有2家和1家公司/机构进入前10名[④][6]。可以发现，作为后发国家代表，中国和印度在航空和航天领域都已取得较大进步。

3. 航空领域动力电气化研发加快，航天领域民企参与度增加

众多企业发布航空电动机技术路线图，推动形成电动飞机研发热潮。早在2010年，NASA就开始关注混合电推进技术的发展，波音公司与NASA合作研发一款名为SUGAR Volt的概念飞机，该概念飞机采用并联式混合动力技术，预计2030年面世[⑤]。根据波音公司的研究，基于900海里（约1667千米）的飞行距离，SUGAR Volt可减少63%的油耗，如果提高电量使用比例，油耗降低幅度有可能达到90%；二氧化碳排放可减少81%，噪声可减少22分贝。2016年，NASA制定了动力推进系统的功率升级时间表，自2016年之后10年内，实现混合电动50座级支线客机、涡轮发电分布式推进100座级支线客机电力推进功率等级达到1～2兆瓦级别；自2016年之后20年之内，实现混合电动100座级支线客机、涡轮发电分布式推进150座级客机、全电动50座支线客机（航距500米）电力推进功率等级达到2～5兆瓦级别；自2016年之后30年之内，实现混合电动150座级客机、涡轮发电分布式推进150座级客机电力推进功率等级达到5～10兆瓦级别；自2016年之后40年之内，实现涡轮发电分布式推进300座级客机dialing推进功率等级达到10兆瓦以上[⑥]。空客公司制定了2035年混合动力推进系统技术路线，2016～2020年开展混合动力系统项目，包括10兆瓦混合动力地面演示装置和小于2兆瓦室内垂直起降试验平台；2025年研制6～8兆瓦

① 也有说38次，因为有一次是民营航天企业北京蓝箭空间科技公司发射火箭失败。

② 2018年，因中国“北斗”系统高密度部署，使得导航卫星发射数量是2017年的1.36倍。

③ 2018年较2017年减少了32%，主要在于美国初创商业遥感公司的大规模星座部署进程放缓。

④ 分别是中国空间技术研究院（中国）、泰雷兹－阿莱尼亚航天公司（欧洲）、中国科学院微小卫星创新研究院（中国）、诺格公司（美国）、空客防务与航天公司（欧洲）、印度空间研究组织（印度）、科罗廖夫能源火箭航天集团（俄罗斯）、麦克萨公司（加拿大）、洛马公司（美国）、信息卫星系统－列舍特涅夫公司（俄罗斯）。

⑤ 民航实时监测系统．波音研发SUGAR Volt概念机　预计2030年面世．[2019-07-15]. http://news.carnoc.com/list/193/193387.html.

⑥ 朱文韵．波音混合动力商用飞机发展态势．[2019-07-15]. http://www.istis.sh.cn/list/list.aspx?id=11732.

100 座级支线客机；2035 年研制 20 兆瓦 150～200 座级短程客机。空客公司的 2050 年规划是要生产出 100座的混合电推进支线飞机[①]。2017年，空客公司宣布与罗尔斯-罗伊斯、西门子合作研发支线客机级电推进验证机——E-Fan X[②]。

越来越多的初创企业和新兴企业关注航空电气化研发。2017 年，致力于开发油电混合动力飞机的初创公司 Zunum Aero 获得波音公司与捷蓝航空公司（JetBlue Airways）共同投资，前者正在设计和生产 10～50 座、航程为 700 英里（约合 1127 千米）的电动飞机，并计划在 2030 年推出航程 1000 英里（约合 1609 千米）的电动飞机[③]，旨在填补地区性交通真空，缩短出行时间，并且电动飞机将大幅度降低飞机碳排放和噪声[④]。2018 年，美国初创企业莱特电气（Wright Electric）与西班牙混合电力轻型飞机开发商 Axter 航宇合作开发 9 座的混合动力验证机，最终目标是开发 186 座的电推进窄体客机[⑤]。2019 年 3 月，英国初创公司 Faradair 公司宣布计划 2022 年之前试飞 18 座混合动力飞机，并在 2025 年前获得认证[⑥]。2019 年 6 月 6 日，美国初创公司 Ampaire 在加利福尼亚州马里奥机场成功试飞了世界上最大的混合动力电动飞机 Ampaire337，该飞机搭载 Ampaire 自主研发的并联式混合动力推进系统，可承载 7～9 名乘客，行程可达 100 英里（约合 161 千米）[⑦]。

民企在卫星和火箭发射航天活动中参与度越来越高。根据美国航天基金会（Space Foundation）《2018 年航天报告》的数据，全球航天经济产值已达 3800 多亿美元，商业航天占 80% 以上[⑧]，表明商业航天在整个航天产业中占比也越来越高。2012 年 5 月，美国太空探索技术公司（SpaceX）成功发射了一枚两级火箭，将一艘名为龙飞船的太空飞船送往国际空间站，开启了太空私营化的新时代。随着商业航天的发展，越来越多的企业参与到航天活动中。SpaceX 在 2018 年 2 月成功发射了目前世界

① 朱文韵 . 空客混合动力商用飞机发展态势 .［2019-07-18］. http://www.istis.sh.cn/list/list.aspx?id=11729.

② 中国航空报 . E-Fan X：飞向未来天空 .［2019-07-16］. http://www.cannews.com.cn/2017/1204/168776.shtml.

③ 观察网 . 波音投资 Zunum Aero 谋求油电混合动力飞机研发 .［2019-07-16］https://www.guancha.cn/Science/2017_04_07_402496.shtml.

④ 腾讯科技 . 波音投资电动飞机初创公司 Zunum 打造空中特斯拉 .［2019-07-16］. http://tech.qq.com/a/20170406/050533.htm.

⑤ 美国航空周刊和空间技术网站 . 美国莱特电气计划同西班牙 Axter 合作开展混合电推进飞机演示验证 .［2019-07-16］. http://www.aeroinfo.com.cn/Item/25397.aspx.

⑥ 魏刘博 . 英国 Faradair 公司承诺 2025 年实现混合动力飞机取证 .［2019-07-16］. https://www.81uav.cn/uav-news/201903/19/53707.html.

⑦ 民航资源网 . 安飞测试飞行目前世界最大混合动力电动飞机 .［2019-07-16］. http://news.carnoc.com/list/496/496275.html.

⑧ 赛迪智库 . 美国商业航天的管理及启示 .［2019-07-17］. https://www.ccidgroup.com/sdgc/13632.htm.

运载能力最强且可重复利用的“猎鹰重型”火箭。在美国2018年的34次发射活动中，SpaceX发射21次，占比达61.8%。中国北京星际荣耀空间科技有限公司和北京零壹空间科技有限公司分别成功发射两枚亚轨道火箭。除了发射卫星和火箭外，卫星应用和运营等航天领域活动蓬勃发展。2019年2月，美国卫星行业初创企业OneWeb的六颗通信卫星搭载一枚联盟号火箭到达太空，旨在建立全世界高速因特网连接的商业服务。根据美国2018年《初创航天—商业航天领域投资更新》报告，2000～2017年，初创航天企业累计获得184亿美元的投资，有180多家靠天使投资起步的航天企业已经成立①。根据《2018中国商业航天产业投资报告》，截至2018年底，国内商业航天领域已注册有141家公司，其中民营航天企业123家，占比87.2%[7]。这表明民营企业不仅在传统的卫星和火箭活动中参与度越来越高，在整体的商业航天中占比也越来越高。

4. 中国逐步松绑商业航天，军民融合战略推动航天经济高质量发展

商业航天发展政策逐步松绑，民营商业航天快速发展。2014年11月，《国务院关于创新重点领域投融资机制鼓励社会投资的指导意见》发布，该指导意见提出鼓励民间资本参与国家民用空间基础设施建设，重点提出鼓励民间资本研制、发射和运营商业遥感卫星。为引导商业航天健康有序发展，大力促进商业运载火箭技术创新，2019年6月，国家国防科技工业局、中央军事委员会装备发展部发布《关于促进商业运载火箭规范有序发展的通知》（以下简称《通知》），这是中国商业航天开放后首个对商业运载火箭进行细则指导的官方文件。《通知》对火箭从研制、生产、发射、出口的关键流程进行了指导和规范，并主要面向民营企业。该政策的出台意味着民营商业航天公司已经得到认可，同时也为民营企业发展提供了良好的政策环境。在相对宽松的政策环境下，国内民营商业航天企业陆续成立并快速发展。截至2019年上半年，国内49家具有独立法人资格的运载火箭企业有41家为民营企业。2019年7月，星际荣耀公司“双曲线一号S火箭”运载火箭在酒泉发射并精确入轨，实现了中国民营运载火箭零的突破。随着商业航天市场规模的扩展，商业航天在卫星通信、导航、遥感等方面的服务需求将从行业应用逐步向大众消费市场扩展。

军民融合促使航天科技从服务国防、探索太空向服务民生、促进国民经济增长等方向发展。航天产业作为国防军工建设的重要一极，通过商业化的方式发展航天，是军民融合发展战略的具体体现之一。《国家民用空间基础设施中长期发展规划（2015—2025年）》指出我国空间基础设施发展机制从政府投资为主向多元化、商业化发展转

① 环球网．第四届商业航天高峰论坛为商业航天产业指引新航向．[2019-07-17]. https://baijiahao.baidu.com/s?id=1612751240529257139&wfr=spider&for=pc.

变。2017 年习近平总书记在中央军民融合发展委员会第一次全体会议指出，要把太空领域“作为军民协同的重点突出出来”，有效推进我国航天力量建设，加快形成航天领域全要素、多领域、高效益的军民商深度融合发展格局。2017 年 11 月，国务院下发了《关于推动国防科技工业军民融合深度发展的意见》，在推动军工服务国民经济发展方面提出要发展典型军民融合产业，积极引导支持卫星及其应用产业发展，促进应用服务创新和规模化应用；加强民用飞机关键技术攻关，加快产业化进程等。航天领域的军民融合发展战略可以推动国防建设和经济建设的良性互动，避免军民重复建设、分散建设，提高国际整体建设效益。

五、中国航空航天器及设备制造业竞争态势

竞争态势反映产业竞争力演进的趋势和方向，主要体现为资源转化能力、市场竞争能力、技术能力和比较优势等四个方面的发展。中国航空航天器及设备制造业国际竞争力不仅取决于竞争实力、竞争潜力和竞争环境，还受到产业竞争态势的影响。

1. 资源转化能力变化指数

资源转化能力竞争态势反映全员劳动生产率和利润率的变化趋势，是把握资源转化能力发展趋势的重要前提。

中国航空航天器及设备制造业全员劳动生产率稳定增长。2012～2016 年，中国航空航天器及设备制造业人均主营业务收入从 64.70 万元 /（人・年）持续上升到 92.52 万元 /（人・年），年均增幅达 9.35%，略高于高技术产业平均水平 9.25%。从细分产业来看，2012～2016 年，中国飞机制造业的人均主营业务收入从 68.31 万元 /（人・年）持续上升到 92.52 万元 /（人・年），年均增幅为 7.88%；中国航天器制造业的人均主营业务收入从 62.09 万元 /（人・年）波动上升到 88.07 万元 /（人・年），年均增幅为 9.13%，高于航天器制造业（表 5）。

表 5　中国航空航天器及设备制造业主要经济指标（2012～2016 年）

指标	行业	2012 年	2013 年	2014 年	2015 年	2016 年
人均主营业务收入 / [万元 /（人・年）]	高技术产业	80.45	87.13	96.07	102.98	114.59
	航空航天器及设备制造业	64.70	68.42	78.03	85.52	92.52
	飞机制造	68.31	70.39	80.13	87.80	92.52
	航天器制造	62.09	64.44	83.88	75.78	88.07

续表

指标	行业	2012年	2013年	2014年	2015年	2016年
利润率/%	高技术产业	5.84	5.96	6.31	6.38	6.73
	航空航天器及设备制造业	5.07	5.09	5.27	5.43	5.65
	飞机制造	4.74	4.78	5.07	5.39	4.94
	航天器制造	8.29	7.82	7.24	7.96	6.71

资料来源：《中国高技术产业统计年鉴》(2015，2017)。

中国航空航天器及设备制造业利润率也呈稳定增长态势，但年均增幅均低于高技术产业平均水平。2012～2016年，中国航空航天器及设备制造业利润率从5.07%持续上升到5.65%，年均增幅为2.72%，低于高技术产业平均水平3.62%。从细分产业来看，2012～2016年，中国飞机制造业的利润率从4.74%震荡上升到4.94%，年均增幅为1.08%；中国航天器制造业的利润率从8.29%震荡下降到6.71%，年均降幅为5.14%（即年均增幅为−5.14%）(表5)。

2. 市场竞争能力变化指数

市场竞争能力变化指数主要反映产品目标市场份额、贸易竞争指数和价格指数的变化趋势，是把握高技术产业市场竞争格局演进的重要前提。

从目标市场份额来看，中国航空航天器及其部件产品在全球市场所占份额波动上升。2012～2016年，中国航空航天器及其部件产品在全球市场的出口额从15.58亿美元波动增加到33.65亿美元，进口额从176.13亿美元波动增加到228.40亿美元，年均增幅分别为21.22%和6.71%（表6），中国航空航天器及其部件产品在全球市场所占份额从0.76%波动增加到1.36%（表2），年均增幅为15.44%。

中国航空航天器及其部件产品在美国、法国、德国等发达国家和巴西、俄罗斯、印度等金砖国家中的市场份额都较小但稳步提升，贸易竞争指数整体呈上升态势。2012～2016年，中国航空航天器及其部件产品在美国市场的出口额从5.45亿美元持续上升至11.12亿美元，进口额从75.91亿美元波动上升至132.85亿美元，年均增幅分别为19.51%和15.02%；目标市场份额从2.23%持续增加到3.58%，年均增幅为12.54%；贸易竞争指数从−0.837波动增加至−0.743。在法国市场的出口额从2.11亿美元持续上升至2.19亿美元，进口额从55.15亿美元波动下降至39.24亿美元，年均增幅分别为0.95%和−8.16%；目标市场份额从0.68%波动下降至0.65%，年均增幅为−1.05%；贸易竞争指数从−0.926波动增加至−0.894。在德国市场的出口额从0.65亿美元波动上升至1.44亿美元，进口额从26.60亿美元波动上升至41.18亿美元，年均增幅分别为21.88%和11.55%；目标市场份额从0.27%波动增加至0.73%，年均增

幅达 28.06%；贸易竞争指数从 −0.952 波动增加至 −0.933。（表 6）

在金砖国家中，目标市场份额和贸易竞争指数均有不同程度的提升。2012～2016 年，中国航空航天器及其部件产品在巴西市场的市场份额最大值不超过 0.1%，贸易竞争指数均小于 −0.970；在俄罗斯市场的市场份额从 0.07% 波动上升至 0.17%（2015 年），贸易竞争指数从 −0.863 波动上升至 −0.798；在印度市场的市场份额从 0.02% 波动上升至 0.13%，贸易竞争指数从 0.188 波动上升至 0.666。（表 6）

表 6　中国航空航天器及设备制造业国际贸易情况（2012～2016 年）

目标市场	指标	2012 年	2013 年	2014 年	2015 年	2016 年
全球市场	出口 / 亿美元	15.58	19.40	26.47	34.71	33.65
	进口 / 亿美元	176.13	231.81	284.38	259.52	228.40
	进口总额 / 亿美元①	2039.24	2156.66	2499.09	2455.89	2478.88
	贸易顺差 / 亿美元	−160.55	−212.41	−257.91	−224.81	−194.76
	贸易竞争指数	−0.837	−0.846	−0.830	−0.764	−0.743
	目标市场份额 /%	0.76	0.90	1.06	1.41	1.36
美国市场	出口 / 亿美元	5.45	7.35	8.61	8.88	11.12
	进口 / 亿美元	75.91	135.88	154.90	161.47	132.85
	进口总额 / 亿美元	244.12	295.85	344.70	353.08	310.47
	贸易顺差 / 亿美元	−70.46	−128.53	−146.28	−152.59	−121.73
	贸易竞争指数	−0.866	−0.897	−0.895	−0.896	−0.846
	目标市场份额 /%	2.23	2.48	2.50	2.52	3.58
法国市场	出口 / 亿美元	2.11	1.43	1.73	2.24	2.19
	进口 / 亿美元	55.15	50.67	74.34	56.97	39.24
	进口总额 / 亿美元	311.67	298.63	296.03	308.60	337.69
	贸易顺差 / 亿美元	−53.04	−49.24	−72.61	−54.73	−37.05
	贸易竞争指数	−0.926	−0.945	−0.954	−0.924	−0.894
	目标市场份额 /%	0.68	0.48	0.58	0.73	0.65
德国市场	出口 / 亿美元	0.65	0.71	1.60	3.14	1.44
	进口 / 亿美元	26.60	29.45	37.98	27.58	41.18
	进口总额 / 亿美元	240.58	269.50	285.22	252.59	197.43
	贸易顺差 / 亿美元	−25.95	−28.74	−36.38	−24.44	−39.75
	贸易竞争指数	−0.952	−0.953	−0.919	−0.796	−0.933
	目标市场份额 /%	0.27	0.26	0.56	1.24	0.73

① 指某个特定市场进口航空航天器及其部件产品的总额。

续表

目标市场	指标	2012 年	2013 年	2014 年	2015 年	2016 年
巴西市场	出口 / 亿美元	0.00	0.00	0.02	0.01	0.00
	进口 / 亿美元	9.45	2.11	1.84	1.86	3.73
	进口总额 / 亿美元	28.95	28.71	26.48	23.30	16.64
	贸易顺差 / 亿美元	−9.45	−2.11	−1.82	−1.84	−3.73
	贸易竞争指数	−0.999	−0.997	−0.977	−0.984	−0.999
	目标市场份额 /%	0.01	0.01	0.08	0.06	0.01
俄罗斯市场	出口 / 亿美元	0.02	0.04	0.05	0.05	0.16
	进口 / 亿美元	0.34	0.39	1.03	1.07	1.44
	进口总额 / 亿美元	34.86	44.63	72.71	31.70	*
	贸易顺差 / 亿美元	−0.31	−0.35	−0.98	−1.02	−1.27
	贸易竞争指数	−0.863	−0.805	−0.908	−0.904	−0.798
	目标市场份额 /%	0.07	0.09	0.07	0.17	*
印度市场	出口 / 亿美元	0.00	0.04	0.04	0.02	0.04
	进口 / 亿美元	0.00	0.01	0.00	0.00	0.01
	进口总额 / 亿美元	20.52	25.67	20.91	28.32	29.45
	贸易顺差 / 亿美元	0.00	0.02	0.04	0.02	0.03
	贸易竞争指数	0.188	0.487	0.992	0.978	0.666
	目标市场份额 /%	0.02	0.14	0.19	0.08	0.13

资料来源：UN Comtrade 数据库，商品编码标准为 HS1996。
* 表示无数据。

中国航空航天器及设备制造业相关产品具有较强的价格优势。2012～2016 年，中国 HS 编码 8801 的气球、飞船、滑翔机和无动力飞机贸易竞争指数从 0.146 波动增加至 0.927，市场竞争能力不断提高，价格指数一直远低于 1.000，说明中国的编码 8801 产品主要依靠价格优势占领市场；HS 编码 8804 的降落伞及其配件贸易竞争指数从 0.901 波动下降至 0.598，依然具备一定的市场竞争力，价格指数一直低于 1.000，说明中国的编码 8804 产品主要依靠价格优势占领市场；HS 编码 8802 的飞机、飞船和卫星，HS 编码 8803 的飞机、宇宙飞船等部件和 HS 编码 8805 的飞机发射装置和飞机模拟器的贸易竞争指数一直低于 −0.100，市场竞争力相对较低，价格指数低于 0.700，说明这三类产品依靠价格优势也无法占领国际市场。其中，编码 8802 和编码 8805 的产品贸易竞争指数一直低于 −0.800，缺乏市场竞争力（表 7）。

表 7　中国航空航天器及其部件细分产品贸易竞争指数和价格指数（2012～2016 年）

HS 编码	2012 年		2013 年		2014 年		2015 年		2016 年	
	贸易竞争指数	价格指数	贸易竞争指数	价格指数	贸易竞争指数	价格指数	贸易竞争指数	价格指数	贸易竞争指数	价格指数
8801	0.146	0.000	0.899	0.005	0.960	0.020	0.633	0.001	0.927	0.003
8802	−0.959	0.074	−0.947	0.312	−0.919	0.003	−0.859	0.006	−0.838	0.000
8803	−0.180	0.575	−0.209	0.568	−0.210	0.557	−0.126	0.618	−0.171	0.624
8804	0.901	0.480	0.887	0.266	0.786	0.179	0.807	0.423	0.598	0.272
8805	−0.823	0.222	−0.992	0.044	−0.863	0.216	−0.982	0.026	−0.986	0.099

资料来源：UN Comtrade 数据库，商品编码标准为 HS1996。

3. 技术能力变化指数

技术能力变化指数主要反映产业技术投入、产业技术能力和创新活力等指数变化情况。

中国航空航天器及设备制造业研发投入水平持续下降，但前期研发投入的效果已经开始逐步显现。2012～2016 年，中国航空航天器及设备制造业 R&D 人员比例从 14.86% 波动下降至 9.47%，R&D 经费比例从 9.61% 持续下降至 4.97%，年均降幅分别达 10.64% 和 15.19%。相比之下，2012～2016 年，中国航空航天器及设备制造业有效发明专利数从 1770 项持续增加 6188 项，年均增幅达 36.74%，高于高技术产业年均增幅 27.32%；单位主营业务收入对应有效发明专利数从 1.07 项 / 亿元波动增加至 1.79 项 / 亿元，年均增幅为 13.75%，低于高技术产业年均增幅 15.52%。专利申请量从 3415 项持续增加 7040 项；单位主营业务收入对应的专利申请量从 5.87 项 / 亿元波动增加至 5.88 项 / 亿元（表 8）。

表 8　中国航空航天器及设备制造业技术能力指标（2012～2016 年）

指标	产业分类	2012 年	2013 年	2014 年	2015 年	2016 年
R&D 人员比例 /%	高技术产业	5.08	5.32	5.34	5.41	5.41
	航空航天器及设备制造业	14.86	13.88	10.54	11.70	9.47
	飞机制造	15.82	15.47	11.11	12.00	9.57
	航天器制造	26.27	13.78	16.43	17.87	18.64
R&D 经费比例 /%	高技术产业	1.79	1.89	1.87	1.98	1.98
	航空航天器及设备制造业	9.61	7.63	6.89	5.46	4.97
	飞机制造	10.16	8.39	7.31	5.90	5.25
	航天器制造	23.80	12.71	12.37	10.80	11.52

续表

指标	产业分类	2012 年	2013 年	2014 年	2015 年	2016 年
新产品销售率 /%	高技术产业	28.55	31.68	31.87	33.95	35.46
	航空航天器及设备制造业	36.46	32.69	40.30	41.08	43.16
	飞机制造	43.81	39.89	47.85	49.22	54.17
	航天器制造	32.20	25.12	21.16	28.53	30.36
消化吸收经费比例 /%	高技术产业	12.71	24.45	26.31	18.02	7.81
	航空航天器及设备制造业	44.84	9.36	1.35	0.05	0[①]
	飞机制造	55.24	22.57	0.52	0.05	0
	航天器制造	12.71	24.45	26.31	18.02	7.81
专利申请量	高技术产业	97 200	102 532	120 077	114 562	131 680
	航空航天器及设备制造业	3 415	3 828	4 772	5 276	7 040
	飞机制造	2 600	2 845	3 842	3 952	3 691
	航天器制造	418	584	526	607	632
单位主营业务收入对应专利申请量 /（项 / 亿元）	高技术产业	8.81	5.81	5.50	6.39	8.12
	航空航天器及设备制造业	5.87	7.42	5.19	3.10	5.88
	飞机制造	6.37	4.12	6.73	4.06	8.36
	航天器制造	0.00	0.00	1.61	1.87	2.25
有效发明专利数 / 项	高技术产业	97 878	115 884	147 927	199 728	257 234
	航空航天器及设备制造业	1 770	2 778	3 485	5 535	6 188
	飞机制造	1 463	2 111	2 645	3 558	3 733
	航天器制造	160	483	502	1 111	1 532
单位主营业务收入对应有效发明专利数 /（项 / 亿元）	高技术产业	1.18	1.26	1.44	1.78	2.09
	航空航天器及设备制造业	1.07	1.27	1.30	1.80	1.79
	飞机制造	1.18	1.29	1.31	1.61	1.58
	航天器制造	1.54	2.79	2.34	5.47	6.91

资料来源：《中国高技术产业统计年鉴》（2015，2017）。

2012～2016 年，中国航空航天器及设备制造业新产品销售率从 36.46% 波动上升至 43.16%，年均增速为 4.31%，低于高技术产业年均增幅 5.57%；消化吸收经费比例

① 注：《中国高技术产业统计年鉴》中 2016 年航空航天器及设备制造业及其细分产业的三个数据为空白，但是根据该指标下降趋势可以推断为 0；根据 2012 年、2013 年和 2015 年航空航天器及设备制造业数据与飞机制造数据相同可以推断航天器制造的消化吸收经费支出为 0，因此比例为 0。

由 2012 年的 44.84% 一直快速下降至 2016 年的 0。自 2013 年起，中国航空航天器及设备制造业消化吸收经费比例一直低于高技术产业平均水平。综合考虑中国航空航天器及设备制造业较高的研发投入强度和技术改造经费比例，以及快速下降为 0 的消化吸收经费比例，可以认为，中国航空航天器及设备制造业技术投入相对高技术产业平均水平较高，且自主创新特征显著。

4. 比较优势变化指数

中国航空航天器及设备制造业劳动力成本呈上升态势，但与美国、法国、德国等发达国家相比，劳动力低成本比较优势仍然十分显著。2012～2016 年，中国制造业单位劳动力成本从 0.66 万美元 / 年持续上涨至 0.88 万美元 / 年（2015 年），年均增幅达 10.06%。同期，美国航空航天相关机械制造业单位劳动成本从 11.15 万美元 / 年持续上涨至 12.32 万美元 / 年，年均增幅为 2.53%；法国航空航天相关机械制造业单位劳动成本从 11.35 万美元 / 年波动下降至 10.33 万美元 / 年（2015 年），年均降幅为 3.08%；德国航空航天相关机械制造业单位劳动成本从 9.18 万美元 / 年波动下降至 8.95 万美元 / 年（2015 年），年均降幅为 0.87%；英国航空航天相关机械制造业单位劳动成本从 7.75 万美元 / 年持续上涨至 8.87 万美元 / 年（2015 年），年均增幅为 4.60%；加拿大航空航天相关机械制造业单位劳动成本从 9.26 万美元 / 工作波动下降至 8.24 万美元 / 工作，年均降幅为 2.88%。

表 9　世界部分国家航空航天器及设备制造业单位劳动力成本（2012～2016 年）

（单位：万美元 / 年）

	2012 年	2013 年	2014 年	2015 年	2016 年
中　国①	0.66	0.75	0.84	0.88	*
美　国	11.15	11.43	12.02	12.26	12.32
法　国	11.35	11.92	12.09	10.33	*
德　国	9.18	10.05	10.45	8.95	*
英　国	7.75	8.31	8.53	8.87	*
加拿大②	9.26	10.36	9.79	8.46	8.24

资料来源：OECD STAN 数据库中产业分析部分的产业分类 D303，该数据库的产业分类标准是 ISIC Rev. 4。Air and spacecraft and related machinery，https://stats.oecd.org/Index.aspx?DataSetCode=STANI4_2016[2019-05-16]。

注：①中国数据为制造业单位劳动成本，数据来源：《2018 高技术发展报告》。

②加拿大单位为万美元 / 工作（10000 dollars/job）。

* 表示无数据。

综合考察资源转化能力变化指数、市场竞争能力变化指数、技术能力变化指数和比较优势变化指数，可以认为，中国航空航天器及设备制造业国际竞争力总体发展态势良好，资源转化能力稳定增强，在美国、法国和德国等主要发达国家和全球市场竞争能力整体有所提高，技术能力的研发投入水平虽然下降但产出指标在上升，劳动力低成本优势还较为显著。

六、主要研究结论

综合分析中国航空航天器及设备制造业的竞争实力、竞争潜力、竞争环境和竞争态势，可以得出以下结论。

（1）产业竞争实力总体较弱，与发达国家仍有较大差距。中国航空航天器及设备制造业资源转化能力较低，劳动生产率和利润率均低于高技术产业平均水平，并与发达国家差距明显；市场竞争能力较弱，主要依靠价格优势获得国际市场份额；产业技术能力有所提升，新产品销售率高于高技术产业平均水平，但产品主要销往国内市场，新产品出口销售率远低于高技术产业平均水平。

（2）产业竞争潜力相对较低，但比较优势较为显著。中国航空航天器及设备制造业技术投入高于高技术产业平均水平，且自主创新特征显著，但研发经费投入强度远低于国际水平；创新活力较低，专利数和有效专利数占高技术产业总数的比例较低，创新效率低于高技术产业平均水平。但是，中国航空航天器及设备制造业在劳动力成本和产业规模等方面与发达国家相比优势显著。

（3）产业竞争环境稳中有变，对中国来说机遇与挑战并存。发达国家持续投入大量研发资金，推动产生大量新技术和新产品，长期的技术和产品优势维护了发达国家稳定的世界主导地位，后发国家追赶步伐加快也在缓慢改变竞争格局。航空领域大企业和初创企业纷纷加快电动飞机研发，航天领域商业航天快速发展，民营企业参与度越来越高。此外，主要国家纷纷发布航天经济和军事发展战略，太空成为国家之间竞争的新战场。中国逐步松绑商业航天，通过军民融合战略不断推动航天经济高质量发展。

（4）产业竞争态势总体向好，与发达国家差距进一步缩小。中国航空航天器及设备制造业资源转化能力稳定增长。中国航空航天器及其部件产品贸易竞争指数呈现稳步上升态势，市场竞争力提高，部分产品价格优势十分显著。技术能力方面，中国航空航天器及设备制造业研发人员及经费投入水平呈下降趋势，但是前期研发投入的效果开始显现，产业技术能力和创新活力有所提升。虽然中国航空航天器及设备制造业劳动力成本呈上升态势，但劳动力低成本比较优势仍然十分显著。

参考文献

[1] 穆荣平 . 高技术产业国际竞争力评价方法初步研究 [J]. 科研管理，2000，21（1）：50-57.

[2] Hernández H，Grassano N，Tübke A，et al. The 2017 EU industrial R&D investment scoreboard [EB/OL]. [2019-05-12]. http://iri.jrc.ec.europa.eu/scoreboard17.html.

[3] 佚名 . 俄《2016—2025 年联邦航天计划》草案审议通过 [J]. 航天员，2016（3）：11.

[4] 赵炜渝 . 日本《航天基本法》的实施及其影响分析 [J]. 国际太空，2009（2）：20-22.

[5] Hernández H，Grassano N，Tübke A，et al. The 2018 EU industrial R&D investment scoreboard [EB/OL]. [2019-05-12]. http://iri.jrc.ec.europa.eu/scoreboard18.html.

[6] 付郁 . 2017 年全球航天器发射统计与分析 [J]. 国际太空，2018（2）：4-8.

[7] 北京未来宇航空间技术研究院 . 2018 中国商业航天产业投资报告 [R]. 2019.

6.1 Evaluation on International Competitiveness of Aircraft and Spacecraft Manufacturing Industry in China

Zhang Jingjing[1, 2]，*Lin Jie*[1]

（1. Institutes of Science and Development，Chinese Academy of Sciences；
2. School of Public Policy and Management，University of Chinese Academy of Sciences）

This paper analyzes the international competitiveness of the China's aircraft and spacecraft industry from four aspects，including the competitive strength，the competitive potential，the competitive environment，and the competitive tendency. On the basis of statistical data and systematic analysis，four conclusions are drawn as follows.

Firstly，the competitive strength of China's aircraft and spacecraft industry is still relatively weak compared with some developed countries. While capacity of industrial technology has made an obvious progress，especially in terms of the new products sales ratio，a major part of new products are for domestic market. Compared with developed countries like U.S.，France，and Germany，China lags a lot in all labor productivity and international market share of aircraft and spacecraft industry.

Secondly，the competitive potential of China's aircraft and spacecraft industry is not superior on the whole, but comparative advantage is significant, which is a building block of competitive potential. The former appears such as patent applications and innovation efficiency of China's aircraft and spacecraft industry are lower than average level of China's High-Tech industries. The latter comparative advantage appears such as labor cost and industrial scale of China's aircraft and spacecraft industry is more significant than many developed countries, although China's industrial scale is smaller than U.S. and France.

Thirdly, the competitive environment is changing with stability, implying opportunities and challenges for China's aircraft and spacecraft industry. In developed countries, continuous large investment sustains their dominance in the world, but recent serious air disasters won global attention and caused a lot damage to their reputation. Another changes are growing R&D investment into electric aircraft in aviation field, and bigger and bigger commercial aerospace share. Last but not least, major countries are paying more and more attention on outer space for its potential national security and economy value, making outer space another prominent battlefield. In the meantime, China has been reducing restrictions on commercial aerospace, and stimulating high-quality development of astronautic economy with national military-civilian integration strategy.

Fourthly, the competitiveness tendency of China's aircraft and spacecraft industry is improving, with a narrowing gap to developed countries'. The market shares of China's aircraft and spacecraft industry in developed countries and BRIC are low but increasing steadily. The R&D input is decreasing continually, but capacity of industrial technology and innovation vitality is improving. China's labor cost advantage is still significant compared with U.S. and U.K., whose labor cost is lowering and China's labor cost is increasing though.

6.2 中国航空航天器及设备制造业创新能力评价

王孝炯
（中国科学院科技战略咨询研究院）

根据《高技术产业（制造业）分类（2017）》，航空航天器及设备制造业主要包括飞机制造、航天器及运载火箭制造、航空航天相关设备制造、其他航空航天器制造、航空航天器修理五个部分[1]。航空航天器及设备制造业是典型的知识和技术密集型产业。2016 年，中国航空航天器及设备制造业销售收入达 3801.67 亿元，研发投入 171.46 亿元，研发投入强度达到 4.51%。2016 年以来，该行业取得一系列重大创新成果。飞机制造方面，2017 年国产“C919”大型客机首飞成功，标志着中国正式进入波音公司、空客公司垄断的干线飞机领域；2019 年具备优异高原性能的国产直升机 AC312E 完成获型号合格证前关键试飞，表明国产民用直升机竞争力正在不断加强。同期，中国航天器制造也取得举世瞩目的成绩，2016 年“天宫二号”研制发射成功，2017 年“天舟一号”研制完成并实现交会对接，标志中国载人航天进入空间站时代；2019 年“捷龙一号”运载火箭在酒泉卫星发射中心点火升空，掀开中国运载火箭商业化的新篇章。

本文在有关研究基础上，构建了产业创新能力评价体系，从创新实力和创新效力两个方面系统评估中国航空航天器及设备制造业的创新能力、创新发展环境，提出了促进航空航天器及设备制造业发展的政策建议。

一、中国航空航天器及设备制造业创新能力评价指标体系

航空航天器及设备制造业创新能力是指航空航天器及设备制造业在一定发展环境和条件下，从事技术发明、技术扩散、技术成果商业化等活动，获取经济收益的能力。简而言之，是指产业整合创新资源并将其转化为财富的能力。创新能力是提升航空航天器及设备制造业竞争力的关键，其强弱直接决定创新效率与效益，决定中国在全球产业创新价值链中的位置。

本文在制造业创新能力评价指标体系基础上[2]，综合考虑数据的可获得性和产业基本特征，建立了航空航天器及设备制造业创新能力评价指标体系，从创新实力和创新效力两个方面表征创新能力。航空航天器及设备制造业创新实力主要反映制造业

创新活动规模，涉及创新投入实力、创新产出实力和创新绩效实力等三类 8 个总量指标；航空航天器及设备制造业创新效力主要反映创新活动效率和效益，涉及创新投入效力、创新产出效力和创新绩效效力三类 8 个相对量指标，并采用专家打分法确定相关指标权重，具体指标及其权重如表 1 所示。

表 1　航空航天器及设备制造业创新能力测度指标体系

一级指标	权重	二级指标	权重	三级指标	权重
创新实力指数	0.50	创新投入实力指数	0.25	R&D 人员全时当量	0.30
				R&D 经费内部支出	0.30
				引进技术经费支出	0.25
				企业办研发机构数	0.15
		创新产出实力指数	0.35	有效发明专利数	0.40
				发明专利申请数	0.60
		创新绩效实力指数	0.40	利润总额	0.50
				新产品销售收入	0.50
创新效力指数	0.50	创新投入效力指数	0.25	R&D 人员占从业人员的比例	0.40
				R&D 经费内部支出占主营业务收入的比例	0.40
				设立研发机构的企业占全部企业的比例	0.20
		创新产出效力指数	0.35	平均每个企业拥有发明专利数	0.40
				平均每万个 R&D 人员的发明专利申请数	0.30
				单位 R&D 经费的发明专利申请数	0.30
		创新绩效效力指数	0.40	利润总额占主营业务收入的比例	0.50
				新产品销售收入占主营业务收入的比例	0.50

本文按照创新能力评价指标体系，采用数据标准化方法及加权求和方法，对相关数据进行加权汇总，得出航空航天器及设备制造业创新能力指数。在数据标准化处理时，本文综合考虑各个指标发展趋势和专家判断，选取标准化参考值，将所有历史数据转化到 0 到 100 区间范围内，以保证航空航天器及设备制造业创新能力指数具有历史可比性。考虑到数据的可获得性，本文采用了《中国高技术产业统计年鉴 2017》的数据，数据时间跨度为 2012～2016 年。由于统计年鉴中可获得数据主要包括飞机制造和航天器制造，所以本文重点对这两个子行业进行了比较分析。

二、中国航空航天器及设备制造业创新能力

2012～2016年，中国航空航天器及设备制造业创新能力指数总体呈上升趋势，2016年创新能力指数是2012年的3.45倍，如图1所示。

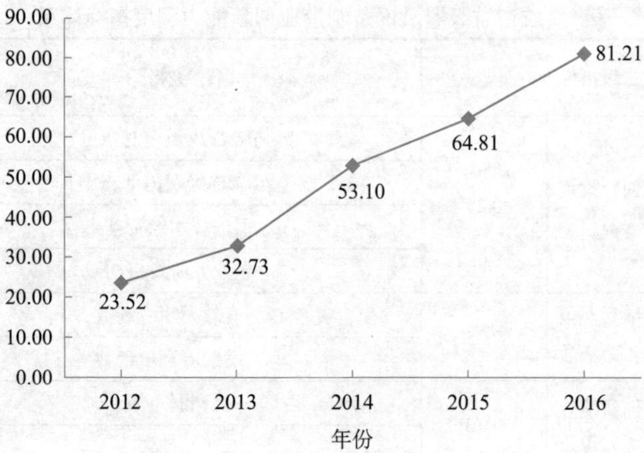

图1 创新能力指数

（一）创新实力

创新实力采用创新投入实力、创新产出实力和创新绩效实力三类8个总量指标表征。2012年以来，中国航空航天器及设备制造业创新实力指数呈快速增长态势，由2012年的6.76增长到2016年的86.45，如图2所示。

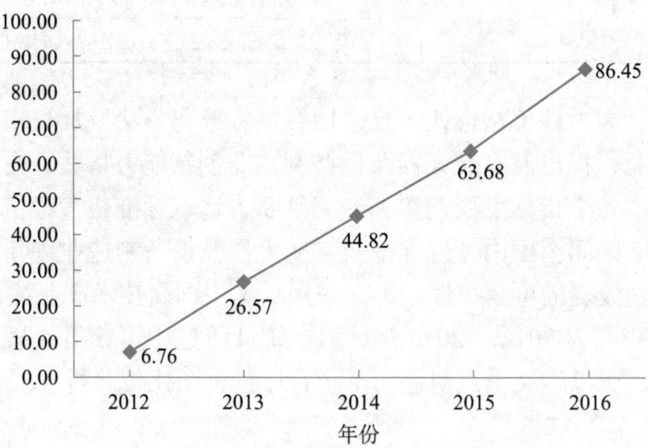

图2 创新实力指数

1. 创新投入实力

创新投入实力采用研发人员全时当量、研发经费内部支出、引进技术经费支出、企业办研发机构数等4个指标表征。2012～2016年，中国航空航天器及设备制造业创新投入实力指数总体呈震荡趋势，2013年达到峰值58.80，2014年大幅下降至46.58，此后两年稳步上升至52.44，如图3所示。

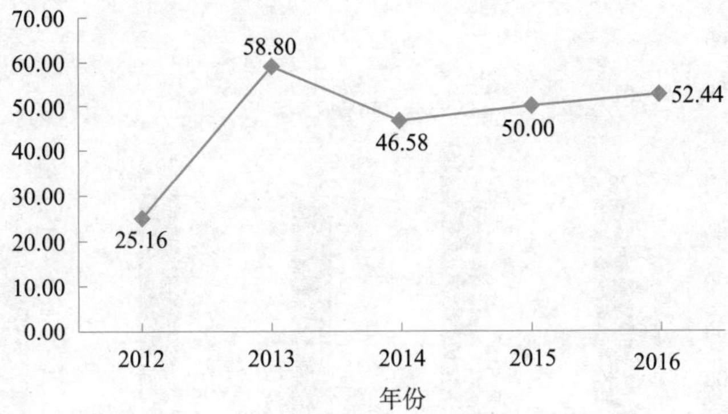

图3 创新投入实力指数

2012～2016年，中国航空航天器及设备制造业研发经费支出小幅上升，年均增长率为2.0%，其中飞机制造业研发经费支出甚至出现下降，年均增长率为-0.3%，如图4所示。

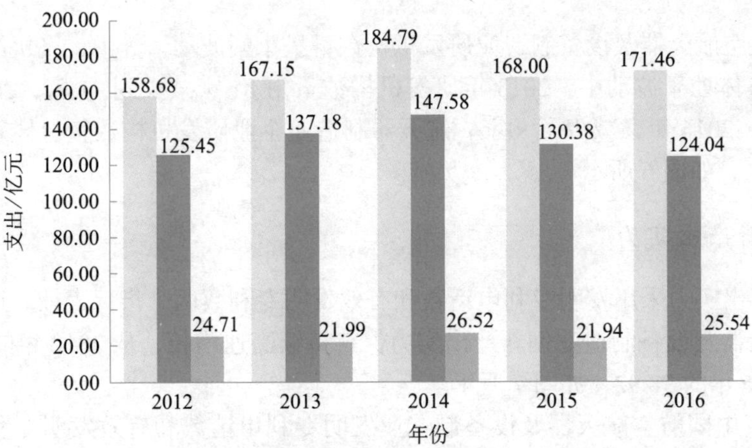

图4 研发经费支出

2012～2016 年，中国航空航天器及设备制造业研发人员全时当量出现小幅下降，年均增速为 -1.8%，2016 年达到 35 296 人年，比 2013 年的高峰期 44 440 人年下降了 20.6%。2012～2016 年，飞机制造业研发人员减少较明显，2016 年比 2013 年的高峰期减少约 28.8%。2012～2016 年，航天器制造业研发人员数小幅上升，年均增速达到 1.7%，如图 5 所示。

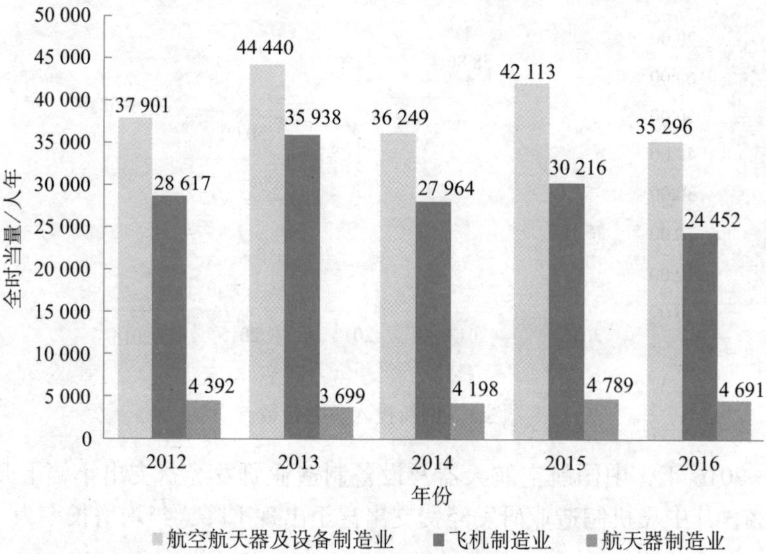

图 5　研发人员全时当量

中国航空航天器及设备制造业研发机构数量呈小幅波动。其中，飞机制造业研发机构数量整体处于波动中，2013 年研发机构数量由 81 家减少到 71 家，2015 年则增长到 92 家，2016 年又减少了 9 家。航天器制造业企业研发机构数量总体较少，基本在 9～11 家，如图 6 所示。

2. 创新产出实力

创新产出实力采用发明专利申请数和有效发明专利数两个指标表征。近年来，中国航空航天器及设备制造业创新产出实力保持持续高速增长，从 2012 年的 0.87 迅速提升到 2016 年的 98.92，如图 7 所示。

2016 年中国航空航天器及设备制造业发明专利申请数和有效发明专利数分别是 2012 年的约 2.1 倍和 3.5 倍，增长迅速，如图 8 所示。

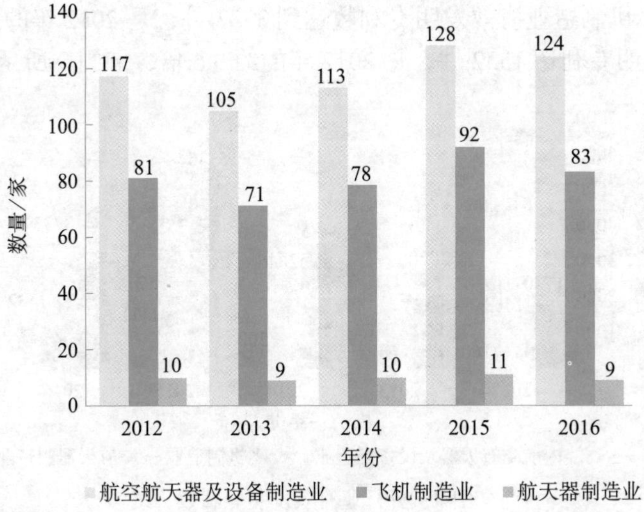

图 6　研发机构数

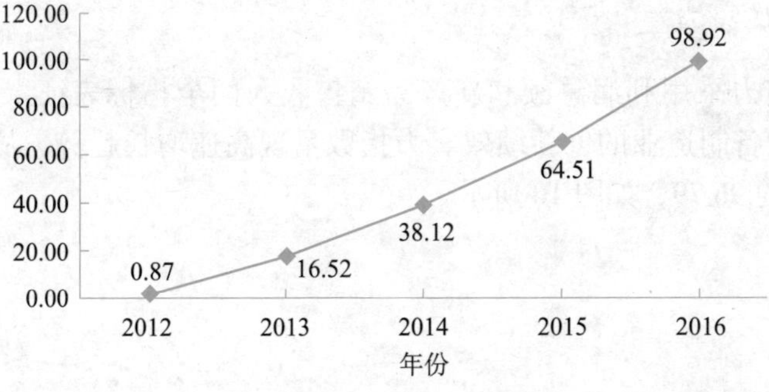

图 7　创新产出实力指数

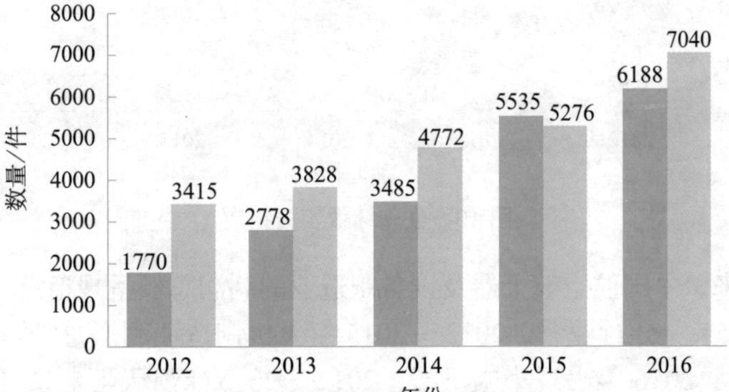

图 8　有效发明专利数和发明专利申请数

2016 年，飞机制造业有效发明专利数达到 3733 件，是 2012 年的约 2.6 倍；航天器制造业有效发明专利达 1532 件，是 2012 年的约 9.6 倍，如图 9 所示。

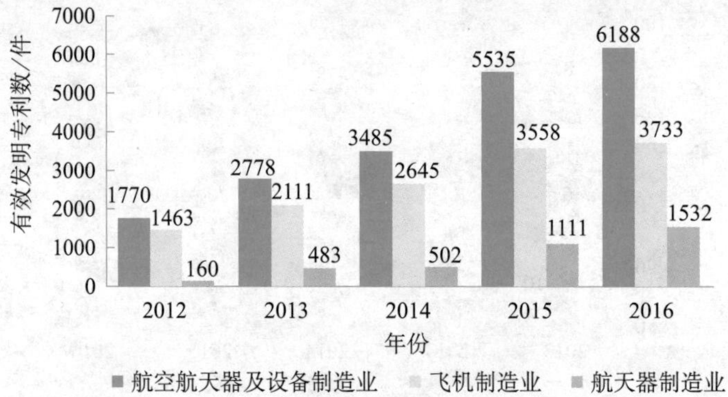

图 9　分行业有效发明专利数

3. 创新绩效实力

创新绩效实力采用利润总额和新产品销售收入两个指标表征。2012～2016 年，航空航天器及设备制造业的创新绩效实力指数呈现高速增长趋势，从 2012 年的 0.92 增长到 2016 年的 96.79，如图 10 所示。

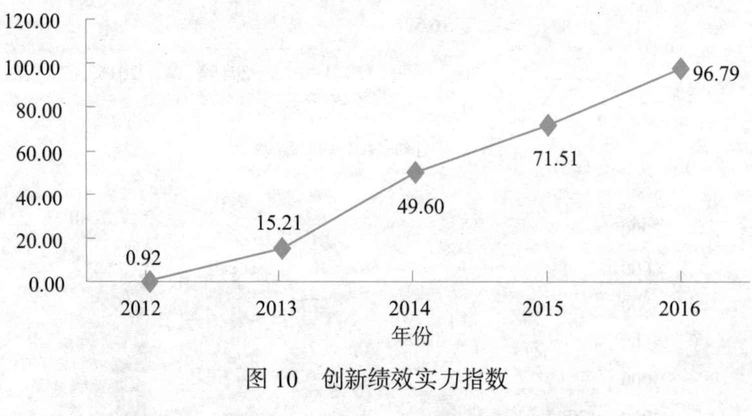

图 10　创新绩效实力指数

2012 年以来，中国航空航天器及设备制造业的利润总额呈现稳定增长态势，年均增长率达到 16.5%。分行业看，2012～2015 年飞机制造业利润总额从 80.1 亿元上升到 124.6 亿元后，2016 年出现小幅下滑；2012～2015 年航天器制造业利润总额持续上升，从 11.4 亿元上升到 16.7 亿元，2016 年则下降到 15.3 亿元，5 年平均增长率为 7.6%，如图 11 所示。

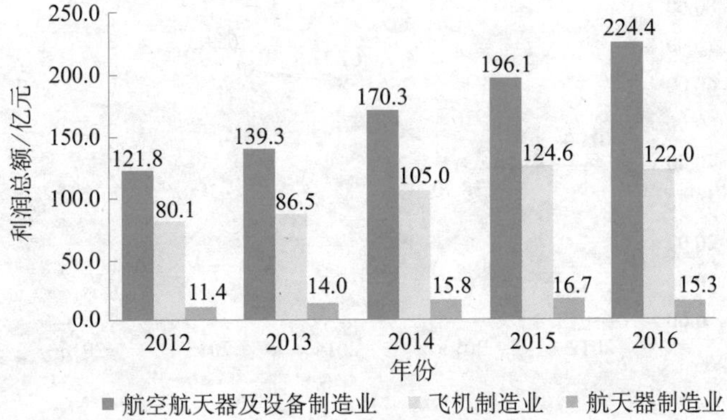

图 11　利润总额

航空航天器及设备制造业的新产品销售收入呈现稳定增长态势，年均增长率为25.4%。其中，飞机制造业年均增长率接近航空航天器及设备制造业平均水平，达到24.0%。航天器制造业年均增长率达 19.1%，虽然低于行业平均水平，但新产品销售收入 5 年内也实现了翻倍，如图 12 所示。

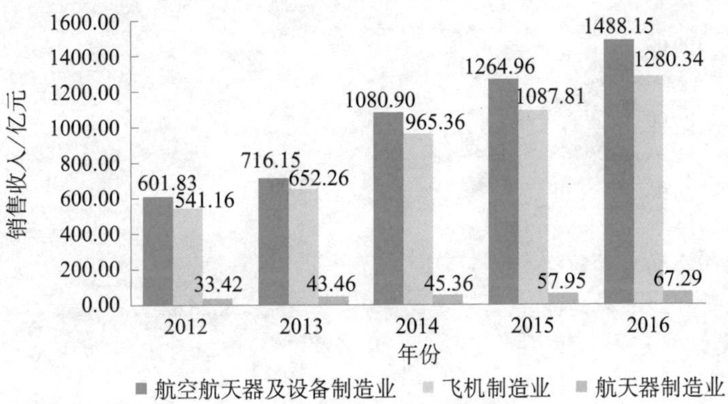

图 12　新产品销售收入

（二）创新效力

创新效力采用创新投入效力、创新产出效力和创新绩效效力三类 8 个相对量指标表征。2012～2016 年，中国航空航天器及设备制造业创新效力指数呈现出震荡上升态势，除 2013 年略有下降，2014～2016 年出现了较快上升，2016 年达到 75.97，如图 13 所示。

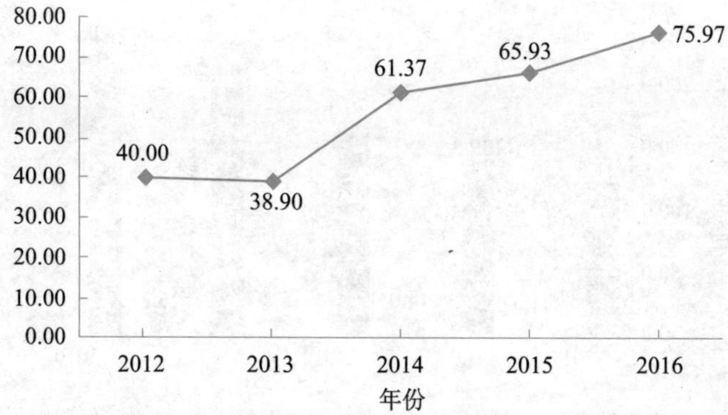

图 13　创新效力指数

1. 创新投入效力

创新投入效力指数采用研发人员占从业人员比例、研发经费内部支出占主营业务收入比例、设立研发机构的企业占全部企业的比例等 3 个指标表征。中国航空航天器及设备制造业创新投入效力指数整体呈现下降态势，如图 14 所示。

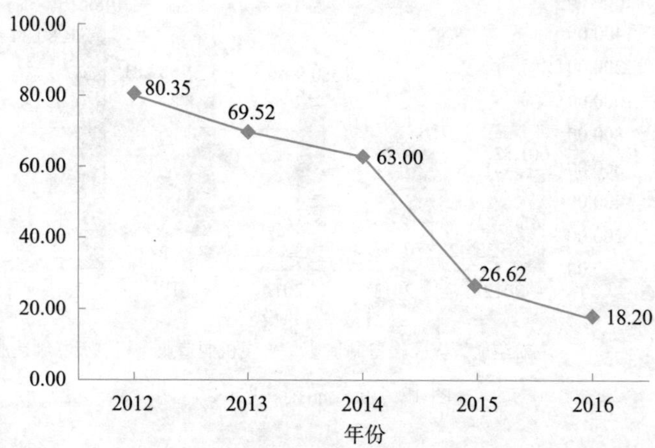

图 14　创新投入效力指数

2012～2016 年，航空航天器及设备制造业研发人员占从业人员比例总体呈下降态势，2016 年比 2012 年下降了 0.6 个百分点；研发经费内部支出占主营业务收入比例方面，2016 年比 2012 年下降 2.3 个百分点；受飞机制造业企业合并等因素影响，航空航天器及设备制造业中设立研发机构的企业占全部企业比例下降较快，2016 年比 2012 年下降 9.3 个百分点，如图 15 所示。

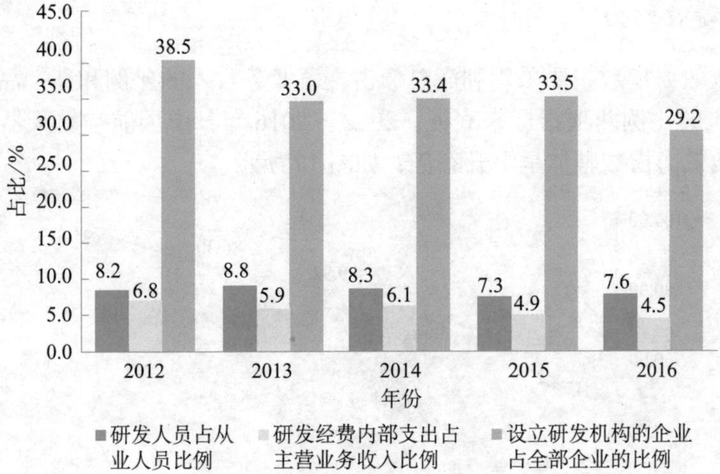

图 15　创新投入效力指标比较

2. 创新产出效力

如图 16 所示，2012 年以来，中国航空航天器及设备制造业创新产出效力指数均保持高速增长。创新产出效力采用平均每个企业拥有发明专利数、平均每万个研发人员的发明专利申请数、单位研发经费的发明专利申请数等 3 个指标表征。其中，2016 年中国航空航天器及设备制造业企均拥有发明专利数约 14.56 件，是 2012 年的约 2.5 倍；2013 年每亿元研发经费申请发明专利数约 41.06 件，是 2012 年的约 1.9 倍。

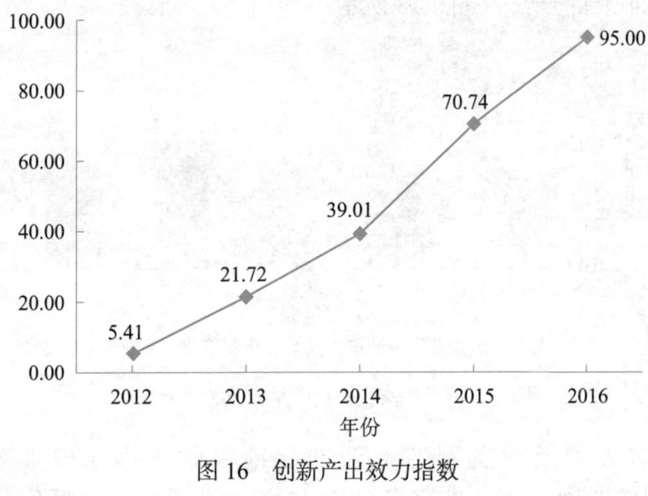

图 16　创新产出效力指数

3. 创新绩效效力

创新绩效效力指数主要采用利润总额占主营业务收入的比例和新产品销售收入占主营业务收入的比例两项指标来表征。2012～2016 年，中国航空航天器及设备制造业的创新绩效效力指数整体呈上升态势，如图 17 所示。

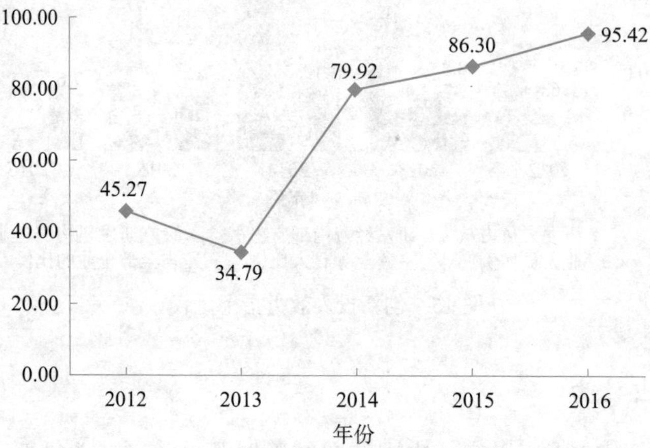

图 17　创新绩效效力指数

2012 年以来，中国航空航天器及设备制造业利润总额占主营业务收入的比例呈现震荡上升趋势。分行业看，飞机制造业小幅提升，上升了 0.3 个百分点。与飞机制造业相比，航天器制造业利润总额占主营业务收入的比例下降较快，2016 年比最高的 2012 年降低了 1.4 个百分点，如图 18 所示。

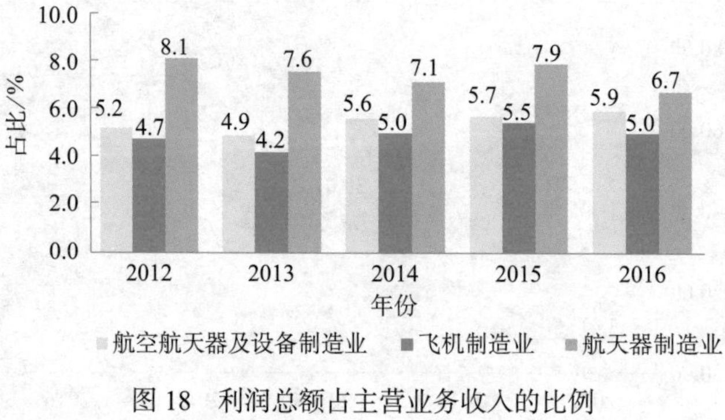

图 18　利润总额占主营业务收入的比例

中国航空航天器及设备制造业新产品销售收入占主营业务收入比例在 2012～2016 年出现较快增长，2016 年比 2012 年上升了 13.3 个百分点。飞机制造业新产品销售收入占主营业务收入比例上升较快，2016 年比 2012 年提高了 20.5 个百分点。航天器制造业新产品销售收入占主营业务收入比例实现小幅提升，2016 年比 2012 年提升了 5.6 个百分点，如图 19 所示。

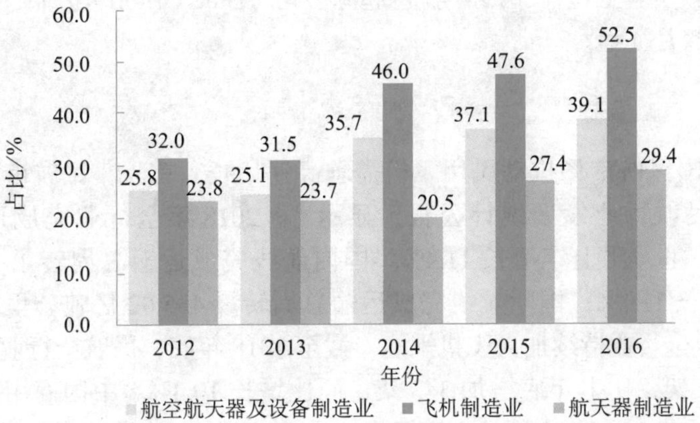

图 19　新产品销售收入占主营业务收入的比例

三、中国航空航天器及设备制造业创新发展环境

（一）全球航空、航天器市场规模持续增长

全球民用飞机市场规模稳步增长。美国通用航空制造商协会 2019 年发布的《统计数据与产业展望——2018 年度报告》[3] 指出，截至 2018 年底，全球共交付 2443 架通用飞机，较 2017 年增加 118 架，增长 5%。其中，飞机巨头波音公司和空客公司分别交付 806 架和 800 架。波音公司 2019 年发布的《民用航空市场预测》[4] 估计未来 20 年将新增 44 040 架飞机需求，总价值达 6.8 万亿美元。总体看来，为争夺未来全球市场每年 2000 多架的新增需求，波音与空客的竞争仍将持续，来自中国的大飞机将加剧这场竞争，飞机制造业的创新动力将有增无减。

全球航天器发射进入历史高峰期。《中国航天科技活动蓝皮书（2018 年）》[5] 显示，2018 年全球有 461 个航天器发射升空，成功入轨航天器数量居历史首位。其中，2018 年中国在发射次数上雄踞第一，实施发射 39 次，合计发射航天器 95 个。2018 年美国位于第二，共实施发射 34 次，发射航天器达 211 个，为确保在航天领域的领导地位，2018 年美国制定首份《国家航天战略》，2019 年发布《第 4 号航天政策指令》。俄罗斯发射次数排名第三，实现发射 20 次，合计发射航天器 24 个。欧盟持续推进《欧洲航天战略》，2018 年实施发射 8 次，合计发射航天器 56 个。此外，航天领域的一个新趋势是民营航天公司快速增长。例如，2019 年太空探索技术公司（SpaceX）“重型猎鹰”首次商业发射成功；火箭实验室公司（Rocket Lab）的“电子”号火箭成功为美国空军发射三颗实验卫星；2019 年蓝色起源公司（Blue Origin）公布“蓝月亮”月球着陆器，开启探月征程。

（二）中国航空航天器市场需求快速增长

繁荣的中国民航市场拉动民用飞机需求高速增长。首先，民航市场继续高速发展。《2018 年民航行业发展统计公报》显示[6]，2018 年全行业完成运输总周转量 1206.53 亿吨公里，比上年增长 11.4%。国内航线完成运输总周转量 771.51 亿吨公里，比上年增长 11.1%；国际航线完成运输总周转量 435.02 亿吨公里，比上年增长 12.0%。其次，全行业持续加大飞机采购。截至 2018 年底，民航全行业运输飞机期末在册架数 3639 架，比上年底增加 343 架，同比增长 10.4%。中国商用飞机有限责任公司预测[7]，未来20年，中国航空市场将接收50座以上客机9205架，市场价值约1.4 万亿美元（以 2018 年目录价格为基础），折合人民币约 10 万亿元。

中国航天强国战略激发航天器需求大幅增长。一方面，中国载人航天、卫星导航、对地观测等重大工程拉动国家航天器需求。中国载人航天“三步走”发展战略目标按期实现，“天舟一号”任务完成标志着中国进入建设载人大型空间站阶段，对“天和”核心舱、“问天”实验舱 1 号、“梦天”实验舱 2 号等高端航天器的需求进一步明确；北斗导航卫星系统建设“三步走”战略加快推进，2018 年成功发射 18 颗北斗卫星，导航卫星需求持续释放；国家高分辨率对地观测系统重大专项快速推进，累计有 9 颗“高分”卫星发射成功，遥感卫星需求加大；高通量宽带卫星通信系统建设加快，中星十六号高通量卫星投入运营，“虹云”星座、“鸿雁”星座成功发射首星，通信卫星需求潜力巨大。另一方面，商业航天发展提速进一步强化航天器需求。“长征”“快舟”“开拓”等运载火箭承担起越来越多商业发射和搭载，翎客等商业运载公司技术研发取得突破，商业航天器市场即将爆发。

（三）新技术、新材料不断突破有望加速产业变革

节能环保、增材制造、航空电子、复合材料技术创新不断取得新突破。例如，智能化技术和先进热管理技术加速发展，民用航空发动机热力循环、污染排放得到显著改善，油耗和污染水平不断下降。发动机核心部件生产开始引入增材制造，伴随全增材制造技术生产的喷气发动机概念机、非金属燃气涡轮发动机的突破，传统发动机制造工艺可能实现颠覆性创新。航空电子系统继续得到全面优化和综合化，辅助驾驶和

无人机驾驶进一步发展。复合材料广泛发展，正在取代金属材料成为飞机结构主体材料，更高性能 / 价格成为行业技术竞争的主要领域。

空间进入、卫星技术和深空探测等航天技术发展迅速。运载器方面，美国 SpaceX 公司“重型猎鹰”运载火箭首飞成功，成为当今世界上运力最强的火箭，俄罗斯也启动“安加拉 -A5”超重型运载火箭制造项目。卫星方面，通信卫星、遥感卫星、导航定位卫星等应用领域不断拓展，特别是高精度对地观测、高通量宽带卫星、微小卫星等领域取得了长足发展，北斗生态产业链进一步完善。深空探测器方面，美国发射“帕克”探测器，将大幅扩展人类对太阳的了解；美国“洞察”号着陆器成功登陆火星，将对火星内部结构环境开展探测；欧洲发射“贝皮科伦布”水星探测器，将对水星开展轨道探测。

（四）中国航空航天器及设备制造业创新发展政策环境不断完善

近年来，航空航天器及设备制造业有关的国家规划、政策密集出台。2016 年《“十三五”国家战略性新兴产业发展规划》[8] 提出显著提升空间进入能力、加快航空领域关键技术突破和重大产品研发等重大任务。2016 年国务院印发《关于促进通用航空业发展的指导意见》[9] 提出到 2020 年，“通用航空器达到 5000 架以上，年飞行量 200 万小时以上，培育一批具有市场竞争力的通用航空企业。通用航空器研发制造水平和自主化率有较大提升，国产通用航空器在通用航空机队中的比例明显提高。通用航空业经济规模超过 1 万亿元，初步形成安全、有序、协调的发展格局”。《民用航空工业中长期发展规划（2013—2020 年）》[10] 强调，要坚持“军民结合、创新驱动、开放发展、统筹协调、质量至上”原则，到 2020 年实现“现代航空工业体系基本完善、可持续发展能力显著增强、民用飞机产业化实现重大跨越”等重大目标。《中国制造 2025》[11] 将航空航天装备列入十大重点领域予以支持。

地方政府纷纷加大对航空航天器及设备制造业的政策支持力度。上海市发布《上海市航空制造产业链建设三年行动计划（2018—2020）》[12] 提出到 2020 年，力争实现航空制造业总产值 500 亿元。《深圳市航空航天产业发展规划（2013—2020 年）》[13] 提出到 2020 年，力争实现产业规模 1500 亿元。辽宁省印发《辽宁省人民政府关于促进通用航空和航空零部件制造产业快速发展的实施意见》[14] 提出到 2020 年，航空产业经济规模达到 1000 亿元以上。江西印发《加快推进通航产业发展若干措施》[15]，在空域使用与管理、通用机场网络建设、通用航空应用市场、通航企业发展、通航制造业发展等方面给出了一系列具体的推进政策。

四、主要结论及建议

综合航空航天器及设备制造业创新能力评价和创新发展环境分析，可以得出以下主要结论。

（1）中国航空航天器及设备制造业创新实力显著增强。一方面，受益于市场需求的快速增长，2012～2016 年航空航天器及设备制造业的发明专利申请数、有效发明专利数、行业利润总额和新产品销售收入实现快速增长，表现为创新产出实力和创新绩效实力的快速上升，推动创新实力大幅提高。另一方面，受国内航空制造业企业合并重组以及航天任务周期影响，研发机构数量、研发经费支出、研发人员等指标均有所波动，导致 2012～2016 年创新投入实力波动较大，影响创新实力更快提升。

（2）中国航空航天器及设备制造业创新效力提升较慢。除创新产出效力实现快速增长，2012～2016 年创新投入效力大幅下降和创新绩效效力震荡上扬是造成创新效力提升较慢的主要因素。具体来看，创新投入效力中的研发人员占从业人员比例、设立研发机构的企业占全部企业比例下降较快，导致创新投入效力大幅下降。

（3）中国航空航天器及设备制造业技术创新的机遇与挑战并存。一方面，全球在节能减排、电子系统、增材制造、复合材料替代应用等航空领域，以及在空间进入、卫星制造、深空探测等航天领域的技术实现突破，为中国产业创新发展提供了巨大机遇；另一方面，与发达国家相比，中国也面临着航空前沿技术储备不足、发动机关键材料和元器件产业受制于人，航天材料相对落后，部分航天试验设施、特种装备甚至是连接件、刀具等产品依赖进口等一系列挑战。

（4）中国政府虽然对航空航天器及设备制造业发展给予足够关注，但是在创新方面仍需加大政策支持力度。一方面，从中央政府到地方政府印发了大量航空航天器及设备制造业相关规划，各级政府表现出对航空航天器及设备制造业发展的高度重视。另一方面，上述政策在产业创新方面发力不足，如航空关键零部件、航电系统等产业配套领域仍需加大创新投入，航天器创新投入也需要更为稳定、可持续的政策支持。

为进一步提升中国航空航天器及设备制造业创新能力，提出如下建议：

（1）完善产业创新投入的动力机制。加大政府采购在航空航天领域的支持力度，将商业航天纳入政府采购范围，为产业创新培育良好的市场土壤。增强有效竞争，逐步开放航空航天市场，鼓励和引导民营和社会资本进入航空航天设备制造业，吸引众多民营企业参与产业链配套，带动航空航天零部件和材料研发。

（2）加大产业关键核心技术的创新投入力度。依托航空航天器及设备制造业龙头企业实施国家重点研发计划，加大重大试验设施等创新基础条件投入，围绕发动机、新材料、增材制造、机载系统等领域，开展稳定财政支持，加强产业关键核心技术、制造工艺攻关，提高关键环节和重点领域的自主创新能力。

（3）健全产业创新发展的融资体系。通过设立财政专项资金参股设立产业风险投资基金，加强对航空航天初创企业的支持力度。对发展期的企业，通过贷款风险补偿、债券贴息等方式给予支持，充分放大财政资金的杠杆效应。在科创板等资本市场，对航空航天器及设备制造业企业适当倾斜。

（4）完善产业创新的支撑体系。加强公共研发平台、检测认证认可条件平台建设，加强引入和培养创新型高端人才，完善适航法规体系，打造有利于航空航天器及设备制造业创新发展的支撑体系。

参考文献

[1] 国家统计局. 高技术产业（制造业）分类（2017）[EB/OL]. [2019-09-18]. http://www.stats.gov.cn/tjsj/tjbz/201812/t20181218_1640081.html.

[2] 中国科学院创新发展研究中心. 2009 中国创新发展报告 [M]. 北京：科学出版社，2009.

[3] GAMA. Statistical Databook and Industry Outlook-2018 Annual Report[EB/OL]. [2019-09-18]. https://gama.aero/facts-and-statistics/statistical-databook-and-industry-outlook/.

[4] 中国航空新闻网. 波音预测全世界未来 20 年民用航空市场总价值达 16 万亿美元 [EB/OL]. [2019-09-18]. http://finance.sina.com.cn/stock/relnews/us/2019-06-18/doc-ihxvckxk0478025. shtml.

[5] 中国航天科技集团有限公司. 中国航天科技活动蓝皮书（2018 年）（上）[J]. 国际太空，2019（02）：5-11.

[6] 中国民航局. 2018 年民航行业发展统计公报 [EB/OL]. [2019-09-18]. http://www.caac.gov.cn/XXGK/XXGK/TJSJ/201905/P020190508519529727887. pdf.

[7] 中国商用飞机有限责任公司. 2019—2038 年民用飞机市场预测年报 [EB/OL]. [2019-09-18]. http://www.comac.cc/xwzx/gsxw/201909/18/t20190918_6880375. shtml.

[8] 国务院. "十三五" 国家战略性新兴产业发展规划 [EB/OL]. [2019-09-18]. http://www.gov.cn/zhengce/content/2016-12/19/content_5150090.htm.

[9] 国务院. 关于促进通用航空业发展的指导意见 [EB/OL]. [2019-09-18]. http://www.gov.cn/xinwen/2016-05/17/content_5074151.htm.

[10] 工业和信息化部. 民用航空工业中长期发展规划（2013—2020 年）[EB/OL]. [2019-09-18]. http://www.miit.gov.cn/n11293472/n11293832/n12843926/n13917012/15421628.html.

[11] 国务院. 中国制造 2025[EB/OL]. [2019-09-18]. http://www.gov.cn/zhengce/content/2015-05/ 19/content_9784.htm.

[12] 上海市人民政府. 上海市航空制造产业链建设三年行动计划（2018—2020）[EB/OL]. [2019-

09-18]. http://www.shanghai.gov.cn/nw2/nw2314/nw2319/nw12344/u26aw55789.html.

[13] 深圳市人民政府．深圳市航空航天产业发展规划（2013—2020 年）[EB/OL].[2019-09-18]. http://www.sz.gov.cn/cn/xxgk/szgg/tzgg/201405/P020140521389468732995. doc.

[14] 辽宁省人民政府．辽宁省人民政府关于促进通用航空和航空零部件制造产业快速发展的实施意见 [EB/OL].[2019-09-18]. http://www.ln.gov.cn/zfxx/zfwj/szfwj/zfwj2011_106024/201601/t20160118_2044074.html.

[15] 江西省人民政府．加快推进通航产业发展若干措施 [EB/OL].[2019-09-18]. http://www.jiangxi.gov.cn/art/2017/7/26/art_4969_212865.html.

6.2 The Evaluation of Innovation Capacity of Aircraft and Spacecraft Manufacturing Industry in China

Wang Xiaojiong

（Institutes of Science and Development，Chinese Academy of Sciences）

The paper analyzes the innovation capacity of the Aircraft and Spacecraft Manufacturing Industry（ASMI）in China with the analysis framework which consists of innovation strength and innovation effectiveness. The innovation strength and the innovation effectiveness are both described from three aspects，namely：innovation input，innovation output and innovation performance. On the basis of statistical data and systematic analysis，the paper generates the following points.

Firstly，innovation capacity of ASMI in China obviously strengthened from 2012 to 2016 owing to the increase of innovation strength. The growth of innovation output strength and innovation performance strength leads to the increase of innovation strength. Secondly，the weak growth of innovation effectiveness which is caused by rapid decline of innovation input effectiveness puts a drag on the growth of innovation capacity of ASMI in China. Thirdly，there is still a big gap between China and advanced countries in the aspect of industry scale，competitiveness，research and development and so on. Fourthly，the Chinese government makes a big effort to improve the innovation environment of ASMI especially in the filed of technology development，emerging industry，layout of industrial system and so on.

In order to enhance the innovation capacity of ASMI，four suggestions are proposed as followed：① to improving the motivation of industrial innovation investment；② to strengthen the input of key technologies of industry；③ to perfect the financing system of industrial innovation and development；④ to strengthen basic innovation capacity of ASMI.

第七章

高技术与社会

High Technology and Society

7.1 产业互联：航空材料带动经济社会发展

王晓红[1] 益小苏[2] 武美伶[1] 常 伟[1]

（1. 中国航发北京航空材料研究院；2. 宁波诺丁汉大学）

一、航空材料：航空工业发展的关键技术

航空材料是我国国防建设、国民经济建设不可或缺的战略性关键材料，也是世界各国发展高新技术的重点。航空材料泛指用于制造航空装备的材料，主要包括金属材料（高温合金、钛合金、结构钢与不锈钢、铝 / 镁合金等）、复合材料（陶瓷基、金属基、树脂基等）、非金属材料（橡胶、密封剂、透明玻璃等）、功能材料（隐身材料、隔热材料、减振降噪材料、绝缘材料、电磁材料、电子材料等）、涂层材料（抗氧化涂层、热障涂层、封严涂层、耐磨涂层、隐身涂层、防护涂层等），材料牌号多达几千种。其中，航空材料重点产品包括铸造高温合金叶片、粉末盘、钛合金机匣、直升机钛合金锻件、透明件、弹性轴承等半成品和零部件。

航空材料技术是航空工业发展的关键技术，是推动航空装备更新换代的技术基础，也是决定航空产品现代化水平的关键因素之一。航空装备具有严酷的使用条件、长期的服役时间以及高可靠性的应用需求，因此航空材料的性能被“逼到”了极限，而且极限还需要不断提高。在航空装备严苛的需求下，航空材料具有轻质、耐高温、高强、耐久性等特征，通常在极限环境下应用，制造和使用难度大。“一代材料，一代装备”是对航空装备与航空材料相互依存、相互促进紧密关系的真实写照。世界先进国家都高度重视航空材料的发展，将材料技术作为 21 世纪关系国家安全、推进科技进步和经济发展的关键技术之一。国内外航空发动机行业公认，先进材料及其制备技术对提高航空发动机推重比的贡献率超过 70%。[1] 美国空军在《2025 年航空技术发展预测报告》中指出，在全部 43 项航空技术中，航空材料重要性高居第二位。[2]

随着航空装备技术性能的不断提升，未来航空装备的发展对先进航空材料的依存度会更高（图 1 给出了航空发动机涡轮进口温度的变化对材料的需求）。航空材料技术是装备共性关键技术，也是军民两用技术，既推动武器装备更新换代，又牵引国家新材料产业发展，航空材料常常代表着同类材料的最高技术要求，一直发挥着重要的引领作用[3]。一些全新的材料体系往往由军事需求牵引而诞生，在武器装备得到成功

应用后，逐步推广至民用领域成长、壮大。可以说，航空材料技术代表了一个国家材料技术的最高水平，其研发和应用水平反映了一个国家的综合实力和整体科技水平。航空材料除直接满足我国航空装备的需求外，还为航天、兵器、船舶和核工业以及其他国民经济产业发展提供有力的材料技术支持。

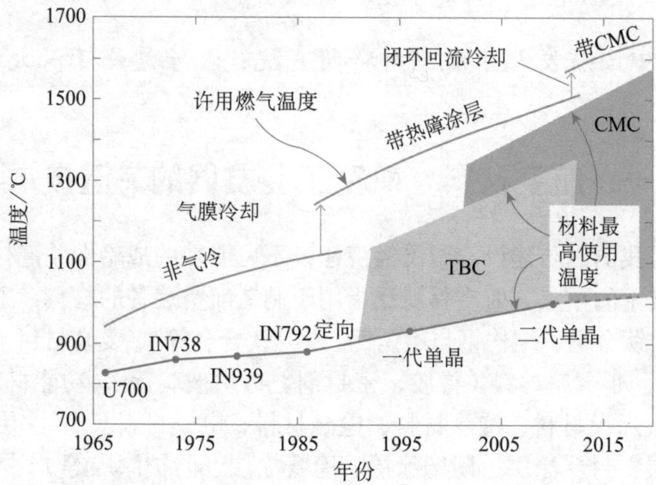

图 1　航空发动机涡轮进口温度的变化对材料的需求

资料来源：http://www.virginia.edu/ms/research/wadley/high-temp.html。

二、航空材料技术与产业发展现状

1. 国内外技术发展现状

航空材料技术是指航空产品研制生产所需的各种材料，在基础研究、材料研制、应用研究、工程化、服务保障材料全生命周期，形成的材料设计和制备、制造、检测、试验、服务保障和管理等技术。

在欧美的航空强国都极为重视材料在航空装备发展中的突出地位，大力推进航空材料技术发展。除政府主导的研究计划中安排材料相关项目外，一般采用先进企业自行研制为主，政府、大学等研究力量为辅的航空材料研制模式[4]。目前，美国波音公司、欧洲空客公司等飞机企业和美国普拉特 - 惠特尼集团公司、美国通用电气公司、英国罗尔斯 - 罗伊斯公司等发动机企业都建立了较为完备的、具有自主知识产权的航空材料技术体系，航空材料技术较为成熟，而且新一代航空装备用先进材料的技术储备也较为充足，有力支撑了航空装备的研制生产。其中，复合材料技术飞速发展，材料性能持续提高，应用部位进一步扩展，用量大幅提升，此外，航空复合材料随着飞机产业的发展，用量也不断增加（图2）；作为航空装备的重要组成部分的金属材料，持续改进改型，涌现出一批新材料品种，性能不断提升；同时，功能材料、涂层材料的重要作用日益凸显，新材料层出不穷[5]。

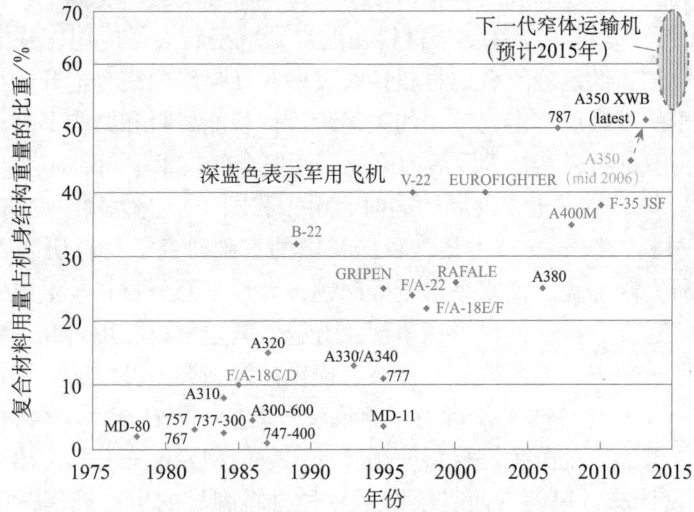

图2　航空复合材料用量随飞机发展的变化情况

在欧美的航空强国，航空装备优先采用军民通用的成熟材料，对于不能满足使用需求的材料则进行研发[6,7]。对航空材料采取正向研制的模式，高度重视材料应用研究，材料往往经过长期使用验证，数据积累充分。航空主干材料具有体系化、系列化发展的特点，根据航空装备实际需要，有序发展并形成比较完整的材料体系和系列化的材料牌号。此外，欧美国家还高度重视航空材料的通用化，努力实现一材多用，甚至是跨行业使用。

随着航空装备的发展，我国航空材料经历了从跟踪仿制、改进改型到自主研制的不同发展阶段，已基本形成了比较完整的航空材料研制、技术应用和批量生产能力，并成功研制出一批较为先进的材料牌号，制定了一批材料验收、工艺及理化检测标准，为航空装备的发展作出了重要贡献[8]。

我国三代飞机、发动机材料已基本完成材料研制阶段，具备材料的批量供应能力，但是材料的成熟度和质量稳定性还有待进一步提高；四代飞机、发动机材料仍然处于型号研制阶段；五代飞机、发动机材料尚处于预研阶段。总体上看，我国航空关键材料技术能够相对较好地满足三代飞机、发动机的研制需求，但是距离四代飞机、发动机研制生产需求还有一定差距。民机材料受到适航性的限制，一定程度上依赖进口材料[9]。

作为航空发动机的关键性材料，高温结构材料已经成为航空材料的研究重点，我国先进高温结构材料已形成了基本的研发体系并逐步走向应用，高品质高温合金产业发展实现了从无到有，超高温结构材料技术取得实质性突破，支撑了先进航空发动机的研制[10]。此外，先进树脂基复合材料在航空领域得到大量应用，并继续向高性能化和功能化发展；高性能轻质金属材料持续发展，高强耐蚀镁合金开始得到应用；碳纳米材料正处于从基础研究走向应用的关键阶段；智能材料和结构不断创新，初显颠覆性技术端倪；隐身材料新技术发展前瞻化，新概念新技术不断涌现[11]。

我国航空材料不断进步、发展的同时，由于我国历史上大量跟踪仿制国外机型、同步仿制所需材料，统筹安排不足，目前我国的基础研究、材料研制方面还存在投入过于分散、研究碎片化、低水平重复等问题，导致了部分材料技术成熟度低；生产产能过剩、重复建设、产品低水平竞争现象普遍。航空材料应用研究经费投入严重不足，应用研究严重缺失，尤其缺失元件级、模拟件级和典型件级的应用评价技术，无法精准预测材料及零部件的服役行为，导致牌号繁杂、同性能水平材料重复研制多、成熟材料改进改型少、部分关键材料使用验证和数据积累不充分等突出问题。这种状况不仅增加了设计选材风险，而且限制了每种材料牌号的生产规模，增加了研制成本，材料的批次稳定性也难以保证，一定程度上制约了我国航空装备的发展。

2. 我国航空材料产业布局

我国按照“小核心、大协作、专业化、开放式”的航空材料技术研发体系和生产保障体系发展，充分利用全国科技资源和国内工业基础，已基本形成了航空关键材料基础研究、材料研制、材料应用研究、材料生产和材料应用的主要力量，突破了材料研制与应用研究的系列关键技术，基本解决了航空产品研制需求问题，在产业化关键技术与装备等方面取得了较好进展，形成了良好的产业布局。其中，基础研究以北京科技大学、上海交通大学、中南大学、西北工业大学、东北大学、北京航空航天大学、国防科技大学、哈尔滨工业大学、东华大学等高等学校为主体；材料研制以中国航发北京航空材料研究院（简称航材院）、北京钢研高纳科技股份有限公司、中国科学院金属研究所、西北有色金属研究院、中国科学院化学研究所、中国科学院长春应用化学研究所、中国铝业集团有限公司等材料院所为主体；材料应用研究以航材院、中国科学院金属研究所、北京钢研高纳科技股份有限公司、中国航空制造技术研究院等科研院所为主体；材料生产方面，形成了以抚顺特殊钢股份有限公司、中国宝武钢铁集团有限公司、长城特殊钢有限公司、宝鸡钛业股份有限公司、西部超导材料科技股份有限公司、中航精密铸造科技有限公司、中国铝业集团有限公司等国有、民营企业为主的生产基地。在应用市场的带动下，国内部分民营企业也开发了品质优异的高温合金、铝合金、钛合金材料，典型的民营企业包括江苏隆达超合金航材有限公司、江苏图南合金股份有限公司、江苏永瀚特种合金技术有限公司、山东南山铝业股份有限公司等，但实际应用量总体偏少；材料应用研究以飞机、直升机和发动机相关的主机厂所和军工科研院所为主。

除此之外，国家采取了一系列打通材料研制相关环节的措施。例如，2017 年工业和信息化部启动的航空发动机材料、航空材料等生产应用示范平台建设，具有开放性、服务性、中立性和行业前瞻性等特征，有机地把材料研制、应用研究和材料应用等材料上、下游企业关联起来，有效解决新材料研制、生产、应用衔接不足的问题。

三、航空材料与社会互促共进、协同发展

航空材料的发展与社会发展紧密相关，在 2016 年发布的《中华人民共和国国民经济和社会发展第十三个五年规划纲要》中有上百条内容与航空材料领域相关，体现了航空材料发展与经济社会的发展间存在的密不可分的联系，航空材料的发展为社会的进步奠定了强有力的基础。

1. 航空材料辐射带动国民经济快速发展

航空材料技术是一个复杂的技术系统，涉及材料基础研究、材料研制、应用研究、工程化和服务保障中各种技术要素，从材料维度涉及金属材料、非金属材料、复合材料、功能材料、涂层材料等材料，从技术维度涉及设计和制备技术、制造技术、检测技术、试验技术、服务保障技术等。每个航空材料技术的发展都带动相关领域的技术发展，因此，航空材料技术发展带动了多个行业的材料技术发展和产业发展，并对全国起到技术辐射作用，成为我国材料科学研究的先进代表和辐射带动源，促进我国制造业整体技术的提升和技术转型。

目前，高端装备制造业已成为国民经济的支柱产业，新材料成为国民经济的先导产业。高端制造业具有技术密集、附加值高、成长空间大、带动作用强等突出特点，对于加快我国工业现代化建设，实现制造强国战略目标具有重要意义。航空材料应用技术有望成为新的经济增长点。

国内一直充分发挥航空材料技术优势，积极推进成果转化，推动全社会技术进步。例如，航材院将先进石墨烯应用技术与多家大型央企合作开发了百余种石墨烯应

用新产品，申请国际、国内发明专利230余项，截至2019年在京累计签订军转民科研成果转化合同近10亿元，带动社会投资近100亿。航材院开发的石墨烯铝合金电缆2019已实现批量生产，与相关央企签订了战略合作协议，在“一带一路”倡议和“西电东送”等国家重大工程上进行推广应用，投入使用后预计每年可节电上百万度。石墨烯铝合金电缆也因此获得了第二届中国军民两用技术创新应用大赛金奖[12]。

航空材料作为新材料的试验田，是国家战略性新兴产业的重要组成部分，是实现富国强军的基础，对国民经济的发展具有举足轻重的作用，为人类文明的进步和社会的可持续发展不断注入新活力。

2. 社会资源助推航空材料大步向前

航空材料的发展除了依靠以材料应用研究为主的军工单位的力量外，还离不开政府的政策引导和大力扶植，以及人口社会资源强有力的支撑。

国家和地方政府材料产业相关政策、项目支持以及应用示范平台等，为航空材料研制提供了强有力的保障和支持，促进了航空材料的飞速发展，取得一批创新成果，培养了一批优秀人才，为实现我国的航空梦、强军梦奠定了坚实的基础。例如，各地方政府为促进航空产业发展升级，利用土地、税收、人才引进等优惠政策吸引航空材料企业聚集，纷纷成立材料研发、生产、加工于一体的航空产业园，为航空材料发展创造一个宽松的发展环境，在带动地方乃至整个国民经济发展的同时，有效利用区域资源和市场优势，提升科研成果转化率。

高等院校作为航空材料基础研究的主体，与军工科研院所组建材料、工艺、仿真等多个联合研究中心和联合实验室，大力营造有利于创新的环境和文化，充分发挥其在前沿探索、基础理论研究等方面的优势，注重解决航空材料成分设计优化、组织控制机理等基础科学问题，探索航空材料前沿技术，同时不断为航空材料培养优秀人才，为航空材料的发展注入一批批新鲜血液。

以原材料生产为主的国有、民营大型企业生产基地，依托自身雄厚的技术、经验、人才积淀，将自身创新发展与航空材料发展相结合，不断为航空装备提供更高品质的原材料和半成品。一些加工厂和科研机构利用现有资源，通过承接科研项目外包合同、接收横向委托等多样化合作方式，为航空装备提供成附件、辅助材料等配套材料以及检测、试验等配套服务。

社会资源的大力支撑，使得航空材料充分吸纳全球的科技和产业资源，拥有更广泛的共享平台、交流平台、实践平台和人才培养平台，提高了航空材料与社会的协同创新效率，提升了航空材料研制水平和可持续发展能力。

四、航空材料研究的国际合作日益活跃

航空材料作为国内外高技术新材料的代表，在我国的对外合作中扮演着非常重要的角色。例如，在工信部的支持下，中国航空材料积极参与了欧盟最著名的科研发展计划“地平线 2020”（Horizon 2020）[13]。在这个大型国际合作计划下，我国主导的项目“生态友好与多功能复合材料在飞机结构中的应用”（Ecological and Multifunctional Composites for Application in Aircraft Interior and Secondary Structures，ECO-COMPASS），由欧方 8 家和中方 11 家单位产学研大合作，该项目向国际社会展示了具有我国全部自主知识产权的生物基树脂复合材料——“绿色复合材料”，其应用效果得到空客公司及欧盟有关航空科研单位的测试与正面评价，并在我国 C919、MA600、Y12 等飞机上演示制造[14, 15]（参见第二章 2.1 图 1）。中欧合作的另一个航空材料技术项目是“增材制造、近净成型热等静压及精密铸造高效率制造技术研究”（Efficient Manufacturing for Aerospace Components Using Additive Manufacturing，Net Shape HIP and Investment Casting，EMUSIC），由中方 7 家及欧方 11 家单位产学研大合作，利用增材制造、近净成型热等静压和熔模铸造等技术，开展针对飞机门框和环形前外壳等实际钛合金复杂部件的先进制造技术研究，取得积极进展。这些项目贯彻落实了我国深化改革、开放创新的大政方针，反映了我国航空材料的长足技术进步，并且在部分方向上引领了技术发展。

五、展　望

近年来，航空材料技术发展迅速，呈现出高性能化、多功能化、复合化、低维化、信息化、智能化、低成本、可维修等新的发展态势。同时，当今世界普遍关注“绿色材料”，这是人们在吸取历史经验教训后，把“高效率”和“低污染”的重要性提高至一个新的认识高度，提醒人们在追求“高性能”和“低成本”的同时，决不能以牺牲人类健康、破坏生态环境、挥霍宝贵资源为代价。

建议从国家层面加强统筹规划，按体系规范材料选用、研制、生产、验收、使用等各环节，使其科学化、程序化。加大航空材料应用研究的支持力度，强化应用研究全过程和材料研制全过程，突出材料技术验证，通过由试样 - 元件 - 模拟件 - 典型零件的积木式验证，加速航空材料应用，建立航空材料性能数据库。理顺并建立航空材料主干材料体系，解决多个性能相近材料牌号大量并存的问题，发展“一材多用”型材料。推动航空材料产业各个环节的良好衔接，促进上下游企业深入合作和有序竞争，统筹规划协同管理，引导更有秩序的资本理性投资，完善从基础研究、技术研发

到成果转化的创新链条，促进军工高端技术向民用领域转移转化。深化技术产品、设备设施、人才等资源要素军工企业和民营企业的良性互动，促进资源优化配置和开放共享，确保产业健康发展。最后，通过国际合作，引导和推动我国航空材料技术与产品走向世界航空大市场，创造技术与社会发展新效益。

参考文献

[1] 北京航空材料研究院 . 航空材料技术［M］. 北京：航空工业出版社，2013.

[2] 陈亚莉 . 国外航空材料发展现状与趋势［J］. 军民两用技术与产品，2011（6）：15-17.

[3] 陈亚莉，赵群力 . 航空材料技术发展展望［J］. 未来航空技术，2016（10）：41-43.

[4] 刘善国 . 国外飞机先进复合材料技术［J］. 航空制造技术，2014（19）：26-31.

[5] Begley M R，Wadley H N G. Delamination resistance of thermal barrier coatings containing embedded ductile layers［J］. Acta Materialia，2012（60）：2497-2508.

[6] National Research Council of The National Academies. Materials Needs and Research and Development Strategy for Future Military Aerospace Propulsion Systems［M］. Washington D C：The National Academies Press，2011.

[7] National Research Council of The National Academies. A Review of United States Air Force and Department of Defense Aerospace Propulsion Needs［M］. Washington D C：The National Academies Press，2006：46-48.

[8] 李晓红 . 一代材料一代飞机：谈航空材料与飞机、发动机的互动发展史［J］. 国际航空杂志，2010（8）：66-70.

[9] 李凤梅，韩雅芳 . 中国航空材料现状、问题与对策［J］. 新材料产业，2010（11）：32-35.

[10] Xiao Y. Development of high temperature material applied in aircraft engine［J］. China High Technology Enterprises，2008（14）：105.

[11] 李锐星，秦发祥，彭华 . 2049 年的中国：科技与社会愿景展望－智能材料愿景展望［J］. 新型工业化，2015（5）：1-33.

[12] 李川，张小娜 . 石墨烯材料的制备方法和中国石墨烯产业现状［J］. 中国陶瓷，2018（4）：9-13.

[13] INEA-Innovation and Network Executive Agency. Horizon 2020 Collaboratioive Aviation Research［R］. Brussel，2019.

[14] Bachmann J，Hidalgo C，Bricout S. Environmental analysis of innovative sustainable composites with potential use in aviation sector：a life cycle assessment review［J］. Science China，Technological Sciences，2017，60（9）：1301-1317.

[15] Yi X S，Tserpes K. Ecological and Multifunctional Composites for Application in Aircraft Interior and Secondary Structures［R］. Swiss：MDPI Press House，2019.

7.1　Industrial Interconnection：Aviation Materials Drive Economic and Social Development

Wang Xiaohong[1]，*Yi Xiaosu*[2]，*Wu Meiling*[1]，*Chang Wei*[1]
（1. Beijing Institute of Aeronautical Materials，Aero Engine Corporation of China；
2. The University of Nottingham Ningbo China）

Aeronautical materials are applied in the extreme environments and have the features of low density，high strength，high heat-resistance and good durability. At present，China has formed an integrated R&D system of aeronautical materials including the basic research，applied technology and batch manufacturing. Aeronautical materials promote the development of technology and economic in the whole society，which not only accelerate the update of military devices，but also lead the development of advanced material industry. Meanwhile，the development of aircraft materials depends on the official policy induction and promotion，as well as the support of domestic social resources.

7.2　空间科学技术研判中的协商与治理：NRC 研判案例及启示①

赵　超[1]　赵万里[2]
（1. 中国科学院科技战略咨询研究院；2. 南开大学周恩来政府管理学院）

一、大科学时代的科学技术前沿研判：组织、协商与治理

科学社会学早期代表人物普赖斯（Derek John de Solla Price）在其代表作《小科

① 本文受国家自然科学基金应急管理项目“学科发展战略研究典型案例与组织方法考察”（L1724008）；中国科学院科技战略咨询研究院 2018 年度院长青年基金 A 类项目“科学前沿领域研判的组织机制研究”（Y8X1151Q01）资助。

学、大科学》（1963 年）中，曾经提出过著名的“大科学”论断。他认为，随着科学事业的迅速增长、科学交流形式的变化以及科学的机构的演进，现代科学已经成长为“大科学”，这种“大科学”与以往的“小科学”最主要的区别，是随着科学产出和科学资助规模的指数级增长，科学活动所占据的社会财富和公共资源大幅攀升，这一方面导致了科学研究成本的提高和边际效应的下降；另一方面，也使得从事科学活动的心理和文化机制发生了重要的变化：传统上基于科学家个体围绕科学活动的杰出天赋、激情——总之，基于个人英雄主义动机、强调“标新立异”的科学，正越来越多地让位于科学家集体基于理性、计算的组织行为[1]。

在大科学的语境下，科学技术前沿的研判活动，也如同大科学概念所昭示的那样，超脱出科学家的个体层面，成为具有社会性特征的集体事业。科学技术前沿研判主要关注两方面的议题，一是就本学科的科学优先领域（science priorities）达成共识；二是就如何发展特定学科、领域提供切实可行的操作化路径。[2] 在当代“科学技术研究”（science & technology studies，STS）的视野中，科学技术前沿研判成为一项颇具学术价值的讨论话题，这部分是由于它与上述 STS 领域的一些学者所主张的“科学技术的社会建构”（the social constructivist nature of science & technology）性质有直接的关系——根据某些社会建构论者（social constructivist）的观点，科学的演进并不遵循某种必然性规律，而是存在着各种各样的可能性；在科学发展的关键节点上选择哪条路径、采用哪种研究范式，往往充满着争议。而在这些争议的背后，体现的是不同科学家群体的利益之争——这里的“利益”不单指经济、政治利益，也包括了认知利益或专业利益，即对科学家职业生涯带来的潜在好处。[3] 根据上述观点，决定科学发展最终走向的或者说成为科学进一步发展基础的共识，实际是科学家群体之间相互争斗和妥协的产物。

科学知识社会学对于“科学如何演进”的阐释尽管激进，却可以为理解科学技术前沿的研判活动提供一些独到的启发。它使人们意识到，在大科学的时代，如何发展科学技术、如何为科学技术研究选择一条“最优路径”，背后所牵涉的是包括科学共同体在内的各种社会力量；因此，围绕科学技术的任何决策都应作为一种富集多样性意见的公共性事务，并成为包括科学家、工程师等知识精英、各利益相关方的共同责任。故而，一种哈贝马斯（Jürgen Habermas）意义上的“沟通理性”（communicative rationality）[4] 或是“商谈伦理”（discourse ethics）[5] 对科学事业的未来便显得尤为重要。从实践的角度来看，当前，随着国家层面科技竞争的加剧，世界科技先进国家都在积极布局未来需要重点发展的学科领域；科学技术前沿研判活动由于能够广泛凝聚科学共同体以及各类政府机构的共识、找到一个国家关于“如何发展科学技术事业”的最大公约数，因此价值日益彰显。在这些意义上，科学技术前沿的研判实际成为探讨当代科学技术与社会关系的"富矿"，它不仅可以为社会性沟通和商谈提供平台，也可以为一个国家科技政策的制定提供可资研究的丰富素材。

目前，世界主要国家开展有各种形式的科学技术前沿研判工作，而美国国家研究理事会（National Research Council，NRC）开展的十年期研判（Decadal Survey）作为个中典型，近20年来出版了156份研究报告，对美国科技战略以及政策制定产生了持久的影响。[①] 在NRC中，又以其下设的空间研究委员会（Space Studies Board，SSB）的工作最为系统和成熟。本文便选取空间研究委员会组织开展的十年期研判，作为空间科学技术研判的典型案例，来对当代科学技术前沿研判中的组织和社会过程进行梳理和总结。

二、多元主体：空间科学技术研判中的组织与社会参与力量

在现代科学发展史上，空间科学技术由于涉及空间探测、空间开发等众多学科领域，早已成为当代自然科学中组织化程度最高的研究方向之一。空间科学技术牵涉研究人员之众、议题之多、范围之广，不仅跨领域、跨学科；同时，还以其庞大的研究规模、极高的资源投入水平以及广泛的组织动员需求，体现出与社会深入互动的特点，成为"大科学"的典型。对于空间科学技术研判的考察因此能够在大科学的时代为科学技术的社会治理问题提供更加丰富的解决方案。在这方面，NRC空间研究委员会经过半个多世纪的探索，形成了颇为成熟的组织模式，可以成为讨论相关问题时一个富有成效的参考。

（一）知识生产的组织机构——NRC空间研究委员会

作为空间科学技术前沿研判主体的NRC空间研究委员会成立于1958年，是依托美国国家科学院、工程院、医学院（National Academy of Science，Engineering and Medicine，NASEM）设立、代表NASEM执行其咨询职能的机构。[②]NRC按照学科门类，下设若干项目单元（program units），并以NASEM的名义为联邦政府各部门提供科学技术方面的咨询建议。其中，空间研究委员会就是NRC主要项目单元——工程与物理科学分部（Division on Engineering and Physical Sciences，DEPS）下面13个学

① 美国国家学术出版社网站（https://www.nap.edu/）有美国国家研究理事会发布的所有报告。本文通过对近20年来的所有报告进行阅读和甄别，筛选出以decadal survey为关键词，以及以前沿研判为特点的研究报告156份，这些报告分布在不同学科领域中，而以空间科学技术研究方面最为突出。

② 最初的名称是空间科学委员会（Space Science Board），1989年更名为空间研究委员会（Space Studies Board）。

科领域委员会之一。空间研究委员会本身由来自 7 个空间研究学科和领域[①]的杰出科学家、工程师、工业企业家、学者和空间研究政策专家等 20 余位成员组成，目前下设 5 个常设分委员会及若干特设研究委员会，其组织机构设置见图 1。由 NRC 空间研究委员会组织的科学技术前沿研判工作，便是在这一结构框架下开展起来的。其中，

图 1　NRC 空间研究委员会组织结构示意图

① 7 个学科领域包括空间天体物理学（space-based astrophysics）、太阳物理学（heliophysics，也称太阳与空间物理学 solar and space physics）、地球科学与空间应用（earth science and applications from space）、太阳系探索（solar system exploration）、微重力生命与物理科学（microgravity life and physical sciences）、空间系统与技术（space system and technology）及科学技术政策（science and technology policy）。

空间研究委员会的5个常设分委员会分别负责各自学科领域的十年期研判项目；同时，随项目的立项会设立专门的项目委员会来具体负责项目的执行。[6]

从空间研究委员会成立之初，其下各常设委员会便自发地承担相关的一些研判项目。而以十年为周期的系统研判始于20世纪60年代，由天文学与天体物理学分委员会率先进行，并于1964年出版了第一份报告。[7]此后每隔十年，该分委员会便会组织开展新一轮研判，迄今已完成六轮。近20年来，空间研究委员会下的其他常设分委员会也开始效仿天文学与天体物理学的模式，针对自身学科领域组织开展相关研判。截止到2018年底，整个空间研究委员会已完成并出版研判报告13份，其中天文学与天体物理学6份，太空生物学与行星科学、太阳与空间物理学、地球科学与空间应用各2份，空间生物与物理科学1份。相关成果的具体信息见表1。

表1　NRC空间研究委员会十年期研判汇总（1964～2018年）

年份	成果	所属学科领域/分委员会
1964	《基于地面观测的天文学：一项十年期规划》 （Ground-based Astronomy：A Ten-Year Program）	天文学与天体物理学 （Astronomy and Astrophysics）
1973	《1970年代的天文学与天体物理学》 （Astronomy and Astrophysics for the 1970s）	天文学与天体物理学 （Astronomy and Astrophysics）
1982	《1980年代的天文学与天体物理学》 （Astronomy and Astrophysics for the 1980s）	天文学与天体物理学 （Astronomy and Astrophysics）
1991	《天文学与天体物理学的十年发现》 （A Decade of Discovery in Astronomy and Astrophysics）	天文学与天体物理学 （Astronomy and Astrophysics）
2001	《新千年的天文学与天体物理学》 （Astronomy and Astrophysics for the New Millennium）	天文学与天体物理学 （Astronomy and Astrophysics）
2003	《太阳系的新前沿：一项整合性的探索战略》 （New Frontiers in the Solar System：An Integrated Exploration Strategy）	行星科学 （Planetary Sciences）
2003	《从太阳到地球——及其后：太阳与空间物理学的十年研究战略》 （The Sun to the Earth—and Beyond：A Decadal Research Strategy in Solar and Space Physics）	太阳与空间物理学 （Solar and Space Physics，Heliophysics）
2007	《地球科学及其空间应用：未来十年及其后的国家使命》 （Earth Science and Applications from Space：National Imperatives for the Next Decade and Beyond）	地球科学与空间应用 （Earth Science and Applications from Space）
2010	《天文学和天体物理学的新世界与新视界》 （New Worlds，New Horizons in Astronomy and Astrophysics）	天文学与天体物理学 （Astronomy and Astrophysics）
2011	《面向2013—2022年行星科学的愿景与航程》 （Vision and Voyages for Planetary Science in the Decade 2013—2022）	行星科学 （Planetary Sciences）

续表

年份	成果	所属学科领域 / 分委员会
2011	《夺回空间探索的未来：新时代的生命与物理科学研究》（Recapturing a Future for Space Exploration：Life and Physical Sciences Research for a New Era）	空间生物与物理科学（Biological and Physical Sciences in Space）
2013	《太阳与空间物理学：一种迈向技术社会的科学》（Solar and Space Physics：A Science for Technological Society）	太阳与空间物理学（Solar and Space Physics，Heliophysics）
2018	《我们不断变化的繁荣地球：空间地球观测的十年战略》（Thriving on Our Changing Planet：A Decadal Strategy for Earth Observation from Space）	地球科学与空间应用（Earth Science and Applications from Space）

（二）知识生产的出口——利益相关方与受众

对于空间科学技术前沿研判成果来说，除了作为项目承担方的空间研究委员会，还有其他的“利益相关方”（stakeholders）在知识生产过程中起到了重要作用。首先，空间科学技术十年期研判成果的最大资助方是NASA，NASA下设的科学任务处（Science Mission Directorate，SMD）是最早资助空间科学技术十年期研判的部门。① 目前空间研究委员会下属5个分委员会完成的13份研究报告中，科学任务处参与资助了除空间生物与物理科学分委员会外其他4个分委员会的12项项目；而空间生物与物理科学分委员会的研判项目则由NASA的载人探索与运营处（Human Exploration and Operations Mission Directorate）资助完成。[8] 除NASA外，十年期研判的另一个重要资助方是美国国家科学基金会（National Science Foundation，NSF）。NSF重点资助了行星科学以及太阳与空间物理学的十年期研判项目。其他联邦政府机构中，直接资助十年期研判的还有美国能源部（Department of Energy，DOE）、美国商务部下属的国家海洋和大气管理局（National Oceanic and Atmospheric Administration，NOAA）以及内政部下属的地质勘探局（United States Geological Survey，USGS），这些部门主要资助的是地球科学与空间应用项目，因为其成果可以为这些部门制定和实施各自的研究计划提供有效的参考。[9]

除了资助方外，空间科学技术十年期研判的利益相关群体还包括与空间科学有关的各学科领域的学术共同体、相关政治机构以及广大社会公众。首先，鉴于十年期研判报告在科学共同体内的权威地位，报告中对科学优先领域的描绘对于特定学科的发展前景颇具影响。其次，作为十年期研判的间接资助方，美国国会（Congress）、白

① 空间研究委员会与NASA同年成立，自其成立起，便一直向NASA提供政策咨询服务。

宫管理与预算办公室（Office of Management and Budget，OMB）以及科技政策办公室（Office of Science and Technology Policy，OSTP）会通过十年期研判成果，来对各政府部门在科学技术方面的投入进行综合性评估；而美国国防部（Department of Defense，DOD）、国土安全部（Department of Homeland Security，DHS）及其下的联邦应急管理局（Federal Emergency Management Agency，FEMA）等机构也感兴趣于空间科学优先领域对其从事的国防、安全工作所带来的潜在裨益。[10] 最后，对于广大社会公众来说，由于对空间科学技术前沿的研判涉及很多对环境以及人类的健康和安全至关重要的议题——如空间天气对于人类通信、导航和电力供应的影响——都使得空间科学技术前沿的研判越来越多地牵涉公众的切身利益。因此在某种程度上，整个社会都是空间科学技术前沿研判的“受益者”。

除众多利益相关方外，伴随空间科学技术的十年期研判，还产生了一个较为广泛的受众群体，包括科技产业界、非政府组织以及科学教育机构等。例如，优先发展领域的公布，会间接引导科技产业界调整其技术研发的方向，也会激发社会团体和民间科学组织探索空间科学的积极性；同时，由于每份研判报告都会发布一个面向公众阅读的版本，也会为美国 K-12（基础教育）以及高等教育工作者提供帮助。就此，围绕科学技术前沿的研判，便形成了一个从知识生产者、资助者、利益相关者到受众的多元社会治理体系（图 2）。

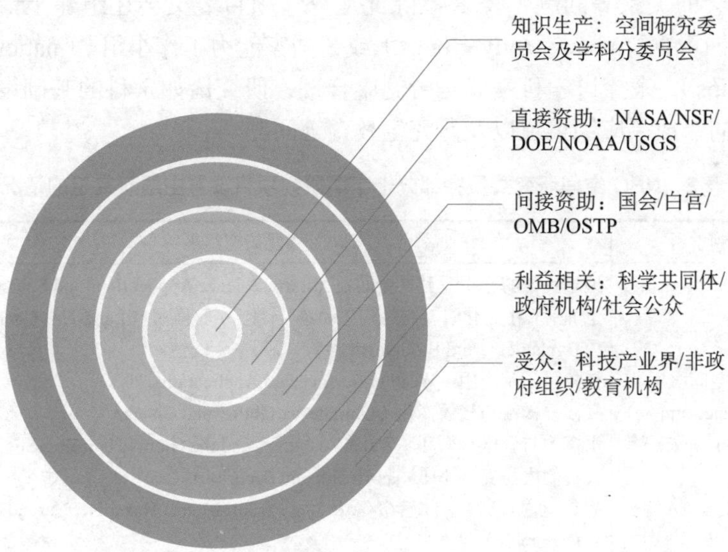

图 2　美国空间科学技术前沿研判中的多元社会治理体系示意图

三、形成共识：空间科学技术前沿研判的动力学

大科学时代，科学技术的社会属性不仅体现在知识生产的多元化的主体上，还体现在知识生产过程的动力机制上。如何确定空间科学技术的优先发展领域，不仅仅是一个方法论层面的问题，也是一个知识社会学的问题。相对于纯粹的自然科学研究，科学技术的前沿研判除了要对特定科学问题的研究价值进行评估外，还不可避免地牵涉这些评估对于科学共同体的发展以及科学事业的进步所带来的潜在影响。在此意义上，如何最大程度上凝聚科学共同体的共识，用集体性来确保知识发展战略的合理性，成为空间科学技术前沿研判过程中面临的核心问题之一。在这方面，NRC 空间研究委员会在十年期研判中，通过相关的程序性安排，来确保研判过程能够最大限度地汲取科学共同体乃至各利益相关方的意见。

首先，是成员构成以及研究议题上的广泛性和多样性。在项目委员会成员的选择上，空间研究委员会主要考虑几个方面的因素：①参与项目研究的科学家和工程师在研究子领域以及研究方向上的平衡；②参与到项目中的都是各自领域取得杰出成就、具有研究经验的领军人物；③尽量选择领域中的活跃人员，以确保从事项目科学家具有前沿研判的积极性。而为了使科学共同体能够广泛参与，项目委员会也会成立尽量广泛的主题研究组（thematic panels），来具体讨论相关的科学问题、技术问题以及科学技术与社会的关系等问题（表 2）。除此之外，项目委员会还组建了诸如“基础设施研究小组”（infrastructure study groups）或“国家能力工作小组”（national capability working groups），来探讨学科发展是否健康合理，研究诸如学科的基础设施、研究补助、就业方向、成果应用渠道以及研究生教育等问题。

表 2　NRC 空间研究委员会部分十年期研判项目设置主题研究组的情况

十年期研判学科	主题研究组名称
地球科学与空间应用（Earth Science and Applications from Space）[11]	地球科学的应用及其社会效益（Earth Science Applications and Societal Benefits） 土地利用变化、生态系统动态与生物多样性（Land-Use Change, Ecosystem Dynamics, and Biodiversity） 气象科学及应用（Weather Science and Applications） 气候多样性与气候变化（Climate Variability and Change） 水资源与全球水循环（Water Resources and the Global Hydrological Cycle） 人类健康与安全（Human Health and Security） 固体地质灾害、自然资源及动态（Solid-Earth Hazards, Natural Resources, and Dynamics）

续表

十年期研判学科	主题研究组名称
天文学与天体物理学（Astronomy and Astrophysics）[12]	宇宙学与基础物理学（Cosmology and Fundamental Physics） 银河系内天体（The Galactic Neighborhood） 跨宇宙时间的星系（Galaxies across Cosmic Time） 恒星与恒星演化（Stars and Stellar Evolution） 行星系统与恒星形成（Planetary Systems and Star Formation） 空间电磁观测（Electromagnetic Observations from Space） 地面光学和红外天文学（Optical and Infrared Astronomy from the Ground） 粒子物理与引力（Particle Physics and Gravitation） 地面无线电、毫米波和亚毫米级天文学（Radio，Millimeter，and Submillimeter Astronomy from the Ground）
行星科学（Planetary Science）[13]	内行星（Inner Planets） 火星（Mars） 巨行星（Giant Planets） 巨行星卫星（Satellites of the Giant Planets） 原始星体（Primitive Bodies）
太阳与空间物理学（Solar and Space Physics/Heliophysics）[14]	大气－电离层－磁层作用机制（Atmosphere-Ionosphere-Magnetosphere Interactions） 太阳风－磁层作用机制（Solar Wind-Magnetosphere Interactions） 太阳与日光层物理（Solar and Heliospheric Physics）

其次，是面向整个学术共同体，广泛征集关于学科领域发展的意见。按照空间研究委员会的要求，每一项研判工作都要求各学科、领域共同体召开公共会议进行讨论，并提交关于本领域重要科学、技术问题或者项目的白皮书（white papers）。在汇集学术共同体意见的基础上，项目委员会再根据特定评估方法，对关键科学问题进行排名，总结出特定学科的优先领域。

再次，十年期研判成果的研究报告不仅作为认识和理解特定学科发展现状的知识成果，而且也有较强的应用指向。这就决定了，不论在研究过程中还是在报告交付之后，对于研究成果是否可行，一直处在一个评估和检验的过程中，而这也使十年期研判过程及报告应用过程始终处于一个多方参与的状态。例如，在研究过程中，诸如火星任务、地面射电望远镜、多卫星空间观测站等大型空间飞行任务和地面设施的建议，都会接受基于独立的成本和风险评估。而在研究报告交付之后，空间研究委员会也会通过其常设分委员会，为各机构提供关于执行十年期研判所立项目的指导，并接受美国国会的中期检查。同时，各资助方和利益相关方也发展出了利用项目成果的成熟机制。例如，NASA 咨询委员会（Advisory Council）下的科学委员会（Science Committee）会专门对 NASA 资助的十年期研判成果进行跟进。NSF 也会根据研判成果，拟定其科学资助方案。其他机构，如DOE、NOAA、USGS等，也会根据其需要，来充分评估其十年研判成果的实施和完成情况。

最后，NRC 空间研究委员会所开展的十年期研判除了面向科技专业共同体外，同时也将获得社会大众认可、增进公众理解作为其重要目标之一。因此，2001 年以来，除原有研究报告外，所有的十年期研判项目都出版了易于非技术人员、机构管理人员以及公众阅读的通俗版本，将十年期研判报告中关于科学优先领域以及发展建议等内容以简短和通俗的方式进行普及和表述，这对于提升空间科学的影响力也起到了重要的推动作用。

四、结论：对我国科学技术前沿研判的启示

在人类文明进入新时代的当下，在回答“科学向何处去”“技术向何处去”等问题时，知识背后所蕴含的集体性或者社会属性比以往任何时期都更为凸显。一两位天才科学家单枪匹马推动科学发展的时代，也早已让位给了科学共同体乃至整个社会的群策群力。在这个意义上，寻找科学技术前沿的问题，实际上转化成了“学术共同体如何取得共识”的问题。任何围绕科学技术的活动，只有尽可能广泛地汲取各方观点，使所有可能性都得到充分考虑，才能使科学技术事业这艘巨大的航船不偏不倚、乘风驭浪、平稳前行。而如何保证共识的取得，又涉及操作层面上的制度和程序设计的问题。在这个意义上，“如何取得共识”的问题又可以转化成“如何保证相关制度与程序能够最大限度体现科学共同体以及社会共识”的问题（图 3）。因此，科学技术前沿研判实际上与现代社会治理的某些核心精神是相契合的，而 NRC 空间研究委员会从事的十年期研判工作则集中反映了这样一种治理理念。

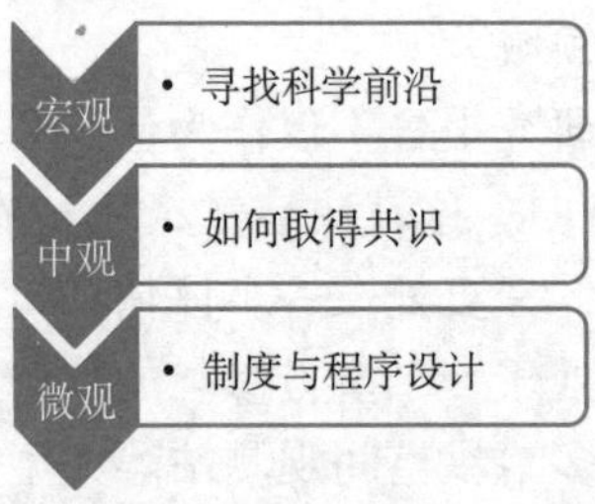

图 3　科学前沿研判方法论示意图

从经验借鉴的角度来看，对 NRC 空间研究委员会开展科学技术前沿研判的先进经验和方法进行总结、梳理和反思，也可以为中国开展类似工作提供有益的启示。从 20 世纪 80 年代起，我国就开始以学科发展战略研究项目的形式，开展各个学科领域的前沿研判工作。[15] 进入 21 世纪以来，国家自然科学基金委员会先后同中国科学院、

中国工程院展开学科发展战略研究的联合研究项目，逐渐形成了相对成熟和长效的组织机制，产出了一批杰出的前沿研判成果，并在中国科技界以及政府部门产生了广泛的影响力。① 在国家科技思想库建设的今天，如何将社会治理的思路贯彻到科学技术前沿的探索过程之中，通过凝聚战略科学家以及广大科技工作者的集体智慧，更好地满足国家需求、满足经济社会发展的需要，使中国在国际科技竞争的舞台上更好地找到战略着力点，这也将成为未来一段时期“科学、技术与社会”领域一项十分有价值的研究议题。

参考文献

[1] 普赖斯 D. 小科学，大科学 [M]. 上海：世界科学社，1982：92.

[2] National Academies of Sciences，Engineering，and Medicine. The Space Science Decadal Surveys：Lessons Learned and Best Practices[M]. Washington D C：The National Academies Press，2015：9.

[3] 赵万里 . 科学的社会建构：科学知识社会学的理论与实践 [M]. 天津：天津人民出版社，2001：156.

[4] 哈贝马斯 . 交往行为理论：行为合理性与社会合理化 [M]. 曹卫东译 . 上海：上海人民出版社，2004：43.

[5] 哈贝马斯 . 在事实与规范之间：关于法律和民主法治国的商谈理论 [M]. 童世骏译 . 北京：生活・读书・新知三联书店，2003：371.

[6] National Academies of Sciences，Engineering，and Medicine. Space Studies Board Annual Report 2017[M]. Washington D C：The National Academies Press，2018：1-3.

[7] National Academy of Sciences. Ground-Based Astronomy：A Ten-Year Program[M]. Washington D C：The National Academies Press，1964.

[8] National Research Council. Recapturing a Future for Space Exploration：Life and Physical Sciences Research for A New Era[M]. Washington D C：The National Academies Press，2011：11-12.

[9] National Research Council. Decadal Science Strategy Surveys：Report of a Workshop[M]. Washington D C：The National Academies Press，2007：10.

[10] National Research Council. Lessons Learned in Decadal Planning in Space Science：Summary of a Workshop[M]. Washington D C：The National Academies Press，2013：76.

[11] National Research Council. Earth Science and Applications from Space：National Imperatives for the Next Decade and Beyond[M]. Washington D C：The National Academies Press，2007：vi-ix.

[12] National Research Council. New Worlds，New Horizons in Astronomy and Astrophysics[M].

① 其中比较有代表性的成果包括国家自然科学基金委员会与中国科学院联合资助的“未来 10 年中国学科发展战略丛书”，以及国家自然科学基金委员会与中国工程院联合资助的“中国工程科技 2035 发展战略丛书”。

Washington D C：The National Academies Press，2010：vii-viii.
[13] National Research Council. Vision and Voyages for Planetary Science in the Decade 2013-2022[M]. Washington D C：The National Academies Press，2011：v-vi.
[14] National Research Council. Solar and Space Physics：A Science for A Technological Society[M]. Washington D C：The National Academies Press，2013：vi-vii.
[15] 龚旭 . 科研资助管理与学科发展战略：国家自然科学基金委员会的学科发展战略研究考察 [J]. 中国科学基金，2016，30（5）：410-416.

7.2 Consensus Forming and Governance in Space Science Decadal Surveys：Case of the NRC Space Studies Board

Zhao Chao[1]，*Zhao Wanli*[2]
（1. Institutes of Science and Development，Chinese Academy of Sciences；2. Zhou Enlai School of Government，Nankai University）

In the Big Science era，the surveys of science frontiers and priorities have gone far beyond the individual level of a single scientist，and become a collective career of the whole scientific community. This article examines the decadal surveys conducted by the NRC Space Studies Board as a typical case and summarizes its management modes. It concludes that for modern science，the judgment of its development direction is inseparable from the participation of scientific community，relevant stakeholders and audiences；and reasonable and effective institutional and procedural design can optimize the consensus from all parties and ensure that the knowledge production process has a benign dynamic mechanism.

7.3　生物技术的伦理预警与公众参与科学：以“基因编辑婴儿”事件为例

贾鹤鹏

（苏州大学传媒学院）

2018年岁末，南方科技大学副教授贺建奎操作的“基因编辑婴儿”事件引发轩然大波，在社会层面的影响几乎超过了科学界以往任何的单一公共事件。科学家、涉及科研管理的中外各政府机构、各种学会和科研伦理专家都对此不负责任的行为做出了谴责[1-3]。这一事件再次拉响了生物技术的伦理预警。

但要预防和预警生物技术中这类突破底线的科研行为，仅仅是密集发声或者靠有关部门采取惩罚并不够。单纯对科研伦理的管理进行更深入的改进也不充分。

科研伦理如何能在科技政策的制定中以及科研工作者的日常研究中得到体现，科学家如何从事为公众和社会价值负责的研究，以及科研管理和资助部门如何使科学家在自由探索和规范其研究行为之间取得均衡，这些都需要系统的多学科参与考量。

在考虑中国国情的情况下，在强化对科研的伦理管理的基础上，充分发挥公众参与科学的精神，是促进对基因编辑这样的尖端科技实现良治的重要途径。

这需要重新审视我们以科普为核心的科学传播体系，既需要考虑如何将不同层次、不同类型和不同范式的外界参与，纳入制定科研政策的常规过程和进行包括生物技术研究在内的科研管理实践中，也需要坚持科学自治的传统，以确保公众参与不会干涉到科研本身的正常开展。

一、基因编辑技术的伦理挑战与社会束缚

作为一种先进的生物技术，基因编辑技术也同样面临着诸多伦理方面的挑战。像常规生物技术一样，基因编辑技术可能会由于技术的不成熟带来对被实验或被治疗对象的伤害，它也可能因为科学上的不确定性产生难以意料的科学后果。生物技术也会涉及对传统社会伦理的挑战[4]。基因编辑技术就其初衷而言，是希望通过更精准的操控来限制生物技术操作中可能不可控的对社会的影响和冲击，但由于其威力强大，所以潜在的也可能造成对社会的冲击[5]。

除此之外，比起一般性的生物技术，基因编辑技术更有可能造就基因歧视，把社会经济的不平等投射到对人类基因组的操控上[6]。就贺建奎“基因编辑婴儿”个案而言，其中涉及的伦理问题包括向实验对象隐瞒技术风险[7]、在有成熟的预防婴儿感染艾滋病的技术情况下仍然铤而走险[8]、在伦理审批时弄虚作假等[9]。

像其他生物技术一样，基因编辑技术也在理论上存在受控于恶势力的可能，尽管这种可能更多是存在于文学影视作品中。了解这一点，就需要探讨科学与社会的关系。

谈到科学与社会的关系，我们会看到，总体上科学已经达到了一种高度自治的状态——科学知识的衡量主要取决于科学共同体内部的小同行，科学不端行为主要靠科研机构的认定，科学争议的解决则更多依赖于科学界的共识。这方面最典型的例子是，一项成果之所以成为成果，要经过同行评议期刊的发表才能得以确认[10]。

但这种“自治”，事实上体现了一种科学与社会之间的契约。这种约定也包括在重大问题上，科学界之外的社会相关人群也有发言权；合法的知识，也需要充分考虑到“社会”的因素。此次“基因编辑婴儿”的案例，就是上述动态关系的生动体现。从贺建奎的小同行到各种科普作家、科学共同体的各种机构乃至各国相关政府部门，在“基因编辑婴儿事件”被披露后，都在第一时间表示谴责。这说明，在事关“编辑人类生命”这种重大是非问题面前，突出科学界与社会价值取向一致是非常重要的。社会给了科学界从事科研的资源和条件，作为回报，科学界有义务表明自己行为的社会正当性；在不正当行为出现时，科学界有义务来整肃并控制其影响。

这种科学与社会的动态关系，说明了迄今尽管对包括生物技术在内的科学被坏人利用的担心时常见于报端，但铤而走险的案例几乎没有发生过。即使像贺建奎“基因编辑婴儿”这种极为恶劣的事件，其影响不论在科学上还是社会秩序上，总体上仍然是可控的。

但即便如此，“基因编辑婴儿”事件终归发生了。如果要更好地避免这类事情，或者如本文题目中所强调的，做到对生物技术的伦理预警，就不仅仅要被动地依赖科学界对科学与社会这种契约关系的维系，而且要主动行动起来。要调动社会各方面力量来更好地遏制这类研究可能的发生，这就需要推动各个层次的公众参与科学。只有通过公众在不同层次上对科研过程的参与，才能让科学家在第一时间感受到公众的关切，才能把社会的主流价值，积极反映到科研实践中。

二、生物技术良治与不同层次的公众参与

其实对于公众参与科学，不但科学传播学者很熟悉，很多科学家和科学界领导人

也耳熟能详[11]。但鉴于在诸如转基因等争议性科学议题上公众与科学家的对立态度，加上中国公众科学素养偏低，以及中国体制所形成的自上而下的决策惯性，科学家们普遍没有把公众参与当成一种真正可行的方式。在西方，批判的科学传播研究在奠定了公众参与科学在科学传播中的主导地位后，也遭遇了很大的挑战。科学传播学者们发现，学术界热衷于公众参与科学，但公众对与自己切身利益并不相关的科技议题缺乏参与的兴趣。此外，公众参与科学的研究与实务也面临着如何选择公众代表、何为恰当的话题、缺乏评估手段等一系列难题[12]。

然而，有学者指出，公众参与科学在西方遇到的困境，核心在于公众参与被单纯局限在大众决定科学发展的大政方针这一政治层面，而后者实际上对与己无关的科学，并没有动力去直接参与。有动力参与的，则往往是态度已经极端化的活动人士[13]。现有的公众参与科学实践，在很大程度上片面强调普通大众参与科学的政治权利，却忽视了科学共同体之外的精英甚至共同体之内、小同行之外的其他领域科学家多层次地涉入科学决策与管理所带来的优势。

以中国科学界为例，杨振宁和丘成栋等在近年来就超大型粒子对撞机进行了多次辩论，但这两位科学大家却都不是粒子物理领域的专家。

能促进科学良治的科学传播，显然不能局限在杨、丘这样已经有很大公众影响力的科学大家中。以“基因编辑婴儿”为例，我们发现，实际上在飞速发展的基因编辑研究过程中，生命伦理学家的声音是高度缺乏的，更谈不上在制度层面做出高瞻远瞩的设计。

即便此次“基因编辑婴儿”“事发”，科研伦理与科技政策层面上的反思也不多[14]。不仅如此，即便是现有的伦理规范，如科技部和卫生部（现为国家卫生健康委员会）2003 年联合下发的《人胚干细胞研究伦理指导原则》、2003 年卫生部颁布的《人类辅助生殖技术和人类精子库伦理原则》、2016 年国家卫生和计划生育委员会（现为国家卫生健康委员会）颁布的《涉及人的生物医学研究伦理审查办法》和 2017 年科技部颁布的《生物技术研究开发安全管理办法》，普通科研人员恐怕也缺乏学习的机会。与此相反，从 20 世纪初基因治疗到随后的干细胞研究，再到目前的基因编辑研究，不少科学家甚至以中国较为宽松的伦理审查能促进科研成果产出而沾沾自喜。

科研人员尚如此，遑论涉及人体基因研究的各类医院，尤其是医科大学附属医院之外的社会医疗机构。以贺建奎“基因编辑婴儿”案例为例，完成生殖程序的深圳和美妇儿科医院，在伦理审查上表现出非常低下的水平，这可能是因为这家医院从来没有理解过这类程序的必要性，也从来没有认真执行过这样的要求，当然也谈不上进行这方面的培训和建立管理制度。显然，深圳和美妇儿科医院在中国不是个例。

呼吁“基因编辑良治”，可能有人会认为，良治主要是政策制定和管理层面的事情，与公众参与科学无关。中国生命伦理研究的开创者邱仁宗先生 2018 年 12 月在接受《中国科学报》采访时就指出："我们缺乏一个专门的行政机构来对这些规章的实施进行监管，使这些法律法规最终流于形式。对此，可借鉴国外的做法，规定凡从事科研的单位必须建立保护受试者和科学诚信两个办公室，没有能力建立这两个办公室的不能进行科研。另一个缺陷是没有问责和罚则的条款。"[15]

"基因编辑婴儿"事件所暴露出来的，首先不是缺乏管理条例和问责机制，而是从科研人员和医院到各种经手人（如招募志愿者的深圳艾滋病友组织）和利益攸关者（如基因编辑婴儿"娜娜"和"露露"的父母及其他受试者），在整体上对生命伦理不是漠视就是误解。这当然是一个传播的问题。对于普通人而言，当然不能苛求他们深入理解贯彻生命伦理的正确原则，但对于医院等相关机构，熟知和遵循生命伦理规范、流程和管理要求都是必需的。这些伦理如果只是一个写在纸上的规定，从上级卫生局层层下发过来，那么会有很大的概率是整个医院没有一个人会细看。即便强制性考核，往往也可能被下级单位敷衍。

如果能贯彻公众参与的原则，除了能让相关科研政策和项目设计更加完善外，科研机构、医院、患者群体等相关单位、群体则有可能通过对政策议程的深入探讨，对生命伦理有更深入的了解，这无疑也能有助于调动更基层的相关工作人员对相关条文的认知和执行。这方面，环境治理已经开了一个好头。2008 年美国国家研究理事会发布的《公众参与环境评估与决策》报告[16]在综述了上千项经验研究后表明，通过让公众参与探讨与辩论，环境管理机构和公众都对环境政策有了更加清晰的了解和认可，这自然会促进环境善治。

实际上，美国国家科学院（National Academies of Sciences，Engineering，and Medicine）于 2017 年发布的《人类基因组编辑：科学、伦理与治理》报告[17]，就明确把公众参与相关决策作为发展人类基因组编辑科学研究与应用的基本原则。值得一提的是，中国科学家也参与了该报告的研讨过程。

公众参与科学不仅仅体现在通过参与式传播让相关人士能更好地获悉相关内容，也意味着在很多不同的层次上，科研规划、决策和管理都要广泛汲取外来人士的建言。很显然，这种建言并不等同于自上而下的给圈外专家分发几个课题，而是要真正吸纳不同背景、不同关切的专业人士和利益攸关者的代表参与讨论和质疑。利益攸关者的代表并非意味着普通公众的无差别参与，并非就会导致"群众"大鸣大放，用人数优势战胜科学专业知识。通过在政策研讨阶段吸收更多民意代表参与，无疑可以做到专业性和民意两方面的折中。在西方，这种涉及各种专业人士参与科学过程的公众参与，也被称为上游参与[18]。

不仅如此，公众参与科学也是对公众的教育过程。在这一点上，我们仍然可以回到本文探讨的“基因编辑婴儿”事件上。就在这个事件曝光前不久，中山大学传播与设计学院发布了中国公众对基因编辑技术态度的调查报告[19]。报告显示，中国公众对基因编辑技术高度支持，却对基因编辑的知识高度不了解，在管制基因编辑上则对政府高度信赖。

这些情况表明，普通公众对基因编辑可能涉及的与自己利益相关的伦理等方面的问题知之寥寥。在传统的科普模式中，把基因编辑的相关内容做成科普小册子或在线材料，恐怕鲜有人问津。但在公众参与科学模式下，则可以通过让利益相关人群在恰当场合（如准备怀孕的夫妇在了解基因筛查情况时）对这一技术的应用前景进行了解和探讨，这样至少可以让利益相关人群（如科研工作者、医护人员、准备怀孕者）对基因编辑技术有了更多的觉悟。

三、从科学普及到公众参与

遗憾的是，虽然生命伦理学界经常会抱怨科学家不给他们提供深入后者开展研究的机会，但在疏于传播这一点上，很多生命伦理学家与被他们抱怨的科学家们并无不同。2006 年在北京举行的第 8 届世界生命伦理学大会，就曾经完全把记者挡在门外。

究其原因，其实与以科普为主导的中国科学传播模式不无相关。在科普模式下，科学家和科学界向公众普及知识，而公众则通过学习科学知识而增加对科学的信赖和支持。对这种单向式科学传播模式的批评，即便在中国也是汗牛充栋，此处本文就不展开。需要指出的是，近年来科普事业得到大力发展，以网络多媒体为代表的科普渠道和以形式生动、画面丰富、内容精美为特征的科普作品都得到了大力发展，但本质上的单向传播并没有多大改变——至少对于影响决策的官方渠道而言。在这种大氛围下，各路专家主要把自己视为对公众和非专业人士的教导者，想必生命伦理学家在这方面也不例外。

无疑，中国广大科学家、科学传播专家和实践者为中国科普进步作出贡献，但就避免“基因编辑婴儿”这类突破底线的科研不端行为、促进尖端科研成果的良治而言，如上所述，单向的、以教导公众“科学多伟大”为主旨的科普范式无疑难以起到作用。当然，公众参与科学并非一蹴而就，如西方一样，真正的公众参与要面临着选择代表、挑选议题、经费保证等一系列困难。但如果我们着眼于科学与社会的良性互动，着眼于对包括基因编辑等突飞猛进的技术进行伦理预警，那我们有必要从现在起就着手启动、推进和优化公众参与科学。这也是科学发展一个不可或缺的选项。

参考文献

[1] Zhang B，Chen Z，Yi J，et al. Chinese Academy of Engineering calls for actions on the birth of gene-edited infants[J]. The Lancet，2019，393（10166）：25.

[2] Wang C，Zhai X，Zhang X，et al. Gene-edited babies：Chinese Academy of Medical Sciences' response and action[J]. The Lancet，2019，393（10166）：25-26.

[3] Zhang L，Zhong P，Zhai X，et al. Open letter from Chinese HIV professionals on human genome editing[J]. The Lancet，2019，393（10166）：26-27.

[4] Polkinghorne J C. Ethical issues in biotechnology[J]. Trends in Biotechnology，2000，18（1）：8-10.

[5] Knoppers BM，Chadwick R. Human genetic research：emerging trends in ethics[J]. Nature Reviews Genetics，2005，6（1）：75-79.

[6] Hayden E C. Tomorrow's children：what would genome editing really mean for future generations[J]. Nature，2016，530（7591）：402-406.

[7] Wang H，Yang H. Gene-edited babies：what went wrong and what could go wrong[J]. PLoS biology，2019，17（4）：e3000224.

[8] Nie J B，Pickering N. He Jiankui's Genetic Misadventure，Part 2：How Different Are Chinese and Western Bioethics[EB/OL].［2018-12-13］. https://www.thehastingscenter.org/jiankuis-genetic-misadventure-part-2-different-chinese-western-bioethics.

[9] 肖思思，李雄鹰. 广东初步查明“基因编辑婴儿事件”[EB/OL].［2019-01-21］. http://www.xinhuanet.com/local/2019-01/21/c_1124020517.htm.

[10] Sørensen E，Triantafillou P. The Politics of Self-governance[M]. Farnham，United Kingdom：Ashgate Publishing Ltd，2013.

[11] 贾鹤鹏，闫隽. 科学传播的溯源、变革与中国机遇[J]. 新闻与传播研究，2017，24（20）：68-80.

[12] 贾鹤鹏，苗伟山. 谁是公众，如何参与，何为共识？——反思公众参与科学模型及其面临的挑战[J]. 自然辩证法研究，2014，30（11）：55-60.

[13] 贾鹤鹏，苗伟山. 公众参与科学模型与解决科技争议的原则[J]. 中国软科学，2015（5）：56-64.

[14] Zhai X，Lei R，Qiu R. Lessons from the HE JIANKUI incident[J]. Issues in Science and Technology，2019，Summer：20-22.

[15] 中国科学报. 专访伦理学家邱仁宗：我们应从“基因编辑婴儿”中反思什么[N/OL]. 中国科学报，2018-12-03：1版.［2019-12-10］. http://news.sciencenet.cn/dz/dznews_photo.aspx?id= 31423.

[16] National Research Council. Public Participation in Environmental Assessment and Decision Making[M]. Washington D C：National Academies Press，2008.

[17] National Academies of Sciences，Engineering，and Medicine. Human Genome Editing：Science，Ethics，and Governance[M]. Washington D C：National Academies Press，2017.

[18] Wilsdon J，Willis R. See-through Science：Why Public Engagement Needs to Move Upstream[M]. London：Demos，2004.

[19] 贺蓓，李宜乔 . 你支持基因编辑技术吗？国内首份调查报告：超六成公众支持 [EB/OL]. [2018-11-10]. https://new.qq.com/omn/20181110/20181110A02OTF.html.

7.3　Ethical Warning of Biotechnology and Public Engagement with Science：with Genome Edited Babies Scandal as An Example

Jia Hepeng

（School of Communication，Soochow University）

This paper analyzes the ethical challenges faced by modern biotechnology by tracing the research on genetically modified infants unethically conducted He Jiankui of Southern University of Science and Technology in 2018. After analyzing his violation of ethical rules，academic community's reaction，and the treatment of related government agencies，this thesis stresses that it is necessary to make timely warnings about the various situations in which biotechnology may undermine ethical rules. It is not sufficient to rely solely on the ethics community to establish more detailed ethical rules and punishments. It is also necessary to promote different modes and adaptive of public engagement with science. With meaningful participation of stakeholders in the scientific research process，the public and scientific community's awareness of research ethics can be significantly improved；various ethical rules can be effectively implemented；and unethical behaviors of individual scientists can be effectively supervised. In order to achieve this form of public participation，it is necessary to reflect and adjust the current top-down science popularization model.

7.4　强人工智能的争议、社会风险与审视路径

王彦雨
（中国科学院自然科学史研究所）

一、问题的提出

近年来，关于人工智能的话题不断进入公共领域，并引发了很多讨论，其中一个非常具有争议性的话题便是“强人工智能议题”，即超越人类智慧的人工智能是否会实现，它是否会控制、威胁人类。例如，2014 年，霍金（Stephen Hawking）在观看了《超验骇客》后，向《独立》杂志谈道：成功制造出一台人工智能机器人将是人类历史上的里程碑，但不幸的是，它也可能会成为我们历史上最后的一个里程碑。[1]

“强人工智能”与“弱人工智能”相对，强人工智能是指机器可以全面复现人类的所有思维能力，包括自主意识等；弱人工智能是指机器仅能够在特定领域内模拟人的思维活动（如下棋），且受控于人。“强人工智能”概念与 I.J. Good 提出的“智能爆炸”理念（1966 年）密切相关，在他看来，未来的智能机器可以设计出比自身更先进的机器，实现智能的爆炸式增长，并超越人类智慧。[2] 20 世纪 80 年代初，塞尔（John Searle）复活了“强人工智能”概念，指出人工智能可以模拟人脑的所有功能，包括理解事物、为问题提供答案，甚至是意识等。[3] 之后，学界提出了许多类似理念，如文奇（Vernor Vinge）的“奇点”（1983 年）、尼克·波斯特洛姆（Nick Bostrom）的“超级智能”（1998 年）等。总体来讲，强人工智能具有如下特征：①须达到或超越人类智慧。②具备人脑的所有功能，甚至是自主意识等。③通用性，能够解决多领域/跨领域问题。④具备递归性自我改良能力，即能够对自身代码、算法框架进行“自省”并持续改进。

二、关于强人工智能的历史论争

虽然“强人工智能”这一概念的首次提出是在 20 世纪 70 年代末，但关于“人工智能是否会超越人类智慧”这一议题，实际上自 20 世纪 50 年代便已经产生。[4] 在

人工智能发展的第一个“黄金期”（1956年至20世纪70年代初期），人工智能研究取得一系列突破，① 人工智能业界对于强人工智能的实现持极度乐观态度，[5] 如1961年，西蒙（H. A. Simon）指出，在未来的20年内，机器能够完成人类所能做的任何事情；1970年，明斯基（Marvin Minsky）曾说到，“在三到八年的时间内，我们可以拥有其智能等同于普通人的机器。”[6]

20世纪70年代中期至80年代中期，人工智能研究遭遇寒冬 ②，“强人工智能”理念衰落，而“智能增强”观念逐渐被认可。这种新理念不强调研发那种超过人类的机器，而是要辅助、扩展、服务人类。20世纪80年代初，“专家系统”崛起，它的发展意味着人工智能业界对强人工智能理念的“集体叛逃”，因为其目的是辅助而非替代人类。自20世纪80年代后期至2010年左右，人工智能业界已经不再进行任何关于“强AI”的预言，以免被人贴上“白日梦”标签，[7] 甚至避免提及“人工智能”一词，他们往往贴上其他标签，如信息学、机器学习等。但在这一时期，强人工智能观念并没有消失，在哲学社会科学界，它以“奇点”这一新概念形式悄然复兴，如尤德考斯基（Eliezer Yudkowsky）于2001年提出“种子人工智能”。

2010年以后，社会上出现了一股针对“强人工智能”的反思热潮，参与者涵盖哲学社会科学界、人工智能研究界，同时还有科技企业界人士。例如，英国皇家学会前任主席、理论天体物理学家马丁－里斯（Martin Rees）指出，25年之后将进入“后人类时代”，智能机器人将能够摧毁地球人类文明；[8] 阿姆斯特朗（Stuart Armstrong）强调，如果人工智能变坏，那么95%的人类将会被杀死，而剩下的5%也会很快被灭绝[9]；盖茨（Bill Gates）也多次发言，认为他“和那些担心超级智能的人同处一个阵营”[10]；刘益东用“致毁知识”概念和“科技伦理失灵”来分析强人工智能的危害，指出“并不需要AI发展到接近或超过人脑时才必须禁止，只要AI武器可制造毁灭性灾难，只要利用AI可以研究出致毁知识，在此之前的AI就必须禁止了，那种‘AI不会超过人脑’的说法不该成为无所顾忌发展AI的借口。……科技伦理不能约束世界上所有科技专家和实验室，科学上发现1次和发现100次是一样的，因此不要以为

① 例如，1956年，IBM的塞缪尔（Arthur Samuel）构建了具有学习能力的跳棋程序，并战胜了美国康涅狄格州的西洋跳棋冠军，且1959年，塞缪尔在与自己所设计的跳棋游戏AI的对弈中被击败；1954年1月，由IBM和乔治城大学（由Léon Dostert领导）所研发的世界第一个俄英翻译系统在纽约公开展示，此后机器翻译研究在世界各地遍地开花；Joseph Weizenbaum于1966年研发出世界上第一个聊天程序ELIZA；1970年左右，维诺格拉德（T.Winograd）在MIT建立了一个自然语言理解计算机程序系统SHRDLU，等。

② 人工智能研究走向寒冬，有两个标志，一个是美国“自动语言处理咨询委员会”（Automatic Language Processing Advisory Committee）于1966年发布的“ALPAC报告”（语言和机器：翻译中的计算机和语言学），另一个是英国赖特希尔（James Lighthill）爵士在英国议会授意下于1973年所发布的“Lighthill Report”。两份报告均指出：人工智能的发展面临诸多困境，如语义难题、缺乏实用性等，人工智能研究界没有做出其所承诺的有影响力的发现。

实施科技伦理就能管控 AI 等科技风险。”[11]

三、未来强人工智能的实现方式与可能风险

当前这一波关于强人工智能反思的热潮，与 2010 年以后连接主义技术范式的崛起及应用紧密相关。与传统的逻辑符号主义范式不同，连接主义范式下的人工智能更像人脑，①如信息概括能力、持续的学习能力、一定的创造能力、环境自适应能力，且不可控性更强。未来的强人工智能将以何种形式出现？传统的强人工智能理念（强 AI1）过于科幻，强调“意识的自醒”，然而诸如“意志”“情感”等本质上是生物学、社会学或宗教学的概念。我们提出了“强 AI2”这一概念，[12]认为未来的强人工智能，将以“目标自主性 + 行动自主性”的形式出现。“自主性”与“意向性”不同，它并非要求人工智能产生某种自我意识，也不强求其具有通用性特征，而是意指它能够对设计者所赋予的初始目标进行自我调节、改变及生成新目标，从而成为一种区别于原始设计目标的异变物。相比传统的强 AI 概念，强 AI2 更具可实现性，从而也为人们前瞻性地分析人工智能所可能造成的社会风险提供理论基础。

当前的人工智能已经在一定程度上实现了生成种子框架、自动改进已有代码甚至是算法本身的能力。例如，2007 年，递归神经之父施米德胡贝（Jürgen Schmidhube）建立的“哥德尔机器”成为第一个具有自我改进能力的人工智能，它可以重写自身代码的任何部分；2017 年，谷歌的自动机器学习技术，允许人工智能自我生成新算法。此外，类似于尤德考斯基所言的“种子人工智能”也已经产生，2019 年哥伦比亚大学成功打造了一套能够从零开始认识、发展自己的人工智能。人类应警惕强人工智能所可能引发的社会风险，避免其引发危及人类或国家正常运转的巨风险，例如以下几种。

1. 人工智能自身的异变式风险

强 AI2 的特征是能够形成区别于原始设计框架的新目标，这使其有可能会扰乱已有的设计目标，与外界形成不可预知的互动关系，如军事机器人恶意攻击友军或平民；服务机器人对使用者表现出非友善行为；不同机器人之间通过模仿、学习等形成未知的互动模式；金融、通信、交通等领域中的人工智能在特定情景中发生异变并产生非预知行为；在自我改良过程中习得对抗方法等。

---

① 结构层面：用参数（或系数）模拟人类的神经元，用参数与参数之间的权重模拟人脑突触之间的连接；过程层面：首先是建立算法、构建初始参数和权值，然后输入数据对参数、权值进行训练，并通过对结果进行判断来（人为或机器）修正此前的参数及权值（监督学习），或是 AI 自己总结，从而获得数据中的结构化信息（非监督学习），实际上这本身就是一个“学习”“纠错”的过程，与人类思维过程有很大的相似性。

2. 对人工智能的恶意使用风险

利用人工智能的“匿踪性”特征，危害国家安全、进行黑客攻击，或进行犯罪，例如，国家安全风险，利用人工智能影响选民态度并进而控制选举结果；对他国军事目标进行网络攻击，实施政治颠覆；生成虚假信息（如虚假导弹攻击信号），使他国发生误判等；黑客风险，利用人工智能扰乱金融等领域的正常运行秩序等；恶意犯罪风险，通过制造虚假视频、图像、声音进行诈骗；研制自动攻击武器伤害他人等。

3. 对人工智能的决策依赖风险

当人们利用人工智能进行决策时，往往会面临如下困境：人工智能具有可错性，改动图片中的特定像素，它便会得出完全错误的识别结果；无法对特定情景中的要素关系进行因果性说明，做出违反常识的判断；人工智能具有歧视性；人工智能具有可欺骗性，不仅包括人类可利用人工智能进行定向欺诈，同时还包括人工智能在自我演进过程中形成不可预知的判断标准。

4. 人机交互过程中的伦理难题

未来，智能体的情感展示与交互功能愈来愈强，人机交互、虚拟交互将对已有的社会互动方式及情感结构产生冲击。例如，越来越多地依赖智能体来表达与宣泄情感，使得人们对现实世界愈加疏离；性爱机器人的出现及应用，将会对传统的婚姻结构产生冲击，当伴侣机器人对作为“情敌”的妻子做出伤害行为时，如何追责。

四、未来强人工智能的社会治理

当前，一系列人工智能风险研究组织相继成立，人工智能的风险治理已经纳入社会议程之中，如奇点研究所（Singularity Institute，2000 年）、剑桥大学生存风险研究中心（Centre for the Study of Existential Risk，2012 年）、未来生活研究所（Future of Life Institute，2014 年）、斯坦福以人为本 AI 研究院（Stanford Human-centered AI Institute，2019 年）、谷歌人工智能伦理委员会（Google AI Ethics Board，2014 年），以及日本人工智能学会伦理委员会（Ethics Committee of the Japanese Society for Artificial Intelligence，2017 年）等。虽然在政策文本中，弱人工智能依然是治理重点（如 2018 年欧盟所颁发的《一般数据保护法规》），研究议题主要集中于数据隐私，以及人工智能在医疗、交通领域所引发的伦理问题。但是，“强人工智能及其风险”问题也已进入“政策之屋”，在一系列草案中，均涉及“如何确保强人工智能对人类的友善与有益”这一议题，相关文件内容如表 1 所示。

表 1　各国所颁发的人工智能伦理及法律文件中所包含的强人工智能部分

文件名称	颁发者	颁发时间	未来强人工智能处理原则
就机器人民事法律规则向欧盟委员会提出立法建议的报告草案	欧盟议会法律事务委员会	2015 年	从长远来看，人工智能存在超越人类智力能力的可能；机器人技术的发展应该侧重于补充人类能力，而不是取代它们；保证人类在任何时候都能控制智能机器
国家人工智能研究与发展策略规划	美国白宫	2016 年	人工智能系统最终会实现“递归性自我完善”，完善使人工智能能够与人类最初目标持续一致的自我监控框架，对抗人工智能的自我修正
艾斯罗马人工智能 23 定律		2017 年	非颠覆原则：高级人工智能应该尊重和改进健康的社会所依赖的社会和公民秩序，而不是颠覆
人工智能与机器学习：政策文件	国际互联网协会	2017 年	坚持负责任的部署原则，人类必须能够控制人工智能，任何自主系统都必须允许人类中断其活动或关闭其运行
关于人工智能、机器人及“自主”系统的声明	欧洲科学与新技术伦理组织	2018 年	机器的行为常常是不可理解的，也不受人类审查，偏见和错误可能进入系统，应坚持有意义的人类控制原则，人类——而不是计算机及其算法——最终应保持控制权
关于发展人工智能（AI）伦理的新指南	欧盟	2019 年	人类作用和监督（人工智能不应该践踏人类的自主性），确保技术的稳健性和安全性（人工智能应该是安全的、准确的），人工智能系统应该是可持续的并“促进积极的社会变革”，人工智能系统应该是可审计的

注：本表由作者整理所得。

从以上人工智能法规、伦理指南可以看出，人们对于强人工智能的实现依然持警惕态度，强调应避免人工智能的滥研与滥用，阻止其成为一种威胁人类生存的巨风险。强人工智能所具有的强不可控性、自我改良性、黑箱效应等特征，对社会提出了极大挑战，人类一方面不得不越来越多地依赖于人工智能技术，另一方面又不得不面临“风险的逐渐扩大”局面，对人工智能的“依赖与反依赖”两难困局逐渐显现。未来的社会治理体系应具有如下特征。

1. 基于开放原则的社会治理架构

人工智能研究者、生产者将面临更多的伦理或风险诘难，传统的科学规范（如独创性）、企业规范（如技术先进性至上）已难以为其行为进行有效辩护，研究行为的正当性需要来自伦理、法律的社会支持。未来，不同的利益相关者将共同探讨智能体

（如人形机器人）在人类价值规范体系中的性质、地位，确立相应的伦理准则，并在人工智能研发之初及过程之中加以介入；同时，对人工智能可能引发的社会风险进行互动与对话，以应对“智能风险社会”的来临。

2. 强人工智能治理的基本原则

在强人工智治理过程中，应遵循如下原则：①人的最优先控制权原则：在决策过程中，当出现人与机器争夺控制权情形，应确保人的控制的优先性。②广泛的容错性：高智能往往伴随高脆弱性（如意外的断电、外部干扰等），在研发过程应进行广泛试验，确保安全性。③可溯源性 / 可解释性原则：克服黑箱效应，能够对人工智能的具体决策过程进行因果回溯。④递归性改良进程的可控性：能够对人工智能的递归性自我改良过程进行监控，确保改良过程与初始设计目标的逻辑连贯性，避免不可控的“异变”出现。⑤隐私与监控之间的平衡：既尊重用户的隐私权，同时也要对智能体的活动进行适度监控。⑥建立流畅的反馈渠道，当用户发现智能体出现异常行为时，能够及时反映给生产者或政策制定者。

3. 人的治理与机器治理的协同与互补

未来的强人工智能治理，将是对人的治理与对机器的治理的结合，包括人工智能研究者、生产者、使用者、决策者均应承担相应的社会责任：①基于知情权基础上的使用者责任论：人工智能技术的使用者不应将风险责任完全转嫁到生产者，他们应在知情同意，即了解人工智能使用过程中所可能遇到的风险的基础上，确定自己是否能够承受人工智能使用过程中所可能遇到的风险。②行为惩处：决策者通过法律、规章等手段，对于恶意编程、黑客式入侵、利用人工智能进行犯罪、侵犯隐私数据并加以售卖等行为进行法律定性，并制定相应的惩罚性措施。③底线安全 / 伦理法则：当人类的普适性价值观难以进行明确的代码化时，可采取“红线预警”式的底线安全策略，即通过开放性探讨，界定“智能体的何种行为应被禁止”标准，并将之代码化到人工智能设计与研发过程之中，当底线安全标准被突破时，便自动报警。④风险探讨的公开化：社会科学界与传媒界应担负起更多的技术批判责任，对人工智能所可能引发的风险进行反思与前瞻，避免人工智能研究与商业、政治形成过度的“共谋”关系。

五、结　　论

当前，虽然社会各界对于“强人工智能是否会实现”这一问题依然存在较大争议，但不可否认的是：随着人工智能技术的不断发展，传统的人与技术人工物之间的“主客关系”受到挑战，未来，具有自主性、不可控性特征“非主非客”物将会产生，并对已有的社会体系形成冲击。我们应该高度重视强人工智能这一“新物种”所带来的挑战，前瞻性地反思其所可能引发的社会伦理及风险问题，基于“人类利益优先”“安全可控”“尊重人类的普适价值观”等原则来约束人工智能技术的未来发展，使人与机器之间形成良性互动关系。

参考文献

[1] Griffin A，Hawking S. Artificial intelligence could wipe out humanity when it gets too clever as humans will be like ants[EB/OL]. [2015-10-08]. https://www.independent.co.uk/life-style/gadgets-and-tech/news/stephen-hawking-artificial-intelligence-could-wipe-out-humanity-when-it-gets-too-clever-as-humans-a6686496.html.

[2] Good I J. Speculations concerning the first ultraintelligent machine[J]. Advances in Computers，1966（6）：31-88.

[3] Searle J. Minds，brains，and programs[J]. Behavioral and Brain Sciences，1980，3（3）：417-457.

[4] 维纳 N. 人有人的用处——控制论与社会 [M]. 陈步译 . 北京：商务出版社，1989：43.

[5] Preston J，Bishop M. Views into the Chinese Room：Essays on Searle and Artificial Intelligence[M]. Oxford：Clarendon Press，2002：14.

[6] Markoff J. Behind artificial intelligence，a squadron of bright real people[N]. The New York Times，2005-10-14.

[7] McCorduck P. Machines Who Think：A Personal Inquiry into the History and Prospects of Artificial Intelligence[M]. Natick：A. K. Peters，2004：272-274.

[8] Tegmark M. Life 3. 0[M]. New York：Random House，2017：280.

[9] Bryant M. Artificial Intelligence could kill us all，meet the man who takes that risk seriously[EB/OL]. [2014-03-08]. https://thenextweb.com/insider/2014/03/08/ai-could-kill-all-meet-man-takes-risk-seriously/.

[10] Kohli S. Bill Gates joins Elon Musk and Stephen Hawking in saying artificial intelligence is scary[EB/OL]. [2015-01-30]. https://lifeboat.com/blog/2015/02/bill-gates-joins-elon-musk-and-stephen-hawking-in-saying-artificial-intelligence-is-scary.

[11] 刘益东 . 致毁知识与科技伦理失灵：科技危机及其引发的智业革命 [J]. 山东科技大学学报（社会科学版），2018（6）：2.

[12] 王彦雨 . 基于历史视角分析的强人工智能论争 [J]. 山东科技大学学报（社会科学版），2018（6）：24-27.

7.4 Controversy，Social Risk and Review Path of Strong Artificial Intelligence

Wang Yanyu

(The Institute for the History of Natural Sciences，Chinese Academy of Sciences)

With the rapid development and wide application of the technology of artificial intelligence，people are becoming increasingly concerned about the topics related to strong artificial intelligence，such as whether artificial intelligence can exceed human wisdom or whether artificial intelligence will become a threat to human society in the future，especially the remarks of Hawking and Musk in recent years have aroused widespread concern in society，they emphasize that artificial intelligence will control and subvert humanity. Under this background，to rethink the topic of "strong artificial intelligence" is of great significance for a comprehensive understanding of the relationship between artificial intelligence and social development，as well as the healthy development of artificial intelligence. The paper interprets the connotation and characteristics of the concept of "strong artificial intelligence"，summarizes different attitudes toward the idea of strong artificial intelligence in history，and predicts the possible implementation paths of strong artificial intelligence in the future. Finally，the characteristics and governance principles of the future strong artificial intelligence social governance system are preliminarily elaborated.

7.5 5G 时代的流量正义和网络中立之争及治理前瞻

李三虎

［中共广州市委党校（广州行政学院）市情研究中心］

一、跨入 5G 时代门槛

自 1982 年第一代移动电话网络（1G）诞生后，移动通信系统约每 9 年就有一次成功的标准更迭。目前的 4G 网络标准是 2010 年部署的，又是一个 9 年周期，人们现在开始热情地期待 5G 时代来临。但是，在这转折的关键时期，也有人发出了不同的声音。杨学志认为，5G 并不比 4G“更先进”，成本更高，所谓需求只是虚构，5G 终将是“失败的技术”[1]。李进良则反驳说，5G 由 4G 发展而来，但其速度比 4G 高 10 倍以上，且明摆着的诸多不同应用场景一定会产生旺盛的市场需求，5G“必将成为改变社会的新一代（移动通信技术）”[2]。无论如何，5G 已经从技术研发和标准制定进入商用部署的时间节点，人类已经跨入新的 5G 时代门槛。

1. 5G 技术积累正在接近成熟

2013 年，欧盟、韩国（三星）都宣布研发 5G 技术，预计 2020 年形成成熟标准或推向商业部署。2016 年第三届世界互联网大会在中国乌镇召开，美国高通公司（Qualcomm）亮出了 5G 技术原型。从此开始，中国（华为）、韩国、日本和欧盟加快了 5G 网络研发。5G 争夺不仅是设备制造商的技术产品及品牌之争，更是标准之争。在这种标准博弈中，中国企业已从 3G 标准站队到参与 4G 标准制定，现在华为则是要致力于制定 5G 标准，成为领先者。欧洲 3GPP，作为国际移动通信标准组织，规定以“5G NR”（5G 新无线电）为 5G 网络的软件系统。国际电信联盟（International Communication Union，ITU）以“IMT-2020”（International Mobile Telecommunications-2020）规定 5G 网络硬件的高速率、低延时和多连接等应用要求。5G 网络在技术上要解决大规模无线节点协作、网络部署维护智能化、内容分发、设备对设备通信、情景感知等问题，这些问题解决都是按照国际电信联盟规定的要求而进行的。5G 标准博弈现在还只是个开始，但按商用时间节点要求，边用边完善将成为5G技术发展的主流方式。

2. 5G网络进入测试商用阶段

2019年是5G元年，距离2020年5G正式商用越来越近。3GPP于2018年6月正式宣布冻结5G独立组网标准，预示着5G商用发展进入全面冲刺阶段，为此全球电信运营商、设备制造商等产业链各环节以及各个行业都在为5G做最后一搏。要达到比4G高10倍以上的速度，5G基站及其天线数量都将增加10倍左右，5G宽带频率要从百兆变为千兆级。2019年上半年，我国有关测试已基本完成，5G基站与核心网设备均可支持非独立组网和独立组网，其功能已达到预商用水平。电信、移动和联通三大运营商2019年6月开始在全国十多个城市开展组网试验，11月成立开放无线网络测试与集成中心，加快推进5G服务。

3.“5G改变社会”宣传蔚然成风

从5G概念诞生开始，人们逐步把“4G改变生活，5G改变社会”演化为时下最广泛的流行语。5G网络意在实现数据传输的高速率、低延迟和低功耗，它的巨大系统容量使之能够进行大规模设备连接（如手机、虚拟现实、无人驾驶汽车等），并借助大数据分析、云计算、人脸识别等新一代人工智能技术，实现各种自动化操作，进而影响整个社会。5G给人们带来大带宽、低时延的全新体验，人们可以在智能手机上玩出超级游戏；通过实现远端操控机器，让人们脱离高危工作环境；满足远程手术需求，使生命更加健康。如果说4G解决的问题主要是人与人的连接问题的话，那么5G解决的将是人与人、人与物以及物与物之间的万物互联问题，这是5G网络的最大优势。5G将改变人类生产、生活方式，包括制造、媒体、交通运输、旅游、医疗、教育和智慧城市等各个领域，5G网络基础设施建设将是未来一段时间最重要的现代化方面之一。

二、5G“流量正义”考量

“5G改变社会”不止是一种乐观期盼，它包含着更多的社会意义。随着5G时代的来临，无论是对产品服务提供者还是对用户或终端消费者，5G网络本身的高性能，最终都要落实到流量上来。“流量”是一个网络信息技术术语，指网址访问量或手机下载上传数据量。自引入互联网特别是电子商务兴起之后，人们以“流量即正义”（flow is justice）解释一种经济现象，就是互联网企业把业绩、营业额和公司运作模式归于流量红利问题，流量红利不足时就要以新技术、新模式带动消费升级，强调吸引用户的“流量为王”目标[3]。这不过是平等竞争的正义要求，正义作为人类追求的理想价值，其作用还在于它必须要保障公民生存和国家安全，有利于社会健康持续发展。这里从如下三个问题，以“流量正义”（flowing justice）评估5G网络的广泛社会影响。

1. 5G网络的收益分配正义问题

流量收益分配正义问题，涉及运营商和用户双方。5G技术有许多创新，如以毫米波技术用于消费者接入、实现频谱共享和构建小蜂窝架构等，由于缺乏明确的商业案例可循，存在巨大商业模式创新风险。特别是为了吸引比4G更多的用户流量，把高速度的增强型移动宽带作为5G的“优先案例”。在目前“提质降费”的政策形势下，运营商面临的风险是它们为此投入的巨大增量资本能否获得相应的增量收益。当然，运营商也可超越普通手机用户，寄望于物联网获得增量收益，但问题在于“它需要十年或更长时间才能实现”[4]。抹黑或攻击对手、设计所谓“不限量套餐”等，都是不正当流量竞争的老套办法。现在的5G切片技术是用来拓展低延迟（如远程手术、自动驾驶等）、高吞吐量（如网络电视、手机游戏等）的“特殊服务”或“差异体验”，由此获得增量收益。但是，人们担心“电信运营商为了生成整体的5G商业案例，会以一种歧视的方式应用切片技术”，造成“服务歧视”或“流量歧视”[5]。

2. 5G网络的环境-健康效应正义问题

即将来临的5G时代，将以大规模的基础设施建设，连接各种设备，服务每个人、家庭和组织，每个人都将在地球上任何一点进入5G网络。这种空间全覆盖致力于填平发达地区与欠发达地区之间的“流量鸿沟”，但也可能会引发环境-健康影响正义问题。构成物联网的大量5G信号传递设备将导致全球范围的环境变化，这种变化带来的无处不在的射频电磁场辐射是否会对生命造成伤害，再次引起环保人士的高度关注。美国国家毒理学计划一项研究表明，暴露于2G和3G手机中使用的高水平射频辐射（RFR）的雄性大鼠心脏、大脑和肾上腺中出现了肿瘤[6]。2017年来自35个国家的180多名医生和科学家签署请愿书，表达对5G高密度射频电磁场辐射影响的密切关注，指出这有可能会导致“癌症风险增加，细胞压力增加，有害自由基增加，基因伤害，生殖系统结构和功能变化，学习和记忆能力丧失，神经紊乱以及对人类总体健康的负面影响”，且不止限于人类，“对植物和动物也有害处”[7]。为获得大流量长时间受5G射频辐射是否会增加致病风险，这还没有定论，但加强有关的科学研究无疑是“流量正义”的应有之意。

3. 5G 网络的社会安全正义问题

隐私侵犯、网络滥用、黑客攻击、电信欺诈等都不是新问题，那么即将到来的5G网络应用是否会有新的表现呢？5G网络将催生大量垂直行业和各种新服务，如果没有足够的隐私保护，用户就会受到针对性的网络攻击。随着自动驾驶汽车更加普及，汽车网络攻击的威胁将会增加。远程医疗通过物联网设备传输患者信息，医疗身份信息盗窃、侵犯健康隐私和医疗数据泄露的风险也将增加。防止未经授权的访问，智能家电的身份验证安全级别提升也成为一个重要问题。至于网络切片技术的大量应用，使网络安全保护越来越复杂，甚至可能带来国家利益格局变化。

三、5G 网络中立之争

对5G网络的流量正义考量，特别是流量收益分配正义问题，再次把“网络中立”（net neutrality）议题推到前台。网络中立是指平等对待一切网络流量的原则，它最早由美国哥伦比亚大学教授吴修铭（Tim Wu）按照技术中立性、针对宽带歧视问题而提出。这一原则提出后引起各种争议。2005年，美国联邦通讯委员会（Federal Communications Commission）为网络确定了更具操作性的“四个自由”原则，也即自行接入合法内容、运行自选程序、选择合适设备接入和受益竞争性服务，此后逐步获得法律认可。4G网络在网络中立维系方面的总的趋势，是向精细商业经营靠拢以取得运营商与用户利益之间的“动态平衡”[8]。但是，5G不同于4G的技术和商业化进展强烈地冲击着网络中立规则，在政策制定者、监管者和运营商、服务商、网民之间引发了较以前更为复杂的争议：

1. 反对者主张废除或改革既有网络中立规则

5G网络将采用复杂的机制来处理不同类型的流量，以便获得比4G更广泛的应用场景，而现有的网络中立规则约束则影响这种能力的发展。美国FCC于2017年以3票对2票的投票结果宣布废除2015年实施的网络中立法，同时提出实施“低度监管”政策以刺激5G投资、创新和竞争，并为5G发布更多的中频频谱以促进其商业部署。这在特朗普政府那里显然被放大了，变成了使5G网络部分国有化计划，即推动5G政府运营避免来自他国，特别是中国的技术竞争和挑战。此种思路明显出于国际政治考虑，且要彻底改变现有的商业模式，这甚至都遭到FCC反对。与FCC一致，那些对5G网络投入巨资的电信运营商巨头也希望废除既有的网络中立规则。17家欧洲电信运营商2016就曾发布“5G宣言”，声称为了2020年前推出5G网络必须要弱化网络中立规则，因为这一规则为5G投资回报带来显著不确定性。5G与网络中立规则之间的碰撞在于，5G网络的吞吐量和低延迟要求通过切片技术为不同服务提供不同流量和速度，5G运营商将很容易触碰网络中立规则的“红线”。这样欧盟就要考虑欧洲各国分散的网络中立规则，希望更多地针对5G网络切片技术，放宽现有的网络中立规则，为网络中立的例外情形提供保护。

2. 支持者坚持继续为网络中立提供法律保护

无论是废除现有的网络中立法，还是对网络中立规则给予调整，欧美国家的做法都会造成全球范围的连锁反应。网络中立规则的支持者普遍认为，允许5G成为网络中立的例外情形，会使美国电话电报公司、威瑞森电信和康卡斯特电信公司以及欧洲各国电信企业为他们喜欢的网站提速，为他们不喜欢的网站降速，为更高网速收取更高费用。有不少中小企业，甚至Facebook、谷歌公司这类大企业也表示要与所有创新企业与广大网民一起捍卫网络中立权益。对它们来说，废除网络中立法就意味着把现有的在线服务重新分类为各种专业服务，然后为网络运营商巨头们撇出一个独立的付费快车道。这不利于企业竞争，对用户流量消费也不公平。美国联邦通讯委员会最近发布一份草案，要简化收缩智慧城市5G连接[9]。这迅速遭到美国各个地方城市政府反击，各州乃至各个城市纷纷准备引入灵活小型蜂窝许可流程，并坚持网络中立规则，鼓励私营部门参与竞争，以便迎接新的5G时代到来[10]。

四、5G社会治理前瞻

目前有关网络中立之争主要限于欧美国家，网络中立的反对者包括决策者、监管者和运营商巨头们，而支持者则是网络服务企业、地方政府和广大网民，能否达成共识有待观察。中国已经成为5G网络的领先者，整个商业部署不会落后于欧美国家。我国一方面要鼓励和支持5G网络的商业化发展，另一方面也要注重政策引导和强化社会治理。展望5G网络发展，它必然是一个技术嵌入社会的过程。这就需要我们针对5G可能带来的流量正义问题，结合目前的网络中立之争，从如下三个方面前瞻5G社会治理。

1. 5G技术治理

中国正处于5G技术的风口浪尖上，5G网络商业部署引来了发达国家的各种围堵。5G网络发展初期，一个新的网络社会特征还难以预期，这时技术治理就显得非常重要。要坚持5G技术的中立与开放原则，在完整的国际技术标准确立前，既要保持技术创新活力促进5G技术发展，争取国际标准话语权，又要与国外企业展开技术商业合作，扩大影响力。在5G技术的社会效应不确定的情况下，要鼓励企业研发更为先进的反黑客、防欺诈、防高密度站点和手机辐射、保护隐私等安全技术，支持相关科研机构对其潜在的环境－健康影响进行基础研究，为未来形成健康的5G网络社会生态奠定扎实的科技基础。

2. 5G规约治理

在移动宽带领域，由于不同的移动网应用占用资源不同，我国曾经出现过如微信业务占用大量基础电信企业移动网的信令资源、电信和网络企业推行定向流量包区分的收费模式等突破网络中立原则的问题。对这些问题，我国是以鼓励企业以市场机制实现企业与企业、企业与普通用户之间的利益平衡来加以解决的。现在我们要高度重视5G网络发展面临的新问题，特别是切片技术带来的新的网络中立问题。坚持和完善由第十二届全国人民代表大会常务委员会第二十四次会议于2016年11月7日通过的《中华人民共和国网络安全法》（自2017年6月1日起施行），鼓励技术研发与标准制定并行发展，为防止流量歧视，要支持运营商以统一的框架协调各网络层级、强化运营商与网络企业合作，形成5G网络流量服务的良好局面。在网络安全、网络犯罪方面，5G网络治理要维护中国设置议程和制定政策的核心地位和权威，推动国家主导的规约化治理发展。

3. 5G多元合作治理

对于5G网络，我们既要看到它为我们提供的快速接触全球市场的机遇和相应的规模及范围经济，也要充分评估其潜在安全风险。5G网络现在主要是企业的商业部署和政府的政策推动，接下来就是大规模的企业用户和终端消费者介入。要及早将5G网络社会治理提到议事日程，以政府为主导，以企业、公众的自律、参与和协商为机制，推动利益相关者形成责任共担和利益共享机制，为5G网络健康安全发展提供良好的社会环境。

参考文献

[1] 杨学志. 5G将是一个彻底的失败通信技术[EB/OL]. [2019-03-02]. https://www.iyiou.com/p/93766.html.

[2] 李进良. 5G怎么会是彻底失败的技术[EB/OL]. [2019-03-26]. http://www.ccidcom.com/pinglun/20190326/bC8bBdQ6zmpnYAtjx16hq3rw50x3w.html.

[3] 悟空问答. 如何看待“互联网时代流量即正义”？这种模式存在什么弊端？[EB/OL]. [2019-

04-17]. https://www.wukong.com/question/6533010739152552195/.

[4] Kim G. Biggest risk for 5G[EB/OL]. [2017-09-08]. https://spectrumfutures.org/biggest-risk-for-5g/.

[5] Fortuna A. 5G network slicing and network neutrality：my point of view[EB/OL]. [2018-02-02]. https://www.andreafortuna.org/2018/02/02/5g-network-slicing-and-network-neutrality-my-point-of-view/.

[6] Bucher J. High exposure to radio frequency radiation associated with cancer in male rats[EB/OL]. [2018-10-31]. https://www.niehs.nih.gov/news/newsroom/releases/2018/november1/11012018transcript_508. pdf.

[7] None. Scientists warn of potential serious health effects of 5G[EB/OL]. [2017-09-13]. https://ehtrust.org/wp-content/uploads/Scientist-5G-appeal-2017. pdf.

[8] 马源 . 4G 时代的网络中立 [J]. 高科技与产业化，2014（7）：34-37.

[9] Federal Communications Commission. Declaratory ruling and third report and oder[EB/OL]. [2018-09-05]. https://docs.fcc.gov/public/attachments/DOC-353962A1. pdf.

[10] Collier C. If federal and local governments don't cooperate on 5G，the US will lose[EB/OL]. [2018-09-10]. http://smartcitiesconnect.org/if-federal-and-local-governments-dont-cooperate-on-5g-the-us-will-lose/.

7.5 Some Considerations on Flowing Justice，Net Neutrality and Social Governance in Future 5G Era

Li Sanhu

（Research Centre for City Affairs，Guangzhou Academy of Governance）

As new generation of mobile communication network，5G technology is in the early stages of its application development and commercial deployment. Now people are talking about how it could lead to new possible experiences of high speed，big bandwidth and low latency. It is also asked whether it will bring about flowing justice issues in benefits distribution，environment-health impacts and social security. For example，whether 5G slicing technology to provide special services will become new origin of new social inequalities. In fact，such issues have caused various disputes on net neutrality. While opponents argue that 5G is an exception to the net neutrality rule, supporters believe that this will bring new "flowing discrimination". Given the uncertainty of 5G impacts on society, we should adhere to the principles of neutrality and openness, support enterprises to develop more advanced safety technologies and carry out relevant basic research, set new technical standards without flowing discrimination, and establish mechanisms of stakeholders sharing responsibilities and interests, so as to provide favorable social milieu for its healthy and safe development.

7.6　海洋科技发展的社会语境演变及其新趋势

杜　鹏

（中国科学院科技战略咨询研究院）

海洋是我国实现可持续发展的重要空间和资源保障，关系人民福祉，关乎国家未来。建设海洋强国，是我国重要的发展战略，海洋科技在其中发挥着重要作用。进入21世纪以来，国际上对海洋的探索正呈现加速的趋势。随着国家海洋战略的提出，海洋相关的研究在我国也受到前所未有的重视。短短几年时间，几十所海洋院校如雨后春笋般建立起来，很多新的海洋院校和科研机构正在建设或筹划，海洋科学考察船、大型海洋探索与研究设施也伴随新的海洋机构的建设而大批建造，特别是大型现代化综合科学考察船的建造。一系列与海洋相关的科技计划被相继提出，如深海空间站、透明海洋、智慧海洋、深渊探索等[1]。究竟应当如何发展海洋科技，从而进一步关心海洋、认识海洋、经略海洋，实现“以海强国，人海和谐”，这是当前中国海洋科技发展值得关注的重要问题。为此，本文在回顾海洋科技发展历程的基础上，探讨海洋科技发展的社会语境演变，分析总结出新时代海洋科技发展的趋势，并对我国海洋科技的发展策略进行了展望。

一、海洋科技的发展历程回顾

一般认为，海洋科技是研究海洋的自然现象、性质及其变化规律，以及与开发利用海洋有关的知识体系，主要包括海洋科学和海洋技术。海洋学的研究领域十分广泛，其主要内容包括对于海洋中的物理、化学、生物和地质过程的基础研究，以及面向海洋资源开发利用和海上军事活动等的应用研究。

自古以来，海洋特别是海岸带及近海区，就为沿海劳动人民提供了重要的生活资料。在需求的推动下，海洋知识逐渐丰富，海洋的调查研究也由于水产生产和航运的需要而发展起来。从 15 世纪到 18 世纪末，资本主义生产方式的兴起极大地促进了自然科学和航海事业的发展，强化了海洋知识的积累。从中国明朝郑和，到意大利航海家 C. 哥伦布和葡萄牙航海家 F. 麦哲伦，他们在远航探险活动中记述了全球海陆分布以及海洋自然地理概况。1768～1779 年，英国探险家 J. 库克在海洋探险中最早进行科学考察，取得了第一批关于大洋表层水温、海流和海深以及珊瑚礁等资料。这些活动和成果，不仅使人们弄清了地球的形状和地球上海陆分布的大体形势，而且直接推动了近代自然科学的发展，为海洋学各个主要分支学科的形成奠定了基础。

从 19 世纪初到 20 世纪中期，机器大工业的产生和发展，有力地促进了海洋学的建立和发展。英国科学家、生物进化论的创始人 C.R. 达尔文在 1831～1836 年随"贝格尔"号环球航行，对海洋生物、珊瑚礁进行了大量研究，于 1842 年出版《珊瑚礁的构造和分布》。英国生物学家 E. 福布斯在 19 世纪 40、50 年代提出了海洋生物分布分带的概念，出版了第一幅海产生物分布图和海洋生态学的经典著作《欧洲海的自然史》。美国学者 M.F. 莫里在 1855 年出版了《海洋自然地理学》，该著作被誉为近代海洋学的第一本经典著作。1872～1876 年，英国皇家学会组织了"挑战者"号考察，被认为是现代海洋学研究的真正开始。"挑战者"号开展了多学科综合性的海洋观测，在海洋气象、海流、水温、海水化学成分、海洋生物和海底沉积物等方面取得大量成果，使海洋学从传统的自然地理学领域中分化出来，逐渐形成为独立的学科。这次考察的另一个成果是激起了世界性海洋研究的热潮，很多国家相继开展大规模的海洋考察，建立临海实验室和海洋研究机构。1925～1927 年，德国"流星"号在南大西洋的科学考察，第一次采用电子回声测深法，揭示了大洋底部像陆地地貌一样变化多端。同时，海洋科技各基础分支学科的研究在大量科学考察资料的基础上，也取得显著进展，包括发现和证实了一些海洋自然规律，如海洋自然地理要素分布的地带性规律、海水化学组成恒定性规律、大洋风生漂流和热盐环流的形成规律、海陆分布和海底地貌结构的规律以及海洋动、植物区系分布规律等[2]。

海洋环境具有复杂性和多变性，单一的国家很难承担完整的、大型的海洋研究计划，这种客观情况也极大地促进了海洋研究的国际合作。为促进和组织海洋学各分支学科的国际科学研究活动，制订国际海洋研究规划，促进海洋资料的交换，建立各种资料标准，1957 年国际科学联合会理事会（The International Council of Scientific Unions，ICSU）成立海洋研究科学委员会（Scientific Committee on Oceanic

Research，SCOR）。1960年联合国教育、科学及文化组织成立政府间海洋学委员会（Intergovernmental Oceanographic Commission，IOC）。该委员会组织与许多政府机关、民间机构、团体联络，进行海洋调查、大气调查、海洋环境污染调查、地图绘制、海啸等方面的情报服务、研究进修等活动，通过科学调查增加人类关于海洋自然现象及资源的知识。海洋研究科学委员会和政府间海洋学委员会的成立有力地推动了海洋学研究的不断深入发展。

一般来说，20世纪的海洋学主要依赖于科学考察船，人们从船上采集海水、沉积物和生物样品，测定海流、盐度、温度等环境参数，然后回到实验室进行样品分析、数值计算模拟等工作，以期从科学原理上理解和预测海洋现象，并应用于军事、渔业生产等领域。但是自20世纪90年代以来，海洋学成为研究地球系统行为（如气候、生态系统演化）的主干学科之一，发展趋势是为人类今后控制地球气候、拓展生存空间等奠定基础。与此相应，海上工作的方式也发生了巨变。除海洋考察船外，一方面发展了遥感对地观测技术和深海自动观测网技术，对海洋的立体、长时间序列的观测正成为现实；另一方面，对海洋现象的模拟和预测能力也有了长足进步。因此，当代海洋学除军事应用外，还涉及海洋资源和全球环境的多种事务[3]。

二、海洋科技发展的社会语境演变

在人类的科学史上，海洋从来没有像今天这样，成为一个时髦且颇受公众关注的命题，这在很大程度上要归功于气候变化[4]。越来越严重的海洋漏油事件，越来越多的台风等极端天气，都让公众更加关心，我们的活动是不是影响了海洋的变迁，而海洋的变迁是不是会给人类带来更多的灾难。

无论人类的活动是否已经影响了海洋的变迁，如何影响了海洋的变迁，毋庸置疑的是人类关于海洋的活动都影响了人类历史的发展进程。特别是从16世纪初开始，西班牙、葡萄牙、荷兰、法国和英国迅速突破了它们的航海网络，对世界历史的发展产生重大影响。这种扩张的一个重要特点是突破了长期形成的区域界限，几个欧洲国家对新的贸易航路的积极探索和领土占有不仅为欧洲列强带来大量财富，而且促使世界经济和政治权力格局的最终形成。由欧洲殖民主义力量创造的高风险、高利润的跨世界贸易网络伴随着影响深远的社会和政治变化，形成一种不可小觑的经济动力[5]。应该说，现代资本主义的传播以及全球工业化等多种因素造就了现代国家的雏形，但我们不得不承认，16世纪开始的海上贸易扩张在很大程度上奠定了21世纪的全球化和当今世界经济发展的基础。

从海洋学的发展历程也可以看出，如何更好地开发利用海洋一直是海洋学从萌芽到建立和发展的核心驱动力。随着人口的增长、资源的短缺，人类生存的压力越来越大，而海洋以其丰富的资源储藏和便利的全球通道，使得越来越多的人把希望寄托于海洋。原来以“鱼盐之利，舟楫之便”为目标的海洋经济，已经拓展到千米水深的海底油气；原来以为不可能有生命的深海底下，居然滋养着地球上 30% 的生物。于是，自古以来被留给神话世界的深海远洋，近来变成了资源勘探的对象；历来乏人问津的小岛礁石，也突然变成了国际争夺的热点[3]。

近 30 年来，世界海洋经济产值持续高速增长，结构也日趋丰富。20 世纪 70 年代初，全球海洋 GDP 仅为 1100 亿美元，1980 年约为 3400 亿美元，1990 年增至 6700 亿美元，21 世纪初高达 13 000 亿美元，几乎每 10 年翻一番。尤其是截至 2014 年海洋渔业实现里程碑式的突破，渔业产值超过 1600 亿美元，渔业总产量（不含水生植物）达 1.672 亿吨，供人类直接消费的水产品高达 87%，水产品供应量增速远超人口增速。传统意义上的海洋资源包括航行、捕鱼、制盐，现代意义上的海洋资源还包括旅游、油气、港口、渔业、海水和可再生能源六大类。除了世界海洋经济传统的四大支柱产业——海洋渔业、油气勘探业、交通运输业和滨海旅游业外，近 20 年来还形成了许多包括海洋医药、海水利用、海洋能源等海洋新兴产业，形成新的发展态势[6]。我国的海洋经济也保持了平稳增长的态势，《2018 年中国海洋经济统计公报》显示，2018 年全国海洋生产总值 83 415 亿元，占国内生产总值的比重为 9.3%，全国涉海就业人员达 3684 万人①。在海洋经济发展的过程中，海洋物理学、海洋化学、海洋地质学、海洋生物学以及海洋资源开发技术、海洋能开发技术等海洋科技的分支学科以及相关领域逐渐建立起来，在人类开发利用海洋的进程中发挥着越来越大的作用。

现代海洋开发活动在迅速展现其巨大的经济效益的同时也带来了一系列的资源与环境问题。例如，近海渔业资源捕捞过度使海洋生物资源破坏严重；入海污染物总量不断增加，致使某些海域环境污染加剧，生态环境趋于恶化；缺乏高层次的规划和协调机制造成用海行业之间矛盾突出，开发利用不合理；沿海岸段经济发展不平衡，个别地区还没有完全摆脱贫困状态，而在经济发达岸段，也存在着诸多的环境问题等。因此，可持续发展的理念进入海洋开发活动。1992 年联合国环境与发展大会通过的《21 世纪议程》把海洋作为可持续发展的重要的组成部分之一。我国政府根据 1992 年联合国环境与发展大会的精神，制订了《中国 21 世纪议程——中国 21 世纪人口、环境与发展白皮书》，确立了我国未来的发展要实施可持续发展战略。中国既是陆地大国，又是沿海大国，中国的社会和经济发展将越来越多地依赖海洋。为了在海洋领域

① 中华人民共和国国土资源部 . 2018 年中国海洋经济统计公报 .［2019-04-11］. http://gi.mnr.gov.cn/ 201904/ t20190411_2404774.html.

更好地贯彻《中国21世纪议程——中国21世纪人口、环境与发展白皮书》精神，促进海洋的可持续开发利用，中国政府特制定《中国海洋21世纪议程》，将可作为海洋可持续开发利用的政策指南。在此背景下，在全球环境面临新挑战的形势下，发展以海洋经济为主体的"蓝色经济"是人们对以往海洋开发行为的一种自我修正认识，并且日益成为实施可持续发展战略的重要领域。

尽管如此，随着海洋开发活动的增加，海岸带海岛的环境生态恶化问题仍然没有得到有效遏制。浩瀚的海洋正在沦为人类最大的垃圾场，来自于全球各地的垃圾，从细小的金属碎片到各类大的垃圾群，均汇集于海洋之中。实际上，已经到达了海洋最深处。2017年的一份研究报告[7]显示，在太平洋马里亚纳海沟及克马德克海沟采集到的深海甲壳类动物的脂肪组织中，含有较高浓度的持久性的有机污染物多氯联苯（PCB）和多溴联苯醚（PBDE）等。而该研究样本中的两处海沟远离工业区，其深度达到了6～11千米，在如此偏远和如此深度的海洋底部还发现如此高浓度的剧毒污染物，表明人类活动产生的污染已经深入海洋的最深处，在现代工农业生产过程中排放出来的污染物，其污染范围和程度远超人们的想象。

与环境生态问题密切相关的气候变化，两者在一定的语境下是同构的。当前，气候变化是指长时期内气候状态的变化，是国际社会关注的一个重要主题。气候变化问题主要体现在全球气候呈现以变暖为主要特征的显著变化和全球极端气候事件趋强趋多两个方面，成为当今世界亟待解决的迫切问题，关乎人类的生存与可持续发展。但在海洋与气候变化的关系方面，人类的研究还处在起步阶段。目前科学家们给出的答案不尽相同，在他们提交的报告中，各种研究参数动辄都是以万年计，而人类有科学的气象和灾难记录的历史也不过数百年，这样的对比落差，让很多具备现实意义的命题都失去了依托[4]。但毫无疑问的是，海洋作为气候变化最大的承载者和调节器，是影响气候变化最大的一个主体，是应对和解决气候变化问题的关键所在。

综合来看，新时代海洋科技的目的由海洋资源开发的语境转换为发展蓝色经济，新时代更加强调海洋资源的可持续开发与保护，其核心目标为"全球气候变化"和"深海远洋开发"。

三、新时代海洋科技发展的趋势

新时代海洋科技发展的社会语境形塑了海洋科技的发展方向和内涵，同时海洋科技改变了人类对海洋的理解、认知和行动。在这种双向互动下，海洋科技的发展表现出一些新的趋势：

1. 研究对象和方式的拓展

首先，海洋科技的研究对象从近海向深海远洋拓展。人类首先关注的是近岸的海洋，总以为只要研究近岸浅海就能够解决问题，但是科学的发展表明，以前被认为是区域的问题，现在也需要从海盆尺度甚至全球尺度来看待。不研究远洋，就不可能理解近海。同样迫切的是深海的研究。当前我们对于深海海底的了解还不如月球表面。尽快进入深海的前沿，是海洋学乃至整个地球系统科学发展的需要。其次，研究方式从“考察”向“观测”深化。人类以往都是在海洋之外，在船上或岸上观测海洋，但海上定点或者剖面的连续观测，是记录变化过程、揭示变化机理的必要途径。从短暂的“考察”到连续的“观测”是海洋学发展的必由之路。20 世纪 80 年代的连续观测，为海洋学的发展做出了划时代的贡献。遥感技术的发展使得海洋观测不以海面为限，第一次使人类摆脱地心引力，从空间观测海洋，打开了海洋学的视野，提供了海洋观测的第二个平台。遥感技术缺乏深入穿透的能力，随着锚系和自沉浮式剖面观测浮标技术的发展，可以进入海洋进行连续和实时观测；而近年来正在建设的“海底观测网”，用光纤、电缆传送能量和信息，正在为海洋观测打造第三个观测平台[3]。

2. 研究视角向跨尺度和系统化转变

首先，多尺度系统的跨尺度研究将成为将来海洋科技研究的重点内容。海洋是一个包含多种时空尺度过程的复杂动力系统，并且不同时空尺度之间存在相互作用。从海洋动力过程来讲，它既包括小尺度（小到毫米量级）的快速的湍流、表面及内部重力波等过程，又包括大尺度（几千米到上千千米量级）的潮汐、Rossby 及 Kelvin 波，以及中尺度涡和环流系统。这些不同尺度运动之间能量相互传递以维持海洋的温盐结构。同样复杂的是海洋的时间尺度。表层海水的更新时间以几天计，深层水以千年计，而在俯冲带和洋中脊进入地球内部的水循环至少以百万年计。海洋生物，既有每 10 分钟繁殖一次的浮游细菌，又有繁殖周期长达千年的“深部生物圈”[3]。其次，从海洋系统的角度开展海洋研究将成为未来海洋科技的发展方向。海洋科技非常复杂，物理、化学、生物、地质无所不包，海岸带、近海、大洋、深海都很重要。但是从另一个角度来看，不仅海洋各个部分是连在一起的，海洋各个学科也是相互关联的，如海洋生态学的研究中，物理、化学、生物和地质环境缺一不可，海洋研究是物理海洋学、化学海洋学和生物海洋学以及海洋地质学的综合体现[1]。因此，海洋科技研究迫切需要系统观，需要将相关学科结合在一起，将大洋、深海和近海联系在一起，围绕同一个问题、在同一个平台上形成一个有机整体开展综合系统研究。

3. 研究的社会指向和社会内涵更加突出

首先，海洋科技具有明确的社会指向。当前在资源、环境、人口等的压力下，海洋科技承载着人类发展的希望，在资源利用、环境生态、气候变化等方面将发挥巨大的作用。例如，在减排的压力下，如何发挥海洋对碳的固定作用，成为海洋科技的一个新兴研究领域，因此蓝碳（blue carbon）的概念也逐渐得到社会的广泛关注[8]。其次，海洋空间的社会属性进一步彰显。尽管海洋空间根植于自然属性，但海洋的资源和环境属性已远远超出自然属性的范畴。在海洋科技研究中，资源、环境、社会、经济、政治、军事等视角日渐丰富，表明海洋相对空间的非自然属性研究越来越重要。最具代表性的即是“领海”“内水”“内海”“专属经济区”“公海”等概念的提出，将海洋空间作为维护国家领土主权与促进经济发展的要素之一，如海岸带对区域可持续发展的作用、特定海洋空间作为一国海洋领土对国家海洋战略布局的意义等。以渔业资源为代表的海洋生物资源研究是自然过程与社会经济过程密切结合的一个方向。例如，生境对渔业资源的影响研究中，既可以从物理海洋、海洋生物地球化学循环、生态动力学的角度研究上升流和营养盐对渔场和渔业资源的影响，也可以用遥感和地理信息系统方法及统计分析方法研究生境变化与渔业资源变化的时空关联，还有学者从气候变化、海洋环境污染、人类过度捕捞对物种灭绝风险及渔业资源衰减方面探讨海洋生态系统综合管理问题。海洋牧场和碳汇渔业是渔业资源研究中近期关注度较高的方面，其落脚点既在增加渔业资源，也兼具海洋生态保护和生态设计的重要内容，体现了政治、经济、社会和生态高度交叉的研究视角[9]。

四、我国海洋科技的发展展望

海洋孕育了生命、联通了世界、促进了发展，关乎人类的未来。改革开放以来，我国的海洋科技取得了巨大的进步，已实现对世界先进水平的全面跟踪，取得了“蛟龙”号载人潜水器、“海马”号 4500 米级遥控潜水器、“海燕”号深海滑翔机、“海洋石油 981 深水半潜式钻井平台”和“海洋石油 201”船等一批重大成果。根据海洋科技发展的新趋势，面对未来多维度的社会目标，我国迫切需要在海洋科学、海洋技术以及海洋经济（蓝色经济）三者之间加强互动，协同发展，具体包括以下几点。

第一，加强海洋过程的理解和预报能力。通过开展全球海洋变化、深渊海洋科学、极地科学等基础科学研究，显著提升海洋科学认知能力。

第二，发展蓝色经济，实施以生态系统为基础的海洋管理。大力开展海洋生态修复、海洋油气资源开发、海洋生物资源开发、海水淡化及海洋化学资源综合利用等关键核心技术研发，显著提升海洋运载作业、信息获取及资源开发能力，升级传统海洋产业，发展新兴海洋产业，显著提升海洋管理与服务的科技支撑能力；集成开发海洋生态保护、防灾减灾、航运保障等应用系统，通过与现有业务系统的结合，通过全创新链设计和一体化组织实施，为深入认知海洋、合理开发海洋、科学管理海洋提供有力的科技支撑。

第三，建设海洋观测系统。完善和提高海洋立体监测和信息服务系统的功能，为海洋科学和蓝色经济的发展提供有效的技术支撑。

参考文献

[1] 孙松，孙晓霞 . 对我国海洋科学研究战略的认识与思考［J］. 中国科学院院刊，2016，31（12）：1285-1292.

[2] 中国海洋学会 . 中国海洋学学科史［M］. 北京：中国科学技术出版社，2015.

[3] 国家自然科学基金委员会，中国科学院 . 未来 10 年中国学科发展战略：海洋科学［M］. 北京：科学出版社，2012.

[4] 田磊 . 海洋学：中国的热情与差距［J］. 南风窗，2010（22）：92-93.

[5] 菲利普 · 德 · 索萨 . 极简海洋文明史［M］. 施诚，张珉璐译 . 北京：中信出版社，2016.

[6] 徐胜，张宁 . 世界海洋经济发展分析［J］. 中国海洋经济，2018（2）：203-224.

[7] Jamieson A J，Malkocs T，Piertney S B，et al. Bioaccumulation of persistent organic pollutants in the deepest ocean fauna［J］. Nature Ecology& Evolution，2017，1（3）：51.

[8] 焦念志，等 . 海洋碳汇：社会意义、研究进展及展望［G］// 中国科学院 .2016 高技术发展报告 . 北京：科学出版社，2016：291-301.

[9] 冷疏影，朱晟君，李薇，等 . 从“空间”视角看海洋科学综合发展新趋势［J］. 科学通报，2018，63（31）：3167-3183.

7.6 The Social Context Evolution and New Trend of Marine Science and Technology Development

Du peng

（Institutes of Science and Development，Chinese Academy of Sciences）

The ocean breeds life，connects the world，promotes development，and concerns the future of mankind. As a national strategy，building maritime power strategy can not be separated from the effective support of marine science and technology. The 21st century is an ocean century . The international exploration of oceans is showing an accelerating trend，and ocean-related research has received unprecedented attention in China. How to develop marine science and technology is a matter of concern for China's scientific and Technological Development in the new era. Therefore，on the basis of reviewing the development of marine science and technology，this paper expounds the social context evolution of the development of marine science and technology，analyses and refines the new development trend of marine science and technology，and looks forward to the development strategy of marine science and technology in China.

第八章

专家论坛

Expert Forum

8.1 世界科学、技术、工业革命趋势分析

胡志坚

（中国科学技术发展战略研究院）

科学、技术、工业是人类认识自然、改造自然并为人类自身服务的社会实践活动的产物。近代以来，它们的变化速度都是历史空前的，它们不断进步，同时也驱动人类社会不断进步，对人类社会的影响巨大。不少学者认为，这三者都是通过“革命”的方式进步的。本文试图分别对三者的革命趋势做简要分析。

一、关于科学革命趋势

（一）世界处于第二次科学革命的过程中

关于科学革命的研究，最有影响的当属托马斯·库恩（T. S. Kuhn）和伯纳德·科恩（I.B. Cohen）。本文采用的科学革命概念，与库恩[1]使用的一致，与科恩[2]的狭义科学革命（大规模的科学革命）概念一致。

在人类探索历史的大部分时间中，科学探索一般遵循特定的科学范式，可能包括特定的一组信念、公理假设、定理体系、仪器设备、思维模式以及研究方法，等等。科学革命，就是一种新的科学范式，颠覆或替代旧的科学范式。科学革命的过程，是新的科学范式从某一学科诞生，并向其他所有学科领域传播扩散并替代旧科学范式的过程。

过去 400 年，共发生两次这样的科学革命。第一次科学革命发生在 16～18 世纪，以哥白尼天文学革命为开端，以牛顿和伽利略为代表的经典力学体系的建立为标志。牛顿和伽利略的科学范式替代了托勒密和亚里士多德的科学范式。第二次科学革命发生在 20 世纪初期，以爱因斯坦的相对论和德布罗意等一批科学家发展出的量子力学的诞生为标志。相对论和量子力学的科学范式替代了牛顿和伽利略的科学范式。

科学发展历史表明，科学是从自然哲学中分离出来的，而早期的自然哲学基本类似于物理学，因此最早的科学可以被视为物理学，而其他如化学、生物学等学科被认为是从物理学中分离出来的，故物理学一般被人们认为是“母科学”。一些社会科学也认物理学为“母”，模仿物理学的范式，譬如古典经济学。因此，物理学发生范式

革命的影响有可能是规模最大、范围最广的。虽然生物学、化学等其他学科也有过可以看作是本学科领域范围的范式革命，如热力学革命、进化论革命等，但都只能算是“小革命”，没有演变为广泛传播的、对所有学科产生颠覆式影响的“大革命”。总之，过去两次大的科学革命都源于物理学。

当前世界科学研究前沿，仍然处于相对论和量子力学的范式统治下。各国的自然科学教科书还是在传播这个范式的知识，研究生仍然是在接受掌握这个范式的训练，有关引力波、黑洞的研究还是在验证相对论的假设，量子力学仍然是热点，多元宇宙、暗物质、暗能量更像是对现有范式的修补完善，弦理论还在试图解决爱因斯坦未竟的难题。我们现在处于第二次科学革命的过程中。

（二）第二次科学革命的科学发现高峰期已过

科学革命的过程，是新范式创立和扩散传播的过程，是一种非线性过程。它似乎也遵循从报酬递增到报酬递减的演化周期，报酬指应用新范式重新解释自然现象或获得新的科学发现的数量与速度。新范式创立初期，面对的大多数科学家是旧范式下成长起来的，质疑的声音多，扩散传播阻力大；随着越来越多年轻科学家的成长，传播速度加快，出现报酬递增；随着越来越多的学科的科学家都蜂拥而至学习和采用新的科学范式，新范式的传播速度和报酬递增将进入拐点，进入传播速度递减和报酬递减阶段，直至最后传播达到最大边界和报酬接近于零。

本轮科学革命经过 100 多年的发展，似乎已经越过了拐点（可能在 20 世纪后半叶），进入报酬递减期。现有范式下未开发的科学知识空间日渐枯竭。容易摘的“果子”几乎没有，大的科学发现日益稀少。纯基础研究投入的边际科学收益极低，机会成本巨大，一些前沿研究方向，不论是微观还是宇观，投入巨额资金可能就是验证一个假设或者什么也得不到。近百年来，物理学家们孜孜不倦地探索相互作用的统一理论，至今仍无结果。

新的科学革命未见端倪。有人说，19 世纪末，科学的境遇与今天相似，紧接着 20 世纪初发生了科学革命。今天的情形，是否意味着一次新的科学革命即将到来呢？人们还没有看到任何基于科学实践的证据。

（三）科学研究的重心向下游转移

新科学范式总是由中心向外围、由上游向下游传播转移的。由于科学研究沿原有路径继续延伸越来越难以取得进展，越来越多的科学家转向交叉学科或边缘学科，以获得更高的边际报酬。早在 20 世纪中叶这种潮流就开始了，正如诺伯特·维纳（Norbert Wiener）那时指出的，在科学发展上可以得到最大收获的领域是科学的边缘区域。维纳的控制论正是处于边缘区域。然而这只是现有范式下知识体系的补充完善工作，是范式进一步向科学研究下游拓展的必然结果。更多的科学家将科学研究的重心向下游应用端移动，应用科学研究活跃、竞争激烈。量子力学、生物学的所谓基础研究越来越像技术开发研究。诺贝尔奖越来越像应用科学奖或技术科学奖。刘则渊[3]通过计量分析认为，21 世纪以来的诺贝尔奖属于技术科学性质者：物理、化学和医学分别占 4 成、8 成和 7 成；日本得奖属于技术科学性质者占 8 成（表 1）。这些成就都是 20 世纪取得的，说明那个时候这种重心下移已经很显著了。也许将来哪一天会发现诺贝尔奖开始像重大技术发明奖。

表 1　2000～2019 年诺贝尔奖得主中拥有发明专利者占比[3]

		2000～2004 年	2005～2009 年	2010～2014 年	2015～2019 年	总计
物理学	获奖	15	13	12	14	54
	专利	5	8	7	2	22/41%
化学	获奖	14	11	11	15	51
	专利	13	9	9	11	42/82%
生理学或医学	获奖	13	13	12	12	50
	专利	8	12	5	10	35/70%
日本	获奖	4	4	6	5	19
	专利	3	3	5	4	15/79%

注：表格中最右列的百分数表示拥有发明专利的诺贝尔奖得主占诺贝尔奖总数的比例。

科学研究活动越来越接近人们的日常生活，技术前景和技术产业化的加速带给社会显著影响，人们感觉科学发展日益迅猛是这个意义上的。

二、关于技术革命趋势

（一）世界处于第五次技术革命波的后半段

演化经济学和创新经济学对历次技术革命长波或周期进行了刻画。根据弗里曼[4]和佩蕾丝[5]的研究，自 1780 年工业化以来共发生了五次技术革命，每次技术革命过程构成一次康德拉季耶夫波，大约延续 50 年。根据熊彼特[6]的商业周期理论，一次康德拉季耶夫波可以简单分为前后两个阶段。前半段是主导技术群和新兴产业爆发、成长阶段，后半段是成熟、扩散阶段。表现在经济发展上，前半段是信用扩张，新兴产业快速成长和已有产业的规模扩张；后半段是信用紧缩，新兴产业日趋成熟和新技术对已有产业的渗透改造（图 1）。

技术革命的过程，与科学革命过程相似，是新的技术－经济范式创立和扩散传播的过程，是一种非线性过程。它遵循从报酬递增到报酬递减的演化周期。新范式创立初期，面对的大多数产业是旧范式下成长起来的，界面不友好，扩散传播阻力大；随着越来越多新企业采用新范式，新技术扩散速度加快，报酬递增；当各个产业纷纷学习采用新的范式时，扩散速度和报酬递增将进入拐点，进入扩散速度降低和报酬递减阶段，直至最后扩散停滞和报酬接近零，整个技术经济系统的结构得到进化，达到新的均衡。

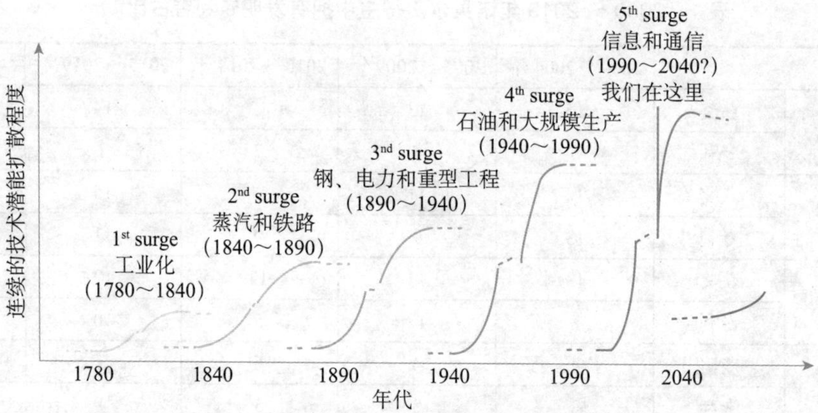

图 1　工业革命以来连续的五次技术革命波

资料来源：参考弗里曼[4]，佩雷丝[5]，Johan Schot[7]制作。

第五次技术革命即信息与通信技术革命始于 1990 年前后，以 50 年为波长，应该到 2040 年前后结束，2015 年左右为中点。据此，我们现在已经进入这轮技术革命的后半段。

（二）信息技术加速改造人类生产生活方式

新技术的扩散依赖于新技术的成长成熟，新技术的成长方式是新技术产业的发展。进入后半段，信息和通信技术（Information and Communication Technology，ICT）及其产业经历了前期竞争发展已经成熟，自身发展趋近阶段极限①，进入 ICT 产业和使用 ICT 的门槛大幅降低，其潜能开始加速向其他经济部门横向扩散，信息技术迈入全面扩散的“拓展区”。

① 阶段极限是指一轮周期内技术所能达到的最大边界。譬如摩尔定律就是对集成电路可容纳元器件数量发展所能趋近的极限的一种表述。这个极限只有通过下一轮技术革命才有可能突破。

在产业技术创新方面，这种扩散表现为信息世界向物理化学世界、生命科学世界等的渗透融合，产生杂交、变异的技术及产业种群，如电商、网联汽车、产业互联网等，带来难以预期的新技术、新业态和新商业模式，技术创新竞争进入“新水域”或“无人区”。这种渗透融合需要桥接型技术的协助，如5G、人工智能、区块链、大数据、云计算、物联网、人机结合技术等。技术融合产生新的经济形态，如数字经济、大数据经济、共享经济、智能经济、物联网经济、计算经济等；商业或创新组织形式也会嬗变，如网络化、虚拟化，大众创新、协同创新、分布式创新等。以上这些都是已经发生的，未来还会有新的形式不断产生，因为信息技术每进入一个新的部门都会产生新的融合杂交形态，是不可预见的。

虽然此阶段ICT自身发展速度放缓，但因为渗透融合速度加快，应用场景越来越多，人类生产生活方式受到更多的直接影响，给人们的感觉反而是技术进步一日千里，似乎新一轮技术革命已然开始。

（三）第六次技术革命的前瞻

信息技术基于量子力学原理，是第二次科学革命进入应用领域的产物。第五次技术革命是第二次科学革命引发的第一次技术革命。这可能意味着第一次科学革命赋予人类新技术革命的潜能已近枯竭，未来的技术革命将由第二次科学革命引领。

信息技术革命是首次替代人的脑力劳动的一次技术革命，这是与前四次技术革命替代人的体力劳动的不同之处。这意味着，信息技术革命开辟了工业技术文明的一个新纪元。虽然替代体力劳动的技术仍然会继续发展进化，但以后的技术革命将可能是沿着替代人的脑力劳动的方向前进，并使得替代体力劳动的技术更加全面和高效。

技术革命与能源关系密切，因为近现代工业文明是一种能源资源密集型文明。不论是技术革命还是工业革命，每一次革命都会导致人类生产生活方式的能源资源密集度大幅提高。正是对自然界能源的大量获取，人类社会系统才能实现熵减，得以打破均衡并沿着工业文明路径持续进行结构演化。因此，从这个意义上讲，工业技术都是能源型技术，要么是能量供应类技术，如蒸汽机、汽油发动机、电厂技术，要么是能量耗散类技术，如纺织机、汽车、计算机技术。自然界的能源通过能量供应类技术转化为能量，能量再通过耗散类技术传播耗散，塑造人类社会的新结构，因此，能源的获得是技术革命的前提，技术的演化又会要求获得更高密度、更高生产率的能源，两者相互制约、相互促进，或者互为瓶颈、互为条件。由此推论，技术革命的发生应该是在能量供应类技术革命和能量耗散类技术革命之间轮转的。信息技术是耗散类技术，随着信息技术不断向智能化、无人化演进，能量供应类技术将成为瓶颈，呼唤着新的能源技术。因此，第六次技术革命应该包含能量供应类技术革命。

综上所述，第六次技术革命将很有可能包括两个方面，即信息技术的再次革命和新的能源技术革命，或者两者的结合。爆发的时间节点可能在 2040 年前后（图 1）。

三、工业革命趋势分析

（一）工业革命与技术革命的关系

工业革命指工业化范式的革命，譬如"机械化"。技术革命是在工业生产中发生的，因此工业革命应该包含了技术革命，当然工业革命还包含有其他丰富的内容，如组织结构和生产方式的变革。

根据前述技术革命与能源的关系，一次工业革命应该并不只包含一次技术革命，应该至少包含两次，即一次能量耗散类技术革命和一次能量供应类技术革命。这与杰里米・里夫金（Jeremy Rifkin）的观点是不同的。经济史学家，如图泽尔曼（Nick Von Tunzelmann）和钱德勒（Alfred D.Chandler），倾向于将第一次和第二次康德拉季耶夫长波合称为"第一次工业革命"。第一次康德拉季耶夫长波可视为纺织机带来的能量耗散类技术革命，第二次康德拉季耶夫长波可视为以蒸汽机为代表的能量供应类技术革命。一般认为纺织机开创了"机械化"工业革命，蒸汽机将"机械化"的威力完全发挥出来。在评价蒸汽机和煤对英国工业革命的贡献时，兰德斯指出，如果不能提供一种强有力的能源，使其远胜于人畜力并不受无常自然的影响，那么集中于大规模生产单位的机械化工业的发展将是不可能的。煤和蒸汽没有创造工业革命，但它们却使工业革命的非凡发展和迅速扩散成为可能[8]。但是，如果没有之前水力机械（能量供应类技术）的显著改进，如 18 世纪 50 年代发明的中射式水轮和 30 年代发明的涡轮，第一次康德拉季耶夫长波中的纺织机及沿河流建立的机械化工厂是得不到足够动力驱动的。自中世纪以来，水力机械一直是欧洲制造业的一个重要组成部分[9]。贾根良[10]总结历次工业革命与技术革命规律性的关系，发现工具机①的革命总是首先发生在历次工业革命的前半段，从而成为历次工业革命的起点或标志，而与其相对应的能源革命总是发生在该次工业革命的下半段，并在下一次工业革命的前半段作为动力方面的主导产业继续发挥作用。

（二）三次工业革命的分期

弗里曼[11]按照经济史学家的方法分析，认为第三次和第四次康德拉季耶夫长波构成了"第二次工业革命"，现在发生的是"第三次工业革命"。按照这种方法，可以

① "工具机"技术应属于本文所指的能量耗散类技术。

在图 1 的基础上形成图 2。

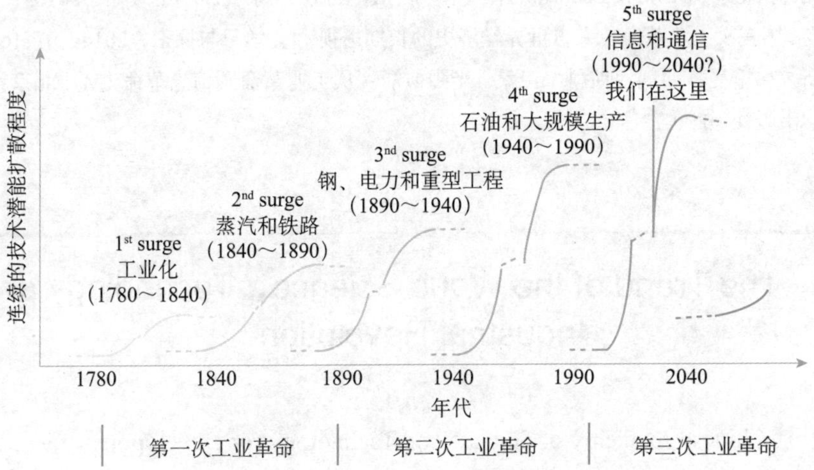

图 2 三次工业革命与五次技术革命划分

一次工业革命包含两次技术革命，时长约 100 年。近代工业化以来，共发生三次工业革命，分别是“机械化”革命、“电气化”革命和“信息化”革命。现在处于第五次技术革命的后半段，第三次工业革命的前半段。当第六次技术革命完成时，即 2090 年前后，第三次工业革命才完成。

参考文献

[1] 库恩 T S. 科学革命的结构 [M]. 四版 . 北京：北京大学出版社，2012.

[2] 科恩 I B. 科学中的革命 [M]. 北京：商务印书馆，1998.

[3] 刘则渊 . 中华民族的科技强国梦——愿景 · 挑战 · 策略 [C]// 大连理工大学，中国科学院大学，台湾清华大学 . 第七届海峡两岸科技管理学术年会论文集 . 中国大连，2019.

[4] Freeman C，Soete L. The Economics of Industrial Innovation [M]. Pinter：A Cassell Imprint，1997.

[5] 卡萝塔 · 佩蕾丝 . 技术革命与金融资本：泡沫与黄金时代的动力学 [M]. 北京：中国人民大学出版社，2007.

[6] Schumpeter J A. Business Cycles：A Theoretical，Historical，and Statistical Analysis of the Capitalist Process [M]. New York：McGraw-Hill，1939.

[7] Schot J，Kange L. Deep transitions：emergence，acceleration，stabilization and directionality [J]. Research Policy，2018（47）：1045-1059.

[8] 大卫 · 兰德斯（David S. Landes）. 解除束缚的普罗米修斯 [M]. 2 版 . 北京：华夏出版社，

2007：96-99.
[9] 戴维·S. 兰德斯（David S. Landes）. 国富国穷［M］. 3 版 . 北京：新华出版社，2010.
[10] 贾根良 . 第三次工业革命：来自世界经济史的长期透视［J］. 学习与探索，2014，9：100.
[11] 克里斯·弗里曼，弗朗西斯科·卢桑 . 光阴似箭：从工业革命到信息革命［M］. 北京：中国人民大学出版社，2007.

8.1 The Trend of the World Science，Technology and Industrial Revolution

Hu Zhijian
（Chinese Academy of Science and Technology for Development）

The current world is in the process of the second scientific revolution marked by relativity and quantum mechanics，and the new scientific revolution still has no clue. The scientific discovery peak of the second scientific revolution has passed，the development trend of scientific research focus shifts downward in the vertical direction as well as moves towards interdisciplinary in the horizontal direction，and the applied scientific research has received more and more attention. Under the influence of the second scientific revolution，the information technology revolution in human society has occurred，and it is also the fifth technological revolution in modern times. Now we are in the second half of the information technology revolution，information technology accelerates proliferation and transforms human production and life style. The next round of technological revolution will take place around 2040，possibly including a renewed revolution in information technology and a new energy technology revolution. The two technological revolutions constitute an industrial revolution，and we are in the first half of the third industrial revolution.

8.2　人工智能产业发展前景的思考与展望

赵志耘

（中国科学技术信息研究所，科技部新一代人工智能发展研究中心）

自20世纪50年代首次提出“人工智能”一词以来，人工智能的发展经历了三起两落。21世纪初，随着大数据、高性能计算和深度学习技术的大幅提升，加之人工智能硬件、算法及应用取得突破，人工智能进入爆发期。目前，人工智能已经成为国际竞争的新焦点，是引领未来的战略性技术，随着各国间人工智能发展水平的鸿沟不断扩大，世界贫富差距也会进一步拉开。因此，世界主要发达国家把发展人工智能作为提升国家竞争力、维护国家安全的重大战略，各国积极在人工智能领域深耕布局，抢夺技术先机，围绕核心技术、产业发展、顶尖人才、标准规范等强化部署，力图在新一轮国际科技竞争中掌握主导权。我国政府高度重视人工智能发展，于2017年发布《新一代人工智能发展规划》并陆续启动重大项目，努力营造人工智能创新生态系统，促进人工智能和实体经济深度融合。为初步探讨人工智能产业发展战略，本文将解析人工智能产业发展，梳理美国、英国等主要国家人工智能产业发展动向，分析我国人工智能产业未来场景并提出未来产业发展的几点对策与建议。

一、人工智能产业发展为全球经济注入新动力

本轮人工智能产业发展有望促进全球经济的新一轮增长。据麦肯锡研究显示，2030年人工智能产业可能为全球额外贡献13万亿美元的GDP增量（相较于2018年），平均每年（2018～2030年）推动GDP增长约1.2个百分点，足以比肩人类历史上前三次通用技术革命（蒸汽机、电气化、信息化）带来的影响[1]。此外，投身工业4.0的企业对其收入和生产率增长的预期分别高达23%和26%[2]。因此，纵观上述发展，本次人工智能有望促进全球经济增长主要体现在以下三方面：一是人工智能能够帮助企业和个体劳动者提升资源使用效率，特别是对生产设备等固定资产使用的预防性维护，可显著降低企业的资本存量消耗，延长固定资产使用寿命；二是人工智能推动数字技术、产品和服务供给的边际成本显著下降，从而显著降低生产成本；三是人工智能催生更多高质量的创新活动，增加产品和服务的流通渠道，开发新的商务模式，同时人工智能对部分劳动力替代能节省成本，有助于企业拓展投资组合、开展更多的产

品和服务创新活动等。

近年来，不仅麦肯锡积极预测人工智能发展对全球经济的影响，其他国际知名咨询机构围绕人工智能与经济增长率也开展了一系列实证研究[3]。在预测分析人工智能对全球经济的影响时，埃森哲将人工智能看成独立于资本、劳动力的一种新生产要素，并构建了新的经济增长模型，基于此模型，埃森哲预测[4]，到 2035 年，人工智能的应用可普遍使 12 个发达国家的增加值总额（gross value added，GVA）增长率提升一倍。美国将会成为最大的受益者，其 GVA 年增长率会从 2016 年的 2.6% 增至 2035 年的 4.6%。这 12 个发达国家包括美国、芬兰、英国、瑞典、荷兰、德国、奥地利、法国、日本、比利时、西班牙和意大利，他们的 GDP 总量在全球 GDP 中的占比超过 50%。如果以 6.3% 为中国 GVA 增长率的基准水平，按照埃森哲新计算模型的预测结果，到 2035 年人工智能将使中国经济的预期增长率提升 1.6 个百分点，即年增速达到 7.9%[5]。

二、主要国家人工智能产业发展动向

自 2013 年以来，美、英、日等世界主要发达国家就率先开始制定推动人工智能发展的相关规划和政策，力图在新一轮国际科技竞争中掌握先发优势。2016 年以来，美、中、英、法等国相继制定或发布人工智能国家战略，把发展人工智能作为提升国家竞争力、维护国家安全的重大战略机遇，人工智能成为国际竞争的新焦点。2018 年以来，人工智能对产业变革的巨大潜力得到全球更加广泛认同，人工智能正在从少数大国竞争走向全球布局的新格局，人工智能技术和产业已经步入发展的快车道，大批智能产品、服务及应用不断涌现，智能产业发展掀起新浪潮。

1. 人工智能产业大国基本格局

不论是人工智能企业数量、投融资频次还是投融资规模，美国都处于领先地位。从人工智能企业数量来看，据乌镇智库数据统计[6]，截至 2018 年底，美国人工智能企业数量共 4567 家，居全球第一；中国人工智能企业数量为 3341 家，居全球第二；英国有 868 家人工智能企业，居第三。从投融资频次来看，截止到 2018 年底，全球人工智能领域共有 13 331 起投融资事件，其中美国最多，共计 5455 起投资事件；中国 2878 起，排名第二；英国 1033 起，居第三。从投融资规模来看，美国和中国增长最为显著，截止到 2018 年底，全球人工智能企业共计融资 784.8 亿美元，美国投融资总量达 373.6 亿美元，中国为 276.3 亿美元，英国 35.6 亿美元。以上数据从产业发展角度反映美国、中国、英国三国人工智能企业数量、投融资频次与投融资规模三者之间体现出明显的相关性，且美中两国发展较为迅速。

2. 美国描绘人工智能产业八大应用场景

2016年10月，美国在全球率先提出人工智能发展战略，与后续其他国家战略不同的是，该战略仅仅是初步提出了人工智能未来发展方向和侧重点，后续并未给出具体的实施计划。然而在人工智能发展的必要性方面，该战略则将人工智能促进本国经济繁荣放在了首位，强调新产品和新服务可以创造出新市场，并改进多个行业现有产品和服务的质量和效率。以制造业、物流、金融、交通、农业、商业营销、信息通信服务及科研过程8个领域为例，分别阐述了人工智能技术进步将如何优化上述行业或领域的流程，从而提升生产效率、降低资源耗费，同时更好地满足消费者个性化产品和服务需求等。

3. 英国重点关注三大产业领域

在全球各国人工智能发展战略部署中，英国是唯一专门从产业视角进行人工智能谋篇布局的国家。2017年10月中旬，英国文化媒体体育部和商务能源与产业战略部联合发布《培育英国的人工智能产业》发展建议报告[7]。该报告提出发展人工智能会为英国带来巨大的经济社会效益。虽然人工智能在不同行业中应用的时间进度、收益以及可能遇到的困难和瓶颈有所不同，但显而易见的是人工智能具有改善诸多行业运行现状的巨大潜力，这其中英国重点探讨了健康医疗、汽车以及金融服务3个领域的发展路径。该报告数据显示，到2030年人工智能为英国带来的GDP增长将达2320亿英镑（约合2万亿元人民币）。到2035年，人工智能将为英国经济提供8140亿美元（约合5.4万亿元人民币）的增量，并将GVA年增长率从2016年的2.5%提升至3.9%。

三、我国人工智能产业场景分析

自我国《新一代人工智能发展规划》发布实施以来，我国人工智能与各行业的融合更加紧密，目前正在与安防、交通、医疗、教育等传统领域深入融合，预计到2020年，我国人工智能核心产业的市场规模将超过1600亿元，而融合发展带来的相关产业市场规模将超过万亿。促进人工智能和实体经济深度融合，打造丰富多元的应用场景是目前我国发展智能经济的首要途径。当前，我国人工智能产业场景主要体现在人工智能新兴产业的“无中生有”和传统产业智能化升级“有中生新”两个方面。

1. 无中生有

以智能芯片、智能算法、知识图谱、计算机视觉、自然语言处理等人工智能技术本身的产品化孕育形成新的行业，带动了一批新技术、新业态、新模式和新产品的突破式发展，围绕人工智能的创新创业大量涌现。

（1）智能硬件产业应用领域不断拓展。

随着移动通信和人工智能等技术的发展，各种电子产品不断从功能性转向智能化发展，智能硬件开始呈现出万物互联和边缘化计算的发展趋势。据市场研究公司 Gartner 预测，2020 年物联网设备数量将达到 204 亿[8]。

智能音箱引领智能语音设备产业发展。各大互联网公司和硬件厂商积极进军智能音箱产业。2018 年全球智能音箱全年出货量达到 8620 万台，仅第四季度出货量就已经超过 2017 整年[9]。华为 AI 音箱、腾讯听听、阿里天猫精灵方糖、百度小度在家、苏宁小 Biu、京东叮咚、小米小爱 mini、网易三音云、喜马拉雅 FM 晓雅、出门问问小问等新款智能音箱纷纷发布。

智能家居产品融合发展趋势明显。2018 年，海尔发布“4+7+N”全场景定制化智慧家居方案，包含智慧客厅、智慧厨房、全屋用水、全屋安防、全屋健康等新理念，用户可以根据自己的生活习惯自由定制智慧生活场景；思必驰、云知声等语音方案提供商打造了家居、汽车等多个场景的技术方案；智能门锁成为智能家居黑马，仅 2018 年上半年中国智能门锁订单量就超过 2017 年全年的产销量，达到 830 万套左右[10]；长虹、海信、海尔等厂商纷纷发布新款人工智能电视，截至 2018 年底，中国智能电视机保有量超过两亿台[11]。

智能可穿戴设备市场进一步增长。据互联网数据中心（Internet Data Centre，IDC）分析，2018 年中国可穿戴设备市场出货量为 7321 万台，同比增长 28.5%。国内儿童手表市场出货量 2167 万台，同比增长 16.6%，4G 市场部分占比逐渐扩大；手环市场相对集中，小米、荣耀和华为占接近 80% 的市场份额[12]。穿戴式健康监测设备发展尚处于早期，随着技术的升级和行业标准的规范，未来有望迎来更广阔的发展空间。

（2）智能芯片产业自主设计产品加速发展。

人工智能芯片是智能终端、安防、自动驾驶和工业物联网等典型人工智能应用的核心部件，市场需求巨大。截至 2018 年底，国内已有超过 50 家机构从事人工智能芯片研发设计业务，其中部分企业已成长为世界人工智能芯片领域的明星企业，华为海思、联发科、Imagination、瑞芯微、寒武纪、地平线入围市场研究公司 Compass Intelligence 的全球 TOP24 AI 芯片企业榜单。

智能语音芯片大批量产。2018年，随着以智能音箱为代表的各类智能语音硬件产品的爆发，大部分主流智能语音技术解决方案供应商不断从软件系统服务向核心软硬件集成服务纵深化发展，争相发布语音AI芯片。云知声发布物联网AI芯片“雨燕”（Swift）；出门问问量产AI语音芯片模组“问芯”；Rokid发布语音AI专用芯片KAMINO18。

安防视觉AI芯片加速落地。2018年，海思半导体陆续推出Hi2559AV100等4款安防AI芯片；云天励飞神经网络处理器芯片DeepEye1000已经流片；比特大陆推出终端芯片BM1880和云端芯片BM1682，已经在安防领域应用落地。海康威视、大华股份等企业的计算机视觉AI芯片产业化发展也进一步加速。

自动驾驶芯片开始进入实际应用。2018年，华为发布支持L4级别自动驾驶能力的计算平台MDC600；百度发布的云端全功能AI芯片“昆仑”芯片，除了可以满足深度学习云端需求，还能适配自动驾驶等场景的计算需求；零跑汽车和大华股份联手研发的AI自动驾驶芯片“凌芯01”开始进入集成验证阶段。

（3）智能机器人产业向中高端提升。

中国已成为全球最大机器人市场，已成长起新松、富士康、科沃斯等一批具备国际竞争力的领军企业。虽然我国服务机器人较国际起步晚，但发展势头强劲，各类产品不断涌现。科沃斯、优必选、云迹、图灵、晓曼导诊机器人等在促销导购、迎宾、情感陪伴、教育等多种场景投入商用。2018年优必选发布了商用的服务机器人操作系统ROSA和便携式智能机器人“悟空”；云迹科技交互机器人云帆在北京网络法院“上岗”，为来访人员提供法律问题讲解、解答和引领服务；“奔跑号”“绝影”“赤兔”“莱卡狗”等特种仿生型机器人，可应用于物资运输、灾后救援、太空探索、海上油田海底管道检测等复杂环境；妙手手术机器人、新松消融医疗辅助机器人等医疗服务机器人进入临床试验阶段；智能公共安全机器人高新兴千巡系列、中国航天科工集团第三研究院室外巡逻机器人等可执行自主巡逻、智能监控探测等任务，提升了公共安全和反恐防暴能力。

（4）自动驾驶车辆部分进入量产阶段。

科技型企业与传统车企争相加大对自动驾驶汽车的研发投入，公共交通、轨道交通自动驾驶相关技术走在国际前列。百度和金龙客车合作的全球首款L4级量产自动驾驶巴士“阿波龙”正式量产下线，并先后在雄安、北京、厦门等多个城市落地应用，实现安全运行里程20 000多千米。蔚来、威马等新兴车企已研发多款带有高级别辅助驾驶功能车型[13]。传统车企如一汽、长安、上汽、北汽、长城等也纷纷推出自动驾驶发展规划，计划2020年左右量产L3级别车型。高精度地图、传感器、计算机视觉解决方案、深度学习算法和车联网等自动驾驶的产业链上游关键环节也取得较好发展，进入研发落地试验和商业化尝试阶段[14]。2018年，全国首条全程开放智能驾驶公交示范线在长沙投入试运营，智能驾驶公交车由湖南中车研制，是全国首个开放式智慧公交项目，公交车拥有智能规避危险、提升驾驶效率等功能。

2. 有中生新

人工智能作为引领科技革命和产业变革的战略性技术，将带动一大批传统行业转型升级，形成溢出性很强的“头雁”效应。随着人工智能技术的发展，相关技术会渗透到行业的各个方面，对行业生产流程、生产模式、供应链体系、商业模式、产品等产生巨大影响，促进农业、制造业、物流业、金融业、零售业等传统产业转型升级，提高生产效率，降低生产成本，改善用户体验，为传统产业带来新的生机。

（1）制造业转型升级，助力产品增值。

我国制造业正在向智能制造方向转型，开始尝试应用云计算、大数据、机器人、物联网等技术，将用户、供应商、智能工厂紧密联系起来，在制造过程中逐步实现信息自感知、自决策、自执行的先进制造模式。三一重工推出了产品三一微挖，用智能机械代替人工，不仅能在灰尘、噪声、臭味或狭窄空间等场合施工，而且可以承受比人工高几十甚至几百倍的负载，节约了劳动资源，提高了生产效率。百度推出工程机械智能化解决方案，可实现基于自动驾驶的装卸载动作。中联重科4.0系列产品能将机械工作效率提高8%以上、能耗降低10%左右，大大提高了施工效率，同时在施工过程中进行故障诊断，并将自测的结果通过互联网技术、物联网技术推送到数据平台，实现对问题解决的预判和前置解决。徐工集团打造的工业物联网大数据平台，通过人工智能技术实现工程机械的智能化作业，可以大大提高工程机械的作业效率及作业质量，在自主操作和智能管理、故障的智能化检测诊断、机群智能化控制管理等方面具有很大的应用空间。

（2）金融智能化发展，助推精准与普惠。

人工智能、大数据、云计算、区块链等技术的应用使金融服务发生技术重构、流程变革和服务升级，几乎渗透到了传统金融业务的各个环节。智能金融在证券、银行、保险、理财、风控、支付等领域的广泛实践，提高了金融服务供给的自动化水平，拓展了金融服务的覆盖面，使普通百姓能够共享智能金融的发展成果。

智能保险提升用户体验。腾讯通过人口属性、社交画像、行为习惯、兴趣爱好等大数据资源，尝试将个性化分析融入用户获取保险的全流程体验中，实现投保前的精准营销，投保中的精准定价和反欺诈，以及投保后的精准续保和理赔风控，为用户提供更加智能的保险服务。蚂蚁金服基于深度学习图像识别技术研发的“定损宝”，为保险公司提供AI定损服务，通过算法识别事故照片，与保险公司连接后，几秒给出准确的定损结果，受损部件、维修方案和维修价格公开透明，有助于解决骗保、恶性定价的行业难题。

智能技术助力智能风控。风险控制是金融领域最应重视的能力，智能风控迭代模型实现了对风险控制全环节的把握，而风控技术的“模块化”和“嵌入式”趋势，可以面向不同场景独立输出，使传统的风控模型更加完善。蚂蚁金服开展人工智能在信贷业务上的创新性应用，向用户（包括没有银行账户的用户）提供小额贷款，并根据用户的消费历史等数据来评价其信用，普惠科技带来小微商业繁荣。

智能金融深化跨界合作。互联网公司拥有的海量数据，构成刻画用户、构建模型和智能匹配的基础，同时与公共数据和传统金融机构数据，如消费和信贷类数据具有更强互补性。互联网公司与金融机构合作，在智能金融细分领域有所突破，如大额分期、小额循环、抵押类、信用卡、固收理财、基金、股票开户、车险等，以更好地抓住用户诉求并在最佳的时间进行触达，实现更高的响应率，能够有效降低获客成本，提高经营效率。互联网公司与银行、消费金融公司、互联网小贷等机构快速对接、广泛合作，将线上、线下的流量高效地转化为资金和资产，也可以提升资产与资金的流通和匹配效率[15]。

（3）智能零售成热点，巨头加快布局。

智能零售利用互联网、物联网、大数据、人工智能等新一代信息技术重构人、货、场，尤其是通过计算机视觉和自然语言处理等人工智能技术，降低零售业运营成本，提高货场效率，改善用户购物体验。智能零售销售渠道更为融合、多元，营销目标更准，产品开发以数据为导向、上市周期更短，供应链灵活性更高。

电商巨头和传统实体零售巨头纷纷布局智能零售，无人零售成为新的创新创业点。基于产业级数据平台以及人工智能提供的基础设施，企业可以实现整个价值链条上的数据共享，重构企业运营、供应链、生产制造流程，实现基于高颗粒度精准预测和匹配的柔性生产和柔性供给，真正地降本增效[16]。线上和线下相结合的形式是电商最可能发展的模式，通过移动端布局场景化体验，线上通过 VR 技术体验真实逛街感觉，将用户从线上拓展到线下，改变消费模式和消费习惯。阿里巴巴建立了自己的快消超市盒马鲜生积极推动智能零售转型。京东推出快消商超 7Fresh 以及京东便利店和京东到家服务。苏宁利用互联网技术不断推动线下门店的业态变革打造智慧零售产品族群。据艾媒咨询测算，预计到 2020 年我国无人零售商店交易额增长率可达 281.3%，2022 年市场交易额有望突破 1.8 万亿元[17]。

四、总结与展望

人工智能驱动未来产业发展，一种是通过持续性的技术创新，实现产业或行业技术的更新与迭代，推动已有产业的转型与升级，实现从 1 到 n 的增长；另一种是人工智能技术与其他新兴技术的发散多向突破，以不可预测的方式催生新产业，实现从 0 到 1 的突破。未来，我国人工智能产业的发展仍然有诸多不确定性，且存在关键核心技术领域薄弱、顶尖人才缺乏、创新生态不足等问题。因此，针对人工智能赋能未来产业发展，我们还需关注及重视以下环节。

（1）继续布局建设人工智能开放创新平台。支持更多人工智能领军企业建设基础性、通用性开放创新平台，提升平台影响力和国际竞争力，带动一大批中小企业创新发展，构建自主可控的人工智能生态；引导相关行业的龙头企业加速智能化改造步伐，建设专业化开放创新平台，带动产业链上下游企业加速智能化升级；鼓励领军企业牵头成立相关联盟，加强技术、项目和资金对接，加强标准的研究制定，推动人工智能产业链深度融合。

（2）积极推动人工智能与各行业融合创新。大规模推广智能工厂，推动人工智能技术在产品设计优化、工艺流程升级、产品质量检测、设备故障诊断等生产环节的深度应用，促进企业运营管理、物流、市场营销、客户服务等核心业务环节的智能化改造，以工厂智能化带动企业智能化，最终实现整个供应链的智能化。在制造、农业、物流、金融等重点行业领域开展人工智能应用示范，梳理行业应用问题和需求，逐个突破人工智能应用场景，形成系统化解决方案，由点带面促进产业的智能化转型升级。

（3）加强资源统筹、推动应用场景加快落地。继续组织开展人工智能应用场景调研，通过对典型应用场景的案例分析，形成一批可复制、可推广的经验做法加以宣传，积极引导各地开发各具特色的人工智能应用场景。对于智能医疗、自动驾驶等在全国范围广泛开展且具有较高推广应用价值的部分行业应用场景，针对当前存在的重复资源投入等突出问题，在继续保持有序竞争的同时，积极会同相关行业部门通过探索建立全国性的智能应用创新中心等方式，加强各方资源的统筹，努力打破地区限制，加快推动这些典型应用场景落地，支撑人工智能与实体经济社会融合发展。

（4）着力推动在重点民生领域的应用。围绕医、养、学等关系切身利益的民生需求，大力发展智能医疗、智能健康和养老、智能教育，为公众提供个性化、多元化、高品质服务。围绕行政司法、城市管理、环境保护等社会治理的热点难点问题，促进人工智能技术应用，推动社会治理现代化。围绕社会综合治理、新型犯罪侦查、反恐等迫切需求，加强重点公共区域安防设备的智能化改造升级，推动构建公共安全智能化监测预警与控制体系。

（5）继续加大人工智能领域人才的培养引进力度。积极会同教育相关部门，着力打造多形式、多层次、多途径的人工智能人才培养平台，持续加强我国人工智能人才储备和梯队建设，为人工智能科技创新和产业发展提供更加充分的人才支撑。同时，针对我国人工智能高端人才极其缺乏的现状，进一步创新引才引智方式，特别是在国家新一代人工智能创新发展试验区内，可以探索开辟专门渠道、实行特殊政策，精准引进人工智能高端人才。

参考文献

[1] 平安证券．“互联网＋”升级至“AI+”，国内人工智能再遇风口［R/OL］．［2019-12-10］．https://www.yicai.com/news/100063415.html.

[2] 高芳，赵志耘．人工智能赋能未来产业发展探析［J］．全球科技经济瞭望，2018，33（Z1）：1-6.

[3] McKinsey. Industry 4. 0：How to navigate digitization of the manufacturing sector［R/OL］．［2019-12-10］．https://www.mckinsey.com/ ～ /media/mckinsey/business%20functions/mckinsey%20digital/our%20insights/getting%20the%20most%20out%20of%20industry%204%200/mckinsey_industry_40_2016. ashx.

[4] Purdy M，Daugherty P. Why AI is the future of growth［R/OL］．［2019-12-10］．https://www.accenture.com/za-en/company-news-release-why-artificial-intelligence-future-growth.

[5] 马克珀迪，邱静，陈笑冰．人工智能：助力中国经济增长［R/OL］．［2019-12-10］．https://www.accenture.com/_acnmedia/PDF-55/Accenture-how-artificial-intelligence-can-drive-china-growth-CN-V8. pdf#zoom=50.

[6] 乌镇智库．全球人工智能发展报告（2018）［R/OL］．［2019-12-10］．http://www.qianjia.com/html/2019-04/24_334435.html.

[7] Hall D W，Peseta J. Growing the Artificial Intelligence Industry in the UK［R/OL］．［2019-12-10］．https://www.gov.uk/government/publications/growing-the-artificial-intelligence-industry-in-the-uk.

[8] 王斌．低功耗广域物联网发展趋势［J］．上海信息化，2017（08）：56-59.

[9] Strategy Analytics. Smart speakers and screens service［R/OL］．［2019-12-10］．http://finance.ifeng.com/c/7kRc1hxUtMi.

[10] 全国锁具行业信息中心．中国智能门锁行业半年报［R/OL］．［2019-12-10］．http://www.le365.cc/144116.html.

[11] 格兰研究．2018 中国互联网电视发展白皮书［R/OL］．［2019-12-10］．http://www.tvoao.com/preview/196212.aspx.

[12] 互联网数据中心．2018Q4 中国可穿戴设备市场季度跟踪报告［R/OL］．［2019-12-20］．https://baijiahao.baidu.com/s?id=1628321666011786813&wfr=spider&for=pc.

[13] Gao P，Kaas H W，Mohr D，et al. Automotive revolution：perspective towards 2030：how the convergence of disruptive technology-driven trends could transform the auto industry[R/OL]. [2019-12-10]. https://www.mckinsey.com/～/media/McKinsey/Industries/High%20Tech/Our%20Insights/Disruptive%20trends%20that%20will%20transform%20the%20auto%20industry/Auto%202030%20report%20Jan%202016. ashx.

[14] Andersen M，Dauner T，Domenico D D，et al. 科技颠覆人类出行，车企利润何去何从 [R/OL]. [2019-12-10]. https://www.docin.com/p-2163857855.html.

[15] 百度金融 & 埃森哲 . 与 AI 共进，智胜未来——智能金融联合报告 [R/OL]. [2019-12-10]. https://www.accenture.com/_acnmedia/PDF-70/Accenture-%E6%99%BA%E8%83%BD%E9%87%91%E8%9E%8D%E8%A1%8C%E4%B8%9A%E6%8A%A5%E5%91%8A. pdf#zoom=50.

[16] 阿里云研究中心 . AI 时代零售业的智能变革 [R/OL]. [2019-12-10]. https://i.aliresearch.com/img/20180627/20180627165621. pdf.

[17] 艾媒咨询 . 2017 中国无人零售商店专题研究报告 [R/OL]. [2019-12-10]. https://www.iimedia.cn/c400/52970.html.

8.2 Thoughts and Prospects on the Development of Artificial Intelligence Industry

Zhao Zhiyun

(Institute of Scientific and Technical Information of China，New Generation AI Development and Research Center of MOST)

At present，the AI industry is developing rapidly and penetrating into all sectors of the economy and society at an unprecedented speed. In order to explore the development strategy of AI industry，this paper studies and analyses the development of AI industry to inject vitality into the global economy，displays the development trends of AI industry in major countries such as the United States and the United Kingdom，analyses the future scenario of AI industry in China，and puts forward some countermeasures and suggestions for the future development of AI industry.

8.3 “十四五”战略性新兴产业发展的战略思考

姜 江

（中国宏观经济研究院产业经济与技术经济研究所）

一、引 言

自2010年国务院发布《关于加快培育和发展战略性新兴产业的决定》（以下简称《决定》）已近10年。其间，《国务院关于印发“十二五”国家战略性新兴产业发展规划的通知》《“十三五”国家战略性新兴产业发展规划》陆续发布，国家产业、经济、财税、金融、贸易各有关部门、地方政府也先后颁布促进战略性新兴产业发展的专项规划、细则、措施等。产业、大学、研究机构、政府、金融业、各行各业高度统一思想，统筹协调，集中资源，搭建平台，完善生态，共同推动战略性新兴产业加快发展。10年间，以新一代信息技术、高端制造、生物、绿色低碳、数字创意为代表的战略性新兴产业从小到大、从弱到优，涌现出大批创新力强、发展潜力大的优质企业。战略性新兴产业已经成为我国新旧动能接续转换的重要支撑，成为深化供给侧结构性改革、落实创新型国家建设等国家战略部署的重要抓手，成为构筑区域协调发展新格局、推动全面开放迈向新台阶的重要助力。全面总结10年来战略性新兴产业发展取得的成绩、积累的经验，分析战略性新兴产业发展面临的问题，提出“十四五”时期战略性新兴产业发展的思路和举措，对于我国抓住新一轮科技革命和产业变革机遇，具有重大紧迫的现实意义。

二、战略性新兴产业发展回顾与总结

第一，战略性新兴产业发展助力新旧发展动能接续转换。战略性新兴产业以重大技术突破和重大发展需求为基础，是国民经济和社会发展新动能的重要组成力量。战略性新兴产业发展的速度和效率，已经成为表征国家、地区新旧动能接续转换的重要标志。经过不断的积累和发展，我国战略性新兴产业增速持续高于总体经济增长水平，产业增加值占GDP比重指标，已经由“十二五”初期的不足5%快速增长到近15%，新一代信息技术、高端制造、生物健康、绿色低碳等产值规模分别达到10万亿级的水平[1]。新一代移动通信、核电、光伏、高铁、互联网应用、基因测序等领域具备世界领先的研发水平和应用能力。新能源发电装机量、新能源汽车产销量、智能手机产量、海洋工程装备接单量等均位居全球第一。新技术新产品新服务新商业模式蓬勃涌现，持续形成新的增长点，年带动新增就业岗位百万以上。数字经济、生物经济、绿色经济、创意经济等新的经济形态加快形成，体制机制和政策生态持续优化与战略性新兴产业加快发展互促互利。北上广深等一线城市及东部沿海部分省市、中西部及东北地区若干省会城市的增长动力，越来越多来自于本地区战略性新兴产业的快速发展壮大。

第二，战略性新兴产业发展有利于深化供给侧结构性改革。战略性新兴产业具有知识技术资金密集等特点，发展事关产业转型升级、经济高质量发展、就业水平提升、人民福祉改善、人类社会可持续发展，是供给侧结构性改革的重要方向。经过过去 10 年的发展，信息经济、智造经济、绿色经济、创意经济等快速发展壮大，创造了大量新增就业岗位，有力推动劳动力要素由低成本、低收入特点向技能型、专业型、质量型、效益型特征转变。战略性新兴产业普遍具有低要素依赖、高资金投入特点，符合当前土地制度改革的方向，同时有力拉动传统金融业向新兴产业发展倾斜，顺势推动金融体制改革。战略性新兴产业的轻资产、高技术、人才密集、发展潜力大等特点，积极吸引各地通过简政放权、优化商市环境等手段加大招商引资力度，极大助推体制机制改革和政策环境优化。

第三，战略性新兴产业发展极大推动创新型国家建设。“十二五”以来，战略性新兴产业创新活力不断迸发，部分领域关键技术持续取得突破，一些前沿领域呈现爆发式发展态势，已经成为创新型国家建设的航标性代表和重要推动力量。国家信息中心发布数据显示，2016 年，战略性新兴产业上市公司研发强度为 6.6%，高出上市公司总体 2 个百分点[2]。2017 年全国战略性新兴产业发明专利申请量达到 36.8 万件，相较于 2012 年的水平提高了近两倍[3]。新一代信息技术领域，太空量子通信技术取得突破，京东方开发的 ADSDS 超硬屏技术，彰显了中国显示产业在全球高端显示产业领域的竞争力；生物医药领域，我国独立研发、具有完全知识产权的“重组埃博拉病毒病疫苗”在全球首家获批，突破了病毒载体疫苗冻干制剂的技术瓶颈；高端装备领域，国产大飞机 C919 和我国制造的全球最大水陆两栖飞机 AG600 均首飞成功，实现了航空领域重要突破；新能源领域，我国在南海北部神狐海域进行的可燃冰试采获得成功，创造了天然气水合物试采产气时长和总量的世界纪录[4]。数字经济、工业互联网、人工智能、物联网等领域新业态、新模式不断涌现。平台经济发展迅猛，一些新兴平台（如微票儿、喜马拉雅 FM、猪八戒网、航天云网和腾讯云等）交易额连年攀升。

第四，战略性新兴产业发展加速构筑区域协调发展新格局。过去10年，各地依托比较优势和技术、人才、产业基础，加大力度培育发展战略性新兴产业，一批竞争力强、发展势头好、国内外知名的产业集群快速兴起，成为带动区域产业结构转型升级的重要引擎和促进全国区域协调发展的重要支撑。2017年，深圳市战略性新兴产业增加值达9183.5亿元，占GDP比重为40.9%[5]；2015年，江苏省战略性新兴产业销售收入突破4.5万亿元，占规模以上工业总产值比重超过30%[6]。一批特色优势产业集群在区域经济发展中的地位日益突显，助力东中西部区域协调发展新格局，展现新面目。例如，北京中关村科技实力继续增强，已经培育形成全球知名互联网产业集群；上海市围绕软件业和集成电路等产业，积极打造国际化产业集群。同时，深圳市的电子制造等产业集群，武汉市的生物医药和光电子等产业集群，湖南长株潭区域的轨道交通产业集群，安徽合芜蚌区域的新型显示产业集群，杭州市的信息技术服务和生物医药，重庆市、成都市的集成电路、生物医药等产业集群都各具特色并形成较强综合竞争力。

第五，战略性新兴产业发展助推全面开放迈向新台阶。国际化是战略性新兴产业发展的必然路径。顺应技术、资金、人才国际流动日益频繁、多样、多元的客观规律，从《决定》到战略性新兴产业“十二五”“十三五”规划，都对如何更好落实国家开放战略、深化产业国际合作、提高国际化发展水平、拓展合作新路径等做了全面深入部署。10年间，战略性新兴产业国际发展有力助推全面开放迈向新台阶。一是产业合作有力推动国家开放战略落实。在二十国集团（G20）、金砖国家、APEC等多边框架下，“新工业革命”“数字经济”相关发展理念和主张取得共识，合作创新国际框架初步成形。科技部、国家发展和改革委员会、外交部、商务部等部门联合印发《推进“一带一路”建设科技创新合作专项规划》，推动科技人文交流、共建联合实验室、科技园区合作、技术转移等。手机（移动终端）动漫标准、地面数字电视广播传输标准等逐步走向世界，成为中国科技、中国标准的重要标志。二是各类国际合作平台成为产业深化合作的重要载体。信息、生物等专业化的新兴产业国际合作园区陆续建成，成为各地对外招商引资、引技、引智的重要载体。新兴产业领域的国际创新中心、孵化平台等吸引了大量国外先进技术来华进行产业化发展。三是创新要素跨境流动合作更加活跃。国家、地方有关部门联合招引海外优秀企业、创业团队来华发展，波音、空客、思科等国际龙头企业和一批海外高层次人才、创业团队来华发展。

三、发展面临的问题和制约

战略性新兴产业孕育壮大的过程，既是一部卓越艰辛的创业史，也是一段荆棘丛生的风雨路。其间，既经历过行业从高利骤降、部分产业重新洗牌的阵痛，也面临过“战略性新兴产业是个筐，什么都可以往里面装”的质疑。时至今日，战略性新兴产业发展也仍然面临以下四方面的严峻考验。

第一，引领全球产业生态的“灯塔”式企业缺乏。对标美国等主要发达国家战略性新兴产业的发展路径，其无一例外拥有若干“灯塔”式的创新型企业，即具备行业标准设定、原创重大技术突破、产业平台搭建、人力资本培养、孕育滋生新兴产业等特征。与此形成鲜明反差，我国信息技术、智能制造、绿色技术、生命健康、创意经济等领域，尽管林立一批规模较大、产业集中度较高的企业，但创新力和竞争力却与“灯塔”式企业相差较大。类似于华为这种能够在第五代移动通信技术标准时代角逐国际产业分工格局制高点的企业凤毛麟角。

第二，高质量的技术、产品和服务供给不充裕。主要表现为产业高精尖技术和“卡脖子”技术供给不足。例如，信息经济领域的芯片、操作系统、高端软件等核心技术供应缺失的问题长期以来没有得到解决。生命科学领域的部分高端设备、耗材、制剂等“卡脖子”情况突出。此外，伴随我国特色新型工业化进程加快、城乡居民收入水平持续提升，对更高质量、更多形式、更好体验的产品和服务需求将持续释放，在智能经济、绿色经济、健康经济、创意经济等领域的情况尤其突出，突显当前我国战略性新兴产业的优质、稳定、市场认可度高、国际竞争力强的产品和服务供应不足。

第三，庞大的市场潜力优势发挥不充分。我国拥有占全球五分之一的人口，占全球 28% 以上的制造业规模，完整的工业体系，快速持续深入推进的城镇化进程，不断升级的消费潜力，构成了我国战略性新兴产业发展壮大所带来的其他国家和地区无可比拟的独特市场优势。但是，过去 10 年战略性新兴产业的发展历程显现，我国庞大的市场潜力优势还远没有挖掘。高端装备制造、可再生能源装备等领域过度依赖海外市场的情况长期存在，巨大的国内市场过度青睐海外技术、产品和服务的问题一直没变。不能否认，在开放稳定和谐的国际经济形势下，研发、制造、销售等链条的全球化布局无可厚非，一定程度上有利于最大限度发挥各国和地区的比较优势。但是，一旦国际环境有变，过度依赖海外市场、技术、产品和服务的发展模式必将极大威胁产业安全。

第四，产业繁荣可持续的制度环境不完善。现有体制机制和政策环境不适应新兴产业发展主要表现为制度缺位、制度越位、制度不到位、制度偏位。一是制度缺位，即制度研究、设计和执行滞后于新兴产业发展的步伐。例如，无人驾驶技术伴生而来的交通事故责任界定规则缺乏有效的法律引导，大数据时代信息权益归属规则的完善等，这些规则的缺失制约了产业的快速发展。二是制度越位，即原有制度过严、过细，限制了新兴产业的发展。例如，涉及生命健康的若干细分领域准入监管过严等。三是制度不到位，即先前承诺的政府补贴、采购等落实慢、不落实。例如，众所周知的新能源汽车补贴、可再生能源电价补贴等政策，存在补贴手续烦琐、补贴资金到位周期长甚至不补贴等情况。四是制度偏位，即部分初衷是激励新兴产业创新的政策，执行落实过程中偏离原义。例如，本意旨在鼓励核心关键技术攻关的重大科技专项制度，大量资源向科研院校倾斜，但受限于体制机制等多方面原因，自主开发的芯片、高端软件等技术产业化进程仍举步维艰。

四、“十四五”时期的发展思路和举措建议

“十二五”初期，面对2008年下半年开始蔓延的国际金融危机以及各个国家纷纷出台战略举措加快培育发展新兴产业的大趋势，我们提出的“市场主导、政府调控、创新驱动、开放发展。重点突破、整体推进、立足当前、着眼长远”32字战略原则，在当时的历史阶段确实发挥了引导方向、集中力量、凝聚资源、统筹资源的作用，极大地推动了战略性新兴产业的孕育发展[7]。“十三五”初期，面对经济下行压力加大，传统经济增长模式难以为继，发展中不平衡、不协调、不可持续问题突出等主要矛盾，提出了“供给创新、需求引领、产业集聚、人才兴业、开放融合”20字发展原则，高度契合了过去5年战略性新兴产业在前期发展基础上更上一步的大势，极大满足了经济社会新旧动能加快转换的紧迫需要。

以中美“贸易战”为开端引发的中美下一步全面缩减科技、产业、经济等合作的倾向明显，逆全球化浪潮暗波汹涌，未来国际科技产业经济合作很难按照21世纪前10余年的模式进行。与此同时，新一轮科技革命和产业变革持续向纵深推进，新技术、新业态蓬勃涌现，战略性新兴产业发展所急需的技术、资金、人才等创新要素的全球分布格局正在发生趋势性变革，主要发达国家和地区、新兴市场国家和地区纷纷加大对创新要素的争取招引力度。

“十四五”时期，我国战略性新兴产业将走出前10年国际竞争“舒适区”，面临发达国家高精尖产业和发展中国家中低端产业的双重挤压。新一代信息技术、大数据、云计算、人工智能等技术日益成熟，战略性新兴产业将保持快于GDP的增长态势，对国民经济的贡献将进一步提升。5G技术日趋成熟，人工智能技术商业化进程加快，新一代信息技术产业将从发育期进入成长期。生命科技、生物技术、节能环保技术持续突破，人口老龄化、居民健康需求、环境承载力不断增长，生命健康产业、绿色产业将迎来高速发展期。庞大的市场潜力文化创意产品和服务的信息技术支撑更加牢固，居民消费偏好加速向服务消费、精神消费转变，数字创意产业将进入转型升

级的新阶段。

“十四五”时期，推进战略性新兴产业迈向更高台阶，应该按照高质量发展、务实发展、以应用促发展、合作共赢开放发展的思路部署有关工作。高质量发展，意味着战略性新兴产业的发展路径，决不能重蹈传统工业发展初期走低附加价值、低成本要素投入、粗放式发展道路的覆辙，要最大限度释放企业的创新活力，激发人才的创新潜力，增加产品和服务的技术含量和品牌价值。务实发展，就是要避免“好大喜功”，避免过于重视速度和规模而忽略效益和质量，避免“华而不实”的宣传和口号式的发展，扎扎实实练内功，按照适合本地区比较优势的路径发展，选择符合本地区现实条件和潜在优势的方向发展。以应用促发展，就是要立足我国人口基数大、市场空间广阔、资源能源供给相对充裕等优势，深耕细作国内市场；密切对接国家开放战略，面向“一带一路”沿线国家和地区发展实际和需求，积极开拓国际市场。合作共赢开放发展，意味着越是在以美国为代表的先发优势国家和地区鼓吹逆全球化浪潮、大行霸权主义、贸易保护主义的当下，越要以开放的胸襟、包容的态度积极拓展深化与美产业界、科学界的交流，以及与欧亚等其他国家和地区的科技产业合作交流。

顺应新时期我国战略性新兴产业发展的新基础、新条件、面临的新形势，要继续夯实战略性新兴产业发展的科技基础，加强核心关键共性技术、“卡脖子”技术攻关，坚持构建国际一流的创新创业基础设施，持续营造创新生态环境。

第一，引导企业增加基础研究和应用研究投入。伴随国际竞争加剧，战略性新兴产业领域的企业创新急需基础研究和应用研究的支撑。要在各级政府加大对基础研究长期稳定支持力度的基础上，引导和鼓励企业多渠道参与基础研究和应用研究。要加强产学研合作平台建设，鼓励战略性新兴产业领域企业建立科学研究基金，支持高校和科研院所开展以需求为导向的基础研究，依托各自优势建立有效合作机制。要探索鼓励企业加大基础研究投入的政策，比如适当加大企业基础研究支出的所得税加计扣除比例，对企业大型科研设备投入实行消费型增值税制、进项税抵扣增值税等，鼓励有能力的企业增加基础研究投入。要建立国家科技计划信息平台，为企业开展基础研究提供信息支撑，鼓励企业参与国家重点研发计划、国家重大科技专项等国家各类基础性研究计划和应用基础研究项目。要鼓励和支持企业参与高校和科研院所的基础研究成果应用转化研究，促进企业更好应用基础研究成果。要加强企业基础研究人才队伍建设，探索企业基础研究人员职称评定办法，让企业基础研究人才像高校和科研院所一样进行职称评定、申请基础研究项目，促进基础研究人才在高校、科研院所和企业之间合理流动。

第二，集中资源推动重点领域关键核心技术突破。要面向科技前沿领域、战略性领域以及掣肘产业转型升级的关键节点，在整合现有国家重大科技专项、国家重大科技项目和工程的基础上，进一步突出重点，完善实施机制，研究制定“国家重大技术清单”，明确发展路线图、时间表和相应的技术经济政策支持措施。要创新国家重大技术发展项目组织实施的机制和模式，对近期需要实现产业化的重大技术，具体实施中由企业牵头组织，集中力量打“歼灭战”。对需要长周期持续投入的前沿重大技术研究，可考虑以新的机制和模式组建若干国家级研究中心、产业创新中心，把不同专业领域的相关科学家、技术专家集聚起来，下决心打“持久战”，实现集成创新和协同创新。要建立健全有效解决重大技术发展争议的评估和决策机制，加强技术标准和相关法律法规的制定工作，制定针对性、操作性和突破性更强的经济政策。

第三，着力构建国际一流的创新创业基础设施。要加大面向国家战略需求的重大前沿尖端领域技术攻关力度，整合资源建设一批支撑高水平创新的基础设施和重大平台。一是加快信息、健康、能源环境等领域重大基础设施建设。推动落实“宽带中国”战略和《信息基础设施重大工程建设三年行动方案》。大力推进信息等重大网络工程建设，引入合理竞争机制推动信息消费价格下降。布局建设统一开放的国家大数据中心体系、国家基因库、能源环境研发及检验检测中心等，推进数据资源共享、电子政务、健康、能源环境等重大工程建设。二是加强科技基础设施和创新载体建设。统筹科研基地、科技资源共享服务平台和科研条件保障能力建设，加大对基础前沿科学研究和大科学装置建设的支持力度，推动重大科技基础设施开放共享。加快建设综合性国家科学中心，优化整合国家工程中心、工程实验室，加快建设关键领域产业创新中心。在北京、上海、武汉、广州、深圳、西安等重要城市建设一批面向基础前沿领域的科技基础设施平台。加快建设网络化服务平台等新型协同创新平台。三是鼓励科技基础设施、创新载体、大型互联网平台企业向社会开放创新创业平台、计算存储设施和数据资源，提供技术研发、标准和产品服务质量检验检测，支持高技术服务业、知识密集型服务业发展。

第四，继续做好“三个环境”建设。一是加快建设汇聚更多创新人才的教育和用人环境。以素质教育弥补应试教育弊端，持续完善职业教育体系，打造创新型科技人才培养模式。面向国际上争夺创新型人才日趋激烈的竞争态势，结合世界一流大学和一流学科建设，完善留学生培养支持机制，探索试行技术移民。着力解决个税抵扣、网络搜索限制等海外创新型人才普遍关切问题，吸引人才跨境流动。二是加快建设有利于更多科技成果实现商业价值的知识产权保护和转化环境。要进一步贯彻落实新修订的《中华人民共和国促进科技成果转化法》，强化知识产权保护的长效机制，深化以司法为主导的知识产权保护体制机制改革，加大知识产权行政综合执法力度，探索建立知识产权侵权惩罚性赔偿制度。大幅度提高知识产权权利人胜诉率、判赔额，切实加强知识产权行政执法及两法衔接，建立知识产权互联网和移动互联网联网查询平台，构建快速维权与维权援助网络，加快知识产权服务市场化、社会化和专业化发展。三是加快建设吸引更多资金支持创新的投融资政策和制度环境。完善财政资金补贴创新的方式手段，发挥政府引导资金的示范和撬动作用。针对商业银行、政策性银行支持创新中遇到的抵押物不足、回报周期长、不良资产率高等问题，积极引入担保公司等第三方机构，以投贷联动、政府联合金融机构风险担保等多种方式，引导政策性金融机构向早期投资、风险投资倾斜。大力发展创业投资和多层次资本市场，完善科技创新和金融结合机制，构建各类金融工具协同融合的科技金融生态。加快推进注册制改革，建立多层次资本市场，拓宽投资退出渠道。

参考文献

[1] 中国工程科技发展战略研究院 . 2019 年中国战略性新兴产业发展报告 [M]. 北京：科学出版社，2018.

[2] 国家信息中心 . 2016 年战略性新兴产业上市公司持续向好 [R/OL]. [2017-12-30]. https://www.sohu.com/a/144912326_776578.

[3] 国家信息中心 . 中国战略性新兴产业发展报告 [R/OL]. [2019-12-10]. http://m.sohu.com/a/284856205_410558/.

[4] 深圳市生态环境局 . 绿色发展成就深圳经济质量 [EB/OL]. [2019-12-10]. http://www.sz.gov.cn/szsrjhjw/ztfw/ztzl/stwmjssfcj/mlsz/201809/t20180919_14101280.htm.

[5] 江苏省人民政府 . 江苏省政府办公厅关于印发江苏省“十三五”现代产业体系发展规划的通知 [EB/OL]. [2019-12-10]. http://www.jiangsu.gov.cn/art/2017/1/13/art_46450_2557726.html.

[6] 薛澜，周源，李应博，等 . 战略性新兴产业创新规律与产业政策研究 [M]. 北京：科学出版社，2019.

[7] 姜江 . 培育和发展战略性新兴产业：理论与实践 [M]. 北京：中国财政经济出版社，2014.

8.3 Strategic Thinking on the Development of Strategic Emerging Industries in 14th Five-Year Plan

Jiang Jiang

(Institute of Industrial Economy and Technological Economy，China Academy of Macroeconomics)

In the past 10 years，China's strategic emerging industries，which are from small to large，from weak to strong，powerfully support the transition from old to new kinetic energy，the structural reform of supply-side has be achieved，innovative national construction area is coordinately developing and fully open to a new level. "14th Five-Year" and even the next 10 years，we should combine the new situation with the new conditions，according to the high-quality，practical development，promoting development by application，win-win cooperation and open principle，arrange related work. We will continue to lay a solid foundation for science and technology，persist in making industrial ecology better，perfecting innovation policy and institutional environment.

8.4 关于知识互联网发展的战略思考

李晓东

（中国科学院计算技术研究所）

当前，全球正处于数字文明构建、第四次工业革命和互联网发展新阶段的全球战略机遇期，满足数据确权和数据共享需求并有利于弥合网络碎片和缩小数字鸿沟的互联网逻辑基础设施是打造可信互联网、支撑数字文明构建的重要基础。抓住第四次工业革命的发展机遇，推动互联网基础领域技术创新是我国在数字文明阶段实现民族复兴并贡献中国智慧的重要突破点。

一、大数据是数字经济和数字文明的发展基础

伴随互联网的快速发展并因计算、存储和传输三方面成本的大幅降低而产生的超量数据是发展数字经济和构建数字文明的基础。“大数据”（Big Data），其实是一种广泛意义上的数据概念，即上述超量数据通过互联网形成的有用的信息或有价值的知识。

2016 年，以《二十国集团数字经济发展与合作倡议》为标志，全球开始进入数字经济时代，以经济发展为标志的人类文明进程也将从工业文明进入数字文明，跨入人类发展新时代，即从渔猎文明、农耕文明、工业文明到数字文明。推动全球经济发展从工业经济全面进入数字经济的技术载体是互联网，转换驱动力是第四次工业革命（Fourth Industrial Revolution）。2016 年 10 月，世界经济论坛（World Economic Forum）在美国硅谷成立第四次工业革命中心标志着第四次工业革命的序幕拉开。

2018 年 9 月，世界经济论坛在夏季达沃斯论坛开幕式上宣布在北京设立第四次工业革命中心确立了中国在全球第四次工业革命中的重要地位。第四次工业革命是中国在新的文明阶段全面变道超车实现中华民族伟大复兴的难得机遇，也是中国为全球经济发展和社会治理贡献中国智慧，以及为互联网基础设施建设贡献核心技术方案的重要机遇。

二、第四次工业革命的本质是以互联网为中心的三网融合

从网络的视角来分析四次工业革命，可以发现前三次工业革命分别是在物流网络、能源网络和信息网络领域的革命，第四次工业革命则是物流网络、能源网络和信息网络三网融合性创新革命。

从 17 世纪 60 年代开始到 19 世纪 40 年代结束的、以蒸汽机和铁路为代表的第一次工业革命让快速规模化生产和快速运输成为可能，第一次工业革命的本质是提供物质运输和交换的物流网络的革命；从 19 世纪 50 年代开始到 20 世纪 50 年代结束的、以电力和生产线为代表的第二次工业革命让异地生产和超大规模生产成为可能，第二次工业革命的本质是提供能量传输和交换的能源网络的革命；从 20 世纪 60 年代开始到 21 世纪初结束的、以计算机和互联网为代表的第三次工业革命让异地设计和精细生产成为可能，第三次工业革命的实质是提供信息传输和交换的信息网络（即互联网）的革命；现在进入的以知识网络和价值交换为代表的第四次工业革命将让人类脱离生产线成为可能，第四次工业革命是以互联网为中心和主要载体的物流网络、能源网络和信息网络的深度融合为技术本质，以区块链、物联网 /5G、大数据、云计算、

人工智能、AR/VR/3D 打印等多种新技术依托互联网这一基础载体快速迭代发展为突出表现，将承载并推动农业经济、工业经济之后的数字经济从数字化、网络化逐步发展到知识化和价值化。

英国、德国和美国分别主导了第一次、第二次和第三次工业革命，目前美国、欧盟和中国谁能够最终主导第四次工业革命尚不清晰，但是因为欧盟的体制问题，极有可能是在美国和中国之间。此外非常明确的是，中美当前的贸易战主要是对第四次工业革命核心技术之争，其最为突出的两个方面就是低成本、高速度获取数据的 5G 终端接入技术和大规模、自动化利用大数据进行机器学习的人工智能技术。

三、互联网已经进入知识互联网的发展阶段

在数据研究领域，我们通常讲数据形成信息、信息形成知识、知识形成智慧、智慧形成能力，从这个角度而言，互联网的核心价值就在于提升人类获取数据的范围、加快数据传输的速度、加强信息构建的能力、提升知识创造的水平，最终人类将依靠互联网而产生新的智慧和能力。互联网名义上诞生于 1969 年，真正开始规模性推进始于 20 世纪 70 年代。自 1974 年 TCP/IP 协议出现至今，互联网经历了数据互联网（Internet of Data，1974～1994 年）、信息互联网（Internet of Information，1994～2014 年）和知识互联网（Internet of Knowledge，2014 年至今）三个发展阶段。

数据互联网以数据包交换为基础，完成在不可靠的网络上可靠地传输数据包的 TCP/IP 是其核心技术，在这个阶段诞生了互联网架构理事会（Internet Architecture Board，IAB）、互联网数字分配机构（Internet Assigned Numbers Authority，IANA）、互联网工程任务组（Internet Engineering Task Force，IETF）、互联网协会（Internet Society，ISOC）和互联网系统协会（Internet System Consortium，ISC）等全球性机构；信息互联网以信息共享为特征，用于在非结构化的网络上结构化地描述数据的 HTML 是其核心技术，在这个阶段诞生了万维网联盟（World Wide Web Consortium，W3C）和互联网名称与数字地址分配机构（Internet Corporation for Assigned Names and Numbers，ICANN）。

美国政府于 2014 年 3 月宣布让渡 IANA 互联网核心资源（即互联网名称、数字和协议参数等）管理权，2016 年核心管理权让渡完成并且全球互联网普及率超过 50% 标志着全球互联网发展进入新阶段。作为第四次工业革命推动社会转型的核心技术载体，互联网进入以物流网络、能源网络和信息网络三个网络深度融合为本质，以知识网络和价值交换为典型特点的互联网发展新阶段，笔者把这一阶段的互联网称为知识互联网。这个阶段诞生了公共技术标志符机构（Public Technical Identifier，PTI）和多

纳基金会（DONA Foundation，DONA）。继数据互联网阶段的 TCP/IP 协议及信息互联网阶段的 HTML 技术之后，知识互联网阶段的核心技术协议将由网络安全、分布式计算和智能脚本等技术共同构成，以达到在不可信的网络上可信地交换信息并促成交易，而交易的主体就是数据和信息。

四、数据保护导致数字鸿沟加大和网络碎片加剧

随着互联网和经济、社会、文化、科技、政治、军事等深度融合，在利用互联网创造新的发展机遇的同时，因为市场竞争加剧中的技术优势掌控和权利意识觉醒后的数据安全保护等主要原因，承载数字经济的互联网面临着数字鸿沟加大和网络碎片加剧两大挑战。

无论是全球层面的中美之间，还是中国的一线城市和其他城市之间，都存在着数字鸿沟并呈日趋加大之势。美国紧紧抓住了第三次工业革命计算机和互联网产业发展的机遇，2017 年底拥有 4000 万人口的加利福尼亚州依靠数字经济迅速发展，GDP 总量达到 2.75 万亿美元，超过了英国从而位居全球第五位，相比于第四位拥有约 8000 万人口、3.68 万亿美元 GDP 的德国和第三位拥有超过 1.2 亿人口和 4.87 万亿美元 GDP 的日本，其发展潜力和综合实力其实更强。2015 年十八届五中全会提出的网络强国战略、“互联网 +” 行动计划、国家大数据战略等的核心在于让中国互联网从大变强，推动并支撑中国数字经济发展壮大。中国在明末清初前的 GDP 占全球总量超过半数，但是中国闭关锁国、拒绝革新，错失了工业革命的发展机遇。40 年的改革开放让中国不仅完成了西方国家两百多年的工业革命进程成为全球第一的制造业大国，也在错过数据互联网发展阶段后赶上了全球信息互联网发展的快车，成为仅次于美国的互联网大国。国务院办公厅于 2017 年 1 月印发《关于创新管理优化服务培育壮大经济发展新动能加快新旧动能接续转换的意见》并于次年 1 月设立国家新旧动能转换综合试验区，标志着中国经济已经进入用“四新四化”驱动新旧动能转换推动经济发展转型的关键阶段，即从计划经济、社会主义市场经济到中国特色数字经济。相比传统经济我国在数字经济领域与美国的规模差距仍然很大，按 2018 年的数据，中国拥有全球前二十位互联网公司中的 9 个，数量上超过美国 11 个的 80%，但是市值不足其 30%，相比占美国经济总量 65% 的中国经济，中国在数字经济领域和美国差距还很大（根据 2019 年 7 月份的最新数据，中国拥有的全球前二十位互联网公司的数量已经降为 6 个）。作为数字经济代表的互联网公司，超过 90% 都聚集在北京、上海、广州、深圳、杭州等城市，其他城市几乎难以超越一线互联网城市所造成的竞争优势，必将落后于数字经济发展，产生更大的数字鸿沟。

未来数字文明和信息社会的核心技术人工智能就是通过机器学习等技术构建在以数据为基础的知识体系之上，但是在数据领域面临着碎片化和烟囱化的趋势。无论是在全球经济和社会发展层面，还是在国家安全和发展层面，抑或是在机构的发展收益层面，甚至是在个人的信息保护层面，都充分体现了数据的价值，接入互联网的各种数据成为数字经济时代的宝贵矿藏，基于对数据价值认可的过度保护一定程度上限制了数据的流动和共享，与互联网的开放共享精神和原则实际上是背离的，这也成为导致网络碎片化的非常重要的原因。欧盟于 2018 年 5 月强制实施《通用数据保护条例》（General Data Protection Regulation，GDPR）打开了各国加强数据保护的大门，继《网络安全法》出台后，我国也在推出中国版的 GDPR——《数据安全管理办法》，另外《个人信息保护法》也已经进入人大立法规划。在没有更好的促进数据共享技术和商业模式出现之前，这些数据安全保护领域的治理规则加剧了网络碎片化的趋势。

五、互联网逻辑基础设施需要提升或再造

数据是关键生产要素，发展数字经济和大数据产业成为很多国家的国家战略，也成为很多互联网机构甚至非互联网机构的发展重点。恰如资产不交易是不能促进经济发展的，而数据不共享是没有价值的甚至会成为数据经济发展的障碍。数据确权是数据共享的前提，没有确权前提下的数据共享缺乏经济学上的驱动力；数据共享是数据确权的目的，没有共享目的的数据确权无法兑现其数据价值。因此，数据确权和数据共享是数字经济发展和治理的基础和关键。但是，支撑数据有效确权和保障数据开放共享的技术基础尚不成熟，也就是说互联网基础技术方面的提升和改进尚需要根本性创新，这涉及核心技术的研发、技术标准的制定、关键系统的研制、行业生态的形成以及治理规则的成熟。支撑数据确权的网络安全技术和支撑数据共享的分布式计算平台将成为构建可信网络的技术基础，这势必在第四次工业革命和知识互联网阶段发挥重要作用。除了有利于数据确权后的数据共享外，也降低了数字鸿沟在多中心化、弱中心化甚至去中心化的基础设施层面对创新的影响。

获取的数据最终要靠互联网进行传输以支撑数据的存储、计算和应用，因此互联网作为重要技术基础，其基础设施建设是焦点中的焦点，特别是互联网根域名服务器（Root Server）的运行管理和资源分配问题。互联网应用之间如果要开展通信，要首先通过递归服务器查询根域名服务器获得下一级域名服务器的地址并迭代查询最终获得域名对应的 IP 地址才可以发起通信，因此维护了全球顶级域名目录数据库的根域名服务器就显得异常重要。因为数据包大小的限制，全球的根域名服务器只有 13 台套（即 13 个 IP 地址），在数据互联网阶段结束和信息化互联网阶段开始的 1994 年，

最后的3台根域名服务器分配完成后就没有再讨论过根域名服务器的分配或再分配的问题，伴随互联网进入知识互联网阶段，根服务器的分配和治理问题日趋成为包括中国在内的互联网大国关注的重点，其根本在于根服务器数据文件的修改和调整在保证透明性和可审计的前提下能否是可信任的，也就是前文所说的在不可信的互联网上如何可信地维护和管理互联网的核心数据库。此外，互联网将进入万物互联的阶段，对现有域名系统的性能要求和普适要求也在进一步提升。

推翻现有域名系统另外做一套系统是不现实和不可行的，向前兼容是互联网的基本原则。因此，就像域名系统对于数据互联网和信息互联网的重要作用一样，当大数据成为数字经济的发展基础，能够完成原始数据确权、跨域数据访问和数据共享交易的，具备全球互操作能力的，类区块链技术使能技术的新一代互联网标识系统预计将会成为知识互联网阶段的关键逻辑基础设施，驱动构建数字经济发展和治理的新范式，并有利于缩小数字鸿沟和弥合网络碎片。

六、我国参与知识互联网发展新阶段的工作建议

人类将越来越依赖互联网带来的生活和工作的便利，互联网的发展是不可逆转的，我国要积极参与互联网发展新阶段的工作，特别是在互联网逻辑设施层面的技术工作和治理工作，逐步提升我国在互联网基础技术领域的影响力，特别是议题设置权、规则制定权和国际话语权，主要的工作建议包括如下三条。

（1）在国家层面加强互联网基础技术的研究工作。特别是在利用区块链技术进行互联网核心资源的管理方面提出新的标识系统架构并兼容已有的域名体系，并利用大数据和人工智能技术提升标识系统的安全性和智能化水平，以及利用软件定义网络和高通量计算提升标识系统的服务性能和抗攻击能力等。

（2）在国际层面加强合作交流和技术标准工作。在已有的包括 IETF、W3C 等在内互联网技术标准组织中推动新的标准制订工作，并在包括 ICANN、ISOC 在内的互联网政策和行业组织中推动已有的政策修订和行业推广工作，必要的时候应考虑推动构建新的全球性平台。

（3）全面加强互联网国际治理的研究和交流工作，该领域的互联网国际治理工作是基于多利益相关方模式并主要由技术社群推动的，要立体化、多层面开展工作，特别是在现有复杂的国际形势下充分发挥民间机构的作用。

8.4 Strategic Thoughts on the Development of Internet of Knowledge

Li Xiaodong

(Institute of Computing Technology, Chinese Academy of Sciences)

In the fourth industrial revolution, along with the development of the Internet of Knowledge, more and more data will be generated, data is the basis of the development of digital economy and digital civilization. However, the Internet infrastructure technologies used to support data authentication and data sharing still have no global standards and global infrastructure implementation. The new generation Internet identifier system supporting data authentication will effectively prompt data sharing, it will affect and shape the existing model of Internet global governance and help narrow the digital divide and bridge the network fragments.

8.5 新一轮科技革命和产业变革趋势及其影响

眭纪刚 文 皓

（中国科学院科技战略咨询研究院）

当前，全球新一轮科技革命和产业变革蓬勃发展、深度演进，世界科技前沿不断拓展，科技创新正加速推进，并深度融合、广泛渗透到人类社会的各个方面，成为重塑世界竞争格局、创造人类未来的主导力量[1]。信息、材料、制造、能源等技术领域的系统性突破和交叉融合孕育了一批具有重大产业变革前景的新兴技术，甚至达到了较大规模应用和推广的程度，为新产业革命的爆发奠定了技术基础，有望成为未来引领经济社会发展的核心动力，加速重构全球竞争格局、重建全球分工体系、重塑全球创新版图。

一、新一轮科技革命和产业变革趋势与特征

（一）未来科技发展趋势

为把握新一轮科技革命和产业变革机遇，在未来国际竞争中占据先机，美国、日本、德国、印度等世界主要大国纷纷出台国家层面的科技创新发展战略，系统谋划部署科技创新发展目标和重点任务。根据世界主要国家的政府部门、国际机构和智库对新一轮科技革命和产业变革的研究综述，可以初步推断出未来的科技发展趋势。

到 2025 年，移动互联网、物联网、云技术、虚拟现实和增强现实、先进机器人、自动驾驶汽车、下一代基因组学、储能技术、3D 打印、先进油气勘探及开采、先进材料和可再生能源将开始改变人类生活。

到 2035 年，在信息技术领域，物联网和人工智能技术兴起并推动产业变革；数字货币技术、区块链技术及用于预测分析的人工智能和大数据技术将重塑金融服务。在生命和健康技术领域，基因工程、数字医疗、高通量测序及对神经元的光学监测和对神经活动的光调制技术将大大提高人类认知、诊断、治疗和预防疾病的能力。在能源技术领域，碳基和无碳能源技术兴起，分布式、网络化的发电和储能系统将提高电力系统和关键能源基础设施系统应对自然灾害的能力。在先进材料和制造技术领域，纳米材料和超材料、先进合成材料、高强度复合材料取得突破并广泛应用。

到 2050 年，量子计算机取得突破，人工智能技术走向成熟，类脑技术等引发新产业诞生；纳米技术广泛应用于经济部门，将涉及复合材料和混合材料、智能材料、纳米材料、纳米电子、纳米传感器、生物医学纳米技术和纳米药物、纳米机械和纳米制造等；遗传学、基因组学、干细胞生物学等基础科学领域取得突破，合成生物技术充分发展并与其他新兴技术广泛融合。

（二）新一轮产业变革主要特征

新的产业革命发端于新兴技术的革命性突破，核心特征是工业生产的网络化、数字化、智能化和绿色化，将引发人类社会生产方式、生活方式的重大变化，是新产业模式取代传统产业模式的过程。新一轮产业革命主要具备生产技术、生产方式、产业组织的革命性变化等特征。

1. 生产技术的革命性变化

新产业革命需要一个复杂的“技术簇群”来支撑。这些技术呈现出如下特点：①生产系统数字化、智能化、网络化，核心特征是网络化，数字化、智能化是支撑。②

新材料复合化、纳米化。材料是生产制造的基础和先导，新材料的强度、质量、性能和耐用性均优于传统材料，是孕育新技术、新装备和新产品的摇篮。③生产制造快速成型。3D打印机通过“分层制造，逐层叠加”实现生产制造的快速成型，将颠覆传统制造业先加工零部件再进行组装的制造方式。④生产技术的绿色化。绿色技术正在逐步改变工业经济的制造规则，改变产品生产对传统能源的规模化依赖，从根本上改变目前基于传统比较优势的发展模式。⑤新兴技术群体涌现，协同融合。当前的新兴技术集体爆发，信息、能源、材料、生物等领域技术的协同融合为新工业革命提供了强大支撑。

2. 生产方式的革命性变化

得益于技术的突破及大规模应用的条件趋于成熟，新产业革命中的生产方式将出现重大转变：①大规模标准化生产转向大规模个性化生产，消费者更为广泛的个性化和差异性需求可以得到满足。②刚性生产系统转向可重构模块化制造系统。可重构模块化制造系统以重排（重新组态）、重复利用和更新系统组态或子系统的方式，实现快速调试与制造，具有很强的包容性和灵活性。③工厂化生产转向社会化生产。数字技术的飞速发展使大量物质流被信息化和数字化，生产过程中的很多环节可以转移到工厂之外，使生产方式呈现出社会化生产的重要特征。

3. 产业组织的革命性变化

为适应全新的生产方式，未来的产业组织将呈现出新趋势：①产业边界模糊化。为了对市场需求做出及时反应，未来可能出现三次产业之间的深度融合。特别是制造业与服务业加速融合，服务型制造、制造业服务化成为制造业演进的重要趋势。②产业组织网络化。在信息经济形态中，大企业主导的供应链垂直一体化模式逐步演变为模块化、网络化、协同化的产业组织模式。③企业组织扁平化。扁平化组织淡化了传统科层组织中的等级制度，分权网络与灵活安排开始成为新的效率原则和组织行为，使组织结构富有弹性。④产业集群虚拟化。借助于发达的信息技术，基于特定地理范围的产业传统集群正被虚拟网络集聚代替，企业对市场和技术变化的反应更为敏感，具有很强的开放性与灵活度。

二、新科技革命和产业变革对全球创新产生重大影响

新科技革命和产业变革将带来科技、产业、社会等全方位的数字转型，引发生产方式、产业组织形式、产业结构重大变化，对世界各国科技经济社会发展产生重大影

响，导致全球创新版图乃至全球竞争格局的变化。

（一）新一轮科技革命将带动形成“三足鼎立”的全球创新格局

伴随新一轮科技革命和产业变革，北美、东亚、欧盟“三足鼎立”的创新格局将加速形成。据联合国教科文组织（UNESCO）数据显示，2018 年全球 80% 以上的研发经费集中在北美、东亚和欧盟三个地区。2009 年，东亚首次超过美国，成为全球研发投入最高的地区。2015 年，中国、日本、韩国企业研发支出占研发总量比例均超过北美和欧盟平均水平，创新在东亚地区已经成为高度市场化的行为，推动新产业、新企业快速发展。与东亚相比，北美和欧盟在基础研究、核心技术、领军人才等方面拥有绝对优势，但东亚持续增加的创新投入、庞大的创新产品市场、活跃的创新氛围不可小觑。可以预见，不久的将来，北美、东亚、欧盟共同主导全球创新的格局即将形成。

（二）新一轮产业变革加速推动经济发展数字化转型

网络化、数字化、智能化是新产业变革的核心特征，网络和数字技术的发展以及在经济社会中的渗透，加速推动经济发展的数字化转型。

1. 数据成为关键生产要素

经济发展数字转型最突出的特征是数据成为关键的生产要素。如今，人类 95% 以上的信息都以数字形式存在[2]。据统计，全球每天产生的数据超过 2.5 万亿兆字节，相当于美国国会图书馆所有书籍包含信息的 167 000 倍；到 2015 年，全球累计数据储存已经将近 8000 万亿兆字节[3]。数据是物理世界在虚拟空间的客观映射，未来原子世界与比特世界将融合成一体，数据渗透于人类生产生活各个方面，人、事、物都会被实时数据化，价值的创造将会极度依赖于对数据的分析与利用[4]。通过云计算、大数据、人工智能等技术能够有效实现数据在不同场景的应用价值，如快速开发新产品，改进生产流程、拓展新市场，催生新商业模式等。而相比于传统的劳动力、资本和土地等生产要素，数据资源具有可共享、可复制，能够无限增长和供给等特点，这为持续增长和永续发展创造了可能[5]。

2. 生产力大幅提高

除了生产要素的改变以外，经济发展数字转型还带来生产力的大幅提高。一方面，得益于数字技术的广泛应用和数字产品价格的大幅降低，政府和企业得以用数字技术和相关产品在某些领域替代现有的生产要素，从而获得更高的生产力[6]。比如，数字工厂中机器人代替劳动者完成常规重复性工作能够大幅提高生产效率。另一方面，数字技术强化了未被替代的生产要素。比如，数字教育的发展降低了教育门槛，有效促进了劳动力素质的提升，从而提高了生产力。埃森哲咨询公司采用数字密度指数来衡量数字技术在企业和经济体中的渗透程度，并通过研究发现数字密度指数每提升 10 分，发达经济体的全要素生产率会增长大约 0.4 个百分点，高速增长的新兴经济体会增长约 0.65 个百分点[7]。据埃森哲咨询公司估计，全球前十大经济体在 2020 年可能凭借数字技术在经济活动中的渗透获得 1.36 万亿美元 GDP 的额外增长[8]。

3. 生产模式发生颠覆性变化

工业互联网、增材制造、人工智能和机器人等技术在制造业中的渗透突破了传统的制造业生产模式，推动设计和生产过程扁平化、自动化和智能化，大幅提高了生产质量和生产效率。增材制造和新材料技术的发展使得制造企业能够在极短的时间内实现从设计直接到规模化生产定制化产品，有效缩短生产周期、降低研发成本、提高原材料利用率。数字工厂通过工业互联网、物联网、传感器等技术实现机器、人、产品、环境等要素的全面数字化和网络化，借助大数据、云计算、人工智能等技术不断优化生产流程，并利用机器人技术实现无人化生产，可以推动工厂管理运营、生产制造实现完全自动化和智能化。数字技术在服务业中的渗透有效减少了交易成本，提升了服务的便捷性、经济性和包容性。数字技术在农业领域的渗透推动了高度自动化农业与精细农业的发展。

4. 贸易与商业模式数字化

数字技术的进步和普及改变了贸易内容和方式。从贸易内容上来看，除了传统的实物贸易以外，数字产品的贸易日渐增多，数据将成为重要的贸易内容。全球第一家大数据交易所——贵阳大数据交易所已于 2014 年成立，面向全球提供数据交易服务。从贸易方式上来看，数字技术推动了电子商务的发展。2016 年中国电子商务交易额达到 26.1 万亿元，2015 年中国跨境电子商务交易额达到 4.8 万亿元，占进出口总额 19.5%[9]。研究表明，出口国互联网使用率提高 10%，双边贸易的产品数量就会增加 0.4%；如果贸易伙伴国的互联网使用率也有大致相当的增长，每种产品的平均双边贸易额就会提高 0.6%[10]。

数字技术的普及也为新商业模式的发展提供了可能性。一方面，数字技术的应用减少了进入新市场的交易成本，改变了企业的成本结构，并扩大了传统行业的边界。

特别是大数据技术的应用推动了个性化营销和定制化生产的发展，以消费者为中心的思想贯穿整个产品生命周期。另一方面，数字技术也给中小企业的发展带来更多的机遇，如使用公共云平台降低计算基础设施投入，利用电子商务平台拓展市场和降低渠道成本，通过互联网金融服务获得融资等。

三、新科技革命和产业变革为中国带来机遇和挑战

对于我国而言，新一轮科技革命和产业变革带来的机遇和挑战并存。抓住了这一历史机遇，我国将实现科技经济发展的变道超车；抓不住这一机遇，我国将面临与西方发达国家差距进一步拉大的风险。

（一）新科技革命和产业变革给中国的机遇

1. 科技跨越发展的机遇

科技革命是以科学领域的新发现、技术的新突破为先导，引发各学科领域群发性、系统性的突破，以及技术轨道的变迁。新科技革命将对传统知识基础造成强烈冲击，引发科技竞争格局的深刻变化，将为我国带来科技跨越式发展的机遇。

2. 产业升级的机遇

新科技革命和产业变革催生了大量的新技术、新产业、新业态和新模式，产业发展将逐渐走上数字化、网络化、智能化和低碳化发展之路，为我国产业从低端走向中高端、为科学制定产业发展战略、加快转型升级、增强发展主动权提供了重要机遇。

3. 发展方式转变的机遇

新科技革命引发的数字转型对科技、经济、社会带来巨大影响，更为我国转变发展方式提供了战略机遇，有利于我国加快从以要素驱动、投资规模驱动发展为主向以创新、协调、绿色、开放和共享为主的高质量发展方式转变。

4. 民族伟大复兴的机遇

新一轮科技革命和产业变革与我国加快转变经济发展方式形成历史性交汇，为解决新时代主要矛盾、推进国家治理现代化提供了难得的重大机遇。如果中国在这个时期积极作为，培育相关创新能力，开辟新的技术轨道，就有可能成为新一轮工业革命的引领者，实现跨越式发展和中华民族的伟大复兴。

（二）新科技革命和产业变革对中国的挑战

1. 把握机遇的物质技术基础薄弱

每个时代都需要不同的物质技术基础设施作为支撑，但是我国把握新科技革命的物质技术基础仍然薄弱：首先是我国现有基础设施建设难以满足新产业革命的要求；其次是新型基础设施发展滞后；最后是重大科技基础设施建设还不能满足新一轮科技革命的要求。

2. 把握机遇的创新体系和能力支撑不足

我国创新能力与新产业革命的要求相比仍存在很大差距：首先是我国国家创新体系还不完善，仍是一种追赶型创新体系，无法引领新科技革命和产业变革；其次是企业的创新能力不足，开展研发活动的规模以上工业企业不到三分之一；最后是我国的研发活动结构不合理，基础研究投入薄弱、占研发经费比例过低。

3. 把握机遇的人才储备不足

在新产业革命中，人力资本将成为最重要的创新要素，但是我国人力资本积累还无法满足新产业革命需求，无论是高水平研发人员、高级技能型专业人才、高级管理人员的数量，还是普通劳动者的素质，都无法满足新科技革命、产业革命和数字转型的需求。

4. 产业发展面临众多挑战

在新工业革命中，我国产业将面临严峻挑战：首先是新兴产业可能被锁定在研发与市场“两头在外”的低端组装加工环节；其次是主导产业以传统产业为主，无法适应数字化转型；再次是外商原来投资于中国高技术产业领域的技术、资本将可能回流；最后是国际竞争环境变化，个别发达国家为了维持自己的地位，对我国新兴产业发展制造各种障碍。

5. 对传统管理体制和政策的挑战

新产业革命更深层次的挑战是体制机制方面：首先是传统管理体制与新产业革命不适应。传统工业时代遵循自上而下的权威模式，而新产业革命更看重创造、互动、社会资本、开放共享及融入全球网络。其次是传统产业政策与新产业革命不适应。在追赶目标明确的前提下，政府经常使用选择性产业政策，但是在未来的产业技术与组织变革中，传统政策范式不利于突破性技术和新兴产业的成长。

（三）中国应对新科技革命与产业变革的建议

1. 夯实新科技革命的物质技术基础

首先是加快完善重大科技基础设施建设布局；其次是推动重大科技基础设施集群化发展；再次是加快推进智能、泛在、融合、安全的信息基础设施建设；最后是加快推动云、网、端等数字基础设施建设。

2. 建设引领型国家创新体系

优化国家创新体系布局，提升国家创新体系的整体效能，强调科学前瞻和技术引领，强化科技和创新的战略支撑作用。首先是建设国家安全创新体系；其次是建设国家研究试验体系；最后是建设国家产业创新体系。

3. 布局产业技术创新枢纽

面向世界科技发展和经济变革前沿，布局建设一批创新资源集聚、组织运行开放、治理结构多元的综合性产业技术创新平台，构建新兴产业创新生态网络。首先是组建一批产业技术创新中心；其次是布局一批重大科技项目；最后是构建新型产业技术转移平台。

4. 深化人才培养体制机制改革

加快推进人才培养机制创新，培养适应新科技革命和产业革命需求的高技能人才，全面提升劳动者素质。①改革院校创新型人才培养模式；②完善职业教育和培训体系；③建立全社会的“终身学习”体系；④推进教育的数字化转型；⑤建立以“价值创造”为导向的创新人才评价标准。

5. 全方位推进数字化转型

首先是推进科学技术发展数字转型。加强数字技术对科学研究活动的支撑，推进科研基本范式转变。其次是推进产业发展数字转型。推动生产制造系统数字化、智能化、网络化转型，推进智能制造服务的平台化、生态化发展。最后是推进社会发展数字转型。推进教育、医疗、公共安全等社会领域的数字化转型。

6. 构建创新发展政策体系

统筹创新政策与发展政策，聚焦科技、产业、社会、能源环境创新能力建设，以数字转型为主要方向，构建与新科技革命和产业变革相适应、与“五大发展理念”兼容的创新发展政策体系，包括基于技术预见的科技发展政策、产业创新发展政策、社会创新发展政策、环境创新发展政策等。

参考文献

[1] 白春礼 . 创造未来的科技发展新趋势 [J]. 决策与信息，2015（8）：431-434.

[2] 中国信息通信研究院 . 中国数字经济发展白皮书 2017[R]. 北京，2017.

[3] OECD. Data-driven innovation：big data for growth and well-being[R/OL].［2019-03-20］. http://dx.doi.org/10. 1787/9789264229358-en.

[4] 阿里研究院 . 数字经济 2. 0[R]. 杭州，2017.

[5] 中国信息通信研究院 . 中国数字经济发展白皮书 2017[R]. 北京，2017.

[6] World Bank Group. World development report 2016：digital dividends[R]：Washington D C，2016.

[7] Knickrehm M，Berthon B，Daugherty P. Digital disruption：the growth multiplier[R]. Accenture Strategy，2016.

[8] Macchi M，Berthon B，Robinson M. Digital density index：guiding digital transformation[R]. Accenture Strategy，Dublin，2015.

[9] 阿里研究院 . 数字经济体：普惠 2. 0 时代的新引擎 [R]. 北京，2018.

[10] World Bank Group. World development report 2016：digital dividends[R]. Washington D C，2016.

8.5　The Trend and Influence of New Scientific and Technological Revolution and Industrial Transformation

Sui Jigang，*Wen Hao*

（Institutes of Science and Development，Chinese Academy of Sciences）

At present，the new scientific and technological revolution and industrial transformation are flourishing. This paper analyzes the trend of the new scientific and technological revolution and industrial transformation，and concludes that the new revolution has the characteristics of networking，digitization，intelligence and greening, which will lead to revolutionary changes in production technology, production mode and industrial organization. The new scientific and technological revolution and industrial transformation will promote the digital transformation and accelerate the transformation of the global innovation map into a "tripartite" pattern of North America, the European Union and East Asia, bringing major historical opportunities and severe challenges to China's development. Finally, we put forward some suggestions for dealing with the revolution and transformation.